Gerhard Schurz
Logik

Gerhard Schurz
Logik

Grund- und Aufbaukurs in Aussagen- und Prädikatenlogik

2., korrigierte und erweiterte Auflage

DE GRUYTER

ISBN 978-3-11-069714-8
e-ISBN (PDF) 978-3-11-069739-1
e-ISBN (EPUB) 978-3-11-069747-6

Library of Congress Control Number: 2018949258

Bibliografische Information der Deutschen Nationalbibliothek
Die Deutsche Nationalbibliothek verzeichnet diese Publikation in der Deutschen National-
bibliografie; detaillierte bibliografische Daten sind im Internet über
http://dnb.dnb.de abrufbar.

© 2020 Walter de Gruyter GmbH, Berlin/Boston
Umschlag: Ausschnitt aus Wassily Kandinsky,
Vassily_Kandinsky,_1927_-_Molle_rudesse.jpg,
Wikimedia Commons, Public Domain.
Satz: Textbüro Vorderobermeier GbR, München
Druck und Bindung: CPI books GmbH, Leck

www.degruyter.com

Vorwort

Die vorliegende Einführung in die Logik umfasst einen Grundkurs (Teil 1) und einen Aufbaukurs (Teil 2), basierend auf den langjährig erprobten Vorlesungsskripten *Logik I* und *Logik II* des Autors.

Der Grundkurs ist voraussetzungsfrei. Eingebettet in die allgemeine Theorie des rationalen Schließens führt er den Leser in die Semantik und Beweistheorie der Aussagenlogik (Sektion A) und der elementaren Prädikatenlogik (Sektion B) ein. Logische Zusammenhänge werden sorgfältig erklärt und in Verbindung mit ausgewählten Übungsbeispielen dem Leser unterhaltsam nahegebracht. Auf philosophische Anwendungen der Logik in der Rekonstruktion natursprachlicher Texte und Argumente wird besonderes Augenmerk gelegt. Zusammenhänge zwischen alternativen logischen Notationen und Techniken, die dem Anfänger oftmals Schwierigkeiten bereiten, werden sorgfältig erklärt.

Der anschließende Aufbaukurs schlägt die Brücke zwischen einer philosophischen Logikeinführung und dem fortgeschrittenen Niveau formaler Logik. Das in mathematisch orientierten Logikeinführungen üblicherweise gewählte Vorgehen, zuerst die mengentheoretische Semantik der Prädikatenlogik (PL) und erst danach ihre deduktive Methode zu erklären, kann zu diesem Zweck nicht gewählt werden, da es ‚das Pferd von hinten aufzäumt' und die schwierigere abstrakte Mengentheorie erklären will, bevor das von dieser vorausgesetzte einfachere prädikatenlogische Schließen erklärt wird. Dieses didaktische Problem wird im vorliegenden Buch gelöst, indem in Sektion B von Teil 1 bereits Grundelemente der deduktiven Methode in der PL eingeführt werden und in Sektion C von Teil 2 immer nur so viel Mengenlehre erklärt wird, wie für die stufenweise Einführung in die Semantik der PL gerade benötigt wird. Die volle Zermelo-Fraenkel'sche Mengentheorie bildet dagegen das erste Kapitel von Sektion D, in der sich das Buch fortgeschrittenen metalogischen Methoden und Resultaten zuwendet. Prominente Resultate zur Korrektheit und Vollständigkeit der PL, zur Entscheidbarkeit der monadischen und Unentscheidbarkeit der vollen PL sowie zur Unvollständigkeit der Arithmetik 1. Stufe und PL 2. Stufe, nebst weiteren limitativen metalogischen Resultaten, werden Schritt um Schritt erklärt. Abgerundet wird das Buch durch zahlreiche Exkurse zur philosophischen Vertiefung logischer Grundlagenfragen.

Das vorliegende Buch wendet sich an alle an einer umfassenden Einführung in die Logik interessierten Leser. Es richtet sich an Studierende und Dozierende der Philosophie, sowie anderer human-, sozial- und naturwissenschaftlicher Fachrichtungen, in denen Logik eine bedeutende Rolle spielt.

Teil 1 eignet sich bestens für einen zweistündigen Grundkurs in Aussagen- und Prädikatenlogik, wenn man die Exkurse auslässt. Der Inhalt von Teil 2 bildet eine optimale Grundlage für einen zweistündigen Aufbaukurs in Logik, wobei auch in diesem Fall für die zahlreichen Exkurse keine Zeit bleibt. Alternativ kann man das Buch auch in drei zweistündige Logikkurse zergliedern, wobei die Metalogik in Sektion D den Inhalt des dritten Kurses bildet, in dem dann genügend Zeit bleibt, auch das vergleichsweise anspruchsvolle letzte Kap. 21 ausführlich zu behandeln.

Aufgrund der breit gestreuten Wissensfülle eignet sich das Werk auch unabhängig von der speziellen Ausgestaltung des Logikcurriculums als ideale Ergänzung für Logikdozierende aus allen Fachrichtungen.

Zusammen mit Hinweisen auf aktuelle Literatur finden sich an vielen Stellen des Buches Erläuterungen zu den Zusammenhängen zwischen gebräuchlichen alternativen logischen Notationen und Techniken, da diese ohne eine solche Erläuterung den Leser erfahrungsgemäß verwirren können. Neben den Übungsbeispielen, die im Text behandelt und gelöst werden, findet sich am Ende jedes Kapitels eine Zusammenstellung repräsentativer Übungsaufgaben und gegebenenfalls Hinweisen auf weiterführende Literatur. Abgeschlossen wird das Buch durch ein Literaturverzeichnis, Symbol- und Abkürzungsverzeichnis, eine Übersicht über Definitionen und Merksätze, sowie ein Sach- und Personenregister. Die Zusammenstellung der Lösungen zu sämtlichen Übungen dieses Buches kann kostenfrei unter folgendem Link heruntergeladen werden: https://www.degruyter.com/books/9783110590005. Drei abschließende Hinweise: Einfache Anführungszeichen werden als ‚Stilmittel', doppelte dagegen als wörtliche Anführung verwendet; „Definition 3-2" bezeichnet die 2. Definition des Kapitels 3 (analog für „Merksatz 1-3"); und „g.d.w." steht wie üblich für „genau dann, wenn".

Danken möchte ich an dieser Stelle zuerst den Logiklehrern meiner Studienzeit, Rudolf Freundlich, Peter Payer und Franz Halter-Koch in Graz, später Georg Kreisel und Paul Weingartner in Salzburg, Kit Fine in Los Angeles und Andrjez Wronski in Krakau. Viel verdanke ich Johannes Czermak aus Salzburg, aus dessen bekanntem aber leider nicht veröffentlichten Logikskriptum ich so manche Anregung übernommen habe. Auch dem beliebten und ebenfalls unveröffentlichten Logik-Skriptum von Jochen Lechner aus Düsseldorf habe ich einige didaktische Ratschläge entnommen. Für wertvolle Hilfe bei der Manuskripterstellung danke ich Alexander Gebharter, Sonja Ameglio, Julia Mirkin, Ken Schimanski und Max Seubold.

Düsseldorf, April 2018   Gerhard Schurz

Vorwort zur zweiten Auflage

Die zweite Auflage dieses Buches unterscheidet sich von der ersten Auflage durch die folgenden Verbesserungen:

- Viele kleine und gelegentlich inhaltsstörende Fehler, die sich in der unter Zeitdruck erstellten ersten Auflage eingeschlichen haben, wurden korrigiert. Dasselbe gilt für die Lösungen zu den Übungen, die von der Webseite des Buchs heruntergeladen werden können.
- Einige Textpassagen in Teil I wurden didaktisch ergänzt und einige anspruchsvollere Textpassagen in Teil 2 (Abschn. 14.8, 15.4., 17.2, 17.4, 20.1, 21.3 und 21.4) wurden verbessert.
- Insbesondere in Teil 1 wurden die Übungsaufgaben revidiert, didaktisch verbessert oder durch weitere Übungen ergänzt. Entsprechende Veränderungen finden sich in den Lösungen zu den Übungen.

Viele Verbesserungen in der zweiten Auflage erfolgten aufgrund von Rückmeldungen von Studierenden, Leser oder Leserinnen, denen an dieser Stelle herzlich für ihr Engagement gedankt sei.

Düsseldorf, April 2020　　　　　　　　　　　　　　　　　　　　Gerhard Schurz

Inhaltsverzeichnis

Teil I: Grundkurs in Aussagenlogik und elementarer Prädikatenlogik

1	**Allgemeine Grundlagen** —— 3	
1.1	Ziele der Logik —— 3	
1.2	Der schillernde Begriff der Notwendigkeit —— 5	
1.3	Gültige Schlüsse und logische Form —— 6	
1.4	Logisch wahre Aussagen —— 11	
1.5	Grundlegendes zu logischen Systemen —— 12	
1.6	Grundannahmen der klassischen Logik und historischer Exkurs —— 17	
1.7	Deduktive Logik versus erweiterte Begriffe von „Logik" —— 20	
1.8	Anwendungen und Nutzen der Logik —— 25	
1.9	Weiterführende Literatur und Übungen —— 28	

Sektion A: Aussagenlogik (AL)

2	**Junktoren und ihre Wahrheitstafeln** —— 33	
2.1	Die wichtigsten Junktoren der Aussagenlogik —— 33	
2.2	Die Wahrheitstafeln der vier Basisjunktoren —— 34	
2.3	Zusammenhang der Junktoren mit Verknüpfungsbegriffen der natürlichen Sprache —— 35	
2.4	Wahrheitstafeln definierter Junktoren —— 39	
2.5	Kombinatorik der Wahrheitstafeln und Wahrheitswertfunktionen —— 40	
2.6	Exkurs: Elektronische Implementierung aussagenlogischer Funktionen —— 42	
2.7	Übungen —— 43	

3	**Aussagenlogische Sprache** —— 45	
3.1	Komplexe Aussagen und Schemabuchstaben —— 45	
3.2	Die Sprache der Aussagenlogik —— 46	
3.3	Konstruktionsbaum und Klammerung —— 48	
3.4	Teilaussagen und ihre charakteristischen Junktoren —— 51	
3.5	Übungen —— 53	

4	**Aussagenlogische Semantik I:**	
	Die Wahrheitstafelmethode —— 55	
4.1	Bestimmung der Wahrheitswerte komplexer Aussagen —— 55	
4.2	Logisch wahre Aussagen und gültige Schlüsse —— 56	
4.3	Aussageschemata, uniforme Einsetzung und Substitution —— 60	
4.4	Objektsprache und Metasprache —— 64	
4.5	Vereinfachungen der Wahrheitstafelmethode —— 64	
4.6	Entscheidbarkeit und Komplexität —— 67	
4.7	Übungen —— 68	
5	**Aussagenlogische Semantik II:**	
	Die Reduktio ad Absurdum Methode —— 71	
5.1	Reduktio ad absurdum mit Wahrheitswertzeilen —— 71	
5.2	Semantische Bestimmungsschritte —— 75	
5.3	Zeilenaufspaltung —— 77	
5.4	Exkurs: Komplexitätstheorie und das P=NP Problem —— 81	
5.5	Exkurs: Beth Tableaus —— 83	
5.6	Weiterführende Literatur und Übungen —— 87	
6	**Rekonstruktion natursprachlicher Sätze und Argumente —— 89**	
6.1	Rekonstruktion in der Aussagenlogik —— 89	
6.2	Negation —— 91	
6.3	Konjunktion —— 93	
6.4	Disjunktion —— 97	
6.5	Implikation —— 98	
6.6	Exkurs: ‚Paradoxien' der materialen Implikation —— 102	
6.7	Argumente —— 104	
6.8	Exkurs: Satzarten und Rekonstruktionstiefe von Logiken —— 106	
6.9	Weiterführende Literatur und Übungen —— 108	
7	**Wichtige Regeln und Theoreme der Aussagenlogik —— 113**	
7.1	Regeln 1. Stufe —— 113	
7.2	Theoreme —— 114	
7.3	Regeln 2. Stufe —— 116	
7.4	Weiterführende Literatur —— 121	

8	**Deduktive Methode** —— 123	
8.1	Grundidee deduktiven Schließens und Basisregeln —— 123	
8.2	Regeln 2. Stufe und Annahmetechnik: der Kalkül S —— 126	
8.3	Korrektheit, Vollständigkeit, Entscheidbarkeit und Beweisheuristik —— 141	
8.4	Übungen —— 148	

Sektion B: Elementare Prädikatenlogik (PL)

9	**Grundlagen der Prädikatenlogik** —— 151	
9.1	Prädikate und Individuenkonstanten —— 151	
9.2	Quantoren und einfachquantifizierte Aussagen —— 153	
9.3	Exkurs: Aristotelische Syllogistik —— 158	
9.4	Verschachtelte Quantoren und Relationen —— 161	
9.5	Übungen —— 167	

10	**Die Sprache der Prädikatenlogik** —— 169	
10.1	Formregeln —— 169	
10.2	Konstruktionsbäume —— 170	
10.3	Alternative Formregeln —— 173	
10.4	Übungen —— 174	

11	**Rekonstruktion natursprachlicher Sätze in der PL** —— 175	
11.1	Drei Bedeutungen des ‚ist' —— 175	
11.2	Natursprachliche Ausdrücke für Quantoren —— 177	
11.3	Übungen —— 182	

12	**Deduktive Methode in der Prädikatenlogik** —— 185	
12.1	AL innerhalb der PL —— 185	
12.2	Substitution von Individuenvariablen und unkritische Regeln —— 186	
12.3	Variablenkonfusion und alternative Formulierungen —— 190	
12.4	Kritische Regeln und der Kalkül S1 —— 193	
12.5	Wichtige prädikatenlogische Wahrheiten —— 205	
12.6	Weiterführende Literatur und Übungen —— 206	

Teil II: Aufbaukurs in Prädikatenlogik und Metalogik

Sektion C: Fortgeschrittene Prädikatenlogik (inklusive Aussagenlogik)

13 Äquivalenzumformungen in der Aussagen- und Prädikatenlogik —— 211
13.1 Der aussagenlogische Äquivalenzkalkül Ä —— 211
13.2 Aussagenlogische Normalformen —— 214
13.3 Ausgezeichnete Normalform und Vollständigkeit von Ä —— 218
13.4 Exkurs: Resolution, Klausellogik und algebraische Logik —— 221
13.5 Der prädikatenlogische Äquivalenzkalkül Ä1 —— 224
13.6 Pränexe Normalformen —— 226
13.7 Weiterführende Literatur und Übungen —— 230

14 Beweistheorie: Kalkülarten in Aussagen- und Prädikatenlogik —— 233
14.1 Varianten des AL-Kalküls S —— 234
14.2 Unabhängige Axiomatisierung und Kalkül NS —— 236
14.3 Kalküle mit Abhängigkeitslegende —— 240
14.4 Exkurs: Gültigkeit versus Relevanz von Schlüssen —— 243
14.5 AL-Sequenzenkalküle —— 248
14.6 Exkurs: AL-Tableau-Kalküle und schnittfreie Sequenzenkalküle —— 254
14.7 Exkurs: Axiom-Regel-Kalküle in der AL —— 259
14.8 Alternative Kalküle in der PL —— 261
14.9 PL-Kalkül mit Termsubstitution —— 267
14.10 Exkurs: Zulässige versus gültige Regeln —— 270
14.11 Weiterführende Literatur und Übungen —— 271

15 Modelltheorie: Semantik der Prädikatenlogik —— 273
15.1 Mengentheoretische Semantik der PL —— 273
15.2 Logische Wahrheit, Gültigkeit und semantische Beweismethoden in der PL —— 280
15.3 Exkurs: Metalogik und der Zirkel der Logik —— 285
15.4 Die Methode des finiten Universums —— 286
15.5 Weiterführende Literatur und Übungen —— 291

16 Prädikatenlogik mit Identität und Funktionszeichen (PL⁼) —— 295
- 16.1 Sprache und Semantik —— 295
- 16.2 Der Kalkül S1⁼ —— 299
- 16.3 Anwendungen der Identität —— 303
- 16.4 Weiterführende Literatur und Übungen —— 307

17 Anwendungen der PL⁼ —— 309
- 17.1 Äquivalenzrelationen —— 309
- 17.2 Ordnungsrelationen —— 312
- 17.3 Zahlquantoren —— 321
- 17.4 Definite Deskriptionen und Exkurs in die freie Prädikatenlogik —— 325
- 17.5 Übungen —— 331

Sektion D: Metalogik

18 Informelle und formelle Mengenlehre —— 335
- 18.1 Naive Mengenlehre und Russells Antinomie —— 335
- 18.2 Zermelo-Fraenkel'sche Mengenlehre —— 339
- 18.3 Exkurs: Ordinalzahlen und Induktion —— 346
- 18.4 Weiterführende Literatur und Übungen —— 355

19 Induktive Beweise und Metatheoreme der PL —— 357
- 19.1 Das Beweisverfahren der Induktion —— 357
- 19.2 Metalogische Anwendungen der Induktion —— 360
- 19.3 Isomorphe Modelle und ihre philosophische Signifikanz —— 365
- 19.4 Exkurs: Homomorphe Modelle, Submodelle und Spracherweiterungen —— 368
- 19.5 Übungen —— 375

20 Korrektheit und Vollständigkeit der PL —— 377
- 20.1 Induktion nach der Länge von Beweisen und Korrektheit der PL —— 377
- 20.2 Maximal konsistente Satzmengen und die Vollständigkeit der AL —— 382
- 20.3 Saturierte Satzmengen und Vollständigkeit der PL⁼ —— 388
- 20.4 Weiterführende Literatur und Übungen —— 392

21	**Exkurs: Metalogik und die Grenzen der PL** —— 393
21.1	Kategorizität, Theorienvollständigkeit, Löwenheim-Skolem Sätze und Nonstandardmodelle —— 393
21.2	Skolemsche Normalform und Klausellogik in der PL —— 400
21.3	Axiomatisierbarkeit, Entscheidbarkeit, Termmodelle und entscheidbare Fragmente der PL —— 405
21.4	Selbstreferentielle Sprachen, Lügner-Antinomie, Unvollständigkeits- und Unentscheidbarkeitsresultate —— 410
21.5	Übungen —— 418

Literaturverzeichnis —— 419

Symbol- und Abkürzungsverzeichnis —— 424

Übersicht über Definitionen, Merksätze und Abbildungen —— 426

Sachregister —— 428

Personenregister —— 434

Die Zusammenstellung der Lösungen zu sämtlichen Übungen dieses Buches kann kostenfrei unter folgendem Link heruntergeladen werden:
https://www.degruyter.com/view/title/576585

Teil I: **Grundkurs in Aussagenlogik und elementarer Prädikatenlogik**

1 Allgemeine Grundlagen

1.1 Ziele der Logik

Argumentieren bzw. schlussfolgern heißt, aus der *angenommenen* Wahrheit gewisser Sätze – der *Prämissen* – auf die Wahrheit eines anderen Satzes – der *Konklusion* – zu schließen. Ein Argument bzw. einen Schluss schreiben wir in folgender Form:

Prämisse 1	*Beispiel* (Schluss mit 2 Prämissen):
Prämisse 2	
⋮	Wenn es regnet, ist die Straße nass.
Prämisse n	Es regnet.
Konklusion	Also ist die Straße nass.

Die Logik verfolgt primär zwei Ziele:
Ziel 1: Die Logik will herausfinden, wann ein solcher Schluss logisch *gültig* ist, mit dem Endziel, alle gültigen Schlüsse übersichtlich angeben zu können.
Ziel 2: Zugleich will die Logik alle *logisch wahren* Sätze angeben können, denn die logische Wahrheit von Sätzen hängt mit der Gültigkeit von Schlüssen eng zusammen.

Die logische Gültigkeit – kurz: Gültigkeit – von Schlüssen wird häufig so charakterisiert:

> (G) *Gültigkeit von Schlüssen – vorläufige Charakterisierung:*
> Ein Schluss ist gültig, wenn folgendes *notwendig* ist (also unter allen denkmöglichen Umständen) zutrifft: Immer dann, wenn alle Prämissen wahr sind, ist auch die Konklusion wahr.
> Gleichwertig formuliert: Ein Schluss ist gültig, wenn folgendes *unmöglich* ist (also unter keinen denkmöglichen Umständen zutrifft): Alle Prämissen sind wahr, aber die Konklusion falsch.

Die Gültigkeit eines Schlusses *hängt also nicht davon ab, ob alle Prämissen wahr sind*; es gibt auch gültige Schlüsse, bei denen falsche Prämissen benutzt wurden. Die Gültigkeit besagt nur: *Wenn* alle Prämissen wahr wären, müsste mit Sicherheit auch die Konklusion wahr sein – wie etwa im Beispiel „wenn ich größer wäre als 2m, wäre meine Hälfte mit Sicherheit größer als 1m".

Man wird fragen: wozu dient ein gültiges Argument, wenn man nicht weiß, ob die Prämissen wahr sind? Eine ausführliche Antwort darauf geben wir in Abschn. 1.8, wo wir sehen werden, dass man Erkenntnisse über die Gültigkeit von Argumenten auch dann anwenden kann, wenn man die Wahrheit der Prämissen nicht kennt: der Schluss von wahren Prämissen auf die Wahrheit der Konklusion ist eine wichtige, aber nicht die einzige Anwendungsmöglichkeit der Logik. Einen gültigen Schluss nennt man im Englischen übrigens „valid" und einen gültigen Schluss mit wahren Prämissen „sound"; letzterer Begriff hat im Deutschen keine eindeutige Übersetzung (einige Autoren übersetzen „sound" mit „korrekt", andere mit „schlüssig"; vgl. Beckermann 1997, 26).

In jedem Fall muss die Erkenntnis der Gültigkeit eines Argumentes von der Erkenntnis der Wahrheit seiner Prämissen klar unterschieden werden – ersteres ist eine logische Frage, letzteres ist eine Faktenfrage; ersteres entscheidet der Logiker, letzteres der empirische Wissenschaftler.

Die Gültigkeit von Schlüssen bezeichnet man auch als Eigenschaft der *Wahrheitserhaltung*: gültige Schlüsse erhalten die Wahrheit beim Übergang von den Prämissen zur Konklusion. Hier einige *Beispiele:*

(1) Wenn es regnet, ist die Straße nass.
    Es regnet.
    ──────────────────────────────
    Also ist die Straße nass.

(1) ist ein *gültiger* Schluss, gleich ob die Prämissen wahr oder falsch sind, also ob es tatsächlich regnet oder nicht, und unabhängig davon, ob wir uns gerade in einem Tunnel befinden, während es regnet, sodass die Straße trocken bleibt. Regnet es nicht, ist die zweite Prämisse falsch; regnet es und befinden wir uns in einem Tunnel, ist die erste Prämisse falsch. Sind aber beide Prämissen wahr, dann ist notwendigerweise auch die Straße nass – das und nur das besagt die Gültigkeit dieses Schlusses.

Anders ist es mit dem Schluss (2) bestellt:

(2) Wenn es regnet, ist die Straße nass.
    Die Straße ist nass.
    ──────────────────────────────
    Also regnet es.

(2) ist ein *ungültiger* Schluss, auch wenn ‚zufälligerweise' beide Prämissen und die Konklusion wahr sind. Denn das ist nicht notwendig so: beispielsweise könnte die Straße von einem Straßenreinigungsgerät nass gespritzt worden sein, während die Sonne schien, es also nicht regnete.

1.2 Der schillernde Begriff der Notwendigkeit

Die Charakterisierung der Gültigkeit eines Schlusses im vorigen Abschnitt ist intuitiv plausibel. Man findet sie in vielen philosophischen Texten und auch in manchen gegenwärtigen Logiklehrbüchern (z.B. Bergmann et al. 1998, 11). Doch leider ist diese Charakterisierung für eine präzise Definition des Gültigkeitsbegriffs unbrauchbar und wird daher von uns als „vorläufig" bezeichnet. Denn die Charakterisierung (G) basiert auf dem Begriff der *Notwendigkeit*, und dieser Begriff – sofern man ihn nicht näher definiert – ist notorisch ungenau, da nicht klar ist, was mit „notwendig" genau gemeint ist. Viele Menschen halten beispielsweise die Existenz eines allmächtigen Gottes für notwendig, obwohl hier von logischer Notwendigkeit nicht die Rede sein kann. Descartes hielt die Zurückführbarkeit von physikalischer Kraft auf Kontaktkausalität für notwendig, was später durch Newtons Gravitationsgesetz widerlegt wurde, und Kant hielt die euklidische Geometrie für notwendig, die später durch Einsteins Relativitätstheorie widerlegt wurde. Blickt man kritisch auf die (Widerlegungs-)Geschichte philosophischer Systeme, so verliert man das Vertrauen in den intuitiven Notwendigkeitsbegriff. Auch die moderne Kognitionspsychologie zeigt, dass unsere *intuitiven* Vorstellungen von Denknotwendigkeit unverlässlich sind (vgl. Piatelli-Palmarini 1977).

Um Fortschritte in der wissenschaftlichen Philosophie zu machen, war es ungemein wichtig, vier unterschiedliche Begriffe von Notwendigkeit zu unterscheiden, die sich nach ihrer Strenge ordnen lassen: logische Notwendigkeit, analytische Notwendigkeit (s. Abschn. 1.7.1), physikalische bzw. naturgesetzliche Notwendigkeit und praktische Notwendigkeit (als das, was der Mensch beim gegebenen Stand der Technik nicht verändern kann, vgl. Abschn. 1.7.3). In diesem Buch geht es um den strengsten dieser vier Begriffe, den *logischen* Notwendigkeitsbegriff. Aber wie lässt sich der logische Begriff der Notwendigkeit und der Gültigkeit (als notwendiger Wahrheitstransfer von Prämissen auf Konklusion eines Schlusses) *objektiv*, ohne Rückgriffe auf subjektive Intuitionen, definieren? Ist dies überhaupt möglich?

Die Erkenntnis, dass und wie dies möglich ist, bildete den Grundstein zur Entwicklung der modernen symbolischen Logik, die erst Ende des 19. Jahrhunderts begann und sich stürmisch weiterentwickelte (Abschn. 1.6). Durch die moderne Logik wurden beliebige sprachliche Erkenntnissysteme mit mathematischer Präzision darstellbar, was für die damals beginnenden Strömungen der Analytischen Philosophie Anlass zur Hoffnung war, nun endlich das Rüstzeug für eine wissenschaftlich fortschreitende Philosophie gefunden zu haben (vgl. Schlick 1930/31, 5f.). Dieser modernen Definition des logischen Notwendigkeits- und Gültigkeitsbegriffs wenden wir uns nun zu.

1.3 Gültige Schlüsse und logische Form

Den Begriff der logischen Notwendigkeit, um die es in der modernen Logik geht, lässt sich durch die Betrachtung der *logischen Form* von Schlüssen klarmachen. Dass Schluss (1) *notwendig* von wahren Prämissen zu wahrer Konklusion führt, liegt an seiner logischen Form: jeder Schluss, der dieselbe Form wie (1) hat, muss ebenfalls gültig sein. Schlüsse mit derselben logischen Form wie (1) sind z.B.:

(1') Wenn ich auf den Knopf drücke, geht das Radio an.
  Ich drücke auf den Knopf.
  ―――――――――――――――――――
  (Also:) Das Radio geht an.

(1'') Wenn es regnet, brennt die Erde.
  Es regnet.
  ―――――――――――――――――――
  (Also:) Die Erde brennt.

Die Prämissen von Schluss (1'') sind vielleicht etwas ungewöhnlich, doch auch hier gilt: in einer denkbaren Welt, in der die Prämissen von (1'') wahr wären (z.B. in einer, in der die Erde aus Natrium besteht, das im Verein mit Wasser flammenbildend reagiert und wo es gerade regnet), wäre notwendigerweise auch die Konklusion wahr.

Die Ungültigkeit des Schlusses (2) hingegen erkennt man daran, dass es Schlüsse von derselben Form wie (2) gibt, worin alle Prämissen wahr sind, aber die Konklusion falsch, wie im Beispiel (2'):

(2') Wenn ein Fahrschein nicht mehr als 5 Cent kostet, dann kostet er nicht mehr als mein Haus.
  Ein Fahrschein kostet nicht mehr als mein Haus.
  ―――――――――――――――――――
  (Also:) Ein Fahrschein kostet nicht mehr als 5 Cent.

Um die logische Form eines Schlusses herauszufinden, muss man die Sätze, aus denen er besteht, in zwei Arten von Bestandteilen zerlegen: die inhaltlichen und die logischen Bestandteile. Inhaltliche Satzbestandteile bezeichnet man in der Logik auch als *nichtlogische* Symbole (bzw. Begriffe) und logische Bestandteile als *logische* Symbole (bzw. Begriffe). Die Unterscheidung zwischen logischen und nichtlogischen Symbolen ist grundlegend für jede Art von Logik; nicht nur für die Aussagenlogik, sondern auch für die Prädikatenlogik, mit der wir uns später beschäftigen. In der Aussagenlogik sind die inhaltlichen Satzbestandteile die *elementaren*, also nicht weiter zerlegbaren Aussagen, wie „Es regnet" und „Die Straße ist nass" im Beispiel (1). Die logischen Bestandteile der Aussagenlogik sind die logischen Verknüpfungsausdrücke, auch Junktoren oder Konnektive genannt, wie das „wenn – dann" im Beispiel (1). Allgemeiner gesprochen bezeichnen nichtlogische Symbole Bestandteile der Realität, logische Begriffe haben dagegen rein logisch-strukturelle Funktion (s. Abb. 1-1).

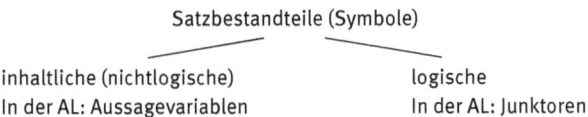

Abb. 1-1: Einteilung von Satzbestandteilen.

Die logische Form eines Schlusses erhält man nun, indem man alle nichtlogischen Symbole durch Platzhalter respektive *Variablen* ersetzt. Für die Aussagenlogik heißt dies, dass man die logische Satzform erhält, indem man die *elementaren Aussagen* des Satzes durch Symbole für elementare Aussagen ersetzt, sogenannte *Aussagevariablen*, für die wir kurz p, q, r, ... schreiben. Für das „wenn – dann" schreibt man üblicherweise einen Pfeil → und sagt dazu: „(materiale) Implikation". Damit lautet die logische Form des Schlusses (1):

(1*) $p \rightarrow q$ Die Schlussform (1*) heißt auch: *Modus Ponens*.
$\quad\;\; \underline{p}$
$\quad\;\; q$

Aufbauend auf unserer vorläufigen Charakterisierung (G) aus Abschn. 1.1 besagt die Gültigkeit von (1*) nun präzise folgendes: Welche Aussage man für die Variablen p und q auch immer einsetzt, es wird in keiner möglichen Einsetzung der Fall auftreten, dass beide Prämissen wahr sind, aber die Konklusion dennoch falsch ist. Solche Einsetzungen nennt man in der Logik auch *Interpretationen*.

Beispiele:

Die (1*)-Interpretation $\begin{cases} p - \text{Es regnet} \\ q - \text{Die Straße ist nass} \end{cases}$ führt zu Schluss 1.

Die (1*)-Interpretation $\begin{cases} p - \text{Ich drücke auf den Knopf} \\ q - \text{Das Radio geht an} \end{cases}$ führt zu Schluss 1'.

Die (1*)-Interpretation $\begin{cases} \text{p – Es regnet} \\ \text{q – Die Erde brennt} \end{cases}$ führt zu Schluss 1''.

Konvention: Übersetzungen zwischen Zeichen der logischen Sprache und natursprachlichen Sätzen werden von nun an durch einen Strich kenntlich gemacht, also:

„X – (...)" steht für: „Das logische Zeichen X bedeutet (...)".

Merkregel: Natürlich muss für *dieselbe* Aussagevariable an jeder Stelle *derselbe* Satz eingesetzt werden. Beispielsweise ist

> Wenn es regnet, ist die Straße nass.
> Es schneit.
> ─────────────────────────
> Die Straße ist nass.

keine korrekte Interpretation der gültigen Schlussform

$p \to q$
$\underline{p}$
$q,$

sondern vielmehr eine Interpretation der ungültigen Schlussform

$p \to q$
$\underline{r}$
$q.$

Die logische Form von Schluss (2) lautet:
(2*) $p \to q$
$\underline{q}$
p

Die Ungültigkeit von (2*) erkennt man eben daran, dass es Interpretationen gibt, bei denen alle Prämissen wahr werden, die Konklusion aber falsch wird. Ein Beispiel ist die Interpretation

> p – ein Fahrschein kostet nicht mehr als 5 Cent
> q – ein Fahrschein kostet nicht mehr als mein Haus,

die zu Schluss (2') führt, der offensichtlich wahre Prämissen, aber eine falsche Konklusion besitzt.

Freilich kann es auch bei ungültigen Schlussformen Interpretationen geben, die alle Prämissen und auch die Konklusion wahr machen – im obigen Beispiel (2*) etwa die Interpretation p – ein Fahrschein kostet nicht mehr als 100 Euro und q wie oben. Aber das genügt nicht für die Gültigkeit eines Schlusses. Es darf *keine einzige* Interpretation geben, die alle Prämissen wahr aber die Konklusion falsch macht. Nur dann ist schon aus *rein logischen* Gründen und mit *Sicherheit* gewährleistet, dass uns dieser Schluss nie in die Irre führen wird; und nur dann nennen wir den Schluss logisch gültig, oder kurz, gültig. Damit gelangen wir zu folgender präzisen Definition:

Definition 1-1. *Gültigkeit von Schlüssen – allgemeine Definition:*
(a) Eine *Schlussform* ist gültig g.d.w. (genau dann, wenn)
  – alle (möglichen) Interpretationen dieser Schlussform, die alle Prämissen wahr machen, auch die Konklusion wahr machen,
  bzw. gleichbedeutend:
  – es keine Interpretation dieser Schlussform gibt, die alle Prämissen wahr aber die Konklusion falsch macht.
(b) Ein *Schluss* ist gültig g.d.w. seine Schlussform gültig ist.
Ergo: Ist ein Schluss gültig, so sind alle Schlüsse derselben Form gültig.

Diese Definition von logischer Gültigkeit hat zwei charakteristische Merkmale:
Erstens ist sie *allgemein*, gilt also für beliebige Logiksysteme – im engen Sinn von Logik (dazu Abschn. 1.7). Der Unterschied ist nur, dass in über die Aussagenlogik hinausgehenden Logiksystemen, wie beispielsweise in der Prädikatenlogik, weitere logische und nichtlogische Symbolarten hinzukommen.
Zweitens haben wir die Gültigkeit von einzelnen Schlüssen über die Gültigkeit ihrer Schlussform definiert und damit deutlich gemacht, dass die Gültigkeit eines Schlusses nur von seiner logischen Form abhängt, also bestehen bleibt, wenn man seine nichtlogischen Begriffe durch bedeutungslose Platzhalter, sprich: Variablen, ersetzt. Man drückt dies auch in folgendem Slogan aus: *Logik (im engen Sinne) ist eine Sache der logischen Form.*
Definition 1-1 der Gültigkeit nimmt auf alle möglichen Interpretationen Bezug; es handelt sich daher um eine (sogenannte) *semantische* Definition der Gültigkeit. Die Tatsache, dass die Gültigkeit eines Schlusses von seiner bloßen logischen Form abhängt, legt jedoch noch eine zweites Verfahren nahe, um Gültigkeit zu bestimmen, das auf Interpretationen gar keinen Bezug mehr nimmt und nur logische Formen betrachtet. Z.B. könnte man sagen, jedes Argument, das durch Aneinanderreihungen von Schlüssen der Form (1*) erzeugt werden kann, ist gültig. Diese Idee führt zu einer rein *syntaktischen* Methode, der sogenannten

deduktiven Beweismethode, mit der wir uns erst in Kap. 8 beschäftigen. Vorläufig orientieren wir uns am semantischen Gültigkeitsbegriff gemäß Definition 1-1.

Dass die Gültigkeit eines Schlusses nur von seiner Form abhängt, also bestehen bleibt, wenn man von der Bedeutung seiner nichtlogischen Bestandteile abstrahiert, kann man auch auf folgende Weise ausdrücken:

> Merksatz 1-1. *Äquivalente Charakterisierung logischer Gültigkeit:* Die Gültigkeit eines Schlusses hängt nur von der Bedeutung seiner logischen Symbole ab.

Eben deshalb ist die logische Gültigkeit *unabhängig* von den Tatsachen der wirklichen Welt: letztere bestimmen die Bedeutung und den Wahrheitswert der inhaltlichen Satzbestandteile, aber nicht die Bedeutung der logischen Symbole. Die Bedeutung der logischen Symbole – in der Aussagenlogik also die Bedeutung der logischen Junktoren „wenn dann", „nicht", „und" (usw.) – wird vielmehr im jeweiligen Logiksystem durch präzise semantische Festsetzungen verbindlich festgelegt.

Trotz ihrer intuitiven Plausibilität eignet sich die obige äquivalente Charakterisierung schlecht für eine Definition des Gültigkeitsbegriffs, denn sie würde auf die Formulierung „Eine Schlussform ist gültig wenn ihre Gültigkeit aus der Bedeutung ihrer logischen Symbole folgt" hinauslaufen, und diese Formulierung ist zirkulär, weil sie im Definiens den Begriff des logischen Folgens und damit den der Gültigkeit wieder enthält. Um dieser Zirkularität zu entgehen, nimmt man in der Definition des Gültigkeitsbegriffs Bezug auf alle möglichen Interpretationen.

Die allgemeine Definition 1-1 der logischen Gültigkeit hat einen Nachteil: wir haben darin den Begriff der Interpretation im *natursprachlichen* Sinn verwendet. Doch es ist unmöglich, alle möglichen natursprachlichen Sätze systematisch zu durchlaufen. Definition 1-1 gibt uns zwar eine Methode, einen Schluss als ungültig zu erweisen, denn hierfür genügt es, ein Gegenbeispiel zu finden, d.h. einen Schluss derselben logischen Form mit wahren Prämissen und falscher Konklusion. Definition 1-1 liefert uns aber keine Methode, Schlüsse als gültig zu beweisen, denn es ist unmöglich, alle unendlich vielen Interpretationen der Aussagevariablen durch natursprachliche Sätze zu durchlaufen. Daher ist auch 1-1 noch nicht die endgültige und vollständig exakte logische Definition. Statt natursprachliche Sätze oder Satzbestandteile für die nichtlogischen Symbole einzusetzen, setzt man in der logisch exakten Gültigkeitsdefinition etwas formales und logisch präzises ein: in der Aussagenlogik sind es Wahrheitswerte, in der Prädikatenlogik Individuen und Mengen, und in der Modallogik mögliche Welten. Man spricht hier auch von *formaler Semantik*. Die formalsemantischen Gültigkeitsdefinitionen sind jedoch *logikspezifisch*. Eine allgemeine, für alle Logiksysteme geltende Gültigkeitsdefinition, kann dagegen nur in der Form von Def. 1-1 gegeben werden.

1.4 Logisch wahre Aussagen

Ziel der Logik ist es nicht nur, alle gültigen Schlüsse, sondern auch alle logisch wahren Sätze herauszufinden. Zwischen beiden besteht ein einfacher Zusammenhang. Der Inhalt von Schlüssen lässt sich nämlich immer in die Form eines Wenn-dann-Satzes kleiden: man setze einfach nach dem „wenn" die Konjunktion (Und-Verknüpfung) aller Prämissen und nach dem „dann" die Konklusion.

So entspricht dem Schluss

(3) Wenn es regnet, ist die Straße nass.
Es regnet.
_____
Die Straße ist nass.

der komplexe Wenn-dann-Satz (die umständliche Grammatik darf uns nicht stören):

(3') Wenn gegeben ist: (Wenn es regnet, ist die Straße nass, und: es regnet), dann ist die Straße nass.

Bzw. der Schlussform

(4) $p \to q$
$\underline{p}$
q

entspricht die Aussageform

(4') $((p \to q)$ und $p) \to q$,

wobei die Klammern zeigen, was jeweils zusammengehört.

So wie es in Schluss (4) unmöglich ist, dass die Prämissen ($p \to q$) und p wahr, aber die Konklusion q falsch ist, so ist es bei der zugeordneten Wenn-dann-Aussage (4') unmöglich, dass das Wenn-Glied (($p \to q$) und p) wahr ist, aber das Dann-Glied q falsch. Man nennt eine solche Wenn-dann-Aussage logisch wahr oder allgemeingültig; wir bevorzugen „logisch wahr", um Verwechslungen mit der ‚Gültigkeit' von Schlüssen zu vermeiden. Jedem gültigen Schluss entspricht daher eine zugeordnete logisch wahre Wenn-dann-Aussage. Es gibt jedoch noch andere Beispiele logisch wahrer Aussagen, die nicht in dieser Weise gültigen Schlüssen entsprechen, z.B. „p oder nicht p".

Generell können wir die logische Wahrheit von Aussagen analog wie bei Schlüssen so definieren:

> Definition 1-2. *Logische Wahrheit von Aussagen – allgemeine Definition:*
> (a) Eine *Aussageform* ist logisch wahr g.d.w. die Aussageform unter allen ihren Interpretationen wahr wird.
> (b) Eine *Aussage* ist logisch wahr g.d.w. ihre Aussageform logisch wahr ist.
> *Ergo*: Ist eine Aussage logisch wahr, so sind alle Aussagen derselben Form logisch wahr.

1.5 Grundlegendes zu logischen Systemen

1.5.1 Extensionale versus intensionale Satzoperatoren

Wir unterscheiden zwischen Aussagenlogik im *engeren* Sinn, kurz einfach Aussagenlogik, und Aussagenlogik im *erweiterten* Sinn, womit wir die *intensionale* bzw. die *verallgemeinert-modale* Aussagenlogik meinen.

Die logischen Symbole der Aussagenlogik im erweiterten Sinn sind *Satzoperatoren*. Das sind, von ihrer grammatischen Kategorie her, sprachliche Operatoren, die in Anwendung auf einen oder mehrere Sätze wieder einen Satz ergeben. Es gibt ein- und mehrstellige Satzoperatoren. Z.B. ist „nicht" ein einstelliger Satzoperator, der angewandt auf einen Satz „p" den Satz „nicht p" bzw. „es ist nicht der Fall, dass p" ergibt. Ebenso ist *notwendig* ein einstelliger Satzoperator, der angewandt auf einen Satz „p" den Satz „notwendigerweise p" bzw. „es ist notwendig, dass p" ergibt. „Und" ist ein zweistelliger Satzoperator, der angewandt auf zwei Sätze p, q den Satz „p und q" ergibt. In Funktionalschreibweise könnte man auch „nicht(p)", „notwendig(p)" bzw. „und(p,q)" schreiben.

Ein Satzoperator ist also eine Art von *Funktion*. Allgemein gesprochen ist eine Funktion eine Zuordnungsvorschrift, die in Anwendung auf eine oder mehrere Entitäten eines bestimmten Typs wieder eine Entität eines bestimmen Typs erzeugt. Die Entitäten, auf die eine Funktion angewandt wird, nennt man ihre *Argumente*. Eine einstellige Funktion hat ein Argument, eine n-stellige Funktion n Argumente. Den Ausdruck, der durch Anwendung der Funktion auf gegebene Argumente entsteht, nennt man auch *Anwendung* der Funktion oder *Funktionsterm*; die dadurch bezeichnete Entität nennt man den *Wert* der Funktion für die gegebenen Argumente. Die Argumente und der Wert eines Satzoperators sind Sätze.

Die Satzoperatoren der Aussagenlogik (im engeren Sinn) haben eine ganz besondere Eigenschaft: sie sind *wahrheitswertfunktional*. Allgemeiner gesprochen sagt man auch, sie sind *extensional* (dieser Begriff ist auf die Prädikatenlogik übertragbar).

> Definition 1-3. *Wahrheitswertfunktionalität:*
> Ein Satzoperator ist *wahrheitswertfunktional* bzw. *extensional* g.d.w. der Wahrheitswert seiner Anwendung immer und eindeutig durch die Wahrheitswerte seiner Argumente bestimmt ist. Andernfalls heißt der Satzoperator *intensional*.

Wahrheitswerte gibt es, jedenfalls in der klassischen Logik, nur zwei: „wahr" und „falsch"; jeder Satz ist entweder wahr oder falsch. Zum Beispiel ist der Satzoperator „nicht" extensional: ein Satz der Form „nicht p" ist wahr genau dann, wenn p falsch ist, und er ist falsch g.d.w. p wahr ist. Ebenso ist der zweistellige Satzoperator „und" offenbar extensional, denn „p und q" ist nur dann wahr, wenn sowohl p wie auch q wahr sind, und andernfalls falsch. „Nicht" und „und" sind damit wahrheitswertfunktional: kennt man die Wahrheitswerte der Argumentsätze, so kann man daraus – unabhängig davon, was sie bedeuten – auf den Wahrheitswert der *zusammengesetzten* Aussage schließen.

Nur wenige Satzoperatoren der natürlichen Sprache sind extensional; die meisten sind *intensional*. Ein Beispiel ist der einstellige Satzoperator „notwendig". Ob ein Satz der Form „notwendig p" wahr ist, hängt nicht nur davon ab, ob p tatsächlich wahr ist, sondern hängt auch von der spezifischen Bedeutung von p ab, aus der erst hervorgeht, ob die Wahrheit von p wirklich durch irgendeine Art von ‚Notwendigkeit' zustande kam oder nicht. Hier ein Beispiel:

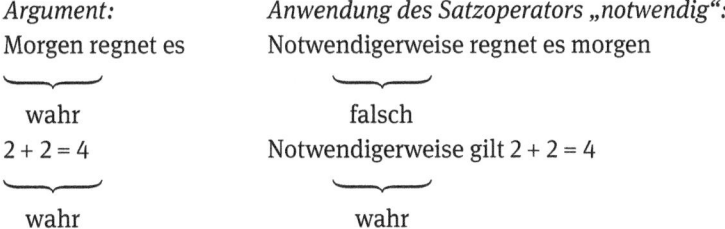

Der erste Satz ist zwar empirisch wahr, aber nicht notwendig; der zweite Satz ist nicht nur tatsächlich wahr, seine Wahrheit gilt auch mit (mathematischer) Notwendigkeit. Somit ist „notwendig" intensional. Generell zeigt man die Intensionalität eines Satzoperators O, indem man zwei Beispiele von natursprachlichen

Sätzen N_1, N_2 findet, derart, dass N_1 und N_2 denselben Wahrheitswert haben (z.B. beide wahr), aber $O(N_1)$ und $O(N_2)$ verschiedene Wahrheitswerte haben (z.B. erster wahr, zweiter falsch).

Es gibt noch viele andere Arten von Satzoperatoren, die *intensional* sind, wie beispielsweise „es ist möglich, dass", „es ist wertvoll, dass", „es ist wahrscheinlich, dass" (usw.). Mit intensionalen Satzoperatoren beschäftigt sich die *intensionale Aussagenlogik* bzw. die *verallgemeinerte Modallogik*. Die Modallogik entstand ursprünglich als eine intensionale Logik der Satzoperatoren „notwendig" und „möglich", der sogenannten *alethischen* Satzoperatoren; mit Modallogik im *engeren* Sinne meint man die alethische Modallogik. Später wurde die Modallogik auf andere Arten von intensionalen Satzoperatoren erweitert, weswegen man hier von *verallgemeinerter* Modallogik spricht; beispielsweise nennt man die Modallogik *normativer* Satzoperatoren wie z.B. „es ist geboten, dass" die *deontische* Modallogik (usw.). Die „Semantik" der Modallogik – also das, was hier den Aussagevariablen zugeordnet wird – geht natürlich über bloße Wahrheitswertzuordnungen hinaus: hier werden den Aussagevariablen *Mengen von möglichen Welten* zugeordnet, in denen diese Aussagevariablen wahr sind.

Im aussagenlogischen Teil dieses Buches beschäftigen wir uns nur mit Aussagenlogik im engen Sinne, kurz Aussagenlogik, abgekürzt *AL*. Extensionale Satzoperatoren nennen wir auch *Junktoren*. Die Elementarsätze der AL, also die Aussagevariablen, sind jene Sätze, die selbst nicht mithilfe von Junktoren zusammengesetzt sind: man sagt auch, sie sind *wahrheitswertfunktional unzerlegbar* (s. Abschn. 6.1).

Die Wahrheitswertfunktionalität der aussagenlogischen Junktoren ermöglicht, wie schon angedeutet, ein besonders einfaches Verfahren, die logische Gültigkeit von Schlüssen bzw. logische Wahrheit von Aussagen zu ermitteln: statt den Aussagevariablen alle möglichen natursprachlichen Sätze zuzuordnen (was nicht möglich ist), brauchen wir ihnen nur alle möglichen Kombinationen der beiden Wahrheitswerte „wahr" und „falsch" zuzuordnen – diese Idee führt direkt zur *Wahrheitstafelmethode*, die wir im nächsten Kapitel besprechen.

Die Prädikatenlogik, die wir später behandeln und mit *PL* abkürzen, zerlegt elementare Aussagen in noch kleinere Bestandteile: in Individuenbezeichnungen (z.B. Eigennamen) und Prädikate (Eigenschafts- oder Relationsbezeichnungen). Z.B. zerlegt die PL die elementare Aussage „Sokrates ist sterblich" in die Bestandteile

a – Sokrates (die Individuenbezeichnung)
F – sterblich (die Eigenschaftsbezeichnung)

und schreibt die Aussage in die logische Form:

Fa.

Als neue logische Zeichen der PL kommen sogenannte *Quantoren* hinzu: der Allquantor „für alle" und der Existenzquantor „für mindestens ein". Wir behandeln die PL erst in späteren Kapiteln.

1.5.2 Satz, Aussage, Aussageform, Aussageschema

Unter einer *Aussage* verstehen wir ganz allgemein einen *Satz*, der eine *deskriptive* Behauptung macht und wahr oder falsch sein kann. Eine Aussage drückt einen *Sachverhalt* aus; ist sie wahr, so nennt man den von ihr ausgedrückten Sachverhalt eine *Tatsache*. In der natürlichen Sprache gibt es neben Aussagesätzen auch andere Satzarten, z.B. Fragesätze oder Befehlssätze, weshalb hier die Unterscheidung zwischen „Satz" und „Aussage" wichtig ist (Abschn. 6.8). In der Logik (speziell in der AL) interessieren wir uns nur für Aussagesätze; wir verwenden hier daher die Begriffe „Satz" und „Aussage" gleichbedeutend.

Nicht nur das – in der Logik interessieren uns nie konkrete natursprachliche Aussagen, sondern nur die zugrundeliegenden Aussageformen, worin die elementaren Aussagen durch Aussagevariablen ersetzt wurden. Ebenso interessieren uns nicht die konkreten Schlüsse, sondern nur die zugrundeliegenden Schlussformen. Daher sagen wir in der Logik einfach „Aussage" und „Schluss", wenn wir es mit einer Aussageform oder Schlussform zu tun haben. Beispielsweise nennen wir „p→q" eine (formallogische) Aussage. Dies führt uns zu folgender

(V) *Vereinfachung der Sprechweise:* In der Logik verwenden wir die Begriffe „Satz", „Aussage" und Aussageform" gleichbedeutend und meinen damit eine logische Aussageform; analog für die Begriffe „Schluss" und „Schlussform". Eine diesbezügliche Unterscheidung wird nur nötig, wenn wir natürliche Sprachen rekonstruieren.

In der Logik wird dagegen eine andere Unterscheidung wichtig, nämlich die zwischen Aussage und Aussageschema. Wir verwenden die Kleinbuchstaben p, q, r, ... als Aussagevariablen und die Großbuchstaben A, B, C, ... als Schemabuchstaben; „p→q" ist eine Aussage und „A→B" ein Aussageschema. Der Unterschied ist folgender: während Aussagevariablen immer nur für elementare Sätze stehen, dürfen Schemabuchstaben für beliebige, auch aussagenlogisch zerlegbare Sätze stehen; „A" kann also etwa auch „Es regnet und die Straße ist nass" bedeuten; „p" dagegen nur „Es regnet" oder „Die Straße ist nass" (etc.). Analoges gilt für die Unterscheidung zwischen Schluss und Schlussschema; näheres dazu in Abschn. 4.3.

1.5.3 Syntax und und Semantik: Zur Architektur logischer Systeme

Um ein *logisches System* aufzubauen, muss in einem ersten Schritt einmal die *logische Sprache* genau definiert werden. Erst wenn das getan ist, kann man nach exakten Methoden der Auffindung von gültigen Schlüssen und logisch wahren Aussagen fragen. Diese Methoden zerfallen in zwei Hauptarten: in *semantische* und *syntaktische Methoden*.

Unter der sprachwissenschaftlichen *Semantik* versteht man generell jene Disziplin, die die *Bedeutung* und den *Weltbezug* sprachlicher Ausdrücke behandelt. Die *Syntax* ist dagegen jene Disziplin, die von Bedeutungen abstrahiert und nur die grammatische *Form* von sprachlichen Ausdrücken untersucht (Newen und Schrenk 2014).[1] Analoges gilt für die *logische* Semantik und *logische* Syntax. In der ersteren werden den Aussagen bzw. ihren Bestandteilen formallogische Bedeutungen, sogenannte Interpretationen, zugeordnet, in der letzteren untersucht man nur die logischen Formeigenschaften von Aussagen oder Schlussregeln, in Absehung von ihren Bedeutungen.

Die Unterscheidung zwischen logischer Syntax und Semantik ist für *alle* logischen Systeme grundlegend. Auch der in Definition 1-1 explizierte Gültigkeitsbegriff ist ein semantischer Begriff, da er auf Interpretationen Bezug nimmt. Speziell in der Semantik der AL sind diese Interpretationen Wahrheitswerte; man ordnet den Aussagevariablen die Wahrheitswerte „wahr" oder „falsch" zu und sucht nach Wegen, um alle Möglichkeiten solcher Wahrheitswertzuordnungen überschauen zu können, um so herauszufinden, ob ein Schluss gültig oder eine Aussage logisch wahr ist. Dies führt zur Wahrheitstafelmethode als einfachster semantischer Methode der AL.

Die wichtigste syntaktische Methode der Logik ist die deduktive Methode. Hier sucht man nach einigen grundlegenden Regeln des logischen Schließens, durch die alle gültigen Schlüsse bzw. logisch wahren Sätze in Form von Schlussketten bewiesen werden können. Diese Regeln orientieren sich allein an der logischen Form von Schlussregeln; beispielsweise lautet die Schlussregel des Modus Ponens: „Aus p→q und p darf auf q geschlossen werden".

Da man in der deduktiven Methode nur die Form von Aussagen betrachtet, ist auch sie eine syntaktische Methode. Natürlich will man, dass die semantische und die deduktive Methode zur Findung gültiger Schlüsse zum selben Ergebnis

---

[1] Seit Morris (1946) unterscheidet man in der Sprachwissenschaft die drei Gebiete Syntax, Semantik und Pragmatik. Die *Pragmatik* (die wir hier nicht besprechen) beschäftigt sich mit dem Kommunikationskontext und den Interessen von Sprecher und Hörer.

führen; man zeigt dies (wenn man kann) durch sogenannte Korrektheits- und Vollständigkeitsbeweise.

Dass verschiedene logische Methoden zum selben Ergebnis führen, heißt nicht, dass sie überflüssig sind. Eine wichtige Eigenschaft von logischen Methoden ist ihre *Komplexität* (die Komplexitätstheorie wurde in der Theoretischen Informatik und Computerlogik entwickelt). Darunter versteht man ganz allgemein den Berechnungsaufwand bzw. die Anzahl elementarer Rechenschritte, um mit der Methode herauszufinden, ob ein gegebener Schluss gültig bzw. eine gegebene Aussage logisch wahr ist oder nicht. Hinsichtlich ihrer Komplexität können sich nun ergebnisäquivalente Methoden (zumindest für bestimmte Anwendungsbereiche) gewaltig unterscheiden; Beispiele dieser Art werden wir alsbald kennenlernen. Und deshalb benötigt man die unterschiedlichen (obgleich ergebnisäquivalenten) Methoden.

Neben der deduktiven Methode gehört auch der oben erwähnte erste Schritt, die Definition der logischen Sprache, zum syntaktischen Bereich der Logik. Die Architektur eines logischen Systems besteht also zusammenfassend aus logischer Sprache (Syntax), semantischen Methoden (Semantik) und deduktiven Methoden (Syntax).

Dass es in der Logik und Mathematik syntaktisch regelbasierte und semantisch modellbasierte Methoden gibt, hat aber nicht nur beweistechnische Gründe. Eine zweite, philosophisch wie psychologisch bedeutende Basis dieser Unterscheidung besteht darin, dass es sich beim regelbasierten und beim modellbasierten Schlussfolgern zugleich um zwei grundlegende Arten des menschlichen Denkens handelt, die zwar manchmal miteinander konkurrieren, aber letztlich komplementär sind und ihre spezifischen Vorteile und Nachteile besitzen (Evans und Over 1996).

1.6 Grundannahmen der klassischen Logik und historischer Exkurs

Die semantische Grundannahme der sogenannten *klassischen* Logik (Aussagen-, Prädikaten- und Modallogik) ist sehr einfach:

(Z) *Jede Aussage ist entweder wahr oder falsch (Prinzip der Zweiwertigkeit).*

Man kann das *Zweiwertigkeitsprinzip* auch in zwei Teilprinzipien aufspalten:
- (Z1) Jede Aussage ist wahr oder falsch, einen „dritten" Wahrheitswert gibt es nicht (*Prinzip des ausgeschlossenen Dritten*), formal: A oder nicht-A.

- (Z2) Keine Aussage ist zugleich wahr und falsch (*Nichtwiderspruchsprinzip*), formal: nicht-(A und nicht-A).

Beide Prinzipien findet man bereits bei *Aristoteles*. In seiner *Analytica priora* hatte Aristoteles eine Logik entwickelt, die sogenannte *Syllogistik*, auf die wir im Abschnitt über Prädikatenlogik kurz eingehen. Interessanterweise hat sich die Logik seit Aristoteles bis Anfang des 20. Jahrhunderts nur wenig verändert. Es gab in der Spätscholastik des Mittelalters zwar eine gewisse Weiterentwicklung (vgl. Kneale und Kneale 1962, Kap. IV), die aber keinen entscheidenden Durchbruch bewirkte. Der Durchbruch zur modernen Logik fand erst im 20. Jahrhundert statt. Ein Pionier der Aussagenlogik, im Gewande der Mengenalgebra, war *George Boole* (1847). Zur etwa gleichen Zeit hat *Georg Cantor* (1878) die Grundlagen der Mengenlehre gelegt, die für die Semantik der Prädikatenlogik von entscheidender Bedeutung werden sollten. Die Grundlagen der modernen Prädikatenlogik wurden teilweise auch von *Charles Sanders Peirce* entwickelt (1887), vor alledem aber von *Gottlob Frege*, insbesondere in seiner Begriffsschrift (1879). *Russell* und *Whitehead* haben die Prädikatenlogik zur Typentheorie ausgebaut (Whitehead und Russell 1910-13); auch *Wittgensteins Traktatus* (1921) hatte daran seinen Anteil.

Während die Logik bis in die 1930er Jahre vornehmlich syntaktisch orientiert war, geht die Grundlegung der logischen Semantik auf den polnischen Logiker *Alfred Tarski* zurück. Unter anderem hatte Tarski zum ersten Mal den Gültigkeitsbegriff in der modernen Form gemäß Definition 1-1 expliziert (Tarski 1936); eine Vorform dazu findet sich bereits bei Bernhard Bolzano (1837, Bd. II). Entscheidende Durchbrüche in der mathematischen Logik und *Metalogik* erfolgten durch *Kurt Gödel*, der die Vollständigkeit und Unentscheidbarkeit der Prädikatenlogik und die Unvollständigkeit der Arithmetik 1. Stufe bewies (Gödel 1930, 1931). Seit damals hat sich die mathematische Logik schnell weiterentwickelt. Die schon erwähnte Modallogik wurde von *Rudolf Carnap* (1947) und *Clarence I. Lewis* (Lewis und Langford 1932) begründet und in den 1950er Jahren von *Saul Kripke* (1963) und *Jaakko Hintikka* (1961) formal ausgebaut. Damit beenden wir unseren historischen Kurzexkurs, obgleich noch viele weitere berühmte Namen zu nennen wären.

Im Zuge dieser jüngeren Entwicklungen entstanden auch sogenannte *nichtklassische* Logiken, insbesondere *mehrwertige* Logiken, die mehr als zwei Wahrheitswerte annehmen und unter anderem von Lukasiewicz (1920) begründet wurden; ein anderes Beispiel ist die auf Brouwer zurückgehende sogenannte *intuitionistische* Logik.

Das philosophische Hauptargument zugunsten der Annahme der Zweiwertigkeit ist folgendes. Die Begriffe „wahr" und „falsch" haben nichts mit unseren epistemischen Einstellungen zu tun, sondern sind ontologischer Natur. Dass ein Satz wahr ist, muss nicht heißen, dass wir seinen Wahrheitswert jemals mit Sicherheit oder auch nur Wahrscheinlichkeit herausfinden können. Beispielsweise ist der Satz

(5) Am Meeresgrund liegt ein zwischen 0,10 und 0,11 kg wiegender Diamant.

entweder wahr oder falsch, obwohl es extrem unwahrscheinlich ist, dass dies jemals irgendwer herausfinden wird. Und doch ist der Satz entweder wahr oder falsch, was ganz einfach daran liegt, dass die Realität eine bestimmte Beschaffenheit besitzt, sie entweder so oder so ist. Die einzige Annahme, die das Zweiwertigkeitsprinzip also macht, ist die *Bestimmtheit der Realität*.

Nur wenn man diese bezweifelt, hat man einen echten philosophischen Grund, eine mehrwertige Logik anzunehmen, die neben den Wahrheitswerten „wahr" und „falsch" z.B. auch noch den dritten Wert „unbestimmt" zulässt. Tatsächlich haben einige Logiker aufgrund der sogenannten ‚Unbestimmtheitsrelation' in der Quantenmechanik argumentiert, dass die Realität hinsichtlich gewisser Eigenschaften objektiv unbestimmt sei. Diesbezüglich gibt es Pro- und Kontra-Meinungen, auf die wir hier nicht eingehen.

Es gibt jedoch ein davon unabhängiges Argument, das zeigt, dass selbst wenn man mehrwertige Logiken zulässt, die klassische Logik eine gewisse *Priorität* besitzt: man kann nämlich mehrwertige Sätze metasprachlich derart übersetzen, dass sie zweiwertig werden. Angenommen im Rahmen einer 3-wertigen Logik wird behauptet, dass der Satz „dort befindet sich genau ein Elektron" weder wahr noch falsch, sondern schlicht unbestimmt sei. Dennoch ist dann der Satz „Dass sich dort ein Elektron befindet, ist unbestimmt" eine Behauptung, die wieder nur entweder wahr oder falsch sein kann. M.a.W., indem man Behauptungen der 3-wertigen Logik der Form „p" durch W(p), „nicht p" durch F(p) und „weder p noch non-p" durch U(p) ersetzt, erhält man wieder eine klassische zweiwertige Logik mit Satzoperatoren W(ahr), F(alsch) und U(nbestimmt). Man kann diese Tatsache zu einem allgemeinen Theorem ausbauen, demzufolge alle endlichwertigen Logiken durch eine Übersetzungsfunktion in eine zweiwertige Logik übersetzbar sind (vgl. Schurz 2017, Abschn. 5.1).

In der klassischen Aussagen- und Prädikatenlogik kommt zum Prinzip der Zweiwertigkeit, wie in Abschn. 1.5.1 erläutert, die Extensionalität ihrer Satzoperatoren hinzu. Aber auch intensionale Logiken wie die erwähnte Modallogik sind klassisch und werden als „erweiterte klassische Logiken" bezeichnet.

Die Annahme der Zweiwertigkeit in der Logik setzt außer dem Prinzip der „Bestimmtheit des Wirklichen" keine bestimmte Erkenntnistheorie oder Ontologie der Wahrheit voraus, wie etwa den ontologischen Realismus im Gegensatz zu einem subjektiven Idealismus. Die Semantik der Prädikatenlogik (Kap. 15) beruht zwar auf der Korrespondenztheorie der Wahrheit – der zufolge ein Satz wahr ist, wenn der durch „p" ausgedrückte Sachverhalt eine Tatsache der Wirklichkeit bezeichnet – aber ob es sich dabei um Tatsachen einer externen (subjektunabhängigen) Außenwelt oder einer subjektiven Innenwelt handelt, wird dabei offengelassen. Aus diesem Grund kann man die klassische Logik beispielsweise auch auf Normsätze anwenden (wie z.B. „Du sollst deinen Mitmenschen helfen"), die nicht im empirisch-deskriptiven Sinn wahr oder falsch sind, sondern nur im normativen Sinn „richtig" oder „unrichtig"; das Zweiwertigkeitsprinzip ist dennoch anwendbar.

1.7 Deduktive Logik versus erweiterte Begriffe von „Logik"

1.7.1 Analytische Wahrheit

Identifiziert man logische Gültigkeit mit Denknotwendigkeit, so wie das in der Philosophie früher üblich war, so gelangt man zu einem weiteren und zugleich ungenaueren Bereich dessen, was zur „Logik" zählt. Z.B. wird dann auch ein Schluss wie

(6) Diese Figur da ist rund.
    ─────────────────────────
    Also ist diese Figur nicht eckig.

als „logisch" gültig angesehen. Der Schluss ist allerdings aussagenlogisch ungültig, denn seine Form ist

(6*) p   p – dies da ist rund.
    ─────
    Nicht q   q – dies da ist eckig.

Mit anderen Worten, es gibt Einsetzungen, die die Prämisse wahr und die Konklusion falsch machen, z.B.: p – die Sonne ist gelb, q – die Sonne leuchtet (Schlussform (6*) ist übrigens auch prädikatenlogisch und modallogisch ungültig.)
  Die ‚Denknotwendigkeit' des Schlusses (6) kommt dadurch zustande, dass es bereits aus der *Bedeutung* der Begriffe „rund" und „eckig" folgt, dass etwas rundes nicht eckig sein kann; die Begriffe „rund" und „eckig" sind eben so definiert, dass dies nicht sein kann. Allerdings handelt es sich bei „rund" und „eckig" nicht um logische, sondern um *nichtlogische* Begriffe – und dies ist der entscheidende Unterschied zwischen (6) und einem logisch gültigen Schluss. Analog beruht die Wahrheit des Satzes

(6') Wenn etwas rund ist, dann ist es nicht eckig

auf unseren Bedeutungskonventionen für „rund" und „eckig".

Allgemein nennt man Sätze, deren Wahrheit bereits aus der Bedeutung der in ihnen enthaltenen Begriffe folgt, *analytisch wahre* Sätze. Ihre Wahrheit folgt aus den Bedeutungspostulaten für die in ihnen enthaltenen (logischen oder nichtlogischen) Begriffe und gilt somit unabhängig von der Beschaffenheit der wirklichen Welt (Sätze, deren Falschheit auf Begriffskonventionen beruht, heißen dementsprechend analytisch falsche Sätze). Sätze, die wahr aber nicht analytisch wahr sind, deren Wahrheit also von der Beschaffenheit der realen Welt abhängt, nennt man *synthetisch* wahr. Die analytisch-synthetisch-Unterscheidung geht auf Immanuel Kant zurück. Beispielsweise ist „Ein Meter hat 100 Zentimeter" ein analytisch wahrer Satz; „Die Länge von Peters Hose ist ein Meter" ist dagegen synthetisch wahr, so wie die meisten Behauptungen synthetischer Natur sind. Analog spricht man von *analytisch gültigen* Schlüssen, wenn ihre Eigenschaften der Wahrheitswerterhaltung bereits aus der Bedeutung der in ihnen enthaltenen Begriffe folgt, unabhängig von den Tatsachen der wirklichen Welt.

Analytisch wahre Sätze zerfallen nun in zwei Unterklassen, die *logisch wahren* und die *extralogisch-analytisch wahren* Sätze (Schurz 2014a, Abschn. 3.3-4). Die Wahrheit logisch wahrer Sätze ergibt sich allein aus der Bedeutung der in ihnen enthaltenen *logischen Begriffe* und ist daher nur eine Sache der logischen Form, so wie in Definition 1-2 festgehalten. Die Wahrheit extralogisch-analytisch wahrer Sätze hängt dagegen auch von spezifischen *Bedeutungskonventionen* ihrer *nichtlogischen* Begriffe ab und ist daher *keine* Sache der bloßen logischen Form. (6') ist ein extralogisch-analytisch wahrer Satz, denn seine Wahrheit hängt von den akzeptierten Bedeutungskonventionen für „rund" und „eckig" ab. Und im selben Sinn ist (6) ein extralogisch-analytisch gültiger Schluss. Wir fassen dies in folgender Abb. 1-2 zusammen:

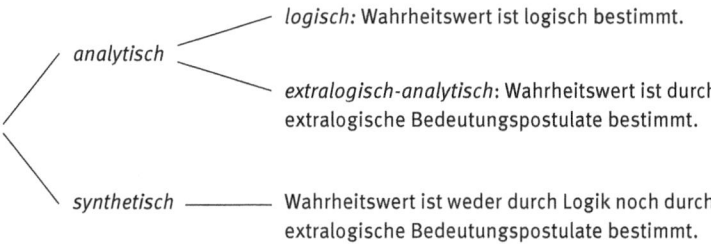

Abb. 1-2: Einteilung von Satzarten.

Trotz ihrer Fundamentalität wird die Unterscheidung zwischen logischen und extralogisch-analytischen Wahrheiten in der Gegenwartsliteratur oft vernachlässigt. Da Bedeutungskonventionen für nichtlogische Begriffe in der natürlichen Sprache festgelegt werden, sind sie nicht immer eindeutig und klar (worauf insbesondere Quine 1951 hingewiesen hat), weshalb auch die extralogische analytische Wahrheit nicht immer eindeutig feststeht. Die Bedeutung logischer Begriffe ist dagegen formalsemantisch genau definiert und ermöglicht eine präzise Feststellung dessen, was logisch wahr bzw. gültig ist. Wir subsumieren hier unter Logik daher nur ‚echte' logische Wahrheiten und keine extralogisch-analytischen Wahrheiten.

Die Unterscheidung zwischen logischen und extralogisch-analytischen Wahrheiten setzt eine klare Abgrenzung zwischen logischen und nichtlogischen Begriffen voraus. Nichtlogische Begriffe bezeichnen mögliche Bestandteile der Realität (in der AL Sachverhalte, in der PL Dinge, Eigenschaften oder Relationen). Logische Begriffe wie „und", „nicht" oder „alle" bezeichnen dagegen keine realen Entitäten, sondern logische Operationen. Einige Philosophen haben die Klarheit dieser Unterscheidung bezweifelt. So hat beispielsweise Etchemendy (1990, 32f.; 125ff.) argumentiert, dass die Unterscheidung zwischen logischen und nichtlogischen Symbolen nur eine Frage pragmatischer *Konvention* sei: nichtlogische Symbole seien solche, deren (extensionale) Interpretation beliebig *variiert* werden darf, während die Interpretation logischer Symbole starr *fixiert* ist. Um Etchemendys Herausforderung beggenen zu können, wird eine präzise objektive Unterscheidung zwischen logischen und nichtlogischen Begriffen benötigt. Hierfür gibt es mehrere erfolgversprechende Vorschläge (z.B. Tarski 1986, Sher 1991). Aufbauend auf den Konventionen 17-1 und 17-4 von Carnap (1972, 88) wird in Schurz (1999a, Abschn. 6) vorgeschlagen, ein Symbol einer interpretierten Sprache genau dann als *logisches* Symbol anzusehen, wenn seine extensionale Interpretation bereits vollständig durch seine sprachinterne Bedeutungsfestlegung bestimmt wird, ohne Bezug auf Realtatsachen. Beispielsweise wird die *Bedeutung* wahrheitsfunktionaler Satzoperatoren durch ihre Wahrheitstafeln festgelegt (Abschn. 2); diese Bedeutungsfestlegung bestimmt aber zugleich die *Extension* dieser Satzoperatoren, die in der ihnen zugeordneten Wahrheitswertefunktion besteht. Analog kann für Quantoren argumentiert werden. Extralogische Bedeutungskonventionen wie „Was rund ist, ist nicht eckig", legen dagegen keineswegs schon die Extension eines Begriffs fest – kenne ich die Definition von „rund", so weiß ich deshalb noch lange nicht, welche Gegenstände rund sind – sondern sie implizieren nur gewisse Querverbindungen zwischen den unbekannten Begriffsextensionen (vgl. Etchemendy 1990, 71f.).

1.7.2 Induktive ‚Logik'

Die Logik im ‚engeren' Sinn heißt auch *deduktive* Logik. Das Charakteristikum von deduktiv gültigen Schlüssen ist es, dass sie *mit Sicherheit* gelten, das heißt: sind alle Prämissen war, so ist mit Sicherheit, in allen möglichen Situationen oder Welten, auch die Konklusion wahr. Analoges gilt für logisch wahre Sätze.

Im Alltag wie in der Wissenschaft machen wir dagegen auch oft von Schlüssen Gebrauch, die nicht mit Sicherheit, sondern nur mit mehr oder weniger großer Wahrscheinlichkeit oder ‚Plausibilität' gelten. Neben den sicheren deduktiven Schlüssen gibt es also auch *unsichere Schlüsse*. Paradebeispiel unsicherer Schlüsse sind die sogenannten *induktiven Schlüsse*. Ihre zwei wichtigsten Vertreter sind die Schlüsse (7) und (8).

(7) *Induktiver Voraussageschluss:*
    Alle bisher beobachteten Raben waren schwarz.
    ═══
    Daher sind (wahrscheinlich) auch zukünftig beobachtete Raben schwarz.

(8) *Induktiver Generalisierungsschluss:*
    Alle bisher beobachteten Raben waren schwarz.
    ═══
    Daher sind (wahrscheinlich) alle Raben schwarz.

Im Gegensatz zu deduktiven Schlüssen sind induktive Schlüsse grundsätzlich unsicher – der *Doppelstrich* deutet diese Unsicherheit an. Denn die Prämissen eines induktiven Schlusses sprechen nur über die *bisher* beobachteten Anwendungsfälle, während die Konklusion eine Generalisierung auf *zukünftige* bzw. unbeobachtete Anwendungsfälle vornimmt. Man sagt daher auch, induktive Schlüsse sind *gehaltserweiternd*. Nur in solchen Umständen bzw. Welten, die hinreichend regelhaft sind, deren Zukunft der Vergangenheit hinreichend ähnlich ist, kann man verlässlich von der Wahrheit der Prämissen auf die Wahrheit einer induktiven Konklusion schließen. Aus diesem Grund sind induktive Schlüsse, im Gegensatz zu deduktiven, grundlegend unsicher. Nichts kann logisch garantieren, dass der zukünftige Weltverlauf dem bisherigen Weltverlauf ähnlich sein wird. Dies war (in groben Zügen) das Hauptargument von *David Hume*, der als erster Philosoph gezeigt hat, dass eine Begründung des induktiven Schließens mit den Mitteln der deduktiven Logik unmöglich ist. Noch heute ist die Lösung des von Hume aufgeworfenen Induktionsproblems – also die rationale Begründung induktiven Schließens – eines der wichtigsten philosophischen Probleme, zumal induktive Schlüsse sowohl im Alltag wie in der Wissenschaft von hoher Bedeutung sind (vgl. Schurz 2019).

In den induktiven Schlüssen (7) und (8) werden strikte (100%ige) Regelmäßigkeiten verallgemeinert; es handelt sich dabei um die *strikte* Variante der beiden Schlussarten. Sie besitzen auch eine *statistische* Variante, worin eine unter 100% liegende Häufigkeit von beobachteten Fällen auf neue Fälle oder auf die Grundgesamtheit verallgemeinert wird (z.B. „95% aller bisher beobachteten Vögel konnten fliegen, also liegt dieser Prozentsatz insgesamt bei etwa 95%"). Schließlich gibt es noch eine dritte, ebenfalls induktive Schlussart, den *induktiven Spezialisierungsschluss*, worin von der Grundgesamtheitshäufigkeit auf die erwartete Wahrscheinlichkeit eines einzelnen Falls geschlossen wird, beispielsweise „95% aller Vögel können fliegen, daher kann mit einer Erwartungswahrscheinlichkeit von 95% auch dieser Vogel fliegen" (vgl. Carnap 1950, 207f.). Den induktiven Spezialisierungsschluss gibt es jedoch *nur* in der statistischen Variante, denn in seiner strikten Variante ist dieser Schluss *deduktiv* gültig (wenn alle As Bs sind, dann ist mit *Sicherheit* auch dieses A ein B).

Manche Philosophen nennen Systeme des induktiven Schließens auch eine ‚induktive Logik' (z.B. Carnap 1959; Fitelson 2005). Man muss sich aber darüber klar sein, dass es sich dabei nicht um eine Logik im engeren Sinn des *sicheren* Schließens handelt, sondern um Rationalitätsprinzipien für unsicheres Schließen. Eine weitere nichtdeduktive und sehr unsichere Schlussart sind sogenannte *abduktive Schlüsse* bzw. *Schlüsse auf die beste Erklärung*. In diesen Schlüssen wird grob gesprochen von der Wirkung auf die Ursache geschlossen. Schluss (9) ist ein Beispiel:

(9) *Abduktiver Schluss:*
   (Erklärungsbedürftiges Fakt:) Hier im Sand ist eine Fußspur.
   (Hintergrundwissen:) Menschen, die im Sand gehen, hinterlassen solche Fußspuren.
   ─────────────────────────────────────
   (Vermutete Konklusion:) Also ging hier vermutlich ein Mensch.

Abduktive Schlüsse wurden von Peirce (1878) und der Schluss auf die beste Erklärung von Harman (1965) eingeführt. Wir beschäftigen uns in diesem Buch nur mit deduktiver Logik; induktive und abduktive Schlüsse werden in der Wissenschafts- und Erkenntnistheorie behandelt.

1.7.3 Alltags-‚Logik'

Im Alltag empfindet man häufig auch Schlüsse wie

(10) In den letzten Tagen hatte es draußen Minusgrade.
   Also ist der See zugefroren.

‚logisch'. Diese Verwendungsweise des Wortes „logisch" hat noch weniger mit Logik in unserem Sinne zu tun als unsicheres Schließen. Die Korrektheit des ‚alltagslogischen' Schlusses (10) liegt offenbar an einem Naturgesetz – nämlich, dass Wasser bei Temperaturen unter 0°C gefriert. Dieses Naturgesetz ist empirisch aber natürlich nicht notwendig wahr – man könnte sich durchaus eine logisch mögliche Welt vorstellen, in der Wasser auch bei Minusgraden nicht gefriert. Wenn man allerdings dieses Naturgesetz zu den Prämissen hinzufügt, so wird aus (10) tatsächlich ein logisch gültiger Schluss, nämlich

(10') Bei Minusgraden (über längere Dauer) gefrieren Seen zu.
   In den letzten Tagen hatte es draußen Minusgrade.
   Also ist der See zugefroren.

Durch die Hinzufügung der fehlenden Prämisse ist aus dem ungültigen Schluss (10) der logisch gültige Schluss (10') geworden. In Rückgang auf Aristoteles nennt man Schlüsse, in denen selbstverständlich erscheinende Prämissen weggelassen wurden, auch *Enthymeme*. Es ist für unser Argumentieren im Alltag charakteristisch, dass wir Prämissen, die uns selbstverständlich erscheinen, einfach *weglassen*. Unter ‚alltagslogischer Korrektheit' versteht man also etwa folgendes: wenn wir die expliziten Prämissen eines vorgetragenen Arguments mit einer Reihe weiterer, vom ‚Autor' vorausgesetzter Prämissen anreichern würden, so würden wir einen Schluss erhalten, der im engen Sinn logisch gültig ist. Eine wichtige Teilaufgabe des logischen Rekonstruierens natursprachlicher Argumente besteht daher darin, weggelassene aber implizit im Schluss vorausgesetzte Prämissen aufzudecken. Oftmals sind die weggelassenen Prämissen auch nicht selbstverständlich, sondern werden verschwiegen, weil es sich dabei um ideologische oder unreflektierte Glaubensannahmen handelt.

1.8 Anwendungen und Nutzen der Logik

Im letzten Abschnitt dieses Einführungskapitels geben wir eine Übersicht über die wichtigsten Anwendungen der (deduktiven) Logik, sowohl innerhalb wie außerhalb der Philosophie.

1.8.1 Anwendungen der Logik in Philosophie und in den Wissenschaften

1.8.1.(a) Logische Formalisierung von natursprachlichen Sätzen, z.b. Standpunkte der Philosophie oder Hypothesen der Wissenschaft. Die logische Formalisierung dient zunächst dazu, die *logische* Form der jeweiligen Behauptung bzw. Hypothese zu erkennen. Von dieser Form hängen viele erkenntnis- und wissenschaftstheoretische Fragen ab – z.b. handelt es sich bei diesem Satz um eine Singuläraussage oder um eine Allaussage?, eine kategorische oder eine hypothetische (wenn-dann) Aussage?, usw. Die Auffindung der logischen Form ist unter anderem für die in Frage kommenden Überprüfungsmethoden für Hypothesen entscheidend (Schurz 2014a). Um die logische Form richtig zu erkennen, ist Übung im logischen Formalisieren und Rekonstruieren unerlässlich.

1.8.1.(b) Formalisierung und Rekonstruktion von natursprachlichen Argumenten. Zu diesem Zweck ist es nicht nur nötig, die jeweiligen Prämissen und die Konklusion des Arguments zu formalisieren, sondern zunächst einmal zu erkennen, was alles als Prämisse fungiert, sowie verschwiegene Prämissen aufzuspüren und ans Licht zu holen. Man nennt dieses Verfahren „logische Rekonstruktion".

1.8.1.(c) Im Anschluss daran, die Überprüfung der Gültigkeit des (vermeintlichen) natursprachlichen Argumentes. Erst wenn das Argument logisch rekonstruiert und formalisiert wurde, kann man seine logische Gültigkeit genau überprüfen.

Man erinnere sich, dass die Gültigkeit noch nichts über die Wahrheitswerte der Prämissen besagt. Hat man ein Argument als gültig erwiesen, so kann man die Erkenntnis seiner Gültigkeit grundsätzlich in zweierlei Weisen auswerten (was besonders für die Wissenschaftstheorie wichtig ist):

1.8.1.(d) Wahrheitstransfer von den Prämissen auf die Konklusion: Voraussage, Erklärung und Bestätigung. Ist man sich der Wahrheit der Prämissen sicher, so kann man daraus (mit mindestens gleicher Sicherheit) schließen, dass auch die Konklusion wahr ist. Wenn man, bevor man das Argument als gültig erkannt hat, nur von der Wahrheit der Prämissen weiß und die der Konklusion erst hinterher erschließt, spricht man von einer *Voraussage*. Wenn man dagegen schon zuvor von der Wahrheit der Konklusion weiß, und erst hinterher passende wahre Prämissen findet, die die Konklusion logisch implizieren, spricht man von einer *Erklärung* (vgl. Schurz 2014a, Kap. 6). Wenn in den Prämissen ein hypothetischer Satz (z.B. eine allgemeine Gesetzeshypothese) vorkommt, dessen Wahrheit man sich nicht sicher ist, und man daraus eine Voraussage ableitet, die sich hinterher durch Beobachtung tatsächlich als wahr erweist, so gilt dies zugleich als eine *Bestätigung* der hypothetischen Prämisse. Ebenso kann man Erklärungen als ex-post Bestätigungen von hypothetischen Prämissen auffassen; allerdings ist ihre Bestätigungskraft schwächer als die zutreffender Voraussagen.

1.8.1.(e) Rücktransfer der Falschheit der Konklusion auf die Falschheit der Prämissenkonjunktion: Falsifikation und Schwächung. Die Gültigkeit eines Schlusses besagt aber auch, dass *wenn* die Konklusion falsch ist, nicht alle Prämissen zugleich wahr gewesen sein können. Dies ermöglicht es, die Gültigkeit eines Schlusses auch dann auszuwerten, wenn man vorher nichts über den Wahrheitswert der Prämissen wusste, nämlich wenn man erfährt, dass die Konklusion des Schlusses falsch ist. Man kann daraus schließen, dass mit Sicherheit mindestens eine der Prämissen falsch gewesen sein muss, und daher mit Sicherheit die Konjunktion (Und-Verknüpfung) aller Prämissen falsch gewesen sein muss. Weiß man zusätzlich mit Sicherheit, dass die eine von sagen wir zwei Prämissen wahr ist, so kann man aus der Falschheit der Konklusion weiter schließen, dass mit Sicherheit die andere Prämisse falsch war. Einen solchen Schluss nennt man eine *Falsifikation*; dabei handelt es sich um einen Kernbegriff der Popperschen Wissenschaftstheorie. Wenn man andererseits keine der Prämissen als wahr weiß, so kann man daraus schließen, dass irgendeine der Prämissen falsch war, aber nicht, welche der Prämissen falsch war – man nennt diese Unbestimmtheit auch den *Duhemschen* Holismus der Falsifikation (Duhem 1908, s. auch Schurz 2014a, Kap. 5). Hier ist ein Beispiel:

Prämisse 1:	Astrologische Zwillinge haben gleichen Charakter.
Prämisse 2:	Personen A, B, C ... sind astrologische Zwillinge.
Konklusion:	Personen A, B, C ... haben gleichen Charakter.

Diese Voraussage ist eine bekannte Konsequenz der Astrologie: astrologische Zwillinge – Personen, die im selben Kreissaal in derselben Minute geboren worden sind – müssten sich in ihren Charaktereigenschaften gleichen. Wer an die Astrologie glaubt, wird auch an diese Voraussage glauben. Tatsächlich hatte man eine Studie über astrologische Zwillinge durchgeführt, mit dem Ergebnis, dass astrologische Zwillinge in ihren Charaktereigenschaften nicht weniger voneinander abweichen als zufällig gewählte Personen. Damit ist die Konklusion des Arguments als falsch erwiesen. Zugleich ist Prämisse 2 ein empirisch verifizierter Satz. Damit ist die hypothetische Prämisse, Prämisse 1, falsifiziert.

1.8.2 Logik als Grundlage der Mathematik

Die Prädikatenlogik (1. Stufe) und die formale Mengenlehre gehören eng zusammen: letztere ist die Semantik der ersteren, und umgekehrt liefert erstere den logischen Rahmen der letzteren. Die moderne Mengenlehre (Kap. 18) wird als ‚Theorie 1. Stufe' axiomatisiert, d.h. die mengentheoretischen Axiome sind zwar nicht auf rein logische Gesetze reduzierbar (so wie dies im ‚Logizismus' durch Frege versucht wurde; s. Abschn. 17.3), doch sie werden in der Prädikatenlogik formalisiert. Die moderne Mengenlehre ist ihrerseits Grundlage so gut wie der gesamten modernen Mathematik. Damit ist auch die klassische Prädikatenlogik die logische Grundlage der gesamten Mathematik. Jeder mathematische Beweis ist, wenn man ihn formalisiert, auf einen logischen Beweis zurückführbar, basierend auf klassisch-prädikatenlogischen Axiomen und Regeln sowie mengentheoretischen Eigenaxiomen und Definitionen. In Hinblick auf ihre mathematische Anwendungsbreite ist die klassische Logik daher wesentlich bedeutsamer als ihre nichtklassischen Alternativen. Umgekehrt wurde die moderne Logik durch die seit den 1930ern einsetzende Entwicklung im Gebiet der *mathematischen Logik* entscheidend weiterentwickelt.

1.8.3 Logik als eine Grundlage der Computerwissenschaft und künstlichen Intelligenzforschung

Auch hier kommt der Logik grundlegende Bedeutung zu. Bekanntlich können die aussagenlogischen Operationen durch elementare elektronische Schaltungen realisiert werden (Abschn. 2.6); auf dieser Grundlage beruhen alle elektronischen Rechner und Computer. Darüber hinaus gibt es ganze Programmiersprachen, die direkt auf Fragmenten der Prädikatenlogik beruhen, wie z.B. die Programmiersprache PROLOG (‚Programming in Logic'). Logikprogrammierung, maschinelles Beweisen, regelbasierte Expertensysteme und nichtmonotone Logik – dies sind nur einige Beispiele von neuen Gebieten der Computerwissenschaft und künstlichen Intelligenzforschung, die auf Logik basieren. Mit der erwähnten Komplexitätstheorie hat die Computerwissenschaft in die traditionelle Logik ein wichtiges neues Element eingebracht.

1.9 Weiterführende Literatur und Übungen

Wichtige Literaturhinweise wurden bereits im Text von Kap. 1 gegeben. Eine Übersicht über die Geschichte der Logik geben Kneale und Kneale (1962). Logische

Grundlagen der Wissenschaftstheorie werden in Schurz (2014a), Kap. 3 behandelt. Allgemeines zur Theorie des Argumentierens findet sich in Damer (2009).

1.9.1 Übungen zu Abschnitt 1.3

(a) Finden Sie durch informelle Überlegung auf der Grundlage von Def. 1-1 heraus, ob folgende Schlüsse logisch gültig sind:

(1) Wenn es den Urknall gegeben hat, ist die Welt entstanden.
Den Urknall gab es nicht.

Also ist die Welt nicht entstanden.

(2) Wenn seine Temperatur 0° C beträgt, siedet das Wasser.
Seine Temperatur beträgt 0° C.

Also siedet das Wasser.

(3) Wenn die Ölkrise beseitigt ist, belebt sich die Konjunktur.
Die Konjunktur belebt sich.

Die Ölkrise ist beseitigt.

(4) Wenn die Ölkrise beseitigt ist, belebt sich die Konjunktur.
Wenn sich die Konjunktur belebt, sinkt die Arbeitslosenrate.

Wenn die Ölkrise beseitigt ist, sinkt die Arbeitslosenrate.

(5) Heute abend wird es regnen oder es wird Schnee fallen.
Heute abend wird es Minusgrade haben.

Heute abend wird Schnee fallen.

(6) Alle Tiere sind Instinktwesen.
Keine Pflanze ist ein Tier.

Also ist keine Pflanze ein Instinktwesen.

(7) Alle Tiere sind Instinktwesen.
Kein Mensch ist ein Instinktwesen.

Also ist kein Mensch ein Tier.

(b) Nun zwei heitere aber komplizierte Kriminalrätsel. Die beiden Aufgaben sind intuitiv schwer zu lösen. Doch mt den in diesem Buch entwickelten Methoden wird dies später ein ‚Kinderspiel' sein.

(1) Wenn Peter zur Party geht, dann (auch) Hilde oder Evelyn.
Wenn Klara zur Party geht, dann (auch) Hubert oder Klaus.
Hubert geht nicht zur Party, wenn Hilde kommt.
Evelyn geht nicht zur Party, wenn im Fernsehen Tatort läuft.
Klaus geht nur dann zur Party, wenn Hubert kommt.
Peter und Klara gehen zur Party.
―――――――――――――――――――――――――――――――――――――――
Im Fernsehen läuft kein Tatort.

(2) Prämissen wie in (1).
―――――――――――――――――――――
Klaus geht nicht zur Party.

(c) Die nächsten drei Aufgaben (aus der unterhaltsamen Rätselsammlung von Smullyan 1990) handeln von der Insel der Ritter und Schurken. Dabei geht es um eine Insel, auf der bestimmte Einwohner als „Ritter" bezeichnet werden, die immer die Wahrheit sagen, während die sogenannten „Schurken" immer lügen. Jeder Bewohner der Insel ist entweder ein Ritter oder ein Schurke.

(1) Einmal standen drei der Inselbewohner – wir nennen sie A, B und C – zusammen in einem Garten. Ein Fremder ging vorbei und fragte A: „Bist du ein Ritter oder ein Schurke?" A antwortete, aber sehr undeutlich, so dass der Fremde nicht verstehen konnte, was er gesagt hatte. Dann fragte der Fremde B: „Was hat A gesagt?" B entgegnete: „A hat gesagt, dass er ein Schurke ist." In dem Augenblick sagte C, der dritte Mann: „Dem B darfst du nicht glauben, er lügt!"
Die Frage ist: *Was sind B und C?* – In anderen Worten: aus den oben gemachten Annahmen, den Prämissen, kann logisch erschlossen werden, was B und C sind; finden Sie heraus, wie.

(2) Bei obigem Rätsel fällt auf, dass A keine unbedingt notwendige Funktion hat: er ist eine Art Anhängsel. In der folgenden Variante fällt dieses Merkmal fort.
Angenommen, der Fremde würde, anstatt A zu fragen, was er ist, ihm die Frage stellen: „Wie viele Ritter sind unter euch?" Wieder antwortet A undeutlich. Also richtet der Fremde an B die Frage: „Was hat A gesagt?" B antwortet: „A hat gesagt, dass einer von uns ein Ritter ist." Darauf sagt C: „Glaube dem B nicht, er lügt!" *Was sind B und C?*

(3) Bei dieser Aufgabe sind nur zwei Personen beteiligt, A und B, wobei jeder entweder ein Ritter oder ein Schurke ist. A macht folgende Aussage: „Wenigstens einer von uns ist ein Schurke." *Was sind A und B?*

(d) Welche der folgenden Behauptungen ist wahr:

Ein Argument ist deduktiv gültig g.d.w.
(1) es keine Interpretation gibt, welche alle Prämissen falsch macht und die Konklusion wahr macht.
(2) jede Interpretation, welche die Prämissen falsch macht, auch die Konklusion falsch macht.
(3) jede Interpretation, welche die Konklusion falsch macht, alle Prämissen falsch macht.
(4) es keine Interpretation gibt, welche alle Prämissen wahr macht und die Konklusion falsch macht.
(5) jede Interpretation, welche die Konklusion falsch macht, mindestens eine Prämisse falsch macht.
(6) es keine Interpretation gibt, welche die Konklusion falsch macht und mindestens eine Prämisse wahr macht.
(7) es keine Interpretation gibt, welche die Konklusion wahr macht und alle Prämissen wahr macht.

1.9.2 Übungen zu Abschnitt 1.5

Finden Sie heraus, welche der folgenden natursprachlichen Verknüpfungsausdrücke extensional und welche intensional sind. Wenn intensional: besitzen oder implizieren die Verknüpfungsausdrücke zumindest eine aussagenlogische Teilbedeutung?

p vorausgesetzt q
es ist wahrscheinlich, dass p
es ist falsch, dass p
p damit q
p weil q
p außer wenn q
es ist schön, dass p
weder p noch q
es ist bezweckt, dass p
p eher als q

1.9.3 Übungen zu Abschnitt 1.7

(a) Welche der folgenden Argumente sind (i) logisch (deduktiv) gültig, (ii) extralogisch-analytisch gültig, (iii) induktiv oder probabilistisch ‚gültig', (iv) nichts dergleichen. (Die Argumente werden nun in horizontaler Notation mit „/" als Schlussstrich dargestellt.)

(1) Alle Menschen sind sterblich. Aristoteles ist ein Mensch. / Also ist auch Aristoteles sterblich.
(2) Die meisten Lichtschalter funktionieren. Ich drücke den Lichtschalter. / Also geht höchstwahrscheinlich das Licht an.
(3) Alle verheirateten Personen genießen eine Steuerbegünstigung. Paul und Maria sind ein Ehepaar. / Also genießen Paul und Maria eine Steuerbegünstigung.
(4) Bisher hat mein Kühlschrank gut funktioniert. / Also kann ich mich auch in Zukunft auf ihn verlassen.
(5) Immer wenn Gregor von seinem Bruder spricht, nimmt sein Gesicht gespannte Züge an. / Also nimmt Gregors Gesicht auch jetzt, wo er gerade von seinem Bruder spricht, gespannte Züge an.
(6) Immer wenn Gregor von seinem Bruder spricht, nimmt sein Gesicht gespannte Züge an. / Also hat Gregor gegenüber seinem Bruder einen Minderwertigkeitskomplex.
(7) Alle Raben sind schwarz. Dieser Vogel ist kein Rabe. / Also ist er auch nicht schwarz.
(8) Abtreibung ist vorsätzliche Tötung eines Embryos. Ein Embryo ist ein menschliches Lebewesen. / Also ist Abtreibung Mord.

(b) Welcher der folgenden wahren Sätze ist logisch wahr, extralogisch-analytisch wahr, oder synthetisch (d.h. nicht-analytisch) wahr:
(1) Kein unzerlegbarer Gegenstand ist zerlegbar.
(2) Jeder unzerlegbare Gegenstand ist atomar.
(3) Jedes Atom besteht aus Protonen, Neutronen und Elektronen.
(4) Stabile Demokratien sind nicht krisenanfällig.
(5) Demokratien können krisenanfällig oder nicht krisenanfällig sein.
(6) Demokratien können nur stabil sein, wenn sie eine stabile Wirtschaft besitzen.

Die Zusammenstellung der Lösungen zu sämtlichen Übungen dieses Buches kann kostenfrei unter folgendem Link heruntergeladen werden:
https://www.degruyter.com/books/9783110590005

Sektion A: Aussagenlogik (AL)

2 Junktoren und ihre Wahrheitstafeln

Um innerhalb der Aussagenlogik Fragen der Gültigkeit bzw. logischen Wahrheit zu beantworten, müssen wir den Wahrheitswert komplexer Aussagen in Abhängigkeit von den Wahrheitswerten der Aussagevariablen eindeutig bestimmen. Dies tun wir, indem wir zunächst für jeden Junktor seine sogenannte *Wahrheitstafel* festlegen.

2.1 Die wichtigsten Junktoren der Aussagenlogik

	Name	Natursprachliches Äquivalent	Symbol	anderes gebräuchl. Symbol/Bezeichnung	Anwendungsresultat
1)	Negation	nicht	$\neg$	$\sim$	$\neg p$
2)	Konjunktion	und	$\wedge$	&	$p \wedge q$
3)	Disjunktion	einschließendes oder	$\vee$	Adjunktion	$p \vee q$
4)	Materiale Implikation	wenn – dann	$\rightarrow$	$\supset$ (mat.) Konditional Subjunktion	$p \rightarrow q$

1) ist ein einstelliger Junktor, weil er nur eine Aussagevariable als Argumentstelle besitzt. 2) - 4) sind zweistellige Junktoren. Diese vier Junktoren bilden die *logischen Basissymbole* unserer Aussagenlogik.

Weitere wichtige Junktoren sind:

	Name	Natursprachliches Äquivalent	Symbol	anderes gebräuchl. Symbol/Bezeichnung	Anwendungsresultat
5)	Alternation	entweder-oder, ausschließendes Oder	$\dot{\vee}$	$\mathbin{\rightarrowtail\mkern-10mu\leftarrowtail}$ Kontravalenz	$p \mathbin{\dot{\vee}} q$
6)	Materiale Äquivalenz	genau dann, wenn	$\leftrightarrow$	$\equiv$ (mat.) Bikonditional	$p \leftrightarrow q$
7)	Nor	weder-noch	$\downarrow$	Rejektion	$p \downarrow q$

Diese drei Junktoren, sowie viele weitere, lassen sich mithilfe unserer vier obigen Grundjunktoren *definieren*. Sie besitzen in unserem System also den Status *definierter Junktoren*.

2.2 Die Wahrheitstafeln der vier Basisjunktoren

Wir führen links die Aussagevariablen und alle ihre möglichen Wahrheitswertkombinationen an, und rechts den Wahrheitswert der zusammengesetzten Aussage; dabei steht w für „wahr" und f für „falsch".

Negation:

p	¬p
w	f
f	w

Die Negation einer Aussage hat den gegenteiligen Wahrheitswert.

Konjunktion:

p	q	p ∧ q
w	w	w
w	f	f
f	w	f
f	f	f

Die Konjunktion zweier Aussagen ist nur wahr, wenn beide wahr sind, ansonsten ist sie falsch.

Disjunktion:

p	q	p ∨ q
w	w	w
w	f	w
f	w	w
f	f	f

Die Disjunktion zweier Aussagen ist nur falsch, wenn beide falsch sind, ansonsten ist sie wahr.

Die Wahrheitstafeln für Konjunktion und Disjunktion sind in folgendem Sinn *dual*: die Konjunktion ist wahr g.d.w. alle ihre Glieder wahr sind und die Disjunktion ist falsch g.d.w. alle ihre Glieder falsch sind. Auf dieser Dualität beruhen die sogenannten De Morganschen Gesetze (s. Kap. 7).

Materiale Implikation:

p	q	p → q
w	w	w
w	f	f
f	w	w
f	f	w

Die materiale Implikation zwischen zwei Aussagen ist nur falsch, wenn das Wenn-Glied wahr und das Dann-Glied falsch ist; ansonsten ist sie wahr.

Hinweis: Das Wenn-Glied einer Implikation nennt man auch ihr *Antezedens* (oder Vorderglied), das Dann-Glied auch ihr *Konsequens* (oder Hinterglied).

2.3 Zusammenhang der Junktoren mit Verknüpfungsbegriffen der natürlichen Sprache

Zur Negation: Die Negation stimmt gut mit dem natursprachlichen „nicht" überein. Sehen wir einen Satz wie

„Peter ist nicht verheiratet"

als wahr an, so meinen wir damit, dass der Satz

„Peter ist verheiratet"

falsch ist; sehen wir umgekehrt den Satz „Peter ist verheiratet" als wahr an, so meinen wir damit natürlich auch, dass der Satz „Peter ist nicht verheiratet" falsch ist.

Zur Konjunktion: Auch die Konjunktion stimmt gut mit dem natursprachlichen „und" überein. Dass beispielsweise der Satz

„Fritz und Franz sind Fußballer"

wahr ist, bedeutet, dass sowohl der Satz „Fritz ist Fußballer" wie der Satz „Franz ist Fußballer" wahr sind. Wäre umgekehrt einer von beiden – Fritz oder Franz – kein Fußballer, so wäre auch die Konjunktion „Fritz und Franz sind Fußballer" als falsch anzusehen.

Allerdings kann das „und" der natürlichen Sprache gelegentlich etwas Stärkeres als eine bloße logische Konjunktion ausdrücken. Sage ich z.B.

„Er fiel hin und brach sich das Bein",

so drückt das „und", neben der Und-Verknüpfung, zugleich eine zeitlich-kausale Aufeinanderfolge aus: zuerst fiel er hin, und dann, als Folge davon, brach er sich das Bein. Es wäre sinnstörend, würde man denselben Sachverhalt durch „er brach sich das Bein und fiel hin" ausdrücken, obwohl vom Standpunkt der logischen Konjunktion „p ∧ q" und „q ∧ p" genau dasselbe bedeuten.

Zur Disjunktion: Die *Disjunktion* entspricht dem *einschließenden* Oder der natürlichen Sprache: *entweder p oder q oder beides*. Sie ist in Äußerungen gegeben wie

„Voraussetzung für diesen Job ist ein Diplomzeugnis in Physik oder Chemie",

denn offenbar wird man die Voraussetzung auch dann als erfüllt ansehen, wenn jemand beide Diplomzeugnisse besitzt. Meistens jedoch verwenden wir das Oder in der natürlichen Sprache im ausschließenden Sinn: entweder p oder q, aber nicht beides zusammen. Man denke an Beispiele wie

„Nach dem Essen sollst du ruhn, oder tausend Schritte tun", oder

„Als Hauptspeise gibt es Hähnchen oder Fisch".

Der Grund, warum das einschließende Oder als Grundjunktor in der Logik verwendet wird, liegt darin, dass es wesentlich *einfacheren* Gesetzen gehorcht als das ausschließende Oder. Letzteres kann mithilfe des ersteren unter Zuhilfenahme von Konjunktion und Negation definiert werden (s. unten).

Zur Implikation: Die materiale Implikation ist viel schwächer als das Wenn-dann der natürlichen Sprache. In natursprachlichen Wenn-dann-Sätzen nehmen wir nämlich immer einen *inhaltlichen Zusammenhang* zwischen dem Vorderglied und dem Hinterglied an. Z.B. ist der Zusammenhang in

„Wenn das Wasser 100°C heiß ist, dann kocht es"

ein kausaler Ursache-Wirkungs-Zusammenhang, oder in

„Wenn das Barometer fällt, dann wird ein Sturm aufziehen"

ein begründender Grund-Folge-Zusammenhang.

Der Grund, warum die materiale Implikation A→B keinen *inhaltlichen* Zusammenhang zwischen zwei Sachverhalten A und B wiedergeben kann, liegt darin, dass solche inhaltlichen Zusammenhängen immer *intensionaler*, nicht wahrheitswertfunktionaler, Natur sind. Die Frage, ob A eine Ursache für B ist, hängt nicht nur von den Wahrheitswerten von A und B ab. Die materiale Implikation der Aussagenlogik muss dagegen ein wahrheitswertfunktionaler Satzoperator sein. Daher legt man die Wahrheitstafel der Implikation gemäß folgender Idee fest: *Definitiv falsifiziert* kann man A→B nur dann ansehen, wenn das *Vorderglied* A wahr ist, das *Hinterglied* B jedoch falsch ist. Man entscheidet daher, nur in *diesem* Fall die Implikation als falsch anzusehen. In allen anderen Fällen – also auch dann, wenn das Vorderglied falsch ist und das Zutreffen von A→B eigentlich gar nicht überprüft werden kann – soll die materiale Implikation wahr sein. Zusammengefasst ist eine materiale Implikation genau dann wahr, wenn ihr Vorderglied falsch oder ihr Hinterglied wahr ist. Eine materiale Implikation A→B ist daher gleichbedeutend mit der Aussage „nicht A oder B".

Dies führt dazu, dass die (materiale) Implikation auch dann wahr sein kann, wenn kein inhaltlicher Zusammenhang gegeben ist. Zum Beispiel ist die Implikation

„Wenn die Sonne rund ist, ist das Gras grün"

wahr, weil sowohl Vorderglied wie Hinterglied wahr sind. Auch die Implikationen

„Wenn die Sonne viereckig ist, ist 2 mal 2 gleich 4", und

„Wenn die Sonne viereckig ist, ist 2 mal 2 gleich 5"

sind beide wahr (unabhängig vom Wahrheitswert des Hintergliedes), weil jeweils das Vorderglied falsch ist. Diese drei Wenn-dann-Sätze empfinden wir – die natursprachliche Bedeutung des Wenn-dann unterstellend – natürlich als sinnlos, eben weil kein inhaltlicher Zusammenhang besteht.

Wenn also eine materiale Implikation wahr ist, heißt das nicht unbedingt (obwohl es sein kann), dass die entsprechende natursprachliche Wenn-dann-Aussage einen Sinn ergibt bzw. sinnvollerweise wahr genannt werden kann. Umgekehrt gilt jedoch: wann immer eine materiale Implikation falsch ist, ist auch die entsprechende natursprachliche Wenn-dann-Aussage falsch.

Neben dem Ziel, einen dem „Wenn-dann" möglichst nahekommenden extensionalen Junktor zu definieren, gibt es noch einen tieferen Sinn der Definition der materialen Implikation. Man sieht ihn, wenn man sich den in Abschn. 1.3 erläuterten Zusammenhang zwischen gültigen Schlüssen und logisch wahren Wenn-dann-Sätzen vor Augen hält. Angenommen der Schluss von A auf B, kurz „A/B", ist gültig (dies ist beispielsweise der Fall, wenn A für den Satz p∧q und B für q steht). Gemäß der Gültigkeitsdefinition heißt dies, dass es keine mögliche Wahrheitswertzuordnung gibt, die A wahr und B falsch macht. Zugleich muss dann der Wenn-dann-Satz A→B entsprechend unserer Zuordnung logisch wahr sein, was gemäß unserer Definition bedeutet, dass alle Wahrheitswertzuordnungen diesen Satz wahr machen. Diese beiden Festlegungen lassen sich nur dadurch in Übereinstimmung bringen, dass wir den Wenn-dann-Satz A→B bzgl. einer bestimmten Wahrheitswertzuordnung genau dann wahr nennen, wenn diese Wahrheitswertzuordnung nicht zugleich A wahr und B falsch macht. Dadurch ergibt sich der erwünschte Zusammenhang, dass die Implikation A→B genau dann logisch wahr ist, wenn sie von jeder Wahrheitswertzuordnung wahr gemacht wird. Die Wahrheitstafel der materialen Implikation liefert somit die Grundlage für den Zusammenhang zwischen gültigen Schlüssen und logisch wahren Wenn-dann-Sätzen.

Dass die Aussagenlogik wahrheitsfunktionale Junktoren als Grundlage annimmt, heißt nicht, dass die Logik die komplizierteren intensionalen Verknüpfungswörter der natürlichen Sprache beiseite schiebt. Vielmehr können letztere innerhalb *erweiterter Logiksysteme* rekonstruiert werden. Beispielsweise wurde im logischen *Empirismus* die These vertreten, dass der inhaltliche Wenn-dann-Zusammenhang immer auf eine dahinterliegende *Regelmäßigkeit* der Verknüpfung, also auf einen Allsatz zurückgeht, der mit den Mitteln der Prädikatenlogik wiedergegeben werden kann. Diesen und andere, z.B. intensionale Rekonstruktionsvorschläge für inhaltliche Wenn-dann Sätze werden wir in Abschn. 6.6 näher besprechen.

Natursprachliche versus logische Grammatik: Natursprachliche Verknüpfungswörter können grammatisch an unterschiedlichen Stellen stehen, ohne an der logischen Bedeutung etwas zu ändern. So haben die Sätze

„Fritz und Franz sind Fußballer"

und

„Fritz ist Fußballer und Franz ist Fußballer"

die gleiche Bedeutung. Generell ist die natursprachliche Grammatik viel flexibler und toleranter als die logische Grammatik. Viele grammatische Unterschiede, etwa Aktiv-Passiv-Transformationen wie

„Anna schlägt Hans" und

„Hans wird von Anna geschlagen"

sind logisch gesehen ganz unerheblich; auch diese beiden Sätze drücken denselben aussagenlogisch elementaren Sachverhalt aus.

Wenn wir einen natursprachlichen Satz logisch darstellen wollen, müssen wir zuerst seine logische Form und Gliederung herausfinden, d.h. wir müssen herausfinden, was seine elementaren Aussagen sind und welche logischen Verknüpfungen sich hinter seiner natursprachlichen Grammatik verbergen. Dieses Verfahren bildet den zentralen Bestandteil der logischen Rekonstruktionsarbeit. Dabei handelt es sich nicht immer um ein eindeutig bestimmtes, sondern um ein *interpretatives* Verfahren, weil die natürliche Sprache nicht immer eindeutig ist – was aber in der Praxis dennoch meistens zu eindeutigen Ergebnissen führt (s. Kap. 6).

2.4 Wahrheitstafeln definierter Junktoren

Dass ein Junktor definiert ist, bedeutet, dass wir ihn in unserem logischen System als *Abkürzung* für sein ‚Definiens', also den ihn definierenden komplexen Ausdruck ansehen. Die folgenden Wahrheitstafeln zeigen, dass die jeweiligen definierenden Ausdrücke zur selben Wahrheitswertfunktion führen wie die Festlegung des definierten Junktors in der Wahrheitstafel auf der linken Seite. Dabei werden die Wahrheitswertfestlegungen iteriert angewandt – eine Methode, die erst in Kap. 4 genau erklärt wird.

Entweder-Oder:

p	q	p $\dot\vee$ q	Definition:	(p $\vee$ q)	$\wedge$	$\neg$ (p $\wedge$ q)
w	w	f		(w)	f	(f) (w)
w	f	w		(w)	w	(w) (f)
f	w	w		(w)	w	(w) (f)
f	f	f		(f)	f	(w) (f)

Äquivalenz:

p	q	p $\leftrightarrow$ q	Definition:	(p $\rightarrow$ q)	$\wedge$	(q $\rightarrow$ p)
w	w	w		(w)	w	(w)
w	f	f		(f)	f	(w)
f	w	f		(w)	f	(f)
f	f	w		(w)	w	(w)

Weder-Noch:

p	q	weder p noch q	Definition:	$\neg$ p	$\wedge$	$\neg$ q
w	w	f		(f)	f	(f)
w	f	f		(f)	f	(w)
f	w	f		(w)	f	(f)
f	f	w		(w)	w	(w)

2.5 Kombinatorik der Wahrheitstafeln und Wahrheitswertfunktionen

Wie sieht der linke Teil der Wahrheitstafel für mehr als zwei Aussagevariablen aus? D.h., wie viele Möglichkeiten gibt es, n Aussagevariablen die Wahrheitswerte w und f zuzuordnen? Bei einer Variable sind es 2, bei zwei Variablen 4, bei drei Variablen 8, und bei n Variablen sind es allgemein 2^n Möglichkeiten. Hier ist die Tafel der möglichen Wahrheitswertzuordnungen für 3 Variablen, also der „linke" Teil der Wahrheitstafel, angeführt.

p	q	r
w	w	w
w	w	f
w	f	w
w	f	f
f	w	w
f	w	f
f	f	w
f	f	f

Um wirklich alle möglichen Wahrheitswertzuordnungen zu erfassen, benutzen wir folgende systematische Variationsmethode: wir *variieren von rechts nach links*, d.h. wir ändern zuerst die ganz rechten Variablen von w nach f ab, erst wenn alle Möglichkeiten durch sind, ändern wir die um eine Stelle weiter links stehende Variable von w nach f ab, usw. Wir nennen die möglichen Wahrheitswertzuordnungen zu den Aussagevariablen auch *Wahrheitswertzeilen*. Man sieht an der 8er Tafel für drei Variablen deutlich, wie sich die kleineren Tafeln darin wiederfinden. So findet sich in der 8er Tafel für p, q, r zweimal die 4er Tafel für q und r, einmal für p wahr und einmal für p falsch. Analog findet sich in der 4er Tafel für q, r zweimal die (triviale) 2er Tafel für r, einmal für q wahr und einmal für q falsch. Würde man also noch eine vierte Variable hinzunehmen, sagen wir t, so könnten wir t ganz links hinschreiben und die obige 8er Tafel einmal für t wahr und das andere Mal für t falsch durchspielen und erhielte so eine Wahrheitstafel mit 2^4 = 16 Wahrheitswertzeilen für 4 Aussagevariablen.

Man kann noch weitergehend überlegen, wieviel mögliche zweistellige Junktoren bzw. Wahrheitswertfunktionen es gibt. Natürlich so viele, wie es Möglichkeiten gibt, den 4 Wahrheitswertkombinationen für zwei Aussagevariablen

2.5 Kombinatorik der Wahrheitstafeln und Wahrheitswertfunktionen — 41

jeweils die Wahrheitswerte w oder f zuzuordnen (s. Abbildung). Dies sind genau $2^4 = 16$ Möglichkeiten. Die lateinische Benennung dieser 16 Junktoren findet sich in Zoglauer (1997).

$$\left.\begin{array}{cc} w & w \\ w & f \\ f & w \\ f & f \end{array}\right\} \longrightarrow \left\{\begin{array}{c} w \\ f \end{array}\right.$$

Das lässt sich verallgemeinern. Es gibt 2^m mögliche Zuordnungen von 2 Wahrheitswerten zu m Wahrheitswertzeilen. Und für n Aussagevariablen gibt es, wie wir sahen, 2^n Wahrheitswertzeilen. Also gibt es $2^{(2^n)}$ n-stellige Junktoren, sprich Möglichkeiten, den möglichen Wahrheitswertzeilen für n Aussagevariablen die Wahrheitswerte w oder f zuzuordnen. Dies ist eine sehr hohe, eine *superexponentiell* hohe Zahl:

n (Aussagevariablen)	2^n (Wahrheitswertzeilen)	$2^{(2^n)}$ (n-stellige Junktoren)
1	2	4
2	4	16
3	8	256
4	16	65.536
5	32	ca. $4 \cdot 10^9$
10	1024	Zahl mit 307 Nullen

Dies ist ein Beispiel für das, was man in der Komplexitätstheorie die *kombinatorische Explosion* nennt.

Glücklicherweise lassen sich fast alle n-stelligen Junktoren durch einige wenige 2stellige Junktoren definieren. In diesem Fall ist die kombinatorische Explosion also ‚harmlos', insofern es einfache Möglichkeiten gibt, die unglaublich vielen Möglichkeiten zu überschauen. Dies ist aber bei weitem nicht immer so in der Logik: oft haben wir kombinatorische Explosionen, ohne dass es einfache Möglichkeiten gibt, die (super)exponentiell anwachsende Vielfalt zu überschauen.

Eine Menge von Junktoren, auf die sich alle anderen zurückführen lassen, nennt man eine *vollständige Junktorenbasis*. Man kann zeigen, dass die Mengen {¬, ∨}, {¬, ∧} und {¬, →} vollständige Junktorenbasen der klassischen Aussagenlogik sind (und selbstverständlich auch alle Obermengen davon). Dies liegt daran, dass man in der klassischen AL jeden der drei zweistelligen Junktoren ∧, ∨ und → jeweils durch ¬ und irgendeinen anderen dieser drei Junktoren definieren kann; wir werden solche Definitionsmöglichkeiten später noch kennenlernen. Es ist sogar möglich, mit nur einem speziell festgelegten zweistelligen Junktor, der sogenannten Shefferschen Strichverknüpfung, alle anderen Junktoren zu definieren.

{¬, ∨, ∧, →} ist die Junktorenbasis, die wir in Übereinstimmung mit vielen anderen Darstellungen unserem aussagenlogischen System zugrunde legen. Dies hat zwei Beweggründe. *Erstens* ist diese Junktorenbasis sehr *praktisch*, denn wählt man eine noch kleinere Basis von Junktoren, so werden dadurch alle Aussagen wesentlich länger, geradezu umständlich lang; die Reduktion von Grundzeichen erkauft man sich also durch einer Aufblähung der Länge von Sätzen. *Zweitens* eignet sich die Junktorenbasis auch gut für den Vergleich der klassischen mit nichtklassischen Logiken. Denn in den meisten nichtklassischen Logiken lässt sich die Implikation nicht mehr durch ¬, ∧ und ∨ definieren, und oft ist auch ∨ nicht durch ¬ und ∧ definierbar, wogegen die in Abschn. 2.4 angeführten Definitionen der Äquivalenz, der ausschließenden Disjunktion und des Weder-noch auch in den meisten nichtklassischen Logiken gelten. Mit anderen Worten, die Junktorenbasis {¬, ∧, ∨, →} eignet sich auch gut für die meisten nichtklassischen Logiken.

2.6 Exkurs: Elektronische Implementierung aussagenlogischer Funktionen

Die folgenden zwei Schalttafeln realisieren das aussagenlogische Und durch eine sogenannte Serienschaltung, das Oder durch eine Parallelschaltung, und das Nicht durch eine Wechselschaltung. Dabei bedeutet der geschlossene Schalter, dass die zugeordnete Aussagevariable den Wahrheitswert w erhält (wenn geöffnet dann f); das Leuchten des Lämpchens signalisiert, dass die zugeordnete aussagenlogische Verknüpfung den Wahrheitswert w erhält.

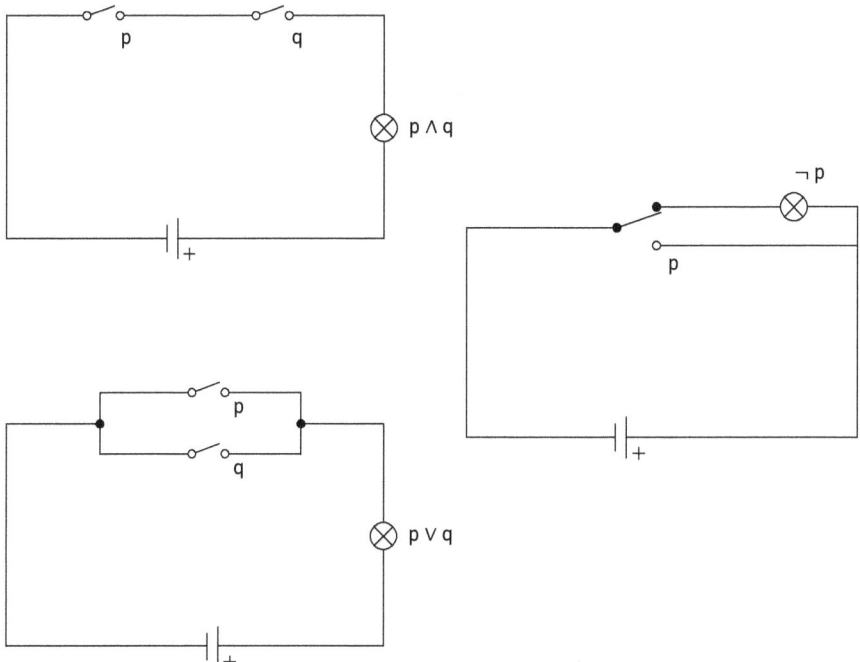

Abb. 2-1: Schaltkreise für Konjunktion (Serienschaltung), Disjunktion (Parallelschaltung) und Negation (Wechselschaltung).

2.7 Übungen

2.7.1 Finden Sie für die folgenden Aussagen sinnvolle natursprachliche Sätze:

p ∧ q	(p→q) → ¬p
p ∧ p	p → (q→r)
p ∧ ¬p	p ↔ q
p ∨ q	(p ∧ q) → p
p ∨ ¬p	p → (p ∧ q)
p → q	p ∧ (q∨r)
¬(p → ¬p)	¬(p→q) → (p∧¬q)
p → (p ∨ q)	(p ∧ (p→q)) → q
(p ∨ q) → q	

2.7.2 Welche der folgenden Wörter haben die Bedeutung eines extensionalen aussagenlogischen Junktors: ohne, sofern, ob, jedenfalls, falls, nichtsdestoweniger, während, wobei, wenngleich, indem, nachdem.

2.7.3 Versuchen Sie:
(1) ∧ und ∨ mittels → und ¬ zu definieren
(2) ∧ und → mittels ∨ und ¬ zu definieren
(3) ∨ und → mittels ∧ und ¬ zu definieren.

3 Aussagenlogische Sprache

3.1 Komplexe Aussagen und Schemabuchstaben

Wenn man die Verknüpfung von Aussagevariablen durch die besprochenen Junktoren wiederholt durchführt, kommt man so zu immer komplexer werdenden Aussagen, wie beispielsweise:

p ∧ q   (p ∨ q) → (r ∨ s)
(p ∧ q) ∨ r   (p_1 ∨ (p_2 → q)) ∧ ¬(r_1 → r_2)
¬((p ∧ q) ∨ r)   usw.

Die *Klammern* sind dabei sehr wichtig, denn sie geben an, worauf sich die jeweiligen Junktoren beziehen. Z.B. bezieht sich das Negationszeichen „¬" in „¬(p ∧ q)" auf die komplexe Aussage „(p ∧ q)"; im Gegensatz zu „¬p ∧ q", wo sich das „¬" bloß auf „p" bezieht. Wir werden dies gleich näher präzisieren.

Wir wollen im Folgenden häufig nicht nur über Aussagen von bestimmter logischer Form, sondern über Aussagen beliebiger logischer Form Behauptungen aufstellen. Dazu bedienen wir uns der in Abschn. 1.5.2 erwähnten Methode der *Schemabuchstaben* A, B, C, ..., die für beliebige und beliebig komplexe Aussagen stehen. Die aus Schemabuchstaben mithilfe logischer Symbole gebildeten Ausdrücke nennen wir *Aussageschemata* (und analog sprechen wir von *Schlussschemata*). Wenn wir beispielsweise behaupten

„Aus (A ∧ B) folgt A"

so sagen wir damit, dass diese Behauptung wahr ist, egal *welche* Aussagen wir auch immer für A und B einsetzen; es müssen nicht nur elementare, sondern dürfen auch komplexe Aussagen sein. Man kann auch sagen, Schemabuchstaben sind Variablen 2. Ordnung: so wie wir für die Aussagevariablen beliebige elementare natursprachliche Sätze einsetzen können, können wir für Schemabuchstaben beliebige formalsprachliche Aussagen, gebildet aus Aussagevariablen und Junktoren, einsetzen.

Wir haben im vorigen Kapitel die Wahrheitstafeln der Junktoren nur für ihre Anwendung auf einzelne Aussagevariablen eingeführt. Wir wenden diese Wahrheitstafeln ebenso auch auf Aussageschemata an. Zum Beispiel schreiben wir die Wahrheitstafel der Konjunktion so an:

A	B	(A ∧ B)
w	w	w
w	f	f
f	w	f
f	f	f

Mit dieser allgemeinen Form der Wahrheitstafel meinen wir dies: *Welche logische Form die Aussagen A und B auch immer haben*, so ist der Wahrheitswert ihrer Konjunktion (A ∧ B) durch die Wahrheitswerte von A und B gemäß der Wahrheitstafel eindeutig festgelegt. Analog führen wir dies für die weiteren Junktoren durch.

3.2 Die Sprache der Aussagenlogik

Wir gehen nun daran, die aussagenlogische Sprache präzise zu definieren. Wir konstruieren also eine *mathematisch exakte* Sprache; man spricht auch von *logischer Grammatik*. Die Definition einer logischen Sprache umfasst, wie auch in der natürlichen Sprache:
1. die Festlegung ihres Grundvokabulars oder *Alphabets*, und
2. die Festlegung ihrer grammatikalischen Regeln oder *Formregeln*.

Das Alphabet enthält alle Grundzeichen. Mit Grundzeichen sind in der Logik, mit Ausnahme der Hilfszeichen, die kleinsten bedeutungstragenden Zeichen gemeint; den Elementen des Alphabets entsprechen in der natürlichen Sprache also nicht Buchstaben, sondern Worte (d.h. das „logische Alphabet" ist eine Art „Wörterbuch").

Die Formregeln legen fest, wie aus elementaren Aussagen komplexe gebildet werden können. Sie bestimmen, was als grammatisch *wohlgeformte* Aussage, kurz: Aussage, gilt.

Definition 3-1. *AL Sprache:*
(1) *Das Alphabet der AL* umfasst
(i) *Nichtlogische Symbole:* Aussagevariablen: p, q, r, ...
(auch indiziert: p_1, p_2, ...)
(ii) *Logische Symbole:* Junktoren: ¬, ∨, ∧, → (definiert sind: ↔, $\dot\vee$)
(iii) Hilfszeichen: Klammern (,)
(2) *Die Formregeln lauten wie folgt* (rekursive Definition):
(a) Jede Aussagevariable ist eine Aussage.
(b) Ist A eine Aussage, dann ist auch ¬A eine Aussage.

Sind A und B Aussagen, dann ist auch $\begin{cases} \text{(c) } (A \land B) \\ \text{(d) } (A \lor B) \\ \text{(e) } (A \rightarrow B) \end{cases}$ eine Aussage.

(f) Sonst nichts; d.h., nur solche Zeichenreihen, die sich mithilfe der Regeln (a)-(e) bilden lassen, sind Aussagen.

Die Regeln (b)-(e) haben wir mittels Schemabuchstaben formuliert. Dadurch können wir diese Regeln *beliebig oft hintereinander anwenden* und gelangen so zu beliebig komplexen Aussagen. Starten wir beispielsweise gemäß Regel (a) mit den Aussagevariablen p und q, so können wir daraus gemäß Regel (c) (p ∧ q) bilden, aus (p ∧ q) und p gemäß Regel (d) z.B. ((p ∧ q) ∨ p), oder gemäß Regel (e) (p →(p ∧ q)), usw. Die Regel (f) legt fest, dass nur Zeichenreihen, die gemäß wiederholter Anwendung dieser Regeln gebildet wurden, als Aussage zugelassen sind. Andere Zeichenreihen sind *nicht wohlgeformt*, also ungrammatisch und *sinnlos*, d.h. ohne mögliche Bedeutung. Z.B. sind

p¬,
(p ∧) ¬ q, oder
(p →) q ¬ q

nicht wohlgeformte Zeichenreihen. Eine analog nicht wohlgeformte Zeichenreihe der natürlichen Sprache wäre etwa

„Wenn Peter Franz kommt schläft und";

was soll das schon heißen?

Die Formregeln (a)-(f) sind ein Beispiel einer sogenannten *rekursiven Definition*. Es gibt dabei eine *Startregel* (a), die *iterativen* bzw. rekursiven Regeln (b-e), sowie die Ausschlussregel (f), die oft nicht explizit erwähnt aber implizit immer hinzugedacht wird, denn ohne sie ist die Definition nicht eindeutig. Die Menge aller Aussagen wird definiert als *all* das und *nur* das (Regel f), was sich durch beliebig oft wiederholte Anwendung der rekursiven Regeln (b-e) auf eine gewisse Ausgangsmenge, die Aussagevariablen (a), erzeugen lässt. Da die Menge aller auf diese Weise konstruierbaren Aussagen potentiell *unendlich* ist, spricht man auch von der *Kreativität* rekursiver Definitionen. Ein einfaches natursprachliches Beispiel wäre die rekursive Definition von „Mensch" unter Voraussetzung der biblischen Schöpfungsgeschichte:

„Adam und Eva waren Menschen", und

„Ist A von Menschen gezeugt, so ist A ein Mensch".

Das Gegenteil einer rekursiven Definition ist die *Explizitdefinition*, die den zu definierenden Begriff in einem Schritt auf andere Begriffe zurückführt, wie etwa Aristoteles' bekannte Definition

„Menschen sind vernunftbegabte Lebewesen".

3.3 Konstruktionsbaum und Klammerung

Wie man eine gegebene Aussage mithilfe der Formregeln (a)-(e) aus Aussagevariablen konstruiert, lässt sich graphisch mithilfe ihres *Konstruktionsbaumes* (oder Strukturbaumes) verdeutlichen. Beispielsweise hat die Aussage ((p ∧ q) ∨ ¬r) folgenden Konstruktionsbaum:

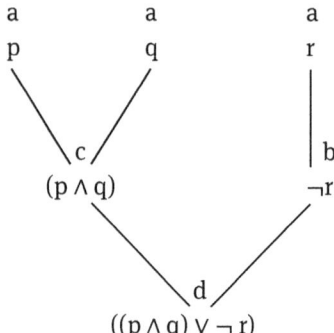

Wir zeichnen den Konstruktionsbaum einer Aussage also, indem wir – von oben beginnend und nach unten fortsetzend – jede Anwendung einer Formregel graphisch darstellen, durch *einen* nach unten führenden Ast bei einer einstelligen Formregel, und durch einer nach unten schließenden Verzweigung bei einer zweistelligen Formregel; die Bezeichnung der jeweiligen Formregel (b-e) schreiben wir wie angegeben hinzu. Die Startregel a ist ohne Prämisse; wir deuten dies an, indem wir sie über die an den ‚Baumwipfeln' eingeführten Aussagevariablen schreiben.

Ein Konstruktionsbaum macht sichtbar, wie eine Aussage aus ihren sogenannten *Teilaussagen* sukzessive aufgebaut ist. Wir gehen dabei gemäß der Methode ‚*von innen nach außen*' vor: wir beginnen also von oben her kommend mit den Aussagevariablen und führen schrittweise die immer komplexer werdenden Teilaussagen ein, bis wir bei der Aussage selbst angelangt sind. Hier ein weiteres Beispiel:

¬((p → q) → p):

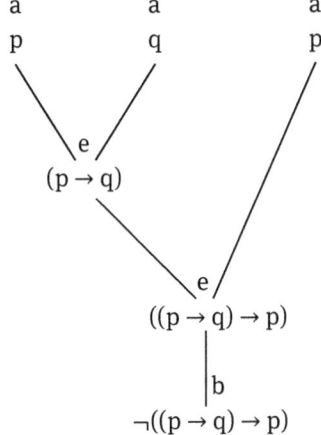

Die grammatische Struktur einer Aussage, so wie sie im Konstruktionsbaum deutlich wird, ist natürlich bereits an der *Klammerung* der Aussage ablesbar. Die Klammern in einer Aussage legen eindeutig fest, auf welche Teilaussagen sich ein Junktor bezieht. Die korrekte Klammerung wurde durch die *AL-Formregeln* im letzten Abschnitt eindeutig festgelegt: das Negationszeichen „¬" bezieht sich jeweils auf den *unmittelbar* folgenden Ausdruck und um einen Ausdruck „¬A" wird *keine* Klammer herum gesetzt. Dagegen werden um alle mit zweistelligen Junktoren gebildete Ausdrücke Klammern geschrieben, also (A∧B), (A∨B) und (A→B). Mit anderen Worten, „¬" *bindet stärker* als „∧", „∨" und „→".

Man vergleiche hierzu die beiden Aussagen

(¬p ∧ q) versus ¬(p ∧ q).

deren Konstruktionsbäume unten dargestellt sind. Im linken Schema bezieht sich das Negationszeichen direkt auf das „p", d.h., es bindet vor dem Konjunktionszeichen „∧", welches sich auf „¬p und „q" bezieht. Im rechten Schema wird durch die Klammer deutlich gemacht, dass sich das Negationszeichen auf den

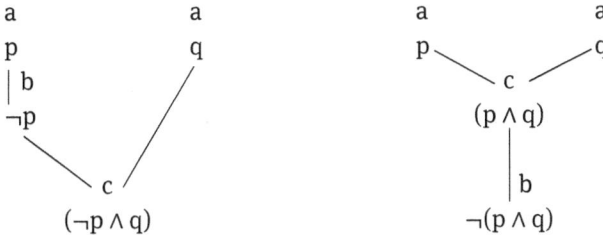

ganzen Ausdruck „(p∧q)" bezieht, während sich das „Konjunktionszeichen auf „p" und „q" bezieht. Die beiden Konstruktionsbäume machen diesen bereits an der Klammerung erkennbaren Unterschied augenfällig.

Wir führen nun eine wichtige Klammerersparniskonvention ein:

> *Ersparnis äußerer Klammern:* Äußere Klammern dürfen weggelassen werden. D.h. statt (p ∧ q) dürfen wir einfach p ∧ q schreiben, statt ((A∧B)→C) einfach (A∧B)→C, usw. – *Beachte:* dies ist keine Regel, sondern eine bloße *Konvention*. In Konstruktionsbäumen gilt die Konvention nur für die ganz unten stehende Gesamtaussage, nicht für die einzelnen Teilaussagen. M.a.W., haben wir in einer Aussage die äußere Klammer weggelassen, so dürfen wir keine weitere Konstruktionsregel darauf anwenden.

In der folgenden Aussage tritt die Aussagevariable „q" zweimal auf:

¬¬p ∨ (q ∨ ¬q):   *abgekürzte* Version ohne zweimalige Einführung von q:

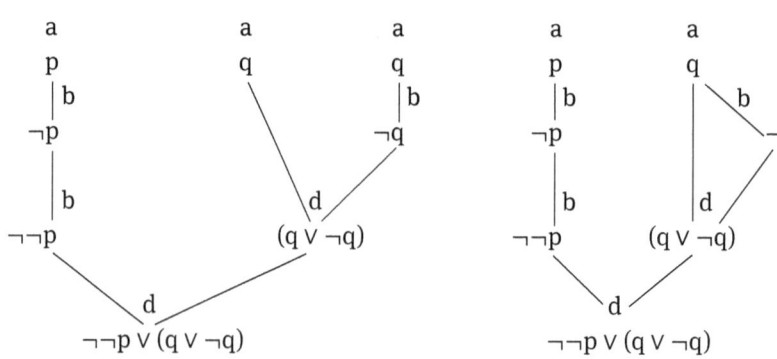

In dem abgekürzten Baum wird eine Aussagevariable, auch wenn sie mehrmals in der Formel vorkommt, nur einmal eingeführt. Dies geht auf Kosten der Schönheit, da dadurch nicht mehr nur reine, sich nach oben verzweigenden Bäume entstehend, sondern auch ‚Quasibäume', deren Zweige ganz oben wieder zusammenwachsen. Wir werden diese Abkürzungen aus Bequemlichkeitsgründen zulassen (was auch später, in Abschn. 8 bei Beweisbäumen, nützlich sein wird).

Nicht wohlgeformte Zeichenreihen zeichnen sich dadurch aus, dass sie durch keinen Konstruktionsbaum generiert werden können. Beispielsweise sind die Zeichenreihen (i), (ii) und (iii) nicht wohlgeformt; die Stellen, an denen gegen die Formregeln verstoßen wird, sind durch Unterstreichungen kenntlich gemacht.

(i) (p ∧ q̲ ∨ r)   (ii) (¬r̲¬ → qv̲)   (iii) a̲2!̲[

In (i) fehlt eine Klammer, weshalb die Formel mehrdeutig ist; es muss entweder (p∧q)∨r oder p∧(q∨r) heißen (was durch versetzte Unterstreichungen kenntlich gemacht wurde). In (ii) sitzen zwei logische Symbole an Stellen, wo sie nichts zu suchen haben, und (iii) besteht nur aus Zeichen, die nicht zum Alphabet gehören.

3.4 Teilaussagen und ihre charakteristischen Junktoren

Um die Grundlagen der semantischen Methoden der AL zu legen, wollen wir die bereits verwendeten Begriffe der Zeichenreihe und Teilaussage genau definieren.

> Definition 3-2. *(Teil-)Zeichenreihen und (Teil-)Aussagen:*
> 1. Eine *Zeichenreihe* ist eine beliebige Aneinanderreihung von Zeichen des Alphabets von links nach rechts. Beispiele: ¬(p→q), ¬pq→((usw.).
> 2. Eine *Aussage* ist eine solche Zeichenreihe, die gemäß den Formregeln (a)-(e) gebildet ist.
> 3. Eine *Teilzeichenreihe* einer Zeichenreihe ist (irgend) ein durchgängiges Teilstück dieser Zeichenreihe. Z.B. sind →q und q) Teilzeichenreihen von →q) (usw.).
> 4. Eine *Teilaussage* einer Aussage ist eine solche Teilzeichenreihe, die selber eine Aussage ist. Z.B. ist (p→q), aber auch p, Teilaussage von ¬(p→q).

Jede Aussage enthält eine ganze *Menge von Teilaussagen*, einschließlich der *unechten* Teilaussage, nämlich sich selbst. Die kleinsten Teilaussagen sind die Aussagevariablen. Betrachten wir nochmal den untenstehenden Konstruktionsbaum für ¬((p→q) → p). Wie wir sehen, finden wir *alle* Teilaussagen einer Aussage in ihrem Konstruktionsbaum. Wir können alle Teilaussagen einer Aussage aber auch bereits in der Aussage *selbst* wiederfinden. Um dies zu sehen, haben wir unterhalb des Konstruktionsbaums sämtliche Teilaussagen von ¬((p→q) → p) noch einmal durch darunter befindliche Striche gekennzeichnet.

Es gilt sogar noch mehr. Zwar überlagern sich die Teilaussagen einer Aussage. Doch jede Teilaussage ist eindeutig durch ein Zeichen der Gesamtaussage bestimmt. Die Aussagevariablen sind durch sich selbst bestimmt. Alle anderen Teilaussagen sind durch ihren *charakteristischen* oder *äußersten Junktor* eindeutig bestimmt.

¬((p→q) → p):

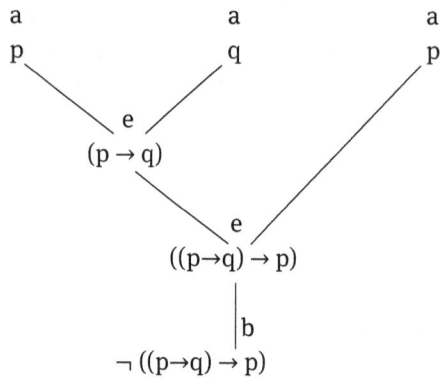

¬((p̲→q̲) → p̲)
═══════════

Der charakteristische (äußerste) Junktor einer Aussage ist jener Junktor, durch dessen Anwendung auf ein oder zwei Teilaussagen die Aussage direkt gebildet ist. M.a.W., der charakteristische Junktor entspricht dem letzten Schritt im Konstruktionsbaum der Aussage. In den folgenden Aussagen ist der charakteristische Junktor jeweils unterstrichen:

¬̲((p → q) → p)
(p ∧ q) ∨̲ ¬(r → s)
p →̲ ((r ∨ p) ∧ (q ∨ p))
¬̲¬¬s

Nicht nur jede Aussage, sondern auch jede Teilaussage einer Aussage hat ihren charakteristischen Junktor. Die charakteristischen Junktoren aller nichtatomaren Teilaussagen von ¬((p → q) → p) sind im Folgenden durch einen Pfeil gekennzeichnet:

¬((p → q) → p)

Analog:

((p ∧ q) ∨ ¬(r → s))

Dies ist ein fundamentales Theorem der logischen Grammatik: *jedes Zeichen (bzw. atomare Symbol) einer Aussage kennzeichnet genau eine Teilaussage, entweder eine Aussagevariable oder den charakteristischen Junktor einer Teilaussage.* Auf diese Weise findet sich die gesamte Information ihres Konstruktionsbaums bereits in der Aussage selbst wieder. Von dieser Tatsache machen alle semantischen Methoden der Aussagenlogik Gebrauch; insbesondere die *Wahrheitstafelmethode,* der wir uns im nächsten Kapitel zuwenden.

Die Tatsache, dass die grammatische Konstruktion einer Aussage in ihrer syntaktischen Struktur eindeutig enthalten ist, drückt man in der fortgeschrittenen Logik durch sogenannte Theoreme über die *eindeutige Lesbarkeit* aus (Manin 1977, Kap. 2; Ebbinghaus 2003, 22). Sie ergibt sich daraus, dass nachweislich keine Aussage ein echtes Anfangsteilstück einer anderen Aussage sein kann (sofern man keine Klammern weglässt, auch nicht die äußeren). Die eindeutige Lesbarkeit ist eine Eigenschaft logisch präziser Sprachen, die auf natürliche Sprachen nicht generell zutrifft, denn letztere lassen grammatische Mehrdeutigkeiten zu.

Da in unseren Formregeln die Klammerung für die eindeutige Lesbarkeit eine fundamentale Rolle spielt, könnte man glauben, dass die Klammern in der Logik unverzichtbar sind. Dies ist nicht der Fall; polnische Logiker zeigten, dass man durch Abänderung der Formregeln Aussagen auch ohne Klammern in eine eindeutig lesbare Form schreiben kann. In den polnischen Formregeln werden zweistellige Junktoren einfach vorangestellt, gefolgt von den beiden Aussagen, auf die sie angewandt werden. Z.B. wird (p∧¬q) in der polnischen Notation als ∧p¬q geschrieben und ¬(p→(q→r)) als ¬→p→qr. Auch diese Notation ist eindeutig, jedoch viel schwerer lesbar.

3.5 Übungen

3.5.1 Entscheiden Sie, welche der folgenden Zeichenreihen Aussagen sind. Zeichnen Sie im positiven Fall den Konstruktionsbaum. Berücksichtigen Sie die Ersparnisregel für äußere Klammern. Unterstreichen Sie im negativen Fall alle Fehler.

(1) ¬(p ∨ q) → r
(2) ¬(p) → r
(3) (¬p ∧ q) ∨ r
(4) (p → q) ∧ ¬¬p
(10) A → X − 1/2
(11) (((p ∧ q) ∧ r) ∧ s) → s_1
(12) p_1 → p_2 → p_3
(13) ¬(¬p) → (q ∧ r)

(5) ¬(p → ¬r ∧ q)
(6) (p₁ → ((p₂ → p₃) → p₄))
(7) ¬(p)
(8) ¬(¬p ∧ ¬q)
(9) (p ∧ q ∧ r)

(14) ¬¬p → (¬¬¬q ∧ r)
(15) ¬(¬p∧q)
(16) ¬r → (¬¬p∧q)
(17) ¬(p) →√q ∧ s¬)

3.5.2 Kennzeichnen Sie in den folgenden Aussagen alle Teilaussagen durch Unterstreichung. *Wie viele sind es?* Kennzeichnen sie die charakteristischen Junktoren aller nichtatomaren Teilaussagen (durch Pfeile gemäß obiger Methode).

(1) (¬¬p ∨ r) → (¬s ∧ t)
(2) ¬(((p ∨ q) ∧ r) → s)
(3) p₁ → (¬p₂ → (¬p₃ → p₄))
(4) (¬¬p ∨ ¬¬q) ∧ p
(5) (r₁ ∧ (r₂ ∧ (r₃ ∧ r₄))) ∨ r₅

4 Aussagenlogische Semantik I: Die Wahrheitstafelmethode

4.1 Bestimmung der Wahrheitswerte komplexer Aussagen

Um den Wahrheitswert einer Aussage bei gegebenen Wahrheitswerten ihrer Aussagevariablen zu bestimmen, gehen wir folgendermaßen vor: Wir bestimmen gemäß den Wahrheitstafeln die Wahrheitswerte ihrer Teilaussagen, wobei wir sukzessive von den kleinsten zu immer größeren Teilaussagen voranschreiten, bis wir bei der gesamten Aussage angelangt sind. Wir schreiben die so ermittelten Wahrheitswerte der Teilaussagen unter ihre charakteristischen Junktoren, die diesen Teilaussagen eineindeutig entsprechen, wie wir in Abschn. 3.4 sahen; die Wahrheitswerte der Aussagevariablen schreiben wir unter die Variablen selbst. Damit können wir nun den Wahrheitswert einer Gesamtaussage sehr platzsparend, *nämlich in einer Zeile*, in Abhängigkeit von den gegebenen Wahrheitswerten ihrer Variablen bestimmen. Den Wahrheitswert der Gesamtaussage unterstreichen wir. *Einige Beispiele*:

1.) Gegeben: p wahr, q falsch. Gesucht: Wahrheitswert von ¬((p → q) → p).

p q	¬((p → q) → p)
w f	f̲ w f f w w

Ergo: Die Gesamtaussage ist falsch.

2.) Gegeben: p falsch, q falsch. Gesucht: Wahrheitswert von ¬¬((p → q) → p).

p q	¬¬((p → q) → p)
f f	f̲ w f w f f f

3.) Gegeben: p: w, q: w, r: f, s: f. Gesucht: Wahrheitswert von (p ∧ q) ∨ ¬(r → s).

p q r s	(p ∧ q) ∨ ¬(r → s)
w w f f	w w w w̲ f f w f

4.) Gegeben: p: f, q: w, r: w, s: f. Gesucht: wie in 3.).

p q r s	(p ∧ q) ∨ ¬(r → s)
f w w f	f f w w̲ w w f f

5) Gegeben: s: f. Gesucht: Wahrheitswert von ¬¬¬¬s.

s	¬ ¬ ¬ ¬ s
f	f̲ w f w f

4.2 Logisch wahre Aussagen und gültige Schlüsse

Damit haben wir bereits die erste Methode gewonnen, um festzustellen, ob eine gegebene Aussage logisch wahr ist. Wie bei den Wahrheitstafeln schreiben wir links alle möglichen Wahrheitswertkombinationen für die Aussagevariablen an, die in der Aussage vorkommen. Man nennt diese Wahrheitswertkombinationen auch *Wahrheitswertzeilen*. Wir bestimmen dann rechts für jede mögliche Wahrheitswertzeile den Wahrheitswert der Gesamtaussage (von innen nach außen, so wie im vorigen Abschnitt). Erhält die Gesamtaussage in allen möglichen Wahrheitswertzeilen den Wahrheitswert wahr, so ist sie *logisch wahr* (kurz: L-wahr). Ein Beispiel:

p q	p → (p ∨ q)
w w	w w̲ w w w
w f	w w̲ w w f
f w	f w̲ f w w
f f	f w̲ f f f

Ergebnis: logisch wahr (L-wahr)

Wahrheitswertzeilen sind die aussagenlogische Realisierung der ‚möglichen Interpretationen' in unserer allgemeinen Definition 1-1 von logischer Wahrheit und Gültigkeit. Wahrheitswertzeilen stellen ‚kleine' *mögliche Welten* dar (man spricht auch von semantischen *Interpretationen* bzw. *Modellen*), beschränkt auf die Elementarsachverhalte, die die Aussagevariablen wiedergeben. So gesehen gibt die Wahrheitstafelmethode den Gedanken wieder, dass eine Aussage logisch wahr ist, wenn sie in allen logisch möglichen Welten wahr ist.

Neben logisch wahren gibt es auch logisch falsche und kontingente Aussagen. Erhält eine Aussage in allen Wahrheitswertzeilen den Wahrheitswert falsch, so ist sie *logisch falsch* (kurz: L-falsch). Erhält sie in einigen Zeilen den Wahrheitswert wahr und in anderen den Wahrheitswert falsch, dann ist sie *kontingent*. Zwei Beispiele:

4.2 Logisch wahre Aussagen und gültige Schlüsse

p	q	(p	→	q)	∧	(q	→	p)		
w	w	w	w	w	w̲	w	w	w		kontingent
w	f	w	f	f	f̲	f	w	w		
f	w	f	w	w	f̲	w	f	f		
f	f	f	w	f	w̲	f	w	f		

p	p	∧	¬	p		
w	w	f̲	f	w		logisch falsch (L-falsch)
f	f	f̲	w	f		

Beim nächsten Beispiel beachte man folgendes: Man kann sich bei der Entwicklung der Wahrheitstafel *zeilenweise* oder auch *spaltenweise* vorarbeiten; letzteres ist im nächsten Beispiel zweifellos bequemer:

p	q	r	((p	→	q)	∧	(q	→	r))	→	(p	→	r)		
w	w	w	w	w	w	w	w	w	w	w̲	w	w	w		L-wahr
w	w	f	w	w	w	f	w	f	f	w̲	w	f	f		
w	f	w	w	f	f	f	f	w	w	w̲	w	w	w		
w	f	f	w	f	f	f	f	w	f	w̲	w	f	f		
f	w	w	f	w	w	w	w	w	w	w̲	f	w	w		
f	w	f	f	w	w	f	w	f	f	w̲	f	w	f		
f	f	w	f	w	f	w	f	w	w	w̲	f	w	w		
f	f	f	f	w	f	w	f	w	f	w̲	f	w	f		

Es gibt eine Reihe weiterer logischer Statusbezeichnungen für Aussagen. Logisch wahre Aussagen heißen auch allgemeingültig. Logisch wahre Aussagen der Aussagenlogik nennt man *Tautologien*. Logisch falsche Aussagen heißen auch *Kontradiktionen*, denn sie sind *widersprüchlich*: aus ihnen folgen, wie wir sehen werden, logische Widersprüche der Form p∧¬p. Eine Aussage heißt *erfüllbar* oder *konsistent*, wenn sie nicht kontradiktorisch ist, d.h. wenn sie entweder kontingent oder logisch wahr ist. Den Begriff „konsistent" verwendet man auch häufig für Aussagenmengen und nennt eine Aussagenmenge konsistent g.d.w. es eine Wahrheitswertbelegung der Aussagevariablen gibt, die alle Aussagen der Menge wahr macht. Aussagen heißen *logisch determiniert*, wenn ihr Wahrheitswert durch die Gesetze der Logik bestimmt ist, also wenn sie entweder L-wahr oder L-falsch sind. Kontingente Aussagen heißen auch *logisch indeterminiert*. Während man sich in der Logik für die logisch determinierten Aussagen interessiert, sind die meisten

Aussagen, mit denen wir es im Alltag zu tun haben, kontingent. Wir fassen diese Begriffe wie folgt zusammen:

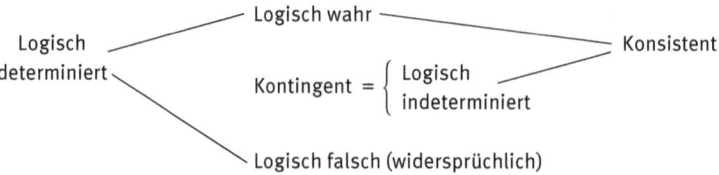

Abb. 4-1: Logische Aussagetypen.

Bei Schlüssen gibt es nur zwei logische Statusbezeichnungen: entweder ein Schluss ist *gültig* oder er ist *ungültig*. Wir können mit der Wahrheitstafelmethode in analoger Weise auch die Gültigkeit von Schlüssen herausfinden. Dazu benutzen wir die horizontale Schlussnotation, d.h.

$$\text{statt} \quad \begin{array}{c} P_1 \\ \vdots \\ P_n \\ \hline K \end{array} \quad \text{schreiben wir} \quad P_1,\ldots,P_n \,/\, K.$$

Wieder schreiben wir links alle möglichen Wahrheitswertzeilen für alle Aussagevariablen an, die in den Prämissen oder der Konklusion des Schlusses vorkommen. Rechts schreiben wir Prämissen und Konklusion des Schlusses in horizontaler Notation. Wir bestimmen dann für jede Wahrheitswertzeile die Wahrheitswerte der Prämissen und der Konklusion. Jede Zeile, in der mindestens eine Prämisse falsch oder die Konklusion wahr ist, ist mit der Gültigkeit des Schlusses vereinbar; deshalb geben wir ihr ein *Häkchen*. Wenn dagegen auch nur eine *widerlegende Zeile* auftritt, d.h. eine Zeile, in der alle Prämissen den Wert wahr erhalten, aber die Konklusion den Wert falsch, so geben wir dieser Zeile ein *Minus* und der Schluss ist damit als *ungültig* erwiesen. Wenn andererseits alle Zeilen der Wahrheitstafel ein Häkchen erhalten haben, dann ist der Schluss als *gültig* erwiesen, denn dann ist in jeder Zeile, in der alle Prämissen wahr sind, auch die Konklusion wahr. Einige Beispiele:

4.2 Logisch wahre Aussagen und gültige Schlüsse

1. Der Schluss $p \to q, p \,/\, q$:

p	q	p → q	p	q		
w	w	w w w	w	w	✓	gültig
w	f	w f f	w	f	✓	Bezeichnung: *Modus Ponens*
f	w	f w w	f	w	✓	
f	f	f w w	f	f	✓	

2. Der Schluss $p \to q, q \,/\, p$:

p	q	p → q	q	p		
w	w	w w w	w	w	✓	ungültig
w	f	w f f	f	w	✓	
f	w	f w w	w	f	– - - - ▶	diese Zeile macht
f	f	f w f	f	f	✓	den Schluss ungültig

3. Der Schluss $p \land q \,/\, p \lor q$:

p	q	p ∧ q	p ∨ q		
w	w	w w w	w w w	✓	gültig
w	f	w f f	w w f	✓	
f	w	f f w	f w w	✓	
f	f	f f f	f f f	✓	

4. Der Schluss $p \lor q \,/\, p \land q$:

p	q	p ∨ q	p ∧ q		
w	w	w w w	w w w	✓	ungültig
w	f	w w f	w f f	–	
f	w	f w w	f f w	–	
f	f	f f f	f f f	✓	

Ist $P_1,\dots,P_n \,/\, K$ ein gültiger Schluss, so sagt man auch, K *folgt* (logisch) aus $P_1,\dots,P_n$, bzw. K ist eine logische Folgerung (oder Konsequenz) aus $P_1,\dots,P_n$; in der fortgeschrittenen Logik verwendet man dafür die Notation $P_1,\dots,P_n \models K$.

4.3 Aussageschemata, uniforme Einsetzung und Substitution

Die Wahrheitstafelmethode lässt sich in gleicher Weise auf Aussageschemata oder Schlussschemata anwenden, worin wir statt den Aussagevariablen Schemabuchstaben benutzen. Wir bestimmen einfach für alle möglichen Wahrheitswertkombinationen der Schemabuchstaben die Wahrheitswerte der gegeben Aussagenschemata. Hier drei Beispiele:

1. A ∨ ¬A ist ein logisch wahres Aussageschema:

A	A ∨ ¬ A
w	w <u>w</u> f w
f	f <u>w</u> w f

2. A ∧ ¬A ist ein logisch falsches Aussageschema:

A	(A ∧ ¬ A)
w	w <u>f</u> f w
f	f <u>f</u> w f

3. (A → B), A / B ist ein gültiges Schlussschema (das Schema des ‚Modus Ponens'):

A B	(A → B)	A	B	
w w	w <u>w</u> w	w	w	✓
w f	w <u>f</u> f	w	f	✓
f w	f <u>w</u> w	f	w	✓
f f	f <u>w</u> f	f	f	✓

Dass ein Aussageschema logisch wahr ist, bedeutet folgendes: *welche Aussagen man auch immer für die Schemabuchstaben einsetzt, man wird eine logisch wahre Aussage erhalten*. Die Behauptung der logischen Wahrheit eines Aussageschemas ist bereits ein kleines ‚Metatheorem': wir behaupten damit im Grunde die logische Wahrheit von unendlich vielen strukturgleichen Aussagen der logischen Sprache.

Unter einer *uniformen Einsetzung* in ein Aussagenschema verstehen wir jene Aussage, die daraus entsteht, wenn wir die Schemabuchstaben durch Aussagen ersetzen. Analog für Schlussschemata und Schlüsse. Die entsprechende Funktion nennt man *Einsetzungsfunktion*. Dabei dürfen wir auch verschiedene Schemabuchstaben durch gleiche Aussagen ersetzen, niemals aber gleiche Schemabuchstaben an verschiedenen Vorkommnissen durch verschiedene Aussagen ersetzen. Einige Beispiele:

4.3 Aussageschemata, uniforme Einsetzung und Substitution — 61

Aussageschema A ∨ ¬A:

Einsetzungen:	Einsetzungsfunktion:
p ∨ ¬p	A: p
(p→q) ∨ ¬(p→q)	A: (p→q)
¬¬r ∨ ¬¬¬r	A: ¬¬r

Schlusssema A→B, A / B:

Einsetzungen:	Einsetzungsfunktion:
p→q, p / q	A: p, B: q
(p→q) → ¬(r∧s), p→q / ¬(r∧s)	A: p→q, B: ¬(r∧s)
p→p, p / p	A: p, B: p

Dagegen ist

p → q, r / q *keine Einsetzung* von A → B, A / B,

da hier A einmal durch p und das zweite Mal durch r ersetzt wurde.

Die Prüfung, ob eine gegebene Aussage eine Einsetzung eines gegebenen Aussageschemas ist, nennt man in der Computer-Logik *Pattern Matching* (im Deutschen ‚Mustererkennung'). Pattern Matching ist auch für die Beherrschung der deduktiven Methode sehr wichtig. In der folgenden Übung geht es darum, herauszufinden, welche der linksstehenden Aussagen mögliche Einsetzungen von welchen der rechts stehenden Aussageschemata sind. Die strichlierten Linien geben die möglichen Lösungen an. Die Einsetzungsfunktion ist dabei natürlich jeweils eine andere und unten mithilfe der den Linien zugeordneten Zahlen angegeben.

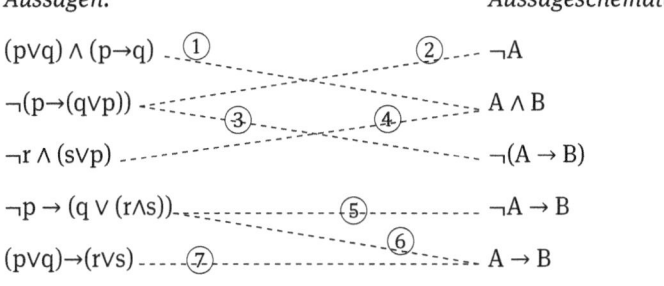

Aussagen: *Aussageschemata:*

(p∨q) ∧ (p→q) ①   ② ¬A

¬(p→(q∨p))   A ∧ B

¬r ∧ (s∨p)   ③   ④   ¬(A → B)

¬p → (q ∨ (r∧s))   ⑤   ¬A → B

(p∨q)→(r∨s)   ⑦   ⑥   A → B

Einsetzungsfunktionen: ① A:p∨q, B:p→q, ② A: p→(q∨p), ③ A:p, B: q∨p, ④ A:¬r, B: s∨p, ⑤ A:p, B: q ∨ (r∧s), ⑥ A:¬p, B: q ∨ (r∧s), ⑦ A:p∨q, B: r∨s.

Wir kommen nun zu einem logisch bedeutsamen Gesetz:

> **Merksatz 4-1.** *Gesetz der uniformen Einsetzung:*
> Logische Wahrheit, logische Falschheit und Gültigkeit bleiben unter uniformer Einsetzung erhalten. D.h. aus einem L-wahren Aussageschema wird eine L-wahre Aussage, aus einem L-falschen Aussageschema eine L-falsche Aussage, und aus einem gültigen Schlussschema ein gültiger Schluss.
> Jedoch bleiben weder Kontingenz noch Ungültigkeit unter uniformer Einsetzung immer erhalten.

Den Grund hierfür erkennt man so: Für ein Aussageschema stellt man alle Wahrheitswertkombinationen auf, indem man den Schemabuchstaben w oder f zuweist. Welche Aussagen man aber immer für die Schemabuchstaben einsetzt, sie können immer nur w oder f sein. Daher sind in allen Wahrheitswertkombinationen für die Schemabuchstaben auch alle Wahrheitswertkombinationen für sich daraus ergebende Aussagen enthalten. Andererseits kann es sehr wohl passieren, dass für verschiedene Schemabuchstaben eines Aussageschemas, sagen wir A und B, zwei gleiche oder zwei logisch voneinander abhängige Aussagen eingesetzt werden, wie z.B. (i) A:p und B:p, oder (ii) A:p und B:¬p. In diesem Fall hat die entsprechende Aussage weniger Wahrheitswertkombinationen als das Aussageschema; im Fall (i) fallen „w f" und „f w" weg, und im Fall (ii) „w w" und „f f". Kurz gesagt, beim Übergang von einem Aussageschema zu einer Aussage *fallen höchstens einige Wahrheitswertzeilen weg*, es kommen jedoch nie neue hinzu. Daraus ergibt sich unmittelbar das obige Gesetz. Denn L-wahr zu sein heißt, dass alle Zeilen den Wert w haben; fallen einige Zeilen weg, so sind dennoch alle verbleibenden Zeilen L-wahr. Analog für L-Falschheit und Gültigkeit. Bei einem kontingenten Aussageschema kann es jedoch passieren, dass beim Übergang vom Schema zur Aussage genau die Zeile wegfällt, die das Aussageschema kontingent macht, die resultierende Aussage ist dann logisch determiniert; Kontingenz bleibt also nicht erhalten. Aus demselben Grund bleibt die Ungültigkeit eines Schlusses nicht erhalten. Einige *Beispiele*:

1. (A∧B) → A ist L-wahr; daher ist jede daraus resultierende Einsetzung L-wahr, (p∧q)→p (mit Einsetzungsfunktion A:p, B:q) ebenso wie (p∧¬p)→p (A:p, B:¬p) oder (p∧p)→p (A:p, B:p).
2. Analog ist (A∧B)∧¬A L-falsch; daher ist jede daraus resultierende Einsetzung ebenfalls L-falsch; (p∧q)∧¬p ebenso wie (p∧p)∧¬p (etc.).
3. A→B ist kontingent, und auch die Einsetzung p→q (A:p, B:q) ist kontingent. Doch die Einsetzungsfunktion A: p und B: p führt zu p→p und diese Aussage ist L-wahr. Analog führt die Einsetzungsfunktion A: p∧q und B: p∨q zu dem logisch wahren Satz (p∧q) → (p∨q).

4. Die Schlussform A→B, A / B und jede Einsetzung davon ist gültig.
5. Die Schlussform A→B, B / A ist ungültig. Doch die Einsetzungsfunktion A:p, B: p führt zum gültigen Schluss p→p, p / p.

Generell gilt: Die Kontingenz eines Aussageschemas bzw. die Ungültigkeit eines Schlussschemas bleiben dann nicht erhalten, wenn Schemabuchstaben durch voneinander *logisch abhängige* (und im Extremfall identische) Aussagen ersetzt werden. Wir sprechen dann von *semantisch homomorpher* (und im Extremfall von syntaktisch homomorpher) Einsetzung. Kontingenz bzw. Ungültigkeit bleiben in jenen Einsetzungen erhalten, worin die Aussagen, die für die Schemabuchstaben eingesetzt werden, voneinander paarweise *logisch unabhängig* sind. Wir sprechen dann von semantisch *isomorpher* Einsetzung. Dieser Fall liegt insbesondere dann vor, wenn die Schemabuchstaben durch *eindeutig zugeordnete* Aussagevariablen – also jeder Schemabuchstabe durch eine verschiedene Aussagevariable – ersetzt werden. Man spricht dann auch von syntaktisch isomorpher Einsetzung und nennt das Einsetzungsresultat ein *Skelett* des Schemas. Für eine tiefere Analyse siehe Schurz (2005).

Statt die Schemabuchstaben in Schemata durch Aussagen zu ersetzen, kann man auch direkt die Aussagevariablen in Aussagen durch andere Aussagen ersetzen. Eine solche Einsetzung nennt man uniforme *Substitution* und die Aussage, die dadurch entsteht, ein Substitutionsresultat. Zwei Beispiele:

Aussage: ((p → q) ∧ p) → q
Substitutionsresultat:	*Substitutionsfunktion*
((p → (q∧r)) ∧ p) → (q∧r)	p: p, q: (q∧r)
(((¬q∨s) → (p→r)) ∧ (¬q∨s)) → (p→r)	p: (¬q∨s), q: (p→r)

Daraus ergibt sich ganz analog das sogenannte *Gesetz der uniformen Substitution*, demzufolge L-Wahrheit, L-Falschheit und Gültigkeit, nicht aber Kontingenz und Ungültigkeit unter uniformer Substitution erhalten bleiben. Wie Schemaeinsetzungen können Substitutionen semantisch homomorph, semantisch isomorph oder sogar syntaktisch isomorph sein; im letzteren Fall geht das Substitutionsresultat aus der Ursprungsaussage einfach durch eine (umkehrbar eindeutige) *Umbenennung* der Aussagevariablen durch andere Aussagevariablen hervor. Z.B. sind p→q und r→p und r→s, oder p∧(q∨p) und q∧(r∨q) und s∧(t∨s) syntaktisch isomorph.

4.4 Objektsprache und Metasprache

Die aussagenlogische Sprache, wie wir sie in Kap. 3 definierten, nennt man auch die *Objektsprache*. Unsere Einsichten über diese Objektsprache drücken wir in unserer (sogenannten) *Metasprache* aus, in der wir über die Objektsprache bzw. über alle Objektsprachen desselben Typs sprechen und deren Gesetzmäßigkeiten untersuchen. Aussagen wie „aus p∧q folgt q" sind Sätze unserer Metasprache. Die Unterscheidung zwischen Objekt- und Metasprache geht auf Tarski (1956) zurück. Metasprache und Metalogik werden im Rahmen der informellen Mengenlehre formuliert; diese enthält zwar natursprachliche Vokabeln, ist aber ebenfalls exakt und im Prinzip logisch formalisierbar (s. Kap. 18). Man sagt auch, die Metasprache enthält die Logik ‚informell', während die Objektsprache die explizite Formalisierung der Logik darstellt.

Aussagen über L-Wahrheit, Gültigkeit und überhaupt der größte Teil logischer Betrachtungen werden also in der Metasprache formuliert. Genau genommen müsste man, wenn man in einer metasprachlichen Aussage objektsprachliche Ausdrücke erwähnt, *Anführungszeichen* verwenden. Man müsste also sagen: ‚aus „p∧q" folgt „q∨r"' statt „aus p∧q folgt q". Da aber aus dem Kontext klar ist, dass p∧q bzw. q∨r zur Objektsprache und *nicht* zur Metasprache gehören, verzichtet man in der Logik auf die umständliche Verwendung von Anführungszeichen. Wenn man dagegen in *derselben* Sprache über diese Sprache spricht – beispielsweise in der natürlichen Sprache – werden Anführungszeichen wesentlich. So ist „Bank" ein Wort mit vier Buchstaben, aber eine Bank eine Sitzgelegenheit. Man spricht auch von Anführungskontext (im Englischen ‚mention') versus Gebrauchskontext (‚use').

4.5 Vereinfachungen der Wahrheitstafelmethode

Wir führen im Folgenden eine Reihe zeitsparender Vereinfachungen der Wahrheitstafelmethode ein.

4.5.1 Vereinfachungen innerhalb einer Zeile

(a) Unter die einzelnen Aussagevariablen (der zu bestimmenden Aussagen) müssen wir die Wahrheitswerte nicht hinschreiben – sie stehen ja schon links – sondern nur unter die Hauptjunktoren der Teilaussagen. Dies sieht dann beispielsweise so aus:

4.5 Vereinfachungen der Wahrheitstafelmethode — 65

p	q	¬p ∧ q
w	w	f f
w	f	f f
f	w	w w
f	f	w f

(b) Ist bei einer Konjunktion nur ein Glied falsch, so ist die ganze Konjunktion falsch, also braucht das zweite Glied nicht mehr bestimmt zu werden. Zum Beispiel:

p	q	p ∧ ((p → q) → q)
f	...	f

Haben wir hingegen ein Glied einer Konjunktion als wahr bestimmt, dann ist keine ‚Abkürzung' möglich und es muss auch das andere Glied bestimmt werden, um den Wahrheitswert der Konjunktion herauszufinden.

(c) Ist bei einer Disjunktion nur ein Glied wahr, so ist die ganze Disjunktion wahr und das zweite Glied braucht nicht mehr bestimmt zu werden. Beispielsweise:

p	q	r	p ∨ (q → (r ∧ p))
w	...	...	w

(d) Ist bei einer Implikation das Vorderglied falsch oder das Hinterglied wahr, dann ist die ganze Implikation wahr und der Wahrheitswert des jeweils anderen Gliedes muss nicht mehr bestimmt werden:

p	q	r	p → q	oder	q → r
f	...	w	w		w

Wurde hingegen bei einer Disjunktion ein Glied als falsch bestimmt (bzw. bei einer Implikation das Vorderglied als wahr oder das Hinterglied als falsch), dann muss auch das andere Glied bestimmt werden, um den Wahrheitswert der Disjunktion (bzw. Implikation) herauszufinden.

Die Vereinfachungsschritte (b), (c) und (d) funktionieren auch, wenn wir es statt „p", „q" mit komplexen Aussagen „A", „B" (usw.) zu tun haben, die an mehreren Stellen der Gesamtaussage bzw. des gesamten Schlusses vorkommen. Im folgenden Beispiel wird der Wahrheitswert von „(p∧q)" als f und dadurch der von

„(p∧q) ∧ s" als f und der der Implikation als w bestimmt, ohne den Wahrheitswert von p und s zu kennen (die Pfeile deuten an, wie wir uns vorarbeiten):

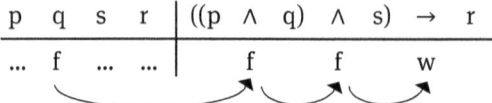

p	q	s	r	((p	∧	q)	∧	s)	→	r
...	f	...	...			f		f	w	

4.5.2 Weglassung von Zeilen

(a) Um zu zeigen, dass eine Aussage kontingent ist, genügt es, zwei Zeilen der Wahrheitstafel zu finden, von denen die eine die Aussage wahr und die andere die Aussage falsch macht. Dann können wir bereits aufhören. Zum Beispiel:

p	q	r	(p	∧	q)	→	(r	∧	q)	
w	w	w		w		w		w		also kontingent
w	w	f		w		f		f		

Um dagegen zu zeigen, dass eine Aussage L-wahr oder L-falsch ist, muss man alle Zeilen auswerten.

(b) Um zu zeigen, dass ein Schluss ungültig ist, genügt es, eine Zeile aufzufinden, die ein ‚Minus' erhält, also alle Prämissen wahr und die Konklusion falsch macht; dann können wir aufhören. Um dagegen den Schluss als gültig zu erweisen, muss gezeigt werden, dass jede Wahrheitswertzeile ein ‚Häkchen' erhält.

(c) Wenn ein Schluss nur eine Prämisse besitzt, ist es gleich, ob man zuerst den Wahrheitswert der Prämisse oder der Konklusion bestimmt. Wenn man dagegen einen Schluss mit *mehr als einer* Prämisse behandelt, ist das folgende Vorgehen am wenigsten aufwendig: Man ermittelt zuerst den Wahrheitswert der Konklusion für alle Zeilen. Danach muss man nur noch den Wahrheitswert der Prämissen für jene Zeilen ermitteln, die die Konklusion falsch machen (die anderen Zeilen erhalten ein Häkchen, denn sie können den Schluss nicht widerlegen). Dabei geht man bei den Prämissen von links nach rechts vor. Sobald in einer Zeile nur *eine* Prämisse falsch ist, bricht man die Zeile ab, gibt ihr ein Häkchen und geht zur nächsten Zeile über, die die Konklusion falsch macht. Sobald bei diesem Vorgehen eine Zeile gewonnen wird, die alle Prämissen wahr und die Konklusion falsch macht, ist der Schluss ungültig, andernfalls ist er gültig. Im nächsten Beispiel wird dieses abgekürzte Verfahren vorgeführt:

p	q	r	p→q	q→r	p→r	
w	w	w			w	✓
w	w	f	w	f	f	✓
w	f	w			w	✓ also gültig
w	f	f	f		f	✓
f	w	w			w	✓
f	w	f			w	✓
f	f	w			w	✓
f	f	f			w	✓

Abschließender Hinweis: In der Literatur sind folgende weitere Klammerersparnisregeln üblich: ∧ *und* ∨ *bindet vor* → *und* ↔.

p∧q → r ist somit zu lesen als (p∧q) → r , und nicht als p∧(q→r).
Analog ist p∧q → r∨s zu lesen als (p∧q) → (r∨s), und p∧q ↔ r zu lesen als (p∧q) ↔ r , usw.

Wir werden diese Regeln selten und nur für ↔ verwenden.

4.6 Entscheidbarkeit und Komplexität

Bis vor etwa 50 Jahren war man in der mathematischen Logik primär daran interessiert, herauszufinden, ob eine gegebene Logik *entscheidbar* ist oder nicht. Dabei nennt man eine Logik entscheidbar, wenn eine aus elementaren Rechenschritten bestehende Methode existiert, mit der für jede beliebige Aussage nach einer endlichen Anzahl von Schritten herausgefunden werden kann, ob sie logisch wahr ist oder nicht, bzw. für jedes Argument, ob es gültig ist oder nicht (näheres in Abschn. 21.3). Wie die Wahrheitstafelmethode zeigt, ist die Aussagenlogik *entscheidbar*, denn jede Aussage hat eine endliche Länge, daher nur endlich viele Aussagevariablen, somit nur endlich viele Zeilen in der Wahrheitstafel, die nach endlich vielen Rechenschritten vollständig bestimmt sind. In Kap. 21 werden wir sehen, dass auch die monadische Prädikatenlogik entscheidbar, aber die volle Prädikatenlogik unentscheidbar ist.

In den letzten Jahrzehnten hat sich durch Computerwissenschaft und künstliche Intelligenzforschung das Frageinteresse jedoch gewandelt. Der mit einer Entscheidungsmethode verbundene Rechenaufwand sollte nicht nur endlich, sondern auch für komplexere Probleme praktisch realisierbar sein. Auf die Wahrheitstafelmethode trifft dies leider nicht zu. Für eine Aussage oder einen Schluss mit n verschiedenen Aussagevariablen benötigen wir eine Wahrheitstafel mit 2^n Zeilen. Das ist eine exponentielle Funktion, und exponentielle Funktionen sind ‚explosiv', d.h. sie werden mit wachsendem n extrem schnell größer. Hier einige Beispiele:

n	2^n
4	16
7	128
10	1024
20	1.048.576
40	ca. 10^{12}
1000	ca. 10^{300}

Trotz obiger Vereinfachungen wird die Wahrheitstafelmethode für Menschen schon bei mehr als 6 Aussagevariablen praktisch unhandlich (das Partybeispiel in den Übungen zu Abschn. 1.3 würde mit 7 Variablen bereits 128 Zeilen benötigen). Für einen Hochleistungscomputer wären zwar Wahrheitstafelaufgaben mit bis 30-40 Variablen lösbar, aber auch dieser wäre für Probleme mit mehr als 100 Variablen verloren. Die wichtige Frage ist daher, ob es nicht ‚intelligentere' Methoden gibt, deren Komplexität zumindest in der Mehrzahl der Fälle nicht exponentiell anwächst, sodass damit auch komplexere Probleme lösbar sind. Man nennt solche Verfahren auch ‚tractable' (handhabbar). Auch in der aussagenlogischen Semantik existieren solche Verfahren, und ein solches werden wir im nächsten Kapitel kennenlernen: die semantische Reduktio ad Absurdum Methode.

4.7 Übungen

4.7.1 Übungen zu Abschnitt 4.1-2

(a) Entscheiden Sie mittels der Wahrheitstafelmethode, ob die folgenden Schlüsse oder Schlussschemata gültig sind. Machen Sie wenn möglich von Vereinfachungen Gebrauch. Finden Sie für die Schlüsse (1)-(7) natursprachliche Beispiele. Diskutieren Sie die Irrelevanz von Schluss (3).

(1) $p \vee q, p / \neg q$
(2) $A \vee B, \neg A / B$
(3) $A \wedge B, \neg A / \neg B$
(4) $A \to B, B \to C / A \to C$
(5) $A \to B, A \to C / B \to C$
(6) $p \to q / \neg q \to \neg p$
(7) $p \to q, p \to r / q \vee r$

(11) $(p \vee q) \to r / p \to r$
(12) $(p \wedge q) \to r / p \to r$
(13) $A \to (B \wedge C) / \neg B \to \neg A$
(14) $A \to (B \vee C) / \neg B \to \neg A$
(15) $A \to (B \to C), A \to B / A \to C$
(16) $A \vee (B \to C) / (A \to C) \wedge B$
(17) $A \vee (B \to C) / C \vee (B \to A)$

(8) p → (q ∨ r), ¬r → ¬q / p → r
(9) A → ¬A / B
(10) A → B / A → (C → B)
(18) A → B, (B ∧ C) → A / A ↔ B
(19) A → C, B → C / (A ∨ B) → C

(b) Entscheiden Sie mithilfe der Wahrheitstafelmethode, ob die folgenden Aussagen oder Aussageschemata logisch wahr, kontingent oder logisch falsch sind (machen Sie wenn möglich von Vereinfachungen Gebrauch).

(1) p ∧ ¬q
(2) (p ∧ ¬q) ∧ (p → q)
(3) p ∨ ¬q
(4) p ∨ ¬p
(5) p → ¬p
(6) (A ∧ B) → (A ∨ B)
(7) (A ∨ B) → (A ∧ B)
(8) A ∧ ¬A
(9) (p → ¬p) → ¬p
(10) ¬p → (p → q)
(11) ((p → q) → p) → p
(12) (p → q) ↔ (¬q → ¬p)
(13) ((p ∧ q) → r) ↔ (p → (q → r))
(14) (A ∨ B) ↔ (¬A ∧ ¬B)
(15) (p → q) ∨ (q → p)
(16) (p → q) ↔ (¬p ∨ q)
(17) ¬(p ∧ q) ↔ (¬p ∨ ¬q)
(18) ¬(p ∧ q) ↔ (¬p ∧ ¬q)
(19) ((A→B) ∧ (C→B)) → ((A∨C) → B)
(20) ((A→C) ∧ (A→B)) → (A → (B∧C))
(21) (p → q) → (p ∧ q)
(22) (p → q) → (p ∧ ¬q)
(23) (A → (B ∨ C)) → (¬C → ¬A)
(24) (p∧(q∨r)) ↔ ((p∧q)∨(p∧r))

4.7.2 Übungen zu Abschnitt 4.3-4

(1) Welche der folgenden Aussagen rechts sind Einsetzungen welcher der folgenden Aussageschemata links?

A → B
¬A → B
¬A → ¬B
¬A → (B ∨ C)
A → (B ∧ C)

¬(p∨r) → (s ∧ (q∨r))
(p∨q) → ¬p
¬¬s → ((r→q) ∨ ¬(q→r))
¬(p ∨ (p→q)) → ¬(¬(p→r)→t)
¬p → ((r→q) ∧ ¬s)
¬(p → (q ∧ (r∨s)))

(2) Finden Sie alle möglichen Aussageschemata, von denen die folgende Aussage

¬(p → (q ∧ (r ∨s)))

eine Einsetzung ist. Verwenden Sie dabei die Schemabuchstaben A, B, C und D.

(3) Welche der folgenden Aussagen ist ein Substitutionsresultat von welcher anderen Aussage, und mithilfe welcher Substitutionsfunktion? Welche der Aussagen sind syntaktisch isomorph?

$p \to q$ $(p \land q) \lor (\neg s \to r)$
$p \to ((r \lor \neg p) \to r)$ $((p \lor q) \land r) \to \neg p$
$s \to p$ $(r_1 \land r_2) \lor (\neg p \to q)$
$\neg p \to \neg q$

5 Aussagenlogische Semantik II: Die Reduktio ad Absurdum Methode

5.1 Reduktio ad absurdum mit Wahrheitswertzeilen

Überraschenderweise gibt es eine semantische Methode, mit der es in den meisten Fällen gelingt, die Gültigkeit bzw. Ungültigkeit eines Schlusses (und analog den logischen Status einer Aussage) in nur einer oder zumindest in nur wenigen Wahrheitswertzeilen herauszufinden, auch wenn der fragliche Schluss zehn Aussagevariablen oder mehr enthält. Nur ganz selten, in den sogenannten ‚schlimmsten' Fällen (‚worst cases') kann es vorkommen, dass diese Methode genauso viele Zeilen benötigt wie die Wahrheitstafelmethode. Dabei handelt es sich um die semantische Reduktio ad Absurdum Methode. Diese Methode ist in der Literatur wenig bekannt (wird von Copi 1973, §3.9 kurz gestreift); sie ist jedoch nachweislich noch einfacher und platzsparender als die mit ihr verwandte Tableau Methode, die als Exkurs im Abschn. 5.3 vorgestellt wird. Das Beiwort „semantisch" erklärt sich daraus, dass das Reduktio ad Absurdum Verfahren nicht nur in der Semantik, sondern auch in deduktiven Beweisen verwendet wird. Der Grundgedanke dieser Methode ist die Erzeugung eines Widerspruches aus der Annahme des Gegenteils des zu Beweisenden:

Merksatz 5-1. *Reduktio ad Absurdum Methode:*
Um einen *Satz* S als *logisch wahr* zu beweisen, nimmt man zunächst das Gegenteil an, also dass S möglicherweise falsch ist, d.h. eine falsche Wahrheitswertzeile hat, und versucht, daraus einen logischen Widerspruch abzuleiten.
  Gelingt dies, ist damit gezeigt, dass S unmöglich falsch sein kann, was nichts anderes bedeutet, als dass der Satz S logisch wahr ist.
  Andernfalls findet man eine den Satz falsch machende Wahrheitswertzeile und hat damit gezeigt, dass der Satz nicht logisch wahr ist.
  Analog: Um einen *Schluss* als *gültig* zu beweisen, nimmt man zunächst an, dass der Schluss möglicherweise ungültig ist, also eine Wahrheitswertzeile besitzt, die seine Prämissen wahr und seine Konklusion falsch macht, und versucht, daraus einen logischen Widerspruch herzuleiten.
  Gelingt dies, so ist damit gezeigt, dass der Schluss unmöglich ungültig sein kann, was nichts anderes bedeutet, als dass der Schluss gültig ist.
  Andernfalls findet man eine den Schluss widerlegende Wahrheitswertzeile und hat damit gezeigt, dass der Schluss ungültig ist.

Man nennt Reduktio ad Absurdum Beweise auch *indirekte* Beweise, weil dabei das Beweisziel nicht direkt sondern nur indirekt bewiesen wird, indem man zeigt, dass das Gegenteil zu einem Widerspruch führt. Es handelt sich dabei um eine wichtige Beweismethode der klassischen Logik, auf deren deduktive Variante in Kap. 8 eingegangen wird.

Um das Reduktio ad Absurdum Verfahren für die aussagenlogische Semantik fruchtbar zu machen, benötigen wir eine zweite Methode: die *inverse Wahrheitswertbestimmung*. Um herauszufinden, ob eine Aussage L-wahr ist oder nicht, nehmen wir eine Wahrheitswertzeile an, die die Aussage falsch macht, d.h. wir tragen unter ihren Hauptjunktor den Wert f ein. Dann versuchen wir, ausgehend von diesem Wahrheitswert der Gesamtaussage den Wahrheitswert ihrer Teilaussagen zu bestimmen. Im Gegensatz zur Wahrheitstafelmethode, die von innen nach außen vorgeht, gehen wir also, jedenfalls zunächst, *von außen nach innen* vor, weshalb wir von ‚inverser' Wahrheitswertbestimmung sprechen. Haben wir eine Teilaussage gefunden, deren Wahrheitswert wir zwingend bestimmen konnten, so schreiben wir diesen unter ihren charakteristischen Junktor. Nun suchen wir nach weiteren Teilaussagen, deren Wahrheitswert durch die bisher eingetragenen Wahrheitswerte zwingend festgelegt ist und schreiben diese wieder unter deren charakteristischen Junktor, usw. Wir gehen also schrittweise von außen nach innen, von komplexeren zu immer einfacheren Teilaussagen vor, wobei wir zwischendurch noch weitere Bestimmungsschritte vornehmen können, die gleich erläutert werden. Wenn wir *Glück* haben, kommen wir auf diese Weise bis zu den Aussagevariablen der Gesamtaussage, d.h., die Wahrheitswerte aller Teilaussagen wurden durch die Annahme, dass die Gesamtaussage falsch ist, vollständig bestimmt. Wir nennen eine solche Zeile *wahrheitswertdeterminiert*. In diesem Fall gilt nun folgendes:

– Ist in der wahrheitswertdeterminierten Zeile ein Widerspruch enthalten, so ist die betreffende Gesamtaussage logisch wahr. Dabei enthält eine Wahrheitswertzeile einen Widerspruch, wenn entweder ein- und dieselbe Aussagevariable (oder wenn Schemata geprüft werden derselbe Schemabuchstabe) an einer Stelle w und an einer anderen Stelle f erhält, oder wenn der Wahrheitswert unter einem Junktor mit den Wahrheitswerten der Teilaussagen, die die Argumente des Junktors bilden, nicht zusammenstimmt, d.h. im Widerspruch zur Wahrheitstafel dieses Junktors steht. Wir kennzeichnen Widersprüche jeweils durch einen Kreis, entweder um widerspruchsbehaftete Aussagevariablen oder um den widerspruchsbehafteten Junktor und fügen das Widerspruchszeichen ϟ hinzu.

– Erhält man andererseits eine Wahrheitswertzeile ohne Widerspruch, die also eine korrekte bzw. konsistente Zeile einer Wahrheitstafel bilden würde, so ist die betreffende Gesamtaussage nicht logisch wahr, denn es gibt dann eine konsistente Wahrheitswertzeile, die sie falsch macht, und wir haben diese dann mit nur einer Zeile Aufwand gefunden. Zunächst ein *Beispiel*:

1.) Die L-Wahrheit der Aussage (p →q) → ((p ∧ r) →q) soll geprüft werden. Wir führen der Übersicht halber zunächst alle einzelnen Schritte in extra Zeilen durch:

	(p → q) → ((p ∧ r) → q)	
Schritt 1	f	Annahme
Schritt 2:	w f f	Außen nach Innen →
Schritt 3:	w f w f f	Außen nach Innen →
Schritt 4:	w f w w w f f	Außen nach Innen ∧
Schritt 5:	(w w f) f w w w f f	Übertragen für p, q; ⚡ (eingekreist) Daher L-wahr.

In Schritt 1 wurde die mögliche Falschheit angenommen; in Schritten 2-4 von außen nach innen bestimmt, und in Schritt 5 die erzielten Wahrheitswerte für p und q von rechts nach links übertragen. Die Teilaussage mit *eingekreistem Hauptjunktor* enthält im Resultat einen Widerspruch, denn wenn p w und q f ist, kann p→q unmöglich w sein. Daher ist die Gesamtaussage *logisch wahr*.

Man beachte, dass ab Schritt 3 die Schritte auch anders hätten gewählt werden können. Wir hätten zuerst den Wahrheitswert von q übertragen, dann den Wahrheitswert von p bestimmen können und zuletzt den Wert der Konjunktion bestimmt. Der Widerspruch würde sich dadurch an anderer Stelle manifestieren, nämlich wie folgt:

	(p → q) → ((p ∧ r) → q) (andere Schrittreihenfolge ab Schritt 4)	
Schritt 1:	f	
Schritt 2:	w f f	
Schritt 3:	w f w f f	
Schritt 4:	w f f w f f	q übertragen
Schritt 5:	f w f f w f f	p links bestimmen
Schritt 6:	(f) w f f (w) w w f f	Außen nach innen ∧. ⚡: L-wahr.

Der Widerspruch manifestiert sich nun darin, dass p an den zwei *eingekreisten* Stellen einen verschiedenen Wahrheitswert erhält. Man sagt auch, die Reduktio ad Absurdum Methode ist *nichtdeterministisch* (vgl. Harel 1987, 167); d.h., die einzelnen Schritte sind nicht immer festgelegt, sondern lassen gewisse Wahlfreiheiten zu. Das Ergebnis bleibt natürlich immer dasselbe, denn die Methode ist ja korrekt. Wenn also ein Widerspruch auftritt, dann tritt er immer auf, egal in welcher Reihenfolge die Operationen ausgeführt werden; er kann sich aber an anderer Stelle manifestieren.

Damit das Verfahren handlich wird, tragen wir von nun an die ermittelten Wahrheitswerte alle in eine Zeile ein. Das Resultat sieht in unserem Beispiel so aus:

$(p \to q) \to ((p \land r) \to q)$ L-wahr

⟨w w f⟩ f   w w w   f   f   ↯ (1. Reihenfolge)

bzw.

$(p \to q) \to ((p \land r) \to q)$ L-wahr

⟨f⟩w   f   f   ⟨w⟩w w   f   f   ↯ (2. Reihenfolge)

An einem solchen Ergebnis ist zwar nicht mehr unmittelbar ersichtlich, in welcher Reihenfolge vorgegangen wurde, aber das ist kein Nachteil, denn das Verfahren soll ja zeitsparend sein. Überdies lässt sich im Nachhinein ermitteln, ob korrekt vorgegangen wurde, nämlich genau dann, wenn es eine Reihenfolge von zwingenden Wahrheitswertbestimmungen gibt, die zum angegebenen Ergebnis führt.

Zwei weitere Beispiele, wobei wir zwecks leichterer Nachvollziehbarkeit die Schrittreihenfolge in Klammern anführen (das muss aber nicht gemacht werden):

2.) $(p \lor q) \to (r \to p)$ nicht L-wahr

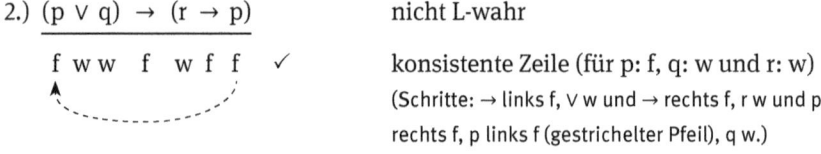

f w w   f   w f f   ✓   konsistente Zeile (für p: f, q: w und r: w)
(Schritte: → links f, ∨ w und → rechts f, r w und p rechts f, p links f (gestrichelter Pfeil), q w.)

Haben wir eine konsistente Zeile gefunden, so ist damit zunächst nur gezeigt, dass die Aussage *nicht* L-wahr ist. Ob sie kontingent oder L-falsch ist, muss durch eine *zweite* Anwendung der Reduktio ad Absurdum Methode herausgefunden werden, in der die Aussage als wahr angenommen wird; dies wird weiter unten vorgeführt. Zunächst ein drittes Beispiel zur Frage der L-Wahrheit:

3.) $(p \to q) \to (p \to (q \lor r))$ L-wahr

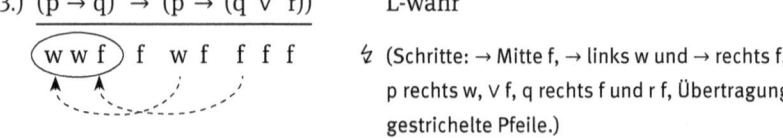

⟨w w f⟩ f   w f   f f   ↯ (Schritte: → Mitte f, → links w und → rechts f,
p rechts w, ∨ f, q rechts f und r f, Übertragung gestrichelte Pfeile.)

5.2 Semantische Bestimmungsschritte

Obzwar wir in der Reduktio ad Absurdum Methode insgesamt ‚von außen nach innen' schließen, können wir zwischendurch auch andere Schritte vornehmen, z.B. die Übertragung von Wahrheitswerten oder das Schließen von innen nach außen. Allgemein gesprochen ‚schlachten' wir die Wahrheitstafeln in allen möglichen Weisen aus. Genauer besehen können wir in diesem Verfahren die folgenden semantische Bestimmungsschritte verwenden, wobei A, B (etc.) für Aussagevariablen oder komplexe Teilformeln stehen:

1.) *Von außen nach innen schließen.* Das können wir in folgenden Fällen tun

$$
\begin{array}{ccccc}
\underline{A \rightarrow B} & \underline{A \lor B} & \underline{A \land B} & \underline{\neg A} & \underline{\neg A} \\
f & f & w & w & f \\
w \quad f & f \quad f & w \quad w & f & w
\end{array}
$$

– wobei wir die ermittelten Werte gleich in dieselbe Zeile schreiben.

Ist dagegen eine Implikation wahr, eine Disjunktion wahr, oder eine Konjunktion falsch, so können wir nicht von außen nach innen schließen.

2.) *Wahrheitswert von Variablen oder komplexen Teilaussagen übertragen.* Beispiel:

$$
\underline{\ldots A \rightarrow (\ldots \land \neg A \ldots) \ldots}
$$
$$
\ldots w \ldots \quad \ldots w \ldots
$$

3.) *Von innen nach außen schließen.*
3.1) Wenn *beide Teilaussagen* eines zweistelligen Junktors bestimmt wurden. Dann kann man *immer* den Wert der übergeordneten (Teil-)Aussage erschließen, gemäß den Wahrheitstafeln.
3.2) *Abkürzung von 3.1:* Wenn *nur eine Teilaussage* eines zweistelligen Junktors bestimmt wurde. Dann kann man in jenen Fällen den Wert der übergeordneten (Teil-)Aussage erschließen, die in Abschn. 4.5 als ‚Vereinfachungen der Wahrheitstafelmethode' besprochen wurden. Hier *zwei Beispiele:*

$$(p \lor q) \lor \neg p \quad \text{L-wahr}$$
$$\begin{array}{c} w \quad f \quad \begin{matrix}w\\f\end{matrix} \quad f \quad f \quad w \end{array} \quad \notz \text{ Widerspruch tritt auf, gleich welchen Wahrheitswert q hat.}$$

(Schritte: ∨ rechts f, ∨ links f und ¬ f, p rechts w, p links w.)

p	→	(¬ p ∧ r)	nicht L-wahr
w	f	f w f ^w_f	konsistente Zeile, gleich welchen Wahrheitswert r hat
			(Schritte: → f, p links w und ∧ f, p rechts w, ¬ f.)

4.) *Von einer Teilaussage und der übergeordneter (Teil-)Aussage auf die andere Teilaussage schließen.* Dies ist in folgenden Fällen möglich:

p → q	p → q	p ∨ q	p ∨ q	p ∧ q	p ∧ q
w w w	f w f	f w w	w w f	w f f	f f w

Die gestrichelten Pfeile zeigen, wie wir schließen. Implizit machen wir in diesen Schlüssen von allen aussagenlogischen Regeln Gebrauch, die wir im Kapitel über die deduktive Methode kennenlernen werden. Obige Schritte entsprechend von links nach rechts folgenden Schlüssen: Modus Ponens, Modus Tollens, disjunktiver Syllogismus links und rechts, sowie ‚Konjunktionsfalsifikation' links und rechts.

Wir wenden das Verfahren auch auf Äquivalenzformeln der Form A ↔ B an (siehe Übungen). Hier kann von außen nach innen gar nichts erschlossen werden, denn ist A↔B wahr, dann haben A und B denselben Wahrheitswert, aber man weiß nicht, welchen, und ist A↔B falsch, dann haben A und B einen unterschiedlichen Wahrheitswert, ohne dass man ihn kennt.

Haben wir für eine Aussage herausgefunden, dass sie nicht logisch wahr ist, so kann sie kontingent oder logisch falsch sein. Um mit der Reduktio ad Absurdum Methode zu prüfen, ob sie L-falsch ist, setzen wir die Aussage per Annahme wahr und wenden dasselbe Verfahren an. Erhalten wir eine konsistente Zeile, so ist die Aussage nicht L-falsch, und daher kontingent, weil sie ja zuvor schon als nicht L-wahr erwiesen wurde. Sind dagegen alle Zeilen widersprüchlich, so ist sie L- falsch. Ein *Beispiel*:

p ∧ ¬ p	L-falsch
ⓦ w w ⓕ ↯	(Schritte: ∧ w, p links w und ¬ w, p rechts f.)

Versuchen wir, dieses Verfahren auf die Aussage „(2.) (p ∨ q) → (r → p)" von Abschn. 5.1 anzuwenden, so erhalten wir leider eine ‚Zeilenaufspaltung', die wir weiter unten besprechen.

Zuvor erklären wir noch, wie wir mit diesem Verfahren die *Gültigkeit von Schlüssen* herausfinden. Wir setzen per Annahme alle Prämissen wahr und die

Konklusion falsch und wenden dasselbe Verfahren an. Erhalten wir einen Widerspruch, so ist der Schluss gültig; entsteht dagegen eine konsistente Zeile, so ist der Schluss ungültig. Wieder einige *Beispiele*:

p, p → q / q   gültig (Modus Ponens)
(w) (w w f) f   ⚡ (Schritte: p links w, → w und q rechts f, p rechts w und q links f.)

p ∨ q, ¬ p / q   gültig (Disjunktiver Syllogismus)
(f w f) w f f   ⚡ (Schritte: ∨ w und ¬ w und q rechts f, p rechts f, p links f und q links f.)

q, p → q / p   ungültig
w   f w w   f   ✓ konsistente Zeile
(Schritte: q links w, → w und p rechts f, p links f und q rechts w.)

In den Übungen finden sich Beispiele mit bis zu 10 Aussagevariablen, deren logischer Status dennoch in nur einer Zeile (statt wie mit Wahrheitstafeln in $2^{10} = 1024$ Zeilen) gelöst werden kann. Dies zeigt die Leistungskraft dieses Verfahrens.

5.3 Zeilenaufspaltung

Das bisher besprochene Verfahren funktioniert allerdings nur, wenn die angenommene Zeile *wahrheitswertdeterminiert* ist, d.h., wenn wir von außen nach innen vorgehend letztlich alle relevanten Wahrheitswerte zwingend ermitteln können. Das ist nicht immer der Fall. Wir können bei diesem Verfahren auch an einen Punkt gelangen, an dem der Wahrheitswert keiner weiteren Teilaussage durch die bisher ermittelten Wahrheitswerte bestimmt ist. In diesem Fall müssen wir eine sogenannte *Zeilenaufspaltung* vornehmen. Dabei gehen wir so vor:

1.) Wir nehmen für irgendeine noch nicht bestimmte Teilaussage oder Aussagevariable einmal den Wahrheitswert w und das andere Mal, in einer zweiten neu geschaffenen Zeile, den Wahrheitswert f an. Welche Teilaussage wir aufspalten, ist nicht vorgeschrieben und bestimmt sich nur durch heuristische Überlegungen; alle Wege führen zum Ziel, benötigen aber unterschiedlich viel Aufwand.

2.) *Sofort danach* übertragen wir die bisher in der ersten Zeile ermittelten Wahrheitswerte auch in die zweite Zeile. Dies ist wesentlich, denn diese Werte galten ja zwingend und somit für *beide* Zeilen.

3.) Um die Stelle in der Formel, für die wir die Aufspaltung durchführten, kenntlich zu machen, versehen wir die beiden aufgespalteten Wahrheitswerte in beiden Zeilen *mit demselben Index*, beginnend mit „1" für die erste Zeilenaufspaltung, „2" für die zweite Zeilenaufspaltung, falls eine weitere nötig wird (usw.).

4.) Wir fahren dann mit unserer „von außen nach innen"-Bestimmungsmethode für jede der durch Aufspaltung gewonnenen Zeilen fort, solange bis wir entweder mit unserem Verfahren *am Ende* sind (d.h. das Resultat gemäß Punkt 5. erschließen können) oder erneut nichts mehr weiter bestimmen können; in letzterem Fall müssen wir erneut eine Zeilenaufspaltung vornehmen. Zeilenaufspaltungen können also iteriert auftreten: zwei Aufspaltungen führen zu drei Zeilen, drei zu vier Zeilen, jede Aufspaltung erzeugt eine weitere Zeile.

5.) Eine Aussage wird durch dieses Verfahren als *logisch wahr* erwiesen, wenn *alle Zeilen*, die auf diese Weise erzeugt wurden, zu einem Widerspruch geführt haben. Denn die erzeugten Zeilen sind ja nichts anderes als durch ein ODER verknüpfte semantische Wahrheitswertzuordnungen. Wenn alle diese Möglichkeiten scheitern, also zu einem Widerspruch führen, ist die Aussage als logisch wahr erwiesen und wir können das Verfahren abbrechen. Sobald wir andererseits nur *eine* vollständig bestimmte und *konsistente* Zeile gefunden haben, wissen wir, dass die Aussage nicht logisch wahr ist, und können das Verfahren ebenfalls abbrechen. Das *Ende* des Verfahrens ist also wie folgt erreicht. *Entweder* wir erzeugen eine *vollständig bestimmte Zeile*, die konsistent ist, bzw. wenn wir die Gültigkeit eines Schlusses prüfen, eine vollständig bestimmte Zeile, die den Schluss widerlegt. Dann ist die Aussage nicht L-wahr (bei Prüfung auf L-Falschheit nicht L-falsch) bzw. der Schluss ungültig. *Oder* wir müssen das Verfahren solange weiterführen, bis *alle* durch Aufspaltung entstandene Zeilen einen Widerspruch enthalten (was meist erst sichtbar wird, wenn sie vollständig bestimmt sind, manchmal aber schon vorher). Dann ist die Aussage L-wahr bzw. der Schluss gültig. Hier einige *Beispiele* (wobei wir der Abwechslung halber Schluss*schemata* behandeln):

A → B, B → C, C → A / (C → B) ∧ (B → A)		gültig
w₁ w w w w w w w w w w f w w w	↯
f₁ w f f w f f w f f w f f f w f	↯

Es ist schwer (aber möglich), aus dem Endergebnis die Schrittreihenfolge zu rekonstruieren. Daher erläutern wir in diesem Fall die Schrittreihenfolge etwas ausführlicher. Zunächst trägt man die Reduktio ad Absurdum Annahmen ein:

5.3 Zeilenaufspaltung

A → B,	B → C,	C → A	/	(C → B)	∧	(B → A)
w	w	w			f	

Nun können wir nicht mehr weiterbestimmen und spalten die Zeile auf, einfachheitshalber gleich am ersten Schemabuchstaben A, dem wir einmal w und einmal f zuordnen, beides Mal versehen mit dem Index „1" für „erste Aufspaltung". Sofort nach der Aufspaltung übertragen wir die bisher ermittelten Wahrheitswerte von der 1. in die 2. Zeile und erhalten:

A → B,	B → C,	C → A	/	(C → B)	∧	(B → A)
w_1 w	w	w			f	
f_1 w	w	w			f	

Nun fahren wir in der Bestimmung fort; zunächst (wahlweise) in der ersten Zeile und erhalten hier einen Widerspruch; die Schrittreihenfolge haben wir diesmal durch die oberen Indizes angegeben:

A → B,	B → C,	C → A	/	(C → B)	∧	(B → A)
w_1 w w^1	w^2 w w^3	w^4 w w^5		w^6 w^8 w^7 f	w^9 w^{11} w^{10}	⚡
f_1 w	w	w		f		

Danach bestimmen wir die zweite Zeile – die Schrittreihenfolge ist ebenso durch obere Indizes angegeben – und erhalten wieder einen Widerspruch, wodurch die Gültigkeit erwiesen ist:

A → B,	B → C,	C → A	/	(C → B)	∧	(B → A)
w_1 w w^1	w^2 w w^3	w^4 w w^5		w^6 w^8 w^7 f	w^9 w^{11} w^{10}	⚡
f_1 w f^5	f^4 w f^3	f^2 w f^1		f^6 w^8 f^7 f	f^9 w^{11} f^{10}	⚡

Im nächsten Beispiel führen wir die *vollständig Ermittlung* des logischen Status einer kontingenten Aussage vor:

(p ∨ q) → (p ∧ q)		nicht L-wahr
w_1 w f f w f f ✓		konsistente Zeile erreicht, Verfahren wird
f_1 w f f		abgebrochen.

(Schrittreihenfolge: 1. Zeile: → f, ∨ w, ∧ f; Zeilenaufspaltung bei p: w_1, f_1; ermittelte Werte von 1. in 2. Zeile übertragen; fortsetzen 1. Zeile: p rechts w, q rechts f, q links f.)

(p ∨ q) → (p ∧ q)							nicht L-falsch
w₁ w	w	w	w w	w		✓	konsistente Zeile erreicht, Verfahren wird
f₁		w					abgebrochen.

(Schrittreihenfolge: 1. Zeile: → w; Zeilenaufspaltung bei p, ermittelte Werte in 2. Zeile übertragen; fortsetzen 1. Zeile: ∨ w, ∧ w, p rechts w, q rechts w, q links w.)

Schlussfolgerung: (p ∨ q) →(p ∧ q) ist kontingent.

Abschließend ein Beispiel mit Mehrfachaufspaltung. Wir setzen ↔ f, spalten ∧ links auf und können damit die erste Zeile als widersprüchlich bestimmen (p links, Mitte u. rechts w, ∨ rechts f, ∧ Mitte und rechts f, q und r rechts f, q und r links f, ∨ links f):

(p ∧ (q ∨ r)) ↔ (p ∧ q) ∨ (p ∧ r)													
w w₁	f	f	f	f	w	f	f		f	w	f	f	↯
f₁				f				w					hier weitere Aufspaltung nötig

In der zweiten Zeile nehmen wir bei p eine weitere Aufspaltung vor und übertragen die schon ermittelten Wahrheitswerte, ∧ links f und ∨ rechts w, in die neu geschaffene dritte Zeile. Nun lassen sich die zweite und dritte Zeile ausbestimmen und erzeugen beide einen Widerspruch; die Aussage ist daher logisch wahr:

(p ∧ (q ∨ r)) ↔ (p ∧ q) ∨ (p ∧ r)													
w w₁	f	f	f	f	w	f	f		f	w	f	f	↯
w₂ f₁	f	f	f	f		f	f	w		f		f	↯
f₂	f			f	f	f		w	f				↯

(Schrittreihenfolge: 2. Zeile: ∨ links f, q und r links f, q und r rechts f, ∧ Mitte und rechts f; 3. Zeile: p Mitte und rechts f, ∧ Mitte und rechts f. Offen gelassene Werte müssen nicht bestimmt werden.)

Es sei darauf hingewiesen, dass die Schrittreihenfolgen immer nur zwecks Übersichtlichkeit für den Leser mit angegeben wurden; ihre Anführung ist nicht notwendig und wird in den Übungen weggelassen.

5.4 Exkurs: Komplexitätstheorie und das P=NP Problem

Sowohl die Wahrheitstafelmethode wie die semantische Reduktio ad Absurdum Methode liefern ein *korrektes Entscheidungsverfahren* für logische Wahrheit bzw. Gültigkeit in der AL, d.h. ein Verfahren, das nach einer *endlichen Anzahl von Schritten* das richtige Ergebnis liefert: ja oder nein. Während die Wahrheitstafelmethode aber (im Fall der L-Wahrheit/Gültigkeit) 2^n Zeilen benötig, mit n für die Anzahl der Aussagevariablen, kommt die Reduktio ad Absurdum Methode meistens mit nur einer oder wenigen Zeilen aus. Es handelt sich hier um eine *intelligente* Methode, deren Berechnungsaufwand – oder kurz: *Komplexität* – im Regelfall viel geringer ist. Die Behandlung dieser Fragen bildet das Gebiet der Komplexitätstheorie.

Ein Lösungsverfahren, dessen Funktionsweise auf die Iteration gewisser elementarer ‚mechanischer' Schritte zurückführbar ist (z.B. die primitiv-arithmetischen Funktionen; s. Abschn. 21.3) nennt man einen *Algorithmus*. Ein Algorithmus, der für jede Instanz eines gegebenen Problems nach einer endlichen Anzahl von Schritten die korrekte Antwort liefert, heißt Entscheidungsmethode für dieses Problem. Die Anzahl elementarer Berechnungsschritte, die eine Entscheidungsmethode benötigt, um angewandt auf ein Problem zu einer Lösung zu kommen, nennt man die *Komplexität* dieser Methode.[2] In unserem Fall ist das Problem die Entscheidung der Frage, ob eine gegebene Aussage L-wahr ist, bzw. – was damit äquivalent ist – ob eine gegebene Aussage konsistent ist (denn eine Aussage A ist genau dann konsistent wenn ¬A L-wahr ist; die Prüfung auf L-Wahrheit ist somit auf Konsistenzprüfung zurückführbar). Man spricht auch vom AL-Erfüllbarkeitsproblem und nennt es SAT (für „satisfiability"; „Erfüllbarkeit" ist ein anderes Wort für „Konsistenz").

Wichtig ist einerseits die *durchschnittliche* Komplexität ($\bar{K}$) für alle Aussagen (bzw. Anwendungen) – die man meist nicht berechnen, sondern nur durch umfangreiche Simulationen schätzen kann – und die *maximale* Komplexität (K_{max}), die das Verfahren *schlimmstenfalls* benötigt, um zum Ergebnis zu kommen. Die Intelligenz der Reduktio ad Absurdum Methode gegenüber der Wahrheitstafelmethode liegt klarerweise darin, dass ihre durchschnittliche Komplexität *viel geringer* ist als die der Wahrheitstafelmethode, vermutlich um viele Zehnerpotenzen geringer. Was die Komplexitätstheoretiker aber wissen wollen: besitzt diese oder eine andere Methode auch eine geringere *Maximalkomplexität* als die Wahrheitstafelmethode?

---

[2] Genauer gesagt, die *Time*- bzw. zeitliche Komplexität; daneben gibt es auch die *Space*- bzw.-Speicherplatzbedarfskomplexität, die wir hier nicht besprechen.

Nun kann man selten auftretende Fälle konstruieren, für die die Reduktio ad Absurdum Methode fast ebenso viele Aufspaltungen und damit Wahrheitswertzeilen erzeugt, wie die Wahrheitstafel benötigt, also 2^n viele. Die Maximalkomplexität dieser Methode ist also leider nicht (wesentlich) geringer als die der Wahrheitstafelmethode. Es fragt sich aber, ob man nicht vielleicht doch eine Methode konstruieren kann, deren Maximalkomplexität entscheidend geringer ist?

Um der Frage theoretisch nachzugehen, müssen zunächst weitere Begriffe definiert werden (für das folgende siehe Harel 1987, Teil III; Erk und Priese 2000, Kap. 15). Die Berechnung des Wahrheitswertes einer Aussage für gegebene Werte ihrer Variablen – wir bezeichnen dieses Problem als „Wwert" – hat *lineare* Komplexität, ist also proportional zur *Länge* (l) der Aussage, gemessen als die Anzahl ihrer primitiven Zeichen. Oder in Formeln: $K_{max}(Wwert, l) = k_0 \cdot 1 + k_1$, für gewisse Konstanten k_1 und k_2. Dabei interessiert man sich für den Komplexitätsanstieg für große l, ignoriert also die Höhe der Konstanten k_1, k_2, was teilweise gerechtfertigt ist, insofern diese Konstanten durch schnellere Computer herabgesetzt werden können. Wesentlich ist der Unterschied zwischen einem Verfahren mit polynomischer und solchem mit exponentieller Komplexität. Für ein Verfahren V mit polynomischer Komplexität ist K_{max} gegeben durch eine Funktion des Typs $K_{max}(V,l) = k_0 + k_1 \cdot l + k_2 \cdot l^2 + ... + k_r \cdot l^r$ ($k_0,...,k_r$ sind Konstanten; r ist der Grad des Polynoms). Für ein Verfahren mit exponentieller Komplexität ist K_{max} bestimmt durch eine Funktion des Typs $K_{max}(V,l) = k_0 + k_1 \cdot e^{k_2 \cdot l}$, aber durch keine polynomische Funktion. Wie wir aus Abschn. 4.6 wissen, ist für hohen ‚Problemumfang' (l) kein exponentielles Verfahren durchführbar, nicht einmal für den schnellsten Computer; ein polynomisches Verfahren dagegen schon (zumindest wenn die Konstanten nicht allzu hoch sind). Es ist daher wichtig zu wissen, ob ein Entscheidungsverfahren *noch* polynomische (oder geringere) oder *schon exponentielle* (oder noch höhere) Komplexität besitzt. Erstere Verfahren nennt man auch *tractable* (‚beherrschbar'), letztere *intractable* (‚unbeherrschbar'). Man sagt, ein gegebenes Problem X besitzt eine maximale Komplexität K_{max}, wenn der beste allgemeine Entscheidungsalgorithmus für X diese Komplexität besitzt. Die Klasse der polynomischen Probleme bezeichnet man mit P, die der exponentiellen Probleme mit EXP.

Die wichtige Frage ist: gehört SAT zur Klasse P oder EXP? Würde jedes SAT-Verfahren im schlimmsten Fall annähernd so viele Zeilen wie die Wahrheitstafelmethode benötigen, so wäre $K_{max}(SAT)$ tatsächlich exponentiell, denn die Anzahl der Aussagevariablen einer Formel wächst (jedenfalls im schlimmsten Fall) linear mit der Länge der Formel; also ist das K_{max} der Wahrheitstafelmethode nicht nur eine exponentielle Funktion von n, sondern auch von l.

Die Frage wird dadurch verkompliziert, dass das Reduktio ad Absurdum- und viele andere Entscheidungsverfahren *nichtdeterministisch* sind, d.h., die Reihenfolge der Schritte nicht zwingend vorgegeben ist. Ist eine Aussage erfüllbar, so kann man die Wahrheitswertzeile, die ihr den Wert w gibt, ja eventuell auch glücklich *raten*. Die Komplexitätsklasse eines Problems, für das eine „ja"-Antwort ‚mit Glück' in nur polynomisch vielen Schritten bewiesen werden kann, nennt man *nichtdeterministisch polynomisch* und schreibt dafür NP. Offenbar liegt SAT in NP. Aber welche maximale Komplexität haben die Probleme in NP, wenn man ‚unglücklich' rät? Man vermutet, dass ihre maximale Komplexität exponentiell ist. Aber das *muss* nicht so sein, da man eventuell einen schlauen Algorithmus finden könnte, der, wenn die Aussage erfüllbar ist, die wahrmachende Zeile in polynomischer Zeit findet, und wenn nicht, in polynomischer Zeit einen Widerspruch findet – was unsere Reduktio ad Absurdum Methode ja tatsächlich meistens, aber leider nicht immer, leistet.

Die zentrale Frage lautet demnach: *liegt SAT in P?* Die Frage ist deshalb hochbrisant, weil das AL-Erfüllbarkeitsproblem nachweislich *NP-schwer* (NP-hard) ist, d.h. jedes in NP liegende Problem kann auf ein AL-Erfüllbarkeitsproblem zurückgeführt werden. Hätte man also eine polynomische Lösungsmethode für SAT, so könnte man so gut wie alle algorithmisch lösbaren Probleme in polynomischer Zeit lösen. Aus diesem Grund gilt auch: liegt SAT in P, dann gilt NP = P (denn dann sind alle Probleme in NP polynomisch lösbar); gilt dagegen NP ≠ P, dann liegen einige in NP liegende Probleme und daher (wegen seiner NP-Schwere) auch SAT in EXP. Für die Komplexitätstheorie stellt daher die Frage „gilt P = NP oder nicht?" ein enorm bedeutendes, jedoch *bis heute ungelöstes* Problem dar. Das P=NP Problem gehört zu den vom Clay Mathematics Institute (CMI) in Cambridge/MA im Jahr 2000 aufgerufenen sieben wichtigsten ungelösten Problemen der Mathematik, für die jeweils eine Million Dollar Preisgeld ausgelobt wurden.[3] Mit anderen Worten, wenn es Ihnen (nach der Lektüre dieses Buches) gelingt, eine polynomische Entscheidungsmethode für ausssagenlogische Wahrheit zu finden, oder aber zu beweisen, dass es eine solche nicht gibt, können Sie 1.000.000 Dollar verdienen. Die meisten Experten vermuten heute P ≠ NP, aber einen Beweis dafür gibt es bis heute nicht.

5.5 Exkurs: Beth Tableaus

Die semantische Reduktio ad Absurdum Methode ist die zeitsparendste mir bekannte Methode. Sie ist in der Literatur wenig bekannt. Ein damit verwandtes und bekannteres Verfahren ist die auf Beth (1955) zurückgehende *Tableau*

---

[3] Eines dieser Probleme, Poincarés Vermutung, wurde mittlerweile von Grigori Jakowlewitsch Perelman gelöst; seltsamerweise lehnte er das Preisgeld ab.

Methode. Sie ist allerdings weniger zeitsparend als die hier vorgeführte Methode, weshalb wir letzterer den Vorzug gaben und Beths Tableau Methode in einem Exkurs vorstellen.

Auch Beths Tableau Methode ist ein Reduktio ad Absurdum Verfahren; sie geht also von der Methode des Gegenteils aus und versucht, daraus einen Widerspruch herzuleiten. Es gibt zwei Versionen der Beth Methode, eine *semantische* Version, auch Methode der Wahrheitsbäume genannt, und eine *syntaktische* Version, die auch Methode der *Tableau-Kalküle* genannt wird und in Abschn. 8.3.3 erläutert wird. Kennzeichen aller Tableau Methoden ist es, dass (nach Einführung der Reduktio ad Absurdum Annahme) immer nur *von außen nach innen* geschlossen wird, nötigenfalls mit Oder-Aufspaltungen. Dabei wird das Tableau der wahrzumachenden Formeln von oben nach unten in Form eines Baumes gezeichnet, der sich bei jeder Oder-Aufspaltung verzweigt.

In der semantischen Tableau Methode wird eine vertikale, bei Aufspaltungen sich nach unten hin verzweigender Linie gezeichnet, *wahre* Formeln werden *links* und *falsche* Formeln *rechts* davon angeschrieben. Zusammengesetzte Formeln, die schon abgearbeitet, also in Teilformeln *zerlegt* wurden, werden durch ein Häkchen gekennzeichnet. Als erstes Beispiel behandeln wir die erste Aufgabe von Abschn. 5.1. Die oberen Indizes zeigen die Schrittreihenfolge an: der dem Schritt entsprechende Index wurde jeweils zum Häkchen an der abgebauten Formel und zu ihren Abbauresultaten angefügt.

Zu prüfen: L-Wahrheit von (p→q) → ((p∧r) → q)

$$
\begin{array}{c|c}
\textit{wahr} & \textit{falsch} \\
& (p \to q) \to ((p \land r) \to q)\ \checkmark^1 \\
p \to q^1\ \checkmark^4 & (p \land r) \to q^1\ \checkmark^2 \\
p \land r^2\ \checkmark^3 & q^2 \\
p^3 & \\
r^3 & \\
& p^4 \qquad\qquad q^4 \\
& \times \qquad\qquad\ \ \times
\end{array}
$$

Konklusion: L-wahr.

Der Baum besagt also: die Aussage „(p→q) → ((p∧r) → q)" wird im 1. Schritt falsch gesetzt. Im 2. Schritt wird sie von außen nach innen schließend zerlegt: p→q muss wahr und (p∧r) → q falsch sein. Im 3. Schritt wird (p∧r) → q zerlegt: p∧r muss wahr und q falsch sein. Im 4. Schritt wird p∧r zerlegt: p und r müssen beide wahr sein. Im 5. Schritt wird p→q zerlegt, was nur durch Aufspaltung möglich ist: entweder p ist falsch, oder q ist wahr (oder auch beides), d.h. die Linie wird verzweigt; p steht rechts von der ersten und q links von der zweiten Linie.

Nun wurden alle zusammengesetzten Formeln zerlegt (besitzen ein Häkchen) und es sind nur mehr Aussagevariablen übrig. Jede von oben nach unten führende, an einer Verzweigung nach links oder rechts springende Linie nennt man einen *Ast* des Verzweigungsbaumes. In unserem Beispiel gibt es zwei Äste. Wenn an einem Beweisast sowohl links wie rechts dieselbe Aussagevariable (oder wenn Schemata geprüft werden derselbe Schemabuchstabe) steht, so heißt der Ast *geschlossen*, denn er bezeichnet dann eine *unmögliche* Wahrheitswertzuordnung; ein geschlossener Ast wird am unteren Ende durch ein Kreuz × markiert. Andernfalls muss der Ast weiterentwickelt werden. Tragen alle zusammengesetzten Formeln, die links oder rechts eines Astes sitzen, einen Haken, so ist der Ast *vollständig*. Ein vollständiger und nicht geschlossener Ast heißt *offen* und bezeichnet eine mögliche Wahrheitswertzuordnung. Analog zur semantischen Reduktio ad Absurdum Methode gilt folgende Auswertungsregel: Sobald ein offener Ast konstruiert wurde, ist damit in Anwendung auf eine Aussage deren Konsistenz (nicht-L-Wahrheit) bewiesen, und in Anwendung auf einen Schluss dessen Ungültigkeit. Sind dagegen alle Äste des Baumes geschlossen, so wurde die L-Wahrheit der Aussage bzw. die Gültigkeit des Schlusses bewiesen. In unserem Beispiel sind beide Äste geschlossen, womit die L-Wahrheit der Aussage gezeigt wurde.

In obigem Beispiel haben wir die Überschriften „wahr" und „falsch" sowie die oberen Indizes (die die Schritte bezeichnen) nur zwecks Übersichtlichkeit für den Leser hinzugefügt; diese ‚Ausschmückungen' werden üblicherweise weggelassen. Als nächstes Beispiel behandeln wir die Prüfung der Gültigkeit eines Schlussschemas, des Modus Ponens:

Zu prüfen: Gültigkeit von A, A→B / B:

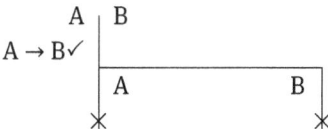

Konklusion: Gültig

In obigen Beispielen benötigte die Tableau Methode jeweils eine Aufspaltung, während unsere zeilenbasierte Methode jeweils ohne Aufspaltung auskam. Generell benötigen Beth Tableaus deutlich mehr Aufspaltungen als unsere Reduktio ad Absurdum Methode. Dies liegt daran, dass Beth Tableaus lediglich von außen nach innen schließen, und nicht auch von innen nach außen und von Gesamtaussage und Teilaussage zur anderen Teilaussage, so wie unser Verfahren von Abschn. 5.2. Die Zerlegungsschritte der Bethschen Tableau Methode können für die AL wie unten dargestellt zusammengefasst werden. Beachte: Für die Äquivalenz benötigen wir keine eigene Regel, da es sich um einen definierten Junktor handelt (d.h., wir schreiben „(A→B)∧(B→A)" statt „A↔B" und wenden obige Regeln an).

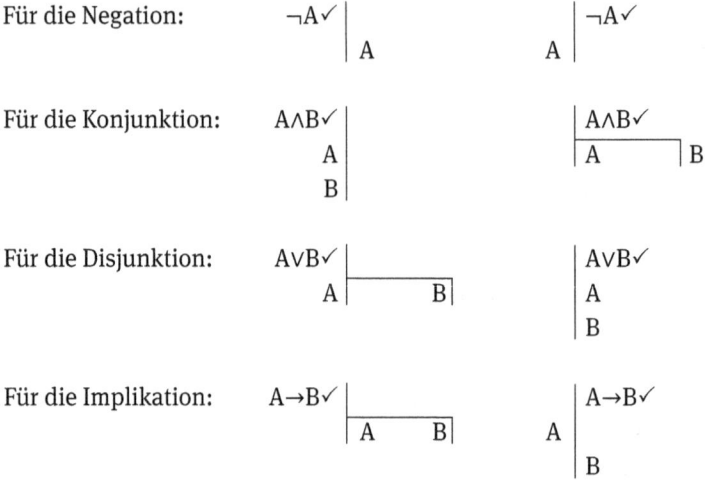

Der folgende Schluss, den wir mit unserer Methode spielend in einer Zeile berechnen, führt bereits zu zwei Tableau-Aufspaltungen:

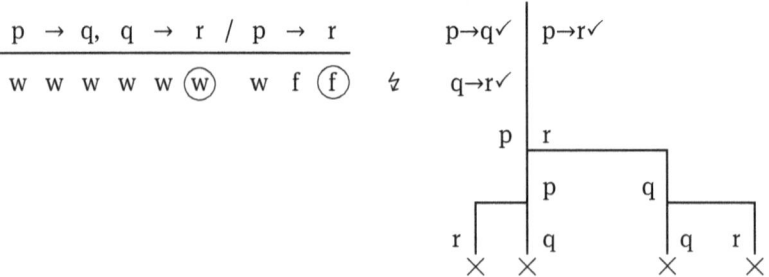

Wie man am Beth Tableau rechts sieht, muss eine neuerliche Aufspaltung – hier die Aufspaltung q falsch oder r wahr – an *allen bereits erzeugten* und noch nicht geschlossenen Ästen vorgenommen werden.

Warum ist die Tableau Methode so verbreitet, obwohl sie deutlich zeitaufwendiger ist als unsere Methode? Vermutlich liegt dies daran, dass die

Tableau Methode einige *metalogisch* schöne Eigenschaften besitzt. Erstens wird bei diesem Verfahren in jedem Schritt die Komplexität der Formeln *reduziert*, aber nie erhöht. Diese Eigenschaft garantiert, dass das Verfahren irgendwann (nämlich bei den Aussagevariablen) *abbricht* und deshalb ein *Entscheidungsverfahren* liefert. Dies allein wäre noch kein Vorteil, da unsere Methode eine analoge Eigenschaft besitzt. Zweitens aber gelangt man von der semantischen Tableau Methode durch einen einfachen Trick direkt zu einer rein *syntaktischen* Methode: indem man, statt falsche Formeln rechts vom Strich zu schreiben, einfach ein Negationszeichen davor setzt (und negierte Aussagevariablen nicht weiter abbaut). In dieser Form wird die Tableau Methode beispielsweise von Beckermann (2003) und Bühler (2000) eingeführt. Damit hat man eine syntaktisch-deduktive Methode gefunden, die entscheidbar ist (was für deduktive Methoden nicht einmal in der AL etwas Selbstverständliches ist; vgl. Abschn. 14.6).

5.6 Weiterführende Literatur und Übungen

Ausführliche Erläuterungen und Anwendungen zur Tableau Methode finden sich in Bühler (2000), Beckermann (2003) und Essler et al. (1983, Kap. IX). Eine gute Einführung in die Theoretische Information ist Erk und Priese (2000).

5.6.1 Übungen zu Abschnitt 5.1

Man prüfe folgende Aussagen bzw. Schlüsse oder Aussagen- bzw. Schlussschemata mit der semantischen Reduktio ad Absurdum-Methode (auf L-Wahrheit, L-Falschheit oder Kontingenz, bzw. auf Gültigkeit oder Ungültigkeit). Sämtliche Beispiele sind in *nur einer Zeile* lösbar.

(1) $(p \land q) \to (r \lor s) / (\neg s \land \neg r) \to ((\neg p \lor \neg q) \lor \neg r)$
(2) $(p \to (q \lor r)) \to ((p \to q) \lor (p \to r))$
(3) $A \to (B \land C), C \to \neg D / D \to \neg A$
(4) $\neg(\neg p \lor (q \to r)), r \to (s \land t) / q \to t$
(5) $(p \to (q \to r)) \to (p \to (q \lor r))$
(6) $A \land (B \lor C) / (A \land B) \lor (A \land C)$
(7) $A \to (B \to C) / B \to (A \to C)$
(8) $(A \to (B \to C)) \to (A \to C)$
(9) $\neg(A \land B) \to (\neg A \lor \neg B)$
(10) $((\neg p \land q) \to r) \to s / s \to (r \to (p \lor q))$
(11) $((A \to B) \land (C \to D)) \to ((A \land C) \to (B \land D))$

(12) $(p \wedge q) \to r, \neg q \to \neg r \;/\; p \to r$
(13) $\neg(p \vee q) \to \neg(r \vee s), \neg p \leftrightarrow (t \vee w), (r \wedge w) \leftrightarrow z \;/\; z \to \neg s$

5.6.2 Übungen zu Abschnitt 5.3

Aufgabenstellung wie in 5.6.1. In den folgenden Beispielen kann es zu Zeilenaufspaltungen kommen, muss es aber nicht.

(1) $p \to q, (q \vee r) \to p \;/\; p \leftrightarrow q$
(2) $p \to q, (q \wedge r) \to p \;/\; p \leftrightarrow q$
(3) $(p \wedge q) \to ((p \wedge r) \vee (q \wedge \neg r))$
(4) $(p \vee q) \to ((p \wedge r) \vee (q \wedge \neg r))$
(5) $A \vee (B \wedge C) \leftrightarrow (A \vee B) \wedge (A \vee C)$
(6) $((A \to B) \vee (C \to D)) \to ((A \vee C) \to (B \vee D))$
(7) $(p \vee q) \to (r \vee s), p \leftrightarrow \neg(r \wedge t), s \leftrightarrow t \;/\; p \to t$
(8) $A \to B, C \to B \;/\; (A \vee C) \to B$
(9) $((A \to C) \wedge (A \to B)) \to (A \to (C \wedge B))$
(10) $(p \leftrightarrow \neg q) \vee (\neg p \leftrightarrow \neg q)$
(11) $((p \to q) \wedge (q \to p)) \to (p \vee q)$
(12) $A \to B, B \to C, C \to A \;/\; (A \leftrightarrow B) \wedge ((B \leftrightarrow C) \wedge (C \leftrightarrow B))$
(13) $(p \wedge q) \to (r \to (s \vee t)), s \leftrightarrow (p \wedge t), \neg t \leftrightarrow (q \vee \neg r) \;/\; r \to (s \vee \neg p)$
(14) $(p \wedge \neg q) \to (r \leftrightarrow \neg s), \neg(s \vee z), (\neg q \to r) \to (t \vee w), (w \wedge \neg r) \to t \;/\; p \to (\neg t \to r)$
(15) $A \leftrightarrow B, B \to D, B \vee D \;/\; (A \wedge D) \wedge (\neg D \to \neg B)$
(16) $p \vee q, r \vee s \;/\; (p \wedge q) \vee (r \wedge s)$
(17) $(p \leftrightarrow q) \leftrightarrow (p \leftrightarrow \neg q)$
(18) $(p \wedge (q \vee \neg r)) \leftrightarrow (((p \wedge s) \wedge (q \vee \neg r)) \vee ((p \wedge \neg s) \wedge (q \vee \neg r)))$

6 Rekonstruktion natursprachlicher Sätze und Argumente

6.1 Rekonstruktion in der Aussagenlogik

Die Übersetzung einer natursprachlichen in eine formallogische Aussage nennt man auch deren logische *Rekonstruktion* oder *Formalisierung*. Die Übersetzung von der natürlichen Sprache in die logische Sprache ist durch keinen – zumindest keinen einfachen[4] – Algorithmus darstellbar, sondern bedarf der *Interpretation* des natursprachlichen Textes. Man muss aus dem Kontext des ganzen Satzes herausfinden, was gemeint ist, bevor man die logische Form des Satzes eindeutig erkennen kann. Gelegentlich gibt es keine eindeutige, sondern nur eine plausibelste Interpretation; in solchen Fällen sind alle alternativen Interpretationen anzuführen, die eine minimale Plausibilität besitzen. Nur die umgekehrte Übersetzung von der logischen in die natürliche Sprache ist algorithmisch darstellbar, wobei man allerdings nicht immer zu stilschönen Sätzen gelangt.

Auch wenn es für die Übersetzung natursprachlicher in logische Aussagen keinen (einfachen) Algorithmus gibt, gibt es eine Reihe heuristischer Regeln, die zusammen das aussagenlogische Rekonstruieren einfach machen. Zunächst die Grundregel:

Merksatz 6-1. *Grundregel aussagenlogischen Rekonstruierens:*
Will man einen Satz der natürlichen Sprache aussagenlogisch rekonstruieren, muss man herausfinden, welche Satzbestandteile *elementare*, d.h. aussagenlogisch unzerlegbare Teilsätze sind, und welche Worte bzw. Phrasen aussagenlogische Junktoren wiedergeben. Man ersetzt dann die elementaren Teilsätze durch Aussagevariablen und die Junktorphrasen durch Junktoren und hat die Rekonstruktion gefunden.

Die Übersetzung der elementaren natursprachlichen Sätze geben wir durch eine *Übersetzungslegende* wieder, wie zum Beispiel:

    p – Peter fiel hin.
    q – Peter brach sich das Bein.

---

[4] Die Computerlinguistik arbeitet seit Jahrzehnten an solchen Übersetzungsalgorithmen. Es stellt sich heraus, dass solche Übersetzungsalgorithmen ein reichhaltiges Hintergrundwissen benötigen, d.h. auf umfangreiche Datenbanken zurückgreifen müssen, um die korrekte logische Interpretation zumindest in den meisten Fällen generieren zu können.

Bei der Beurteilung, ob ein natursprachliches Verknüpfungswort (wie „wenn", „obwohl", „sogleich", „mithilfe" – welcher grammatikalischen Kategorie auch immer) einem aussagenlogischen Junktor entspricht, können wir drei Fälle unterscheiden:
1. Das natursprachliche Verknüpfungswort *entspricht genau* einem Junktor, d.h. hat keine zusätzliche sachliche Bedeutung (unterschwellige Bedeutungen wie ironisierender Tonfall etc. wollen wir nicht berücksichtigen).
2. Das natursprachliche Verknüpfungswort *entspricht* einem Junktor, enthält aber darüber hinaus eine *Zusatzbedeutung*, die durch *keinen* aussagenlogischen Junktor wiedergegeben werden kann. Der Junktor gibt dann nur eine *Teilbedeutung* des natursprachlichen Verknüpfungswortes wieder. In diesem Fall führen wir die Zusatzbedeutung durch einen *Vermerk* an.
3. Das natursprachliche Verknüpfungswort *entspricht keinem* Junktor, d.h. der betreffende Satz bzw. Satzteil ist als aussagenlogisch unzerlegbar anzusehen.

Beispiel für 1.: „Ich bin nicht gesund". Das „nicht" entspricht genau der Negation „¬".

Beispiel für 2.: „Peter fiel hin und brach sich das Bein." Das „und" enthält die Konjunktion „∧" als Teilbedeutung. Die implizierte Zusatzbedeutung ist die zeitliche Reihenfolge und der Kausalzusammenhang zwischen dem ersten und dem zweiten Teilsatz. Man erkennt dies daran, dass der natursprachliche Satz „Peter brach sich das Bein und fiel hin" eine andere und etwas seltsame Bedeutung hat (er suggeriert, Peter sei hingefallen, weil er sich aus irgendeinem anderen Grund das Bein brach).

Beispiel für 3.: „Er rief, damit sie ihn hören." Der Verknüpfungsbegriff „damit" entspricht keinem AL-Junktor, sondern drückt die Zweckbeziehung zwischen der Tatsache p und dem Sachverhalt q aus.[5]

In den folgenden Abschnitten stellen wir die wichtigsten natursprachlichen Verknüpfungswörter bzw. -phrasen zusammen, die aussagenlogische Junktoren entweder vollständig oder als Teilbedeutung wiedergeben.

---

5 Die Wahrheit von „p damit q" impliziert zwar die Wahrheit von p, aber nicht die von q.

6.2 Negation

In der natürlichen Sprache wird die logische Negation durch die Wendung

- *nicht p,*

ausgedrückt, oder durch die Redewendungen:

- *Es ist nicht der Fall, dass p; es ist nicht so, dass p.*

Beispiele:
> (1) Francis Bacon ist nicht der Autor der Shakespeare-Dramen.
> (2) Es ist nicht so, dass Francis Bacon der Autor der Shakespeare-Dramen ist.

In beiden Fällen lautet die AL-Übersetzung mit zugehöriger Legende:

Formalisierung: *Legende:*
$\neg p$ p – Francis Bacon ist der Autor der Shakespeare-Dramen.

Beachte:
i) Die logische Übersetzung abstrahiert von logisch irrelevanten Unterschieden der natursprachlichen Grammatik: (1) und (2) sind unterschiedliche natursprachliche Formulierungen *derselben* logischen Aussage.
ii) Zur Übersetzung gehört immer auch die Legende; ohne diese ist sie unvollständig.

In Kontexten, in denen die Negation bzw. ihre epistemische Sicherheit besonders betont wird, verwendet man auch die Wendungen

- *niemals p; nie p; auf keinen Fall p.*

Zum Beispiel:
> (3) Niemals ist Francis Bacon der Autor der Shakespeare-Dramen.
> (4) Auf keinen Fall ist Francis Bacon der Autor der Shakespeare-Dramen.

Alle diese Phrasen entsprechen *genau* der Negation; eine echte Zusatzbedeutung gibt es nicht (beachte: eine Betonung ist noch keine Zusatzbedeutung). „Nie" und „Niemals" haben allerdings auch häufig eine zeitliche Komponente und entsprechen dann der Negation eines zeitlichen Existenzsatzes. Man beachte hierzu den Unterschied zwischen den beiden Sätzen:

> (5) Fritz geht nicht ins Kino.
> (6) Fritz geht niemals ins Kino.

(5) bedeutet „es ist nicht der Fall, dass Fritz ins Kino geht", also ¬p, mit der Legende p – Fritz geht ins Kino (der Zeitpunkt ist dabei offen gelassen). (6) bedeutet „es ist nicht der Fall, dass Fritz zu irgendeinem Zeitpunkt ins Kino geht", also ¬q, mit der Legende q – es gibt einen Zeitpunkt, zu dem Fritz ins Kino geht. Prädikatenlogisch hat q die Form $\exists t Gat$ (dazu Abschn. 11).

Auch das Wort

– *kein*

drückt manchmal eine gewöhnliche Negation, meistens aber die Negation eines Existenzsatzes aus. Im Satz

(7) Peter ist kein Mörder.

ist ersteres der Fall; die AL-Rekonstruktion lautet:

Formalisierung von (7): ¬p   Legende: p – Peter ist ein Mörder.

Dagegen drückt *kein* im Satz

(8) Kein Mörder ist psychisch gesund.

die Negation eines Existenzsatzes aus:

Übersetzung von (8): ¬q   Legende: q – Es gibt einen psychisch gesunden Mörder.

Auch die Vorsilbe

– *Un-*

drückt gelegentlich eine Negation aus; hier ist jedoch Vorsicht geboten. Im Satz

(9) Dies ist unmöglich.

entspricht „un" genau der Negation; (9) besagt also ¬p mit p – dies ist möglich. Im Satz

(10) Dieser Mensch ist ein Unmensch.

fungiert „Un" dagegen nicht als Negation von „ist ein Mensch", sondern als negatives Werturteil. Schließlich kommt der Vorsilbe „Un" im Begriff „Ungewitter" die Rolle einer Verstärkung eines negativen Sachverhaltes zu: ein Ungewitter ist ein besonders starkes Gewitter.

Vorsicht ist auch geboten bei den Phrasen

– *nicht nur p; nicht allein p.*

„Nicht nur p" drückt nicht die Negation von p aus, sondern besagt, dass nicht nur p sondern auch etwas anderes (damit in Beziehung stehendes) gilt (und analoges gilt für „nicht allein"). Z.B. besagt „Nicht nur Franz ist heute krank" dass neben Franz auch noch jemand anderes heute krank ist. Näheres zur Wendung *nicht nur p, sondern auch q* im nächsten Abschnitt.

6.3 Konjunktion

Die natursprachliche Standardphrase für die Konjunktion ist
- *p und q:* Beispiel:

  (11) (i) Fritz ist intelligent und Franz ist intelligent, bzw. bedeutungsgleich:
  (ii) Fritz und Franz sind intelligent.

Formalisierung von (11): p∧q   Legende: p – Fritz ist intelligent.
                                              q – Franz ist intelligent.

Wie man am Beispiel (11)(ii) erkennt, nimmt die natursprachliche Grammatik oft Abkürzungen: statt das „und" wie in (i) zwischen die beiden Teilsätze p und q zu stellen, wird es direkt zwischen die beiden Satzsubjekte Fritz und Franz gestellt (und das Hilfsverb in den Plural gesetzt). Dies ist zwar kürzer und wirkt eleganter, erschwert aber die Erkenntnis der logischen Struktur. Denn es gibt natursprachliche Sätze von derselben grammatischen Struktur wie (11), in denen das „und" jedoch nicht als eine aussagenlogische Konjunktion fungiert. Im Beispiel (12) verbindet das „und" die beiden Argumente eines zweistelligen (relationalen) Prädikates:

  (12) Fritz und Franz sind Brüder.

(12) ist aussagenlogisch *unzerlegbar*, die Formalisierung lautet also: p. Prädikatenlogisch hat (12) die Form einer atomaren Relationsaussage Bab (für „a ist Bruder von b").

Wir fassen dies in folgender *Merkregel* zusammen: Die Formen der natursprachlichen Grammatik und die logischen Formen stehen zueinander in keiner eindeutigen Beziehung. Fast immer kann dieselbe logische Form in unterschiedliche grammatische Formen gekleidet werden, wie im Beispiel (11)(i)+(ii); ein anderes Beispiel sind Aktiv-Passivtransformationen wie „Anna küsst Franz" versus „Franz wird von Anna geküsst" (usw.). Es kommt aber auch vor, dass dieselbe natursprachliche Form unterschiedlichen logischen Formen entsprechen kann, wie der Vergleich von (11)(ii) und (12) zeigt; weitere solche Beispiele werden wir noch kennenlernen. Welche logische Form einer gegebenen natursprachlichen Form entspricht, muss aus dem jeweiligen Interpretationskontext heraus erschlossen werden.

Die folgenden weiteren Phrasen geben die Bedeutung der Konjunktion genau, d.h. *ohne Zusatzbedeutung* wieder:

- *sowohl p als auch q:* Beispiel: Sowohl Fritz als auch Franz sind intelligent.
- *auch:* Beispiel: Beethoven komponierte neun Sinfonien; auch die Musik zu „Fidelio" stammt von ihm.

Formalisierung: $p \land q$. Legende: p – Beethoven komponierte neun Sinfonien, q – Die Musik zu „Fidelio" stammt von Beethoven.

- *Beisätze:* Beispiel:

    (13) Newton, der Begründer der klassischen Mechanik, entwickelte die Differentialrechnung.

(13) kann auch wie folgt reformuliert werden:

   (13') Newton ist der Begründer der klassischen Mechanik und Newton entwickelte die Differentialrechnung.

Formalisierung: $p \land q$, mit entsprechender Legende.

Gleiches gilt, wenn der Beisatz durch Bindestriche oder durch Klammern eingefügt wurde, wie in den Beispielen

   (14) Erastosthenes (276-194 v.Chr.) berechnete den Erdumfang.

   (15) E.T.A. Hoffmann – er schrieb auch die Musik zur Oper „Undine" – verfasste zahlreiche Erzählungen.

- *Adjektive:*

Im Gegensatz zu Adverbien entsprechen Adjektive oftmals (jedoch nicht immer) einfachen Konjunktionen. Beispiel:

   (16) Der schöne Udo fiel hin.

kann bedeutungsgleich wiedergegeben werden durch:

   (17) Udo ist schön und Udo fiel hin,

also $p \land q$, mit der Legende p – Udo ist schön und q – Udo fiel hin.

Die folgenden natursprachlichen Worte bzw. Phrasen drücken eine Konjunktion aus, besitzen darüber hinaus aber eine *Zusatzbedeutung*:

- *p obwohl q:* Der Satz

    (18) Die Römer wurden in der Schlacht von Cannae geschlagen, obwohl sie dem Feind zahlenmäßig überlegen waren.

enthält als Teilbedeutung die Konjunktion $p \wedge q$, mit der Legende

   p – Die Römer wurden in der Schlacht von Cannae geschlagen.
   q – Die Römer waren (in der Schlacht von Cannae) dem Feind zahlenmäßig überlegen.

Die *Zusatzbedeutung* drückt aus, dass p durch q eigentlich unwahrscheinlich gemacht wird. Dass die Zusatzbedeutung semantisch wesentlich ist, erkennt man darin, dass ein Satz der Form „p obwohl q", in dem p durch q wahrscheinlich (statt unwahrscheinlich) gemacht wird – wie beispielsweise „Ich bin arm, obwohl ich kein Geld habe" als unsinnig empfunden wird.

- *p, sogar q:* Der Satz

    (19) Die Türken eroberten die ganze Balkanhalbinsel, sogar Wien wurde belagert.

enthält als Teilbedeutung $p \wedge q$, mit der Legende

   p – Die Türken eroberten die ganze Balkanhalbinsel.
   q – Wien wurde belagert.

Die *Zusatzbedeutung* besagt, dass q an und für sich unwahrscheinlich (bzw. selten) ist, zumindest unwahrscheinlicher als p.

- *nicht nur p, (sondern) auch q:* Der Satz

    (20) Nicht nur die Planeten, auch die Fixsterne bewegen sich am Himmel.

enthält als Teilbedeutung $p \wedge q$, mit entsprechender Legende. Die *Zusatzbedeutung* legt die Betonung auf q; sie ist bezogen auf die Erwartung des Hörers und impliziert, dass dieser eher p als q erwartet.

- *p weil q:*

Dieser Satz enthält ebenfalls als Teilbedeutung „p und q" und hat die Zusatzbedeutung des kausalen (oder begründenden) Zusammenhangs: q ist eine Ursache oder ein Grund für p. In diesem besonderen Fall ist die Zusatzbedeutung fast wichtiger als die aussagenlogische Bedeutung, weshalb die Rekonstruktion durch p∧q als nicht wirklich adäquat angezweifelt werden kann. Denn von „Zusatzbedeutung" kann nur gesprochen werden, wenn die Grundbedeutung die wichtigere ist. In jedem Fall impliziert „p weil q" die Konjunktion p∧q.

Warnung: Man ist zunächst zur Annahme verleitet, „p weil q" würde als Teilbedeutung die Implikation „wenn q dann p", also q→p enthalten. Dies ist zwar korrekt (denn p∧q impliziert logisch q→p), aber als logische Rekonstruktion zu *schwach*, denn die Behauptung „p weil q" impliziert zugleich die Wahrheit des Wenn-Gliedes und des Dann-Gliedes von q→p, was durch die Implikation q→p nicht impliziert wird, die ja auch wahr ist, wenn q falsch ist. Die ‚verleitende' Intuition dabei ist, dass ein kausaler Zusammenhang eine Wenn-dann-Beziehung zwischen Ursache und Wirkung wiedergibt; aber dabei handelt es sich um eine inhaltliche und intensionale Wenn-dann-Beziehung, die ohnedies durch keinen AL-Junktor wiedergegeben werden kann (vgl. Abschn. 2.3 und 6.6).

– *p aber q:* Der Satz

(21) Im Tal ist es nebelig, aber auf den Bergen scheint die Sonne.

entspricht wieder einer Konjunktion p∧q (mit entsprechender Legende) und enthält als *Zusatzbedeutung*, dass zwischen p und q ein gewisser Gegensatz besteht.

– *p während q:* Im Satz

(22) Während es nur eine gerade Primzahl gibt, gibt es unendlich viele ungerade.

fungiert das „während" wie das „aber" als logische Konjunktion, mit derselben Zusatzbedeutung eines Gegensatzes zwischen p und q. Das „während" kann aber auch eine zeitliche Bedeutung besitzen und drückt in diesem Fall die Zeitgleichheit zweier Vorgänge aus, wie in folgendem Beispiel:

(23) Während Emma ins Kino geht, plündert Susanna Emmas Wohnung.

Die Aussage (23) ist aussagenlogisch unzerlegbar (also wiederzugeben als p). Prädikatenlogisch hat sie die Form folgender zeitlichen Existenzaussage:

(23') Es gibt einen Zeitraum, in dem Emma im Kino sitzt und Susanna Emmas Wohnung plündert.

Man vergleiche (23) mit dem nahezu identischem Beispiel (24), in dem das „während" als Konjunktion gelesen werden muss, um einen plausiblen Sinn zu ergeben:

(24) Während Emma gerne ins Kino geht, plündert Susanna gerne Emmas Wohnung.

Abschließend erwähnen wir noch das *weder-noch*, das wir in Abschn. 2.4 als definierten Junktor einführten und das der Konjunktion zweier Negationen entspricht: weder p noch q bedeutet so viel wie ¬p∧¬q.

6.4 Disjunktion

– *p oder q:*

Wie in Abschn. 2.3 erläutert, ist mit dem Oder der natürlichen Sprache manchmal das einschließende logische Oder (∨) gemeint, öfter aber das ausschließende Oder bzw. *Entweder-oder*, das in Abschn. 2.4 als definierter Junktor mit dem Symbol v̇ und der logischen Definition (p∨q) ∧ ¬(p∧q) eingeführt wurde. Das Entweder-Oder enthält das einschließende Oder als Teilbedeutung; die ‚Zusatzbedeutung' ¬(p∧q) ist hier aber aussagenlogischer Natur und daher keine echte Zusatzbedeutung. Welches Oder gemeint ist, muss aus dem jeweiligen Kontext erschlossen werden. Zwei Beispiele:

(25) Teilnehmer bringen einen Personalausweis oder Reisepass mit.
(26) Als Hauptspeise wird Hähnchen oder Fisch serviert.

Plausiblerweise ist in (25) das einschließende, in (26) aber das ausschließende Oder gemeint.

Formalisierung von (25): p∨q, mit der Legende

p – Teilnehmer bringen einen Personalausweis mit.
q – Teilnehmer bringen einen Reisepass mit.

Formalisierung von (26): pv̇q, oder (p∨q)∧¬(p∧q), oder (p∧¬q)∨(q∧¬p). Legende:

p – Als Hauptspeise wird Hähnchen serviert.
q – Als Hauptspeise wird Fisch serviert.

Sowohl (p∨q)∧¬(p∧q) wie (p∧¬q)∨(q∧¬p) sind logisch mögliche Definitionen von pv̇q.

Will man hervorheben, dass die einschließende Disjunktion gemeint ist, so formuliert man einfach

– *p oder q oder beides,*

also beispielsweise „Als Hauptspeise kannst Du Hähnchen, Fisch oder beides haben".

Eine Disjunktion wird ferner durch folgende Phrasen ausgedrückt:

- *p außer wenn q:* Dieser Satz kann gleichwertig durch „p oder (aber) q" wiedergegeben werden. Beispielsweise bedeutet

(27) Unser Hund Cäsar ist friedlich, außer wenn er angegriffen wird.

soviel wie

(27') Unser Hund Cäsar ist friedlich, oder (aber) er wird angegriffen.

Die Formalisierung von (27) als p∨q ist korrekt, aber unvollständig. Denn das Oder in (27') ist offenbar wieder ausschließend gemeint, d.h., man möchte auch ausdrücken, dass Cäsar, wenn er angegriffen wird, nicht mehr friedlich ist. Die vollständige Formalisierung lautet also p $\dot\vee$ q oder (p∨q) ∧ ¬(p∧q), mit der Legende p – Unser Hund Cäsar ist friedlich, und q – Unser Hund Cäsar wird angegriffen.

In einer alternativen Rekonstruktion kann man die Formulierung „p außer wenn q" auch als Implikation „wenn nicht q dann p" lesen. Dann formalisiert man (27) als die Implikation ¬q→p. In der Tat ist ¬q→p logisch äquivalent mit p∨q. Zur vollständigen Rekonstruktion muss aber wieder die Exklusivität der Disjunktion mit aufgenommen werden, was durch Hinzufügung von ¬(p∧q), aber auch durch Hinzufügung der umgekehrten Implikation p→¬q möglich ist. In der Tat ist ¬(p∧q) logisch äquivalent, kurz L-äquivalent mit p→¬q und p $\dot\vee$ q L-äquivalent mit (¬q→p)∧(p→¬q), d.h. mit p ↔ ¬q.

- *p es sei denn, dass q*: Auch diese Formulierung ist gleichwertig mit „p oder (aber) q". Der Satz

(28) Morgen wird es regnen, es sei denn, dass der Föhn kommt.

bedeutet also so viel wie

(28') Morgen wird es regnen, oder (aber) der Föhn kommt.

und ist logisch wie der Satz (27) zu rekonstruieren.

6.5 Implikation

Wie wir aus Abschn. 2.3 wissen, kann die materiale Implikation aufgrund ihrer Wahrheitsfunktionalität keine inhaltlichen (und daher intensionalen) Zusammenhänge wiedergeben. Alle natursprachlichen Verknüpfungswörter für die

Implikation haben daher als zusätzliche Bedeutung, dass zwischen dem Wenn-Glied und dem Dann-Glied ein inhaltlicher, kausaler oder begründender Zusammenhang besteht. Der Standardausdruck für die Implikation ist natürlich das

– *wenn p, dann q:*

Was die Sache verkompliziert, ist, dass das Wenn-dann der natürlichen Sprache mehrfach *verstellbar* ist, und zwar wie folgt:
wenn p, dann q (Wenn es kalt ist, dann schneit es) ist gleichbedeutend mit:
wenn p, q („dann" weglassen: Wenn es kalt ist, schneit es), oder mit
q dann, wenn p (umstellen: Es schneit dann, wenn es kalt ist), oder mit
q, wenn p (umstellen und „dann" weglassen: Es schneit, wenn es kalt ist).

Die Formalisierung lautet in allen Fällen:
$p \rightarrow q$. *Zusatzbedeutung*: inhaltlicher Zusammenhang.

Weitere Wendungen für die Implikation sind:

– *sofern p, q:* Der Satz

(29) Sofern die Relativitätstheorie stimmt, wird Licht im Schwerefeld abgelenkt.

bedeutet so viel wie

(29') Wenn die Relativitätstheorie stimmt, wird Licht im Schwerefeld abgelenkt.

also formalisiert $p \rightarrow q$, mit Zusatzbedeutung „inhaltlicher Zusammenhang" und der Übersetzungslegende:

p – Die Relativitätstheorie stimmt.
q – Licht wird im Schwerefeld abgelenkt.

Auch hier ist die Umstellung von „sofern p, q" zu „q, sofern p" möglich.

– *q im Fall, dass p:*

Auch dieser Satz oder seine Umstellung „Im Fall dass p, q" hat die Bedeutung von „wenn p dann q", formalisiert als $p \rightarrow q$ mit Zusatzbedeutung wie oben. Dasselbe gilt für *q vorausgesetzt, dass p*.

Eine besondere Bewandtnis hat es mit dem *nur wenn:*

- *Nur wenn p, dann q* bedeutet so viel wie
- wenn q der Fall ist, muss auch p der Fall gewesen sein.

Logisch gesehen ist dies einfach die *umgekehrte Implikation: wenn q, dann p* – wobei es sich um kein zeitliches sondern ein logisches Wenn-dann handelt. Die Formalisierung von „nur wenn p, dann q" lautet also q→p. Ein Beispiel:

(30) Nur wenn es kalt ist, dann schneit es.

bedeutet so viel wie

(30') Wenn es schneit, dann ist es kalt.

– denn wäre es nicht kalt gewesen, hätte es nicht schneien können. Auch das Nur-wenn-dann kann umgestellt werden: *nur wenn p, dann q* ist gleichbedeutend mit
- *nur wenn p, q*, oder
- *q nur dann, wenn p*, oder
- *q nur wenn p*.

Beachte: Die logische Wenn-dann-Beziehung ist unabhängig von der zeitlichen oder kausalen Ordnung. So ist im Satz (30') „Wenn es schneit, dann ist es kalt" die Kälte, also das Dann-Glied, eine Ursache des Schneiens, also des Wenn-Glieds. Allerdings ist die Kälte keine hinreichende Ursache des Schneiens (es müssen auch Wolken da sein), sondern nur eine notwendige Ursache oder Voraussetzung. Damit kommen wir zu zwei weiteren wichtigen logischen Begriffen:

- *Notwendige und hinreichende Bedingung:*

Statt „wenn p, dann q" sagt man auch

„p ist eine hinreichende Bedingung für q",

d.h. die Wahrheit von p reicht hin, um die Wahrheit von q zu garantieren. M.a.W., wer p erzeugt, erzeugt auch q.

Statt „nur wenn p, dann q" (beziehungsweise „wenn q, dann p") sagt man auch

„p ist eine notwendige Bedingung für q",

d.h. q kann nur dann wahr sein, wenn als notwendige Voraussetzung auch p wahr ist. M.a.W., wer p verhindert, verhindert auch q.

Eine bedeutende Verknüpfung ist schließlich die Äquivalenz p ↔ q, die wir in Abschn. 2.4 als definierten Junktor eingeführt und durch die Konjunktion der beiden Implikationen p→q und q→p definiert haben. Die folgenden natursprachlichen Ausdrücke

- *p genau dann, wenn q* (abgekürzt: p g.d.w. q)
- *p dann und nur dann, wenn q*
- *p ist notwendige und hinreichende Bedingung für q*

entsprechen alle der Äquivalenz; ihre Formalisierung lautet also p ↔ q, oder (p→q)∧(q→p), mit der Zusatzbedeutung „inhaltlicher Zusammenhang".

Ein spezieller Fall ist schließlich das *auch wenn:*
- *p auch wenn q* bedeutet nicht mehr als *p*, mit der Zusatzbedeutung „q macht p unwahrscheinlich". Ein Beispiel:

(31) Peter kommt, auch wenn er krank ist.

Man könnte versucht sein, das ‚auch wenn' durch die doppelte Implikation (q→p) ∧ (¬q→p) wiederzugeben (Peter kommt wenn er krank und wenn er gesund ist), aber dies wäre doch wieder logisch gleichbedeutend mit p.

Die Abbildung 6-1 stellt abschließend die wichtigsten natursprachlichen Ausdrücke für Junktoren (mit oder ohne Zusatzbedeutung) zusammen:

NEGATION: ¬ A					
nicht A	nie A	niemals A	kein A	keineswegs A	Un-A
Auf keinen Fall A		Es ist nicht der Fall, dass A		Es ist nicht so, dass A	

KONJUNKTION: A ∧ B			
A und B	A, aber (auch) B	A weil B	A, jedoch (auch) B
A, auch B	A während B	A obwohl B	A, doch (schon) B
sowohl A als auch B	A, sogar B	A obzwar B	A, doch immerhin B
Nicht nur A, (sondern) auch B		Nicht allein A, (sondern) auch B	

DISJUNKTION: A ∨ B bzw. A v̇ B	
A oder B	A, es sei denn, dass B
A oder B oder beides	A, außer wenn B

IMPLIKATION: A → B			
Wenn A, (dann) B	Wenn A, so B	B wenn A	B falls A
Nur wenn B, dann A	Aus A folgt, dass B	B sofern A	
B im Fall, dass A	Ist A der Fall, so (auch) B	A nur wenn B	
B vorausgesetzt, dass A	A impliziert, dass B	A nur im Fall, dass B	
A ist eine hinreichende Bedingung für B		B ist eine notwendige Bedingung für A	

ÄQUIVALENZ: A ↔ B bzw. (A → B) ∧ (B → A)	
A genau dann, wenn B	A dann und nur dann, wenn B
A ist eine notwendige und hinreichende Bedingung für B	

Abb. 6-1: Natursprachliche Ausdrücke für Junktoren.

6.6 Exkurs: ‚Paradoxien' der materialen Implikation

Die Wahrheitstafel der materialen Implikation wurde in Abschn. 2.3 aus wohlüberlegten Gründen so festgelegt, dass p→q wahr ist, wenn ihr Wenn-Glied falsch ist oder ihr Dann-Glied wahr ist. Wie in Abschn. 2.3 ausgeführt, kann die materiale Implikation p→q aufgrund ihrer wahrheitsfunktionalen Natur keinen inhaltlichen (kausalen oder begründenden) Zusammenhang zwischen p und q wiedergeben. Aus diesem Grund sind intuitiv unplausible Wenn-dann-Aussagen wie die folgenden
- Wenn die Sonne rund ist, ist 2 mal 2 vier.
- Wenn die Sonne viereckig ist, ist 2 mal 2 vier.
- Wenn die Sonne viereckig ist, ist 2 mal 2 fünf.

in der Lesart einer materialen Implikation wahr.

Diese intuitiv seltsamen Eigenschaften der materialen Implikation sollten den Logiker oder die Logikerin eigentlich nicht verwundern. Doch führen sie immer wieder zu Verwunderung und werden auch als „Paradoxien der materialen Implikation" bezeichnet. Zu diesen Paradoxien rechnet man insbesondere die folgenden zwei logisch *gültigen* Schlüsse:

(mEFQ)   ¬p / p→q   materiales ex falso quodlibet
(mVEQ)   q / p→q   materiales verum ex quodlibet

(mEFQ) und (mVEQ) drücken die erwähnte Tatsache aus, dass aus der Falschheit des Wenn-Glieds sowie aus der Wahrheit des Dann-Glieds jeweils die Wahrheit der materialen Implikation folgt. Übersetzt heißt EFQ „aus falschem p folgt ein beliebiges q" und VEQ „ein wahres q folgt aus beliebigem p", beidesmal im *materialen* Sinn von ‚folgen'.

Als weitere ‚Paradoxien' der materialen Implikation werden oft genannt
- (p→q) ∨ (q→p) ist L-wahr, d.h. alle zwei Sachverhalte stehen in einem Implikationszusammenhang, und
- p→¬p ist nicht L-falsch (sondern L-äquivalent mit ¬p).

Dass die Aussagenlogik wahrheitsfunktionale Junktoren als Grundlage annimmt, heißt nicht, dass die Logik die komplizierteren intensionalen Verknüpfungswörter der natürlichen Sprache beiseite schiebt. Vielmehr können letztere innerhalb *erweiterter Logiksysteme* rekonstruiert werden. Eine Theorie des natursprachlichen Wenn-danns, die vor alledem im philosophischen und logischen *Empirismus* vertreten wurde, besagt, dass der inhaltliche Wenn-dann-Zusammenhang auf eine dahinterliegende *Regelmäßigkeit* der Verknüpfung, also auf einen Allsatz zurückgeht. Danach kann man das inhaltliche Wenn-dann mithilfe der Mittel der

Prädikatenlogik wie folgt wiedergeben. Es stehe a für ein bestimmtes Individuum und F und G für zwei Eigenschaften. Dann ist der natursprachliche Wenn-dann-Satz

„wenn a die Eigenschaft F hat, hat a auch die Eigenschaft G"

genau dann wahr, wenn der Allsatz

„Für alle Individuen x gilt: wenn x F ist, ist x G"

wahr ist. Wir führen hier also das inhaltliche Wenn-dann auf die prädikatenlogische Allimplikation zurück – als ein Beispiel dafür, was „logisches Rekonstruieren" bzw. „Explizieren" heißen kann.

Die prädikatenlogische Rekonstruktion ist immer noch extensional in dem Sinn, dass der Wahrheitswert von Sätzen nur von den durch Namen bezeichneten Individuen und den Extensionen der Prädikate abhängt (das sind die Klassen von Individuen, auf die die jeweiligen Prädikate zutreffen). Auch diese Rekonstruktion hat gewisse Mängel. Eine noch stärkere *intensionale* Rekonstruktion von Wenn-dann-Sätzen wird in der Modallogik vorgeschlagen. Hier nimmt man an, dass der inhaltliche Wenn-dann-Zusammenhang eine gewisse *Notwendigkeit* besitzen müsste. Mit □ als dem logischen Symbol für „notwendig" gibt man damit den Wenn-dann-Satz

„wenn a die Eigenschaft F hat, hat a auch die Eigenschaft G"

durch

□(Fa → Ga), lies „notwendigerweise ist a ein G, wenn a ein F ist"

wieder. Man spricht hier auch von *strikter* Implikation; die Bezeichnung geht auf C.I. Lewis zurück. Eine weiterer Ansatz, um obige Paradoxien der materialen Implikation zu beseitigen, sind *konnexive* Logiken (Wansing 2016) oder *Filterlogiken* (Hardy und Schamberger 2012).

Ein berühmter auf D. Lewis (1973) zurückgehender Rekonstruktionsversuch expliziert *kontrafaktische* Konditionale wie folgt: p ⤳ q (lies: wenn p wahr wäre, wäre auch q wahr) ist wahr in einer möglichen Welt w g.d.w. in all jenen Welten, in denen p wahr ist und die w maximal ähnlich sind, auch q wahr ist. Einem weiteren Vorschlag zufolge (Adams 1975, Schurz und Thorn 2012) ist ein *normisches* Konditional p ⇒ q wahr g.d.w. die bedingte Wahrscheinlichkeit von q gegeben p hinreichend hoch ist. Die moderne Literatur zu (intensionalen) Konditionalen ist umfangreich und wir können uns hier nicht weiter damit beschäftigen.

Wie in Abschn. 2.3 ausgeführt, hat die Wahrheitstafel der materialen Implikation den tieferen Sinn, die logische Wahrheit einer Implikation mit der Gültigkeit des entsprechenden Schlusses wie folgt in Übereinstimmung zu bringen:

Zusammenhang von L-wahrer Implikation und gültigem Schluss:
p→q ist L-wahr (d.h. in g.d.w. p / q ist gültig (d.h. wird von
keiner Interpretation falsch) keiner Interpretation widerlegt)

Dieser Zusammenhang hat allerdings auch eine Kehrseite. Zwar ist die faktische Falschheit des Wenn-Gliedes bzw. der Prämisse für die Frage der logischen Wahrheit bzw. Gültigkeit belanglos. In dem speziellen Fall aber, wo das Wenn-Glied bzw. die Prämisse gar nicht ‚anders kann' als falsch zu sein, weil sie nämlich logisch falsch ist, handelt man sich erneut die EFQ-Paradoxie ein, nun in der *logischen* Version:

(lEFQ) p∧¬p / q logisches ex falso quodlibet

lEFQ besagt, dass aus einer logisch falschen bzw. widersprüchlichen Prämisse *jede beliebige* Konklusion logisch folgt: da es keine Wahrheitswertzeile gibt, die die Prämisse p∧¬p wahr macht, gibt es auch keine, die diese Prämisse wahr und die Konklusion q falsch macht, weshalb der Schluss gemäß Definition 1-1 gültig ist.

Analog lautet die logische Version des VEQ wie folgt:

(lVEQ) p / q∨¬q logisches verum ex quodlibet

D.h. eine logisch wahre Konklusion kann aus jeder beliebigen Prämisse erschlossen werden. Die Schlüsse (lEFQ) und (lVEQ) werden oft als ‚paradox' bezeichnet, weil hier eine Schlussbeziehung vorliegt, ohne dass zwischen Prämissen und Konklusion irgendein logisch *relevanter* Zusammenhang besteht. Es gibt eine Reihe von Versuchen, logische Schlusssysteme zu entwickeln, in denen zwischen Prämissen und Konklusion immer ein relevanter Zusammenhang besteht; mehr dazu im Exkurs von Abschn. 14.4.

6.7 Argumente

Will man Argumente bzw. Schlüsse der natürlichen Sprache repräsentieren, so muss man neben der Rekonstruktion der Aussagen, aus denen die Schlüsse bestehen, auch noch herausfinden, was die Prämissen sind und was die Konklusion ist. Keineswegs müssen in einem natursprachlichen Text die Prämissen immer vor der Konklusion angeführt sein. Meistens zeigen gewisse natursprachliche Wörter – sogenannte Prämissen- bzw. Konklusionsindikatoren – klar an, was als Prämisse und was als Konklusion fungiert. Oft ist dies aber auch nur aus dem Kontext oder aus der Stellung des betreffenden Satzes im Text ersichtlich.

Prämissen-Indikatoren: denn, da, weil, insofern als, nämlich, man bedenke hierzu, u.a.m.

Konklusions-Indikatoren: also, daher, demnach, somit, deshalb, wir schließen (folgern) hieraus, es folgt daraus, aus diesem Grunde, u.a.m.

Hier ist ein Beispiel einer vollständigen logischen Argumentrekonstruktion:

Natursprachliches Argument: Peter fährt Fahrrad. Daher ist Peter gesund. Denn wenn Peter nicht gesund ist, fährt er nicht Fahrrad.

Argumentstruktur: Die zweite Prämisse wird hier erst nach Anführung der Konklusion nachgetragen. Das Argument hat daher folgende Struktur:

Prämisse 1:	Peter fährt Fahrrad.
Prämisse 2:	Wenn Peter nicht gesund ist, fährt er nicht Fahrrad.
Konklusion:	Peter ist gesund.

Formalisierung: $\quad$ p $\qquad\qquad$ *Legende:* $\quad$ p – Peter fährt Fahrrad.
$\qquad\qquad\qquad\;\;\dfrac{\neg q \to \neg p}{q}$ $\qquad\qquad\qquad\;$ q – Peter ist gesund.

Der Reduktio ad Absurdum Beweis zeigt, dass das Argument gültig ist:

$$\dfrac{p,\; \neg q \to \neg p \;/\; q}{w \;\; \widehat{w\; f\; w\; f}w \quad f \quad \text{\large ϟ}} \quad \text{gültig}$$

Hat man ein Argument eines alltagssprachlichen oder philosophischen Textes logisch formalisiert, aber gefunden, dass es ungültig ist, so darf man nicht gleich daraus schließen, dass der betreffende Autor des Textes sich geirrt hat. Man muss sich vielmehr zunächst überlegen, ob der Autor nicht gewisse weitere, unausgesprochene Prämissen als *selbstverständlich* vorausgesetzt hat, bei deren Mitberücksichtigung der Schluss logisch gültig wird. Nur wenn Prämissen fehlen, deren Annahme keine Selbstverständlichkeit ist, kann man von einem logischen Irrtum sprechen. Das Herausfinden von nicht explizit erwähnten Prämissen ist ein wesentlicher Bestandteil der logischen Textrekonstruktion. Das folgende Beispiel illustriert den Fall.

Natursprachliches Argument: Der Bauer lebt nicht mehr, denn er ist letztes Jahr gestorben.
Prima facie Argumentstruktur: Prämisse: Der Bauer ist letztes Jahr gestorben (p).
    Konklusion: Der Bauer lebt nicht mehr (¬q).

Prima facie führt die Formalisierung zum ungültigen Schluss „p / ¬q". Offenbar hat aber die Autorin des Textes folgende zweite Prämisse als selbstverständlich vorausgesetzt:

Vervollständigte   Prämisse 1: Der Bauer ist letztes Jahr gestorben.
Argumentstruktur: Prämisse 2: Wer gestorben ist, lebt nicht mehr.
    Konklusion: Der Bauer lebt nicht mehr.

Die so vervollständigte Argumentstruktur ist logisch gültig. Allerdings ist sie nicht schon aussagenlogisch, sondern nur prädikatenlogisch gültig, da die zweite Prämisse die Form eines Allsatzes besitzt. *Vorgriff* auf Kap. 11: die prädikatenlogische Form des Argumentes lautet: „Ga, ∀x(Gx → ¬Lx) / ¬La".

6.8 Exkurs: Satzarten und Rekonstruktionstiefe von Logiken

Nicht alle Sätze der natürlichen Sprache drücken Aussagen aus, sondern nur Aussagesätze. Philosophisch gesehen ist es Kennzeichen von Aussagen, wahr oder falsch sein zu können. Fragesätze wie „Ist die Tür zu?" oder Befehlssätze wie „Peter, mach die Tür zu!" drücken keine Aussagen aus.

Die Menge aller Aussagen der natürlichen Sprache lässt sich wie in Abb. 6-2 skizziert weiter einteilen. Es ergeben sich damit zugleich vier Logikarten, unterschieden nach Rekonstruktionstiefe. Dabei steht
- AL für die (nichtintensionale) Aussagenlogik,
- PL für die (nichtintensionale) Prädikatenlogik (die die AL enthält),
- IAL für die intensionale Aussagenlogik (die die AL enthält), und
- IPL für die intensionale Aussagenlogik (die die PL und IAL enthält).

Eine Aussage heißt
- AL-zerlegbar, wenn ihr äußerster Operator ein aussagenlogischer Junktor ist,
- PL-zerlegbar, wenn ihr äußerster Operator ein All- oder Existenzquantor ist, und

6.8 Exkurs: Satzarten und Rekonstruktionstiefe von Logiken — 107

- IAL-zerlegbar, wenn ihr äußerster Operator ein intensionaler Satzoperator ist.

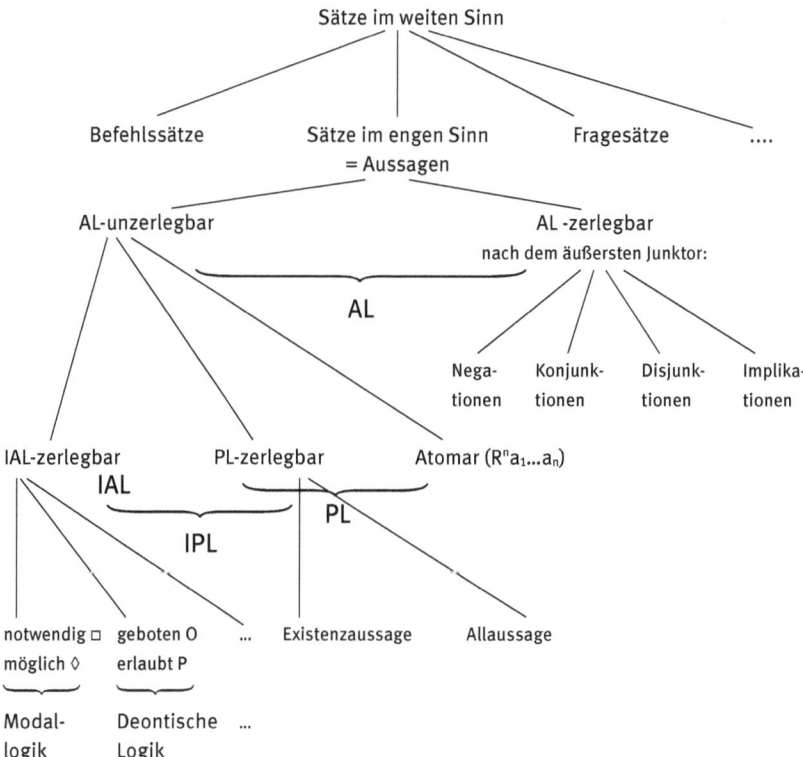

Abb. 6-2: Satzarten, Aussagearten und Logiken.

Die *Rekonstruktionstiefe* dieser vier Logikfamilien – AL, IAL, PL, IPL – nimmt von oben nach unten zu, d.h. sie erfassen zunehmend *feinere* natursprachliche Unterschiede. Genauer gesagt bilden die Relationen des Enthaltenseins die folgende Verbandsstruktur (mit „⊂" für „x ist in y enthalten"):

$$\text{AL} \begin{array}{c} \subset \text{IAL} \supset \\ \subset \text{PL} \subset \end{array} \text{IPL}$$

Die feinste Logikfamilie ist die IPL. Natürlich kann man Aussagen einer feineren Logik L* auch in einer gröberen Logik L repräsentieren, indem man die L-unzerlegbaren Teilaussagen oder Teilformeln von L* durch Aussagevariable oder Prädikatvariable ersetzt. Hier einige *Beispiele*, dabei steht „□" für den intensionalen Operator „notwendig":

Aussage in IPL	Rekonstruktion in PL:	in IAL:	in AL:
∀x(□Fx → □Gx)	∀x(F'x → G'x)	p	p
□∀x(Fx→Gx)	p	□p'	p
□(p→q)	p'	□(p→q)	p'
p→q	p→q	p→q	p→q

6.9 Weiterführende Literatur und Übungen

Eine reichhaltige Auswahl an logischen Rekonstruktionsbeispielen bieten auch Bucher (1989) und englischsprachig Klenk (1989). Nützlich für die Einübung in logischem Formalisieren sind Übersichten zu typischen Fehlschlüssen wie z.B. in Copi (1982, 98ff.) oder Damer (2009). Allgemeines zur Methode der logischen Rekonstruktion findet sich in Schurz (2014a, Kap. 3) und aus der Warte der Linguistik in Kamp und Reyle (1993). Eine Übersicht über intensionale Konditionallogiken bieten Bennett (2003) oder Unterhuber (2013). Zur Modallogik siehe Hughes und Cresswell (1996).

6.9.1 Übungen zu Abschnitt 6.1-6.5

Rekonstruieren Sie die folgenden Aussagesätze in der AL (Formalisierung + Legende). Sie dürfen plausible mnemotechnische Abkürzungen verwenden, z.B. w (statt p) für „das Wetter ist schön", h (statt q) für „Der Hahn kräht" usw. Merken Sie Zusatzbedeutungen an. Falls mehrere Interpretationen möglich sind, führen Sie alle an.
(1) Während in Marlowes Drama Faust von den Teufeln zerrissen wird, wird in Goethes Drama Faust gerettet.
(2) Während der Dirigent das Pult betrat, standen die Orchestermitglieder auf und das Publikum applaudierte.
(3) Emil hat nicht viel Geld, noch besitzt er Wertgegenstände.
(4) Emil hat nicht viel Geld, doch er besitzt Wertgegenstände.
(5) Gustav hat mehr Geld als Emil.
(6) Zur Abwechslung drei ‚Bauernwitze':

(a) Kräht der Hahn auf dem Mist, ändert sich das Wetter oder es bleibt, wie es ist.
(b) Kräht der Hahn zu Neujahr, ändert sich das Wetter oder es bleibt wie es war.
(c) Liegt der Bauer tot im Zimmer, lebt er nimmer.
(7) Variationen zu Walter und Klara:
(a) Walter und Klara sind glücklich.
(b) Walter und Klara sind ein glückliches Paar.
(c) Walter und Klara sind beide nicht glücklich.
(d) Walter und Klara sind nicht beide glücklich.
(e) Walter und Klara sind kein glückliches Paar.
(f) Walter ist glücklich, weil Klara glücklich ist.
(8) (a) Nicht nur wenn der Ölpreis sinkt, auch wenn eine Virusepidemie ausbricht, sinken die Aktienkurse.
(b) Nur wenn der Ölpreis sinkt oder eine Virusepidemie ausbricht, sinken die Aktienkurse.
(9) Wasser gefriert bei 0° C und dehnt sich, sofern es unter 4° C abgekühlt wird, aus.
(10) Herrscht Föhn, so ist es am Alpennordrand schön, nicht obwohl, sondern weil es an der Alpensüdseite schlechtes Wetter gibt.
(11) Wenn Heinrich Kleist das Manuskript des „Robert Guiscard" zwar verbrannte, dann aber aus dem Gedächtnis den ersten Akt wieder niederschrieb, dann lässt sich auf eine seelische Unausgeglichenheit schließen, die wir bei großen Künstlern häufig finden.
(12) Nur wenn der physikalische Raum ein euklidischer Raum ist, ist er nicht sowohl endlich als auch unbegrenzt, doch wenn er ein elliptischer Raum ist, ist er endlich, aber auch unbegrenzt.

6.9.2 Übungen zu Abschnitt 6.7

(a) Was in den folgenden Argumenten ist Prämisse, was Konklusion?

(1) „Da nun aber unmöglich der Widerspruch zugleich von demselben Gegenstande mit Wahrheit ausgesagt werden kann, so kann offenbar auch das Konträre nicht demselben Gegenstande zugleich zukommen. Denn von den beiden Gliedern eines konträren Gegensatzes ist das eine nicht minder Privation, Privation der Wesenheit; Privation aber ist die über eine bestimmte Gattung ausgesprochene Negation. Ist es nun unmöglich, etwas in Wahrheit zugleich zu bejahen

und zu verneinen, so ist es ebenso unmöglich, dass das Konträre demselben zugleich zukomme." (Aristoteles, Metaphysik G 6, 1011b 15ff.)

(2) „Was nun die Vorstellungen anbetrifft, so können sie, wenn man sie nur an sich betrachtet und sie nicht auf irgendetwas anderes bezieht, nicht eigentlich falsch sein, denn ob mir eine Einbildung nun eine Ziege oder eine Chimäre vorstellt – so ist es doch ebenso wahr, dass ich mir die eine, wie dass ich mir die andere bildlich vorstelle. Auch im Willen selbst oder in den Gemütsbewegungen hat man keine Falschheit zu fürchten; denn möchte ich etwas noch so Verkehrtes, ja etwas, was es in aller Welt nicht gibt, wünschen, so bleibt es nichtsdestoweniger wahr, dass ich es wünsche. Es bleiben demnach nur die Urteile übrig, bei denen ich mich vor Irrtum zu hüten habe." (Descartes, Meditationen III 6 (36))

(b) Man rekonstruiere die folgenden philosophischen Argumente, diskutiere sie und prüfe ihre Gültigkeit mit der Wahrheitstafelmethode oder der Reduktio ad Absurdum Methode (bei mehr als vier Aussagevariablen kommt nur letztere in Frage). Falls sich ein Argument als ungültig erweist, überlege man, ob man selbstverständliche Zusatzprämissen hinzufügen kann, die das Argument gültig machen.

Hinweis: Bei (1) handelt es sich um eine Version des Theodizeeproblems, bei (2) um einen Gottesbeweis(versuch), bei (3) um ein Argument der antiken Skeptiker und bei (4) um einen Beweisversuch für die Realität der Außenwelt.

(1) Wenn Gott existiert, ist Gott sowohl allgütig wie allmächtig. Weil wir Menschen leiden, kann Gott also nicht existieren. Denn ist Gott allgütig, so verhindert er Leid, wenn er kann. Ist er allmächtig, kann er alles, insbesondere Leid verhindern.

(2) Gott existiert. Weil die Welt existiert. Denn die Welt kann nur existieren, wenn Gott sie geschaffen hat; außer es gibt den Zufall. Wenn die Welt von Gott geschaffen wurde, gibt es aber keinen Zufall. Wenn aber Gott die Welt geschaffen hat, so existiert er auch. Also existiert Gott, wie zu beweisen war.

(3) Wenn wir etwas wissen, dann gibt es eine Aussage, von der wir wissen, dass sie wahr ist. Wenn es eine Aussage gibt, von der wir wissen, dass sie wahr ist, dann gibt es auch eine Aussage, in der wir uns nicht täuschen können. In jeder Aussage aber können wir uns täuschen. Daher wissen wir nichts.

(4) Wenn es eine Realität gibt, die bewusstseinsunabhängig ist, dann wird Wissenschaft gegen die Wahrheit konvergieren, sofern uns unsere Sinne nicht täuschen. Unsere Sinne täuschen uns nicht und tatsächlich konvergiert Wissen-

schaft gegen die Wahrheit. Also gibt es eine bewusstseinsunabhängige Realität – anders ließe sich das zuvor Gesagte doch gar nicht erklären!

(c) Man rekonstruiere die folgenden Argumente und prüfe ihre Gültigkeit

(1) Nur wenn die Wirtschaft wächst, wächst die Zahl der Arbeitsplätze. Wenn die Zahl der Arbeitsplätze bleibt wie bisher oder aber sinkt, so wird die Bevölkerung unzufrieden sein. Also wird die Bevölkerung dann und nur dann zufrieden sein, wenn die Wirtschaft wächst.

Hinweis: Man überprüfe das Argument auch mit jeweils einem Teilsatz der Konklusion: „dann" bzw. „nur dann".

(2) Wenn ein größeres Gehirnvolumen auf größere Intelligenz schließen lässt und größere Intelligenz die Chancen zum Überleben vergrößert, dann hatte der Neandertaler, nicht aber Homo sapiens die größeren Chancen zum Überleben; wenn der Neandertaler die größeren Chancen zum Überleben hatte, dann hat dieser überlebt. Der Neandertaler hat aber nicht überlebt, sondern der Homo sapiens hat überlebt. Ein größeres Gehirnvolumen lässt daher nicht auf größere Intelligenz schließen.

Hinweis: Wurde in dem Argument eine selbstverständliche Prämisse weggelassen?

(3) Man repräsentiere und überprüfe die beiden ‚kriminalistischen' Argumente (1) und (2) aus Abschn. 1.9.2 und überprüfe sie mit der Reduktio ad Absurdum Methode. Welches Argument ist gültig, welches ist ungültig?

6.9.3 Übungen zu Abschnitt 6.8

Geben Sie für die folgenden Sätze an, um welche Satzart es sich handelt, sofern es sich überhaupt um einen sinnvollen Satz handelt. Handelt es sich um einen Aussagesatz, geben Sie an, um welche Aussageart es sich handelt, und rekonstruieren Sie in der AL. Überlegen Sie auch, ob es evtl. mehrere mögliche Rekonstruktionen bzw. Lesarten des Satzes gibt und wenn ja, ob sie logisch äquivalent sind.
(1) Walter und Klara sind glücklich.
(2) Immer wenn Walter glücklich ist, ist Klara glücklich.
(3) Walter und Klara müssen glücklich sein.
(4) Walter weiß, dass Klara glücklich ist.
(5) Aber was, wenn Walter und Klara gar nicht existieren?
(6) Wenn Ulrich in die Stadt gegangen ist, sitzt er sicherlich im Café.

(7) Aber wehe, wehe, wehe! Wenn ich auf das Ende sehe! (Wilhelm Busch)
(8) Keinesfalls aber Peter Hasenjagd bist.
(9) Die 3. Wurzel aus Glas ist nicht zu verachten.
(10) Thales von Milet, ein ionischer Naturphilosoph, sagte die Sonnenfinsternis vom 28. März 585 v. C. voraus.
(11) Der Räuber sagte „Geld oder Leben" und nahm beides.
(12) Das Wetter ist heute schön, nicht wahr?
(13) Wer anderen eine Grube gräbt, fällt selbst hinein.
(14) Ich habe gebetet.
(15) Ich habe zu beten.

7 Wichtige Regeln und Theoreme der Aussagenlogik

In diesem Kapitel stellen wir die wichtigsten aussagenlogisch gültigen Schlussschemata und logisch wahren Satzschemata zusammen (viele davon wurden in den Übungen bewiesen). Wenn wir im Folgenden von „Schluss" oder „Satz" sprechen, meinen wir immer „Schlussschema" bzw. „Aussageschema". Einige dieser Schlüsse werden für die *deduktive Methode*, die wir im nächsten Kapitel einführen, eine fundamentale Rolle spielen. In diesem Kontext nennt man gültige Schlüsse auch *Regeln* und L-wahre Sätze auch *Theoreme* der AL. Besonders wichtig für die deduktive Methode sind Regeln 2. *Stufe*, die wir in Abschn. 7.3 kennenlernen.

Zwei weitere Hinweise:
1.) Logisch wahre Sätze können als Spezialfall von gültigen Schlüssen mit *leerer* Prämissenmenge aufgefasst werden, d.h. es gilt:
A ist L-wahr g.d.w. der Schluss „– /A" gültig ist.
2.) Viele wichtige Regeln bzw. Theoreme tragen Namen mit zum Teil uralter philosophischer Tradition; die Terminologien sind nicht immer einheitlich.

7.1 Regeln 1. Stufe

In gewöhnlichen Regeln oder *Regeln 1. Stufe* wird von Sätzen auf Sätze geschlossen, während in Regeln 2. Stufe von Schlüssen auf andere Schlüsse geschlossen wird (s. Abschn. 7.3). Jeder gültige Schluss drückt also eine (korrekte) Regel 1. Stufe aus. Die folgenden gültigen Schlüsse werden als *Basisregeln* unseres deduktiven Kalküls S in Abschn. 8.1 fungieren:

(MP) $A \rightarrow B$, A / B Modus Ponens
(MT) $A \rightarrow B$, $\neg B$ / $\neg A$ Modus Tollens
(DS) $A \vee B$, $\neg A$ / B sowie $A \vee B$, $\neg B$ / A Disjunktiver Syllogismus (2 Formen)
(Add) A / $A \vee B$ sowie A / $B \vee A$ Addition (2 Formen)
(Simp) $A \wedge B$ / A sowie $A \wedge B$ / B Simplifikation (2 Formen)
(Kon) A, B / $A \wedge B$ Konjunktion
(DN) A / $\neg\neg A$ sowie $\neg\neg A$ / A Doppelte Negation (2 Formen)

Man nennt $A/\neg\neg A$ die *intuitionistische* und $\neg\neg A/A$ die *klassische* Richtung der DN (s. Abschn. 14.1).

Weitere wichtige gültige Schlüsse bzw. *ableitbare Regeln* (1. Stufe) und ihre Namen, falls vorhanden:

A → B, B → C / A → C	Hypothetischer Syllogismus, Transitivität der Implikation, „Kettenschluss"
(A → (B→C)) → ((A→B) → (A→C))	Dreierschluss
A → B, C → D, A ∨ C / B ∨ D	konstruktives Dilemma
A → B, C → D, ¬B ∨ ¬D / ¬A ∨ ¬C	destruktives Dilemma
A → C, B → C / (A∨B) → C	∨-Einführung im Antezedens (Wenn-Glied)
A → B, A → C / A → (B∧C)	∧-Einführung im Konsequens (Dann-Glied)
A → (B→C) / (A∧B) → C	Importation
(A∧B) → C / A → (B→C)	Exportation
A → B / (A∧C) → B	Monotonie der Implikation (Antezedensverstärkung)
A → B / A → (B∨C)	Abschwächung des Konsequens
A → B / (A∧C) → (B∧C)	
A → B / (A∨C) → (B∨C)	

Triviale oder irrelevante Schlüsse:

A / A	Reiteration, triviales Argument
¬A / A → B	mEFQ (Abschn. 6.6)
B / A → B	mVEQ (Abschn. 6.6)
A ∧ ¬A / B	lEFQ (Abschn. 6.6)
A / B ∨ ¬B	lVEQ (Abschn. 6.6)

7.2 Theoreme

Alle Schlüsse aus Abschn. 7.1 ergeben L-Wahrheiten bzw. Theoreme, wenn man den Schlussstrich „/" durch die Implikation „→" ersetzt und die Prämissen mit einer Konjunktion verbindet. Dies ist der Inhalt einer Regel 2. Stufe: die konjunktive Version des Konditionalbeweises in Abschn. 7.3 (unten).

Weitere wichtige logische Wahrheiten (Theoreme) unter anderem:

A ∨ ¬A	Tertium non datur (ausgeschlossenes Drittes)
¬(A ∧ ¬A)	Nonkontradiktion (ausgeschlossener Widerspruch)
((A→B) → A) → A	Peirce'sche Formel

Äquivalenztheoreme:
Logisch wahre Äquivalenzsätze – sogenannte Äquivalenztheoreme – sind für den Zweck logisch äquivalenter Umformungen und Vereinfachungen von AL-Formeln

7.2 Theoreme — 115

besonders wichtig. Die folgenden Äquivalenztheoreme fungieren als Basisäquivalenzen unseres Kalküls Ä der äquivalenten Umformung aus Kap. 13.1. *Beachte: ↔ bindet vor ∧ und ∨.*

(DN)	A ↔ ¬¬A	Doppelte Negation
(Komm∧)	A∧B ↔ B∧A	Kommutativität von ∧
(Komm∨)	A∨B ↔ B∨A	Kommutativität von ∨
(Ass∧)	A ∧ (B∧C) ↔ (A∧B) ∧ C	Assoziativität von ∧
(Ass∨)	A ∨ (B∨C) ↔ (A∨B) ∨ C	Assoziativität von ∨
(Idem∧)	A ↔ A∧A	Idempotenz von ∧
(Idem∨)	A ↔ A∨A	Idempotenz von ∨
(Distr∧)	A ∧ (B∨C) ↔ (A∧B) ∨ (A∧C)	Distributivgesetz für ∧
(Distr∨)	A ∨ (B∧C) ↔ (A∨B) ∧ (A∨C)	Distributivgesetz für ∨
(DM∧)	¬(A∧B) ↔ ¬A ∨ ¬B	DeMorgan Gesetz für ∧
(DM∨)	¬(A∨B) ↔ ¬A ∧ ¬B	DeMorgan-Gesetz für ∨
(Def→)	(A→B) ↔ ¬A ∨ B	Bedeutung (Definierbarkeit) von →
(Def↔)	(A↔B) ↔ (A→B) ∧ (B→A)	Definition von ↔
(Taut)	A ∧ (B∨¬B) ↔ A	Überflüssige Tautologie
(Kont)	A ∨ (B∧¬B) ↔ A	Überflüssige Kontradiktion
(∧Abs)	A ∧ (A∨B) ↔ A	∧-Absorption
(∨Abs)	A ∨ (A∧B) ↔ A	∨-Absorption

Hinweis: Die Implikation → ist dagegen *weder assoziativ noch kommutativ.*

Einige abgeleitete Äquivalenztheoreme:

(A→B) ↔ (¬B → ¬A)	Kontraposition
¬(A→B) ↔ A∧¬B	Falsifikation
(A↔B) ↔ (B↔A)	Kommutativität ↔
(A↔B) ↔ (A∧B) ∨ (¬A∧¬B)	

Aufgrund der *Assoziativität* von ∧ und ∨ können die Zweierklammern in fortlaufenden Konjunktionen und Disjunktionen weggelassen werden. Man verwendet daher folgende weitere *Klammerersparniskonventionen*:

- Wir schreiben A∧B∧C für A∧(B∧C) oder (A∧B)∧C,
  A∧B∧C∧D für A∧(B∧(C∧D)), A∧((B∧C)∧D), ((A∧B)∧C)∧D, (A∧B)∧(C∧D),
  bzw. allgemeiner $A_1 \wedge \ldots \wedge A_n$ für jede mögliche Einfügung von Zweierklammern in diese Formel, denn sie sind alle untereinander L-äquivalent.
- Analog für die Disjunktion, d.h. wir schreiben $A_1 \vee \ldots \vee A_n$ für jede mögliche Einfügung von Zweierklammern in diese Formel.

Wegen der Kommutativität von ∧ und ∨ kommt es auch nicht auf die *Reihenfolge* der Glieder von fortlaufenden Konjunktionen und Disjunktionen an. Daher können wir fortlaufende Konjunktionen und Disjunktionen über *Mengen* von Sätzen definieren, denn bei *Mengen* kommt es per definitionem nicht auf die Reihenfolge ihrer Elemente an. Wir verwenden hierfür die bekannte *Mengenklammernotation*: {a, b, c...} steht für die Menge der Elemente a, b, c, ... (s. Kap. 18). Wir führen die zwei neuen (definierten) Junktoren ⋀ (die ‚Großkonjunktion') und ⋁ (die ‚Großdisjunktion') ein, die endliche Satzmengen als Argumente besitzen und daraus deren Konjunktion bzw. Disjunktion bilden. Damit schreiben wir also:[6]

⋀{$A_1,...,A_n$} für $A_1 \wedge ... \wedge A_n$, sowie
⋁{$A_1,...,A_n$} für $A_1 \vee ... \vee A_n$.

Diese Notation ist auch nötig, um die Wahrheitstafelmethode und semantische Reduktio ad Absurdum Methode auf fortlaufende Konjunktionen oder Disjunktionen korrekt anzuwenden (dabei steht ⇒ für „von-innen-nach-außen" und ⇐ für „von-außen-nach-innen" schließen):

A_1	...	A_k	...	A_n			⋀{$A_1,...,A_n$}
w	...	w	...	w	(alle w)	⇒⇐	w
		f	...		(mind. ein f)	⇒	f

Dual dazu für die Großdisjunktion:

A_1	...	A_k	...	A_n			⋁{$A_1,...,A_n$}
	...	w	...		(mind. ein w)	⇒	w
f	...	f	...	f	(alle f)	⇒⇐	f

7.3 Regeln 2. Stufe

Regeln 2. Stufe werden auch ‚Metaregeln' genannt. In ihnen wird von der Gültigkeit eines Schlusses auf die Gültigkeit eines anderen Schlusses geschlossen. Die Nützlichkeit von Regeln 2. Stufe ist evident: man kann mit ihnen neue gültige Schlüsse aufgrund bereits bekannter gültiger Schlüsse finden, *ohne* die semanti-

---

[6] Man verwendet die Vereinbarung: ⋀{A} = ⋁{A} =$_{def}$ A, ⋀∅ =$_{def}$ p∨¬p, ⋁∅ =$_{def}$ p∧¬p.

schen Methoden aufs neue anwenden zu müssen. Wie wir in Kap. 8 sehen werden, spielt der Unterschied auch deduktionstechnisch eine große Rolle.

Hinweis: Die Terminologien sind nicht einheitlich; in manchen Systemen wird der Unterschied zwischen Regeln 1. und 2. Stufe nicht gemacht. (Beispielsweise fungieren in Sequenzenkalkülen Regeln 1. Stufe als ‚Axiome' und Regeln 2. Stufe als ‚Regeln'; s. Abschn. 14.5).

Zunächst stellen wir die drei *basalen* Regeln 2. Stufe unseres deduktiven Kalküls S von Kap. 8 vor: (KB), (FU) und (IB). Zunächst zum (KB).

(KB) *Konditionalbeweis:*
Ist $A_1,..., A_n$ / B gültig, dann ist auch $A_1,..., A_{n-1}$ / $A_n{\to}B$ gültig.

Der Konditionalbeweis expliziert den Zusammenhang von logischem Schließen und Implikation: man kann Prämissen auch als Wenn-Bedingung der Konklusion ansehen. *Hinweis:* Die umgekehrte Richtung des KB (von $A_1,...,A_{n-1}$ / $A_n{\to}B$ auf $A_1,...,A_n$ / B) trifft ebenfalls zu und ergibt sich aufgrund der Regel des Modus Ponens. Die Äquivalenzversion des KB lautet also:

(KB$\leftrightarrow$) Konditionalbeweis in Äquivalenzversion:
$A_1,...,A_n$ / B ist gültig genau dann wenn $A_1,..., A_{n-1}$ / $A_n{\to}B$ gültig ist.

Als Spezialfall für n=1 ergibt sich der bekannte Zusammenhang von gültigen Schlüssen und L-wahren Sätzen:

A / B ist ein gültiger Schluss g.d.w. A$\to$B ein L-wahrer Satz ist.

Zudem ist eine (endliche) *Menge* von Prämissen gleichwertig mit ihrer Konjunktion, d.h. der n-Prämissen Schluss $A_1,...,A_n$ / B ist gültig g.d.w. der einprämissige Schluss $A_1\wedge...\wedge A_n$ / B gültig ist. Daraus ergibt sich, zusammen mit (KB$\leftrightarrow$), die folgende konjunktive Version des KB, (KB$\wedge$), die es ermöglicht, jeden gültigen Schluss in einen zugehörigen L-wahren Satz zu transformieren (die syntaktische Version von KB$\wedge$ heißt auch ‚Deduktionstheorem'):

(KB$\wedge$) Konditionalbeweis in konjunktiver Version (‚Deduktionstheorem')
$A_1,...,A_n$ / B ist gültig genau dann wenn $(A_1\wedge...\wedge A_n) \to$ B L-wahr ist.

Die Beweise von Regeln 2. Stufe wie der des (KB) werden in der Metasprache formuliert. Es handelt sich dabei um metalogische Beweise, die nicht mehr nur von einzelnen Schlüssen oder semantischen Interpretationen, sondern von allen Schlüssen oder Interpretationen eines gewissen Typs handeln. Sie bilden den Gegenstand der *Metalogik* und wir lernen sie in Sektion D dieses Buches kennen.

Metalogische Beweise sind letztendlich ebenfalls *deduktive Beweise*, d.h. Aneinanderreihungen von Folgerungsschritten im Sinne der deduktiven Methode von Kap. 8, wobei jedoch informelle Abkürzungen der Schreibweise vorgenommen und zusätzliche mathematische Definitionen oder ‚Eigenaxiome' (wie z.B. das Induktionsaxiom) mitverwendet werden. Der Beweis des (KB) lautet in informeller Schreibweise wie folgt:

Informeller Beweis des (KB):
Angenommen, der Schluss $A_1,...,A_n$ / B ist gültig. Dann gibt es keine Wahrheitswertzeile, die die Prämissen $A_1,...,A_n$ wahr und die Konklusion B falsch macht. Dann kann es aber auch keine Zeile geben, die $A_1,...,A_{n-1}$ wahr macht und $A_n \to B$ falsch macht. Denn gäbe es eine solche Zeile (wir nehmen hier gemäß *Reduktio ad Absurdum* das Gegenteil des zu Beweisenden an), so hieße dies gemäß der Wahrheitstafel der Implikation, dass – zusätzlich zur Wahrheit von $A_1,...,A_{n-1}$ – A_n wahr und B falsch gemacht wird. Dies würde aber bedeuten, dass auch der erste Schluss $A_1,...,A_n$ / B ungültig wäre, im Widerspruch zur Annahme. Daher folgt aus der Gültigkeit von $A_1,...,A_n$ / B auch die von $A_1,...,A_{n-1}$ / $A_n \to B$.

In Abschn. 15.3 werden wir zeigen, wie dieser Beweis in einen formellen metalogisch-deduktiven Beweis umwandelbar ist.

Nun zur zweiten basalen Regel 2. Stufe unseres Kalküls:

(FU) *Fallunterscheidung:*
Ist A, $B_1,...,B_n$ / C gültig und ¬A, $B_1,...,B_n$ / C gültig,
dann ist auch $B_1,...,B_n$ / C gültig.

Der Fallunterscheidung zufolge kann, wenn sowohl aus einer Prämisse A wie aus ihrem Gegenteil ¬A (zusammen mit anderen Prämissen $B_1,...,B_n$) etwas folgt, auf die Prämisse A bzw. ¬A verzichtet werden.

Schließlich die dritte basalen Regel 2. Stufe:

(IB) *Indirekter Beweis* (Regelversion der *Reduktio ad Absurdum* Methode):
Ist ¬B, $A_1,...,A_n$ / C∧¬C gültig, dann ist auch $A_1,...,A_n$ / B gültig.

Jede Formel der Form „C∧¬C" nennt man einen (syntaktischen) *Widerspruch*. Die Regel (IB) besagt somit: wenn die Hinzunahme der Negation eines Satzes B zu gegebenen Prämissen $A_1,...,A_n$ logisch einen Widerspruch impliziert, dann folgt der Satz B aus den Prämissen. Es handelt sich dabei um nichts anderes als die Formulierung der Reduktio ad Absurdum Methode als Regel.

Der Beweis der beiden Regeln (FU) und (IB) ist einfacher als der des (KB). Denn mithilfe der konjunktiven Version des Konditionalbeweises, (KB∧), können weitere Regeln 2. Stufe bewiesen werden, indem die darin vorkommenden Schlüsse in zugehörige L-wahre Sätze verwandelt werden; aus Metaregeln werden dadurch gewöhnliche Schlüsse von L-wahren Sätzen auf andere. Zum Beweise der Regel (FU) genügt es beispielsweise zu zeigen, dass folgender Schluss gültig ist, was wir mit der gewöhnlichen semantischen Reduktio ad Absurdum Methode tun:

$$(A \land \land\{B_1,...,B_n\}) \to C, (\neg A \land \land\{B_1,...,B_n\}) \to C \;/\; \land\{B_1,...,B_n\} \to C$$

Ⓕ f w   w f fⓌf w   w f w   f f ↯

Analog beweisen wir (IB), indem wir zeigen, dass folgender Schluss gültig ist (wobei wir uns die Zeilenaufspaltung sparen und C∧¬C gleich f setzen):

$$(\neg B \land \land\{A_1,...,A_n\}) \to (C \land \neg C) \;/\; \land\{A_1,...,A_n\} \to B$$

Ⓦ f f wⓌ   w f w   f f ↯

Man beachte, dass wir in letzteren beiden Beweisen etwas *stärkeres* gezeigt haben: nicht nur, dass (FU) und (IB) von L-wahren Prämissen zu L-wahrer Konklusion führen, sondern sogar, dass sie (in jeder Wahrheitswertzeile) von faktisch wahren Prämissen zu faktisch wahrer Konklusion führen (woraus ersteres folgt). Nicht alle Regeln 2. Stufe können so bewiesen werden; einige (z.B. die Regel der uniformen Substitution) erhalten nur L-Wahrheit, aber nicht faktische Wahrheit (s. Abschn. 14.10).

Die obigen drei Regeln 2. Stufe geben jeweils die logische Natur eines bestimmten *Junktors* wieder, (KB) die Implikation, (FU) die Disjunktion und (IB) die Negation. Eine weitere wichtige Regel 2. Stufe, die die logische Natur der Äquivalenz ↔ wiedergibt, ist die *Ersetzungsregel* (E), die wir in Kap. 13 kennenlernen werden.

Es gibt auch Regeln 2.Stufe, die von speziellen Junktoren unabhängig sind. Man nennt sie *strukturelle* Regeln (für Konsequenzrelationen). Zwei solche strukturellen Regeln ergeben sich bereits daraus, dass wir in unserer Definition von Schlüssen bzw. Argumenten in Abschn. 1.1 angenommen haben, dass die Prämissen als eine Satz*menge* aufgefasst werden, bei der es also auf die Reihenfolge der Aufzählung oder auf Wiederholungen nicht ankommt. Metalogisch betrachtet ist die Folgerungsrelation (oder Konsequenzrelation) also eine Relation zwischen einer Satzmenge (den Prämissen) und einem Satz (der Konklusion). Genau genommen müssen wir einen Schluss so schreiben

$\{A_1,...,A_n\}$ / B;

aber einfachheitshalber verzichten wir auf die Mitführung der Mengenklammern. Es ergeben sich daraus folgende zwei strukturellen Regeln:

(Vert) *Vertauschung von Prämissen:*
Ist $A_1,...,A_i,...,A_j,...,A_n$ / B gültig, dann ist auch $A_1,...,A_j,...,A_i,...,A_n$ / B gültig.

(Kont) *Kontraktion wiederholter Prämissen:*
Ist A, A, $B_1,...,B_n$ / C gültig, dann ist auch A, $B_1,...,B_n$ / C gültig.

Eine weitere strukturelle Regel ergibt sich unmittelbar aus der Definition der Gültigkeit von Schlüssen: ein gültiger Schluss bleibt gültig, wenn man ihm weitere (überflüssige) Prämissen hinzufügt:

(Mon) *Monotonie der Folgerung, Hinzufügen von (überflüssigen) Prämissen:*
Ist $A_1,...,A_n$ / B gültig, dann ist auch $A_1,..., A_n$, C / B gültig.

(Vert), (Kont) und (Mon) sind die grundlegenden Regeln (2. Stufe) für verallgemeinerte (nicht nur klassische) Folgerungsrelationen. Logiken, die einige dieser Metaregeln verletzen, nennt man auch *substrukturell*. Beispielsweise verletzen die Logiken für unsicheres, z.B. induktives Schließen die Regel der Monotonie. Eine weitere fundamentale Regel 2. Stufe, die wir in Abschn. 4.3 kennenlernten und die oft zu den strukturellen Regeln hinzugerechnet wird (s. Rautenberg 1979, 76, 88), ist das Gesetz der uniformen Substitution. In der allgemeinen Formulierung dieses Gesetzes nimmt man eine *Substitutionsfunktion* s an, die gegebenen Aussagevariablen p_i gewisse Formeln F_i zuordnet. Es sei s(A) jene Aussage, die aus der Aussage A entsteht, indem jede Aussagevariable p_i in A durch F_i uniform ersetzt wird. Dann lautet die Substitutionsregel wie folgt:

(Subst) *Uniforme Substitution:* Für jede beliebige Substitutionsfunktion gilt:
Ist $A_1,...,A_n$ / B gültig, dann ist auch $s(A_1),...,s(A_n)$ / s(B) gültig.

Die meisten, aber nicht alle deduktive Logiken erfüllen das volle Substitutionsgesetz; manche Modallogiken und nichtmonotone Logiken sind nur unter sogenannten isomorphen Substitutionen geschlossen (vgl. Schurz 2005).

Die für das deduktive Beweisen zentrale Regel 2. Stufe ist die sogenannte

(Schnitt) *Schnittregel:*
Ist $A_1,...,A_n$ / B gültig und B, $C_1,...,C_m$ / D gültig,
dann ist auch $A_1,...,A_n, C_1,...,C_m$ / D gültig.

Die Schnittregel liefert die Grundidee deduktiven Beweisens, der wir uns im nächsten Kapitel zuwenden, nämlich das *Weiterschließen* von einer gewonnenen Konklusion (B), die als Prämisse des nächsten Schlusses eingesetzt wird.

7.4 Weiterführende Literatur

Eine ausgezeichnete Einführung in die avancierte Metalogik von verallgemeinerten Konsequenzrelationen ist Rautenberg (1979). Übersichten über bekannte Theoreme und Regeln der AL inklusive ihrer lateinischen Bezeichnungen finden sich auch in Copi (1973) oder Bucher (1998).

8 Deduktive Methode

8.1 Grundidee deduktiven Schließens und Basisregeln

Die Grundidee der deduktiven Methode ist das *Weiterschließen* und basiert auf der im letzten Abschnitt erläuterten Schnittregel: Wir verwenden die Konklusion eines Schlusses als Prämisse eines weiteren Schlusses und erhalten durch Aneinanderkettung der beiden Schlüsse einen neuen Schluss, der als Prämissen die vereinten Prämissen beider Schlüsse und als Konklusion die Konklusion des letzten (zweiten) Schlusses enthält. Als Beispiel die Verkettung von zwei MP-Schritten:

Schuss 1:	A		‚Herausschneiden'	A
	A → B	Schluss 2:	von B ergibt	A → B
‚Schnitt'	-B----------	-B-	den Schluss:	B → C
		B → C		C
		C		

Dies führt uns zur Idee eines deduktiven Beweises: Wir nehmen einige wenige *basale* Schlussregeln an, schreiben unsere Prämissen an die Spitze und wenden darauf schrittweise unsere basalen Regeln an. Der jeweils erreichten Konklusion geben wir eine neue *Nummer* und verwenden sie als Prämisse weiterer Schlüsse. Rechts merken wir an, welche Regeln wir verwendet und worauf wir sie angewendet haben. Wir fahren solange fort, bis wir zur gewünschten Konklusion kommen. Der obiger MP-Verkettung entsprechende Beweis lautet also:

(1) A → B   Präm (für ‚Prämisse')
(2) B → C   Präm
(3) A   Präm
(4) B   mittels MP aus (1) und (3), *kurz:* MP 1,3
(5) C   MP 2,4

Man kann einen derartigen Beweis auch graphisch durch einen sogenannten *Beweisbaum* verdeutlichen: Prämissen stehen an der Spitze des Baumes (seine ‚Wipfel'), Regelschritte mit einer Prämisse werden durch nach unten führende Äste verdeutlicht; hat die Regel mehrere Prämissen, so verzweigt sich der Ast. Die Regelbezeichnung wird am Ast angemerkt; die Konklusion ist die Wurzel des Baumes.

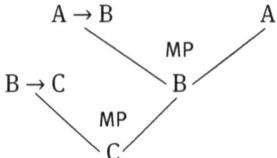

Die Strategie der deduktiven Methode ist es, einige wenige gültige Schlüsse als Basisregeln zugrunde zu legen, um damit alle weiteren gültigen Schlüsse – auf möglichst schnelle und bequeme Art – deduktiv beweisen zu können. Wir legen unserem „System S" als basale Regeln 1. Stufe die in Abschn. 7.1 erwähnten Basisregeln zugrunde, die wir nochmals wiederholen. *Hinweis:* Die Prämissen eines Schlusses trennen wir durch ein *Komma*; unterschiedliche Schlüsse dagegen durch einen *Strichpunkt*.

Basisregeln des Kalküls S:	
(MP) A → B, A / B	Modus Ponens
(MT) A → B, ¬B / ¬A	Modus Tollens
(DS) A ∨ B, ¬A / B ; A ∨ B, ¬B / A	Disjunktiver Syllogismus
(Add) A / A ∨ B ; A / B ∨ A	Addition (rechts vs. links)
(Simp) A ∧ B / A ; A ∧ B / B	Simplifikation (links vs. rechts)
(Kon) A, B / A ∧ B	Konjunktion
(DN) A / ¬¬A ; ¬¬A / A	Doppelte Negation

Alle Regeln werden als Regelschemata geschrieben, da sie für beliebige Einsetzungen gelten. Man erinnere sich an das Pattern Matching aus Abschn. 4.3; es wird innerhalb der deduktiven Methode besonders wichtig. Beispielsweise ist nicht nur

p → q, ¬q / ¬ p, sondern auch
(p→q) → ¬r, ¬¬r / ¬(p→q) oder (A→B) → ¬C, ¬¬C / ¬(A→B)

eine Anwendung des (MT). Und es ist nicht nur p / p∨q, sondern auch

p / p ∨ ¬(q→r) oder A / A ∨ ¬(B→C)

eine Anwendung von (Add).

Beim deduktiven Beweisen machen wir nur von formalen Regeln Gebrauch, Wahrheitswertzuordnungen kommen gar nicht mehr vor. Daher ist die deduktive Methode eine rein *syntaktische* Methode. Unter einem *Beweis* (bzw. einer Herleitung) eines Schlusses verstehen wir – in vorläufiger Formulierung – eine lineare oder in Baumform verzweigte Abfolge von Aussagen, sodass jede Aussage entweder eine Prämisse ist oder aus vorhergehenden Aussagen aufgrund einer Basisregel folgt, wobei die letzte Aussage der Folge die Konklusion ist. Aus der Charakterisierung geht hervor, dass die deduktive Beweisrelation die strukturellen Regeln aus Abschn. 7.3 erfüllt: wir dürfen Prämissen in beliebiger Reihenfolge anführen und wiederholen, weshalb (Vert) und (Kont) gilt; wir dürfen überflüssige Prämissen hinzufügen, weshalb (Mon) gilt, und weil alle Regeln Regelschemata sind, gilt (Subst) (was ‚induktiv' bewiesen wird; s. Abschn. 20.1). Aus demselben Grund können wir mit unseren Regeln auch Schlusssschemata beweisen, mit Schemabuchstaben anstelle der Aussagevariablen.

Mit unseren Basisregeln können wir bereits etliche weitere Schlüsse herleiten bzw. beweisen. Zwei *Beispiele:*

Zu beweisen: p, p → (q → ¬r), ¬¬r, q ∨ (t ∧ s) / t
(1) p   Präm
(2) p → (q → ¬ r)   Präm
(3) ¬¬r   Präm
(4) q ∨ (t ∧ s)   Präm
(5) q → ¬r   MP 1, 2
(6) ¬q   MT 3, 5
(7) t ∧ s   DS 6, 4
(8) t   Simp 7

Zu jedem Beweis fügen wir auch den *Beweisbaum* hinzu:

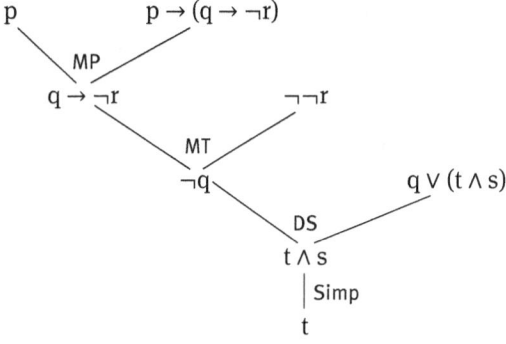

Zu beweisen: A, (A ∨ B) → C / (A ∨ D) ∧ C
(1) A   Präm
(2) (A ∨ B) → C   Präm
(3) A ∨ D   Add 1
(4) A ∨ B   Add 1
(5) C   MP 4, 2
(6) (A ∨ D) ∧ C   Kon 3, 5

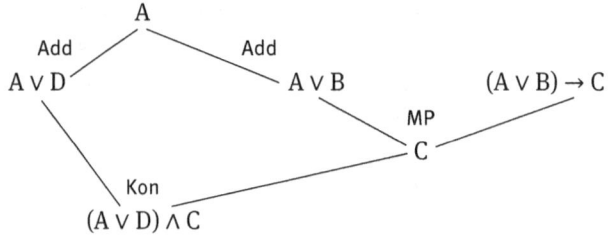

Obiger Beweis ‚baum' ist kein echter Baum mehr, weil sich die zwei zu A führenden Äste wieder vereinigen, da im Beweis zweimal auf die Prämisse A zurückgegriffen wird. Wir wollen dies einfachheitshalber zulassen. Wenn man echte Bäume haben will, muss man jedesmal, wenn auf eine Prämisse erneut zurückgegriffen wird, die Prämisse im Baum neu anschreiben (von A∨D und von A∨B würde dann je ein Ast mit Legende „Add" senkrecht nach oben zu einem A führen).

Einen ‚interessanten' Beweis hat das triviale Argument A / A:

(1) A   Präm   Baum: A.

Hier ist Konklusion mit Prämisse identisch; der Beweis besteht aus einer Folge mit nur einem Element. Dennoch benötigen wir für einige Zwecke auch die Regel der Reiteration, also der Wiederholung von Beweisschritten (z.B. wenn wir eine Formel vor einer Annahme unterhalb der Annahme wiederholen wollen). Wir beweisen die Reiterationsregel im System S in zwei trivialen Schritten (links):

(1) A   Präm   *Kurzform der Reiterationsregel:*
(2) A∧A   Kon 1,1   (1) A   Präm
(3) A   Simp 2   (2) A   Reit 1

Um uns diese Trivialität zu ersparen, wollen wir die Reiterationsregel in der rechtsstehenden Kurzform zulassen.

8.2 Regeln 2. Stufe und Annahmetechnik: der Kalkül S

Welche Schlüsse man in einem logischen Kalkül als *basale* – also nicht aus anderen Regeln abgeleitete – Regeln zugrunde legt, ist nicht festgelegt, sondern eine Frage von Zwecksetzungen wie beweistechnische *Bequemlichkeit*, psychologisch-intuitive *Natürlichkeit* und metalogische *Einfachheit*. Die Wahl unserer basalen Regeln 1. und 2. Stufe motiviert sich aufgrund einer langjährig erprobten Kombination von Bequemlichkeit und Natürlichkeit, enthält dafür gewisse metalogische *Redundanzen*, auf die wir in Abschn. 14.1 noch eingehen. Beispielsweise ist die Regel (MT) im Kontext von (IB) (s. unten) redundant. Die Regelpaare (Kon), (Simp) sowie (DS), (Add) geben die Wahrheitstafel der Konjunktion und Disjunktion vollständig wieder, wogegen dies für die Regel (DN) in Bezug auf die Negation und das Regelpaar (MP), (MT) bezogen auf die Implikation nicht zutrifft. Im Fall der Implikation könnte man deren Wahrheitstafel durch (MP) zusammen mit den erwähnten ‚seltsamen' Regeln (mEFQ) ¬A / A→B und (mVEQ) B / A→B wiedergeben; doch geben diese Regeln keine ‚natürlichen' Eigenschaften des Konditionals wieder. Allerdings werden wir in Abschn. 14.4 sehen, dass selbst die Regel (Add) partiell irrelevant und psychologisch nicht sehr natürlich ist, obwohl in Standardkalkülen nicht auf sie verzichtet werden kann. Natürlichkeit ist nur eine ‚ceteris paribus' Forderung, die nicht auf Kosten der Vollständigkeit gehen darf.

In jedem Fall ist unser System S mit den Basisregeln noch nicht vollständig. Es kommen noch unsere basalen Regeln 2. Stufe hinzu: (KB), (FU) und (IB). Um sie einzubauen, werden wir weiter unten auch unsere vorläufige Beweisdefinition erweitern. Wir beginnen mit der Regel des Konditionalbeweises, die wir in Abschn. 7.3 bereits in *semantischer* Form kennengelernt haben – ‚semantisch' deshalb, weil der Begriff der Gültigkeit auf Wahrheitswerte Bezug nimmt und daher ein semantischer Begriff ist. Wir formulieren die Regel des (KB) nun in rein syntaktischer Weise, indem wir statt von „Gültigkeit" von „Herleitbarkeit" sprechen.

(KB) *Konditionalbeweis:*
Ist C aus $A_1,...,A_n$, B herleitbar, dann ist B → C aus $A_1,..., A_n$ herleitbar.

Die Metaregel des (KB) besteht eigentlich aus einem Übergang von einem Beweis zu einem anderen Beweis, der eine Prämisse weniger besitzt. Um diese Metaregel in unsere *lineare Beweisform* zu integrieren, benötigen wir eine spezielle Technik, die sogenannte *Annahmetechnik*, die unter anderem auf Copi (1973) zurückgeht und auf einer sehr natürlichen Idee beruht: um eine Implikation aus gegebenen Prämissen herzuleiten, nehmen wir ihr Wenn-Glied an und beweisen daraus ihr Dann-Glied.

Technik des Konditionalbeweises:
Um $A_1,...,A_n$ / B→C mittels KB zu beweisen, führen wir folgende Schritte durch:
1. Wir schreiben die Prämissen $A_1,...,A_n$ an. (Beweisziel: B→C)
2. Wir führen das Wenn-Glied der implikativen Konklusion, also B, als *Annahme* ein. Die Annahme ist zunächst *offen*, d.h. sie fungiert als temporäre Prämisse, die einen *KB-Subbeweis* eröffnet.

3. Wir versuchen im Subbeweis, C mittels $A_1,...,A_n$ und B zu beweisen (Subziel: C).
4. Wenn dies gelungen ist, *schließen* wir den Subbeweis wie folgt *ab*: Wir zeichnen den Bereich der Annahme B, für den sie wirksam war, durch einen sogenannten *Copi-Pfeil* ein (vgl. Copi 1973, 60f.), der die Gestalt ⌐ hat und vom Ende des Subbeweises seitlich nach oben bis zur Annahme B führt, auf die er zeigt (s. unten). Der Bereich der Annahme B ist nichts anderes als der Bereich des Subbeweises.
5. Im anschließenden ‚KB-Schritt' schreiben wir die endgültige Konklusion B→C unter den abgeschlossenen Subbeweis (mit Legende „KB" und Angabe des Zeilenbereichs), was bedeutet, dass B→C *allein* aus den Prämissen $A_1,...,A_n$ ohne die Annahme B herleitbar ist. – Zusammenfassend:

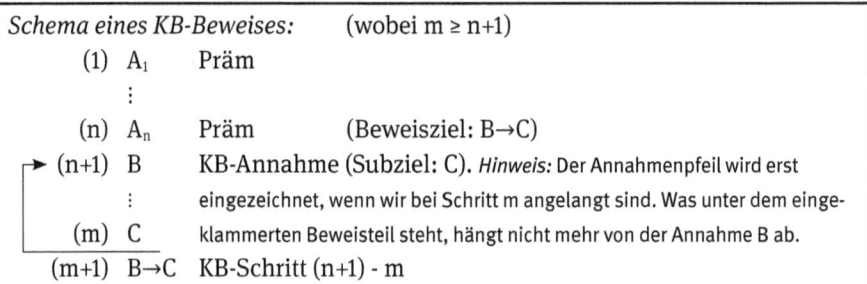

Nun einige *Beispiele*.

Zu beweisen: p→q, p→r / p→(q∧r)

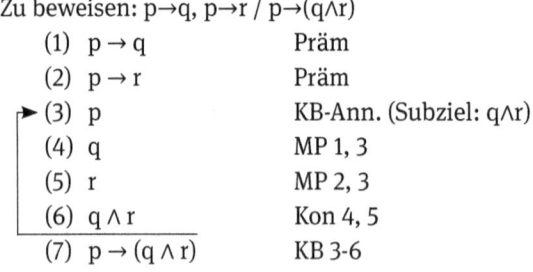

Der Annahmenbereich von p in (3) wurde erst eingezeichnet, nachdem von (6) zu (7) übergegangen wurde. Die Legende rechts zum KB-Schritt besagt: der KB-Subbeweis erstreckt sich von Zeilennr. 3 bis Zeilennr. 6.

Im zugehörigen Beweisbaum schreiben wir sowohl Prämissen wie Annahmen an die Spitze – denn solange sie offen sind, fungieren Annahmen wie Prämissen. Den Annahmebereich deuten wir durch einen Index an, den wir an den KB- Schritt und an die *in Klammern gesetzte* Annahme anfügen, wenn der Annahmenbereich geschlossen wird. Diese Indizierung ist nötig, um in einem Beweisbaum mit mehreren Annahmen (was möglich ist) zu sehen, welche eingeklammerte Annahme zu welchem Metaregelschritt gehört. Die Einklammerung verdeutlicht die Funktion des Index als Indizierung einer geschlossenen Annahme.

Baum zum Beweis von p→q, p→r / p→(q∧r)

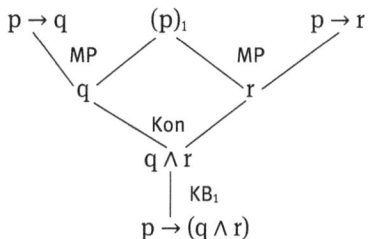

Zu beweisen: (¬A ∨ B) / (A → B)

    (1) ¬A ∨ B   Präm
▶ (2) A   KB-Ann.
    (3) ¬¬A   DN 2
    (4) B   DS 1, 3
    (5) A → B   KB 2-4

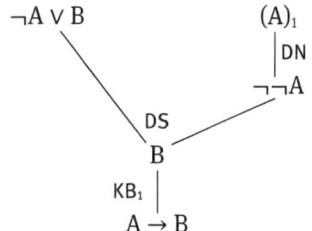

Wir dürfen nach dem letzten Schritt eines Annahmenbeweises den Beweis fortsetzen, müssen dabei aber folgende Merkregel beachten:

> *Merkregel 8-1:* Auf Aussagen im Bereich einer abgeschlossenen Annahme darf bei Fortsetzung des Beweises *nicht mehr zurückgegriffen werden*.

Die Einhaltung von Merkregel 8-1 ist im Rahmen der (auf Copi zurückgehenden) Annahmetechnik erforderlich, um auf einfache Weise zu *garantieren*, dass die unterhalb eines geschlossenen Annahmebereichs stehenden Aussagen nicht mehr von der Annahme abhängen.

(1) ¬A ∨ B   Präm   (Inkorrekte Beweisführung)
(2) B → C   Präm
(3) A   KB-Ann.
(4) ¬¬A   DN 3
(5) B   DS 4, 1
(6) A → B   KB 3-5
(7) C   MP 5, 2   {Verbotener Schritt! Hier wird auf eine Aussage im zuvor
(8) (A→B) ∧ C   Kon 6, 7   schon abgeschlossenen Annahmebereich zurückgegriffen.

Das obenstehende Beispiel zeigt eine unzulässige Beweisführung: Natürlich folgt aus den Prämissen nicht (A→B) ∧ C, woraus ja C folgen würde, sondern nur (A→B)∧(B→C).

Im Kontext von Merkregel 8-1 ist es wichtig, folgende Empfehlung einzuhalten:

Empfehlung 8-1: Im Bereich einer offenen Annahme sind nur solche Beweisschritte durchzuführen, die für die Herleitung des Subziels aus der Annahme nötig sind.

Beweisschritte, die unabhängig von einer Annahme geführt werden können, sollen außerhalb ihres Bereichs geführt werden, denn andernfalls müssen sie, wenn man ihr Ergebnis nach Abschluss der Annahme nochmal braucht, erneut durchgeführt werden, da auf den abgeschlossenen Annahmenbereich nicht mehr zurückgegriffen werden darf.

Hinweis: Im Grunde genügt es, nur auf solche Aussagen im Bereich einer geschlossenen Annahme A nicht zurückzugreifen, die von A *abhängen*. Doch um zu erkennen, welche Aussagen von welchen darüberstehenden Aussagen abhängen, benötigt man den etwas komplizierteren Kalkül mit Abhängigkeitslegende (dazu Abschn. 14.3). Um Annahmenbeweise ohne Abhängigkeitslegende durchzuführen, bedarf es obiger Merkregel und Empfehlung.

Es ist auch erlaubt, dass Annahmenbeweise *iteriert* und ineinander *verschachtelt* auftreten. Hierfür gilt folgende

Merkregel 8-2: Sind mehrere untereinander stehende Annahmen offen, so schließt man zuerst die letzte Annahme (in fortlaufender Nummerierung). Dies bewirkt, dass sich *Annahmenpfeile nie überkreuzen*, sondern höchstens ineinander *verschachteln*.

Wir illustrieren dies im nächsten Beispiel, in dem wir den KB iteriert anwenden. Wir haben mit dem KB nämlich zugleich eine Methode, um *logisch wahre Aus-*

8.2 Regeln 2. Stufe und Annahmetechnik: der Kalkül S — 131

sagen zu beweisen: wir nehmen statt Prämissen nur Annahmen an und wenden den KB so oft an, bis alle Annahmen abgeschlossen sind und daher die Prämissenmenge leer ist. So können wir obiges Beispiel zu einem Beweis des logischen Theorems (¬A∨B) → (A→B), d.h. des Schlusses „/ (¬A∨B) → (A→B)" mit leerer Prämissenmenge erweitern, indem wir KB zweimal hintereinander anwenden:

Zu beweisen: / (¬A∨B) → (A→B)   (Def→ rechts nach links, s. Abschn. 7.2)

```
┌→ (1)  ¬A ∨ B            KB-Ann.
│┌→(2)  A                 KB-Ann.
││ (3)  ¬¬A               DN 2
││ (4)  B                 DS 1, 3
│└─(5)  A →B              KB 2-4
└──(6)  (¬A ∨ B) →(A →B)  KB 1-5
```

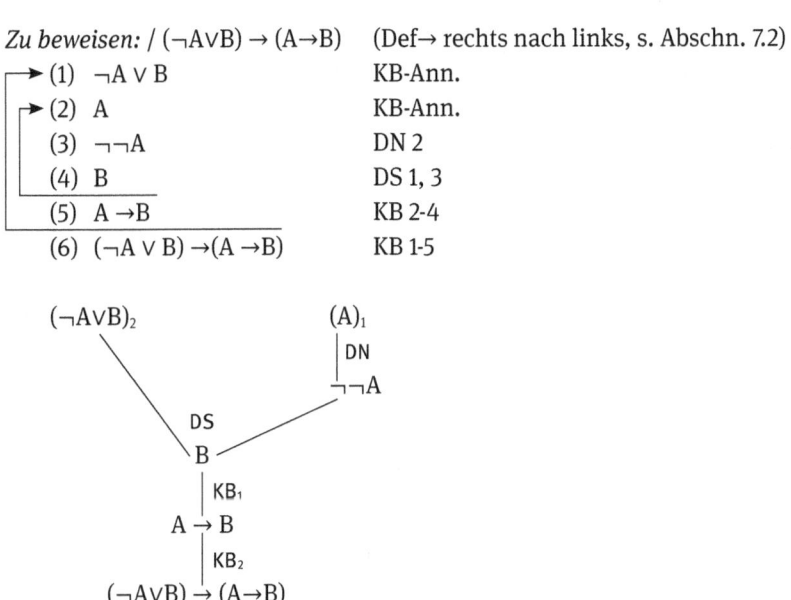

Die Bereiche der beiden KB-Annahmen sind ineinander verschachtelt und die Annahmenpfeile überkreuzen sich nicht. Das Vorgehen ist daher korrekt: in keinem Schritt wird auf eine Aussage in einem bereits geschlossenen Annahmenbereich zurückgegriffen.

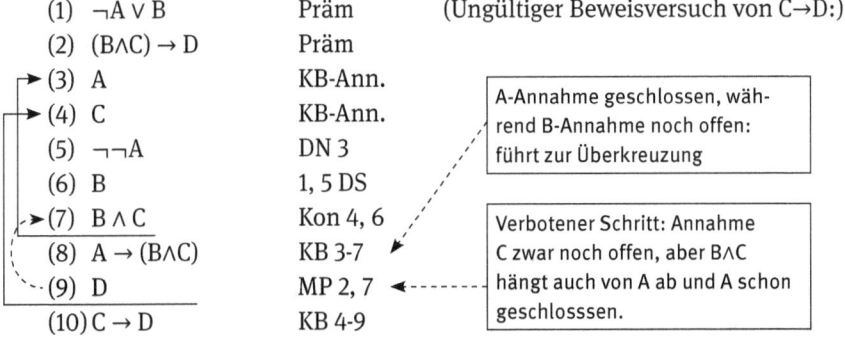

Das obenstehende Beispiel zeigt, wie die Verletzung der zweiten Merkregel zu einem verbotenen Schritt verleitet. Die Einhaltung von Merkregel 8-2 ist nötig, um Beweise so führen zu können, dass sie Merkregel 8-1 entsprechen. Würde eine noch offene Annahme B im Bereich einer schon geschlossenen Annahmen A auftreten, so müsste man danach noch auf B zurückgreifen (um B abzuschließen), was Merkregel 8-1 untersagt.

Ein abschließender Hinweis: ein Subbeweis kann im Extremfall auch nur eine Zeile lang sein, wenn die Annahme mit dem Subziel identisch ist, wie im folgenden Beweis des Theorems A→A:

| ⌐► 1) | A | KB-Ann. |
| 2) | A→A | KB 1-1 |

Der KB eignet sich immer dann als Beweismethode, wenn die Konklusion des zu beweisenden Schlusses die Form einer Implikation hat. Wenn dies nicht der Fall ist, versucht man es mit den anderen zwei Metaregeln aus Abschn. 7.3, FU oder IB. Zunächst zur Fallunterscheidung, die in syntaktischer Version lautet:

> (FU) *Fallunterscheidung:*
> Ist C aus A, $B_1,...,B_n$ herleitbar sowie auch aus ¬A, $B_1,...,B_n$ herleitbar, dann ist C aus $B_1,...,B_n$ alleine – ohne die A/¬A-Annahme – herleitbar.

Auch die Fallunterscheidung ist eine natürliche Beweismethode. Wenn ich beispielsweise als flotter Fahrradfahrer von hinten kommend an einem schlecht gelaunten Fußgänger vorbeifahren will, kann ich voraussagen, dass er sich aufregen wird, aufgrund der folgenden FU: wenn ich klingle, wird er sich darüber aufregen, dass ich ihn durch meinen Klingelton erschreckt habe, und wenn ich nicht klingle, wird er sich darüber aufregen, dass ich nicht geklingelt habe.

Man nennt obige Version der FU übrigens auch die *spezielle* FU, weil dabei zwischen den zwei logisch möglichen Fällen A und ¬A unterschieden wird, im Gegensatz zur ‚allgemeinen FU', auf die wir in Abschn. 14.1 zu sprechen kommen.

Auch für den FU benötigen wir eine Annahmetechnik. Im Gegensatz zum KB führen wir nun zweimal eine Annahme ein. Ein FU-Beweis hat also zwei Subbeweise:

Technik der Fallunterscheidung:
Um durch Fallunterscheidung von A und ¬A den Schluss $B_1,...,B_n$ / C zu beweisen, gehen wir so vor:

8.2 Regeln 2. Stufe und Annahmetechnik: der Kalkül S

1. Wir schreiben die Prämissen $B_1,...,B_n$ an.
2. Wir führen die Annahme A ein, beweisen aus dieser und den Prämissen C, und schließen die A-Annahme ab.
3. Wir führen Annahme ¬A ein, beweisen aus dieser und den Prämissen C und schließen die ¬A-Annahme ab.
4. Danach schreiben wir C als endgültige – ohne die beiden Annahmen folgende – Konklusion hin. Wieder gelten unsere Merkregeln 8-1+2; insbesondere darf auf Aussagen in einem geschlossenen Annahmenbereich später nicht mehr zurückgegriffen werden.

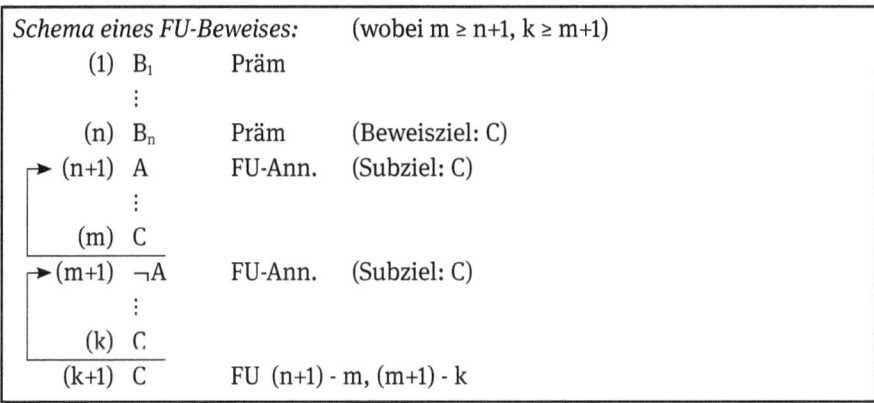

Schema eines FU-Beweises: (wobei m ≥ n+1, k ≥ m+1)

(1)	B_1	Präm	
⋮			
(n)	B_n	Präm	(Beweisziel: C)
(n+1)	A	FU-Ann.	(Subziel: C)
⋮			
(m)	C		
(m+1)	¬A	FU-Ann.	(Subziel: C)
⋮			
(k)	C		
(k+1)	C	FU (n+1) - m, (m+1) - k	

Beispiele:
Zu beweisen: A→B / ¬A ∨ B

(1)	A → B	Präm
(2)	A	FU-Ann.
(3)	B	MP 1, 2
(4)	¬A ∨ B	Add 3
(5)	¬A	FU-Ann.
(6)	¬A ∨ B	Add 5
(7)	¬A ∨ B	FU 2-4, 5-6

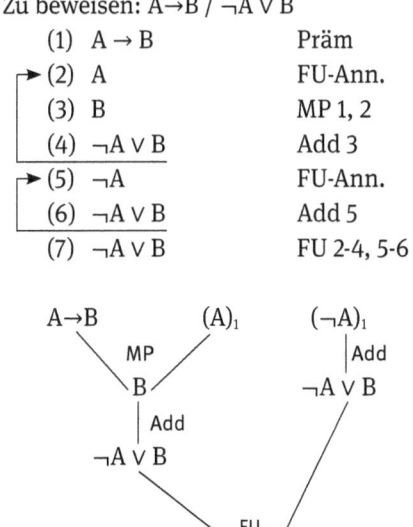

Im Beweisbaum schreiben wir, wie oben angeführt, die FU-Annahmen nebeneinander und fügen die den beiden Subbeweisen entsprechenden Teilbäume durch den FU-Schritt zusammen.

Über obigen Schluss beweist man durch KB das Theorem (A→B) → (¬A∨B):

```
→ (1)   A →B                    KB-Ann.
  → (2) A                       FU-Ann.
    (3) B                       MP 1, 2
    (4) ¬A ∨ B                  Add 3
  → (5) ¬A                      FU-Ann.
    (6) ¬A ∨ B                  Add 5
    (7) ¬A ∨ B                  FU 2-4, 5-6
    (8) (A→B) → (¬A∨B)          KB 1-7
```

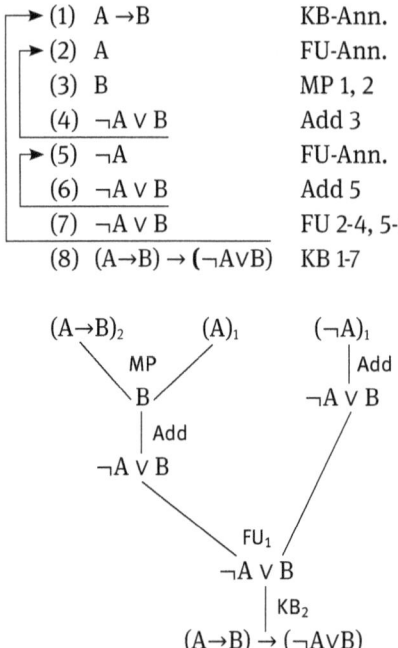

Hier haben wir KB und FU ineinander geschachtelt verwendet; die Bereiche überkreuzen sich nicht, die Merkregeln sind erfüllt.

Zu beweisen: / ¬A ∨ A   (Tertium non Datur)
```
→ (1)   A                       FU-Ann.
    (2) ¬A ∨ A                  Add 1
→ (3)   ¬A                      FU-Ann.
    (4) ¬A ∨ A                  Add 3
    (5) ¬A ∨ A                  FU 1-2, 3-4
```

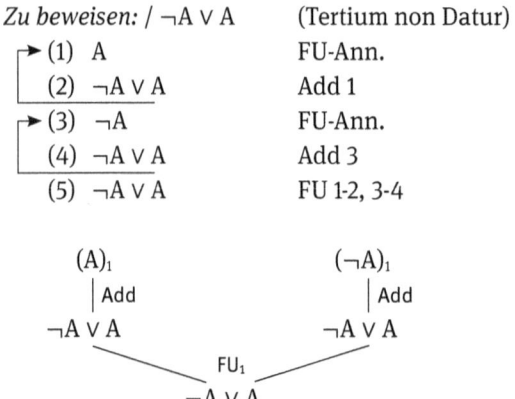

Zu beweisen: A→B, C→B / (A∨C) → B   (∨-Einführung im Antezedens)

   (1)   A → B   Präm
   (2)   C → B   Präm
→ (3)   A ∨ C   KB-Ann.
→ (4)   A   FU-Ann.
   (5)   B   MP 1, 4
→ (6)   ¬A   FU-Ann.
   (7)   C   DS 3, 6
   (8)   B   MP 2, 7
   (9)   B   FU 4-5, 6-8
  (10) (A∨C) →B   KB 3-9

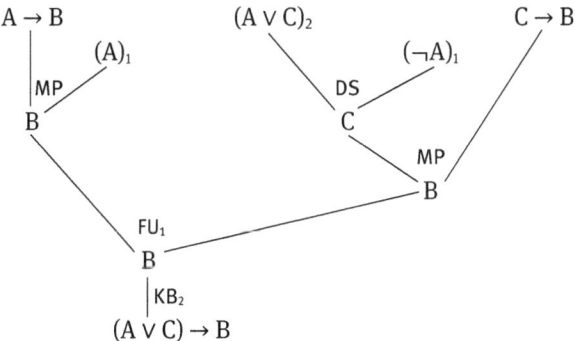

Zu beweisen: A ∨ (B ∨ C) / (A ∨ B) ∨ C

    (1)   A ∨ (B ∨ C)   Präm
→ (2)   A   FU-Ann.
    (3)   A ∨ B   Add 2
    (4)   (A ∨ B) ∨ C   Add 3
→ (5)   ¬A   FU-Ann.
    (6)   B ∨ C   DS 1, 5
→ (7)   C   FU-Ann.
    (8)   (A ∨ B) ∨ C   Add 7
→ (9)   ¬C   FU-Ann.
  (10) B   DS 6, 9
  (11) A ∨ B   Add 10
  (12) (A ∨ B) ∨ C   Add 11
  (13) (A ∨ B) ∨ C   FU 7-8, 9-12
  (14) (A ∨ B) ∨ C   FU 2-4, 5-13

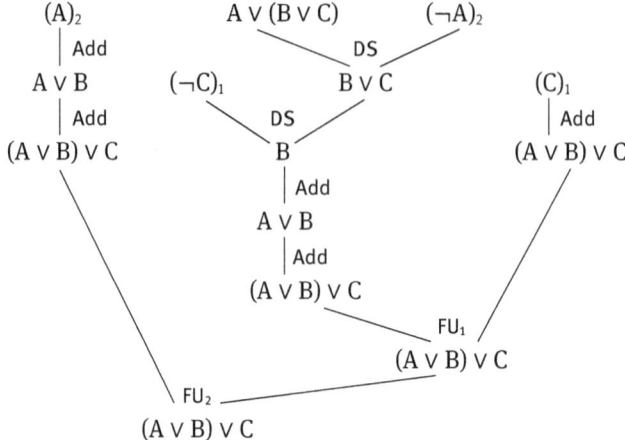

Im obigen Beispiel (in dem die links-nach-rechts Richtung der Schlussversion der ∨-Assoziativität bewiesen wurde) verschachtelt sich ein FU-Beweis im Subbeweis eines anderen. Auch hier wird nirgendwo auf eine Aussage in einem zuvor abgeschlossenen Annahmenbereich zurückgegriffen.

Es gibt für die Anwendung der FU keine strenge Regel; man muss ‚kreativ' sein und eine geeignete Fallunterscheidung finden. Heuristisch betrachtet bietet sich die FU insbesondere dann an, wenn eine Prämisse oder die Konklusion die Form einer Disjunktion besitzt. Falls weder KB anwendbar ist, noch für FU eine funktionierende Beweisidee gefunden wird, versucht man es mit der dritten Metaregel des Systems S, dem indirekte Beweis (IB).

Auch der IB ist eine natürliche Methode. Um beispielsweise zu zeigen, dass aus der Prämisse, jede natürliche Zahl hat einen Nachfolger, die Nichtexistenz einer größten natürlichen Zahl bewiesen werden kann, nimmt man das Gegenteil an und erzeugt einen Widerspruch: Angenommen es gäbe eine größte natürliche Zahl n, dann hätte sie keinen Nachfolger, was aber der Prämisse widerspricht; daher gibt es keine größte natürliche Zahl. Hier ist die syntaktische Formulierung des (IB) zusammen mit seiner Annahmetechnik:

(IB) *Indirekter Beweis:*
Ist $C \land \neg C$ aus $\neg B, A_1,...,A_n$ herleitbar, dann ist B aus $A_1,...,A_n$ herleitbar.

Technik des indirekten Beweises:
Um den Schluss $A_1,...,A_n$ / B mittels IB zu beweisen, gehen wir so vor:
1. Wir schreiben die Prämissen $A_1,...,A_n$ an.

2. Wir führen *die Negation der Konklusion* ¬B als IB-Annahme ein und leiten aus dieser und den Prämissen einen Widerspruch C∧¬C her, für irgendeine Formel C (die nicht atomar sein muss, sondern auch komplex sein kann).
3. Dann schließen wir den Bereich der IB-Annahme ab und schreiben B als endgültige – annahmenunabhängige – Konklusion hin. Wieder ist die Einhaltung unserer Merkregeln 8-1+2 zu beachten.

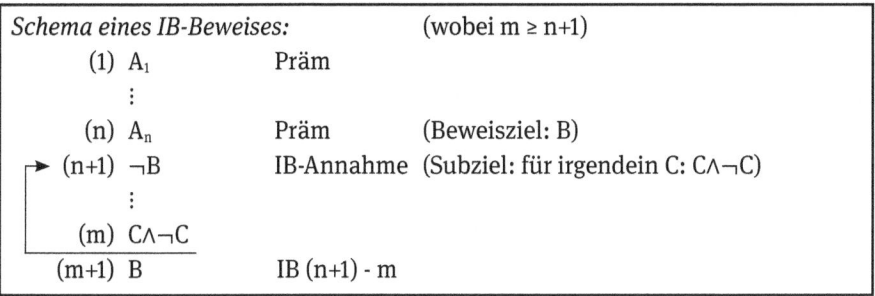

Beispiele:

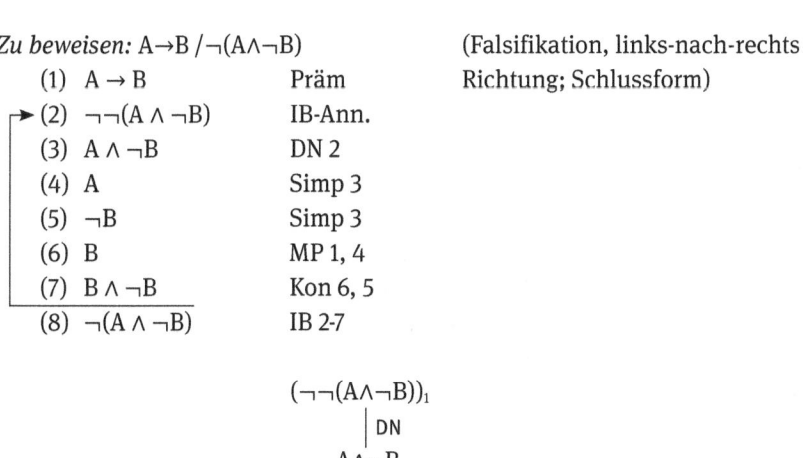

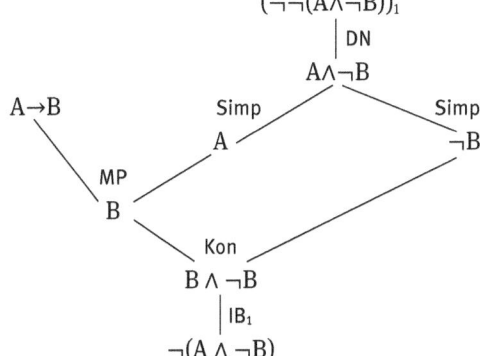

Man hätte in obigem Beispiel auch mittels Modus Tollens angewandt auf 1, 5 ¬A und daraus den Widerspruch A∧¬A herleiten können, mit dem selben Resultat.

Im nächsten Beispiel wird ein IB in einen KB eingeschachtelt; das IB-Beweisziel ist also nicht die Konklusion, sondern ein Zwischenziel, was ebenfalls möglich ist.

Zu beweisen: ¬(A∧¬B) / A→B (Falsifikation, rechts-nach-links-, Richtung, Schlussform)

(1)	¬(A∧¬B)	Präm
(2)	A	KB-Ann.
(3)	¬B	IB-Ann.
(4)	A ∧ ¬B	Kon 2, 3
(5)	(A∧¬B) ∧ ¬(A∧¬B)	Kon 4, 1
(6)	B	IB 3-5
(7)	A→B	KB 2-6

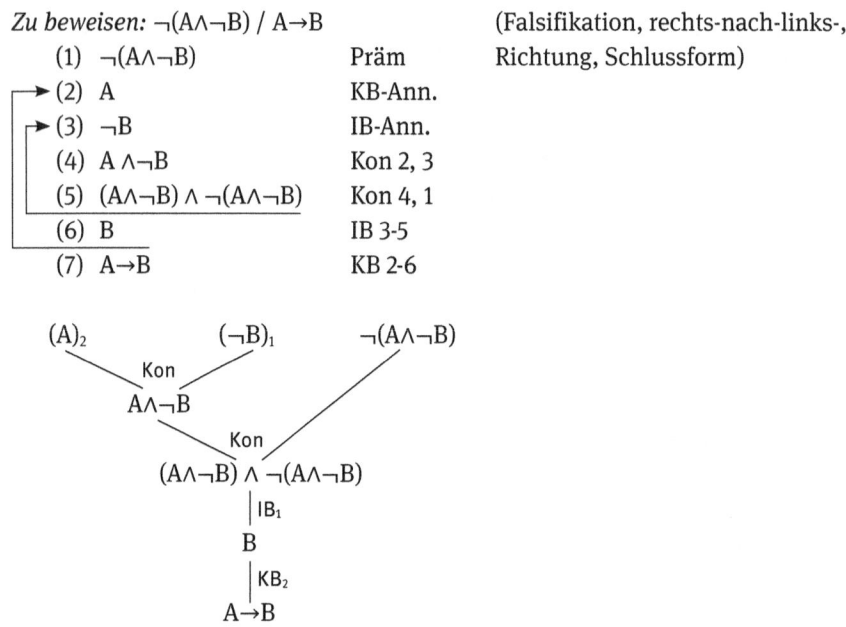

Für die Anwendung des IB gibt es ebenfalls keine strenge Regel, sondern nur Heuristiken, die wir im nächsten Abschnitt besprechen. IB ist sehr leistungsstark und bietet sich als ‚default' Methode immer dann an, wenn einem nichts besseres einfällt. Noch ein letztes Beispiel:

Zu beweisen: A ∧ B / ¬(¬A ∨ ¬B) (DM∨, rechts-nach-links, Schlussform)

(1)	A ∧ B	Präm
(2)	¬¬(¬A ∨ ¬B)	IB-Ann.
(3)	¬A ∨ ¬B	DN 2
(4)	A	Simp 1
(5)	¬¬A	DN 4
(6)	¬B	DS 5, 3
(7)	B	Simp 1
(8)	B∧¬B	Kon 7, 6
(9)	¬(¬A ∨ ¬B)	IB 2-8

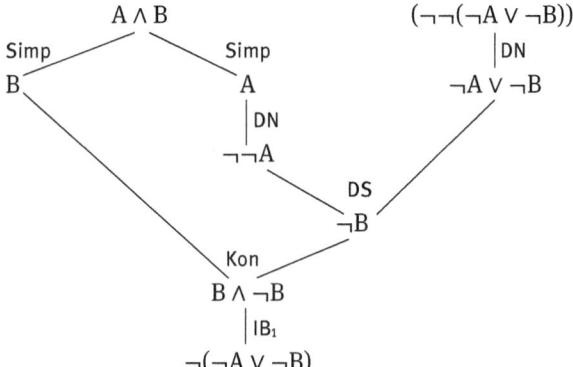

Man nennt unsere Version des IB auch den *klassischen* IB, im Gegensatz zum *intuitionistischen* IB; auf diesen Unterschied kommen wir in Abschn. 14.1-2 zurück.

Den Beweisbegriff (bzw. Herleitungsbegriff) für unser System S können wir abschließend wie folgt definieren:

Definition 8-1. *Beweis im Annahmenkalkül S:*
Eine (mit Legenden und Copi-Pfeilen versehene) endliche Abfolge von Sätzen ist ein *Beweis eines Schlusses* im Kalkül in S, wenn jeder Satz
- entweder eine Prämisse oder eine abgeschlossene Annahme ist,
- oder aus vorhergehenden Sätzen, die nicht im Bereich einer zuvor abgeschlossenen Annahme liegen, mithilfe einer Regel 1. Stufe von S folgt,
- oder aus einer abgeschlossenen Annahme mithilfe einer Regel 2. Stufe von S folgt,

und der letzte Satz der Folge die Konklusion ist.

Abschließend zeigen wir, wie mit unserem Kalkül S Äquivalenzen zu beweisen sind. Für Äquivalenzen besitzen wir keine Basisregeln, denn „↔" ist ein definierter Junktor. Man beweist eine Äquivalenz A↔B, indem man ihre Definition, also die Konjunktion (A→B)∧(B→A), aus den Prämissen herleitet. Hierzu muss zuerst A→B und dann B→A bewiesen werden, um dann beide durch Konjunktion zu vereinigen und im letzten Schritt Def↔ anzuwenden. Ein *Beispiel*:

Zu beweisen: / (¬A ∨ B) ↔ (A→B)

(1)	¬A ∨ B	KB-Ann.
(2)	A	KB-Ann.
(3)	¬¬A	DN 2
(4)	B	DS 1, 3
(5)	A → B	KB 2-4

(6) (¬A ∨ B) → (A → B)	KB 1-5
(7) A → B	KB-Ann.
(8) A	FU-Ann.
(9) B	MP 7, 8
(10) ¬A ∨ B	Add 9
(11) ¬A	FU-Ann.
(12) ¬A ∨ B	Add 11
(13) ¬A ∨ B	FU 8-10, 11-12
(14) (A→B) → (¬A∨B)	KB 7-13
(15) ((¬A∨B) → (A→B)) ∧ ((A→B) → (¬A∨B))	Kon 6, 14
(16) (¬A ∨ B) ↔ (A → B)	Def ↔ 15

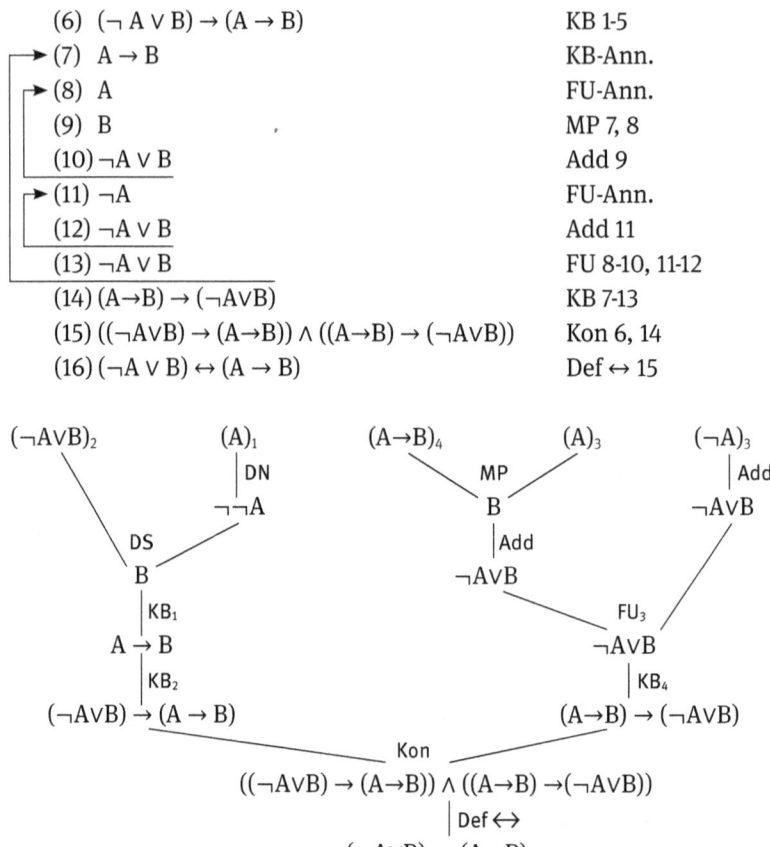

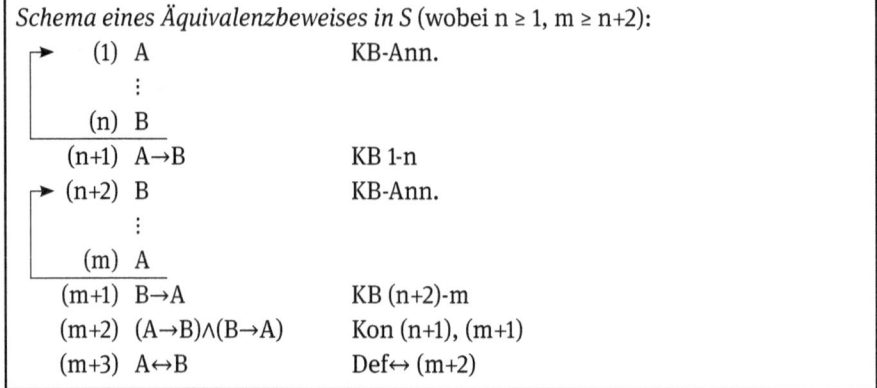

Hinweis: Der Ersetzungsschritt „Def↔" gilt auch in die andere Richtung, von A↔B auf (A→B)∧(B→A), falls „↔" in einer Prämisse auftritt.

Äquivalenzen mithilfe der Regeln von S zu beweisen ist langwierig. Aus diesem Grund stellen wir in Kap. 13 einen eigenen Kalkül für schnelle Äquivalenzbeweise vor, den Kalkül Ä.

8.3 Korrektheit, Vollständigkeit, Entscheidbarkeit und Beweisheuristik

S ist ein deduktiver *Kalkül* (oder deduktives System), ein sogenannter Kalkül des natürlichen Schließens. Um kenntlich zu machen, dass es sich dabei um einen Kalkül der AL handelt, schreiben wir auch S0, im Gegensatz zum prädikatenlogischen Kalkül S1. Es gibt eine Reihe anderer Kalkülarten die wir, zusammen mit dem Begriff der ‚Natürlichkeit', in Kap. 14 besprechen. Ein *logisches System* besteht aus der Definition einer logischen *Sprache*, einer semantischen Definition von möglichen *Interpretationen* und einem deduktiven *Kalkül*.

In Kap. 1 und 4 wurden die Begriffe der Gültigkeit und logischen Wahrheit *semantisch* definiert durch Bezug auf mögliche Interpretationen, in der AL Wahrheitswertzeilen. Wir haben dort auch zwei semantische Methoden zur Ermittlung von Gültigkeit und L-Wahrheit kennengelernt. Nun haben wir den Begriff der deduktiven *Beweisbarkeit* bzw. Herleitbarkeit von Schlüssen entwickelt, als alternative und rein syntaktische Methode, gültige Schlüsse zu beweisen.

Was man von einem deduktiven Kalkül – nicht nur von S sondern von jeder Art von Kalkül – in *erster Linie* erwartet, ist natürlich, dass das deduktiv Beweisbare mit dem semantisch Gültigem möglichst übereinstimmt. Diese Erwartung besteht genauer gesehen aus zwei Teilforderungen (dabei meinen wir mit „Regeln" immer Regeln 1. und 2. Stufe zusammengenommen):
- Erstens muss der Kalkül *korrekt* sein, was bedeutet, dass jeder beweisbare Schluss auch wirklich gültig sein muss. Dies ist eine Art Minimalforderung an die Regeln unseres Kalküls.
- Zweitens sollte der Kalkül möglichst *vollständig* sein, d.h. unsere Regeln sollten umfassend genug sein, dass damit *alle* gültigen Schlüsse beweisbar sind. Da es nur wenige Basisregeln, aber unendlich viele gültige Schlüsse gibt, ist die Vollständigkeit eines Kalküls keine selbstverständliche und schwierig zu zeigende Eigenschaft.

Um diese beiden Eigenschaften logischer Systeme genauer zu bestimmen, ist es zweckmäßig, den semantischen Folgerungsbegriff und den syntaktischen Herleitungsbegriff durch eigene Zeichen zu unterscheiden. Gebräuchlich sind die Zeichen $\models$ und $\vdash$ (statt $\models$ wird auch $\Vdash$ verwendet). Im Folgenden sollen *griechische Großbuchstaben* $\Gamma, \Delta, \ldots$ (auch indiziert $\Gamma_1, \Gamma_2, \ldots$) für *Satzmengen* stehen.

$\Gamma \models A$ steht für: der Schluss Γ / A ist gültig bzw. A ist aus der Prämissenmenge Γ folgerbar.
$\models A$ steht für: A ist logisch wahr bzw. aus der leeren Prämissenmenge folgerbar.
$\Gamma \vdash A$ steht für: Der Schluss Γ / A ist beweisbar bzw. A ist aus Γ herleitbar.
$\vdash A$ steht für: A ist beweisbar (aus leerer Prämissenmenge) bzw. A ist ein Theorem.

Um die Bezugnahme des syntaktischen Beweisbegriffs auf einen gegebenen deduktiven Kalkül, in unserem Fall den Kalkül S, kenntlich zu machen, schreibt man auch $\vdash_S$ anstelle von $\vdash$.

Hinweis: Mit dem Herleitungszeichen können wir Regeln 2. Stufe in eine *kompakte* Form schreiben. Z.B. lautet der Konditionalbeweis damit

  (KB) $\Gamma, A \vdash B \;/\; \Gamma \vdash A \rightarrow B$.

Wir nennen „$\Gamma, A \vdash B$" die Prämissenherleitung und „$\Gamma \vdash A \rightarrow B$" die Konklusionsherleitung. *Beachte:* Wir verwenden „$\rightarrow$" nicht nur für das Wenn-dann in der Objektsprache, sondern auch in der Metasprache (vgl. Abschn. 4.4).

Definition 8-2. *Korrektheit* und *Vollständigkeit:*
Ein gegebener Kalkül ist
- stark korrekt g.d.w. $(\Gamma \vdash A) \rightarrow (\Gamma \models A)$, d.h. alle beweisbaren Schlüsse sind gültig.
- schwach korrekt g.d.w. $(\vdash A) \rightarrow (\models A)$, d.h. alle beweisbaren Theoreme sind L-wahr.
- stark vollständig g.d.w. $(\Gamma \models A) \rightarrow (\Gamma \vdash A)$, d.h. alle gültigen Schlüsse sind beweisbar.
- schwach vollständig g.d.w. $(\models A) \rightarrow (\vdash A)$, d.h. alle L-wahren Theoreme sind beweisbar.

Hinweis: Starke und schwache Korrektheit sind äquivalent.

Jeder Beweis hat per definitionem eine *endliche* Länge, weshalb auch die Prämissenmenge jedes Beweises *endlich* sein muss. Dies soll auch so sein, denn Beweise sollen, gemäß dem Ansatz der *Beweistheorie*[7], mechanisch repräsentierbare (computerisierbare) Entitäten sein. Im semantischen Gültigkeitsbegriff werden dagegen auch *unendliche Prämissenmengen* zugelassen. Für die Begriffe

---

[7] Das Programm der Beweistheorie geht insbesondere auf David Hilbert zurück. Gödels Unvollständigkeitsresultate zeigten zwar Grenzen dieses Programms auf, doch es ist nach wie vor die Grundlage der Informatik bzw. des durch Algorithmen repräsentierbaren Teils der Logik.

der Korrektheit und Vollständigkeit ergibt sich daraus folgendes. Gemäß der konjunktiven Version des KB (KB∧ in Abschn. 7.3) gilt

Γ ⊢ A genau dann wenn ⊢ ∧Γ → A
(mit „∧Γ" als Konjunktion der endlichen Prämissenmenge Γ),

d.h. die Beweisbarkeit eines Schlusses ist äquivalent mit der Beweisbarkeit der entsprechenden Implikation. Deshalb sind starke und schwache Korrektheit trivialerweise äquivalent und werden üblicherweise nicht voneinander unterschieden; man spricht einfach von „Korrektheit". Aus demselben Grund impliziert die starke Vollständigkeit auch die schwache. Umgekehrt impliziert die schwache Vollständigkeit nicht notwendig die starke, sofern die Prämissenmenge Γ des gültigen Schlusses unendlich ist, denn dann kann man nicht mehr ihre Konjunktion bilden, da Konjunktionen, wie jede wohlgeformte Aussage unserer Sprache, eine *endliche Länge* besitzen müssen. Die Gültigkeit eines Schlusses Γ ⊨ A mit unendlichem Γ lässt sich also nicht mehr bereits aufgrund der Definition dieser Begriffe auf die L-Wahrheit einer entsprechenden Implikation *reduzieren*. Wenn dies dennoch möglich ist, dann liegt dies daran, dass das betreffende logische System tatsächlich *stark vollständig* ist. Die starke Vollständigkeit eines logischen Systems impliziert daher immer seine sogenannte Kompaktheit (bzw. den ‚Endlichkeitssatz'), welche besagt, dass wenn eine Konklusion aus unendlich vielen Prämissen logisch folgt, sie auch aus einer endlichen Teilmenge der Prämissenmenge logisch folgt. Dies zeigt, dass der Beweis der starken Vollständigkeit (wenn überhaupt möglich) eine höchst nichttriviale Angelegenheit ist.

Von unserem System S lässt sich beweisen, dass es nicht nur korrekt, sondern tatsächlich auch stark vollständig ist. Dabei handelt es sich um metalogische Beweise, von denen der Korrektheitsbeweis auf einer einfachen ‚Induktion nach der Länge eines Beweises' basiert und der Vollständigkeitsbeweis auf einer anspruchsvollen Konstruktion von semantischen Modellen aus den Ressourcen der Sprache heraus. Wir werden diese Beweise in Teil 2 (Abschn. 20) behandeln.

Die semantischen Methoden der AL – Wahrheitstafelmethode und Reduktio ad Absurdum Methode – sind *Entscheidungsmethoden*: sie liefern für jeden Schluss der AL nach einer endlichen Anzahl von elementaren Auswertungsschritten die korrekte Antwort auf die Gültigkeitsfrage (vgl. Abschn. 4.6). Die AL ist daher *entscheidbar*. Im Gegensatz zur Wahrheitstafelmethode ist die Reduktio ad Absurdum Methode nicht deterministisch, d.h. die Wahl des jeweils nächsten Schrittes ist nicht (immer) vorgegeben, sondern lässt eine Wahl unter endlichen Optionen zu. Doch ändert dies nichts an ihrem Charakter als Entscheidungsmethode, denn nach jedem ausgeführtem Schritt dringt die Wahrheitswertbestimmung zu tieferen und daher *neuen* noch unbestimmten Teilformeln vor, und da die jeweilige Aussage nur endlich viele Teilformeln hat, muss das Verfahren irgendwann alle Teilformeln (inklusive der Aussagevariablen) erreicht haben und spätestens dann stehenbleiben (für Kalküle nennt man diese Eigenschaft die „Teilformeleigenschaft").

Im Gegensatz dazu liefert die deduktive Methode (zumindest im Normalfall[8]) von sich aus kein Entscheidungsverfahren. Ähnlich wie beim Schachspiel sind zwar die erlaubten Beweisschritte (Spielzüge) definiert, doch es ist nicht festgelegt, welchen Schritt man wann anwenden soll. Da einige Regeln nicht die Teilformeleigenschaft besitzen, muss ein aus korrekten Schritten bestehender Beweisversuch nicht abbrechen, sondern kann *ewig* weitergehen. Im einfachsten Fall könnte ein geistig beschränkter maschineller Theorembeweiser beim Versuch, q aus p zu beweisen (was natürlich nicht geht), die nicht abbrechende Folge von Beweisschritten (1) p (Präm),(2) pvq (Add 1), (3) (pvq)vr (Add 2), ((pvq)vr)vs (Add 3), ... usw. produzieren. Für trickreichere ungültige Schlüsse sind phantasievollere nicht abbrechende Beweisversuche denkbar. Dies hat zwei wichtige Konsequenzen:

1.) Auch wenn der Kalkül vollständig ist, gilt: Nur wenn der gegebene Schluss gültig ist, kann er deduktiv bewiesen werden, denn nur dann existiert ein Beweis. Ist der Schluss dagegen ungültig, so kann seine Ungültigkeit nicht deduktiv bewiesen werden; im Rahmen der deduktiven Methode äußert sich die Ungültigkeit eines Schlusses nur darin, dass der Beweisversuch (sofern er aus korrekten Schritten besteht) nie zu einem Ergebnis kommt, d.h. nie die gewünschte Konklusion liefert und daher im Prinzip ewig weiterlaufen kann. Man sagt auch die deduktive Methode ist kein Entscheidungsverfahren, sondern nur ein *Semi-Entscheidungsverfahren*. Für den Nachweis der Ungültigkeit benötigt man eine andere Methode. Zumeist ist dies eine semantische Methode, die in der Konstruktion eines *widerlegenden Modells* bzw. *Gegenmodells* besteht – so wie im semantischen Reduktio ad Absurdum Verfahren, das für einen ungültigen Schluss nach einer endlichen Anzahl von Schritten eine widerlegende Zeile findet. In der AL gibt es aber auch spezielle Kalküle – Tableau-Kalküle und schnittfreie Sequenzenkalküle (Abschn. 14.6) – die entscheidbar sind, weil in ihnen die Konstruktion eines Gegenmodells syntaktisch nachvollzogen werden kann. Generell gilt: nur dann, wenn auch für den Nachweis der Nichtbeweisbarkeit eine zumindest semi-entscheidbare Methode existiert, ist ein deduktiv axiomatisiertes logisches System entscheidbar (näheres dazu in Kap. 21.3).

---

[8] Entscheidbare AL-Kalküle besitzen die Teilformeleigenschaft, sind aber nicht mehr sehr ‚natürlich' (s. Abschn. 14.6).

2.) Selbst wenn ein gegebener Schluss gültig ist, gibt es kein *einfaches* mechanisches Verfahren mehr, um den Beweis des Schlusses zu finden.[9] Die Auffindung eines deduktiven Beweises erfordert also eine gewisse *Kreativität*. Es kann für denselben Schluss auch unterschiedliche Beweiswege geben und es ist nicht gesagt, dass man auf Anhieb gleich den kürzesten bzw. elegantesten Beweis findet. Anders gesprochen, ein guter Beweis hat auch eine gewisse Ästhetik.

Dies bringt uns zum letzten Punkt dieses Abschnitts, der *Beweisheuristik*. Obwohl bei der deduktiven Methode wie erläutert nicht festgelegt ist, welche Beweisschritte man wann anwenden soll, gibt es doch gute Faustregeln, sogenannte *Heuristiken*, mit denen man in den meisten Fällen schnell ans Ziel findet (vorausgesetzt der zu beweisende Schluss ist gültig).

1. *Heuristiken für Metaregeln:*
1.1 Ist die (zu beweisende) Konklusion eine Implikation, verwendet man KB.
1.2 Ist die Konklusion eine Disjunktion A∨B, so kann man es mit FU versuchen, sofern man eine Idee hat, wie man aus ¬A und den Prämissen die Konklusion A∨B gewinnen kann. Denn aus A gewinnt man A∨B durch einen Additionsschritt.
1.3 Ist die Konklusion eine komplexe Negation ¬(...), so bietet sich IB an, denn aus der IB-Annahme, ¬¬(...), kann man durch DN das Innere der Klammer (...) gewinnen und weiter ‚ausschlachten', d.h. mit anderen Regeln darauf zugreifen. Den IB versucht man auch dann, wenn man sonst keine Idee hat.
2. *Strategieheuristiken:* Man unterscheidet zwischen *top down* und *bottom up* Heuristiken:
2.1 Gemäß der top down Heuristik leitet man – probeweise oder im Geiste – interessante schnell herleitbare Sätze ab, ohne dass diese schon mit der Konklusion zusammenhängen müssen. Prämissen, die die Form einer Konjunktion haben, kann man z.B. mit Simp in ihre Glieder zerlegen. Wenn auf zwei Prämissen DS, MP oder MT anwendbar ist, leitet man die entsprechende Konklusion ab. Nur solche top-down-Resultate sind ‚interessant', deren Aussagevariablen in der Konklusion oder in anderen Prämissen enthalten sind, sodass man sie für weitere Schritte benutzen kann.
2.2 Gemäß der bottom up Heuristik überlegt man sich mögliche Zwischenschritte (‚Hilfssätze' oder ‚Lemmata'), die man noch nicht bewiesen hat, von denen man aber weiß, dass man aus diesen Zwischenschritten die gewünschte Konklusion leicht herleiten kann.

---

[9] Es gibt nur ein abstraktes Aufzählungsverfahren aller möglichen Beweise, das irgendwann den gesuchten Beweis liefert, aber dessen Komplexität für Menschen unbewältigbar hoch ist.

3. Übergreifende Strategie: Im Regelfall fängt man mit *bottom up* an. Gelegentlich gelangt man durch iterierte *bottom up* Suche ganz zu den Prämissen hinauf, d.h. die ‚letztendlichen Hilfssätze' sind die Prämissen. Meist aber hilft dann *top down*: man muss dann versuchen, die durch top down gewonnenen Sätze mit den zu beweisenden Hilfssätzen der bottom up Methode zu verbinden. Gelingt dies, dann ist der Beweis vervollständigt – siehe Abb. 8-1.

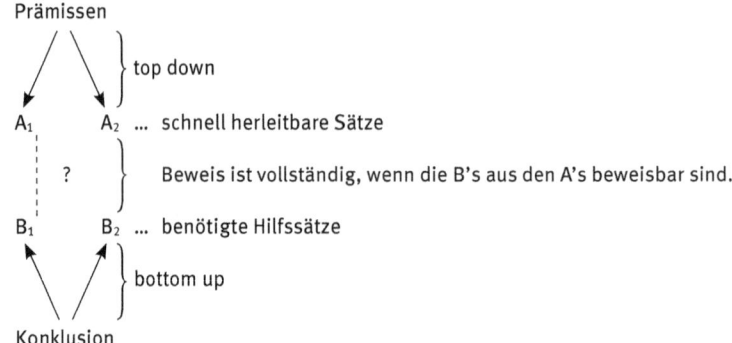

Abb. 8-1: Zusammenspiel von bottom-up und top-down Heuristik.

Wir haben gesehen, dass die die deduktive Methode kein Entscheidungsverfahren liefert und daher schwieriger zu bedienen ist als die semantischen Methoden der AL. Daher fragt man sich: wozu brauchen wir dann überhaupt die deduktive Methode? Manch Logiklehrer mag darauf im ‚Schnellschuss' erwidern, „weil die deduktive Methode natürlicher ist". Aber dies wird einen kritischen Geist nicht überzeugen, denn erstens ist nicht alles, was uns als ‚natürlich' erscheint, auch rational, und zweitens ist das, was in der Logik als ‚natürliches Schließen' angeboten wird, psychologisch gesehen nicht immer natürlich (s. Abschn. 14.2).

Eine mögliche Antwort auf diese Frage ist das sogenannte Hilbertprogramm der Beweistheorie in der ersten Hälfte des 20. Jahrhunderts. Dieses Programm war eine Reaktion auf die sogenannte ‚Grundlagenkrise' der Mathematik, also die Entdeckung, dass die Cantor'sche (von Frege axiomatisierte) ‚naive' Mengenlehre, die damals als Grundlage der Mathematik angesehen wurde, zu logischen Antinomien (Widersprüchen) führte (vgl. Kap. 18, sowie von Plato 2014). Dies führte nicht nur zu einer Neuformulierung der Mengenlehre, sondern auch zu einer gewissen Vertrauenskrise in die Grundlagen der Mathematik (Weyl 1921). Diese Grundlagenkrise versuchte die Beweistheorie durch die rigide syntaktische Formalisierung logischen Beweisens zu beheben, mit dem Ziel, einen rein syntaktischen und finiten Widerspruchsfreiheitsbeweis für die Grundlagen der

Mathematik führen zu können. Allerdings erwies sich dieses Programm nur für die AL und monadische PL durchführbar, denn es setzt Entscheidbarkeit voraus, wogegen sich aufgrund Gödels bahnberechnender Resultate die volle Prädikatenlogik als unentscheidbar und die Arithmetik sogar als nicht vollständig axiomatisierbar erwies. Eine Folge dieser Resultate war ein Wiedererstarken von semantisch-mengentheoretischen Verfahren (wogegen später, durch den Einfluss der Informatik, wieder syntaktische Verfahren neuen Auftrieb erhielten).

Auch der Hinweis auf das Programm der Beweistheorie liefert noch keine ganz zufriedenstellende Begründung der Wichtigkeit von deduktiven Verfahren. Eine noch tiefergehende Begründung kann uns aber die *philosophische Reflexion* liefern. Generelle Entscheidungsverfahren gibt es wie erläutert nur in der AL und monadischen PL; die volle PL ist unentscheidbar. Daher ist man in der Prädikatenlogik letztendlich auf deduktives Schließen angewiesen. Und zwar nicht nur in der objektsprachlichen Prädikatenlogik, sondern insbesondere auch in der Metalogik, in den metasprachlich formulierten semantischen Beweisen, wie etwa Korrektheits- und Vollständigkeitsbeweisen oder semantischen Ungültigkeitsbeweisen. Diese metalogischen Beweise verwenden ebenfalls – zumindest in ‚informeller' bzw. halbformaler Weise – die deduktiven Schlussregeln der PL und daher auch die Schlussregeln der AL, die einen wichtigen Teil der PL-Schlussregeln ausmachen. In Kap. 15 wird dies mehrfach demonstriert. Man nennt diesen Sachverhalt auch den *Zirkel der Logik* und versteht darunter die Tatsache, dass man, um die Korrektheit (oder andere metalogische Eigenschaften) der Logik der Objektsprache zu beweisen, dieselbe (oder eine noch stärkere) Logik in der *Metasprache* wieder voraussetzten muss. Zusammengefasst ist die Methode des deduktiven Schließens in der Aussagenlogik zwar natürlich, aber entbehrlich; sie ist jedoch unentbehrlich in der Prädikatenlogik und Metalogik, weshalb diese Methode schon in der AL erlernt wird.

Auch wenn man die deduktive Methode nicht nur in deduktiven Kalkülen, sondern auch in metalogisch-semantischen Beweisen verwendet, besteht doch ein wesentlicher Unterschied. In Kalkülen verwendet man die logischen Regeln rein syntaktisch, ohne Bezugnahme auf Modelle bzw. ‚mögliche Welten', die die Aussagen wahr oder falsch machen, in semantischen Beweisen nimmt man dagegen explizit auf solche Modelle Bezug und verwendet dabei die logischen Regeln oft nur ‚implizit' bzw. unbemerkt. Die syntaktische und die semantische Methode sind zwei fundamentale und komplementäre Zugangsweisen zum logischen Schließen, die man durch Korrektheits- und Vollständigkeitsbeweise miteinander zur Deckung zu bringen sucht. Interessanterweise findet man auch in der *Psychologie* des Schließens – also in empirischen Untersuchungen zum menschlichen Schließen – diese beiden Methoden vor: hier stehen sich der ‚mental rule' und der ‚mental model' Ansatz des menschlichen Schließens gegenüber (Rips

1994, Johnson-Laird 1996, Kap. 12, Roberts 1993). Die Präferenz für das syntaktisch-regelbasierte oder das semantisch-modellbasierte Denken scheint auch eine Persönlichkeitseigenschaft zu sein.

8.4 Übungen

8.4.1 Man beweise folgende Schlüsse nur mithilfe der Basisregeln von S (ohne Metaregeln):
(1) $(p \wedge q) \wedge r / r \vee s$
(2) $p \vee q, p \rightarrow r, \neg r / q \vee s$
(3) $p, q / (p \wedge q) \vee (p \wedge r)$
(4) $A, (A \vee B) \rightarrow C / C$
(5) $A \wedge B, \neg(C \wedge D) \rightarrow \neg B / (C \vee E) \wedge D$
(6) $A, \neg A \vee B, C \rightarrow \neg B, D / D \wedge \neg C$
(7) $A \wedge B / B \wedge A$
(8) $(p \wedge q) \wedge r, p \rightarrow \neg s, q \rightarrow \neg t / \neg s \wedge \neg t$
(9) $\neg p \wedge q, p \vee (r \rightarrow \neg q), \neg r \rightarrow \neg\neg(s \wedge t), s \vee t / s \wedge t$ (Achtung: Falle)

8.4.2 Man beweise folgende Schlüsse und Theoreme mittels Basisregeln und KB:
(1) $A \rightarrow (B \rightarrow C) / (A \wedge B) \rightarrow C$
(2) $p \rightarrow q / (p \wedge r) \rightarrow (q \wedge r)$
(3) $p \rightarrow (q \rightarrow (p \wedge q))$
(4) $(p \rightarrow q) \rightarrow (\neg q \rightarrow \neg p)$
(5) $(p \rightarrow (p \rightarrow q)) \rightarrow (p \rightarrow q)$
(6) $A \rightarrow (B \rightarrow C) / B \rightarrow (A \rightarrow C)$
(7) $A \rightarrow B, B \rightarrow C / A \rightarrow C$
(8) $A \rightarrow B, C \rightarrow D / (A \wedge C) \rightarrow (B \wedge D)$
(9) $((A \wedge B) \wedge C) \leftrightarrow (A \wedge (B \wedge C))$
(10) $(p \rightarrow (q \rightarrow r)) \leftrightarrow ((p \wedge q) \rightarrow r)$

8.4.3 Man beweise folgende Schlüsse und Theoreme mittels (Basisregeln und) FU:
(1) $p \rightarrow q, p \vee r / q \vee r$
(2) $p \rightarrow \neg p / \neg p$
(3) $A \vee B, A \rightarrow C, B \rightarrow C / C$
(4) $A \wedge (B \vee C) / (A \wedge B) \vee (A \wedge C)$
(5) $(p \vee \neg p) \rightarrow q / q$
(6) $A \rightarrow B, C \rightarrow D / (A \vee C) \rightarrow (B \vee D)$
(7) $E \rightarrow (A \rightarrow C), (B \rightarrow C) \vee D, \neg D \wedge E / (A \vee B) \rightarrow C$

8.4.4 Man beweise folgende Schlüsse mittels (Basisregeln und) IB:
(1) p ∨ (q∧¬q) / p
(2) p → ¬p / ¬p
(3) p ∨ q, p ∨ ¬q / p
(4) A → C, ¬A → C / C
(5) p → q, p → ¬q / ¬p
(6) ¬(A → B) / A
(7) ¬p / ¬(p ∧ q)

8.4.5 Man beweise folgende Theoreme und Schlüsse im Kalkül S nach eigenem Ermessen (beachte: ↔ bindet vor ∧, ∨):
(1) ((p→q) → p) → p ('Peirce'sche Formel')
(2) ¬(¬A ∨ ¬B) → (A∧B)
(3) (A∧B) → ¬(¬A ∨ ¬B)
(4) A ∨ (B ∧ ¬B) ↔ A
(5) A ↔ A ∨ A
(6) A ∧ (B ∨ C) ↔ (A ∧ B) ∨ (A ∧ C)
(7) A ∨ (B ∧ C) ↔ (A ∨ B) ∧ (A ∨ C)
(8) A ∨ B ↔ ¬(¬A ∧ ¬B)
(9) A → B, B → C, D ∨ ¬(A → C), ¬E ∨ ¬(A→B) / D ∧ ¬E
(10) ¬(s ∧ t) → ¬(¬p ∨¬q), (s∧t) → ¬r, ¬(p∧q) / ¬(s ∧r)
(11) ¬q ∧ r, ¬s → ¬(r ∨t) / ((p∧s) →q) → ¬(p∨q)
(12) p → ¬(q∨r), ¬(r → ¬(p ∧q)), s ∨ t / t ∧ ¬s   (Achtung: Falle)

8.4.6 Formalisieren Sie folgende Argumente und beweisen Sie diese im Kalkül S: (1 und 2 modifiziert aus Klenk 1989, 138):

(1) Entweder Plato oder Demokrit glaubten an die Ideenlehre. Plato glaubte nur dann an die Ideenlehre, wenn er kein Atomist war. Demokrit war nur dann ein Atomist, wenn er nicht an die Ideenlehre glaubte. Demokrit war ein Atomist. Daher war Plato kein Atomist.
(2) Wenn ich zu viel rauche, schlafe ich nicht gut. Wenn ich nicht gut schlafe oder wenig esse, fühle ich mich schlapp. Ich studiere nur dann genug, wenn ich mich nicht schlapp fühle. Daher studiere ich nicht genug, wenn ich zu viel rauche.
(3) Wenn Protagoras recht hat, ist der Mensch das Maß aller Dinge. Wenn Sokrates recht hat, dann impliziert Protagoras' These, dass Erkenntnis gleichbedeutend ist mit Wahrnehmung. Ist nun aber Erkenntnis gleichbedeutend mit Wahrnehmung, dann kann man keine Sinnestäuschungen feststellen. Wenn man also Sinnestäuschung feststellen kann, dann hat Sokrates oder Protagoras unrecht.

Sektion B: Elementare Prädikatenlogik (PL)

9 Grundlagen der Prädikatenlogik

9.1 Prädikate und Individuenkonstanten

Wie schon erwähnt, zergliedert die Prädikatenlogik die aussagenlogisch unzerlegbaren Aussagen in noch weitere sprachliche Bestandteile. Die neu hinzukommenden primitiven nichtlogischen Symbole der PL sind folgende:

Prädikate: Prädikate können ein- oder mehrstellig sein.
- *Einstellige* oder ‚monadische' Prädikate bezeichnen *Eigenschaften* (bzw. Merkmale) wie „ist rot", „ist viereckig" oder auch *Artbegriffe* wie „ist ein Tiger", „ist ein Mensch", usw. Die übliche formale Notation erfolgt durch die Großbuchstaben F, G,..., auch indiziert F_1, F_2. *Optional* kann man die Stellenzahl auch durch einen oberen Index festlegen; einstellige Prädikate tragen dann den oberen Index 1, z.B. F^1.
- *Mehrstellige* Prädikate bezeichnen *Relationen*, wie z.B. die zweistellige Relation „x ist Bruder von y". Übliche formale Notation: P, R, Q,...; auch indiziert R_1, R_2;...; optional kann wieder ein oberer Index für die Stellenzahl verwendet werden, z.B. R^2.
  Hinweis: Wir flexibilisieren unsere formale Notation und verwenden gelegentlich andere ‚mnemotechnische' Buchstaben, z.B. „Bxy" für „x ist Bruder von y", usw.

Prädikate stehen immer für *generische* bzw. allgemeine Entitäten (Eigenschaften oder Arten), die mehreren Einzeldingen zukommen können, also mehrfach exemplifiziert sein können und es normalerweise auch sind.

Individuenkonstanten: Sie bezeichnen im Gegensatz zu Prädikaten immer *Einzeldinge*, wie z.B. *Peter* oder *diese Blume dort*. Die Einzeldinge können auch sehr komplex sein, wie z.B. *Düsseldorf*, also viele Teile haben; wesentlich ist nur, dass ein Einzelding nur *einmal* existiert und eine bestimmte raumzeitliche Position bzw. Ausdehnung besitzt. Natursprachlich entsprechen den Individuenkonstanten *Eigennamen* oder andere singuläre Bezeichnungen; z.B. ostensive (hinweisende) oder indexikalische Ausdrücke wie z.B. „dieses Ding da", oder „ich", „hier" und „jetzt". *Notation:* a, b,... (a_1, a_2,...).

Prädikate und Individuenkonstanten sind die logisch unzerlegbaren nichtlogischen Symbole der elementaren PL (ohne Funktionszeichen). Sie sind keine Sätze (Aussagen), sondern *subsententiell*, liegen grammatisch also unterhalb der Satzebene.

Die grundlegende Operation, durch die in der PL ein Satz entsteht, ist die *Operation der Prädikation*, die in der natürlichen Sprache durch das Wörtchen *ist* geleistet wird. Philosophen haben gerätselt, was das natursprachliche „ist", die sogenannte ‚Kopula', denn eigentlich bezeichnet? Vielleicht irgendeine verborgene Entität, wie etwa das ‚Sein' im Sinne Heideggers? Nein: das Wörtchen „ist" besitzt eine rein logische Funktion, die darin besteht, die Operation der Prädikation auszudrücken, die man formal einfach dadurch ausdrückt, dass man das Prädikat vor die Individuenkonstante schreibt und dadurch auf sie anwendet, wodurch ein Satz entsteht.[10] Beispielsweise ist „ist ein Mensch" ein einstelliges Prädikat, das auf die Individuenkonstante „Peter" angewandt bzw. vom Individuum *Peter* ‚prädiziert' werden kann und damit den Satz „Peter ist ein Mensch" erzeugt:

„x ist Mensch" $\xrightarrow{\text{angewandt auf}}$ „Peter" $\xrightarrow{\text{erzeugt}}$ „Peter ist ein Mensch"

Mit der Übersetzungslegende: $\begin{cases} Fx - x \text{ ist ein Mensch} \\ a - \text{Peter} \end{cases}$

lautet die *Formalisierung* von „Peter ist ein Mensch" damit: Fa.

Man fügt in der Übersetzungslegende zum Prädikat F immer die sogenannte *Individuenvariable* x hinzu. Individuenvariablen gehören zu den logischen Symbolen der PL (siehe unten); sie fungieren als Platzhalter für die Argumentstellen des Prädikats, also Individuenkonstanten (bzw. ‚singuläre Terme' in der erweiterten PL). Damit lässt sich die Übersetzung des Prädikats in die natürliche Sprache klar darstellen, was insbesondere bei mehrstelligen Prädikaten wichtig wird: hier geben die Individuenvariablen an, wo die Position der Argumentstelle in der korrespondierenden natursprachlichen Übersetzung liegt. Als Beispiel betrachte man das zweistellige Prädikat „ist Vater von", das man mithilfe der Individuenvariablen x, y so übersetzt:

Vxy – x ist Vater von y.

Da „Vater" keine symmetrische Relation ist, dürfen wir die Individuenvariablen hier nicht vertauschen, denn wenn x Vater von y ist, ist y nicht Vater sondern Kind von x.

---

[10] In manchen logischen Systemen (z.B. in Essler et al. 1983, 176) wird die Kopula als kleines „ε" hinzugeschrieben; hier schreibt man „aεF" statt „Fa".

Konventionen zu Indizes: Untere Indizes sind eine fortlaufende Nummerierung, die wir nur benutzen, wenn uns die Buchstaben ausgehen. Den oberen Index eines Prädikates lassen wir weg, wenn die Stellenzahl aus dem *Kontext* klar ist: In dem Fall ist die Stellenzahl einfach durch die Anzahl der hinter dem Prädikat stehenden Individuenvariablen gegeben; z.b. ist „R" in „Rxy" zweistellig. Wir erlauben übrigens auch die Klammernotation, z.B. „R(x,y)" oder „R(a,b)".

Damit können wir bereits die einfachsten aller prädikatenlogischen Aussagen, die *atomaren Aussagen*, in die logische Sprache übersetzen:

Atomare Aussagen der PL	Beispiel	Übersetzungslegende
F^1a (auch: Fa, F(a))	Peter ist ein Mensch	a – Peter F^1x – x ist ein Mensch
G^2ab (auch: Gab, G(a,b))	Peter geht zu Paul	a – Peter b – Paul G^2xy – x geht zu y
G^3acb (auch: Gacb, G(a,c,b))	Peter geht mit Anna zu Paul	a – Peter b – Paul c – Anna G^3xyz – x geht mit y zu z

Man beachte, dass das zweistellige Gehen-Prädikat „x geht zu y" ein *anderes* Prädikat ist als das dreistellige „x geht mit y zu z".

Ein Prädikat im Sinn der Prädikatenlogik kann unterschiedlichen natursprachlichen Strukturen entsprechen, meist einer ganzen Verbalphrase (inklusive der zum Verb gehörenden Umstandsbestimmungen), oft aber auch einer Nominalphrase, nämlich wenn diese durch einen generischen Ausdruck gebildet wird (s. Kap. 11).

Die atomaren Aussagen können wir natürlich mithilfe unserer aussagenlogischen Junktoren ¬, ∧, ∨, → zu beliebigen komplexen Aussagen verknüpfen. D.h., unsere prädikatenlogische Sprache soll alle aussagenlogischen Junktoren enthalten. Damit können wir beispielsweise folgende komplexe Aussagen bilden:

Fa ∧ ¬Ga, Fa → (¬Gb→Rabc), oder mit Indizes $(F^1_1a_1 \vee F^1_2a_2) \to F^1_3a_3$, usw.

9.2 Quantoren und einfachquantifizierte Aussagen

Darüber hinaus enthält die Prädikatenlogik die folgenden *neuen logischen* Symbole:

- *Quantoren:* ∀ – der *Allquantor*, der für „für alle" steht.
  ∃ – der *Existenzquantor*, der für „für mindestens ein" steht.
  Hinweis: Die Quantoren treten immer zusammen mit einer darauffolgenden Individuenvariable auf, also ∀x – „für alle x" und ∃x – „Es gibt ein x".
  Andere gebräuchliche Zeichen: Für ∀x: (x), ⋀x; für ∃x: (Ex), ⋁x.
- *Individuenvariablen:* Sie werden dargestellt durch x, y, z; auch indiziert x_1, x_2,… . Sie haben keine eigene Bedeutung, sondern repräsentieren die Argumentstellen des Prädikats.

Damit können wir *quantifizierte* Aussagen formen. Wir beschränken uns zunächst auf einstellige Prädikate; die damit formulierbaren Aussagen bilden die sogenannte *monadische* PL. Die einfachsten quantifizierten Aussagen der monadischen PL sind:

Logische Form	zu lesen als	Beispiel und Interpretation
∃xFx	Für (mindestens) ein x gilt: x hat die Eigenschaft F. Kurz: Es gibt Fs.	Es gibt etwas, das vollkommen ist. Mit: Fx – x ist vollkommen.
∀xFx	Für alle x gilt: x hat die Eigenschaft F. Kurz: Alles ist F.	Alles ist vergänglich. Mit: Fx – x ist vergänglich.

Man sagt auch, der Quantor „∃x" *bindet* die Variable „x" im Ausdruck „∃xFx" und nennt „x" in diesem Ausdruck eine *gebundene Individuenvariable*.

Wohlgeformte Formeln der PL, in denen alle Individuenvariablen gebunden sind, sind Aussagen bzw. Sätze; sie heißen auch *geschlossene Formeln*. Sie tragen eine bestimmte Bedeutung und besitzen daher Wahrheitswerte.

Wenn „Fx" ohne einen Quantor davor auftritt, wie bisher z.B. in Übersetzungslegenden „Fx – x ist Mensch", dann nennt man die darin enthaltene Individuenvariable x *frei*, also ungebunden. *Achtung:* Freie Individuenvariablen tragen keine Bedeutung. Daher ist ein Ausdruck, in dem freie Individuenvariablen vorkommen, kein Satz und hat keinen Wahrheitswert. Man nennt einen solchen Ausdruck eine *offene Formel*. Die offenen Formeln der PL stehen nicht für Sätze bzw. Aussagen, sondern vielmehr für einfache oder komplexe Prädikate bzw. Begriffe (z.B. Fx für ein einfaches und Fx⋀Gx für ein komplexes Prädikat). Die offenen Formeln der PL haben primär logische Funktion, die später noch klarer werden wird. – Individuenkonstanten kürzen wir im folgenden mit „Ik" und Individuenvariablen mit „Iv" ab.

Hinweis zu unterschiedlichen Terminologien: In einigen logischen Systemen (z.B. Hughes und Cresswell 1984, 164ff.) verzichtet man auf eigene Ik's und behandelt freie Iv's wie Ik's. In diesen Systemen nennt man Ik's also „freie Iv's". Dies hat den Hintergrund, dass es sich in diesen Systemen bei den freien Iv's um nichtlogische, variabel interpretierte Zeichen handelt, so wie bei den Prädikaten, die manchmal auch „Prädikatvariablen" genannt werden, oder wie bei den „Aussagevariablen", die man traditionellerweise ‚Variablen' nennt. Wenn man jedoch – wie meistens in der PL – von „Individuenkonstanten" spricht, will man damit ausdrücken, dass diese nichtlogischen Zeichen in jeder *bestimmten* Interpretation ein bestimmtes Individuum bezeichnen, im Gegensatz zu den Iv's, die nichts bezeichnen, aber als gebundene Iv's eine zentrale logische Funktion besitzen. Folgerichtig gibt es auch einige Autoren (z.B. Brendel 2018, 29, 108), die statt von „Prädikaten" von „Prädikatkonstanten" und statt von „Aussagevariablen" von „elementaren Aussagen" sprechen. Zusammenfassend sind die terminologischen Gebräuche der Begriffe „Konstanten" und „Variablen" in unterschiedlichen Logiksystemen leider etwas verwirrend. Wichtig ist, dass man sich auf einen bestimmten Gebrauch einigt: unser Gebrauch folgt der häufig vorfindbaren Ausdrucksweise von „Aussagevariablen", „Prädikaten" und „Individuenkonstanten" als primitiven nichtlogischen Zeichen der AL respektive PL.

Die wichtigsten quantifizierten Aussagetypen, die sich mit *einstelligen* Prädikaten bilden lassen, sind die folgenden vier:

Logische Form	zu lesen als	Beispiel und Interpretation
$\forall x(Fx \rightarrow Gx)$ 1. *Allimplikation*	Für alle x gilt: wenn x F ist, dann ist x G. Kurz: Alle F sind G.	Fx – x ist ein Mensch. Gx – x ist sterblich. Alle Menschen sind sterblich.
$\exists x(Fx \land Gx)$ 2. *Existenz= konjunktion*	Für mindestens ein x gilt: x ist F und G. Kurz: Einige F sind G.	Einige Menschen sind sterblich.
$\neg\exists x(Fx \land Gx)$ 3. = Negation von 2.	Es ist nicht der Fall, dass für mindestens ein x gilt: ... Kürzer: Für *kein* x gilt: x ist F und G. – Kurz: Kein F ist G.	Kein Mensch ist sterblich. (Kein = Negation von „Es gibt")
$\neg\forall x(Fx \rightarrow Gx)$ 4. = Negation von 1.	Es ist nicht der Fall, dass für alle x gilt: wenn x ein F ist, ist x ein G. *Kurz:* Nicht alle F sind G.	Nicht alle Menschen sind sterblich.

PL-Aussagen, die *keinen* Quantor enthalten, nennt man auch *singuläre* Aussagen (bzw. Singulärsätze). Eine Untergruppe davon sind die erwähnten *atomaren* Aussagen, die AL-unzerlegbar sind. Wir verschaffen uns orientierungshalber zunächst einen Überblick über die wichtigsten logischen Beziehungen zwischen den bisher besprochenen Aussagetypen:

Merksatz 9-1 *Wichtige logische Beziehungen in der monadischen (einstelligen) PL:*
(i) Aus einem Allsatz folgt ein singulärer Satz und aus diesem ein Existenzsatz:
$$\forall xFx \ / \ Fa \qquad Fa \ / \ \exists xFx.$$
(ii) Aus einer Allimplikation und einer singulären Anfangsbedingung folgt die singuläre Konsequenzbedingung:
$$\forall x(Fx \rightarrow Gx), Fa \ / \ Ga.$$
In der Wissenschaftstheorie spricht man hier vom *deduktiv-nomologischen Erklärungsschema*, das auf Hempel und Oppenheim (1948) zurückgeht.
(iii) Ein geeigneter Singulärsatz falsifiziert einen Allsatz, nämlich
$$Fa \wedge \neg Ga \ / \ \neg \forall x(Fx \rightarrow Gx),$$
und ebenso falsifiziert ein geeigneter Existenzsatz einen Allsatz:
$$\exists x(Fx \wedge \neg Gx) \ / \ \neg \forall x(Fx \rightarrow Gx).$$
In der Wissenschaftstheorie spricht man hier von *Falsifikationsschlüssen*.
(iv) Ein Allsatz ist logisch äquivalent mit der Negation eines Existenzsatzes:
$$/ \ \forall x(Fx \rightarrow Gx) \leftrightarrow \neg \exists x(Fx \wedge \neg Gx).$$
In der Wissenschaftstheorie hat Popper (1934) auf diese Äquivalenz hingewiesen: universelle Naturgesetze sind äquivalent mit ‚Verboten'.

Hinweis: Die erste logische Beziehung, der Schluss von einem Allsatz auf den entsprechenden Existenzsatz verdankt ihre Gültigkeit der Tatsache, dass man in der klassischen Prädikatenlogik (sinnvollerweise) annimmt, dass es mindestens ein Individuum gibt, auf das sich die Quantoren beziehen. Man nennt dies auch die Annahme des *nichtleeren Individuenbereichs* (s. Def. 15-1).

Die angeführten vier quantifizierten Aussagen entsprechen gleichzeitig den vier Aussageformen der *Aristotelischen Syllogistik*, deren Notation in untenstehender Übersicht angeführt ist. Aristoteles sprach vom „Subjektbegriff" (S) und „Prädikatbegriff" (P); wir kommen weiter unten darauf zurück.

Die logische Bedeutung der vier Aussageformen lässt sich *mengentheoretisch* durch die bekannten *Venn-Diagramme* veranschaulichen (die auf den Mathematiker John Venn in der 2. Hälfte des 19. Jahrhunderts zurückgehen). Hierbei werden Prädikate durch Kreise dargestellt, die die den Prädikaten zugehörigen Mengen (bzw. Klassen) veranschaulichen; der S-Kreis steht also für die Menge aller Individuen, auf die das Prädikat S zutrifft, usw. Man nennt diese Menge auch die *Extension* des Prädikats. In untenstehender Übersicht sind die den vier Aussageformen entsprechenden Venn-Diagramme und ihre genaue mengentheoretische Bedeutung dargestellt (die mengentheoretische Notation in Klammern wird in Abschn. 15.1 erklärt). Eine *Schraffierung* bedeutet, dass das schraffierte

Teilsegment *nichtleer* sein muss, während nichtschraffierte Kreise oder Segmente auch leer sein können (aber nicht müssen):

PL-Form	Aristotelische Notation	Darstellung durch ein Venn-Diagramm	Mengentheoretische Bedeutung
$\forall x(Sx \rightarrow Px)$	SaP		Die S-Menge (Menge aller S) liegt vollständig in der P-Menge (formal: $S \subseteq P$).
$\exists x(Sx \wedge Px)$	SiP		Die Überschneidung der S- und P-Menge ist nicht leer (formal: $S \cap P \neq \emptyset$).
$\neg \exists x(Sx \wedge Px)$	SeP		Die Überschneidung der S- und P-Menge ist leer (formal: $S \cap P = \emptyset$).
$\neg \forall x(Sx \rightarrow Px)$	SoP		Die Menge aller S, die nicht in P liegen (= das S-Komplement von P) ist nicht leer (formal: $S - P \neq \emptyset$).

Man kann mit Venn-Diagrammen auch einfache syllogistische Schlüsse beweisen. Betrachten wir hierzu den bekanntesten Schluss der Aristotelischen Syllogistik, der die mnemotechnische Bezeichnung ‚Modus B<u>a</u>rb<u>a</u>r<u>a</u>‘ trägt, weil Prämissen und Konklusion <u>a</u>-Aussagen sind. Den Begriff, der den Subjektbegriff (S) und Prädikatsbegriff (P) ‚mediiert‘, nennt Aristoteles den „Mittelbegriff" (M):

MaP	Alle M sind P	Alle Lebewesen sind sterblich.
SaM	Alle S sind M	Alle Menschen sind Lebewesen.
SaP	Alle S sind P	Alle Menschen sind sterblich.

Die Gültigkeit dieses Schlusses sieht man im zugehörigen Venn-Diagramm unten links: Die erste Prämisse besagt, dass der M-Kreis im P-Kreis enthalten ist, und die zweite Prämisse, dass der S-Kreis im M-Kreis liegt. Also muss der S-Kreis auch im P-Kreis enthalten sein, was die Aussage der Konklusion ist.

Die Begründung des Schlussmodus ‚D<u>ari</u>i', „MaP, SiM / SiP" durch Venn-Diagramme ist rechts unten dargestellt: da die Überschneidung des S-Kreises mit dem M-Kreis nichtleer ist und der M-Kreis ganz im P-Kreis liegt, ist auch die Überschneidung des S-Kreises mit dem P-Kreis nichtleer.

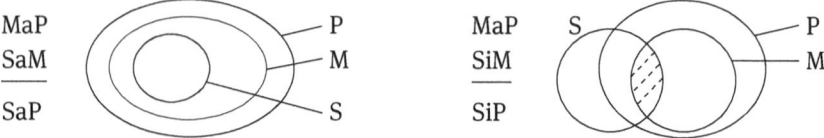

Die Begründung des Schlussmodus ‚C<u>ela</u>rent' durch ein Venn-Diagramm sieht so aus:

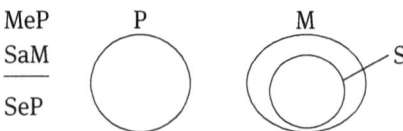

Gültig: Da sich der M-Kreis nicht mit dem P-Kreis überschneidet und der S-Kreis im M-Kreis liegt, überschneidet sich auch der S-Kreis nicht mit dem P-Kreis.

Ungültige syllogistische Schlüsse lassen sich andererseits durch Venn-Diagramme widerlegen, wie im folgenden Beispiel:

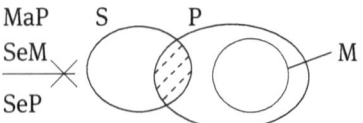

Ungültig: Der M-Kreis liegt im P-Kreis und überlappt sich nicht mit dem S-Kreis, doch überlappt sich der S-Kreis mit dem P-Kreis, die Konklusion „SeP" ist also falsch.

9.3 Exkurs: Aristotelische Syllogistik

Die von Aristoteles begründete Syllogistik war bis ins 19. Jahrhundert, vor der Entwicklung der modernen Logik (s. Abschn. 1.6), die maßgebliche Logik der Philosophie. Sie erfasst jedoch lediglich ein Fragment der PL und enthält aus moderner Sicht einige Mängel. Aristoteles' Syllogistik betrachtet Schlüsse, die aus seinen vier Satztypen gebildet sind und zwei Prämissen besitzen, wie die zwei obigen Schlüsse vom Modus ‚Barbara' und ‚Darii'. Die zwei wesentlichen *Beschränkungen der Aristotelischen Syllogistik* sind folgende:

(a) Die aristotelische Syllogistik lässt überhaupt nur die vier Satztypen bzw. Urteilsarten SaP, SiP, SeP und SoP zu. Sie behandelt weder Sätze mit verschachtelten Quantoren oder mit Relationsausdrücken noch aussagenlogische Verknüpfungen atomarer oder quantifizierter Aussagen. Dies sind starke Einschränkungen, verglichen zur modernen PL. Die Syllogistik betrachtet nur zweiprämissige Schlüsse (Syllogismen) und versucht, komplexere Schlüsse (‚Sorites') auf Aneinanderreihungen von Syllogismen zurückzuführen, was nur eingeschränkt möglich ist. Durch Vertauschung der drei Begriffe (S, M, P) werden vier Figuren und durch Einsetzung der vier Urteilstypen in diese Figuren insgesamt $4^4 = 256$ unterschiedliche Syllogismen unterschieden, von denen allerdings nur 24 gültig sind.

(b) Aristoteles und die gesamte aristotelische Tradition ging davon aus, dass der Schluss von SaP auf SiP gültig ist. Zwar ist der einprämissige Schluss „SaP/ SiP" kein Syllogismus, doch er wird in der Herleitung anderer Syllogismen verwendet, z.B. für den Syllogismus des ‚Modus Barbari': „MaP, SaM / SiP", worin die Allkonklusion des obigen „Barbara"-Schlusses zur Existenzkonklusion abgeschwächt wird. Zwar erscheint der Schluss von SaP auf SiP zunächst plausibel, doch man beachte, dass es sich dabei nicht um den gültigen Schluss von einem Allsatz auf den gleichlautenden Existenzsatz, also von *Alles ist F* auf *Etwas ist F* handelt, der wie oben besprochen gültig ist (aufgrund der Annahme des nichtleeren Individuenbereichs), sondern um den Schluss von einer Allimplikation auf eine Existenzkonjunktion: von *alle S sind P* auf *einige S sind P*. Letzterer Schluss ist nicht generell gültig, sondern nur unter der Voraussetzung, dass es mindestens ein S gibt, also das Prädikat S bzw. die Menge aller S nicht leer ist. Aus diesem Grund sah Aristoteles den folgenden Schluss als gültig an:

PL-ungütiger Schluss der Syllogistik:

SaP	$\forall x(Sx \rightarrow Px)$	Alle fliegenden Pferde sind Pferde.
SiP	$\exists x(Sx \wedge Px)$	Es gibt einige fliegende Pferde, die Pferde sind.

Hier ist das *Vorderglied* der Allimplikation, das Prädikat S, leer, da es keine fliegenden Pferde gibt. Daher ist die Konklusion falsch, obwohl die Prämisse, dass alle fliegenden Pferde Pferde sind, nach wie vor wahr ist. Um gültig zu sein, muss obige Schlussform also wie folgt vervollständigt werden:

SaP	$\forall x(Sx \rightarrow Px)$	
Es gibt ein S	$\exists x Sx$	die *Existenzbedingung*
SiP	$\exists x(Sx \wedge Px)$	

Die ‚Existenzbedingung' besagt, dass das Vorderglied eines a-Satzes der Syllogistik (also einer Allimplikation) niemals leer ist. Nur unter Voraussetzung der Existenzbedingung ist Aristoteles' Syllogistik gültig. Vermutlich wurde diese Voraussetzung deshalb nicht explizit reflektiert, weil sie durch keinen syllogistischen Satz ausdrückbar ist. Aus Sicht der modernen PL wird die Existenzbedingung nicht als ‚notwendig' vorausgesetzt, unter anderem deshalb, weil man auch über *hypothetische* Objekte Hypothesen aufstellt, von denen man nicht weiß, ob es sie gibt, z.B. „Alle extraterrestrischen Lebewesen unserer Galaxie bestehen aus den Grundbausteinen der organischen Chemie".

Hinweis: Allerdings erscheinen uns Allimplikationen mit leerem Vorderglied nur dann sinnvoll, wenn ein *inhaltlicher Zusammenhang* zwischen ihrem Wenn-Glied und Dann-Glied besteht. In den obigen Beispielen ist ein solcher gegeben: im Beispiel der fliegenden Pferde ist es ein logischer und im Beispiel der extraterrestrischen Lebewesen ein naturgesetzlicher Zusammenhang. Tatsächlich ist jedoch jede materiale Allimplikation mit leerem Vorderglied aus logischen Gründen wahr, denn wenn es kein S gibt, dann gilt für jedes Individuum x: ¬Sx; also gilt (gemäß der Additionsregel) auch für jedes x: ¬Sx∨Px, und ¬Sx∨Px ist logisch äquivalent mit der materialen Implikation Sx→Px. Daher ist der folgende Schluss prädikatenlogisch gültig und lässt ‚paradoxale' natursprachliche Einsetzungen zu:

PL-verstärkte Version des (mEFQ):
¬∃xSx   Es gibt keine fliegenden Pferde („Sx" – „x ist fliegendes Pferd").

∀x(Sx → Px) Also haben alle fliegenden Pferde jede beliebige Eigenschaft P, z.B. zu fliegen, Hörner zu haben, oder sogar keine Pferde zu sein.

Es handelt sich dabei um die prädikatenlogisch verstärkte Version des materialen ex falso quodlibet. Die aristotelische Syllogistik vermeidet aufgrund ihrer (unreflektierten) Existenzbedingung solch irrelevante Schlüsse.

Die aristotelische Existenzbedingung ist auch eine Voraussetzung des berühmten *logischen Quadrats* der Syllogistik, welches die vier Urteilsformen wie folgt ordnet:

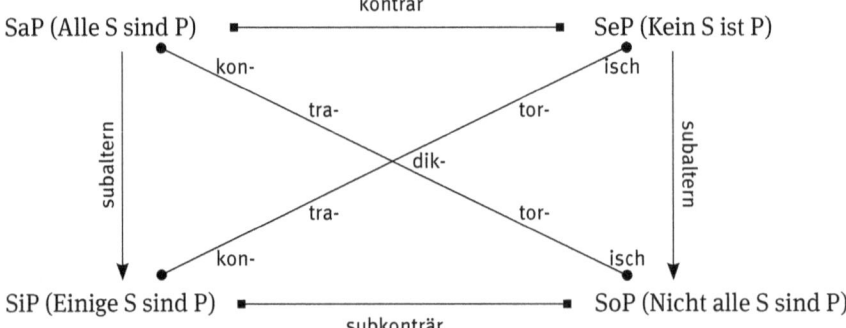

Die Satzformen SaP und SoP, sowie SeP und SiP, sind in der Tat kontradiktorisch, d.h. das genaue Gegenteil zueinander. Doch die Satzformen SaP und SeP sind nur dann konträr – d.h. unmöglich gemeinsam wahr – wenn für S die Existenzbedingung erfüllt ist; dieselbe Voraussetzung ist auch nötig, damit die Satzformen SiP und SoP subkonträr sind, d.h. unmöglich gemeinsam falsch sein können. Die Existenzbedingung wird auch von der Beziehung der ‚Subalternation' vorausgesetzt, derzufolge SiP von SaP und SoP von SeP impliziert wird.

Eine weitere Problematik der Syllogistik liegt darin, dass in ihrer späteren mittelalterlichen Auslegung auch Schlüsse der Form

MaP	Alle Menschen sind sterblich	$\forall x(Mx \rightarrow Px)$
SaM (?, oder SiM)	Sokrates ist ein Mensch	Ma
SaP (?, oder SiP)	Daher ist Sokrates sterblich	Pa

als Syllogismen aufgefasst werden. Dies ist nicht streng korrekt, da der Satz „Sokrates ist ein Mensch" weder ein Allsatz noch ein Existenzsatz ist, sondern ein *Singulärsatz*. Der Schluss ist daher von einem ganz anderen Typ, dessen korrekte PL-Form rechts dargestellt ist. Um den Schluss in das syllogistische Korsett zu zwängen, musste der Singulärsatz entweder als a-Satz (‚Alle Sokrates sind Menschen') oder als i-Satz (Mindestens ein Sokrates ist ein Mensch') gedeutet werden (vgl. Bucher 1998, 186), was beides logische Verwirrungen stiften kann.

Damit lassen wir es mit unserem ‚Kurzausflug' in die Syllogistik bewenden. Nähere Information zur Syllogistik geben beispielsweise Bucher (1998, Kap. 3) oder Zoglauer (1997, Kap. 6.3).

9.4 Verschachtelte Quantoren und Relationen

9.4.1 Mehr zu Quantoren

Wir setzen unsere Einführung mit drei Klärungen zur Natur von Individuenvariablen und Quantoren fort.

1.) Wie die freien Iv's tragen auch die gebundenen Iv's x, y, ... etc. *keine eigenständige Bedeutung*, sondern geben an, auf welches Prädikat und welche Argumentstelle eines Prädikats sich der entsprechende Quantor in der Formel bezieht. Gebundene Variablen sind daher keine ‚wirklichen' Variablen: ihre Bedeutung variiert nicht in verschiedenen semantischen Interpretationen, sondern ist logisch fixiert durch ihre Funktion zusammen mit dem zugehörigen Quantor.

Dass die gebundenen Variablen keine eigenständige Bedeutung tragen, sieht man am besten so: Die beiden Aussagen

∀xFx   und   ∀yFy

besagen beide genau dasselbe, nämlich dass alle Individuen (des zugrundeliegenden Bereichs) die Eigenschaft F besitzen. Ob als gebundene Variable x oder y gewählt wird, ist ohne Belang. Unterschiedliche gebundene Iv's werden nur dann relevant, wenn es darum geht, in ein und derselben Formel über verschiedene Argumentstellen zu quantifizieren. Z.B. bedeutet ∀x∃yRxy etwas anderes als ∃x∀yRxy – s. unten.

2.) Die Menge aller Individuen, auf die sich ein Quantor zusammen mit der gebundenen Iv bezieht, nennt man den zugrundeliegenden semantischen *Individuenbereich* (auch *Objektbereich*, im Englischen *domain*). Wenn man den Individuenbereich nicht durch nähere Angaben eingrenzt, so ist damit immer der *universale Bereich* gemeint, der alle Einzelgegenstände (,Individuen') des Universums enthält: „∀x" (bzw. „∃x") ist dann zu lesen als: „Für alle Individuen x (für mindestens ein Individuum) des universalen Bereichs gilt:". Man kann sich auch auf einen eingeschränkten Individuenbereich festlegen, z.B. auf den Bereich aller physischen Gegenstände, aller Zahlen oder aller Personen; in diesem Fall muss der zugrundeliegende Individuenbereich bei der Interpretation einer prädikatenlogischen Aussage *mitangegeben* werden.

3.) Jener Teil einer quantifizierten Aussage, auf den sich ein Quantor zusammen mit seiner gebundenen Variablen bezieht, heißt der (syntaktische) *Bereich des Quantors*. Der Bereich eines Quantors ist einfach *jene Teilformel, die unmittelbar auf den Quantor folgt*. In folgenden Beispielen ist der Quantorbereich eingezeichnet:

∃xFx   ∀xFx   ∀x(Fx → Gx)
∃x(Fx ∧ Gx)   ∃x¬(Fx → Gx)

Die Bereiche – die unterstrichenen Teilausdrücke – sind *Teilformeln* der gesamten Aussage. Würden sie allein stehen – also „Fx", „Fx→Gx" – dann wären sie offene Formeln und würden freie Iv's enthalten. Durch die Quantoren werden ihre Iv's gebunden. Beispielsweise ist ∀x(Fx→Gx) ein Satz, (Fx→Gx) dagegen eine offene Formel.

Beachte: In „∀x(Fx → Gx)" bezieht sich der Allquantor „∀x" nicht nur auf „Fx", sondern auf den ganzen Bereich „(Fx → Gx)". Dies wird durch die Klammerung klargemacht: die nächste Teilaussage, die auf „∀x" unmittelbar folgt, ist eben „(Fx → Gx)" und nicht „Fx", denn zwischen „∀x" und „Fx" steht eine Klammer, und „(Fx" ist keine wohlgeformte Formel.

9.4.2 Verschachtelte Quantoren

Bei Aussagen mit mehreren hintereinanderstehenden Quantoren sind die Bereiche ineinander verschachtelt, wie in folgendem Beispiel:

∀x∃y(Fx → Ryx)   *Lies:* Für alle x gibt es ein y, sodass
——————— Bereich von ∃y   gilt: wenn x ein F ist, dann steht y in
——————— Bereich von ∀x   Relation R zu x.

Natursprachliches Beispiel für ∀x∃y(Fx → Ryx):
Alle Ereignisse haben eine Ursache.   *Legende:* Fx – x ist ein Ereignis.
                                                    Rxy – x ist Ursache von y.

Bei verschachtelten Quantoren ist es unumgänglich, verschiedene Individuenvariablen zu gebrauchen, ansonsten entsteht Variablenkonfusion. Würden wir in obigem Beispiel die Iv y durch x ersetzten, so entstünde die Aussage

∀x∃x(Fx → Rxx),

in der alle x-Vorkommnisse bereits durch den inneren ∃x-Quantor gebunden werden und der ∀x-Quantor nichts mehr binden kann; die resultierende ‚selt same' Aussage hat „∀x" als überflüssigen Quantor (s. Abschn. 10.2) und bedeutet „es gibt etwas, dass in Relation R zu sich selbst steht, sofern es ein F ist".

Man kann quantifizierte Aussagen auch aussagenlogisch verknüpfen, sodass die Bereiche verschiedener Quantoren nicht ineinander liegen, wie in folgendem Beispiel:

∀xFx ∧ ∃yGy   *Natursprachliches Beispiel:*
               Alles ist vergänglich und es gibt einen Gott.
               Fx – x ist vergänglich.   Gx – x ist Gott.

Hier ist es unwesentlich, welche gebundenen Iv's verwendet werden. Die Aussage ∀xFx ∧ ∃yGy ist daher gleichbedeutend mit:

∀xFx ∧ ∃xGx,   ∀yFy ∧ ∃yGy,   ∀xFx ∧ ∃zFz   (usw.)

Relationen: Verschachtelt-quantifizierte Relationsaussagen lassen sich graphisch nur mehr schwer veranschaulichen (die Methode der Venn-Diagramme ist auf sie nicht anwendbar). Quantifizierte zweistellige Relationsaussagen lassen sich durch *Zuordnungen* zwischen zwei Mengen darstellen. Beispielsweise kann die

Relation *größer als* über der Menge {1, 2, 3} mithilfe von Pfeilen so dargestellt werden (die Pfeile drücken wahre Instanzen der Größer-Aussage aus):

Relation „größer als" über dem Individuenbereich {1,2,3}:

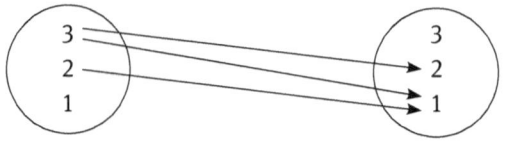

Man nennt die Menge der durch Pfeile verbundenen Paare {<2,1>, <3,1>, <3,2>} auch die Extension dieser Relation. Analog lassen sich Relationsaussagen mit zwei Quantoren wie folgt veranschaulichen:

∀x∃yR₁xy   Für jede Zahl x gibt es eine Zahl y, die um 1 größer ist:

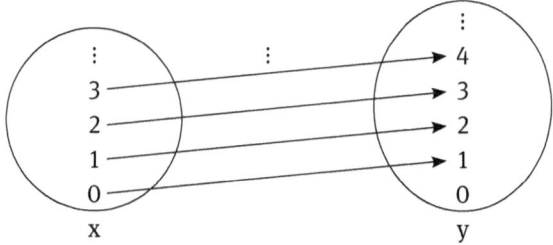

∃x∀yR₂xy   Es gibt eine Zahl x, die kleiner oder gleich jede andere ist:

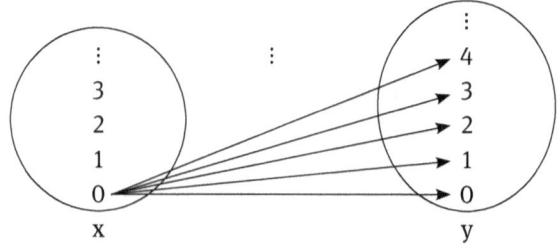

∀x∀yR₃xy   Für jede Zahl x und jede Zahl y gilt: x ist kleiner, gleich oder größer als y. Individuenbereich {1, 2, 3}:

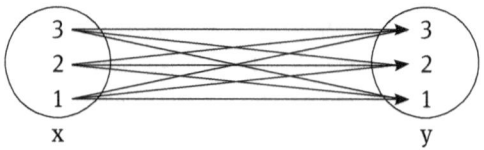

∃x∃yR₄xy   Es gibt eine Zahl x und eine Zahl y, sodass x das
           Doppelte von y ist. Individuenbereich {1, 2, 3}:

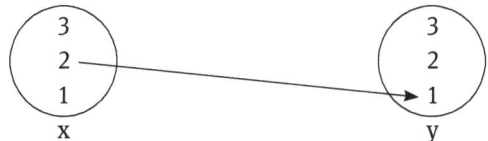

∀xR₅xx   Für jede Zahl x gilt: x ist mit sich selbst identisch:

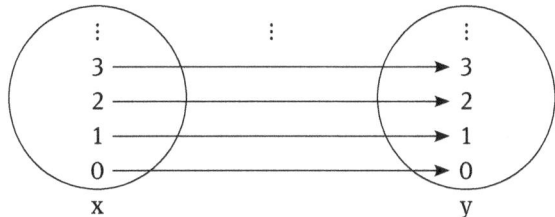

Mehrfach verschachtelte quantifizierte Aussagen sind unter anderem für viele mathematische Definitionen wichtig. Hier ist ein Beispiel:

Grenzwertdefinition: Die unendliche Zahlenfolge $(x_1, x_2, x_3, ...)$ besitzt den Grenzwert g genau dann wenn: $\forall \varepsilon\, \exists n\, \forall m\, ((\varepsilon > 0 \land m \geq n) \to |x_m - g| \leq \varepsilon)$, *in Worten*: wenn es für jedes noch so kleine positive ε ein hinreichend spätes Folgenglied x_n gibt, sodass alle späteren Folgenglieder von g um nicht mehr als ε abweichen.

9.4.3 Gebundene Umbenennung und Reihenfolge von Quantoren

Auch bei Relationsaussagen mit verschachtelten Quantoren ist es bedeutungsmäßig belanglos, mit *welchen* Individuenvariablen der Bezug der Quantoren fixiert wird. So sind die folgenden Aussagen semantisch identisch; die Bezüge wurden durch Pfeile verdeutlicht:

Die Aussagen   ∀x∃yRxy   ∀y∃xRyx   ∀z∃yRzy   besagen dasselbe:
Für alle Individuen gibt es ein Individuum, das zu ersterem in der Relation R steht.

Hier hat man die gebundenen Iv's uniform – d.h. überall in der Formel – vertauscht oder ersetzt; man spricht auch von „gebundener Umbenennung". Etwas anderes ist es, wenn man die gebundenen Iv's nur im Quantorbereich der Formel vertauscht oder ersetzt, oder nur die Iv's, die bei den Quantoren stehen (beides läuft aufgrund der Möglichkeit gebundener Umbenennung auf dasselbe hinaus). In diesem Fall entstehen im allgemeinen andere Behauptungen:

Sei Rxy – „x liebt y" (Indivuenbereich: Personen). Man vergleiche:

(i) ∀x∃yRxy bedeutet: Jede Person liebt irgendeine Person.

(ii) ∀x∃yRyx bedeutet dagegen: Jede Person wird von irgendeiner Person geliebt.

Da „x liebt y" nicht notwendigerweise symmetrisch ist (dass x y liebt impliziert nicht notwendigerweise, dass auch y x liebt), sind (i) und (ii) verschiedene Behauptungen.

Etwas anderes ist es, wenn man *verschachtelte Quantoren* zusammen mit der gebundenen Iv vertauscht. Handelt es sich um *verschiedene* Quantoren, die vertauscht werden, so entsteht eine andere Behauptung, wie im folgenden Fall:

Legende: Rxy – x ist Ursache von y. Damit gilt:
(i) ∀x∃yRyx bedeutet: Alles hat (irgend)eine Ursache.
(ii) ∃y∀xRyx bedeutet dagegen: Es gibt ein y, dass Ursache von allem ist, d.h. alles hat dieselbe Ursache.

(ii) ist eine wesentlich *stärkere* Behauptung als (i), denn während (i) nur besagt, dass alles irgendeine, aber nicht notwendigerweise dieselbe Ursache hat, sagt (ii), dass alles dieselbe Ursache hat (z.B. ‚Gott' oder den ‚Urknall').

Während bei verschiedenen Quantoren die Reihenfolge einen bedeutenden Unterschied ausmacht, ist bei gleichen Quantoren ihre Reihenfolge logisch belanglos:
– ∀x∀yRxy besagt dasselbe wie ∀y∀xRxy: alles steht zu allem in Beziehung R.
– ∃x∃yRxy besagt dasselbe wie ∃y∃xRxy: etwas steht mit etwas in Beziehung R.

Schließlich beachte man, dass ∀xRxx etwas viel spezielleres besagt als ∀x∀yRxy:
– ∀xRxx besagt, dass alles *zu sich selbst* in der Beziehung R steht (z.B. „jeder liebt sich selbst").
– ∀x∀yRxy besagt dagegen, dass jedes Individuum mit jedem Individuum (also auch aber nicht nur mit sich selbst) in der Beziehung R steht (z.B. „jeder liebt jeden").

9.5 Übungen

9.5.1 Veranschaulichen Sie folgende syllogistische Aussagen (oder deren Konjunktionen) durch Venn-Diagramme:
(1) Kein Schüler des Gutenberg Gymnasiums ist Raucher.
(2) Alle Eisbären sind Bären und alle Bären sind Raubtiere.
(3) Nicht alle Pflanzenfresser sind Säugetiere.
(4) Kein Tier ist eine Pflanze und alle Pflanzen betreiben Photosynthese.
(5) Es gibt wohlschmeckende und giftige Pilze.
(6) Alle giftigen Pilze sind ungenießbar, doch nicht alle ungenießbaren Pilze giftig.

9.5.2 Begründe mithilfe von Venn-Diagrammen die Gültigkeit folgender Syllogismen:
(1) Fer<u>i</u>o: Kein M ist P, Einige S sind M / Nicht alle S sind P.
(2) C<u>e</u>s<u>a</u>re: Kein P ist M, Alle S sind M / Kein S ist P.
(3) B<u>a</u>r<u>o</u>co: Alle P sind M, Nicht alle S sind M / Nicht alle S sind P.
(4) Fest<u>i</u>n<u>o</u>: Kein P ist M, Einige S sind M / Nicht alle S sind P.
(5) D<u>i</u>s<u>a</u>m<u>i</u>s: Einige M sind P, Alle M sind S / Einige S sind P.

9.5.3 Begründe mit Venn-Diagrammen die Ungültigkeit folgender Syllogismen:
(1) Alle M sind P, Alle M sind S / Alle S sind P.
(2) Einige M sind P, Alle S sind M / Alle S sind P.
(3) Kein P ist M, Kein M ist S / Kein P ist S.
(4) Nicht alle P sind M, Nicht alle M sind S / Nicht alle P sind S.
(5) Einige M sind P, Einige S sind M / Einige S sind P.

9.5.4 Welche der folgenden Formeln sind gebundene Umbenennungen von welchen:
(1) $\forall x \exists y ((Hxy \land \neg Ry) \lor Gx)$
(2) $\forall y \exists z ((Hyz \land \neg Rz) \lor Gy)$
(3) $\forall y \exists x ((Hxy \land \neg Ry) \lor Gx)$
(4) $\forall x_1 \exists x_2 ((Hx_1x_2 \land \neg Rx_2) \lor Gx_1)$
(5) $\forall x \exists y ((Hyx \land \neg Rx) \lor Gy)$

10 Die Sprache der Prädikatenlogik

10.1 Formregeln

Wie in der AL wollen wir genau definieren, was eine korrekt gebildete prädikatenlogische Aussage ist. Dabei gehen wir möglichst *einfach* vor und definieren daher im ersten Schritt wohlgeformte *Formeln*, die zugleich wohlgeformte Aussagen (= geschlossene Formeln) und offene Formeln umfassen. Im zweiten Schritt führen wir dann das Unterscheidungsmerkmal zwischen beiden ein.

Die *primitiven Symbole* der PL umfassen (vgl. Abschn. 9.1):
Nichtlogische Symbole:
- Individuenkonstanten, kurz Ik's: a, b, ... (a_1,...)
- ein- oder mehrstellige Prädikate: F, G ... (F^1,...), R, Q,... (R^2,...)
- Aussagevariablen p, q,... (man fasst diese auch als nullstellige Prädikate – d.h. als Prädikate ohne Individuenkonstanten – auf).

Logische Symbole:
- Individuenvariablen, kurz: Iv's: x, y, ... (x_1,...)
- Junktoren: ¬, ∧, ∨, → (↔, ∨̇ definiert) und Quantoren: ∃, ∀.

Im nächsten Schritt definieren wir den Begriff des „singulären Terms":
- *Singuläre Terme* umfassen Iv's und Ik's.
  Schreibweise: t_1, t_2,... stehen für singuläre Terme (Iv's oder Ik's).

Die Formregel der PL lauten damit wie folgt, wobei nun A, B,... Schemabuchstaben für beliebige, offene oder geschlossene Formeln sind:

Definition 10-1. *Formregeln der PL* (rekursive Definition):
(1) *Atomare Formeln:* Ist R ein n-stelliges Prädikat und sind t_1, ..., t_n singuläre Terme (nicht notwendigerweise verschieden), dann ist $Rt_1...t_n$ eine (wohlgeformte) Formel.
$Rt_1...t_n$ heißt dann atomar (rekapituliere: im Fall einer Aussagevariable p ist n=0).
Hinweis: Für R kann auch Q etc. stehen, d.h. wir haben R als Schemabuchstaben für beliebige Prädikate verwendet.
(2) *AL-Formregeln:* Sind A und B (wohlgeformte) Formeln, dann sind auch
(2a) ¬A,   (2b) (A ∧ B),   (2c) (A ∨ B),   und (2d) (A → B)
(wohlgeformte) Formeln.

---

(3) *Formregeln für quantifizierte Formeln:* Ist A eine (wohlgeformte) Formel und x eine Iv, dann sind auch
(3a) ∃xA   und   (3b) ∀xA
(wohlgeformte) Formeln.
Hinweis: Für x kann auch y, z... stehen; d.h. x fungiert als Schemabuchstabe für beliebige Iv's.
(4) *Sonst* ist *nichts* eine (wohlgeformte) Formel.

Nun definieren wir den Unterschied zwischen offenen und geschlossenen Formeln:

Definition 10-2. *Offene und geschlossene Formeln:*
(a) Ein Vorkommnis der Iv x in einer Formel heißt *frei*, wenn dieses x-Vorkommnis nicht im *Bereich* eines Quantors der Form ∀x oder ∃x auftritt; andernfalls heißt das x-Vorkommnis *gebunden*.
(b) Eine Iv x kommt in einer Formel frei vor, wenn die Formel mindestens ein freies Vorkommnis von x besitzt.
(c) Eine Formel heißt *offen*, wenn in ihr (mindestens) eine freie Iv vorkommt. Andernfalls heißt die Formel *geschlossenen*, bzw. Satz oder Aussage.

Beispiele für Definition 10-2:
∀x(Fx∧Gy)   x ist durch „∀x" gebunden, y ist frei. Offene Formel.
∀x∃y(Rxy→Qy)   x, y sind gebunden. Geschlossene Formel.
∀xFx ∧ Gx   x tritt links gebunden und rechts frei auf. Offene Formel.

10.2 Konstruktionsbäume

Mithilfe dieser Formregeln können wir nun, wie in der Aussagenlogik (Kap. 3), für jede Zeichenreihe bestimmen, ob sie eine (wohlgeformte) prädikatenlogische Formel oder Aussage ist und im positiven Fall ihren Konstruktionsbaum zeichnen. Z.B. ist die Zeichenreihe ∀x(F¹x → G¹x) wohlgeformt und ihr *Konstruktionsbaum* lautet:

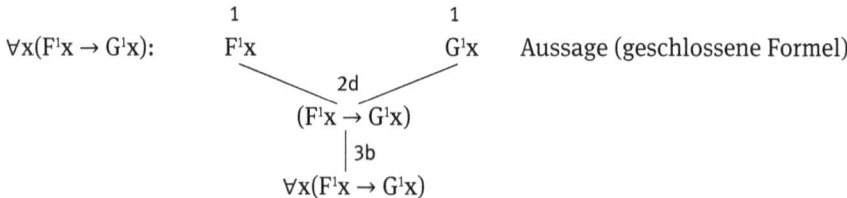

Verallgemeinert werden die Konstruktionsbäume prädikatenlogischer Formeln wie folgt angefertigt: 1.) Wir führen zuerst atomare Formeln mithilfe von Formregel (1) ein. 2.) Danach wenden wir die AL-Formregeln (2a-d) oder die PL-Formregeln (3a,b) an und arbeiten uns dabei von innen nach außen bis zur Gesamtaussage vor. Wie in der AL lassen wir äußere Klammern weg. Einige weitere Beispiele:

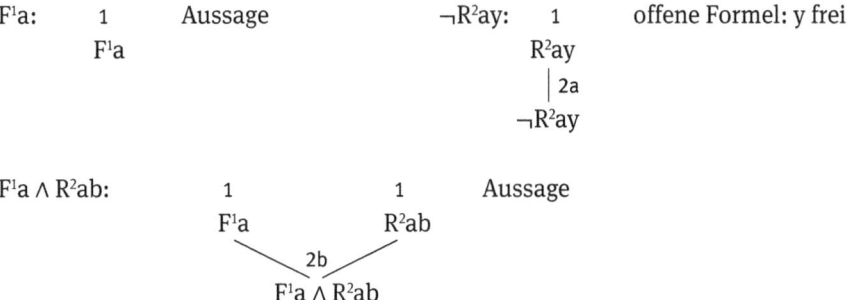

xRy → a: Nicht wohlgeformt; ungrammatische Stellen unterstrichen (links: x muss hinter dem R stehen; rechts: a darf nicht ohne Prädikat stehen).

Rxy ∧ F²a: Nicht wohlgeformt, denn rechts stimmt die Stellenzahl nicht.

Die Korrektheit der Formregel (1) können wir nur prüfen, wenn wir beim Prädikat explizit seine Stellenzahl als oberen Index anführen, wie im obigen Beispiel. Wie erläutert, wollen wir dies nicht zwingend vorschreiben, sondern verwenden stattdessen folgende *Konvention:* Wird bei einem Prädikat keine Stellenzahl als oberer Index angegeben, so nehmen wir an, dass seine Stellenzahl mit der Anzahl seiner Argumente übereinstimmt, also die atomare Aussage korrekt gebildet wurde.

∀x¬Fx: 1
         Fx
         | 2
         ¬Fx
         | 3b
         ∀x¬Fx

∀xFx → ¬∃xGx:

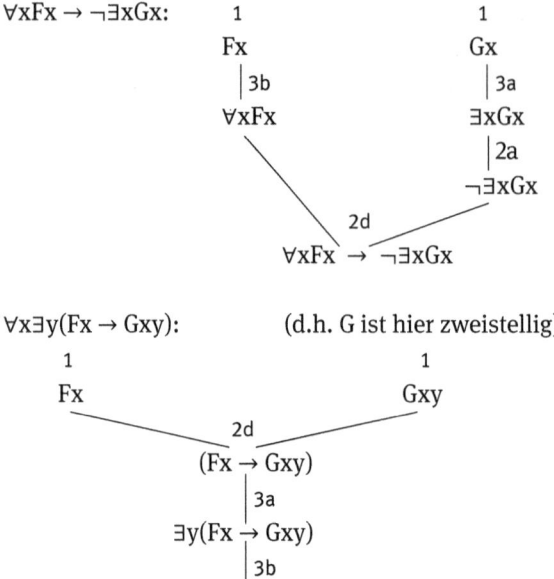

∀x∃y(Fx → Gxy):   (d.h. G ist hier zweistellig)

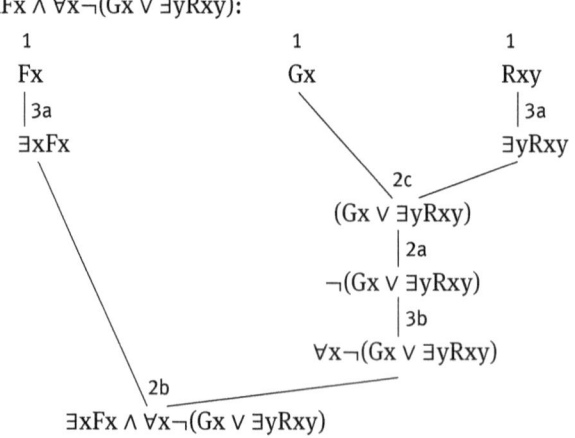

∀x(Fx → ∃xR): nicht wohlgeformt, hinter R fehlen singuläre Terme.

∀xFx∧∃x(Fx): nicht wohlgeformt; Atomformel wird nicht eingeklammert.

∃xFx ∧ ∀x¬(Gx ∨ ∃yRxy):

```
         1              1                 1
         Fx             Gx                Rxy
         │3a                              │3a
         ∃xFx                             ∃yRxy
                              \    2c    /
                              (Gx ∨ ∃yRxy)
                                   │2a
                              ¬(Gx ∨ ∃yRxy)
                                   │3b
                              ∀x¬(Gx ∨ ∃yRxy)
                        2b
              ∃xFx ∧ ∀x¬(Gx ∨ ∃yRxy)
```

10.3 Alternative Formregeln

Unsere Formregeln lassen auch *redundante Quantoren* zu. So dürfen wir, da Fa wohlgeformt ist, auch die pseudo-quantifizierten Formeln

∀xFa und ∃xFa

bilden, beispielsweise „Für alle x gilt: Schnee ist weiß", obwohl dies natursprachlich unsinnig klingt, da der Quantor hier nichts bindet und daher überflüssig ist. Generell gilt aufgrund der prädikatenlogischen Semantik (siehe Kap. 15):

∃xFa und ∀xFa sind gleichbedeutend mit Fa,
∃x∃yFy und ∀x∃yFy gleichbedeutend mit ∃yFy,
∃x∀xFx und ∀x∀xFx gleichbedeutend mit ∀xFx (usw.).

Wir halten dies wie folgt fest:

> Merksatz 10-1. (i) Ein Quantor der Form ∃x oder ∀x heißt in einer Formel überflüssig, wenn die Iv x in seinem Bereich nicht frei vorkommt.
> (ii) Ist der Quantor ∃x (bzw. ∀x) in der Formel ∃xA (bzw. ∀xA) überflüssig, dann sind ∃xA und ∀xA gleichbedeutend und somit logisch äquivalent mit A.

Mögliche Variationen der Formregeln und alternative Systeme:
Die hier verwendeten Formregeln sind maximal einfach; sie werden beispielsweise von Barwise und Etchemendy (2005, 238) sowie in fortgeschrittenen Logikkursen (z.B. Ebbinghaus et al. 1996, 17) verwendet. Als Preis dieser Einfachheit nimmt man redundante Quantoren und offene Formeln zur logischen Grammatik mit hinzu; erst in einem zweiten Schritt unterscheidet man geschlossene von offenen Formeln und streicht redundante Quantoren. Es gibt folgende Alternativen:

1.) Man kann redundante Quantoren vermeiden, indem man in der Formregel (3) von Def. 9-1 verlangt, dass die Fomel A die Individuenvariable x frei enthält; diesen Weg wählen z.B. Beckermann (2003, 176) oder Bergmann et al. (1998, 226). Viel ist dadurch allerdings nicht gewonnen, da dann immer noch unnatürliche Ausdrücke wie z.B. ∀x(Fa∧Gx) zugelassen sind, wie beispielsweise „Für alle x gilt: Schnee ist weiß und x ist sterblich". Hier ist der Quantor für ein Konjunktionsglied seines Bereiches überflüssig; der Satz „∀x(Fa∧Gx)" ist logisch äquivalent mit Fa ∧ ∀xGx.
2.) Man kann die Formregel (3) von Def. 9-1 auch so formulieren, dass damit überhaupt nur Aussagen bzw. geschlossene Formeln definiert werden (z.B. in Czermak 1978). Dann darf man in der Rekursionsschleife nicht den simplen

Schemabuchstaben A verwenden, denn A soll ja im intentierten Fall eine offene Formel sein, in der der Quantor ∃x bzw. ∀x etwas binden kann. Statt „A" muss dann „A[a/x]" geschrieben werden, d.h. es muss schon in den Formregeln die Substitutionsnotation A[a/x] verwendet werden, die wir erst in Abschn. 12.2 im Rahmen der deduktiven Methode erklären.

Abschließender Hinweis: Die so gebildete Prädikatenlogik nennt man auch die PL 1. Stufe, weil hier nur über Individuenvariablen quantifiziert wird. Die Logik, in der man nicht nur über Individuenvariablen, sondern auch über Prädikatvariablen quantifizieren kann, heißt PL 2. Stufe. In sogenannten Typentheorien kann man auf Prädikate sogar Prädikate höherer Stufe anwenden, wie z.B. in „Feuer ist Ursache von Hitze" (hier ist „Ursache" eine Relation 2. Stufe). Dieselbe Ausdrucksstärke wie die Typentheorie besitzt aber auch die typenfreie Mengentheorie, die man in der PL 1. Stufe formalisieren kann (s. Abschn. 18.2).

10.4 Übungen

10.4.1 Welche der folgenden Zeichenreihen sind Aussagen bzw. offene Formeln der prädikatenlogischen Sprache, und wenn ja, was von beiden? Man zeichne im positiven Fall den Konstruktionsbaum und unterstreiche im negativen Fall die Fehler.

(1) $F^1a \to R^2ab$
(2) $F^1b \land \exists x R^2 xy$
(3) $\forall x(\neg F^2 xya \to \forall x(G^3 xz \lor yF$
(4) $\exists x(F^2 x \land \forall x Gx)$
(5) $\exists y \neg (Fy \to Gy)$
(6) $\exists x \neg F^1 x \land \forall x G^1 x$
(7) $\exists xy \neg Fz$
(8) $\forall x \exists z((F^1 xa \lor G^1 y) \to \neg(\forall z \land H^1(x)))$
(9) $\forall z \exists y \forall x (Fx \to Ryz)$
(10) $\forall x Rxy$
(11) $\forall x(Fx \to \exists y Rzy)$
(12) $\exists x F^2 xx \to \neg R^2 aa$
(13) $\neg \forall y (\exists x Rxx \to \neg Ray)$
(14) $\neg(\neg \forall x_1 \neg R^2 x_1 a \to Qa_1 b) \lor Fc$
(15) $\exists y R^2 xF \land P^1 xb$

10.4.2 (i) Welche Vorkommnisse von Individuenvariablen in folgenden Formeln sind frei und welche gebunden? Welche der Formeln sind geschlossen (Aussagen)? (ii) Zeichnen Sie den Bereich der Quantoren ein. Wo gibt es redundante Quantoren?

(1) $\forall x \exists y (Fxy \to Gxy) \land Rab$
(2) $\forall x Fxy \lor \exists z Hzx$
(3) $\forall x Fa$
(4) $\forall x_1 \exists x_2 Rx_1 \lor (Fx \land Gx)$
(5) $\forall x \exists y Rxy \land \neg \exists y \forall x Rxy$
(6) $\exists y Py \land (\forall x Rxy \to \exists z Rxz)$
(7) $\forall x \exists x Rx$
(8) $\forall x(Fza \to \exists y Gxy) \to \forall x Hxx$

11 Rekonstruktion natursprachlicher Sätze in der PL

11.1 Drei Bedeutungen des ‚ist'

Für die Übersetzung eines natursprachlichen Satzes in eine PL-Aussage gibt es noch weniger Standardregeln als in der AL. Es gilt herauszufinden, welche Teile des gegebenen natursprachlichen Satzes den primitiven Symbolen der PL entsprechen:

a) *Individuenkonstanten:* Sie entsprechen meist Eigennamen, persönlichen Fürwörtern (ich, du er …) oder hinweisenden (ostensiven) Fürwörter wie „dieses", „dieser Gegenstand", „hier", oder „jetzt". Fürwörter nennt man auch *indexikalische* Ausdrücke, weil ihr Gegenstandsbezug (bzw. Referenz) von Sprecher, Zeit oder Ort ihrer Äußerung abhängt. Manchmal entspricht auch eine ganze Nominalphrase einer Individuenkonstante; meistens lassen sich diese aber aussagenlogisch zergliedern.

b) *Prädikate:* Sie entsprechen meist *Verbalphrasen* des Satzes, aber auch generischen Nominalphrasen (s. unten). Vor alledem muss die Stellenzahl des Prädikats herausgefunden werden.

c) *Quantoren:* Allquantoren entsprechen Phrasen wie „alle, jeder, immer …" etc., Existenzquantoren Phrasen wie „einige, jemand, einmal, etwas …", und negierte Existenzquantoren entsprechen den Phrasen „niemand, keiner, nichts …". Quantoren können aber auch versteckt auftreten. Genaueres siehe unten.

d) Aussagenlogische *Junktoren* – darüber sprachen wir in Kap. 6.

Bei der PL-Rekonstruktion natursprachlicher Sätze darf man sich nicht zu sehr an der natursprachlichen Grammatik orientieren, da letztere die PL-Struktur oft nicht wiedergibt. Z.B. haben in den beiden Sätzen

(1) Dieser Tiger ist stark.   PL-Form: Fa
(2) Der Tiger ist stark.   PL-Form: $\forall x(Fx \rightarrow Gx)$

die grammatischen Satzsubjekte „dieser Tiger" und „der Tiger" eine völlig *unterschiedliche* logische Bedeutung: „dieser Tiger" ist eine Individuenkonstante und (1) hat daher die Form Fa, während „der Tiger" einen Allsatz über Tiger impliziert und (2) daher von der Form $\forall x(Fx \rightarrow Gx)$ ist, mit der Legende a – dieser Tiger, Fx – x ist ein Tiger, Gx – x ist stark.

Damit zusammenhängend hat auch das ‚ist' in den beiden Sätzen eine andere Bedeutung: in (1) die Bedeutung einer *Prädikation* und in (2) die einer *Allimplikation*. Wie in Abschn. 9.3 erläutert werden die beiden Bedeutungen in der späteren Syllogistik nicht auseinandergehalten, was zu Konfusionen führt. Eine dritte Bedeutung des ‚ist', die wir erst in Kap. 16 kennenlernen werden, ist (3) die *Identität* zweier singulärer Terme, wie z.B. „der Abendstern ist der Morgenstern" (a = b). Zusammengefaßt erfüllt das ‚ist' der natürlichen Sprache drei verschiedene logische Funktionen.

Versteckte Quantoren: Quantoren sind in natursprachlichen Verbalphrasen versteckt. Beispielsweise scheint der Satz

(3) Peter sieht *etwas*.

ein einfacher Subjekt-Prädikat-Satz zu sein; tatsächlich handelt es sich aber um eine Existenzaussage, nämlich

(3') Es gibt etwas, das Peter sieht, bzw. $\exists x$(Peter sieht x).

Der Existenzquantor rutscht in der natürlichen Sprache sozusagen in die Verbalphrase „sieht etwas", während in der PL-Rekonstruktion die Quantoren immer vorangestellt werden.

Das „etwas" drückt im Regelfall einen Existenzquantor aus. Auch hier gibt es eine Ausnahme: Wenn das *Etwas* im *Wenn-Glied* einer Wenn-dann-Aussage vorkommt, ist damit eine *Allaussage* gemeint. Ein Beispiel:

(4) Wenn *etwas* aus Holz ist, dann ist *es* brennbar.
    – besagt soviel wie: Alles, was aus Holz ist, ist brennbar,
    oder formal: $\forall x(Hx \rightarrow Bx)$ mit Hx – x ist aus Holz, Bx – x ist brennbar.

Man beachte, dass das *es* im Dann-Glied auf das *etwas* im Wenn-Glied zurückweist, d.h. weder das Wenn-Glied noch das Dann-Glied des natursprachlichen Satzes sind eigenständige Aussagesätze, sondern nur in Kombination miteinander.

Im Folgenden geben wir für die wichtigsten PL-Satztypen die natursprachlichen Korrelate und ihre Ausnahmen an. *Hinweis:* Die Wahl der Prädikatbuchstaben in der Übersetzungslegende ist beliebig; wir dürfen auch mnemotechnische Buchstaben verwenden, z.B. Ex – x ist ein Eisbär (etc.). Zunächst die Übersetzung eines singulären Satzes, d.h. eines Satzes ohne Quantoren:

(5) Wenn Peter krank ist, dann wohnt er bei Mama.
Formalisierung: Ka → Wab
Übersetzungslegende: Kx – x ist krank.   Wxy – x wohnt bei y.
                       a – Peter   b – Mama

11.2 Natursprachliche Ausdrücke für Quantoren

Allimplikationen werden typischerweise durch folgende natursprachliche Wendungen ausgedrückt:

(6) Eisbären sind weiß.   Formalisierung:
(7) Die Eisbären sind weiß. $\forall x(Ex \rightarrow Wx)$
(8) Der Eisbär ist weiß.   Legende:
(9) Ein Eisbär ist weiß.   Ex – x ist ein Eisbär.
(10) Jeder Eisbär ist weiß.   Wx – x ist weiß.
(11) Alle Eisbären sind weiß.

Ausnahmen: Nicht alle Sätze derselben grammatischen Form wie (6)-(11) bedeuten *strenge* Allsätze. Offensichtliche Ausnahmen sind z.B.:

(6*) Elefanten sind langlebig.
(7*) Die Schweizer sind wohlhabend.
(8*) Lügen sind unmoralisch.

In (6*) und (7*) ist keine strenge, sondern bloß eine qualitativ-statistische Aussage gemeint, derzufolge die *meisten* Elefanten lange leben bzw. das *durchschnittliche* Einkommen der Schweizer sehr hoch ist. In (8*) handelt es sich um eine Normalfallaussage, bei der von gewissen Ausnahmen abgesehen wird. Dass dies so gemeint ist, wird aus dem Kontext unseres Hintergrundwissens erschlossen, denn nur in dieser Interpretation machen die Aussagen Sinn. Statistische Aussagen (oder Normalfallaussagen) lassen sich in der PL 1. Stufe nicht wiedergeben, nur in der PL höherer Stufe; man muss sie in der PL 1. Stufe daher durch eine Aussagevariable p wiedergeben.

Eine weitere Ausnahme sind Aussagen, in denen etwas über eine Art als Ganzes behauptet wird, z.B.:

(12) Die Dinosaurier sind ausgestorben.

Es hätte keinen Sinn zu sagen „dieser Dinosaurier ist ausgestorben"; das Prädikat „ist ausgestorben" bezieht sich auf die Art der Dinosaurier, ein sogenanntes *generisches Individuum*. Satz (12) ist daher durch eine singuläre PL-Aussage wiederzugeben:

(13) Fa Legende: a – die Art der Dinosaurier.
        Fx – x ist ausgestorben.

Existenzkonjunktionen werden typischerweise durch folgende natursprachliche Formulierungen ausgedrückt:

(14) Es existieren Bibelhandschriften aus dem 4. Jh.
(15) Es gibt Bibelhandschriften aus dem 4. Jh.
(16) Einige Bibelhandschriften sind aus dem 4. Jh.
(17) Manche Bibelhandschriften sind aus dem 4. Jh.
(18) (Mindestens) eine Bibelhandschrift ist aus dem 4. Jh.
(19) Es existiert (mindestens) eine Bibelhandschrift aus dem 4. Jh.
(20) Es gibt (mindestens) eine Bibelhandschrift aus dem 4. Jh.
     Formalisierung: $\exists x(Fx \wedge Gx)$
     Legende: Fx – x ist eine Bibelhandschrift, Gx – x ist aus dem 4. Jh.

Allerdings haben einige dieser Sätze eine *Zusatzbedeutung*, die auch vermerkt werden muss. Der Satz (16) impliziert, dass es nicht nur eine, sondern ‚einige', also *mehrere* Bibelhandschriften gibt. Dieselbe Zusatzbedeutung kann auch aus (14), (15) und (17) herausgelesen werden, insofern hier überall die *Plural*formulierung verwendet wird. Noch deutlicher wird diese Zusatzbedeutung in Sätzen wie

(21) Etliche F sind G, oder
(22) Viele F sind G.

Solche Sätze lassen sich nicht vollständig prädikatenlogisch repräsentieren, da wir innerhalb der PL nur zwischen „$\exists x$" und „$\forall x$" unterscheiden können. Wir können also nur eine *Teilbedeutung* von (21) und (22), nämlich „$\exists x(Fx \wedge Gx)$" repräsentieren – die Zusatzbedeutung, dass es sich um ‚etliche' oder ‚viele' handelt, ist in der PL nicht formalisierbar. Es gibt jedoch eine Erweiterung der PL 1. Stufe, in der *generalisierte* Quantoren wie *viele* oder *die meisten* (etc.) rekonstruiert werden können (Barwise und Etchermendy 2006, Abschn. 14.5). Erwähnt sei auch, dass in der gewöhnlichen PL 1. Stufe mit Identität *Zahlquantoren* wie z.B. „es gibt genau 5 x für die gilt:" rekonstruierbar sind; wir werden sie in Abschn. 17.3 besprechen.

11.2 Natursprachliche Ausdrücke für Quantoren — 179

Dass manchmal nur eine Teilbedeutung eines natursprachlichen Satzes logisch repräsentierbar ist, kennen wir bereits aus der AL. Wichtig ist es, dabei folgendes zu beachten: *Wenn A nur eine Teilbedeutung eines natursprachlichen Satzes S repräsentiert, dann ist ¬A eine inkorrekte Rekonstruktion von Nicht-S.* Beispielsweise wird

Nicht viele F sind G

durch

¬∃x(Fx ∧ Gx)

inkorrekt repräsentiert, denn dass nicht viele F's G's sind, heißt ja noch lange nicht, dass kein F G ist.

Die folgenden natursprachlichen Sätze entsprechen Allsätzen oder Existenzsätzen mit *nur einem Prädikat* hinter dem Quantor:

(23) Jemand hat gerufen.   (24) Jedermann strebt nach Glück.
 Es hat jemand gerufen.   Jeder strebt nach Glück.
 Es fährt etwas auf der Straße.   Alles ist vergänglich.
 Es gibt einen Gott.   Alles fließt.
haben alle die logische Form: haben alle die logische Form:
 ∃xFx   ∀xFx

Es gibt nur wenige sinnvolle Allsätze mit nur einem Prädikat hinter dem Allquantor, da es kaum ‚kategorische' Eigenschaften gibt, die allen Gegenständen zukommen; die meisten Allsätze sind ‚hypothetisch', d.h. haben Wenn-dann-Form. Ein weiteres Beispiel:

(25) Alle Menschen sind sterblich, aber *nur* manche sind vernünftig.

Die Zusatzinformation im „nur" besagt hier, dass nicht alle Menschen vernünftig sind. Die Formalisierung lautet also:

(25*) ∀x(Mx → Sx) ∧ ∃x(Mx ∧ Vx) ∧ ¬∀x(Mx → Vx)
Legende: Mx – x ist ein Mensch, Sx – x ist sterblich, Vx – x ist vernünftig.

Wichtig ist es auch, in natursprachlichen Sätzen Quantoren zu identifizieren, die über *Orte* (Raumpunkte oder -intervalle) oder über *Zeiten* (Zeitpunkte bzw. -intervalle) laufen. Bei der Formalisierung solcher Sätze drückt man die gebundenen Ortsvariablen, so wie in der Physik, durch s für ‚space' und die gebundenen Zeitvariablen durch t für ‚time' aus. Der (semantische) Individuenbereich der Iv s besteht also aus Raumpunkten und der Individuenbereich der Iv t aus Zeitpunkten. Zwei Beispiele:

(26) Die Gravitationskraft wirkt überall. Legende:
 wird formalisiert durch: Wxs – x wirkt am Ort s
 ∀sWas a – die Gravitationskraft

(27) Peter ist immer freundlich. Legende:
 wird formalisiert durch: Fxt – x ist freundlich zu t.
 ∀tFat a – Peter

Allgemein gilt: Treten in einem natursprachlichen Satz Orts- oder Zeitangaben auf, so sind diese immer als *zusätzliche Argumentstellen* der Prädikate aufzufassen (und nicht als eigene Prädikate). Ein n-stelliges natursprachliches Prädikat mit Orts- und Zeitangabe ist daher als ein n+2-stelliges Prädikat zu rekonstruieren:

$R^{n+2}x_1...x_n$ s t $x_1...x_n$: Gegenstandsvariablen
  s: Ortsvariable   t: Zeitvariable

Wir erläutern dies am Beispiel (28) eines Singulärsatzes mit Zeit- und Ortsangabe. Für Orts- bzw. Zeitkonstanten haben wir leider keine eigenen Individuenkonstanten und wählen beliebige (mnemotechnische) Kleinbuchstaben.

(28) Uwe trifft sich heute am Domplatz mit Lisa.
 wird formalisiert durch:
 Tulhd   bzw. übersichtlicher in Klammernotation: T(u,l,h,d)
 Legende: u – Uwe, l – Lisa, h – heute, d – Domplatz.
 Txyts – x trifft sich mit y zur Zeit t am Ort s.

Für *negierte Existenzquantoren* hat unsere Sprache eigene Ausdrücke wie „nichts", „keiner" etc. zur Hand. Alle folgenden natursprachlichen Sätze

(29) Nichts währt ewig.   Niemand hat gerufen.
 Es gibt nichts, was ewig währt. Es hat niemand gerufen.
 Es gibt keinen Gott.   Keiner hat gerufen.
 Es existiert kein Gott.   Nichts fährt auf der Straße.
haben die prädikatenlogische Form:
 ¬∃xFx.

Zusammengesetzte negierte Existenzsätze sind etwa

(30) Kein Eisbär ist schwarz.
Es gibt keine schwarzen Eisbären.
PL-Form: Legende:
$\neg \exists x(Ex \wedge Sx)$ Ex – x ist ein Eisbär, Sx – x ist schwarz.

Man beachte die unterschiedliche Stellung der Negation in folgenden Sätzen:

(31) Kein Eisbär ist schwarz.
    $\neg \exists x(Ex \wedge Sx)$ Negierte Existenzkonjunktion
(32) Der Eisbär ist nicht schwarz, d.h., alle Eisbären sind nicht schwarz.
    $\forall x(Ex \rightarrow \neg Sx)$ Allimplikation im negiertem Hinterglied
(33) Die Eisbären sind nicht alle schwarz, bzw. nicht alle Eisbären sind schwarz.
    $\neg \forall x(Ex \rightarrow Sx)$ Negierte Allimplikation

(31) und (32) haben eine unterschiedliche grammatische Form, sind jedoch logisch äquivalent. Generell gilt aber, dass man mit der logischen Rekonstruktion *möglichst nahe am natursprachlichen Text* bleiben soll. D.h. die korrekte Formalisierung von (31) ist der negierte Existenzsatz und nicht die Allimplikation, die den Satz (32) logisch repräsentiert. Andererseits ist der Satz (33) nicht logisch äquivalent mit (31) bzw. (32).

Das „nichts" wird gelegentlich nicht als negierter Existenzquantor erkannt, sondern als eine spezielle Art von ‚Entität' aufgefasst; aus dem ‚logischen' wird sozusagen ein ‚ontologisches' ‚nichts' gemacht. Dies kann zu verheerenden Fehlschlüssen führen, wie etwa dem folgendem:

(34) Ich besitze nichts.   Verwechslung des logischen mit
    Nichts ist unendlich.   dem ontologischen ‚nichts':
    Also besitze ich etwas Unendliches.   *Fehlschluss!*

Die Verwechslung des logischen mit dem ontologischen ‚nichts' hat in der Geschichte der Philosophie zu vielen Fehlschlüssen geführt. Ein Beispiel ist Christian Wolffs ‚Beweis' des Satzes vom zureichenden Grunde, demzufolge alles eine (zureichende) Ursache besitzt. Wolff argumentiert per Reduktio ad Absurdum wie folgt (vgl. Röd 1984, 243): Angenommen das Gegenteil, es gäbe ein x, das durch nichts verursacht wird. Dann wird x durch ‚nichts' verursacht (hier liegt die Konfusion!). Das ‚nichts' hat aber keine positiven Eigenschaften und kann daher auch nichts verursachen. Die Annahme führt somit zum Widerspruch, womit die These, dass alles eine Ursache hat, bewiesen ist. Das Argument ist natürlich ungültig, wie viele andere Argumente in der Geschichte der Philosophie.

Die folgenden Beispiele zeigen abschließend die logische Rekonstruktion von relationalen Aussagen mit *verschachtelten Quantoren*. Bei dieser wohl schwierigsten prädikatenlogischen Aufgabe geht es voralledem darum, versteckte Quantoren herauszufinden. Beispielsweise ist im Satz (36) „der Mars hat Monde" im Verb des „Monde-habens" ein Existenzquantor versteckt: „es gibt einige x, die Monde des Mars sind". Analoges gilt für die weiteren Beispiele:

Legende für Beispiele (35)-(43):   a – Mars, b – Venus
Mxy – x hat y als Mond (bzw.: y ist Mond von x)   Px – x ist ein Planet

(35) Der Mars hat Monde: ∃xMax
(36) Alle Planeten habe Monde: ∀x(Px → ∃yMxy)
(37) Alle Planeten haben einen gemeinsamen Mond: ∃y∀x(Px → Mxy)
(38) Einige Planeten haben keinen Mond: ∃x(Px ∧ ¬∃yMxy)
(39) Nicht alle Planeten haben einen Mond: ¬∀x(Px → ∃yMxy)
(40) Die Venus hat keinen Mond: ¬∃xMbx
(41) Nur Planeten haben Monde: ∀x(∃yMxy → Px)
(42) Nicht nur Planeten haben Monde: ¬∀x(∃yMxy → Px)
(43) Kein Planet hat alle Monde: ¬∃x(Px ∧ ∀y(∃z(Pz ∧ Mzy) → Mxy))
   (d.h., kein Planet hat alle Monde beliebiger Planeten zugleich als seine Monde.)

11.3 Übungen

Man repräsentiere die folgenden natursprachlichen Aussagen in der PL. Falls der Individuenbereich nicht der universale Bereich ist, gebe man ihn explizit an.

11.3.1 Singulärsätze:
(1) Dieser Tisch ist braun und höher als der Stuhl dort.
(2) Wenn Peter schlecht gekleidet ist, tadelt ihn seine Oma.
(3) Um 17 Uhr blitzte es am Matterhorn und 10 Sekunden später donnerte es dort.
(4) Meier und Müller kämpften um das goldene Trikot, das der Sulmtaler Rennsportclub gespendet hatte.
(5) Wenn ich krank bin, hilft mir Peter oder Maria.

11.3.2 In den folgenden Beispielen wähle man als Individuenbereich die Menge der Kathedralen und übersetze einfachheitshalber „x hat einen Turm" durch Tx.
(1) Gotische Kathedralen haben Türme.
(2) Keine gotische Kathedrale ist ohne Turm.

(3) Kathedralen mit Türmen sind gotisch.
(4) Alle Kathedralen ohne Türme sind nicht gotisch.
(5) Nur gotische Kathedralen haben Türme.
(6) Nur Kathedralen mit Türmen sind gotisch.
(7) Gotische Kathedralen ohne Turm gibt es nicht.

11.3.3 Man wähle als Individuenbereich die Menge aller Sprachen:
(1) Alle europäischen Sprachen sind indogermanisch.
(2) Keine europäische Sprache ist nicht indogermanisch.
(3) Es gibt europäische Sprachen, die nicht indogermanisch sind.
(4) Europäische aber nicht indogermanische Sprachen gibt es keine.
(5) Deutsch ist eine europäische indogermanische Sprache.
(6) Deutsch ist keine europäische nichtindogermanische Sprache.
(7) Die germanischen Sprachen sind europäische indogermanische Sprachen.
(8) Finnisch und Baskisch sind keine europäischen indogermanischen Sprachen.
(9) Latein ist keine germanische, doch eine indogermanische Sprache.
(10) Deutsch und Englisch sind germanische Sprachen.
(11) Deutsch und Englisch sind miteinander verwandt.
(12) Deutsch ist mit allen germanischen Sprachen verwandt.
(13) Alle indogermanischen Sprachen sind miteinander verwandt.
(14) Alle mit dem Deutschen verwandten Sprachen sind indogermanisch.
(15) Alle mit einer indogermanischen Sprache verwandten Sprachen sind indogermanisch.

11.3.4 Man verwende die Relation Uxy für „x ist Ursache von y":
(1) Alles hat eine Ursache.
(2) Alles hat eine gemeinsame Ursache.
(3) Gott ist die Ursache von allem.
(4) Wenn eines die Ursache eines zweiten ist, ist das zweite die Wirkung des ersten.
(5) Alles wirkt sich auf alles aus.
(6) Es gibt etwas, das zu nichts in einer Kausalbeziehung steht.
(7) Nichts verursacht sich selbst.
(8) Nichts verursacht nichts
(9) Nichts verursacht etwas.
(10) Nichts verursacht alles.
(11) Was alles verursacht, verursacht sich selbst.
(12) Physische Entitäten haben physische Ursachen.

11.3.5 Varia:
(1) Wer einem anderen eine Grube gräbt, fällt selbst hinein.
(2) Alle Planeten mit starkem Magnetfeld haben Monde.
(3) Nicht nur die Planeten mit Monden, auch die ohne Mond haben ein starkes Magnetfeld.
(4) Nur die Planeten mit Monden, nicht aber die ohne Mond haben ein starkes Magnetfeld.
(5) Gott ist überall jederzeit vorhanden.
(6) Irgendwann und irgendwo gibt es ein Wunder.

12 Deduktive Methode in der Prädikatenlogik

Was den primitiven nichtlogischen Symbolen der PL semantisch entspricht, haben wir informell bereits in Kap. 9.1 behandelt. Die formal-mengentheoretische Semantik der PL ist dagegen, wie in Abschn. 8.3 erläutert, schwierig und erfordert metalogische Übung. Daher führen wir (umgekehrt zum Vorgehen in der AL) *zuerst* in die deduktive Methode der PL ein und verschieben die formale Semantik der PL in den zweiten Teil dieses Buches.

12.1 AL innerhalb der PL

Die PL enthält die AL. Daher gelten alle aussagenlogischen Theoreme und Regeln der AL natürlich auch in der PL. Der Unterschied ist nur, dass wir für die Schemabuchstaben in AL-Theoremen oder Regeln nun beliebige PL-Aussagen einsetzen dürfen (nicht nur atomare sondern auch komplexe PL-Aussagen).

Wir nennen eine PL-Aussage aussagenlogisch wahr, wenn sie Einsetzungsinstanz eines L-wahren aussagenlogischen Satzschemas ist (analog für Schlüsse). Dieses AL-Schema bezeichnen wir als *aussagenlogische Form* des PL-Satzes (bzw. Schlusses).

Die Schemabuchstaben A, B,... der AL-Form eines PL-Satzes bezeichnen *elementare* PL-Sätze, das sind aussagenlogisch nicht weiter zerlegbare prädikatenlogische Sätze, also Atomsätze oder quantifizierte Sätze. Einige Beispiele:

AL innerhalb der PL:	Zugehörige AL-Form:	
Fa, Fa →Ga / Ga	A, A →B / B	AL-gültig
¬∃xGx, ∀xFx → ∃xGx / ¬∀xFx	¬B, A→B / ¬A	AL-gültig
/ ∀xA → (∀xA ∨ ∀xB)	/ A → (A ∨ B)	AL-wahr
/ ∃xFx ∨ ¬∃xFx	/ A ∨ ¬A	AL-wahr

Auf diese Weise können wir die gesamte Aussagenlogik in unserer Prädikatenlogik wiederfinden. Darüber hinaus gibt es *spezifische* prädikatenlogisch wahre Sätze und gültige Regeln, die aus den Quantorregeln der PL folgen und die wir in diesem Kapitel kennenlernen werden. Ein Beispiel sind die folgenden zwei Implikationen:

PL-Satz	AL-Form	
∀xFx / Fa	A / B	PL-gültig aber nicht AL-gültig
∀x(Fx∧Gx) → ∀xFx	A → B	PL-wahr aber nicht AL-wahr

Wir konstruieren daher unser prädikatenlogisches System des natürlichen Schließens, indem wir auf dem deduktiven System S0 der AL aufbauen und dieses um zwei neue PL-Regeln 1. Stufe und zwei neue PL-Regeln 2. Stufe erweitern. Das resultierende deduktive System nennen wir S1. Es ist wieder korrekt und (stark) vollständig, was aber erst in Kap. 20 bewiesen wird.

12.2 Substitution von Individuenvariablen und unkritische Regeln

Um die neu hinzukommenden prädikatenlogischen Regeln zu definieren, müssen wir zunächst den Begriff der Substitution einführen.

> Definition 12-1. *Substitution von Individuenvariablen (Iv's) durch Individuenkonstanten (Ik's)*:
> A[a/x] steht für das Resultat der *uniformen Substitution* der freien Iv x durch die Ik a. D.h. alle freien Vorkommnisse von x in A, und *nur* die freien Vorkommnisse von x in A, werden durch a ersetzt. – Lies „A[a/x]" als: „*A mit a anstelle von x*".

Beispiele für Substitutionen:
Sei A = Fx → Gx. Z.B.: Wenn x ein Vogel ist, kann x fliegen.
Korrekte Substitution: (Fx→Gx)[a/x] = Fa→Ga.
Inkorrekt (also keine Substitution von Fx→Gx) wäre z.B. Fx→Ga.

Sei A = Lx → ∃xWx. Z.B.: Wenn x lebt, dann gibt es Wasser.
Korrekte Substitution: (Lx→∃xWx)[a/x] = La→∃xWx.
Inkorrekt wäre z.B. La→∃xWa (denn das rechte „x" ist durch ∃x gebunden).

Alternative Notationen: Unsere Substitutionsnotation wird z.B. auch in Bergmann et al. (1998, 272) oder Hughes und Cresswell (1996, 240) verwendet. Andere für „A[a/x]" gebräuchliche Notationen sind $[A]_x^a$ (Beckermann 2003, 178f.), A_x^a (Shoenfield 1967, 16; Ebbinghaus et al. 1996, 57) oder die ‚umgekehrte' Schreibweise A[x/a] (Bell und Machover 1977, 57; Machover 1996, 162).

Mithilfe des Substitutionsbegriffs können wir die ersten beiden neuen Regeln der PL formulieren. Sie heißen unkritisch, weil sie nicht unter einer *einschränkenden Variablenbedingung* stehen. Um die Regeln allgemein zu formulieren, führen wir eigene Schemabuchstaben für Iv's und Ik's ein:

Schemabuchstaben: v steht für eine beliebige Iv.   k steht für eine beliebige Ik.

12.2 Substitution von Individuenvariablen und unkritische Regeln — 187

Unkritische Regeln von S1	Für beliebige Formeln A, Iv's v und Ik's k:
(UI) ∀vA / A[k/v]	Universelle Instanziierung
(EK) A[k/v] / ∃vA	Existenz-Einführung in der Konklusion

Die semantische Gültigkeit von (UI) und (EK) ist intuitiv offensichtlich: wenn eine Behauptung A für jedes x gilt, gilt A auch für jedes beliebig herausgegriffene Individuum a (UI). Und wenn eine Behauptung A für ein bestimmtes Individuum a gilt, dann gibt es mindestens ein Individuum x, für das A gilt (EK). Den formalen Beweis hierfür können wir erst im Kapitel 15 zur mengentheoretischen Semantik der PL führen.

Wir gelangen von der UI-Prämisse zur UI-Konklusion, indem wir in der allquantifizierten Formel alle freien Vorkommnisse der Iv durch eine Ik ersetzen und den Allquantor weglassen. Wir erläutern dies anhand einiger *Einsetzungsinstanzen*.

Instanzen der Regel (UI):
Schluss   Einsetzung
∀xFx / Fa   v=x, k=a, A = Fx   A[a/x] = Fa
∀x(Fx→Gx) / Fa→Ga   v=x, k=a, A = (Fx→Gx)   A[a/x] = (Fa→Ga)
∀y(Fy∧∃xRxy) / Fb∧∃xRxb   v=y, k=b, A = (Fy∧∃xRxy)   A[b/y] = (Fb∧∃xRxb)

Um von der EK-Prämisse zur EK-Konklusion zu gelangen, ersetzen wir die Ik in der Prämisse durch eine Iv und schreiben den Existenzquantor davor. In unserer Formulierung der Regel EK wird jedoch umgekehrt die Prämisse durch Anwendung der Substitutionsoperation „[k/v]" auf die Konklusionsformel A definiert. Wie wir in Abschn. 12.3 sehen werden, ist dies nötig, um Variablenkonfusion zu vermeiden, macht aber das intuitive Verständnis der EK Regel etwas schwerer. Hier einige Beispiele:

Instanzen der Regel (EK):
Fa / ∃xFx   v=x, k=a, A[a/x] = Fa   A = Fx
Fb∧Gb / ∃x(Fx∧Gx)   v=x, k=b, A[b/x] = (Fb∧Gb)   A = (Fx∧Gx)
Fa∧∀xRxa / ∃y(Fy∧∀xRxy)   v=y, k=a, A[a/y] = (Fa∧∀xRxa) A = (Fy∧∀xRxy)

Mittels (UI) und (EK) können wir bereits eine Reihe von logisch wahren PL-Aussagen bzw. gültigen PL-Schlüssen beweisen. Wir führen einige Beispiel an (Beweis und Beweisbaum):

Zu beweisen: ∀x(Fx →Gx), Fa / Ga
(1) ∀x(Fx → Gx)   Präm
(2) Fa   Präm
(3) Fa → Ga   UI 1
(4) Ga   MP 2, 3

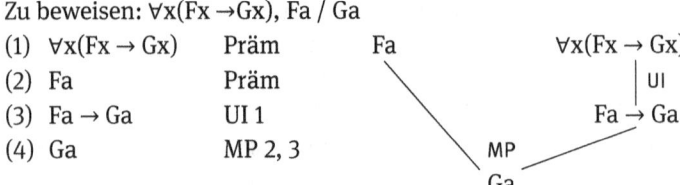

Zu beweisen: Fa ∨ Gb, ¬Fa / ∃xGx
(1) Fa ∨ Gb   Präm
(2) ¬Fa   Präm
(3) Gb   DS 1, 2
(4) ∃xGx   EK 3

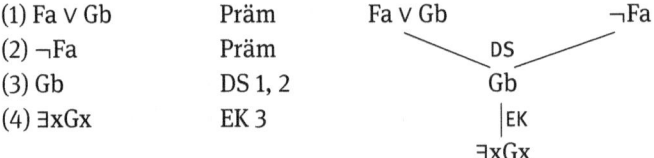

Wie in der AL können wir Beweise auch für komplexe PL-Aussageschemata durchführen. Wir müssen hierfür die Substitutionsnotation verwenden. Ein Beispiel, das einen FU-Beweis involviert:

Zu beweisen: A[a/x] ∨ A[b/x] / ∃xA
    (1) A[a/x] ∨ A[b/x]   Präm
▶ (2) A[a/x]   FU-Ann.
    (3) ∃xA   EK 2
▶ (4) ¬A[a/x]   FU-Ann.
    (5) A[b/x]   DS 1, 4
    (6) ∃xA   EK 5
    (7) ∃xA   FU 2-3, 4-6

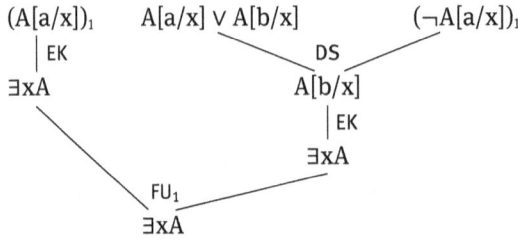

Zu beweisen: ¬∃xA / ∃x¬A
Wir beweisen als Zwischenschritt die Allgemeingültigkeit der Aussage A[a/x] →∃xA und wenden dann (MT) an:

12.2 Substitution von Individuenvariablen und unkritische Regeln — 189

(1) ¬∃xA   Präm
▸ (2) A[a/x]   KB-Ann.
  (3) ∃xA   EK 2
(4) A[a/x] → ∃xA   KB 2-3
(5) ¬A[a/x]   MT 1, 4
(6) ∃x¬A   EK 5

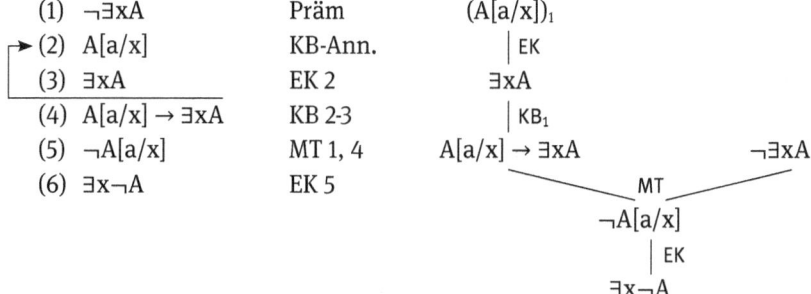

Hinweis: Man könnte obigen Schluss alternativ auch mithilfe der IB-Annahme ¬¬A[a/x] und Herleitung des Subziels ¬A[a/x] beweisen.

Die Regel EK wird gelegentlich auch „Existenzielle Generalisierung" genannt (Copi 1973, 93; Klenk 1989, 261). Diese Bezeichnung ist aber wenig plausibel, da beim Übergang vom Fa zu ∃xFa eigentlich nichts ‚generalisiert' wird, sondern die Aussage Fa weiter logisch abgeschwächt wird. Daher bevorzugen wir die Bezeichnung „Existenzeinführung in der Konklusion".

Zwei weitere *Hinweise:*
1.) Die beiden Regeln UI und EK sind *duale* Gegenstücke voneinander, da Existenzsätze L-äquivalent sind mit negierten Allsätzen (Abschn. 9.2). Dies bedeutet, dass ∃xFx durch den Ausdruck ¬∀x¬Fx definiert werden kann (sowie auch umgekehrt ∀xFx durch ¬∃x¬Fx). Setzt man dies in die EK-Regel ein, so wird daraus
(i) Fa / ¬∀x¬Fx und daher durch Kontraposition:
(ii) ∀x¬Fx / ¬Fa,
Die abgeleitete Regel (ii) ist eine Instanz von (UI), d.h. definiert man „∃x" durch „¬∀x¬", so kann man (EK) auf (UI) zurückführen.
2.) Wir haben die Regeln (UI) und (EK) für beliebige Formeln A formuliert, d.h. auch für Formeln, die außer x noch andere freie Iv's enthalten, sodass die Prämissen der beiden Regeln keine Aussagen, sondern offene Formeln sind. Was die Gültigkeit eines Schlusses mit offenen Formeln bedeutet, können wir hier noch nicht verstehen und werden es in Kap. 15 erklären; grob gesprochen behandeln wir freie Iv's semantisch so, als wären sie Ik's. In diesem Kapitel beschränken wir die PL-Regeln auf den (aus Anwenderperspektive einzig wichtigen) Fall, dass die Prämissen Aussagen sind.

12.3 Variablenkonfusion und alternative Formulierungen

In einem UI-Schritt ersetzen wir die Iv der allquantifizierten Prämisse durch eine Ik und lassen den Allquantor weg. Diese Formulierung von UI als ∀vA / A[k/v] entspricht unserer Intuition. In einem EK-Schritt ersetzen wir intuitiv dagegen umgekehrt die Ik in der Aussage durch eine Iv und setzen den Existenzquantor davor. Unsere Formulierung von EK als A[k/v] / ∃vA gibt diesen Vorgang nicht direkt sondern invertiert wieder, da hier die Prämisse als Substitutionsresultat der Konklusionsformel A aufgefasst wird. Die beiden Regeln werden daher oft auch so geschrieben:

(UI')   ∀vA(v) / A(k)   (ungenaue Formulierung).
(EK')   A(k) / ∃vA(v)   (ungenaue Formulierung).

Diese Schreibweise ist *intuitiver* als unsere Schreibweise, aber nicht exakt oder zumindest unvollständig – womit wir zu den Subtilitäten und Vorteilen unserer Notation kommen. Während beispielsweise im UI-Schritt immer *alle* freien Vorkommnisse der Iv in A uniform durch die Ik ersetzt werden müssen (sonst ist der Schluss nicht gültig), ist es durchaus möglich, dass im EK-Schluss nur *einige* Vorkommnisse der Ik durch die Iv ersetzt und existenzquantifiziert werden. Beispielsweise ist auch folgender Schluss eine korrekte Instanz von EK:

Raa / ∃xRxa   Z.B. Peter liebt sich selbst /Also gibt es jemanden, der Peter liebt. Korrekte Instanz der EK-Regel A[a/x]/∃xA mit A = Rxa, daher A[a/x] = Raa.

Betrachtet man den umgekehrten Substitutionsvorgang, so wird hier nur das linke a-Vorkommnis in „Raa" durch x ersetzt. Wenn man obige intuitive Schreibweise „EK: A(k) / ∃vA(v)" wählt, muss man also hinzusagen, das hier A(v) aus A(k) entsteht, indem k an *einigen* Stellen durch v ersetzt wird. Dies wird in Brendel (2018, 128f., ∃E) in der Tat auch so formuliert, nicht aber in anderen Logikdarstellungen (z.B. Rosenkrantz 2006, 133, ∃-Einführung).

Aber auch diese Formulierung ist noch inkorrekt, denn man muss, wannimmer man eine Iv für einen anderen singulären Term einsetzt, *Variablenkonfusion* vermeiden (mehr in Abschn. 16.2). Variablenkonfusion entsteht dann, wenn die Iv v an einer Stelle in A für eine Ik eingesetzt wird, die im Bereich eines v-Quantors liegt, was dazu führt, dass v durch den *falschen Quantor* gebunden wird. Ein Beispiel:

Fa ∧ ∀xRxa   z.B.: Peter (= a) ist lieb (= F) und alle mögen (= R) Peter.
───────────────
∃y(Fy ∧ ∀xRxy)   Also: Jemand ist lieb und alle mögen diesen Jemand.

12.3 Variablenkonfusion und alternative Formulierungen — 191

Dieser Schluss ist durch EK zugelassen, denn $(Fy \land \forall xRxy)[a/y] = Fa \land \forall xRxa$, d.h., die EK-Prämisse entsteht, wie gefordert, durch Substitution aller freien Iv's in der auf den $\exists y$-Quantor folgenden Formel A. Es wäre jedoch eine Variablenkonfusion, wenn wir aus der Prämisse mittels EK auf $\exists x(Fx \land \forall xRxx)$ schließen würden, denn dann würde das zweite x-Vorkommnis fälschlicherweise nicht durch „$\exists x$", sondern durch „$\forall x$" gebunden. Der dadurch entstehende Schluss wäre ungültig:

$Fa \land \forall xRxa$ ⤫ z.B.: Peter (= a) ist lieb (= F) und alle mögen (= R) Peter.
$\exists x(Fx \land \forall xRxx)$ ⟶ dies sagt aber: Jemand ist lieb und alle mögen sich selbst, anstatt: Jemand ist lieb und alle mögen diesen Jemand.

In der Tat ist dieser Schluss durch EK (in unserer Formulierung) nicht erlaubt, denn

$(Fx \land \forall xRxx)[a/x] = Fa \land \forall xRxx \neq Fa \land \forall xRxa$.

D.h., man gelangt durch Anwendung der Substitutionsoperation [a/x] nicht zur Prämisse, denn nur die freien Iv's werden durch die Substitutionsoperation ersetzt, aber das x rechts-außen ist durch $\forall x$ gebunden.

Auf diese Weise verhindert unsere Definition des EK-Schlusses erfolgreich Variablenkonfusion. Um obige ‚intuitive' Schreibweise des EK-Schlusses korrekt zu formulieren, müsste man sie so formulieren:

(EK"): $A(k) / \exists vA(v)$, wobei $A(v)$ aus $A(k)$ entsteht, indem einige k-Vorkommnisse, die in A nicht im Bereich eines v-Quantors liegen, durch v ersetzt werden.

Gemäß der Formulierung (EK") geht man auch vor, wenn man aus einer gegebenen Formel $A(k)$ eine korrekt existenzquantifizierte Formel A produzieren will: man ersetzt k in A durch eine Iv, die an diesen Stellen nicht schon durch einen *Quantor in A* (statt durch den vorangestellten $\exists v$-Quantor) gebunden wird.

Allerdings ist die umständliche Formulierung (EK") wenig gebräuchlich. Die in fortgeschrittenen bzw. mathematischen Logik-Lehrbüchern verwendete Formulierung der EK-Regel entspricht der unsrigen (vgl. Shoenfield 1967, 21; Ebbinghaus et al. 1996, 70); unsere Formulierung wird auch in Bergmann et al. (1998, 447) verwendet. Andere Autoren (Essler et al. 1983, 193, Klenk 1989 263; Barwise und Etchemendy 2005, 357f.) verwenden die intuitive Schreibweise, versehen sie aber mit folgendem Zusatz, der unserer Formulierung (EK) entspricht:

(EK'''): $A(k) / \exists vA(v)$, wobei $A(k)$ aus $A(v)$ durch uniforme Substitution von v durch k entsteht.

Andere Autoren formulieren EK wie folgt: „A/∃x(A[a:x])", mit der umgekehrten Ersetzungsnotation „[a:x]" für „a wird uniform durch x ersetzt", was gelegentlich zur inkorrekten Formulierungen führt.[11]

Auch unsere Formulierung der Regel UI: ∀xA / A[a/x] verhindert Variablenkonfusion. Betrachten wir folgendes Beispiel:

∀x(Fx ∧ ∃yRyx)   z.B.: Alle sind fröhlich und jemand liebt jeden.
───────────────
(Fa ∧ ∃xRxa)   Daher: Peter ist fröhlich und jemand liebt Peter.

Der Schluss ist offenbar gültig. Dagegen ist folgender Schluss ungültig:

∀x(Fx ∧ ∃xRxx)   z.B.: Alle sind fröhlich und jemand liebt sich selbst.
─────────────── ✗
(Fa ∧ ∃xRxa)   Daher (ungültig!): Peter ist fröhlich und jemand liebt Peter:

Der ungültige Schluss entstand durch eine Variablenkonfusion: das rechtsstehende „x" liegt im Bereich von ∃x und ist daher nicht frei, es darf also nicht durch a ersetzt werden. Es gilt: (Fx ∧ ∃xRxx)[a/x] = Fa ∧ ∃xRxx ≠ Fa ∧ ∃xRxa; unsere Definition der Regel UI verhindert wieder den Fehlschluss.

Man beachte, dass in UI-Schlüssen die in der Konklusion eingeführte Ik nicht neu sein muss, sondern auch in der Prämisse enthalten sein darf. Beispielsweise ist auch

∀xLxa / Laa   Alle lieben Peter /Also liebt Peter sich selbst,

ein gültiger UI-Schluss.

Abschließende Hinweise:
(i) In mathematischen Lehrbüchern wird oft der Existenzquantor durch den Allquantor oder umgekehrt definiert; dann genügt eine der beiden Regeln, UI oder EK.
(ii) In solchen Lehrbüchern werden die Regeln UI und EK oft nicht als Schluss, sondern als Implikationsaxiom (UI→): ∀xA→A[a/x] bzw. (EK→): A[a/x] → ∃xA eingeführt; siehe dazu Abschn. 14.8.
(iii) Definiert man ∃x durch ¬∀x¬, dann ist EK, wie erläutert, durch Regelkontraposition aus UI gewinnbar; auch das macht plausibel, warum bei EK die

───────────
11 In Hardy und Schamberger (2012, 185), Fußnote 5, werden Teilersetzungen von a durch x in EK (= ∃-Einf.) zugelassen, aber Variablenkonfusion wird nicht verhindert; in der 2. Auflage von 2018 wird Variablenkonfusion verhindert. In Rosenkrantz (2006, 133) wird die EK-Regel eingeführt, ohne Teilersetzungen zuzulassen.

Substitutionsoperation in der Prämisse stehen muss, denn bei UI steht sie in der Konklusion.
(iv) In Anwendungen der Regel UI: ∀vA / A[k/v] enthält die Formel A normalerweise die Iv v *frei*; auch aus diesem Grund schreibt man oft A(v) statt A. Unser System lässt jedoch auch *redundante Quantoren* zu (wie in Abschn. 10.3 erläutert). Wenn in A die Iv v nicht frei vorkommt, wird in A einfach nichts ersetzt, und es gilt A[k/v] = A. Daher ist beispielsweise auch der Schluss
∀xFa / Fa   Fa[a/x] = Fa
eine korrekte Anwendung der UI-Regel, die zudem auch nötig ist, um redundante Quantoren zu eliminieren. Analoges gilt für die Regel EK.
(v) In Teil 2 benutzen wir den Kalkül S1 auch für Herleitungsbeziehungen zwischen offenen Formeln. Zu diesem Zweck ist es nötig, die Regeln UI und EK etwas allgemeiner zu formulieren, sodass Iv's durch andere Iv's ersetzt werden dürfen; dies führt zu Komplikationen der Substitutionsfunktion „[x/y]" und wird in Abschn. 16.2 besprochen.

12.4 Kritische Regeln und der Kalkül S1

Die Regel UI ist eine Ausführungsregel für den Allquantor und die Regel EK eine Einführungsregel für den Existenzquantor (vgl. Abschn. 14.2). Damit unser PL-Kalkül des natürlichen Schliessens vollständig wird, benötigen wir zwei weitere Regeln, eine Einführungsregel für den Allquantor und eine Ausführungsregel für den Existenzquantor. Das Spezifikum dieser beiden Regeln ist, dass es sich dabei *erstens* um *Regeln 2. Stufe* handelt (vgl. Abschn. 8.2), die *zweitens* nur unter einer einschränkenden *Variablenbedingung* gültig (bzw. gültigkeitserhaltend) sind. Die erste Regel 2. Stufe ist die universelle Generalisierung und führt den Allquantor ein. Wir formulieren die Regel syntaktisch; die semantische Formulierung ist in eckigen Klammern angegeben:

> (UG) *Universelle Generalisierung* – die Variablenbedingung (VB) ist unterstrichen [semantische Formulierung in eckiger Klammer]:
> *Wenn* der Schluss $A_1,...,A_n$ / B[k/v] herleitbar [gültig] ist
> *und* die Ik k weder in $A_1,...,A_n$ noch in ∀vB vorkommt,
> *dann* ist auch der Schluss $A_1,...,A_n$ / ∀vB herleitbar [gültig].
> *Kurzform:* Wenn $A_1,...,A_n$ ⊢ B[k/v] und VB, dann $A_1,...,A_n$ ⊢ ∀vB

Einfache Instanziierung von UG:
Wenn A ⊢ Fa und (VB:) a nicht in A, dann auch A ⊢ ∀xFx.
(Hinweis: in ∀xFx kommt a sowieso nicht vor)

Die informelle Begründung der Regel (UG) ist folgende: Wenn eine Ik, sagen wir a, in den Prämissen nicht vorkommt, heißt das, dass in den Prämissen über a *keinerlei Annahmen* gemacht werden. Wenn die Aussage B(a), die über a spricht, aus den Prämissen $A_1,...,A_n$ folgerbar ist, ohne dass in diesen über a irgendwelche Annahmen gemacht werden, dann muss dieselbe Aussage B auch für jedes *beliebige andere* Individuum b, c... auf dieselbe Weise aus $A_1,...,A_n$ folgerbar sein. Das bedeutet aber, dass dann aus $A_1,...,A_n$ tatsächlich die Allaussage ∀xB folgerbar ist. Die formalisierte Version dieses Korrektheitsbeweises für die Regel UG behandeln wir in Kap. 20.1.

Ohne die Variablenbedingung, kurz VB, wäre UG offensichtlich inkorrekt, denn dann könnte man damit wie folgt argumentieren:

Fa ⊢ Fa, daher auch Fa ⊢ ∀xFx,

was natürlich Unsinn ist, denn aus der Tatsache, dass Fa aus sich selbst herleitbar ist, folgt nicht, dass aus Fa die Generalisierung ∀xFx herleitbar ist. Oder semantisch gesprochen, aus der Tatsache, dass ein Individuum a die Eigenschaft F hat, folgt nicht, dass alle Individuen die Eigenschaft F haben. Natürlich wird diese Einsetzung durch die VB verboten, da „a" in der Prämisse „Fa" vorkommt.

Wohl aber folgt aus der Tatsache, dass die logische Wahrheit Fa→Fa aus der *leeren* Prämissenmenge folgt, mittels UG, dass auch der Allsatz ∀x(Fx→Fx) aus der leeren Prämissenmenge folgt.

Die Bedeutung der Forderung, dass a auch in der Konklusion ∀xB nicht mehr vorkommen darf, liegt darin, dass in B a *an allen Vorkommnissen* durch x ersetzt werden muss; nur dann ist die universelle Generalisierung über x gültig. So gilt in obigem Beispiel

⊢ Fa → Fa, daher auch ⊢ ∀x(Fx → Fx).

Nicht aber gilt z.B.

⊢ Fa → Fa, ‚daher auch' ⊢ ∀x(Fa → Fx).

Letzteres ist eine inkorrekte Generalisierung, da a nur an einer Stelle durch x ersetzt wurde. Die Behauptung ∀x(Fa → Fx) ist gleichbedeutend mit Fa→ ∀xFx, und dies ist aus genannten Gründen natürlich nicht logisch wahr.

Wie in der AL müssen wir die prädikatenlogischen Regeln 2. Stufe in Form einer *Beweistechnik* in unseren Kalkül des natürlichen Schließens integrieren. Im Fall der Regel (UG) ist diese aber sehr einfach. Da die Konklusionsherleitung von UG *dieselbe* Prämissenmenge besitzt wie die Prämissenherleitung, benötigen wir für UG *keine Annahmetechnik* – letztere ist nur nötig, wenn sich die Prämissenmenge beim Übergang von der Prämissen- zur Konklusionsherleitung ändert (was bei KB, FU und IB der Fall war). Mit der Metaregel UG können wir wie mit einer gewöhnlichen Regel umgehen, also einfach von A[k/v] auf ∀xA ‚weiterschließen'; wir müssen lediglich beachten, dass die Variablenbedingung erfüllt ist:

Technik des UG-Beweises: Um $A_1,...,A_n$ / ∀xB herzuleiten, gehen wir so vor:
1. Wir versuchen für eine Individuenkonstante a, die weder in $A_1,...,A_n$ noch in ∀xB vorkommt, die Aussage B[a/x] herzuleiten.
2. Gelingt uns das, so gehen wir im nächsten Schritt zur Aussage ∀xB mittels (UG) über, wobei wir anführen, dass und warum die Variablenbedingung (VB) erfüllt ist.

Schema eines UG-Beweises:
  (1) A_1 Präm   (wobei m > n)
         ⋮
  (n) A_n Präm
         ⋮
  (m)   B[a/x]
  (m+1) ∀xB   UG m, VB: a nicht in 1,...,n, m+1

Beachte: Wenn ein UG-Schritt innerhalb eines Annahmenbereichs (KB, IB, FU oder EP unten) durchgeführt wird, dann muss die Variablenbedingung (VB) auch für alle noch offenen Annahmen erfüllt sein.

Nun einige Anwendungsbeispiele.

Zu beweisen: ∀x(Fx→Gx), ∀xFx / ∀xGx. *Beispiel:* Alles, was aus Materie besteht, ist vergänglich; alles besteht aus Materie; daher ist alles vergänglich.

(1) ∀x(Fx → Gx)   Präm
(2) ∀xFx   Präm
(3) Fa → Ga   UI 1
(4) Fa   UI 2
(5) Ga   MP 3, 4
(6) ∀xGx   UG 5, VB: a nicht in 1, 2 und 6.

Die Schreibweise „a nicht in 1,2,6" steht kurz für „a kommt weder in den Prämissen oder offenen Annahmen (das sind 1 und 2) noch in der Konklusion (das ist 6) vor". Die Erläuterung der VB ist für eine vollständige Beweislegende *unabdingbar*.

Im *Beweisbaum* machen wir den Bezug der Variablenbedingung durch Anfügung eines *oberen Index* direkt an die betreffende Formel kenntlich (die unteren Indizes in Beweisbäumen sind für die Verweise auf eingeklammerte Beweisannahmen reserviert):

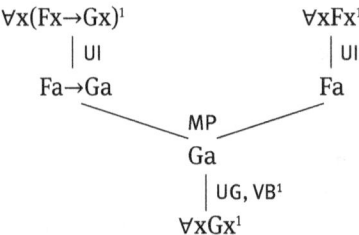

Denselben Beweis können wir auch für das entspechende Schluss*schema* ∀x(A→B), ∀xA / ∀xB führen. Wir müssen dann allerdings in Schritt (3) und (4) *fordern*, dass a eine *neue* Individuenkonstante sein soll, die in ∀x(A→B) bzw. in ∀xA nicht vorkommt (das Rufzeichen indiziert die Forderung), denn die Teilformeln A und B sind nun ja *variabel*. Eine solche Wahl von a ist immer möglich, da wir annehmen, dass unsere Sprache *beliebig viele* Individuenkonstanten enthält; wir können daher immer eine *neue* Ik wählen, die in der Prämissenmenge nicht vorkommt.

Zu beweisen: ∀x(A → B), ∀xA / ∀xB
(1) ∀x(A → B)   Präm
(2) ∀xA   Präm
(3) A[a/x] → B[a/x]   UI 1, a komme in 1 nicht vor!
(4) A[a/x]   UI 2
(5) B[a/x]   MP 3, 4
(6) ∀xB   UG 5, VB: a nicht in 1, 2, 6

Erläuterung zu Schritt (3): Aus ∀x(A→B) schließen wir per UI zunächst auf (A→B)[a/x]. Statt (A→B)[a/x] schreiben wir aber gleich A[a/x] → B[a/x], denn wir ersetzen ja sowohl in der Teilformel A wie in der Teilformel B x durch a. Wir führen solche ‚Substitutionsschritte' nicht extra in der Beweislegende an; könnten dies aber tun.[12] Man beachte, dass in Schritt (3) „a" als Schemabuchstabe fungiert; sollte „a" in den Prämissen vorkommen, müssten wir z.B. „b" statt „a" setzen (wir ersparen es uns, statt „a" den Schemabuchstaben „k" zu setzen). Für Beweisschritt (4) ergibt sich die Variablenbedingung „a nicht in 1, 2, 6" nun aus der Forderung in (3).

---

12 In der fortgeschrittenen Metalogik wird die Substitutionsoperation rekursiv definiert und der Schritt von (A→B)[a/x] zu A[a/x] → B[a/x] explizit gemacht (s. Def. 19-1).

Zu beweisen: / $\forall x(Fx \land Gx) \rightarrow \forall xFx$
Beispiel: Alles ist vergänglich und besteht aus Materie, daher ist alles vergänglich.

```
→ (1)  ∀x(FxΛGx)]         KB-Ann
  (2)  FaΛGa              UI 1
  (3)  Fa                 Simp 2
  (4)  ∀xFx               UG 3, VB: a nicht in 1, 4
  (5)  ∀x(FxΛGx) → ∀xFx   KB 1-4
```

$(\forall x(Fx \land Gx)^1)_1$
| UI
Fa ∧ Ga
| Simp
Fa
| UG, VB¹
$\forall xFx^1$
| KB$_1$
$\forall x(Fx \land Gx) \rightarrow \forall xFx$

Zu beweisen: $\forall x(A \lor B)$ / $A \lor \forall xB$, *sofern* x in A nicht frei vorkommt.
Das Disjunktionsglied, das durch den Allquantor nicht gebunden wird, kann also *ausgeklammert* werden.

```
    (1)  ∀x(A ∨ B)      Präm, wobei x nicht frei in A vorkommt
    (2)  A ∨ B[a/x]     UI 1, a komme in 1 nicht vor !
  → (3)  A              FU-Ann.
    (4)  A ∨ ∀xB        Add 3
  → (5)  ¬A             FU-Ann.
    (6)  B[a/x]         DS 5, 2
    (7)  ∀xB            UG 6, VB: a nicht in 1, 5, 7
    (8)  A ∨ ∀xB        Add 7
    (9)  A ∨ ∀xB        FU 3-4, 5-8
```

Hinweis zum Schritt (2): Durch UI wird aus (1) zunächst (A∨B)[a/x] gefolgert. Aber es gilt (A∨B)[a/x] = A ∨ B[a/x], denn x ist nicht frei in A.

Beachte, dass sich die VB für UG nun auch auf die 2. FU-Annahme beziehen muss, weil der UG-Schritt innerhalb des Bereichs dieser Annahme vollzogen wird.

Baum zu obigem Beweis:

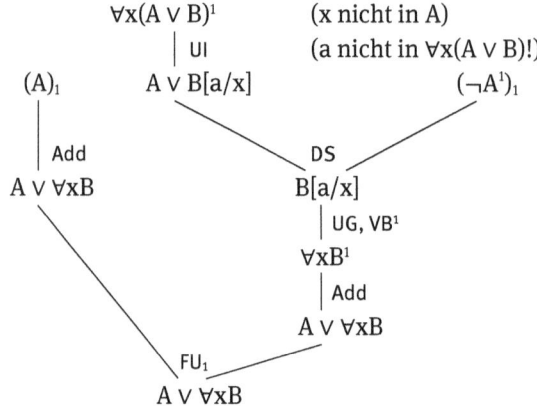

Wir kommen nun zur zweiten kritischen Regel 2. Stufe der PL:

(EP) *Existenzeinführung in der Prämisse* – die Variablenbedingung (VB) ist unterstrichen [semantische Formulierung in eckiger Klammer]:
Wenn der Schluss $A[k/v]$, $B_1,...,B_n$ / C herleitbar [gültig] ist,
und die Ik k weder in C noch in $B_1,...,B_n$ noch in $\exists xA$ vorkommt,
dann ist auch der Schluss $\exists vA$, $B_1,...,B_n$ / C herleitbar [gültig].
Kurzform: Wenn $A[k/v]$, $B_1,...,B_n \vdash$ C und VB, dann $\exists vA$, $B_1,..., B_n \vdash$ C.

Einfache Instanziierung von EP:
Wenn $Fa \vdash$ C und (VB:) a nicht in C, dann $\exists xFx \vdash$ C.
(Hinweis: in $\exists xFx$ kommt a sowieso nicht vor)

Die Metaregel EP ist das duale Gegenstück zu UG (würde man $\exists xA$ durch $\neg\forall x \neg A$ definieren, so wäre EP aus UG ableitbar). Die informelle Begründung von EP ergibt sich analog zu der von UG: Wenn aus der Prämisse, dass irgendein Individuum, sagen wir a, die Aussage A(a) erfüllt, plus aus den restlichen Prämissen $B_1, ..., B_n$ eine Konklusion C folgerbar ist, die über a gar nichts mehr aussagt, und auch in den restlichen Prämissen $B_1,...,B_n$ über a nichts behauptet wird, so heißt dies auch, dass C aus der bloßen Annahme folgerbar ist, dass irgendein Individuum x existiert, dass die Aussage A(x) erfüllt (zusammen mit den Zusatzprämissen $B_1,...,B_n$).

Die Variablenbedingung (VB) ist für die Korrektheit von EP wieder essentiell, denn ohne sie könnte man z.B. argumentieren

12.4 Kritische Regeln und der Kalkül S1

       Fa ⊢— Fa, daher ∃xFx ⊢— Fa

was unsinnig ist, denn aus der Tatsache, dass irgendein Individuum mit der Eigenschaft F existiert, folgt ja nicht schon, dass das Individuum a diese Eigenschaft hat.

    Die Forderung, dass a auch nicht in ∃xA vorkommen darf, ergibt sich wieder daraus, dass a in der Prämisse A[a/x] an allen Vorkommnissen durch x ersetzt werden muss, um eine korrekte Anwendung der EP-Regel zu ergeben. Beispielsweise gilt Laa ⊢— ∃xLxx, aber nicht ∃xLax ⊢— ∃xLxx. Ein Beispiel: dass a grösser ist als irgendetwas impliziert nicht, dass irgendetwas grösser ist als es selbst.

    In der Metaregel EP ändert sich die Prämissenmenge beim Übergang von der Prämissenherleitung zur Konklusionsherleitung (vorher war es A[a/x], dann ist es ∃xA). Daher erfordert die Eingliederung von EP in unser deduktives System eine *Annahmetechnik*, ähnlich wie für die Metaregeln KB, FU und IB, die ebenfalls als Annahmenbeweis geführt werden müssen, weil sich die Prämissenmenge ändert. Das neue an EP ist, dass sich die EP-Annahme A[a/x] auf die vorhergehende Prämisse ∃xA bezieht. Wir gehen so vor:

Technik des EP-Beweises:
Um C aus $B_1,...,B_n$ und ∃xA zu beweisen, führen wir folgende Schritte durch:
1. Wir führen die EP-Annahme A[a/x] *für* die Prämisse ∃xA ein, wobei wir a so wählen, dass es weder in $B_1,...,B_n$ noch in C noch in ∃xA vorkommt.
2. Nun versuchen wir, C aus A[a/x] und $B_1,...,B_n$ herzuleiten.
3. Gelingt uns das, so schließen wir die EP-Annahme durch einen Copi-Pfeil ab und schreiben die Konklusion C darunter noch einmal hin, wobei wir rechts den Bereich des EP-Schrittes und die Variablenbedingung verzeichnen.
4. Wie bei jedem Annahmenbeweis gilt (vgl. Merkregel 8-1): Ist der Bereich der EP-Annahme einmal abgeschlossen, so darf zu einem späteren Stadium des Beweises auf keine im EP-Bereich stehende Aussage mehr zurückgegriffen werden.

Schema eines EP-Beweises: (wobei m ≥ n+2)

(1)	B_1	Präm	
⋮			
(n)	B_n	Präm	
(n+1)	∃xA	Präm	(Beweisziel C)
▸ (n+2)	A[a/x]	EP-Ann. für (n+1); a sei nicht in 1,...,n,n+1, oder in C!	
⋮		(Beweisziel C bleibt dasselbe)	
(m)	C		
(m+1)	C	EP (n+2)-m, VB: a nicht in 1,...,n, n+1, m	

Das nochmalige Anschreiben der Konklusion C ist nötig, um klarzumachen, dass C nun unabhängig von der EP-Annahme herleitbar ist – weil wir in C die Ik a zum Verschwinden gebracht haben. Einige Anwendungsbeispiele:

Zu beweisen: $\exists x(Fx \wedge Gx) / \exists xFx$
Beispiel: Es gibt weiße Löwen; also gibt es Löwen.

(1) $\exists x(Fx \wedge Gx)$ Präm
▶ (2) $Fa \wedge Ga$ EP-Ann. für 1
  (3) Ga Simp 2
  (4) $\exists xGx$ EK 3
(5) $\exists xGx$ EP 2-4, VB: a nicht in 1, 4

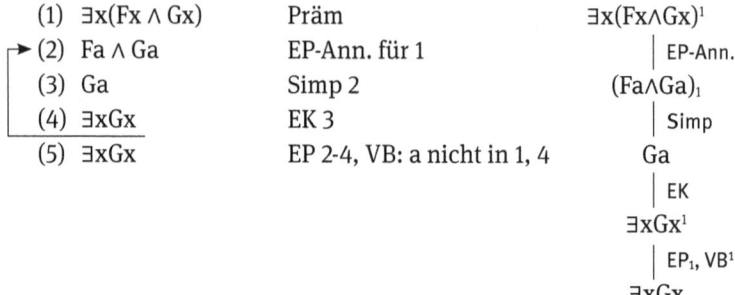

Im Baum wurde die EP-Annahme „Fa∧Ga" eingeklammert und mit dem Index „1" versehen.

Wenn wir den obigen Beweis für ein *Schlussschema* führen, müssen wir wieder in Schritt 2 die richtige Wahl von a fordern:

Zu beweisen: $\exists x(A \wedge B) / \exists xB$

(1) $\exists x(A \wedge B)$ Präm
▶ (2) $A[a/x] \wedge B[a/x]$ EP-Ann. für 1, a komme in 1 nicht vor !
  (3) $B[a/x]$ Simp 2
  (4) $\exists xB$ EK 3
(5) $\exists xB$ EP 2-4, VB: a nicht in 1 und 4

Zu beweisen: $\exists xFx, \forall x(Fx \to Gx) / \exists xGx$
Beispiel: Es gibt schwarze Löcher; schwarze Löcher sind unsichtbar; also gibt es etwas Unsichtbares.

(1) $\exists xFx$ Präm
(2) $\forall x(Fx \to Gx)$ Präm
▶ (3) Fa EP-Ann. für 1
  (4) $Fa \to Ga$ UI 2
  (5) Ga MP 3, 4
  (6) $\exists xGx$ EK 5
(7) $\exists xGx$ EP 3-6, VB: a nicht in 1, 2, 6

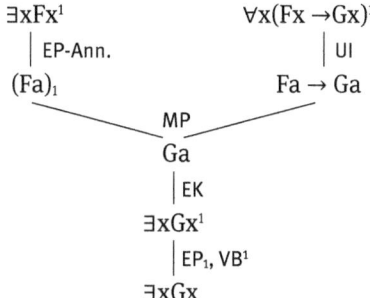

Im nächsten Beispiel liegt ein FU-Beweis im Bereich eines EP-Beweises:

Zu beweisen: ∃x(A ∨ B) / A ∨ ∃xB, *sofern* x nicht frei ist in A.
Das Disjunktionsglied, dass durch den Existenzquantor nicht gebunden wird, kann also *ausgeklammert* werden.

(1) ∃x(A ∨ B)   Präm
(2) A ∨ B[a/x]   EP-Ann. für 1, a komme in ∃x(A ∨ B) nicht vor!
(3) A   FU-Ann.
(4) A ∨ ∃xB   Add 3
(5) ¬A   FU-Ann.
(6) B[a/x]   DS 5, 2
(7) ∃xB   EK 6
(8) A ∨ ∃xB   Add 7
(9) A ∨ ∃xB   FU 3- 4, 5- 8
(10) A ∨ ∃xB   EP 2- 9, VB: a nicht in 1, 9

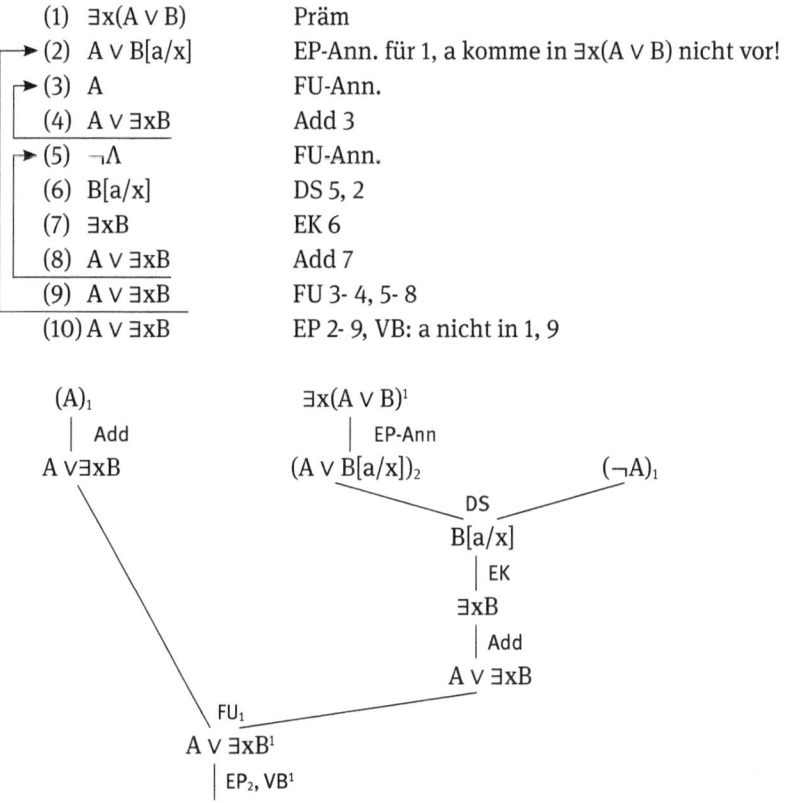

Hinweis zum obigen Schritt (2): Die EP-Annahme für (1) lautet zunächst (A ∨ B)[a/x]; aber es gilt (A ∨ B)[a/x] = A ∨ B[a/x], weil x in A nicht frei vorkommt.

Alternative Bezeichnungen der EP-Regel in der Literatur: Während die Metaregel für den Allquantor in der Literatur durchgehend UG (oder auch ∀-Einführung) genannt wird, ist unsere Bezeichnung der Metaregel für den Existenzquantor als „Existenzeinführung in der Prämisse" nicht sehr gebräuchlich. Wir wählen sie, weil sie genau den Vorgang bezeichnet, der stattfindet: der Existenzquantor wird in der Prämisse eines gültigen Schlusses eingeführt. In der Terminologie des ‚natürlichen Schließens' (Abschn. 14.2) handelt es sich dabei freilich um eine *Existenz-Ausführung*, denn der Begriff „Ausführung" bezieht sich hier auf die Konklusionherleitung: der Existenzquantor tritt in deren Prämisse, aber nicht mehr in deren Konklusion auf.

In anderen Kalkülen wird die EP Regel als *existenzielle Instanziierung*, abgekürzt *EI*, bezeichnet, weil beweistechnisch dabei von der Prämisse ∃xA zunächst zur Annahme A[a/x] übergegangen wird (z.B. in Copi 1973, 98; Klenk 1989, 261). Die Bezeichnung EI legt jedoch fälschlicherweise nahe, dass es sich dabei um einen logischen Folgerungsschritt handelt. Tatsächlich aber folgt die Annahme A[a/x] aus gar keinem vorherigen Beweisschritt, sondern wird zum Zweck der Anwendung der Metaregel EP eingeführt. Manchmal wird argumentiert, der Schluss von ∃xFa auf Fa sei ‚beschränkt gültig', da es sich bei a um ‚irgendein unbestimmtes' Individuum handeln soll. Dies ist aber lediglich eine ungenaue Redeweise, denn *jedes* Individuum ist ein bestimmtes Individuum. Was man mit dem Übergang von ∃xFx auf Fa meint, ist eben der Denkschritt „Es gibt mindestens ein Individuum x das ein F ist; *nehmen wir einmal* an, a sei ein solches Individuum". Der EI-Schritt ist, anders gesprochen, ein *methodischer* Schritt, aber kein Folgerungsschritt.

Die Auffassung der Metaregel EP als EI-Folgerungsschritt hat dazu geführt, dass in etlichen Logik-Kalkülen die Regel EP nicht als Annahmeregel verstanden wird, was zu Komplikationen und gelegentlich auch zu Irrtümern führt. Dies wird in Abschn. 14.8 von Teil 2 besprochen, wo gezeigt wird, dass die Betrachtung der Regel EP als Annahmeregel die korrekte logische Sichtweise ist (die übrigens trotz der misslichen Bezeichnung „EI" auch von Copi 1973, 96 geteilt wird).

Wie erläutert besitzen wir mit den Regeln UI, EK, UG und EP (genauer gesagt mit der EP-Annahmeneinführung) jeweils eine Ausführungsregel und eine Einführungsregel für die beiden Quantoren:

| UI (unkritisch): | ∀ aus | EP-Ann. (kritisch): | ∃ aus |
| UG (kritisch): | ∀ ein | EK (unkritisch): | ∃ ein |

Daraus ergibt sich die folgende

12.4 Kritische Regeln und der Kalkül S1

> *Heuristische* Strategie für Beweise im PL-Kalkül S1:
> Will man eine quantifizierte Konklusion aus quantifizierten Prämissen beweisen, so geht man wenn möglich so vor:
> 1. Man eliminiert zunächst die Quantoren in den Prämissen mittels der Regeln UI und EP (Annahme).
> 2. Man versucht, aus dem Resultat von Schritt 1 jene Formel rein *aussagenlogisch* zu beweisen, aus der man die gewünschte Konklusion durch Quantoreinführungsregeln wieder gewinnen kann.
> 3. Man wendet die Quantoreinführungsregeln UG und EK auf die in Schritt 2 gewonnene Formel solange an, bis man die quantifizierte Konklusion erhält, wobei alle Annahmenbereiche geschlossen und Variablenbedingungen erfüllt sein müssen.

Wir illustrieren dies mit weiteren Übungen. Das Zusammenspiel von UG und EP zeigt folgendes Beispiel:

Zu beweisen: ∃x∀yRxy / ∀y∃xRxy

(1) ∃x∀yRxy   Präm
(2) ∀yRay   EP-Ann. für 1
(3) Rab   UI 2
(4) ∃xRxb   EK 3
(5) ∃xRxb   EP 2–4, VB: a nicht in 1, 4
(6) ∀y∃xRxy   UG 5, VB: b nicht in 1, 6

∃x∀yRxy^{1,2}
  | EP-Ann.
(∀yRay)$_1$
  | UI
Rab
  | EK
∃xRxb^1
  | EP$_1$, VB^1
∃xRxb
  | UG, VB^2
∀y∃xRxy^2

Der Beweis ist korrekt, denn beide VBs sind erfüllt. Dagegen ist der umgekehrte Schluss ∀y∃xRxy / ∃x∀yRxy ungültig, was man an folgendem inkorrekten Beweisversuch erkennt, in dem die VB verletzt wird:

Inkorrekter Beweisversuch für ∀y∃xRxy / ∃x∀yRxy (ungültig!)
Beispiel: Alles hat irgendeine Ursache; daher gibt es etwas, das alles verursacht.

(1) ∀y∃xRxy   Präm
(2) ∃xRxa   UI 1
(3) Rba   EP-Ann. für (2)
⇒ (4) ∀yRby   UG 3 *inkorrekt*: die VB ist für UG nicht erfüllt, denn a kommt in der noch offenen EP-Annahme Rba vor! Man müsste die EP-Annahme schließen, *bevor* man den UG-Schritt durchführt, aber dadurch käme man nur wieder zurück zur Ausgangsprämisse.

Ein weiteres Beispiel ist der inkorrekte EP-Beweisversuch für den Schluss
∃xFx, ∃xGx / ∃x(Fx∧Gx) (ungültig)
Beispiel: Es gibt Pflanzen und Tiere; daher gibt es etwas, das zugleich Pflanze und Tier ist.

(1) ∃xFx   Präm
(2) ∃xGx   Präm
(3) Fa   EP-Ann. für 1
(4) Ga   EP-Ann. für 2
(5) Fa ∧ Ga   Kon 1, 2
(6) ∃x(Fx ∧ Gx)   EK 5
⇒ (7) ∃x(Fx ∧ Gx) EP 4-6 *inkorrekt*: die VB für EP ist verletzt, denn a kommt in der noch offenen EP-Annahme 3 vor. Man könnte die EP-Annahme 4 nur abschließen, wenn man sie für ein anderes Individuum als a in 3 durchführt, z.B. für b, aber dann käme man nicht zur Konklusion in 6.

Im folgenden Beweis führen wir die EP-Annahme in (4) nicht für eine Prämisse, sondern für einen Zwischenschritt ein, nämlich für 3, was ebenfalls möglich ist:

Zu beweisen: ∀xFx / ¬∃x¬Fx

(1) ∀xFx   Präm
(2) ¬¬∃x¬Fx   IB-Ann.
(3) ∃x¬Fx   DN 2
(4) ¬Fa   EP-Ann. für 3
(5) Fa   UI 1
(6) Fa ∨ (p∧¬p)   Add (5) (statt „p" kann z.B. auch „Gb" stehen)
(7) p∧¬p   DS 4, 6
(8) p∧¬p   EP 4-7, VB: a nicht in 1, 2, 7
(9) ¬∃x¬Fx   IB 2-8

Beachte: Wir haben in Zeile 6 nicht direkt den Widerspruch Fa∧¬Fa aus 4 und 5 hergeleitet, denn dieser Widerspruch hätte noch die Ik a enthalten, und wir hätten die EP-Annahme nicht abschließen können – was wir tun müssen, bevor wir die IB-Annahme abschließen können. Daher haben wir in Schritt 5+6 den ‚Trick' Add+DS angewandt, mit dem wir aus einem gegebenen Widerspruch jede andere Aussage, insbesondere auch den Widerspruch p∧¬p herleiten können, der nun die Ik a nicht mehr enthält, sodass wir die EP-Annahme in Schritt 8 abschließen können.

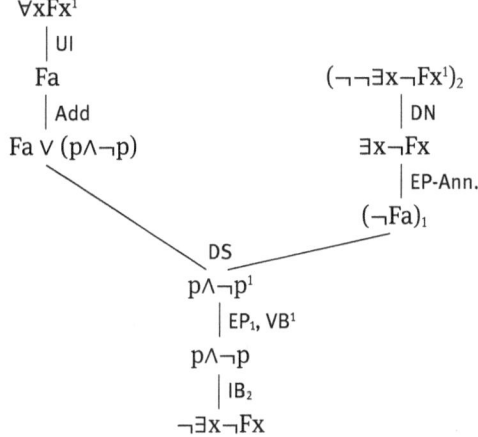

Unser System des natürlichen Schließens S1 ist wieder korrekt und (stark) vollständig. Die metalogischen Beweise hierfür lernen wir in Kap. 20 kennen.

12.5 Wichtige prädikatenlogische Wahrheiten

Im folgenden Abschnitt stellen wir wichtige Theoreme bzw. logische Wahrheiten der PL vor. Viele davon werden in unseren Übungsaufgaben bewiesen. Am wichtigsten sind die prädikatenlogischen Äquivalenzgesetze.

L-wahre Äquivalenzen:

(Umb)	∀xA ↔ ∀yA[y/x]	*Gebundene Umbenennung*
	∃xA ↔ ∃yA[y/x]	Dabei ist y eine *neue* Iv (d.h. y nicht in A) und A[y/x] resultiert aus A durch Ersetzung aller freien x-Vorkommnisse durch y.
(∀∃)	∀xA ↔ ¬∃x¬A	*Zusammenhang Allquantor-*
	∃xA ↔ ¬∀x¬A	*Existenzquantor*

(HDist∧∨) Unter der Bedingung dass *x nicht frei in A ist*:
  A ∨ ∀xB ↔ ∀x(A ∨ B)   Distribution durch *Heraus-/Hereinziehen*
  A ∨ ∃xB ↔ ∃x(A ∨ B)   *von Quantoren* für ∧ und ∨
  A ∧ ∀xB ↔ ∀x(A ∧ B)
  A ∧ ∃xB ↔ ∃x(A ∧ B)
(HDist→) Unter der Bedingung dass *x nicht frei in A ist*:
  (A → ∀xB) ↔ ∀x(A → B)   Distribution durch *Heraus-/Hereinziehen*
  (∃xB → A) ↔ ∀x(B → A)   *von Quantoren* für →
  (A → ∃xB) ↔ ∃x(A → B)
  (∀xB → A) ↔ ∃x(B → A)
(ÄDist) ∀x(A ∧ B) ↔ ∀xA ∧ ∀xB   Äquivalenzdistribution für ∀∧ und ∃∨
  ∃x(A ∨ B) ↔ ∃xA ∨ ∃xB
(ÄDist→) ∃x(A → B) ↔ (∀xA → ∃xB) Äquivalenzdistribution für →
(QVert) Vertauschung von gleichen Quantoren:
  ∃x∃yA ↔ ∃y∃xA   ∀x∀yA ↔ ∀y∀xA

Einseitige L-wahre Implikationen:
  (∀xA ∨ ∀xB) → ∀x(A ∨ B)   *Einseitige Quantordistribution*
  ∃x(A ∧ B) → (∃xA ∧ ∃xB)   "
  ∀x(A → B) → (∀xA → ∀xB)   "
  ∀x(A ∨ B) → (∃xA ∨ ∀xB)   "
  ∀x(A ↔ B) → (∀xA ↔ ∀xB)   "
  ∃x∀yA → ∀y∃xA   Einseitige Quantorenvertauschung
  ∃xA(x,x) → ∃x∃yA(x,y)   Iv-Identifikation (Notation: in A(x,y)
  ∀x∀yA(x,y) → ∀xA(x,x)   kommen die Iv's x und y frei vor)

12.6 Weiterführende Literatur und Übungen

Über die unten angeführten Übungen hinaus finden sich weitere prädikatenlogische Rekonstruktionsbeispiele in Klenk (1989) oder Bucher (1998).

12.6.1 Übungen zu Abschnitt 12.1

(a) Was ist die AL-Form der folgenden Formeln und/oder Schlüsse?
  (1) ∀x(Fx∧¬Gx) → (∃xFx∧Qy)
  (2) Fa → ∃z(∀xRxz ∧ ∀y(Fy∨Gyz))
  (3) ¬(¬Fa∧Ga) / Fa ∨¬Ga
  (4) Fa→¬∃xGx / ∀xRx ∧ ∃x(Fx∨¬Gx)
  (5) (∀xFx ∧ ∀xGx) → ∀xFx

(b) Welche der folgenden gültigen Schlüsse der PL sind auch AL-gültig? Wenn ja, was ist ihre AL-Form?
(1) ∀xFx ∧ ∀xGx / ∀xFx
(2) ∀x(Fx ∧ Gx) / ∀xFx
(3) ∃x(Fx ∧ Gx) / ∃xFx
(4) ∃xFx ∧ ∃xGx / ∃xFx
(5) ∀xFx, ∀xFx → ∃x(Gx∧Hx), ¬∃xGx ∨Qa / Qa
(6) ∀xFx, ∀xFx → (∃xGx∧Hb), ¬∃xGx ∨Ha / Ha

12.6.2 Übungen zu Abschnitt 12.2

Führen Sie die folgenden Substitutionen durch – was ist das Resultat?
(1) (Fxy ∧Gxz)[a/x]
(2) (∀x∃yRxy)[a/x] [b/y]
(3) (∃yPy ∧ ∀xRxy)[c/y]
(4) (∀x(Fx→∃yGxy) → Px)[a/x]
(5) ∀x(Rxy[b/y] → Ray[b/y])

12.6.3 Übungen zu Abschnitt 12.3

Beweisen Sie folgende PL-Schlüsse nur mit UI, EK und AL-Regeln:
(1) Fa ∧ Ga / ∃xFx
(2) ∀xFx / ∃xFx
(3) ∀xFx, Fa → Gb / ∃xGx
(4) ∀x(Fx → Gx), ∀x(Hx → Gx), Fa ∨ Hb / ∃xGx
(5) A[a/x] ∨ B[b/x], ¬A[a/x] / ∃xB
(6) ∀x¬Fx / ¬∀xFx

12.6.4 Übungen zu Abschnitt 12.4

(a) Beweisen Sie folgende L-Wahrheiten oder Schlüsse im PL-System S1:
(1) ∀x∀yRxy / ∀x∀y(Rxy∧Ryx)
(2) ∀xFx / ∀x(Fx ∨ Gx)
(3) ∀x(Fx → Gx), ∀x(Fx → Hx) / ∀x(Fx → (Gx ∧ Hx))
(4) ∀x(Fx → Gx) / ∀x((Fx∧Hx) → (Gx∧Hx))
(5) ∀x∃y(Fxy → Gxy) / ∀x∃y((Fxy ∨ Hxy) → (Gxy ∨ Hxy))
(6) ∀x(Fx → Gx), ∀x(Gx → Hx) / ∀x(Fx → Hx)
(7) ∃x(∀y(Fxy → Gxy) ∧ ∀y(Hxy → Gxy)) / ∃x∀y((Fxy ∨ Hxy) → Gxy)
(8) Man zeige, woran der Beweis folgenden Schlusses scheitert:
∃x∀y(Fxy → Gxy) ∧ ∃x∀y(Hxy → Gxy) / ∃x∀y((Fxy ∨ Hxy) → Gxy)

(9) ∀x∀y(Fxy →Gxy), ∀x∀y(Hxy → Gxy) / ∀x∀y((Fxy ∨ Hxy) → Gxy)
(10) ∃xFx ↔ ∃yFy
(11) ∃x(Fx ∨ Gx) ↔ ∃xFx ∨ ∃xGx
(12) ∀xA ↔ ∀yA[y/x] , sofern y nicht in A, weder gebunden noch frei (mit „A[y/x]" für „x an allen freien Vorkommnissen in A durch y ersetzt")
(13) ∀x(A ∧ B) → ∀xA
(14) ¬∃x¬Fx / ∀xFx
(15) ¬∀xA / ∃x¬A
(16) ∀x∀yRxy / ∀y∀xRxy
(17) ∃x∃yRxy → ∃y∃xRxy
(18) ∃x∀y∀zRxyz / ∀z∀y∃xRxyz
(19) ∀x(A ∧ B) ↔ A ∧∀xB, sofern x nicht frei in A
(20) ∀x∀yRxy / ∀xRxx
(21) ∃xRxx / ∃x∃yRxy
(22) (A ∧ ∃xB) ↔ ∃x(A ∧ B), sofern x nicht frei in A
(23) ∃x(A → B), ∀xA / ∃xB
(24) (∃xA → B) ↔ ∀x(A → B), sofern x nicht frei in B
(25) (∀xA → ∃xB) ↔ ∃x(A → B)
(26) ∀x(A ∨ B), ¬∃xA / ∀xB

(b) [Schwierig] Formalisieren Sie (unter Weglassungen von Nebensächlichkeiten) prädikatenlogisch die philosophischen Kernargumente, die in den folgenden Texten stecken und beweisen Sie diese deduktiv. (Hinweis: Individuenterme können auch über Ereignisse oder Zustände variieren)

(1) Aus *Epikur, Philosophie der Freude, Brief an Herodotos* (Inselverlag Frankfurt/M., 1996, 12-15): „Das All ist unendlich; denn alles Begrenzte hat ein Äußerstes, doch kann ein Äußerstes nur im Vergleich zu einem anderen betrachtet werden. (Das All jedoch kann nicht in Vergleich zu etwas anderem gesetzt werden.) Das All hat also kein Äußerstes und daher auch keine Grenzen. Und da es nun keine Grenzen hat, wird es wohl unendlich und unbegrenzt sein."

(2) Aus H. Sidgwick, *Methods of Ethics*, B. IV, Kap. 2, p. 181f.: „Wenn jedoch der Egoist zur Begründung oder zur Darstellung seines egoistischen Prinzips behauptet, sein eigenes Glück oder seine eigene Lebensfreude sei objektiv wünschenswert oder gut, dann ... können wir ihn nun darauf aufmerksam machen, dass *sein* Glück nicht objektiv wünschenswerter oder besser sein kann als das gleiche Glück jedes anderen Menschen. ... Geht man also von seinem eigenen egoistischen Prinzip aus, so kann man ihn dazu bringen, den weiteren Begriff eines universalen Glücks oder einer universalen Lebensfreude als den wahren Vernunftzweck, als das absolut Gute und Wünschenswerte anzuerkennen."

Teil II: **Aufbaukurs in Prädikatenlogik und Metalogik**

Sektion C: Fortgeschrittene Prädikatenlogik (inklusive Aussagenlogik)

13 Äquivalenzumformungen in der Aussagen- und Prädikatenlogik

Zwei Aussagen (der AL oder PL) sind logisch äquivalent, oder kurz L-äquivalent, wenn ⊨ A↔B gilt. Zwei L-äquivalente Aussagen haben genau dieselben logischen Konsequenzen. Wir schreiben Cn(A) für die Menge der logischen Konsequenzen einer Aussage A („Cn" für „consequences"). Oder in mengentheoretischer Schreibweise (Kap. 18): Cn(A) = {B: A ⊨ B}. Offenbar gilt:

⊨ A ↔ B g.d.w. Cn(A) = Cn(B).

Man bezeichnet „Cn(A)" auch als den logischen Gehalt, kurz den *Gehalt*, von A. L-äquivalente Aussagen haben denselben Gehalt. Man sagt auch, sie drücken dieselbe *Proposition* aus, wobei man die von A ausgedrückte Proposition oft mit der Menge aller mit A L-äquivalenten Aussagen identifiziert.

Logisch äquivalente Umformungen sind eine zweite wichtige logische Beweismethode. Im Kalkül „Ä" (für äquivalente Umformungen) fungiert das logische Symbol ↔ nicht als definiertes, sondern als *primitives* Symbol. Man kann in diesem Kalkül gegebene Aussagen in andere L-äquivalente Ausagen umformen, insbesondere in maximal einfache Aussagen, sogenannte *Normalformen*. Letztlich ist der Kalkül Ä sogar gleich stark wie der Kalkül S, denn man kann darin eine Aussage A als L-wahr beweisen, indem man die L-Äquivalenz ⊢ A ↔ p∨¬p beweist. (Analog für Schlüsse unter Anwendung des Deduktionstheorems.)

Wir erläutern den Kalkül Ä zunächst für die AL und dann für die PL.

13.1 Der aussagenlogische Äquivalenzkalkül Ä

Dem aussagenlogischen Äquivalenzkalkül liegen folgende L-wahre Basisäquivalenzen zugrunde (beachte: ↔ bindet schwächer als die anderen Junktoren):

Basisaxiome des AL-Äquivalenzkalküls Ä0:
(DN)   A ↔ ¬¬A   Doppelte Negation
(Komm∧)   (A ∧ B) ↔ (B ∧ A)   Kommutativität von ∧
(Komm∨)   (A ∨ B) ↔ (B ∨ A)   Kommutativität von ∨

(Ass∧)	$(A \land (B \land C)) \leftrightarrow ((A \land B) \land C)$	Assoziativität von ∧
(Ass∨)	$(A \lor (B \lor C)) \leftrightarrow ((A \lor B) \lor C)$	Assoziativität von ∨
(Idem∧)	$A \leftrightarrow (A \land A)$	Idempotenz von ∧
(Idem∨)	$A \leftrightarrow (A \lor A)$	Idempotenz von ∨
(Distr∧∨)	$(A \land (B \lor C)) \leftrightarrow ((A \land B) \lor (A \land C))$	∧-∨-Distributivität
(Distr∨∧)	$(A \lor (B \land C)) \leftrightarrow ((A \lor B) \land (A \lor C))$	∨-∧-Distributivität
(DM∧)	$\neg(A \land B) \leftrightarrow (\neg A \lor \neg B)$	De Morgan ∧
(DM∨)	$\neg(A \lor B) \leftrightarrow (\neg A \land \neg B)$	De Morgan ∨
(Def→)	$(A \to B) \leftrightarrow (\neg A \lor B)$	Bedeutung von →
(Def↔)	$(A \leftrightarrow B) \leftrightarrow ((A \to B) \land (B \to A))$	Bedeutung von ↔
(ÜbTaut)	$A \land (B \lor \neg B) \leftrightarrow A$	Überflüssige Tautologie
(ÜbKont)	$A \lor (B \land \neg B) \leftrightarrow A$	Überflüssige Kontradiktion
(Taut)	$A \lor (B \lor \neg B) \leftrightarrow (C \lor \neg C)$	Tautologie
(Kont)	$A \land (B \land \neg B) \leftrightarrow (C \land \neg C)$	Kontradiktion
(Abs∧)	$A \land (A \lor B) \leftrightarrow A$	∧-Absorption
(Abs∨)	$A \lor (A \land B) \leftrightarrow A$	∨-Absorption

Die im Folgenden aufgelisteten Äquivalenzen für n-stellige Operationen (Abschn. 7.2) gewinnt man durch Iteration der Basisaxiome. Da man hierfür viele Schritte benötigt, nehmen wir sie dennoch zu den Basisäquivalenzen des Kaküls Ä hinzu:

Ableitbare Äquivalenzen für n-stellige Konjunktionen/Disjunktionen (gehören zu Ä):

(GAss) $(A_1 \genfrac{}{}{0pt}{}{\lor}{\land} (...) \genfrac{}{}{0pt}{}{\lor}{\land} A_n)$ [beliebige 2er-Klammerung] $\leftrightarrow A_1 \genfrac{}{}{0pt}{}{\lor}{\land} ... \genfrac{}{}{0pt}{}{\lor}{\land} A_n$

(GKomm) $A_{i_1} \genfrac{}{}{0pt}{}{\lor}{\land} ... \genfrac{}{}{0pt}{}{\lor}{\land} A_{i_n}$ [beliebige Indizesreihenfolge] $\leftrightarrow A_1 \genfrac{}{}{0pt}{}{\lor}{\land} ... \genfrac{}{}{0pt}{}{\lor}{\land} A_n$

(GÜbTaut) $A \land (C_1 \lor B \lor C_2 \lor \neg B \lor C_3) \leftrightarrow A$ (C_1, C_2, C_3 können auch fehlen)

(GÜbKont) $A \lor (C_1 \land B \land C_2 \land \neg B \land C_3) \leftrightarrow A$ "

(GTaut) $(A_1 \lor B \lor A_2 \lor \neg B \lor A_3) \leftrightarrow C \lor \neg C$ (A_1, A_2, A_3 können auch fehlen)

(GKont) $(A_1 \land B \land A_2 \land \neg B \land A_3) \leftrightarrow C \land \neg C$ "

(GAbs∧) $A \land B \land (A \lor C) \leftrightarrow A \land B$

(GAbs∨) $A \lor B \lor (A \land C) \leftrightarrow A \lor B$

(GIdem) $A \genfrac{}{}{0pt}{}{\lor}{\land} ... \genfrac{}{}{0pt}{}{\lor}{\land} A \leftrightarrow A$

(GDistr∧∨) $(A_1 \lor ... \lor A_m) \land (B_1 \lor ... \lor B_n) \leftrightarrow (A_1 \land B_1) \lor (A_1 \land B_2) \lor ... \lor (A_m \land B_n)$
     (m · n Disjunkte)

(GDistr∨∧) $(A_1 \land ... \land A_m) \lor (B_1 \land ... \land B_n) \leftrightarrow (A_1 \lor B_1) \land (A_1 \lor B_2) \land ... \land (A_m \lor B_n)$
     (m · n Konjunkte)

(GDM∧) $\neg(A_1 \land ... \land A_n) \leftrightarrow (\neg A_1 \lor ... \lor \neg A_n)$

(GDM∨) $\neg(A_1 \lor ... \lor A_n) \leftrightarrow (\neg A_1 \land ... \land \neg A_n)$

Die Grundidee von Äquivalenzbeweisen ist einfach: man kann jede Formel A in eine gewünschte L-äquivalente andere Form umformen, indem man sukzessive geeignete Teilformeln von A durch L-äquivalente Teilformeln ersetzt. Die Grundlage hierfür bildet die logische Ersetzungsregel.

Definition 13-1. *Logische Ersetzungsregel:*
Notation: Wenn B eine Teilformel von A ist, dann bezeichnet A[C/B] – lies: A mit C anstelle von B – eine Formel, die aus der Ersetzung von einigen oder allen Vorkommnisse von B durch C in A resultiert.
Beachte: Im Gegensatz zur Substitutionsnotation „A[t/x]" erlaubt die Ersetzungsnotation „A[C/B]" auch die Ersetzung von nur einigen B-Vorkommnissen. Somit hat „A[C/B]" variable Referenz; die Regel (E_L) gilt für alle Ersetzungsmöglichkeiten.
Logische Ersetzungsregel (E_L) (auch „Regel der Ersetzung von Äquivalenten"):
Semantische Version: Wenn $\models$ B $\leftrightarrow$ C, dann $\models$ A $\leftrightarrow$ A[C/B].
Syntaktische Version: Wenn $\vdash$ B $\leftrightarrow$ C, dann $\vdash$ A $\leftrightarrow$ A[C/B].

Die logische Ersetzungsregel ist semantisch korrekt. Der Korrektheitsbeweis basiert auf einer ‚metalogischen Induktion nach der Komplexität von A[C/B]' und wird in Kap. 19 nachgetragen.

Die Ersetzungsregel gilt auch in der logisch stärkeren prämissenrelativierten Form:

Prämissenrelativierte Ersetzungsregel (E_P):
Semantische Version: Wenn Γ $\models$ B $\leftrightarrow$ C, dann Γ $\models$ A $\leftrightarrow$ A[C/B].
Syntaktische Version: Wenn Γ $\vdash$ B $\leftrightarrow$ C, dann Γ $\vdash$ A $\leftrightarrow$ A[C/B].

(E_P) wird wichtig, wenn Äquivalenzumformungen mithilfe zusätzlicher nichtlogischer Definitionen durchgeführt werden, die die Form von Äquivalenzen haben (A $\leftrightarrow_{def}$ ...) und in Γ zusammengefasst sind. Wir werden davon in metalogischen Beweisen Gebrauch machen; hier interessiert uns nur die logische Form der Ersetzungsregel.

Äquivalenzbeweise haben *lineare* Struktur und können in beide Richtungen gelesen werden, denn alle Äquivalenzgesetze gelten in beide Richtungen. Wir schreiben Äquivalenzbeweise daher in die Form linearer Ketten. Jeder Beweisschritt beruht auf einer Anwendung der Regel (E_L). Die jeweils ersetzten Teilformeln werden unterstrichen und das verwendete Äquivalenzgesetz rechts in der Beweislegende angeführt. Wir fahren so lange mit den Umformungen fort, bis wir am Ziel angelangt sind. Am unteren Ende der linearen Kette steht dann eine Aussage, die mit der an ihrem oberen Ende L-äquivalent ist. Ein erstes *Beispiel:*

Beweis von $((\neg p \wedge q) \to \neg(q \wedge r)) \leftrightarrow (p \vee \neg q \vee \neg r)$ im Kalkül Ä:

$(\neg p \wedge q) \to \underline{\neg(q \wedge r)}$
| DM
$\underline{(\neg p \wedge q) \to (\neg q \vee \neg r)}$
| Def$\to$
$\underline{\neg(\neg p \wedge q)} \vee (\neg q \vee \neg r)$
| DeM
$(\underline{\neg\neg p} \vee \neg q) \vee (\neg q \vee \neg r)$
| DN
$\underline{(p \vee \neg q) \vee (\neg q \vee \neg r)}$
| Ass$\vee$ (Wegfall von Klammern)
$p \vee \underline{\neg q \vee \neg q} \vee \neg r$
| Idem$\vee$
$p \vee \neg q \vee \neg r$

Die komplizierte Formel $(\neg p \wedge q) \to \neg(q \wedge r)$ ist also mit der einfachen Formel $p \vee \neg q \vee \neg r$ L-äquivalent. Wir hätten die Äquivalenz auch im Kalkül S beweisen können; der Beweis in S wäre aber ungleich länger geworden.

Ein weiteres Beispiel:

Beweis von $(A \to B) \leftrightarrow (\neg B \to \neg A)$ (Kontraposition):

$\underline{A \to B}$
| Def$\to$
$\underline{\neg A \vee B}$
| Komm$\vee$
$\underline{B} \vee \neg A$
| DN
$\underline{\neg\neg B \vee \neg A}$
| Def$\to$
$\neg B \to \neg A$

13.2 Aussagenlogische Normalformen

Aussagenlogische Normalformen bestehen aus Konjunktionen von Disjunktionen (oder Disjunktionen von Konjunktionen) von Literalen. Ein Literal ist eine unnegierte oder negierte Aussagenvariable. „Av" steht im folgenden abkürzend für „Aussagenvariable"; für ein Literal schreiben wir kurz „$\pm p_i$".

> **Definition 13-2.** *Normalformen*:
> 1. Eine *konjunktive Normalform*, kurz KNF, ist eine Konjunktion von distinkten Disjunktionen von distinkten Literalen:
>
> $(\pm p_{1,1} \vee ... \vee \pm p_{1,n_1}) \wedge ... \wedge (\pm p_{m,1} \vee ... \vee \pm p_{m,n_m})$
>
> $\underbrace{\qquad\qquad\qquad}$
>
>   ein *elementares* Konjunkt(ionsglied)
>   Beispiel: (p∨q) ∧ (r∨¬p ∨q), aber *nicht* ¬(p∨q), p∧(q ∨ (r∧¬p)), p∨p oder (p∨q)∧(p∨q), usw.
> 2. Eine *disjunktive Normalform*, kurz DNF, ist eine Disjunktion von distinkten Konjunktionen von distinkten Literalen.
>
> $(\pm p_{1,1} \wedge ... \wedge \pm p_{1,n_1}) \vee ... \vee (\pm p_{m,1} \wedge ... \wedge \pm p_{m,n_m})$
>
>   Beispiel: (p ∧ q) ∨ (r ∧ ¬p ∧ q), aber *nicht* ¬(p∧q), p∨(q ∧ (r∨¬p)), p∧p, usw.
> 3. B ist eine *KNF von A* g.d.w. B eine KNF ist und ⊨ B↔A.
>   B ist eine *DNF von A* g.d.w. B eine DNF ist und ⊨ B↔A.
> 4. Kommen alle Av's von B in A vor, so heißt B eine *Standard-KNF* (bzw. Standard-DNF) *von A*. Andernfalls heißt B eine *erweiterte KNF* (bzw. erweiterte DNF) von A.

Zwei Normalformen heißen *permutationsidentisch*, wenn sie durch Permutation von elementaren Gliedern, oder von Literalen innerhalb solcher Glieder, ineinander überführbar sind. Solche Normalformen werden als identisch behandelt.

Zu 4.: Eine Formel A kann mehrere verschiedene – also nicht permutationsidentische – Standard-KNFs oder Standard-DNFs besitzen. Einige *Beispiele*:

p∨q: Standard-KNFs: nur p∨q
       Standard-DNFs: p∨q, (p∧q) ∨ p ∨ q, (p∧q) ∨ (p∧¬q) ∨ (¬p∧q)
p∧q: Standard-DNFs: nur p∧q
       Standard-KNFs: p∧q, (p∨q) ∧ p ∧ q, (p∨q) ∧ (p∨ ¬q) ∧ (¬p∨q)
Beachte: Die Formeln p∨q und p∧q sind zugleich eine KNF und DNF.

Zum Begriff der *erweiterten* KNF (bzw. DNF): Die Frakturbuchstaben $\mathcal{P}, \mathcal{P}_1, ...$ stehen für Mengen von Av's, also z.B. $\mathcal{P}$ = {p, q, r} („{" und „}" sind die Mengenklammern). $\mathcal{P}_A$ bezeichnet die Menge aller in Aussage A vorkommenden Av's. Dann ist eine mit A L-äquivalente KNF (DNF) B eine erweiterte KNF (DNF) von B, wenn $\mathcal{P}_B$ Av's enthält, die nicht in $\mathcal{P}_A$ sind. Man kann leicht zeigen, dass jede Formel A für jede Übermenge $\mathcal{P}$ ihrer Av's ($\mathcal{P} \supset \mathcal{P}_A$) mindestens eine KNF und eine DNF besitzt. Zu diesem Zweck benutzt man folgende Erweiterungsmethode: Sei D ein elementares Disjunktionsglied der DNF B und q eine Av, die nicht in D vorkommt. Dann formt man D in B über den Zwischenschritt D∧(q∨¬q) in die

L-äquivalente Disjunktion (D∧q)∨(D∧¬q) um und hat eine erweiterte DNF, die q enthält. Analog erweitert man ein elementares Konjunktionsglied K, indem man es in (K∨q)∧(K∨¬q) umwandelt.

Mithilfe der folgenden Prozedur können wir jede Formel A in eine L-äquivalente DNF oder KNF umwandeln:

Prozedur zur Erzeugung einer Standard KNF bzw. DNF einer gegebenen Aussage:
(1) Wir eliminieren → und ↔ via Def→ und Def↔.
(2) Wir bringen die Negationszeichen vor die Aussagevariablen via GDM∧ und GDM∨ und eliminieren doppelte Negationen mittels DN. Damit erhalten wir die sogenannte *Negations-Normalform*.
(3) Wir produzieren eine möglichst kurze Standard-KNF oder Standard-DNF durch Anwendung von GAbs∧, GAbs∨, GTaut, GKont, GÜbTaut, GÜbKont, GIdem, zusammen mit GAss, GKomm; sowie GDistr∨∧ zwecks Herstellung einer KNF und GDistr∧∨ zwecks Herstellung einer DNF.
(4) Die so erreichte Standard-KNF (bzw. -DNF) können wir (mit der beschriebenen Methode) mit neuen Av's *erweitern*; fallweise können wir sie aber auch durch Elimination logisch überflüssiger Glieder weiter reduzieren (s. Def. 13-3).

Wir betrachten zunächst ein *Beispiel:*

$(\neg\neg p \land \neg q) \to (q \land \neg(r \lor \neg p))$
| Def→

$\neg(\neg\neg p \land \neg q) \lor (q \land \neg(r \lor \neg p))$
| 2 × DM

$(\neg\neg\neg p \lor \neg\neg q) \lor (q \land (\neg r \land \neg\neg p))$
| 3 × DN

$(\neg p \lor q) \lor (q \land (\neg r \land p))$ eine Negationsnormalform
| 2 × Ass

$\neg p \lor q \lor (q \land \neg r \land p)$ eine DNF, aber nicht irreduzibel (im Sinne von Def. 13-3 unten)
| Abs∨

$\neg p \lor q$ Eine irreduzible DNF und zugleich eine irreduzible KNF

Wenn wir nicht die Abkürzung der Absorption benutzt hätten, sondern mit genereller Distribution fortgefahren wären, hätte die Umformung etwas länger gedauert:

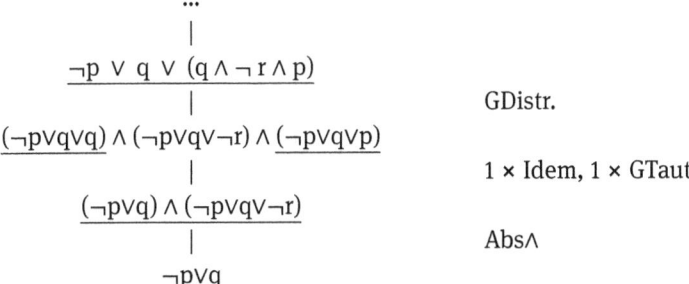

Praktisch wichtiger als Erweiterungen sind *Reduktionen* von Normalformen. Wie oben ersichtlich können auch Standard-KNFs bzw. -DNFs überflüssige Glieder enthalten, die ohne Veränderung des logischen Gehalts eliminierbar sind. So sind in obigem Beipiel p∨q, (p∧q) ∨ p ∨ q wie auch (p∧q) ∨ (p∧¬q) ∨ (¬p∧q) Standard-DNFs von ¬p→q, aber nur p∨q ist eine *irreduzible* DNF von ¬p→q im Sinne von Definition 13-3. Analog sind p∧q, (p∨q) ∧ p ∧ q, (p∨q) ∧ (p∨¬q) ∧ (¬p∨q) Standard-KNFs von ¬(p→¬q), aber nur p∧q ist eine irreduzible KNF von ¬(p→¬q).

> **Definition 13-3.** *Irreduzible Normalformen:*
> Eine DNF (oder KNF) heißt *irreduzibel* g.d.w. keines ihrer elementaren Disjunktionsglieder (bzw. Konjunktionsglieder) und keines ihrer Literale eliminiert werden kann, ohne den logischen Gehalt zu verändern. Wir schreiben dafür kurz IDNF (bzw. IKNF).

Nicht einmal der Begriff der irreduziblen KNF bzw. DNF ist eindeutig im Sinne von Permutationsidentität. Dazu betrachten wir die *Kreisimplikation* (p→q) ∧ (q→r) ∧ (r→p). Sie impliziert, dass die drei Av's p, q, r alle untereinander äquivalent sind und hat vier nicht permutationsidentische IKNFs:

Irreduzible KNFs von (p→q)∧(q→r)∧(r→p):
(¬p∨q)∧(¬q∨r)∧(¬r∨p), (¬q∨p)∧(¬r∨q)∧(¬p∨r),
(¬p∨q)∧(¬q∨p)∧(¬q∨r)∧(¬r∨q), (¬p∨r)∧(¬r∨p)∧(¬r∨q)∧(¬q∨r).

Wir fassen die erläuterten Tatsachen in folgendem Merksatz zusammen:

> **Merksatz 13-1.** *Normalformen:* Jede Aussage A hat
> (i) mindestens eine irreduzible KNF und DNF,
> (ii) mindestens eine Standard-KNF und -DNF, sowie
> (iii) für jede Übermenge $\mathcal{P}^*$ von $\mathcal{P}_A$ mindestens eine erweiterte KNF und DNF.

Während der Beweis von (ii) und (iii) aus oben Gesagtem folgt, ergibt sich der Beweis von (i) erst aus der unten gezeigten Vollständigkeit des Kalküls Ä.

13.3 Ausgezeichnete Normalform und Vollständigkeit von Ä

Für metalogische Beweiszwecke bedeutsam ist der Begriff der *ausgezeichneten* Normalform. Zur Explikation dieses Begriffs führen wir zwei (gebräuchliche) *logische Konstanten* ein: im Folgenden steht „⊤" für „Verum" und ist per definitionem in jeder Interpretation wahr, und „⊥" für „Falsum" und ist per definitionem in jeder Interpretation falsch.

Definition 13-4. *Ausgezeichnete Normalform:*
1. Die ausgezeichnete DNF einer *konsistenten* Aussage A, kurz die ADNF von A, ist eine DNF, deren elementare Disjunktionsglieder jede Av in $\mathcal{P}(A)$ *genau einmal* enthalten. – Hinweis: Jedes elementare Disjunktionsglied der ADNF ist daher konsistent. Die ADNF eine kontradiktorischen Aussage wird mit ⊥ identifiziert.
2. Analog ist die ausgezeichnete KNF (kurz die AKNF) einer *nichttautologischen* Aussage A eine KNF, deren elementare Konjunktionsglieder jede Av in $\mathcal{P}(A)$ *genau einmal* enthalten. – Hinweis: Jedes elementare Konjunktionsglied der KDNF ist daher nichttautologisch. Die KDNF eine tautologischen Aussage wird mit ⊤ identifiziert.

Man beachte, dass für ausgezeichnete NFs zusätzlich gefordert wird, dass jede Av in jedem elementaren Glied nur einmal vorkommt, weshalb weder die inkonsistente KNF p∧¬p eine AKNF ist, noch die tautologische DNF p∨¬p eine ADNF. Mit der oben beschriebenen Methode können wir jede nichttautologische DNF von A zu einer ADNF erweitern: wenn ein Disjunkt D eine Av p von A nicht enthält, dann wandeln wir es in (D∧p) ∨ (D∧¬p) um. Tun wir das für alle Disjunkte der DNF und alle Av's in A, so erhalten wir eine ADNF von A. Analoges gilt für die AKNF. Zwei Beispiele:

¬(p∨¬q): Die ADNF lautet ¬p∧q. Dies ist auch eine KNF aber keine AKNF.
        Die AKNF lautet (p∨q) ∧ (¬p∨q) ∧ (¬p∨¬q).
¬(¬p∧q): Die AKNF lautet p∨¬q. Dies ist auch eine DNK aber keine ADNF.
        Die ADNF lautet (p∧q) ∨ (p∧¬q) ∨ (¬p∧¬q).
p∨¬p∨q: Die ADNF lautet (p∧q)∨(p∧¬q)∨(¬p∧q)∨(¬p∧¬q).
        Die AKNF lautet ⊤.
p∧¬p∧q: Die ADNF lautet ⊥.
        Die AKNF lautet (p∨q)∧(p∨¬q)∧(¬p∨q)∧(¬p∨¬q).

Folgender Äquivalenzbeweis wandelt $\neg(p \lor \neg q)$ in eine ADNF und eine AKNF um:

$\neg(p \lor \neg q)$
| DM
$\neg p \land \neg\neg q$
| DN
$\neg p \land q$ *die ADNF*
| ÜbTaut
$(\neg p \lor (q \land \neg q)) \land q$
| Dist∧∨, GAss
$(\neg p \lor q) \land (\neg p \lor \neg q) \land q$
| ÜbTaut
$(\neg p \lor q) \land (\neg p \lor \neg q) \land ((p \land \neg p) \lor q)$
| Dist∧∨, GAss
$(\neg p \lor q) \land (\neg p \lor \neg q) \land (p \lor q) \land (\neg p \lor q)$
| Idem, Komm∧
$(p \lor q) \land (\neg p \lor q) \land (\neg p \lor \neg q)$ *die AKNF*

Ab dem Erreichen der ADNF erfolgen nur noch Erweiterungsschritte (reduzierende Äquivalenzen laufen in umgekehrter Richtung).

Im Gegensatz zu den anderen Normalformen sind die ausgezeichneten Normalformen immer *eindeutig* modulo Permutationen. Genauer gesagt hat jede Aussage A sogar für jede *Av-Übermenge* $\mathcal{P}$ von $\mathcal{P}_A$ genau eine *erweiterte* ADNF und AKNF modulo Permutationen, d.h. in jedem Glied der für $\mathcal{P}$ erweiterten ADNF bzw. AKNF kommt jede Av in $\mathcal{P}$ genau einmal vor. Die Eindeutigkeit folgt unmittelbar aus der Definition von ADNFs (AKNFs), denn jede Av kommt in jedem elementaren Glied genau einmal vor, unnegiert oder negiert, und alle elementaren Glieder sind distinkt. Daraus folgen mehrere wichtige Tatsachen:

Erstens entspricht jedes elementare Disjunktionsglied einer ADNF genau einer Wahrheitswertzeile ihrer Wahrheitstafel, die sie wahr macht. So hat in obigem Beispiel die Aussage $\neg(\neg p \land q)$ vier Wahrheitswertzeilen, von denen sie drei wahr machen, die genau den Disjunktionsgliedern ihrer ADNF entsprechen, nämlich $(p \land q) \lor (p \land \neg q) \lor (\neg p \land \neg q)$, also:

p	q	¬	(¬p	∧	q)
w	w	w̲	f	f	
w	f	w̲	f	f	
f	w	f̲	w	w	
f	f	w̲	w	f	

Widersprüchliche Aussagen haben keine wahrmachenden Zeilen, deshalb ist ihre ADNF das Falsum, ⊥. Umgekehrt werden tauologische Aussagen von jeder Wahrheitswertzeile wahr gemacht, daher haben tautologische ADNFs mit n Av's 2^n elementare Disjunktionsglieder.

Zweitens folgt aus dieser Überlegung die *funktionale Vollständigkeit* unserer aussagenlogischen Sprache. Damit ist gemeint, dass jede mögliche n-stellige Wahrheitswertfunktion bzw. ‚Wahrheitstafel' – die jeder möglichen Wahrheitswertzeile in n Av's entweder w oder f zuordnet – durch eine Aussage der AL ausgedrückt werden kann: nämlich durch die ADNF, die dieser Wahrheitstafel entspricht. Man nennt n-stellige Wahrheitswertfunktionen auch *Boolesche* Funktionen.

Drittens folgt aus diesen Tatsachen die *Vollständigkeit* des Kalküls Ä: jede logisch wahre Äquivalenz zwischen zwei Aussagen, ⊨ A↔B, kann im Kalkül Ä bewiesen werden. Denn seien A und B L-äquivalent und sei $\mathcal{P}$ die Menge aller *in A oder in B* vorkommenden Av's (mengentheoretisch: $\mathcal{P} = \mathcal{P}_A \cup \mathcal{P}_B$). Mithilfe der oben beschriebenen Umformungsschritte des Kalküls Ä können wir sowohl A wie B in ihre eindeutige (evtl. erweiterte) ADNF für die Av-Menge $\mathcal{P}$ umformen. Diese beiden Normalformen, ADNF(A) und ADNF(B), sind aber *identisch* modulo Permutationen und können daher mittels GAss und GKomm ineinander umgeformt werden. Da alle Äquivalenzumformungen in beide Richtungen laufen, führt somit eine Kette von Äquivalenzumformungen im Kalkül Ä von A zu B und zurück.

Wir fassen diese Tatsachen in Merksatz 13-2 zusammen. Punkt 4 impliziert, dass mit endlich vielen Av's nur endlich viele Propositionen ausgedrückt werden.

Merksatz 13-2. *Ausgezeichnete Normalformen:*
1. Jedes Aussage A besitzt für jede Übermenge $\mathcal{P}$ von $\mathcal{P}_A$ genau eine ADNF und eine KDNF (modulo Permutationen).
2. Jedes elementare Disjunkt der ADNF von A für $\mathcal{P}$ entspricht einer A wahrmachenden Zeile von A's Wahrheitstafel über den Av's in $\mathcal{P}$.
3. Es gibt $2^{(2^n)}$ unterschiedliche Boolesche Funktionen über n Av's. Ebensoviele wechselseitig nicht L-äquivalente Propositionen können in einer AL-Sprache mit n Av's ausgedrückt werden und korrespondieren jeweils genau einer ADNF.
4. Die Junktorenbasis der AL ist funktional vollständig in Bezug auf alle Booleschen Funktionen.
5. Der Kalkül Ä ist korrekt und vollständig.

13.4 Exkurs: Resolution, Klausellogik und algebraische Logik

Eine wichtige Anwendung von konjunktiven Normalformen ist die Klausellogik im *automatisierten* (computergestützten) Beweisen. Wie in Tableau-Kalkülen werden dabei Gültigkeitsbeweise durch die Reduktio ad Absurdum Methode geführt. Zuvor aber werden die Prämissen und die Negation des zu beweisenden Schlusses in eine konjunktive Normalform umgewandelt, die aber nicht als Konjunktion, sondern als (logisch gleichwertige) *Menge* von elementaren Konjuntionsgliedern, also Disjunktionen von Literalen geschrieben werden. Man nennt diese Literal-Disjunktionen auch *Klauseln*. In Anwendung auf Klauseln kommt das Beweisverfahren dann mit einer einzigen Regel aus, der Regel der Resolution:

(Res) A∨B, ¬A∨C / B∨C   *Resolutionsregel*
Spezialfall: A, ¬A / ⊥   (Widerspruch!)

Man spricht auch von Resolutions-Widerspruchsbeweisen (resolution-refutation), da mit der Ableitung des Widerspruches ⊥ aus den in Klauselform umgewandelten Prämissen die Gültigkeit des ursprünglichen Schlusses bewiesen ist. Hier ein *Beispiel*:

Klausellogischer Beweis von p→q, ¬q∧r, r→s ⊨ ¬p∧s (Beweisbaum):

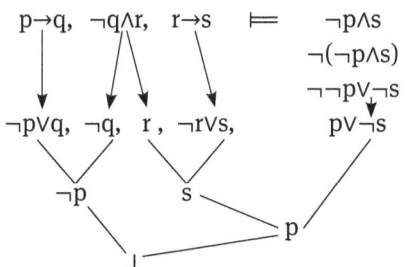

L-äquivalente Umwandlung in Klauseln (Umwandlungsschritte)

Resolutionsschritte (Widerlegungsbeweis erfolgreich)

Die Klausellogik mit Resolution-Widerlegung ist nachweislich ein vollständiger Kalkül. Wir fassen ihr Verfahren nochmal zusammen:

Verfahren des klausellogischen Resolutionsbeweises:
1. Um den Schluss Γ ⊢ A zu beweisen nimmt man sein Gegenteil Γ, ¬A an und wandelt Γ, ¬A mithilfe von Äquivalenzumformungen in eine Menge Klauseln (Disjunktionen von Literalen) um.

2. Anschließend werden mit der Resolutionsregel neue Klauseln erzeugt, solange bis entweder ein Widerspruch ⊥ produzierte wurde – dann ist der Schluss gültig – oder bis keine weitere Klausel mehr erzeugbar ist – dann ist der Schluss ungültig. *Hinweis:* Letzterer Fall tritt nur in der AL oder im entscheidbaren Fragment der PL auf.

Der Nutzen der Klausellogik erwächst insbesondere aus der Tatsache, dass sie sich auf die PL verallgemeinern lässt (Abschn. 21.2).

Eine weitere Anwendung von Äquivalenzumformungen besteht darin, dass man wie erwähnt beliebige L-wahre Sätze beweisen kann. Denn es gilt

A ist L-wahr g.d.w. A ↔ p$\underline{\vee}$¬p L-wahr ist.

Da der Kalkül Ä vollständig ist, kann man darin also jede L-Wahrheit und über den Umweg des Deduktionstheorems (Γ ⊢— A g.d.w. ⊢— ∧Γ → A) auch jeden gültigen Schluss beweisen. Diese Überlegungen führen uns in das Gebiet der *algebraischen Logik*. Aufgrund ihrer Linearität und Invertierbarkeit funktionieren Äquivalenzbeweise so wie Identitätsumformungen in der mathematischen Algebra, also etwa (3·(4+5) – 7) = (3·9 – 7) = (27–7) = 20. Nun sind L-äquivalente Aussagen zwar nicht identisch, doch wir können die Aussagen unserer Sprache auch anders interpretieren, nämlich als Namen für Propositionen, und unsere AL-Junktoren als Funktionen über Propositionen, und schon wird aus der Aussagenlogik eine Algebra, die sogenannte *Boolesche Algebra*. Damit können wir jede Äquivalenzumformung als Boolesche Identitätsumformung darstellen, wie z.B.

Boolesche Identitätsumformung:

¬$\underline{\to}$(y$\underline{\vee}$z) = $\underline{\neg\neg}$x$\underline{\vee}$(y$\underline{\vee}$z) = x$\underline{\vee}$(y$\underline{\vee}$z) = x$\underline{\vee}$y$\underline{\vee}$z.

Die Variablen x, y,... bezeichnen nun Propositionen bzw. Elemente einer Algebra. Die logischen Symbole *sind unterstrichen*, um anzudeuten, dass sie nun Funktionen über Propositionen bezeichnen.

Unter einer *Booleschen Algebra* versteht man allgemein eine Struktur (ein ‚7-Tupel') der Form <$\underline{A}$,$\underline{\neg}$,$\underline{\wedge}$,$\underline{\vee}$,0,1>. Dabei ist $\underline{A}$ die *Trägermenge* der Algebra, $\underline{\neg}$ ist eine einstellige Funktion über $\underline{A}$ (das Komplement, entspricht der AL-Negation), $\underline{\wedge}$ und $\underline{\vee}$ sind zweistellige Funktionen über $\underline{A}$ (Infimum und Supremum, entsprechen der Konjunktion und Disjunktion), 0 ist die Kontradiktion und 1 die Tautologie, *wobei* die oben angeführten Äquivalenzgesetze erfüllt sind, die nun Identitätsgesetze sind, die sogenannten Booleschen Gesetze. Die Variablen x,y,... variieren über Propositionen in $\underline{A}$; sie entsprechen den Schemabuchstaben A, B,... in der AL. Die Algebra $\underline{A}$ enthält 1 und 0 und ist unter den Booleschen Funktionen abgeschlossen, d.h. mit x, y in $\underline{A}$ ist auch ¬x, x$\underline{\wedge}$y und x$\underline{\vee}$y in $\underline{A}$. Die Boolesche Implikation taucht nicht extra auf, sondern wird durch $\underline{\neg}$ und $\underline{\vee}$ definiert.

13.4 Exkurs: Resolution, Klausellogik und algebraische Logik — 223

Eine (Boolesche oder nicht-Boolesche) Algebra wird im Regelfall als eine bestimmte Art von *Verband* definiert. Ein Verband ist ein Paar (A̱,≤) mit „≤" als einer partiellen Ordnungsrelation (s. Abschn. 17.2), die der Ordnung „ist logisch stärker als" entspricht. Die Elemente von A̱ denkt man sich intuitiv als vom kleinsten bzw. logisch stärksten Element 0 (der Kontraditkion) zum größten bzw. logisch schwächsten Element 1 (der Tautologie) partiell geordnet. Die Konjunktion zweier Elemente x, y in A̱ wird als ihr Infimum definiert, x∧y = inf(x,y) = das größte A̱-Alement, das kleiner (logisch stärker) ist als x und y, und die Disjunktion als das Supremum, x∨y = sup(x,y) = das kleinste A̱-Element, das größer (logisch schwächer) ist als x und y. Eine Boolesche Algebra ist ein sogenannter komplementierter distributiver Verband. Als Gesetze, die er zu erfüllen hat, werden üblicherweise angegeben: Assoziativität, Kommutativität, Absorption, Distribution, Taut und Kont; die weiteren Gesetze aus unserer Liste ergeben sich teils durch die Definitionen von 1, 0 und ∧, ∨ (ÜbTaut, ÜbKont, Idem) und teils durch kleine Beweise (DN, DM) (vgl. Bell und Machover 1977, Kap. 4; Rautenberg 1979, Kap. IV.3).

Jede Boolesche Algebra eignet sich als *Semantik* der AL, indem man die Elemente von A̱ als Propositionen auffasst, den Av's beliebige Elemente in A̱ und den komplexen Aussagen entsprechende funktional erzeugte Elemente von A̱ zuordnet (formalsemantisch: I(p) ∈ A̱, I(¬A) = ¬̱ I(A), I(A∧B) = I(A) ∧̱ I(B) und I(A∨B) = I(A) ∨̱ I(B)). Jede solche Algebra mit n-elementiger Trägermenge kann man auch als Boolesche Matrix mit n Wahrheitswerten interpretieren. Die kleinste als AL-Semantik geeignete Boolesche Algebra ist die klassisch-zweiwertige *wahr-falsch* Algebra mit der Trägermenge A̱ = {w, f}; die zugeordneten Booleschen Funktionen entsprechen den klassischen Wahrheitstafeln. Eine besonderes elegante Boolesche Algebra ist die *Lindenbaum-Tarski* Algebra (Rautenberg 197, 33f.) Hier fasst man Propositionen einer Sprache $\mathcal{L}$ als maximale Mengen L-äquivalenter Sätze auf und identifiziert die Trägermenge dieser Algebra mit der Menge dieser Satzmengen. Die Lindenbaum-Tarski Algebra lässt sich auch für die Sätze einer PL-Sprache bilden (Bell und Machover 1977, Kap. 5.5).

Die kleinsten von 0 verschiedenen Elemente einer Booleschen Algebra nennt man auch ihre ‚Atome'. Algebraische Atome entsprechen den logisch stärksten nichtkontradiktorischen Aussagen einer AL-Sprache (bei n Av's sind dies Konjunktionen der Form $\pm p_1 \wedge ... \wedge \pm p_n$; mit „±" für „unnegiert" oder „negiert"). Der algebraische Begriff des ‚Atoms' ist nicht zu verwechseln mit dem einer atomaren Aussage bzw. Aussagevariable. ‚Primitive' versus ‚komplexe' Propositionen gibt es in Algebren prima facie nicht, denn die logischen Operationen sind hier einfach Funktionen von Elementen von A̱ in andere Elemente von A̱. Es gibt aber Algebren mit sogenannten *Generatoren*; die Av's entsprechen wechselseitig unabhängigen Generatoren einer Algebra.

Eine andere Interpretation von Booleschen Algebren sind *Mengenalgebren*; hier bezeichnen die Elemente von A Mengen x, y, ... einer Grundmenge D, ¬ entspricht dem D-Komplement der Mengen, ∧ dem mengentheoretischen Durchschnitt und ∨ der mengentheoretischen Vereinigung (Abschn. 18.2).

Verbände, die nicht alle Gesetze von Booleschen Verbänden erfüllen, eignen sich als Semantiken für *nichtklassische Logiken*. Ein Beispiel sind die Heyting Verbände als Semantiken für intermediäre Logiken (Rautenberg 1979, 33) oder die orthomodularen Verbände als Semantiken für Quantenlogiken (Dalla Chiara 1986).

13.5 Der prädikatenlogische Äquivalenzkalkül Ä1

Im prädikatenlogischen Äquivalenzkalkül gelten natürlich alle aussagenlogischen Basisäquivalenzen. Insbesondere dürfen wir sie hier nicht nur auf Aussagen, sondern auch auf offene Formeln anwenden. Die freien Iv's einer offenen Formel fungieren wie ‚vorübergehende Namen'; ihre Semantik wird in Kap. 15 behandelt. Die Anwendung der logischen Ersetzungsregel auf offene Teilformeln einer PL-Aussage (oder PL-Formel) gilt unverändert; die Anwendung der prämissenrelativierten Ersetzungsregel E_P bedarf jedoch folgender Einschränkung:

> *Prämissenrelativierte Ersetzungsregel (E_P) für die PL:*
> Semantische Version: Wenn $\Gamma \models B \leftrightarrow C$, dann $\Gamma \models A \leftrightarrow A[C/B]$, mit folgender *Variablenbedingung*: Γ enthält keine freien Individuenvariablen.
> (Analog die *syntaktische* Version, mit „⊢" anstelle von „$\models$".)

Die Notwendigkeit dieser Einschränkung sieht man so: Folgt aus Γ Fx↔Gx, dann heißt das nicht, dass aus Γ auch ∀x(Fx↔Gx) folgt. Dies ist aber nötig, damit die Teilformel Fx in A in beliebig quantifizierten Kontexten durch Gx äquivalent ersetzbar ist. Ist beispielsweise A die Formel ∀xFx, dann ist (∀xFx)[Gx/Fx] die Formel ∀xGx, und ∀xFx ↔ ∀xGx folgt nicht aus Γ, wenn Γ etwa nur die Prämissenmenge {Fx↔Gx} ist. Wir müssen daher fordern, dass Γ keine freien Iv's enthält. Dann können wir die Regel (UGv) (s. Abschn. 14-9) auf alle freien Iv's in B↔C anwenden und somit aus Γ die Allgeneralisierung von B↔C ableiten, in unserem Beispiel ∀x(Fx↔Gx).[13] Für die Anwendungspraxis heißt dies: die in Γ

---

[13] Es genügt zu fordern, dass keine freie Iv von A auch in Γ enthalten ist; dann kann man aber die vEP-Regel anwenden und Γ gleichwertig durch Γ's existenzielle Generalisierung ersetzen.

13.5 Der prädikatenlogische Äquivalenzkalkül Ä1 — 225

angenommenen Definitionen sollten allgeneralisiert sein und dürfen jedenfalls nicht offen sein.

Zu den AL-Äquivalenzen kommen folgenden PL-Basisäquivalenzen hinzu:

Zusätzliche Basisaxiome des PL-Äquivalenzkalküls Ä1 (VB für „Variablenbedingung"):

(Umb)	$\forall xA \leftrightarrow \forall yA[y/x]$	Gebundene Umbenennung (s. Abschn. 12.5)
	$\exists xA \leftrightarrow \exists yA[y/x]$	VB: (i) y ist nicht frei in A und (ii) kein freies x liegt in A im Bereich eines y-Quantors. *Sichere Strategie: y ist neu* (d.h. nicht in $\forall xA$).
($\forall\exists$)	$\forall xA \leftrightarrow \neg\exists x\neg A$	Zusammenhang Allquantor-Existenz-
	$\exists xA \leftrightarrow \neg\forall x\neg A$	quantor (keine VB)
(ÜQ)	$\forall xA \leftrightarrow A$	Überflüssige Quantoren
	$\exists xA \leftrightarrow A$	VB: x nicht frei in A.
(QAbs)	$\forall xA \land \exists xA \leftrightarrow \forall xA$	Absorption von Quantoren (keine VB)
	$\forall xA \lor \exists xA \leftrightarrow \exists xA$	
(HDist)	$A \lor \forall xB \leftrightarrow \forall x(A \lor B)$	Distribution durch Herausziehen/Herein-
	$A \land \exists xB \leftrightarrow \exists x(A \land B)$	ziehen von Quantoren für $\land$ und $\lor$.
	$A \land \forall xB \leftrightarrow \forall x(A \land B)$	VB: x nicht frei in A.
	$A \lor \exists xB \leftrightarrow \exists x(A \lor B)$	
(ÄDist)	$\forall x(A \land B) \leftrightarrow \forall xA \land \forall xB$	Äquivalenzdistribution für $\land$, $\lor$
	$\exists x(A \lor B) \leftrightarrow \exists xA \lor \exists xB$	(keine VB)
(QVert)	$\forall x\forall yA \leftrightarrow \forall y\forall xA$	Vertauschung gleicher Quantoren
	$\exists x\exists yA \leftrightarrow \exists y\exists xA$	(keine VB)

Herleitbare PL-Äquivalenztheoreme, die wir für schnelle PL-Äquivalenzumformungen ebenfalls zulassen:

(HDist$_\to$)	$(A \to \forall xB) \leftrightarrow \forall x(A \to B)$	Distribution durch Herausziehen/Herein-
	$(\forall xB \to A) \leftrightarrow \exists x(B \to A)$	ziehen von Quantoren für $\to$.
	$(A \to \exists xB) \leftrightarrow \exists x(A \to B)$	VB: x nicht frei in A.
	$(\exists xB \to A) \leftrightarrow \forall x(B \to A)$	
(ÄDist$_\to$)	$\exists x(A \to B) \leftrightarrow (\forall xA \to \exists xB)$	(keine VB)
($\forall\exists$Vert)	$\forall x\exists y(A \land B) \leftrightarrow \exists y\forall x(A \land B)$	$\forall$-$\exists$-Vertauschung bei Nichtüberlappung
	$\forall x\exists y(A \lor B) \leftrightarrow \exists y\forall x(A \lor B)$	der Variablenbindung. VB: x nicht frei in A und y nicht frei in B.

Als Beispiele beweisen wir zwei unserer hergeleiteten PL-Äquivalenztheoreme. Wie immer verwenden wir die Äquivalenzregeln in beide Richtungen, wie wir es brauchen. Als *Beispiel* denke man sich für A die Formel Fx und für B die Formel Gx.

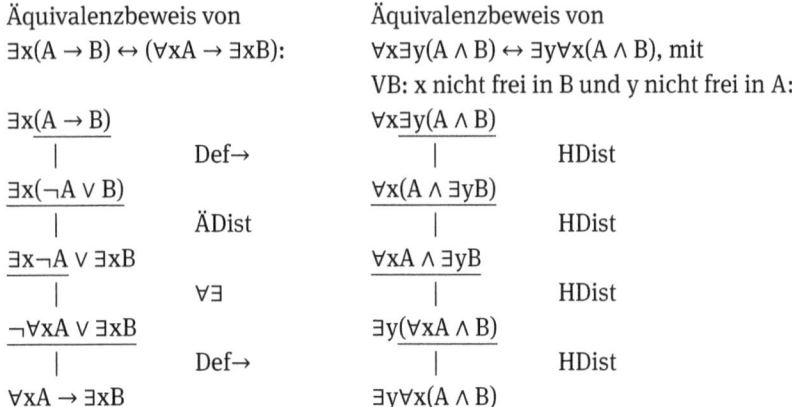

Äquivalenzbeweis von
∃x(A → B) ↔ (∀xA → ∃xB):

∃x(A → B)
| Def→
∃x(¬A ∨ B)
| ÄDist
∃x¬A ∨ ∃xB
| ∀∃
¬∀xA ∨ ∃xB
| Def→
∀xA → ∃xB

Äquivalenzbeweis von
∀x∃y(A ∧ B) ↔ ∃y∀x(A ∧ B), mit
VB: x nicht frei in B und y nicht frei in A:

∀x∃y(A ∧ B)
| HDist
∀x(A ∧ ∃yB)
| HDist
∀xA ∧ ∃yB
| HDist
∃y(∀xA ∧ B)
| HDist
∃y∀x(A ∧ B)

13.6 Pränexe Normalformen

PL-Äquivalenzbeweise dienen besonders zur Erzeugung von prädikatenlogischen Normalformen. Die wichtigste Normalform der PL ist die *pränexe* Normalform, kurz die PNF. In dieser Normalform werden alle Quantoren einer Formel durch geeignete Äquivalenzumformungen an den *Anfang* der Formel gestellt.

> Definition 13-5. *Pränexe Normalform:*
> Eine pränexe Normalform, kurz eine PNF, ist eine Formel beginnend mit einer Sequenz von Quantoren, gefolgt von einer quantorenfreien Formel, die auch die *Matrix* der PNF genannt wird.
> Eine pränexe disjunktive Normalform, kurz eine PDNF, ist eine PNF, deren Matrix eine disjunktive Normalform ist.
> *Schematische Struktur:* $\substack{\forall \\ \exists}x_1 \ldots \substack{\forall \\ \exists}x_n\, (\,(Fx_1 \wedge \neg Rx_1x_2) \vee (Gx_1x_3 \wedge \neg Fx_2) \vee \ldots\,)$.
> Analog wird die pränexe konjunktive Normalform, kurz PKNF, definiert.

Wie in der AL, aber durch Bezug auf Prädikate statt Av's, bildet man den Begriff einer Standard-PDNF B von A (alle Prädikate in B kommen in A vor), einer erweiterten PDNF und einer irreduziblen PDNF, und analog für die PKNF. Allerdings gibt es nicht mehr den Begriff der ausgezeichneten Normalform: da man mit einem Prädikat durch Anwendung auf verschiedene singuläre Terme beliebig viele Atomformeln bilden kann, gibt es in der PL keine eindeutig ausgezeichnete PDNF (bzw. PKNF).

Mithilfe unserer Basisäquivalenzen können wir jede PL-Formel (ob offen oder geschlossen) in eine L-äquivalente pränexe Formel umwandeln. Ein *Beispiel:*

Natursprachliches Beispiel: Für alle Lebewesen x gibt es eine Mutter y von x und einen Vater z von y.

∀x(Lx → ∃y(Myx ∧ ∃zVzy))
    | Def→
∀x(¬Lx ∨ ∃y(Myx ∧ ∃zVzy))
    | HDist (von ∃z)
∀x(¬Lx ∨ ∃y∃z(Myx ∧ Vzy))
    | HDist (von ∃y)
∀x∃y(¬Lx ∨ ∃z(Myx ∧ Vzy))
    | HDist (von ∃z)
∀x∃y∃z(¬Lx ∨ (Myx ∧ Vzy))   *eine PDNF*
    | Dist∨∧
∀x∃y∃z((¬Lx ∨ Myx) ∧ (¬Lx ∨ Vzy))   *eine PKNF*

Die ursprüngliche, nicht-pränexe Formulierung ist intuitiv einfacher als die pränexe Normalform. Dafür haben pränexe Normalformen logische Einfachheitsvorteile und sind insbesondere die Grundlage für Skolemschen Normalformen und die Klausellogik in der PL (Abschn. 21.2).

Hätten wir es statt mit ∀x(Lx → ∃y(Myx ∧ ∃zVzy)) mit der Formulierung ∀x(Lx → ∃y(Myx ∧ ∃xVxy)) zu tun gehabt, so hätten wir den Quantor ∃x und seinen Bereich gebunden in eine neue Variable, beispielsweise z, umbenennen müssen, bevor wir ihn über die linke Formel Myx hinausdistribuieren können. Die ersten Schritte wären dann folgende gewesen:

∀x(Lx → ∃y(Myx ∧ ∃xVxy))
    | Def→
∀x(¬Lx ∨ ∃y(Myx ∧ ∃xVzy))
    | Umb (∃z für ∃x)
∀x(¬Lx ∨ ∃y(Myx ∧ ∃zVzy))
    | HDist (von ∃x)
∀x(¬Lx ∨ ∃y∃z(Myx ∧ Vzy))
     (weiter wie oben)

Das Herausziehen eines Quantors ist immer möglich, wenn zuvor eine gebundene Umbenennung durchgeführt wird, wie unten in der linken Umformung. Die so erzielte logische Vereinfachung geht auf Kosten eines zusätzlichen Quantors. Die entstehende pränexe Normalform wirkt dadurch intuitiv unnatürlich: „Alles ist F oder alles ist G" ist leichter verständlich als „Für alle Paare von Individuen x, y (die nicht voneinander verschieden sein müssen) ist x ein F oder y ein G".

Während ∀x(Fx∨Gx) logisch schwächer ist als ∀xFx ∨ ∀xGx, ist ∀x∀y(Fx∨Fy) damit L-äquivalent.

∀xFx ∨ ∀xGx
   | Umb (∀y für ∀x)
∀xFx ∨ ∀yGy
   | HDist
∀x(Fx ∨ ∀yGy)
   | HDist
∀x∀y(Fx ∨ Gy)

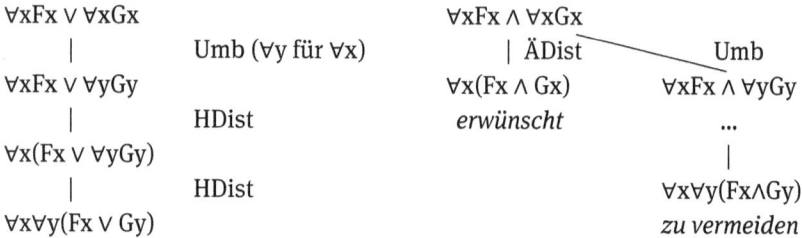

∀xFx ∧ ∀xGx
   | ÄDist   Umb
∀x(Fx ∧ Gx)   ∀xFx ∧ ∀yGy
erwünscht   ...
                           |
                      ∀x∀y(Fx∧Gy)
                      zu vermeiden

Wenn dagegen eine Äquivalenzdistribution eines Quantors möglich ist, so wie in der rechten Umformung oben, so ist diese immer einer Umformung durch Umb und HDist vorzuziehen, da dadurch die Einführung eines unnatürlichen zusätzlichen Quantors vermieden wird. M.a.W., ∀x∀y(Fx∧Gy) ist zwar auch eine L-äquivalente Formulierung von ∀x(Fx∧Gx), aber eine redundante und unnatürliche Formulierung.

Der Umformungsalgorithmus lässt sich so zusammenfassen:

Prozedur zur Erzeugung einer PNF, PDNF und PKNF:
(1) Eliminieren von → und ↔ via Def→ und Def↔.
(2) Umformen in die Negationsnormalform: Negationszeichen vor die Atomformeln bringen durch GDM(∧,∨), ∀∃ und Eliminierung doppelter Negationen mittels DN. Zusätzlich können redundanzeliminierende Umformungen vorgenommen werden, z.B. solche der AL, oder ÜQ und QAbs.
(3) Quantoren vorziehen, wenn möglich durch ÄDist, ansonsten durch HDist, wenn nötig nach gebundener Umbenennung. *Resultat:* eine PNF.
(4) Schließlich über AL-Äquivalenzen die Matrix in die gewünschte PDNF oder PKNF umformen.

Merksatz 13-3. *Pränexe Normalform:* Jede PL-Aussage besitzt mindestens eine Standard-PDNF, Standard-PKNF, irreduzible PDNF und irreduzible PKNF.

Betrachten wir abschließend ein etwas komplexeres Beispiel (bei dem wir uns, wie auch in den Übungen, erlauben, mehrere Schritte auf einmal durchführen):

∃x(∃yRxy → (∃z(Qxz → ∀yFxay) ∨ ∃zGxz))
           | Def→
∃x(¬∃yRxy ∨ (∃z(Qxz → ∀yFxay) ∨ ∃zGxz))
           | Def→

13.6 Pränexe Normalformen

∃x(¬∃yRxy ∨ (∃z(¬Qxz ∨ ∀yFxay) ∨ ∃zGxz))
    | ∀∃, DN
∃x(∀y¬Rxy ∨ (∃z(¬Qxz ∨ ∀yFxay) ∨ ∃zGxz))
    | ÄDist (für ∃z)
∃x(∀y¬Rxy ∨ ∃z((¬Qxz ∨ ∀yFxay) ∨ Gxz))
    | GAss∨
∃x(∀y¬Rxy ∨ ∃z(¬Qxz ∨ ∀yFxay ∨ Gxz))
    | HDist (für ∀y)
∃x∀y(¬Rxy ∨ ∃z(¬Qxz ∨ ∀yFxay ∨ Gxz))
    | HDist (für ∃z)
∃x∀y∃z(¬Rxy ∨ (¬Qxz ∨ ∀yFxay ∨ Gxz))
    | GAss∨
∃x∀y∃z(¬Rxy ∨ ¬Qxz ∨ ∀yFxay ∨ Gxz)
    | Umb (∀t für ∀y)
∃x∀y∃z(¬Rxy ∨ ¬Qxz ∨ ∀tFxat ∨ Gxz)
    | HDist (für ∀t)
∃x∀y∃z∀t(¬Rxy ∨ ¬Qxz ∨ Fxat ∨ Gxz)   *eine PDNF und eine PKNF.*

Weitere Beispiele finden sich in den Übungen. Oft muss gebunden umbenannt werden, um ÄDist anwenden zu können. Im Folgenden ein Beispiel (s. auch Übung 13.7.2(b) (6)) – von ∃x(Fx ∨ ∃yGy) zu ∃x(Fx∨Gx) gelangt man am schnellsten wie folgt:

∃x(Fx ∨ ∃yGy)
    | HDist (andere Richtung; für ∃x)
∃xFx ∨ ∃yGy
    | Umb (∃x für ∃y)
∃xFx ∨ ∃xGx
    | ÄDist (für ∃x)
∃x(Fx ∨ Gx)

Abschließende Bemerkung für Fortgeschrittene: Der Kalkül Ä1 ist semantisch korrekt und hinreichend, um jede Formel in eine pränexe Normalform zu überführen. Aufgrund des Fehlens einer eindeutigen ausgezeichneten Normalform können wir aber nicht mehr so wie in der AL die Vollständigkeit des Kalküls Ä1 in Bezug auf L-wahre Äquivalenzen beweisen. Eine einfache Möglichkeit, den Kalkül Ä1 vollständig zu machen, besteht darin, ihm Äquivalenzen hinzuzufügen, die den zusätzlichen Regeln des PL-Kalküls S genau entsprechen. Es gilt aussagenlogisch A ⊨ B genau dann wenn ⊨ A ↔ A∧B. Da wir aufgrund der Äquivalenzumformung (∀∃) Existenzquantoren in Allquantoren umwandeln können, genügt es, dem Äquivalenzkalkül Ä1 zwei Äquivalenzen UI$_\leftrightarrow$ und UG$_\leftrightarrow$ hinzuzufügen, die den Regeln UI und UG des Kalküls S entsprechen, um ihn vollständig zu machen. Statt UG beziehen wir uns auf die implikative Version der UG-Regel, UG$_\rightarrow$: A→B[a/x] / A→∀xB, die wir in Abschn. 14.8 besprechen:

UI$_\leftrightarrow$: ∀xA ↔ A[a/x]∧∀xA
UG$_\leftrightarrow$: (A→B[a/x]) ↔ (A→B[a/x]) ∧ (A→∀xB)   VB: a nicht in A,B.

Durch Induktion nach der Länge eines Beweises einer beliebigen Äquivalenz ⊢ A↔B in S – der die Teilbeweise von (i) A ⊢ B und (ii) B ⊢ A involviert (Abschn. 8.2) – zeigt man, dass man daraus einen Beweis von (i) ⊢ A ↔ A∧B und (ii) ⊢ B ↔ A∧B und somit einen Beweis von ⊢ A↔B gewinnen kann. Freilich ist diese Methode unelegant, da es sich bei UI$_\leftrightarrow$ und UG$_\leftrightarrow$ um keine ‚schönen' Äquivalenzumformungen, sondern versteckte Umformulierungen der Regeln UI und UG handelt. Überdies werden nach Hinzufügung von UI$_\leftrightarrow$ und UG$_\leftrightarrow$ einige Regeln von Ä1 redundant. Ob es einen eleganteren Weg gibt, den Kalkül Ä1 vollständig zu machen, ist m.W. ein *offenes Problem*.

13.7 Weiterführende Literatur und Übungen

Äquivalenzumformungen und Normalformen sind Standards jeder Logikeinführung. Eine Einführung in die Klausellogik findet sich in Bergmann und Noll (1977, Kap. 5). Für Grundlagen der Verbandstheorie siehe Rautenberg (1979, Kap. VI) oder Hermes (1967).

13.7.1 Übungen zu Abschnitt 13.1

Beweisen Sie die folgenden Äquivalenzen im Kalkül Ä0:
(1)   (A → B) ↔ (¬B → ¬A)
(2)   (p → ¬p) ↔ ¬p
(3)   (p → (q→r)) ↔ ((p ∧ q) → r)
(4)   (p → (q→r)) ↔ (q → (p→r))
(5)   (A →B) ∧ (A →C) ↔ (A → (B∧C))
(6)   (A→B) ∧ (C→B) ↔ ((A∨C) →B)
(7)   (A→B) ∨ (C→B) ↔ ((A∧C) → B)
(8)   A ∧ (A→B) ↔ A∧B
(9)   A ∨ (¬A → B) ↔ A∨B
(10) (A∨B) ∧ ¬(A∧B) ↔ (A ↔ ¬B)
(11) ((¬p∧q) → ¬(q∨r)) ↔ (p∨¬q)

13.7.2 Übungen zu Abschnitt 13.2-3

(a) Produzieren Sie irreduzible KNFs und irreduzible DNFs der folgenden Aussagen:
(1) $\neg(s \wedge t) \to \neg(\neg p \vee \neg q)$
(2) $\neg(p \vee (p \to q)) \to \neg(\neg(p \to r) \to p)$
(3) $\neg(p_1 \vee (p_2 \to p_3)) \to \neg(\neg(p_1 \to p_2) \wedge \neg p_3)$
(4) $(\neg s \wedge \neg r) \to (\neg(\neg p \vee \neg q) \vee \neg r)$
(5) $\neg(\neg p \vee \neg(q \wedge \neg(p \to \neg(s \wedge q))))$
(6) $\neg\neg(p \to \neg(q \wedge (r \vee \neg\neg q)))$
(7) $\neg p \to \neg((r \to q) \wedge \neg s)$
(8) $\neg((p \vee r) \to (s \wedge (\neg q \vee r)))$
(9) $(\neg(\neg r \to \neg\neg(s \wedge t)) \vee r) \wedge (\neg s \vee (s \wedge \neg t))$
(10) $(\neg\neg p \wedge \neg q) \to (q \wedge \neg(r \vee \neg p))$

(b) Wie lauten die ADNFs und die AKNFs von
(1) $p \to q$ (4) $(p \vee q) \to (p \vee r)$
(2) $p \leftrightarrow q$ (5) $\neg((p \vee r) \vee (q \vee r))$
(3) $(p \wedge q) \to p$

13.7.3 Übungen zu Abschnitt 13.5-6

(a) Beweisen Sie die herleitbaren PL-Äquivalenzen (HDist$_\to$) im Kalkül Ä1.

(b) Formen Sie die folgenden Formeln in eine PDNF oder in eine PKNF um. Führen Sie dabei möglichst wenig neue Quantoren ein:
(1) $\forall x(Fx \to (\exists y Rxy \to \forall z Qxz))$
(2) $\neg\forall x(Fx \to (\exists y Rxy \wedge \neg\forall z Qxaz))$
(3) $\forall x \exists y Rxy \wedge \forall z \exists y Qyz$
(4) $\exists x((\forall y Rxy \vee \neg\exists z \neg Qxz) \to \neg\exists z(Rxz \vee Fz))$
(5) $\exists x \forall y(Fxy \to Gxy) \wedge \exists x \forall y(Hxy \to Gxy)$
(6) $\forall x \exists y(\neg Rxy \vee \neg\forall z(Qyz \to Szx))$
(7) $\forall x \exists y(\neg Rxy \vee \neg\forall y(Qyy \vee Sx))$
(8) $\exists x(\forall y(Fxy \to Gxy) \wedge \forall z(Hxz \vee \neg Gxz))$
(9) $(\forall x Fb \vee \exists x Ga) \wedge (\exists x Qxa \vee \exists x Rx)$
(10) $(\forall x Fx \to \forall x Gx) \to \neg(\forall x Hx \vee \exists x Kx)$

14 Beweistheorie: Kalkülarten in Aussagen- und Prädikatenlogik

Zu einem semantisch definierten logischen System, bestehend aus einer Menge von gültigen Folgerungen und logisch wahren Aussagen, lassen sich grundsätzlich viele verschiedene, korrekte und vollständige deduktive Kalküle finden. Sie unterscheiden sich darin, welche logischen Symbole man als primitiv und welche als definiert ansieht und welche gültigen Schlüsse (1. bzw. 2. Stufe) man als basale Regeln (1. bzw. 2. Stufe) wählt. Rekapitulieren wir zunächst den aussagenlogischen Kalkül S0 (wobei wir die kompakte Schreibweise aus Abschn. 8.3 verwenden und unterschiedliche Herleitungsbehauptungen durch „;" trennen):

Kalkül S0: Regeln 1. Stufe:
(MP)   A →B, A / B   (MT)   A →B, ¬B / ¬A
(DS)   A∨B, ¬A / B sowie A∨B, ¬B / A   (Add) A / A∨B sowie A / B∨A
(Simp) A∧B / A sowie A∧B / B   (Kon) A, B / A∧B
(DN)   A / ¬¬A sowie ¬¬A / A
Regeln 2. Stufe: (KB) Γ, A ⊢ B / Γ ⊢ A→B
(FU)   Γ, A ⊢ B; Γ, ¬A ⊢ B / Γ ⊢ B
(IB)   Γ, ¬A ⊢ B∧¬B / Γ ⊢ A

Wie in Abschn. 8.2 ausgeführt, hängt die Bewertung der Güte eines Kalküls insbesondere von drei Zwecksetzungen ab: beweistechnische *Bequemlichkeit*, intuitive *Natürlichkeit* und metalogische *Einfachheit*. Die Wahl der Regeln des Systems S0 folgt einer Kombination von Bequemlichkeit und Natürlichkeit und nimmt dafür metalogische Redundanzen in Kauf.

So haben wir im Kalkül S die Äquivalenz als definierten Junktor verwendet, wogegen andere AL-Kalküle auch die Äquivalenz als primitiven Junktor verwenden und die beiden Richtungen unseres ‚Definitionsschrittes' (Def↔) in S-Beweisen als primitive Regeln zum Kalkül mit hinzunehmen (z.B. Essler et al. 1983, 95; Brendel 2018, 66). Generell sind Äquivalenzbeweise im System S langwierig, weshalb wir in Kap. 13 zusätzlich den Kalkül Ä einführten, in dem wir Äquivalenzgesetze als Basisregeln annehmen, um schnelle Äquivalenzbeweise führen können. Im fortgeschrittenen Stadium kann man die Regeln von S und Ä kombinieren.

Im System S haben wir die vier Junktoren als primitiv gewählt, weil das bequeme Beweise ermöglicht (und außerdem die leichte Vergleichbarkeit der klassischen mit der intuitionistischen Logik). In metalogisch orientierten Logiklehrbüchern wird dagegen meist eine noch sparsamere Junktorenbasis angenommen, bestehend aus ¬ und einem der zweistelligen Junktoren (∨, ∧ oder →). Denn metalogische Eigenschaften beweist man häufig durch ‚Induktion über die Komplexität von Formeln', und je weniger primitive logische Symbole man hat, desto weniger induktive Beweisschritte sind nötig. Andererseits werden dadurch sämtliche objektsprachliche Beweise länger, für bequemes Beweisen unzumutbar lang, und außerdem werden die Beweisschritte ‚unnatürlich' (weshalb diese Option für uns hier nicht in Frage kommt).

Eine zweite metalogische Beweismethode ist die ‚Induktion nach der Länge objektsprachlicher Beweise' (Kap. 20). Sie benötigt umso weniger Schritte, je weniger Basisregeln ein logischer Kalkül besitzt, weshalb man metalogisch auch an Kalkülen mit möglichst wenig Basisregeln interessiert ist. Damit verbunden ist die Zielsetzung der wechselseitigen *Unabhängigkeit* der Regeln: keine Regel sollte aus anderen Regeln herleitbar sein. Unabhängigkeit ist eine häufige Anforderung an *axiomatische* Systeme. Auch Regelkalküle sind axiomatische Systeme im weiteren Sinn, nur dass hierbei als Axiome Regeln auftreten, während in gewöhnlichen axiomatischen Systemen die Axiome Aussagen sind. Durch Einsparung von Basisregeln werden andererseits Beweise *im System S* viel länger, abgesehen davon, dass solche Einsparungen auch dazu zwingen, einige sehr ‚natürliche' Regeln wegzulassen, weshalb unser System S einige redundante Regeln enthält. In den folgenden Abschnitten stellen wir die häufigsten Alternativkalküle zum System S vor, zuerst in der AL und dann in der PL.

14.1 Varianten des AL-Kalküls S

Für das Folgende ist es nützlich, die ‚intuitionistische' und die ‚klassische' Variante der DN-Regel zu trennen. In der intuitionistischen Variante wird beim Übergang zur Konklusion die doppelte Negation eliminiert; in der klassischen Variante wird sie eingeführt – der letztere Schluss ist klassisch gültig, wird aber von der intuitionistischen Logik nicht akzeptiert.

(iDN) A / ¬¬A   (kDN) ¬¬A / A   Ergo: (DN) = (iDN)+(kDN).

Analog gibt es eine intuitionistische Variante des IB, (iIB), in der man beim Übergang von der Annahme zur Konklusion ein Negationszeichen einführt:

(iIB) *Intuitionistischer IB:*
B, $A_1,...,A_n$ ⊢ C∧¬C / $A_1,...,A_n$ ⊢ ¬B

Unser IB entspricht der klassischen Variante des IB, d.h. (IB) = (kIB). In der intuitionistische Logik wird nur (iIB), nicht (kIB), akzeptiert.

Unser Kalkül S ähnelt dem in Klenk (1989) und hat mehrere redundante Regeln.

Merksatz 14-1. Wechselseitige metalogische Herleitbarkeiten. Man kann:
(i)   MT mithilfe von MP, Kon und iIB beweisen.
(ii) iIB mithilfe von IB und iDN beweisen.
(iii) kDN mittels IB und iDN beweisen.
(iv) FU mittels IB, Kon und Add beweisen.
(v)   IB mittels FU, Kon und Add beweisen.
(vi) IB mithilfe von iIB und kDN beweisen.
(vii) iDN mithilfe von iIB und Kon beweisen.

- Aus (i) und (ii) folgt, dass man MT aus MP, Kon, DN und IB herleiten und daher in S auf MT verzichten kann.
- Aus (iii) folgt, dass man in S auf (kDN) verzichten kann.
- Aus (iv) und (v) folgt, dass man in S entweder auf FU oder auf IB verzichten kann.
- Wie aus Punkt (v) hervorgeht, ist bemerkenswerterweise selbst der klassische indirekte Beweis aus anderen Regeln herleitbar, und zwar deshalb, weil man aus jedem beliebigen Widerspruch A∧¬A mit wenigen Regelanwendungen jeden beliebigen anderen Satz B herleiten kann; wie dies geht, wird in Abschn. 14.4 gezeigt.
- Die Ableitungen (vi) und (vii) sind für den Kalkül NS weiter unten relevant.

Aus obigen Tatsachen ergibt sich folgende sparsame Version unseres Kalküls S, die wir S* nennen:

Kalkül S*, äquivalent mit S:
Regeln 1. Stufe: MP, Simp, Kon, Add, DS, iDN
Regeln 2. Stufe: KB, IB

Im Kalkül S* sind alle Regeln wechselseitig voneinander unabhängig. Beweise in S* werden dadurch länger und teilweise unnatürlicher als in S. Als Beispiel versuche man, in S* das Theorem A∨¬A ohne FU zu beweisen.

Wenn man Regeln aus anderen Regeln herleitet, dann beweist man genau genommen Regeln 2. Stufe, da die Prämissen der Regeln selbst abgeleitet sein können. Beweise von Regeln 2. Stufe sind in Satzkalkülen aufwendig zu führen. Als *Beispiel* der Beweis der Behauptung von Merksatz 14-1(i):

(i) Beweis von MT mithilfe von MP, Kon und iIB im Kalkül S ohne die Regel MT:

(1,...,i)	Γ	Prämisse(n)
(i+1,...,j)	Δ	Prämisse(n) (Beweisziel: ¬A)
⋮	⋮	per Annahme aus Γ herleitbar:
(k)	A→B	1. Prämisse der MT-Regel (k > j),
⋮	⋮	per Annahme ist aus Δ herleitbar:
(r)	¬B	2. Prämisse MT-Regel (r >k)
(r+1)	A	IB-Ann.
(r+2)	B	MP k, r+1
(r+3)	B∧¬B	Kon r+2, r
(r+4)	¬A	iIB (r+1)-(r+3)

Zum Vergleich derselbe Beweis *im sequenzbasierten Kalkül*, den wir in Abschn. 14.5 genauer erklären:

(1) Γ ⊢ A→B   Präm
(2) Δ ⊢ ¬B   Präm   (zu zeigen: Γ, Δ ⊢ ¬A)
(3) A ⊢ A   Reit
(4) Γ, A ⊢ B   MP 1,3
(5) Γ, Δ, A ⊢ B∧¬B Kon 2,4
(6) Γ, Δ ⊢ ¬A   iIB 5

Aufgrund der größeren Einfachheit führen wir die Beweise der restlichen Herleitungsbehauptungen von Merksatz 14-1 erst in Abschn. 14.5 durch.

14.2 Unabhängige Axiomatisierung und Kalkül NS

Wie kann man zeigen, dass die Regeln von S* unabhängig sind? Mit der gewöhnlichen AL-Semantik geht es nicht, da in dieser ja alle Regeln von S gültig (und Regeln 2. Stufe gültigkeitserhaltend) sind. Eine Möglichkeit besteht darin, eine Nichtstandardsemantik zu konstruieren, z.B. eine mehrwertige Wahrheitstafel, die alle Regeln von S bis auf eine gültig macht, wodurch gezeigt ist, dass letztere von den ersteren Regeln unabhängig ist. Neben diesem aufwendigen semantischen Verfahren gibt es aber auch eine einfache syntaktische Methode, die darauf beruht, dass jede Regel einen anderen Junktor einführt bzw. ausführt. Man sagt, dass eine Regel 1. Stufe einen Junktor einführt, wenn das Regelschema den Junktor in der Konklusion, aber nicht in der Prämisse besitzt; man nennt sie dann eine *Einführungsregel* für den Junktor. Umgekehrt führt eine Regel 1. Stufe einen Junktor aus (oder beseitigt ihn), wenn das Regelschema den Junktor in den Prämissen, aber nicht in der Konklusion besitzt; man nennt sie dann eine *Ausfüh-*

rungsregel (oder Beseitigungsregel). Z.B. ist (Kon): A,B / A∧B eine Einführungsregel für ∧ und (Simp): A∧B / A eine Ausführungsregel für ∧. Für Regeln 2. Stufe wendet man diese Terminologie an, indem man sie auf die *Konklusionsherleitung* (also das Dann-Glied der Regel 2. Stufe) bezieht. Somit ist der Konditionalbeweis (KB): Γ, A ⊢ B / Γ ⊢ A→B eine Einführungsregel für →, wogegen die Regel (MP) A, A→B / B eine Ausführungsregel für → ist.

Offensichtlich kann man eine Einführungsregel für einen Junktor nicht mithilfe von Regeln beweisen, die diesen Junktor nie einführen. Denn während man mit ersterer Regel eine Konklusion, die den Junktor enthält, aus Prämissen beweisen kann, die den Junktor nicht enthalten, kann man dies mit den letzteren Regeln niemals tun. Aus analogem Grund lässt sich eine Ausführungsregel für einen Junktor unmöglich mit Regeln beweisen, die diesen Junktor nicht ausführen. Wenn man also einen Kalkül hätte, von dem jede Regel genau einen Junktor entweder einführt oder ausführt, so wäre damit zugleich auch die wechselseitige Unabhängigkeit der Regeln voneinander gewährleistet. Diese Eigenschaft trifft auf unseren Kalkül S* leider nur *fast* zu: sie trifft auf (Kon), (Simp), (KB), (MP), (Add) und (DS) zu, doch bei der Negation hapert es: zwar ist (iDN) eine Einführungsregel für ¬, aber (IB) ist keine Ausführungsregel für ¬. In der Tat führt (IB) überhaupt keinen Junktor ein noch irgendeinen aus (denn bei Regeln 2. Stufe zählt die Konklusionsherleitung).

Doch eine kleine Änderung von S* führt zur gewünschten Eigenschaft. Wie aus den Punkten (vi) und (vii) von Merksatz 14-1 hervorgeht, können wir auch (IB) und (iDN) durch (iIB) und (kDN) ersetzen. Nun ist (iIB) eine Einführungsregel für die Negation, und (kDN) eine Ausführungsregel. Somit haben wir einen äquivalenten Kalkül mit der erwünschten Eigenschaft, den wir den Kalkül NS nennen.

Kalkül NS:		→Ein	→Aus	∧Ein	∧Aus	∨Ein	∨Aus	¬Ein	¬Aus
Regeln 1. Stufe:	(Simp)				+				
	(Kon)			+					
	(Add)					+			
	(DS)						+		
	(kDN)								+
	(MP)		+						
Regeln 2. Stufe:	(KB)	+							
	(iIB)							+	

Von Kalkülen des natürlichen Schließens verlangt man gewöhnlich nicht nur, dass es sich (1.) um Regel-Kalküle handelt, deren Regeln (2.) intuitiv natürlich sind, sondern (3.) auch noch, dass sie für jeden Junktor genau eine Einführungs- und eine Ausführungsregel besitzen. Allerdings handelt es sich bei (3.) nicht mehr um eine Natürlichkeitsforderung, sondern um eine metalogisch erwünschte Eigenschaft. Dies sieht man schon daran, dass aus Sicht der klassischen Logik der IB eine höchst natürliche und maximal effiziente Metaregel ist, jedoch weder als Einführungs- noch als Ausführungsregel zählt. Doch als Garant der Unabhängigkeit der Regeln ist die dritte Eigenschaft metalogisch nützlich. In der Tat hat Gentzen (1935) die Sequenzenkalküle ‚natürlichen' Schließens stark auf metalogische Beweiszwecke wie Unabhängigkeit und Entscheidbarkeit hin ausgerichtet (Abschn. 14.6).

Der Kalkül NS hat den weiteren Vorteil, mit der *intuitionistischen* Logik in einfacher Beziehung zu stehen: streicht man die Regel (kDN), so erhält man den intuitionistischen Kalkül.

Die Wahl von Ein- und Ausführungsregeln für Junktoren ist nicht festgelegt, sondern kann beträchtlich *variieren*. Den Kalkül NS findet man auch in Essler et al. (1983, 93f.), sowie in Brendel (2018, 64f.) mit der winzigen Abweichung, dass die Regel (iIB) hier in der *implikativen* Form verwendet wird:

(iIB$_\to$): $B \to (C \land \neg C) / \neg B$.

Die Regel des (iIB) 2. Stufe lässt sich daraus mithilfe eines (KB)-Schrittes metalogisch herleiten, durch den ein Beweis mittels iIB (links) wie folgt in einen Beweis mittels iIB$_\to$ (rechts) transformiert wird:

1,...,k	Γ	Präm		1,...,k	Γ	Präm
⋮	⋮			⋮	⋮	
k+1)	B	iIB-Ann.		k+1)	B	KB-Ann.
⋮	⋮			⋮	⋮	
r)	C∧¬C			r)	C∧¬C	
r+1)	¬B	iIB (k+1)-r		r+1)	B → C∧¬C	KB (k+1)-r
				r+2)	¬B	iIB$_\to$, r+1

Auf dieselbe Weise kann man *jede* Regel 2. Stufe, die über den KB hinausgeht, in eine *implikative* Form bringen und mithilfe von KB darauf zurückführen. Die implikativen Formen von FU und IB lauten wie folgt:

(FU$_\to$) $B \to C,\ \neg B \to C\ /\ C$
(IB$_\to$) $\neg B \to (C \land \neg C)\ /\ B$

In den implikativ transformierten Beweisen benötigt man pro (i)IB einen und pro FU zwei zusätzliche KB-Schritte; die Beweise werden dadurch also länger.

Nicht selten wird als Einführungsregel für ∨, statt dem DS, die Regel 2. Stufe der *allgemeinen Fallunterscheidung* verwendet (Bergmann et al. 1998, 164f.):

(aFU) *allgemeine Fallunterscheidung:*
Γ, A ⊢ C; Γ, B ⊢ C / Γ, A∨B ⊢ C.

Unsere Regel (FU) nennt man dagegen auch die *spezielle* Fallunterscheidung, da hier von der Falldisjunktion A∨¬A ausgegangen wird, die nicht als Prämisse angenommen werden muss, sondern logisch beweisbar ist. (aFU) lässt sich leicht aus (FU) und (DS) herleiten. Umgekehrt ist aus (aFU) die Regel des (DS) herleitbar, wofür man den (aus iIB und kDN gewinnbaren) klassischen IB benötigt und damit zeigt, dass aus einem Widerspruch Beliebiges herleitbar ist. Die Beweise werden in Abschn. 14.7 nachgetragen.

Wenn man aus dem so veränderten Kalkül (mit aFU statt DS) die Regel (kDN) weglässt, erhält man etwas *schwächeres* als die intuitionistische Logik. Um letztere zu erhalten, muss man die irrelevante Regel aus Abschn. 6.6, (lEFQ): A∧¬ A/ B, hinzufügen. Eine andere Variation besteht darin, als ¬-Ausführungsregel statt (kDN) die irrelevante Regel (lEFQ) zu nehmen und als ¬-Einführungsregel (iDN) (Rosenkrantz 2006, 45f.).

Exkurs: Die auf Brouwer zurückgehende intuitionistische Logik akzeptiert den Schritt von ¬¬A auf A nicht, da sie ‚konstruktive' Beweise verlangt. NS minus der Regel kDN ist ein beliebter Kalkül der intuitionistischen Ausagenlogik, AL_{int}. AL_{int} ist ein erstes Beispiel einer *nichtklassischen* Logik. AL_{int} ist *schwächer* als die klassische AL, d.h. man kann in AL_{int} weniger L-wahre Sätze beweisen. Mittlerweile ist die Untersuchung nichtklassischer Aussagenlogik zu einem großen Gebiet der mathematischen Logik herangewachsen (Rautenberg 1979, Kap. V), wobei allerdings die meisten nichtklassischen Logiken nur von mathematischem Interesse sind und nur wenige davon Anwendungen besitzen. Als *intermediäre* Logiken bezeichnet man alle Aussagenlogiken, die in ihrer Stärke zwischen der intuitionistischen und der klassischen AL liegen. Es gibt noch schwächere Aussagenlogiken, z.B. die *minimale* Aussagenlogik AL_{min}, (s. Abschn. 14.7; Rautenberg 1979, 66, 251ff.).

Allgemein definiert man eine *Aussagenlogik im abstrakt-mathematischen Sinn* als eine Menge L von Formeln in der Sprache der Aussagenlogik, die abgeschlossen ist unter uniformer Substitution und (alle Theoreme von) AL_{min} enthält. Die Menge dieser Logiken bilden einen Verband: den Verband LOG_{AL} aller (abstraktmathematischen) Aussagenlogiken L ∈ LOG_{AL}. Eine Aussagenlogik L_1 heißt (echt) stärker als eine andere L_2, wenn L_2 (echt) in L_1 enthalten ist, und sie heißt *konsis-*

tent, wenn in ihr nicht jeder aussagenlogische Satz beweisbar ist. Die klassische AL ist *Post-vollständig*, worunter die (nach dem Logiker Emil Post benannte) Tatsache verstanden wird, dass sie die stärkste konsistente Aussagenlogik ist. Die klassische AL ist auch die *einzige* Post-vollständige AL (Rautenberg 1979, 93ff., Segerberg 1972). Der Beweis dieses Metatheorems ist nicht schwer: sei A ein Satz, der nicht klassisch L-wahr ist, dann gibt es eine Wahrheitswertzuordnung V zu A's Aussagevariablen $p_1,...,p_n$, die A falsch macht, d.h. V(A) = f. Wir ersetzen nun in A uniform jede Aussagenvariable p_i durch $q \vee \neg q$, wenn p_i's Wahrheitswert in dieser Zuordnung w ist, und durch $q \wedge \neg q$, wenn p_i's Wahrheitswert f ist. Mithilfe des Ersetzungstheorems von Kap. 13 zeigt man leicht, dass das Resultat dieser Substitution logisch äquivalent ist mit $q \wedge \neg q$. Wenn wir also A zu AL hinzufügen und unter uniformer Substitution abschließen, wird die resultierende Logik inkonsistent, denn dann lässt sich daraus $q \wedge \neg q$ und somit jeder beliebiger Satz ableiten.

Ähnliche Betrachtungen führt man in der mathematischen Logik für andere logische Sprachen durch, z.B. für den Verband der normalen Modallogiken (vgl. Schurz 1997, 2002; Fine und Schurz 1996). Analoge Verallgemeinerungen wurden für beliebige *Konsequenzrelationen* (bzw. deduktive Systeme) durchgeführt. Eine Konsequenzrelation über AL im abstrakt-mathematischen Sinne ist eine Menge von Paaren (Γ,A), für die wir intuitiver „Γ ⊢ A" schreiben und die die in Abschn. 7.3 erläuterten *strukturellen* Regeln erfüllt. Wir schreiben für eine solche Konsequenzrelation auch ⊢. Jede Konsequenzrelation definiert eine zugehörige Logik, $L_\vdash$, definiert als die Menge der prämissenlos beweisbaren Theoreme, d.h. Sätze A mit ⊢ A. Umgekehrt gibt es zu einer gegebenen Logik L mehrere verschiedene Konsequenzrelationen ⊢ sodass L = $L_\vdash$ gilt, die einen Verband bilden. Als *natürliche* zu L passende Kosequenzrelation bezeichnet man jene Konsequenzrelation, abgekürzt $\vdash_L$, die die konjunktive Version des Deduktionstheorems (KB∧) aus Abschn. 7.3 erfüllt, oder alternativ dessen implikative Variante (Rautenberg 1979, 97).

14.3 Kalküle mit Abhängigkeitslegende

Die Methode der Copi-Klammern wird in zahlreichen anderen Einführungsbüchern verwendet (z.B. in Bucher 1998, Klenk 1989). Nur *unwesentlich* verschieden davon sind die Annahmekalküle im sogenannten *Fitch Stil*: sie zeichnen die Copi-Pfeile graphisch etwas anders, nämlich als nach rechts eingerückte Annahmebereiche. Fitch-Stil Kalküle verwenden beispielsweise Barwise und Etchemendy (2005) und Bergmann et al. (1998). Das folgende Beispiel zeigt, wie ein Beweis mit Copi-Klammern und im Fitch-Stil aussieht:

14.3 Kalküle mit Abhängigkeitslegende

Beweis von ¬(A∧¬B) / A→B

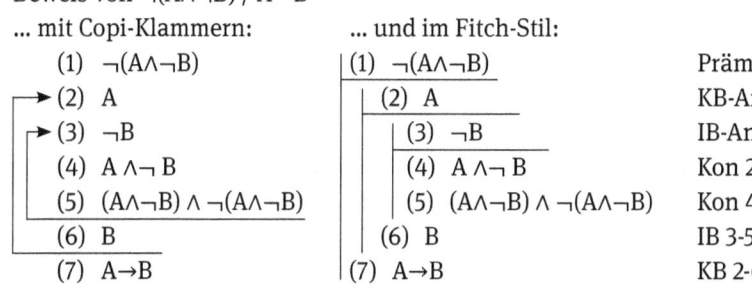

... mit Copi-Klammern:	... und im Fitch-Stil:	
(1) ¬(A∧¬B)	(1) ¬(A∧¬B)	Präm
(2) A	(2) A	KB-Ann.
(3) ¬B	(3) ¬B	IB-Ann.
(4) A∧¬B	(4) A∧¬B	Kon 2, 3
(5) (A∧¬B)∧¬(A∧¬B)	(5) (A∧¬B)∧¬(A∧¬B)	Kon 4, 1
(6) B	(6) B	IB 3-5
(7) A→B	(7) A→B	KB 2-6

Der äußere Fitch-Strich macht klar, dass eine Prämisse nichts anderes ist als eine Annahme, von der die Konklusion des Beweises abhängt. Es gibt noch andere den Copi-Klammern vergleichbare Methoden, um offene Annahmebereiche zu markieren, z.B. *Quine-Sterne* (Quine 1969, 204), die unserer Ansicht nach weniger übersichtlich sind.

Die Methode der Copi-Pfeile oder ihrer Verwandten (Fitch-Stil Bereiche, Quine-Sterne) machen es nötig, die erläuterten Merkregeln 8.1+2 (und Empfehlung 8.1) einzuhalten. Will man das nicht, so bieten sich alternative Kalküle mit *expliziter Abhängigkeitslegende* an, die Abhängigkeiten in einem Beweis noch genauer darstellen, dafür aber das Beweisen etwas aufwendiger machen. Solche Kalküle werden z.B. von Essler et al. (1983) und Brendel (2018) verwendet. In Kalkülen mit Abhängigkeitslegende wird neben der linksstehenden Schrittnummer auch die Menge der Annahmeschritte – Prämissen oder Annahmen – angeführt, von denen die jeweilige Aussage des Schrittes abhängt, wofür die Mengenklammern „{" und „}" verwendet werden. Der Beweis von ¬(A∧¬B) / A→B in unserem Kalkül S, erweitert mit Abhängigkeitslegende, sieht wie folgt aus. Dabei wird zwischen Prämissen und Annahmen nicht mehr unterschieden; Prämissen sind einfach solche Annahmen, von denen die Konklusion, also der letzte Beweisschritt, abhängt. Auch wird der ‚Zweck' einer Annahme nicht mehr mit in die Legende aufgenommen; man schreibt einfach „Ann.". Annahmen erkennt man daran, dass sie nur von sich selbst abhängen; die anderen Schritte enthalten *erschlossene* Aussagen.

Beispiel: Beweis von ¬(A∧¬B) / A→B mit Abhängigkeitslegende:

(1) {1}	¬(A∧¬B)	Ann.
(2) {2}	A	Ann.
(3) {3}	¬B	Ann.
(4) {2, 3}	A∧¬B	Kon 2, 3
(5) {2,3,1}	(A∧¬B)∧¬(A∧¬B)	Kon 4, 1
(6) {2,1}	B	IB 5
(7) {1}	A→B	KB 6

Wir nennen die in der Abhängigkeitslegende angeführten Mengen kurz *Abhängigkeitsmengen*. Die Beweislegende rechts und Abhängigkeitslegende links spielen wie folgt zusammen. Im Schritt (5) sieht man, dass bei einer *mehrprämissigen* Regel 1. Stufe, in diesem Fall (Kon), die Abhängigkeitsmenge der Regelkonklusion einfach aus der *Vereinigung* der Abhängigkeitsmengen der Regelprämissen besteht: die Aussage (5) wurde aus den Aussagen (4) und (1) gewonnen, die Aussage (4) hängt von den Annahmen {2,3} und Aussage (1) von der Annahme {1} (also von sich selbst) ab; daher hängt Aussage (5) von den vereinigten Annahmen {2,3,1} ab. Für einprämissige Regeln bleibt die Abhängigkeitsmenge *erhalten*, also beispielsweise:

(1) {1}   p∧q   Ann.
(2) {1}   p   Simp 1
(3) {1}   p∨r   Add 2

Im Gegensatz dazu wird bei Anwendung einer Regel 2. Stufe die Abhängigkeitsmenge *reduziert*, und zwar bei den ‚einprämissigen' Regeln 2. Stufe wie KB oder IB um eine Annahme. Dies zeigen die Schritte (6) und (7) des obigen Beweises von ¬(A∧¬B) / A→B: im Schritt (6) wird die IB-Annahme (3) geschlossen und deren Nummer aus der Abhängigkeitsmenge wieder eliminiert; ebenso wird im Schritt (7) die KB-Annahme (2) geschlossen und deren Nummer aus der Abhängigkeitsmenge eliminiert. Rechts neben der Anwendung des Regelschrittes 2. Stufe schreibt man nur noch die Konklusionszeile, auf die die Regel angewandt wird, und nicht wie in unserem System den ganzen Subbeweisbereich, da dieser schon in der Abhängigkeitslegende enthalten ist (dieselbe Vereinfachung könnte man im Copi-System vornehmen, da der Bereich auch durch die Copi-Pfeile angezeigt wird). Durch diese Notation wird freilich der grundlegende semantische Unterschied zwischen einer Regel 1. Stufe und einer Regel 2. Stufe etwas verschleiert. Die Regeln unseres Systems S lauten in der Notation mit Abhängigkeitslegende wie folgt. Dabei benutzen wir griechische Kleinbuchstaben α, β,... für Mengen von natürlichen Zahlen, „α∪β" für die Vereinigung zweier Zahlenmengen und schreiben „α:A" abkürzend für eine Aussage A mit Abhängigkeitsmenge α (vgl. dazu Essler et al. 1983, 93ff.):

Kalkül S mit Abhhängigkeitslegende:
(MP) α: A → B, β: A / α∪β: B
(MT) α: A → B, β: ¬B / α∪β: ¬A
(DS) α: A ∨ B, β: ¬A / α∪β: B ; α: A ∨ B, β: ¬B / α∪β: A
(Add) α: A / α: A ∨ B; α: A / α: B ∨ A
(Simp) α: A ∧ B / α: A; α: A ∧ B / α: B

(Kon) α: A, β: B / α∪β: A ∧ B
(DN) α: A / α: ¬¬A; α: ¬¬A / α: A
(KB) (i) {i}: A, (k) α∪{i}: B / (m) α: A→B   (für m > k > i)
(IB) (i) {i} ¬A, (k) α∪{i} C∧¬C / (m) α: A   (für m > k > i)
(FU) (i) {i}: A, (k) α∪{i}: C, (j){j}: ¬A, (m) β∪{j}: C / (n) α∪β: C (für n>m>j>k>i)

Während bei Regeln 1. Stufe die Mitführung der Schrittnummer (in runden Klammern) nicht nötig ist, ist diese Mitführung bei Regeln 2. Stufe nötig, um sicherzustellen, dass es sich bei der jeweiligen Aussage, deren Nummer eliminiert wird, um eine Annahme handelt (d.h. einen links mit ‚(i) {i}' beginnenden Schritt).

Kalküle mit Abhängigkeitslegende haben den weiteren Vorteil, auf elegante Weise die Beziehung zwischen *satzbasierten* und *sequenzbasierten Kalkülen* darzustellen. Wir verwenden hier satzbasierte Kalküle; sie sind natürlicher, denn in ihnen werden aus gegebenen Aussagen andere Aussagen bewiesen. In den metalogisch einfacheren sequenzbasierten Kalkülen werden dagegen aus Herleitbarkeitsbeziehungen andere Herleitbarkeitsbeziehungen bewiesen. Satzbasierte Kalküle mit Abhängigkeitslegende liefern die sequenzbasierte Version des Beweises implizit mit. Sequenzenkalküle werden im übernächsten Abschnitt besprochen; zuvor widmen wir uns in einem Exkurs dem Thema der *Relevanz* von Schlüssen.

14.4 Exkurs: Gültigkeit versus Relevanz von Schlüssen

In Abschn. 6.6. haben wir gesehen, dass der Begriff des gültigen Arguments auch zwei extreme Fälle *irrelevanter* Schlüsse zulässt, nämlich die logischen Versionen des ex falso quodlibet und verum ex quodlibet:

(lEFQ)   A∧¬A / B   (lVEQ)   A / B∨¬B   für beliebiege A, B.

In beiden Fällen besteht zwischen Prämissen und Konklusion keine relevante Beziehung. Prämissen und Konklusion können aus ganz unterschiedlichen Aussagevariablen bestehen und der Schluss ist nur deshalb semantisch unwiderlegbar, weil im Fall (lEFQ) die Prämisse niemals wahr und im Fall (lVEQ) die Konklusion niemals falsch werden kann.

Analog kann man *irrelevante* Implikationen aus einem falschen Wenn-Glied oder wahren Dann-Glied folgern und erhält damit die materiale Version der ‚Paradoxien':

(mEFQ) ¬A / A→B   (mVEQ) B / A→B   für beliebige A, B.

Man kann diese irrelevanten Schlüsse natürlich auch in unserem Kalkül S *herleiten*. Ihre Irrelevanz äußert sich herleitungstechnisch darin, dass man eine Prämisse oder Annahme einführt, die man für die Deduktion der Konklusion gar nicht benötigt, die also deduktiv *irrelevant* ist. Wir zeigen dies zunächst für die Beweise der ‚paradoxen' Implikationen:

Beweis von (mEFQ):
(1) ¬A   Präm
(2) A   KB-Ann.
(3) ¬B   IB-Ann.
(4) A∧¬A   Kon 2,1
(5) B   IB 3-4
(6) A→B   KB 2-5

Beweis von (mVEQ):
(1) B   Präm
(2) A   KB-Ann.
(3) B   Reit 1
(4) A→B   KB 2-3

Im linken Beweis ist die IB-Annahme (3) deduktiv irrrelevant; auf sie muss nicht zurückgegriffen werden, um den Widerspruch A∧¬A zu beweisen. Im rechten Beweis ist die KB-Annahme (2) deduktiv überflüssig, um B zu beweisen.

Analog ist in den Beweisen der logischen Version der beiden ‚Paradoxien' links die IB-Annahme (2) und rechts die Prämisse (1) deduktiv überflüssig:

Beweis von (lEFQ):
(1) A∧¬A   Präm
(2) ¬B   IB-Ann.
(3) A∧¬A   Reit 1
(4) B   IB 2-3

Beweis von (lVEQ):
(1) A   Präm
(2)   ⎫ FU-Beweis von
     ⋮   ⎬ B∨¬B; greift nicht
(6) B∨¬B   ⎭ auf 1 zurück.

Anderson und Belnap (1975) hatten die Idee, durch Mitnahme der expliziten Abhängigkeitslegende in deduktiven Beweisen, so wie in Abschn. 14.3 vorgeführt, irrelevante Deduktionen verhindern zu können. Sie hofften, dadurch zu einer *relevanten Logik* zu gelangen, die irrelevante Schlüsse vermeidet, aber ansonsten ebenso folgerichtig schließt wie die klassische Logik. In der Tat enthalten die in Abschn. 14.3 vorgestellten Annahmeregeln (und so werden sie üblicherweise präsentiert) eine Relevanzrestriktion, die in der Copi- oder Fitch-Technik der Bereichspfeile nicht vorkommt und impliziert, dass die Annahme nur abschließbar ist, wenn die Zielformel des Subbeweises von der Annahme tatsächlich abhängt, also die Abhängigkeitsmenge der Zielformel den Index der Annahme enthält. Der KB im Beweis von (mVEQ) oben kann dann nicht mehr geführt werden, denn mit Abhängigkeitslegende würde er so aussehen:

Beweisversuch von (mVEQ) mit Abhängigkeitslegende:
(1) {1}   B   Ann. (Präm)
(2) {2}   A   Ann.
(3) {1}   B   Reit 1   ⎫ *Fehler:* 2 ist nicht in der Abhängigkeitsmenge
(4) {1}   A→B   ~~KB~~ 3 ⎭ von (3), nämlich {1}, enthalten!

Dasselbe trifft auf die Beweise von (mEFQ) und (lEFQ) zu, wenn man sie im Kalkül mit Abhängigkeitslegende nachzuvollziehen versucht. Im (lVEQ)-Beweis schließlich würde die Abhängigkeitsmenge der Konklusion den Index der Prämisse nicht enthalten; um diesen Schluss auszusondern, müsste man als weitere Relevanzrestriktion fordern, dass die Konklusion von den Prämissen abhängen muss.

Man kann allerdings die Regeln 2. Stufe mit Abhängigkeitslegende auch in eine Version schreiben, durch die obiger Beweis (und andere Beweise mit überflüssigen Annahmen) wieder zulässig werden, nämlich indem man sie so schreibt:

(KB*) (i) {i}: A, (k) α: B / (m) α−{i}: A→B,
(IB*) (i) {i}: ¬A, (k) α: C∧¬C / (m) α−{i}: A,

mit „−" als mengentheoretischer Differenz (s. Abschn. 18.2). Wenn nun in (KB*) B nicht von A abhängt, ist i nicht in B's Indexmenge α enthalten, und α−{i} ist identisch mit α; d.h. A→B hängt nicht von der KB-Annahme A ab und der irrelevante Beweis ist zulässig. Aber so werden Regeln 2. Stufe mit Abhängigkeitslegende meist nicht formuliert. Was ändert sich durch die relevanzbeschränkte Abhängigkeitslegende?

Die ursprüngliche Hoffnung der Relevanzlogik war, dass durch eine relevanzbeschränkte Abhängigkeitslegende alle irrelevanten Schlüsse ausgefiltert werden können (Anderson und Belnap 1975, 23). Diese Hoffnung erwies sich als Illusion. Man kann nämlich durch *Umwegbeweise* in die Abhängigkeitslegende von Formeln beliebige irrelevante ‚Pseudoabhängigkeiten' einbauen, wodurch alle irrelevanten Schlüsse auch in Kalkülen mit relevanzbeschränkter Abhängigkeitslegende beweisbar werden. Wir haben einen solchen Umwegbeweis bereits in Abschn. 8.1 kennengelernt, als wir die Regel der Reiteration durch eine Abfolge von Kon und Simp bewiesen. Auf dieselbe Weise können wir im Kakül mit Abhängigkeitslegende (mVEQ) beweisen:

Umwegbeweis von (mVEQ) mit (relevanzbeschränkter) Abhängigkeitslegende:
(1) {1}   B   Ann.   (Präm)
(2) {2}   A   Ann.
(3) {1,2}   A∧B   Kon 1,2 ⎱ durch ‚Umwegbeweis' eingeschmuggelte
(4) {1,2}   B   Simp 3   ⎰ ‚Pseudoabhängigkeit' B's von A
(5) {1}   A→B   KB 4

Denselben ‚Trick' kann man für die Beweise aller anderen drei ‚Paradoxien' vornehmen. Dies ist auch der Grund, warum der in Abschn. 11.4 eingeführte Kalkül mit Abhängigkeitslegende mit der Copi- oder Fitch-Version dieses Kalküls äquivalent ist, also dieselben logischen Wahrheiten und Schlüsse beweisbar macht.

Nun könnte man zwar versucht sein, das ursprüngliche Programm der Relevanzlogik zu retten, indem man Umwegbeweise durch komplizierte Bedingungen ausschließt. Abgesehen von seiner Kompliziertheit wäre auch dieser Versuch erfolglos, denn es ist sogar möglich, irrelevante Schlüsse mit *umweglosen* Beweisen zu beweisen. Dies zeigt der folgende Beweis von (lEFQ), einmal links mit dem Beweisumweg über Kon und Simp, und rechts ohne Umweg über Add und DS:

Umwegbeweis von (lEFQ):			Umwegloser Beweis von (lEFQ):		
(1) {1}	A∧¬A	Ann. (Präm)	(1) {1}	A∧¬A	Ann. (Präm)
(2) {2}	¬B	IB-Ann.	(2) {1}	A	Simp 1
(3) {1,2}	(A∧¬A)∧¬B	Kon 1,2	(3) {1}	A∨B	Add 2
(4) {1,2}	A∧¬A	Simp 3	(4) {1}	¬A	Simp 1
(5) {1}	B	IB 4	(5) {1}	B	DS 3,4

Die ursprüngliche Idee der Relevanzlogik erweist sich dadurch als undurchführbar. Die Relevanzlogik konnte von Anderson und Belnap (1975) daher nur weiterverfolgt werden, indem erhebliche *Abweichungen* von der klassischen Logik vorgenommen wurden. Insbesondere wurde, zwecks Blockade der beiden obigen Beweise, die Regel der Konjunktionseinführung (Kon) eingeschränkt und die Regel des disjunktiven Syllogismus (DS) ganz verboten (ibid., 271f., 165). Doch handelt es sich gerade bei diesen beiden Schlussregeln um intuitiv plausible und relevante Regeln, sodass dieser Weg aus unserer Sicht nicht befriedigend erscheint (für weitere Probleme s. Schurz 1999b, Abschn. 2). Priest führte später (1979) die parakonsistente Logik ein, die das klassische Zweiwertigkeitsprinzip verwirft, um den Ausschluss des DS zu rechtfertigen: nun folgt aus A∨B und ¬A nicht mehr B, denn es könnte ja sowohl A und ¬A wahr sein.

Solch massive Abweichungen von der klassischen Logik schießen unserer Ansicht nach über das Ziel hinaus. Sie sind nicht nötig, um das Relevanzproblem zu lösen, denn das Problem lässt sich gut innerhalb der Perspektive der klassischen Logik lösen. Ein solcher Ansatz wurde von Schurz und Weingartner entwickelt (Schurz 1991, 1999b, Schurz und Weingartner 2010). Ausgangspunkt dieses Ansatzes des *relevanten Schließens* (wie er sich nennt) ist die Beobachtung, dass in den irrelevanten Schlüssen (lEFQ) und (lVEQ) sämtliche Aussagevariablen (kurz Av's) der Konklusion durch beliebige andere Formeln ersetzbar sind *salva validitate*, d.h. ohne die Gültigkeit des Schlusses zu beeinträchtigen. D.h.:

14.4 Exkurs: Gültigkeit versus Relevanz von Schlüssen — 247

(lEFQ) p∧¬p ⊢ q̲   daher p∧¬p ⊢ X für beliebige X.
(lVEQ) p ⊢ q̲∨¬q̲   daher p ⊢ X∨¬X für beliebige X.

Hinweis: Handelt es sich um eine komplexe Einsetzungsinstanz von lEFQ, wie z.B. „A∧¬A ⊢ B", dann kann B freilich auch als Ganzes durch ein beliebiges X salva validitate ersetzt werden. Doch aus beweistechnischen Gründen ersetzt man immer nur Av's, nicht komplexe Formeln; in „A∧¬A ⊢ B" können in B natürlich auch die Av's durch beliebige andere salva validitate ersetzt werden.

Im selben Sinn sind auch die materialen Versionen der beiden ‚Paradoxien' irrelevant, nur dass es sich dabei nicht um eine ‚totale', sondern um eine partielle Irrelevanz handelt, da hier nur *einige* Av's der Konklusion salva validitate durch beliebige andere Formeln ersetzbar sind:

(mEFQ) ¬p ⊢ p→q̲   daher ¬p ⊢ p→X für beliebiges X.
(mVEQ) q ⊢ p̲→q   daher q ⊢ X→q für beliebiges X.

Im selben Sinn erweist sich auch die Schlussregel der *Addition* als partiell irrelevant:

(Add) p ⊢ p∨q̲   daher p ⊢ p∨X für beliebiges X.

Dem Ansatz des relevanten Schließens zufolge ist im obigen Beweis von (lEFQ) mittels Add und DS daher nicht DS, sondern Add der Schritt, der die Irrelevanz erzeugt. Zusammengefasst können irrelevante Schlüsse nicht nur durch Umwegbeweise mit überflüssigen Prämissen, sondern auch durch irrelevante Schlussregeln wie (Add) generiert werden. Aus diesem Grund schlagen Schurz und Weingartner vor, irrelevante Schlüsse durch folgendes Kriterium zu erfassen:

Definition 14-1. *Relevanz von Schlüssen:*
Ein gültiger Schluss Γ ⊢ K besitzt eine *relevante* Konklusion g.d.w. es in K keine Aussagenvariable [bzw. in der PL kein Prädikat] gibt, die [das] an einigen Vorkommnissen durch eine beliebige Formel [bzw. in der PL durch ein beliebiges gleichstelliges Prädikat] ersetzbar ist, salva validitate, d.h. ohne die Gültigkeit zu beeinträchtigen.

Die Definition besitzt eine Reihe weiterer Vorteile, wie z.B.
- (i) es werden dadurch viele weitere Fälle irrelevanter Schlüsse erfasst, wie z.B. p ⊢ (p∧q̲) ∨ (p∧¬q̲),
- (ii) die Definition ist auch auf die Prädikatenlogik anwendbar, wie in den eckigen Klammern hinzugefügt wurde, und

- (iii) die Menge der relevanten Konklusionen einer Prämissenmenge ist nachweislich logisch gleich stark wie die Menge aller Konklusionen, d.h. durch die Relevanzeinschränkung geht keine logische Information verloren.

Irrelevante Schlüsse, beispielsweise Einsetzungsinstanzen der Additionsregel wie „Der Meteor fällt ins Meer / Daher fällt der Meteor ins Meer oder auf Mainhattan", erscheinen den Menschen in der Tat als intuitiv unsinnig. Dies wird auch durch psychologische Studien belegt (vgl. Rips 1994, 47ff.; Schurz 1991, Abschn. 5.3). Andererseits benötigt man Add zu Beweiszwecken; auf diese Regel ganz zu verzichten würde auf Kosten der Vollständigkeit des logischen Kalküls gehen.

Der Ansatz relevanten Schließens betrachtet daher *Gültigkeit* und *Relevanz* als zwei *unterschiedliche* Phänomene. Angewandtes Schließen hat immer zwei Anforderungen zu gehorchen: *Gültigkeit* plus *Relevanz*. Man sollte beide nicht vermengen, so wie in der Relevanzlogik, denn dies führt zu inakzeptablen Konsequenzen, wie z.B. die Preisgabe des disjunktiven Syllogismus u.a.m. Der Gültigkeitsbegriff der klassischen Logik ist *in sich* in Ordnung, erfasst jedoch nicht alles, was für erfolgreiches Schließen wichtig ist. Das *Relevanzkriterium* wirkt, anders gesprochen, wie ein Filter: es filtert die relevanten Schlüsse aus der Gesamtmenge aller gültigen Schlüsse heraus. Die Idee, von *Filterlogik* zu sprechen, stammt von Weingartner (2010) und wird auch in Schamberger (2016) aufgegriffen. Letztlich geht der Gültigkeit-plus-Relevanz-Ansatz auf Grice (1975) zurück und wird in linguistischen und psychologischen Ansätzen verfolgt (vgl. Sperber und Wilson 1986, Levinson 2000, Schmid 2012).

14.5 AL-Sequenzenkalküle

Man kann Kalküle mit Abhängigkeitslegende auch so auffassen, dass man damit eigentlich nicht von Sätzen auf andere Sätze, sondern von Schlüssen auf andere Schlüsse schließt. Dies führt zu den auf Gerhard Gentzen (1935) zurückgehenden Sequenzenkalkülen. Unter einer *Sequenz* versteht man eine (als gültig intendierte) Herleitbarkeitsbehauptung der Form „$\Gamma \vdash A$". Man *beachte*, dass wir die Prämissen Γ einfachheitshalber gleich als *Menge* auffassen, und nicht als Folge (wie bei Gentzen). Wie üblich schreiben wir $\vdash B$ abkürzend für $\emptyset \vdash B$ („$\emptyset$" für die leere Menge), $A \vdash B$ für $\{A\} \vdash B$; $\Gamma, A \vdash B$ für $\Gamma \cup \{A\} \vdash B$ und $\Gamma, \Delta \vdash B$ für $\Gamma \cup \Delta \vdash B$. Unterschiedliche Sequenzen trennen wir durch ein Semikolon; z.B. $\Gamma \vdash A$; $\Delta \vdash B$.

In Sequenzenkalkülen schließt man von Sequenzen auf andere Sequenzen. Dabei startet man von Reiterationssequenzen und leitet mithilfe von *Sequenzenregeln* daraus neue Sequenzen ab. Der Sequenzenkalkül, der unserem Kalkül S *direkt entspricht*, besitzt folgende Axiome und Regeln:

Sequenzenkalkül S:
Sequenzenaxiom: (Reit) A ⊢ A
Sequenzenregeln:
(MP)   Γ ⊢ A→B; Δ ⊢ A / Γ, Δ ⊢ B
(MT)   Γ ⊢ A→B; Δ ⊢ ¬B / Γ, Δ ⊢ ¬A
(DS)   Γ ⊢ A∨B; Δ ⊢ ¬A / Γ, Δ ⊢ B sowie Γ ⊢ A∨B, Δ ⊢ ¬B / Γ, Δ ⊢ A
(Add) Γ ⊢ A / Γ ⊢ A∨B sowie Γ ⊢ A / Γ ⊢ B∨A
(Simp) Γ ⊢ A∧B / Γ ⊢ A sowie Γ ⊢ A∧B / Γ ⊢ B
(Kon) Γ ⊢ A; Δ ⊢ B / Γ, Δ ⊢ A∧B
(DN)   Γ ⊢ A / Γ ⊢ ¬¬A sowie Γ ⊢ ¬¬A / Γ ⊢ A
(KB)   Γ, A ⊢ B / Γ ⊢ A→B
(IB)   Γ, ¬A ⊢ C∧¬C / Γ ⊢ A
(FU)   Γ, A ⊢ B; Δ, ¬A ⊢ B / Γ, Δ ⊢ B

Damit solche Sequenzen Bestandteile der *Objektsprache* werden, muss man eine sequenzenbildende grammatische Regel mit hinzunehmen: „Ist Γ eine endliche Formelmenge und A eine Formel, dann ist Γ ⊢ A eine Sequenz". Wir nennen die Sequenzen vor dem Schlussstrich einer Sequenzenregel die *Prämissensequenzen* und die Sequenz hinter dem Schlussstrich die *Konklusionssequenz*. Wir sagen, dass eine Sequenzenregel die Prämissenmengen nicht verändert, wenn die Prämissenmenge der Konklusionssequenz die Vereinigung der Prämissenmengen der Prämissensequenzen ist. Damit erhalten wir folgende Zuordnungen:

Satzbasierter Kalkül S		*Sequenzbasierter Kalkül S:*
Prämisse oder Annahme	–	Reiterationsaxiom
Regel 1. Stufe	–	Regel mit unveränderter Prämissenmenge
Regel 2. Stufe	–	Regel mit veränderter (meist reduzierter) Prämissenmenge

Damit können wir jeden Beweis im satzbasierten Kalkül S in einen entsprechenden Beweis im sequenzbasierten Kalkül S durch folgende Schritte überführen:
- Wir ersetzen jede Prämisse oder Annahme A durch das Axiom A ⊢ A und fügen „Reit" als Beweislegende an.
- Wir ersetzen jeden anderen Satz B des Beweises durch die Sequenz Γ ⊢ B, wobei Γ die Menge aller Sätze des Beweises ist, von denen B abhängt (deren Nummern in der Abhängigkeitslegende angeführt sind).
- Wurde der Satz B durch eine Regel 1. Stufe gewonnen, so fügen wir dieselbe Beweislegende wie im satzbasierten Kalkül an. Wurde B durch eine Regel 2. Stufe gewonnen, so fügen wir die Regelabkürzung plus die Nummer des

letzen Satzes des Annahmenbereichs (bzw. bei FU zwei Nummern für zwei Annahmenbereiche) an.

Im Folgenden geben wir zwei einfache *Beispiele*.

Beweis von A → (B→C) ⊢ A∧B → C:

Satzbasiert:			Sequenzbasiert:		
(1)	A → (B→C)	Präm	(1)	A → (B→C) ⊢ A → (B→C)	Reit
(2)	A∧B	KB-Ann	(2)	A∧B ⊢ A∧B	Reit
(3)	A	Simp 2	(3)	A∧B ⊢ A	Simp 2
(4)	B→C	MP 1,3	(4)	A → (B→C), A∧B ⊢ B→C	MP 1, 3
(5)	B	Simp 2	(5)	A∧B ⊢ B	Simp 2
(6)	C	MP 4,5	(6)	A → (B→C), A∧B ⊢ C	MP 4,5
(7)	A∧B → C	KB 2-6	(7)	A → (B→C) ⊢ A∧B → C	KB 6

Beweis von A→B, C→B / (A∨C) → B:

Satzbasiert:			Sequenzbasiert:		
(1)	A → B	Präm	(1)	A→B ⊢ A→B	Reit
(2)	C → B	Präm	(2)	C→B ⊢ C→B	Reit
(3)	A ∨ C	KB-Ann.	(3)	A∨C ⊢ A∨C	Reit
(4)	A	FU-Ann.	(4)	A ⊢ A	Reit
(5)	B	MP 1, 4	(5)	A, A→B ⊢ B	MP 1, 4
(6)	¬A	FU-Ann.	(6)	¬A ⊢ ¬A	Reit
(7)	C	DS 3, 6	(7)	A∨C, ¬A ⊢ C	DS 3, 6
(8)	B	MP 2, 7	(8)	C→B, A∨C, ¬A ⊢ B	MP 2, 7
(9)	B	FU 4-5, 6-8	(9)	A→B, C→B, A∨C ⊢ B	FU 5, 8
(10)	(A∨C) → B	KB 3-9	(10)	A→B, C→B ⊢ (A∨C) → B	KB 9

Beweise in Sequenzenkalkülen sind insofern einfacher als in Satzkalkülen, als nicht mehr zwischen Regeln 1. und 2. Stufe unterschieden werden muss; Copi-Klammern oder sonstige Abhängigkeitsindizierungen fallen weg. Zudem wird die *Beweisdefinition* einfacher: ein Sequenzenbeweis ist einfach eine Folge von Sequenzen, deren Glieder entweder Sequenzenaxiome sind oder aus vorausgehenden Gliedern mithilfe einer Sequenzenregel folgen. Metalogische Beweis sind damit einfacher zu führen. Weitere Vorteile von Sequenzenkalkülen werden noch besprochen.

Charakteristisch für unseren sequenzbasierten Kalkül S ist, dass wir Reit als einziges Axiomenschema verwenden und alle satzbasierten Regeln als Sequenzenregeln verwenden. Diese Version hat den Vorteil, dass jeder Beweis im satzbasierten Kalkül S *eins-zu-eins* in Bezug auf die Schrittfolge in einen sequenzba-

14.5 AL-Sequenzenkalküle

sierten Beweis überführt werden kann. Allerdings erhält man damit nicht immer maximal kurze Beweise (s. unten). Wir benötigen auch keine strukturellen Regeln wie Schnitt, Monotonie oder die Vertauschungsregel und die Kontraktionsregel für die Prämissen. Die letzten beiden Regeln (siehe Abschn. 7.3) benötigen wir einfach deshalb nicht, weil wir die Prämissen als Mengen auffassen, und nicht als Folgen, so wie in den ursprünglichen Sequenzenkalkülen nach Gentzen. Die Schnitt- und Monotonieregel sind herleitbar; Schnitt über MP und KB und Mon über Kon und Simp:

Beweis von (Schnitt):
(1) $\Gamma \vdash A$ Präm
(2) $\Delta, A \vdash B$ Präm
(3) $\Delta \vdash A \rightarrow B$ KB 2
(4) $\Gamma, \Delta \vdash B$ MP 1,3

Beweis von (Mon):
(1) $\Gamma \vdash A$ Präm
(2) $B \vdash B$ Reit
(3) $\Gamma, B \vdash A \wedge B$ Kon 1,2
(4) $\Gamma, B \vdash A$ Simp 3

Dass wir in unserem Kalkül den Schnitt nicht benötigen, heißt nicht, dass er „schnittfrei" ist im Sinne von Gentzen (dazu Abschn. 14.6); vielmehr spielt unser Modus Ponens die Rolle des Schnitts. Die verallgemeinerte Monotonie, $\Gamma \vdash A$ / $\Gamma, \Delta \vdash A$, ist aus dem rechten Beweis durch Iteration für alle Elemente von Δ gewinnbar. Aus der Monotonie und Reit folgt auch das Axiom

(Reit-Mon) $\Gamma \vdash A$ sofern $A \in \Gamma$.

Die Regeln *1. Stufe* des satzbasierten Kalküls lassen sich auch als *Sequenzenaxiome* schreiben; z.B. die Additionsregel A/A∨B als die Sequenz $A \vdash A \vee B$, die Regel DS als die Sequenz $A \vee B, \neg A \vdash B$, usw. Man kann diese Sequenzenaxiome aus den entsprechenden Sequenzenregeln zusammen mit dem Reiterationsaxiom einfach herleiten. Das haben wir in unseren obigen Beweisen mehrmals durchgeführt. So haben wir im Beweis von $A \rightarrow (B \rightarrow C) \vdash A \wedge B \rightarrow C$ das Axiom (Simp) $A \wedge B \vdash A$ in Schritt 3 aus dem Reit-Axiom in 2 abgeleitet; und im Beweis von $A \rightarrow B, C \rightarrow B$ / $(A \vee C) \rightarrow B$ das Axiom (MP) $A, A \rightarrow B \vdash B$ in Schritt 5 aus den Reit-Axiomen 1 und 4. Im Folgenden ersparen wir uns solche Schritte und gestatten uns stattdessen, direkt die den Regeln 1. Stufe entsprechenden Sequenzenaxiome zu benutzen. Tut man das, so benötigt man allerdings die Schnittregel; d.h. die Überführung eines satzbasierten in einen sequenzbasierten Beweis ist dann nicht mehr „eins-zu-eins". Andererseits werden Sequenzenbeweise dadurch noch kürzer, weshalb wir im Folgenden auch die Verwendung der Schnittregel sowie der Regel (Reit-Mon) gestatten. Beispielsweise nimmt der obige 10-schrittige Beweis von $A \rightarrow B, C \rightarrow B$ / $(A \vee C) \rightarrow B$ dann die Form folgenden 6-schrittigen Beweises an (wobei „MP" als Legende bedeutet, es handelt sich um das MP-Axiom; analog für die anderen Regeln):

(1) A→B, A ⊢ B   MP
(2) A∨C, ¬A ⊢ C   DS
(3) C→B, C ⊢ B   MP
(4) C→B, A∨C, ¬A ⊢ B   Schnitt 2, 3
(5) A→B, C→B, A∨C ⊢ B   FU 1, 4
(6) A→B, C→B ⊢ (A∨C) → B   KB 5

Ersichtlicherweise bringt das höhere Abstraktionsniveau sequenzbasierter Beweise Einfachheitsvorteile, für objektsprachliche wie metalogische Beweise. Dies war ein Hauptmotiv für Gentzens Entwicklung der Sequenzenkalküle. Zwar suchte Gentzen auch nach einer ‚natürlicheren' Formalisierung des logischen Schließens als die eines Axiom-Regel Kalküls im Hilbert-Stil, aber mit ‚Natürlichkeit' meinte Gentzen das in der *Mathematik* übliche Schließen (vgl. von Plato 2014) und weniger Natürlichkeit im psychologischen Sinn. Gentzen bezweckte mit seinen Sequenzenkalkülen aber viel mehr: er wollte die Widerspruchsfreiheit der Prädikatenlogik und darauf aufbauend der Arithmetik beweisen und damit einen Beitrag zu der in Abschn. 8.3 erwähnten mathematischen Grundlagenkrise liefern – was aus den genannten Gründen zwar nicht so wie intendiert gelang, ihn aber zur Formulierung von sogenannten *schnittfreien* Sequenzenkalkülen brachte, die zumindest in der AL eine rein syntaktische Entscheidungsmethode liefern und weitere beweistheoretische Vorteile besitzen. Aus diesem Grund formulierte Gentzen auch Sequenzen nicht mittels Prämissenmengen, sondern mit Prämissenfolgen. Er benötigte daher die strukturellen Regeln der Vertauschung und Kürzung; überdies schrieb er „→" statt „⊢" (während wir „→" für die Implikation reserviert haben).

Wir schließen den Abschnitt mit dem Beweis der in Abschn. 14.1 genannten Herleitungsbeziehungen zwischen den unterschiedlichen Regeln ab:

(ii) Beweis von iIB mithilfe von IB und kDN:
(1) Γ, A ⊢ B∧¬B   Präm   (zu zeigen: Γ ⊢ ¬A)
(2) ¬¬A ⊢ A   kDN
(3) Γ, ¬¬A ⊢ B∧¬B   Schnitt 1,3
(4) Γ ⊢ ¬A   IB 3

(iii) Beweis von kDN mithilfe von IB und iDN:
(1) Γ ⊢ ¬¬A   Präm   (zu zeigen: Γ ⊢ A)
(2) ¬A ⊢ ¬A   Reit
(3) Γ, ¬A ⊢ ¬A∧¬¬A   Kon 2, 3
(4) Γ ⊢ A   IB 3

(iv) Beweis von FU mittels IB, Kon und Add:
(1) $\Gamma, A \vdash B$ Präm
(2) $\Delta, \neg A \vdash B$ Präm   (zu zeigen: $\Gamma, \Delta \vdash B$)
(3) $\neg B \vdash \neg B$ Reit
(4) $\Delta, \neg A, \neg B \vdash B \land \neg B$ Kon 2, 3
(5) $\Delta, \neg B \vdash A$ IB 4
(6) $\Gamma, \Delta, \neg B \vdash B$ Schnitt 1, 5
(7) $\Gamma, \Delta, \neg B \vdash B \land \neg B$ Kon 3, 6
(8) $\Gamma, \Delta \vdash B$ IB 7

(v) Beweis von IB mittels FU, Kon und Add:
(1) $\Gamma, \neg A \vdash B \land \neg B$ Präm   (zu zeigen: $\Gamma \vdash A$)
(2) $\Gamma, A \vdash A$ Reit-Mon
(3) $\Gamma, \neg A \vdash B$ Simp 1
(4) $\Gamma, \neg A \vdash \neg B$ Simp 2
(5) $\Gamma, \neg A \vdash B \lor A$ Add 3
(6) $\Gamma, \neg A \vdash A$ DS 4, 5
(7) $\Gamma \vdash A$ FU 2, 6

(vi) Beweis von IB mittels iIB und DN:
(1) $\Gamma, \neg A \vdash B \land \neg B$ Präm   (zu zeigen: $\Gamma \vdash A$)
(2) $\Gamma \vdash \neg \neg A$ iIB 1
(3) $\Gamma \vdash A$ kDN 2

(vii) Beweis von iDN mithilfe von iIB und Kon:
(1) $\Gamma \vdash A$ Präm   (zu zeigen: $\Gamma \vdash \neg\neg A$)
(2) $\neg A \vdash \neg A$ Reit
(3) $\Gamma, \neg A \vdash A \land \neg A$ Kon 1,2
(4) $\Gamma \vdash \neg\neg A$ iIB 3

Beweis von aFU mittes FU und DS (zu Abschn. 14.3):
(1) $\Gamma, A \vdash C$ Präm
(2) $\Gamma, B \vdash C$ Präm   (zu zeigen: $\Gamma, A \lor B \vdash C$)
(3) $A \lor B, \neg B \vdash A$ DS
(4) $\Gamma, A \lor B, \neg B \vdash C$ Schnitt 1,3
(5) $\Gamma, A \lor B \vdash C$ FU 2, 4

Beweis von DS mittels aFU und (zu Abschn. 14.3):
(1) $\Gamma \vdash A \lor B$ Präm
(2) $\Delta \vdash \neg A$ Präm   (zu zeigen: $\Gamma, \Delta \vdash B$)

(3) ¬B, A ⊢ A   Reit-Mon
(4) Δ, ¬B, A ⊢ A∧¬A   Kon 2, 3
(5) Δ, A ⊢ B   IB 4
(6) Γ, B ⊢ B   Reit-Mon
(7) Γ, Δ, A∨B ⊢ B   aFU 5, 6
(8) Γ, Δ ⊢ B   Schnitt 1, 7

14.6 Exkurs: AL-Tableau-Kalküle und schnittfreie Sequenzenkalküle

In diesem Abschnitt stellen wir zuerst syntaktische Tableau-Kalküle vor, die prima facie anders funktionieren als Kalküle natürlichen Schließens, jedoch, wie wir dann zeigen werden, eine Verbindung zu Sequenzenkalkülen besitzen. Tableau-Kalküle knüpfen an die in Abschn. 5.5 besprochenen Beth Tableaus an und wenden die Reduktio ad Absurdum Methode an, um eine Aussage auf L-Wahrheit bzw. einen Schluss auf Gültigkeit zu prüfen. Das semantische Tableau-Verfahren wird in ein syntaktisches umgewandelt, indem Formeln, die rechts vom Strich stehen und als falsch gelten, durch ihre Negation ersetzt werden. Statt Zerlegungsregeln für falsche Formeln gibt es nun Zerlegungsregeln für negierte Formeln; negierte Aussagevariablen werden nicht mehr umgewandelt. Semantisch sind Tableau-Regeln so zu lesen: wenn die oberhalb des Schlussstrichs stehenden Formeln wahr sind, dann sind auch die unterhalb des Schlussstrichs stehenden Formeln wahr, bzw. falls sich diese aufspalten, ist mindestens eine der durch Aufspaltung entstandenen Formeln wahr.

Zerlegungsregeln des Tableau Kalküls (TK):

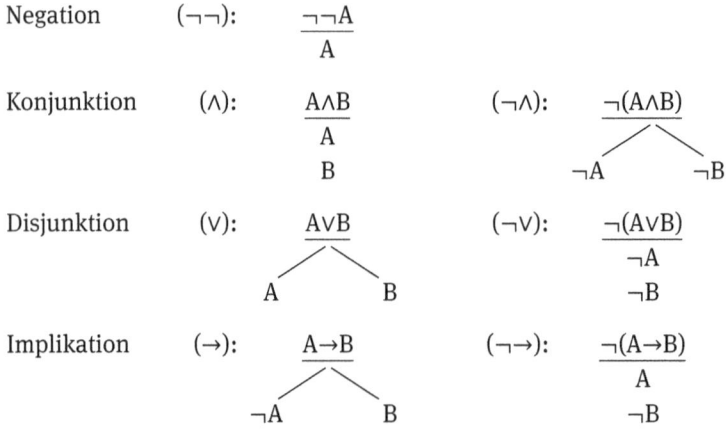

14.6 Exkurs: AL-Tableau-Kalküle und schnittfreie Sequenzenkalküle

Beckermann (2003, Kap. 13) und Bühler (2000, §14) folgend schreiben wir im Tableau-Kalkül Formeln und ihre Aufspaltungsprodukte solange untereinander, bis es zu Aufspaltungen kommt, die durch Äste dargestellt werden. Ausgangsformeln und ihre Zerlegungen werden durchnummeriert (von oben nach unten und links nach rechts); bereits zerlegte Formeln erhalten wieder ein *Häkchen* und rechts wird die Beweislegende angefügt. Literale (Av's oder deren Negation) sind nicht weiter aufspaltbar. Die Folge der Formeln, die untereinander entlang einer möglichen Aufspaltungsfolge liegen, definiert einen möglichen *Beweisast* des Baumes. Liegen auf einem Beweisast sowohl eine Aussagevariable wie ihre Negation, so ist der Ast geschlossen und erhält ein Kreuz (×). Andernfalls muss der Beweisast weiterentwickelt werden. Ein Beweisast heißt *vollständig* wenn er keine weiter zerlegbaren Formeln trägt, d.h. die einzigen häkchenfreien Formeln an diesem Ast sind Literale. Ein vollständiger Beweisast, der nicht geschlossen ist, heißt *offen*; die Menge der an ihm befindlichen Literale definiert dann genau das syntaktische Gegenstück einer Wahrheitswertzeile (ein sogenannter aussagenlogischer *Konstituent*), die die zum Zwecke des Reduktio ad Absurdum Beweises angenommene Formel(menge) wahr macht. Wieder gilt: sind alle konstruierten Äste vollständig und geschlossen, so ist die zu prüfende Aussage L-wahr bzw. der Schluss gültig; wurde dagegen mindestens ein offener Ast konstruiert, so ist die zu prüfende Aussage nicht L-wahr bzw. der Schluss ungültig. Als Beispiel haben wir oben den Tableaubeweis von (p→q) → ((p∧r) → q) aus Abschn. 5.5 vorgestellt, aber nun als syntaktischen Tableaubeweis.

Syntaktischer Tableau-Beweis von (p→q) → ((p∧r) → q):

$$
\begin{array}{lll}
1. & \neg((p\to q) \to ((p\wedge r) \to q)) \checkmark & \text{Ann. (für Red. ad Absurdum)} \\
2. & p\to q \checkmark & \neg\to 1 \\
3. & \neg((p\wedge r) \to q) \checkmark & \neg\to 1 \\
4. & p\wedge r \checkmark & \neg\to 3 \\
5. & \neg q & \neg\to 3 \\
6. & p & \wedge 4 \\
7. & r & \wedge 4 \\
\end{array}
$$

```
8. ¬p       →2          9. q ✓      →2
   ×                       ×
```

Beweise mithilfe von Tableau-Kalkülen sind ähnlich aufwendig wie semantische Beth Tableaus und daher aufwendiger als die semantische Methode von Kap. 5. Ein metalogischer Vorteil besteht darin, dass Tableau-Kalküle mit schnittfreien Sequenzenkalkülen zusammenhängen, was insbesondere in der Prädikatenlogik nützlich wird. Diesen Zusammenhang wollen wir abschließend erläutern.

Da es in Tableau-Kalkülen um die Frage der Widerspruchsfreiheit einer Formelmenge geht, können wir sie auch als Regeln folgender Form lesen (mit Γ, Δ als Satzmengen, wobei Δ von Γ abhängt):

Γ widerspruchsfrei → Δ widerspruchsfrei
(Beispiel: A∧B widerspruchsfrei → {A,B} widerspruchsfrei)
Γ widerspruchsfrei → (Δ_1 widerspruchsfrei oder Δ_2 widerspruchsfrei)
(Beispiel: A∨B widerspruchsfrei → A widerspruchsfrei oder B widerspruchsfrei)

Nun können wir diese Regeln per Kontrapositionsgesetz umdrehen und erhalten:

Δ widersprüchlich → Γ widersprüchlich, oder
Δ_1 widersprüchlich und Δ_2 widersprüchlich → Γ widersprüchlich.

„Γ ist widersprüchlich" bedeutet soviel wie „aus Γ ist ein Widerspruch ableitbar", entspricht also einer Herleitungsbehauptung oder Sequenz. Jede Widersprüchlichkeitsbehauptung für Γ ist somit äquivalent mit der Sequenz $\Gamma \vdash \bot$, mit „$\bot$" für das Falsum, also die Kontradiktion (Abschn. 13.3). Damit können wir sämtliche Regeln des syntaktischen Tableau-Kalküls *invertieren* und in Sequenzenregeln überführen, die als Konklusion das Falsum besitzen:

Der dem Tableau-Kalkül entsprechende (invertierte) Sequenzenkalkül (TS):
(¬¬) $\Gamma, A \vdash \bot / \Gamma, \neg\neg A \vdash \bot$
(∧) $\Gamma, A, B \vdash \bot / \Gamma, A \land B \vdash \bot$
(¬∧) $\Gamma, \neg A \vdash \bot; \Gamma, \neg B \vdash \bot / \Gamma, \neg(A \land B) \vdash \bot$
(∨) $\Gamma, A \vdash \bot; \Gamma, B \vdash \bot / \Gamma, A \lor B \vdash \bot$
(¬∨) $\Gamma, \neg A, \neg B \vdash \bot / \Gamma, \neg(A \lor B) \vdash \bot$
(→) $\Gamma, \neg A \vdash \bot; \Gamma, B \vdash \bot / \Gamma, A \to B \vdash \bot$
(¬→) $\Gamma, A, \neg B \vdash \bot / \Gamma, \neg(A \to B) \vdash \bot$

Man fügt dem so entstandenen Kalkül noch die Regel des indirekten Beweises (IB) hinzu, mit der man die Reduktio ad Absurdum Technik anwendet, sowie das Widerspruchsaxiom für Literale (Wid), das dem Schließen eines Astes im Beth Tableau entspricht:

(IB) $\Gamma, \neg A \vdash \bot / \Gamma \vdash A$
(Wid) $\Gamma, p, \neg p \vdash \bot$ (für jede beliebige Aussagenvariable p).

Wir illustrieren diese Überführung anhand des oben präsentierten Beweises von $p \to q \vdash (p \land r) \to q$ im Tableau-Kalkül. Dabei gehen wir so vor: wir sammeln

14.6 Exkurs: AL-Tableau-Kalküle und schnittfreie Sequenzenkalküle

alle Literale entlang der geschlossenen Äste des Tableaus auf und produzieren so die Anfangssequenzen des entsprechenden Sequenzenbeweises als Instanzen des Axioms (Wid). Dann konstruieren wir den strukturgleichen Sequenzenbeweis als *invertierten Beweisbaum*, um die Zuordnung zum Tableau zu erkennen. Die invertierten Pfeile geben wieder die Folgerungsrichtung an:

```
      0.   p→q ⊢ (p∧r) → q                    IB 1+2
    1+2.   ¬((p→q) → ((p∧r) → q)) ⊢ ⊥         ¬→ 3+4
    3+4.   ¬((p∧r) → q), p→q ⊢ ⊥              → 5+6
    5+6.   ¬q, p∧r, p→q ⊢ ⊥                   ∧ 7
      7.   ¬q, p, r, p→q ⊢ ⊥                  → 8, 9

8. ¬q, p, r, ¬p ⊢ ⊥    Wid      9. ¬q, p, r, q ⊢ ⊥    Wid
```

Die Anzahl der Zeilenschritte ändert sich bei der Invertierung, da Formeln mit zwei Zerlegungsprodukten nun in einer Sequenzenzeile aufscheinen; um dieselbe Nummerierung wie Tableaubeweise zu verwenden, wurden daher gewisse Tableaunummern in einen Schritt zusammengeführt und die Nummer „0" hinzugefügt. Schreiben wir diesen Sequenzenbeweis in gewöhnliche Form, so erhalten wir:

(1)   ¬q, p, r, ¬p ⊢ ⊥   Wid
(2)   ¬q, p, r, q ⊢ ⊥   Wid
(3)   ¬q, p, r, p→q ⊢ ⊥   → 1, 2
(4)   ¬q, p∧r, p→q ⊢ ⊥   ∧ 3
(5)   ¬((p∧r) → q), p→q ⊢ ⊥   ¬→ 4
(6)   ¬((p→q) → ((p∧r) → q)) ⊢ ⊥   ¬→ 5
(7)   p→q ⊢ (p∧r) → q   IB 6

Jeder semantische Tableau-Beweis für die Gültigkeit eines Schlusses entspricht genau einem syntaktischen Tableau-Beweis und daher genau einem Sequenzenbeweis im Kalkül TS. Damit ist nichts Geringeres als die *Korrektheit* und *Vollständigkeit* des Kalküls TS gezeigt: TS ist korrekt, weil jeder deduktive TS-Beweis einem semantischen Gültigkeitsbeweis entspricht, und TS ist vollständig, weil jeder semantische Gültigkeitsbeweis in einen deduktiven TS-Beweis überführt werden kann. Diese einfache Methode, Korrektheit und Vollständigkeit zu zeigen, funktioniert allerdings nur für die AL, nicht für die PL.

Die wichtigste Eigenschaft des Kalküls TS ist die sogenannte *Teilformeleigenschaft*, die er von Beth-Tableaus ‚erbt': die Prämissensequenzen jeder Sequenzenregel bestehen nur aus Teilformeln der Konklusionssequenz und bauen mindestens eine Formel der letzteren ab. Aus diesem Grund muss jeder Beweisversuch für eine Sequenz $\Gamma \vdash A$ im Kalkül TS irgendwann bei Sequenzen der Form $\Delta_i \vdash \bot$ stehen bleiben, deren Prämissenmengen Δ_i nur mehr aus Literalen bestehen. Wenn alle Δ_i sich widersprechende Literale (der Form p, ¬p) enthalten, sind die Sequenzen $\Delta_i \vdash \bot$ Instanzen von Wid, der Beweis von $\Gamma \vdash A$ ist geglückt und die Ursprungssequenz $\Gamma \vdash A$ ist herleitbar und daher (aufgrund der Korrektheit von TS) gültig. Dies entspricht dem Fall, dass alle Äste des Beth Tableaus geschlossen sind. Wenn dagegen eine Sequenz $\Delta_i \vdash \bot$ keine sich widersprechenden Literale enthält (was einem offenen Ast im Beth Tableau entspricht), ist der Beweis misslungen. Da es aber keine andere Beweismöglichkeit gibt, folgt daraus, dass die Ursprungssequenz *nicht* herleitbar ist und somit (aufgrund der Vollständigkeit von TS) *ungültig* ist. Somit folgt aus der *Teilformeleigenschaft* des deduktiven Kalküls TS, dass TS eine *Entscheidungsmethode* für die Herleitbarkeit (und somit Gültigkeit) von Sequenzen liefert.

Wenn von schnittfreien Sequenzenkalkülen gesprochen wird, ist die Teilformeleigenschaft gemeint. Der Zusammenhang ergibt sich daraus, dass in metalogischen Sequenzenkalkülen häufig $\wedge$ und $\vee$ durch $\rightarrow$ und $\neg$ definiert werden und überdies $\neg$ durch $\bot$ und $\rightarrow$ wie folgt: $\neg A \leftrightarrow_{def} (A \rightarrow \bot)$. Der so entstehende Sequenzenkalkül hat überhaupt nur mehr Regeln für die Implikation $\rightarrow$ und für $\bot$. In dem so ‚abgespeckten' Kalkül ist es nur die *Schnittregel*, die die Teilformeleigenschaft *nicht* erfüllt. Denn hier wird eine Sequenz $\Gamma, \Delta \vdash A$ durch zwei Sequenzen $\Gamma \vdash B$ und $B, \Delta \vdash A$ bewiesen, die die *neue* Formel B enthalten, weshalb Beweisversuche der Sequenz $\Gamma \vdash A$ ‚ewig' weiterlaufen können, indem für die Prämissensequenzen versuchsweise immer neue Schnittformeln B', B'',... eingeführt werden. Aber auch anderen Regeln des Sequenzenkalküls S fehlt die Teilformeleigenschaft, z.B. (Simp) $\Gamma \vdash A \wedge B / \Gamma \vdash A$ oder (MP) $\Gamma \vdash A; \Gamma \vdash A \rightarrow B / \Gamma \vdash B$.

Gentzens Verdienst bestand darin, schnittfreie Sequenzenkalküle mit der Teilformeleigenschaft zu konstruieren, die entscheidbar waren. Wie erläutert hoffte Gentzen, auf diese Weise die Widerspruchsfreiheit der Arithmetik beweisen zu können, was sich aufgrund Gödels Unvollständigkeitsresultaten als unmöglich erwies. Dennoch war mit Gentzens Resultaten für die Beweistheorie Grundlegendes geleistet. Es ist übrigens philosophisch bemerkenswert, dass in Gentzens Kalkülen gerade die Schnittregel als das Kernstück der deduktiven Methode, die ‚kreatives Weiterschließen' ermöglicht, eliminiert wird. Aber genau diese potentiell unendliche Kreativität bringt die Unentscheidbarkeit mit sich; will man Entscheidbarkeit, muss die Kreativität ‚finit beschnitten' werden.

Der Kalkül TS ist nicht sonderlich *natürlich*, da in ihm alle Beweise über die Methode des IB laufen. Gentzen konstruierte wesentlich natürlichere schnittfreie Sequenzenkalküle, indem er den Begriff der Sequenz auf *Bisequenzen* verallgemeinerte, die auch in der Konklusion *Formelmengen* enthalten, die (dual) als Disjunktionen zu lesen sind.[14] D.h., eine *Bisequenz* Γ ⊢ Δ ist gültig g.d.w. jede Wahrheitswertzeile, die alle Prämissen in Γ wahr macht, mindestens eine Konklusion in Δ wahr macht. Als Konvention gilt dabei die *leere* Konklusionsmenge als Widerspruch, d.h. „A, ¬A ⊢" ist gleichwertig mit „A, ¬A ⊢ ⊥". (Die leere Prämissenmenge ist dagegen, wie gewohnt, gleichwertig mit einer Tautologie.) Die Axiome und Regeln des schnittfreien Bisequenzenkalküls B und ihre Entsprechungen zu Regeln des natürlichen Schließens sind folgende (vgl. Heindorf 1994, 53):

Bisequenzenkalkül (B):
Axiom: (Reit-Mon) Γ, A ⊢ A, Δ
Regeln: (¬1) Γ ⊢ Δ, A / ¬A, Γ ⊢ Δ   (ersetzt kIB für Δ = ∅)
(¬2) A, Γ ⊢ Δ / Γ ⊢ Δ, ¬A   (ersetzt iIB für Δ = ∅)
(∧1) A, B, Γ ⊢ Δ / A∧B, Γ ⊢ Δ   (ersetzt Simp)
(∧2) Γ ⊢ Δ, A; Γ ⊢ Δ, B / Γ ⊢ Δ, A∧B   (entspricht Kon)
(∨1) A, Γ ⊢ Δ; B, Γ ⊢ Δ / A∨B, Γ ⊢ Δ   (entspricht aFU)
(∨2) Γ ⊢ Δ, A, B / Γ ⊢ Δ, A∨B   (entspricht Add)
(→1) Γ ⊢ Σ, A; B, Π ⊢ Δ / A→B, Γ, Π ⊢ Σ, Δ   (ersetzt MP)
(→2) Γ, A ⊢ Δ, B / Γ ⊢ Δ, A→B   (entspricht KB)

Das Axiom Wid des Kalküls (TS) ist in (B) ableitbar, denn aus p ⊢ p folgt p,¬p ⊢ (⊥) mittels (¬1).

Sequenzen- und Bisequenzenkalküle haben neben der Teilformeleigenschaft weitere metalogisch nützliche Eigenschaften. Erstens können schnittfreie Sequenzenbeweise so geführt werden, dass *Umwegbeweise* vermieden werden. Zweitens sind Sequenzenkalküle (wie Beth Tableaus) *invertierbar*, d.h. die Regeln sind auch gültig, wenn sie in anderer Richtung gelesen werden. Drittens ermöglicht die Teilformeleigenschaft einfache syntaktische Beweise der sogenannten Interpolationseigenschaft (vgl. Merksatz 19-9; Czermak 1978, Fitting 1983).

14.7 Exkurs: Axiom-Regel-Kalküle in der AL

Eine andere Art von Kalkülen sind die *Axiom-Regel-Kalküle* in der Tradition von Frege, Hilbert, und Lukasiewicz. Dabei handelt es sich um satzbasierte Kalküle. Man wählt eine Reihe von logisch wahren Sätzen als *Axiome* und nimmt nur *wenige* Schlussregeln dazu; in der AL meist nur den Modus Ponens; Regeln 2.

---

14 Bisequenzen werden gelegentlich auch einfach als Sequenzen bezeichnet (Heindorf 1994).

Stufe gibt es keine. Ein Beispiel ist der Kalkül H nach Hilbert (vgl. Rautenberg 1979, 72; Beckermann 2003, 136):

Axiom-Regel Kalkül H:
Axiome: *Entsprechung in S:*
(A1) A → (B→A) mEFQ
(A2) (A → (B→C)) → ((A→B) → (A→C)) Schnitt, implikative Variante
(A3) (¬B→¬A) → (A→B) Kontrapositionsaxiom
(A4) (A∧B) → A; (A∧B) → B Simp, implikative Variante
(A5) (A → B) → ((A → C) → (A → (B∧C))) Kon,   "
(A6) A → (A∨B); A → (B∨A) Add,   "
(A7) (A → B) → ((C → B) → ((A∨C) → B))) aFU,   "
Einzige Regel: (MP) A, A→B / B

Der *Beweisbegriff* in einem Hilbert-Kalkül ist einfach: ein H-Beweis des Schlusses Γ ⊢ A ist eine Folge von Sätzen <$S_1,...,S_n$>, sodass S_n = A und jedes S_i entweder ein Axiom des Kalküls H oder eine Prämisse in Γ ist oder aus zwei vorausgehenden Sätzen mithilfe der Regel (MP) folgt. Der Kalkül H hat sehr einfache metalogische Eigenschaften, doch in ihm Beweise zu führen ist schwierig und langwierig. Das Reiterationsgesetz A → A gewinnt man durch folgende aufwendige Schritte:

(1) A → ((B→A) → A) → [(A → (B→A)) → (A→A)]   A2 (eine A2-Instanz)
(2) A → ((B→A) → A)   A1
(3) (A → (B→A)) → (A → A)   MP 1,2
(4) A → (B→A)   A1
(5) A → A   MP 4,3

Als letztes Beispiel präsentieren wir den Beweis von A → (B→C) ⊢ (A∧B) → C:

(1) A → (B→C)   Präm
(2) (A → (B→C)) → ((A∧B) → (A → (B→C)))   A1
(3) (A∧B) → (A → (B→C))   MP 1, 2
(4) [(A∧B) → (A → (B→C)] → [((A∧B) → A) → ((A∧B) → (B→C))]   A2
(5) ((A∧B) → A) → ((A∧B) → (B→C))   MP 3, 4
(6) (A∧B) → A   A4
(7) (A∧B) → (B→C)   MP 5,6
(8) [(A∧B) → (B→C)] → [((A∧B) → B) → ((A∧B) → C)]   A2
(9) ((A∧B) → B) → ((A∧B) → C)   MP 8, 9
(10) (A∧B) → B   A4
(11) (A∧B) → C   MP 9, 10

Die Vollständigkeit von H beweist man, indem man zeigt, dass alle Regeln unseres Kalküls S* auch im Kalkül H ableitbar sind. Dies ist mühsam und wird durch Induktion nach der Länge eines H-Beweises gezeigt (eine in Kap. 20.1 erläuterte Methode).

Das Kontrapositionsaxiom (A3) kann im Kalkül H gleichwertig durch folgende drei Axiome ersetzt werden (vgl. Rautenberg 1979, 74):

(A3-Min) $(A \to \neg B) \to (B \to \neg A)$
(A3-EFQ) $\neg A \to (A \to B)$
(A3-DN) $\neg\neg A \to A$

Ersetzt man (A3) durch (A3-Min), so erhält man den (korrekten und vollständigen) Kalkül H_{min} der sogenannten *minimalen* Aussagenlogik AL_{min} nach Johansson, die noch schwächer ist als die intuitionistische AL. Man kann zeigen, dass AL_{min} und jede ihrer Erweiterungen das (implikative bzw. konjunktive) Deduktionstheorem erfüllt und daher eine natürliche Konsequenzrelation (im Sinne von Abschn. 14.2) besitzt. Fügt man zum Kalkül H_{min} (A3-EFQ) hinzu, so erhält man einen korrekten und vollständigen Kalkül der intuitionistischen Aussagenlogik AL_{int}, und fügt man H_{min} das Axiom (A3-DN) hinzu, so erhält man einen H gleichwertigen Kalkül der klassischen AL.

14.8 Alternative Kalküle in der PL

Wir rekapitulieren zunächst die zusätzlichen (über S0 hinausgehenden) Regeln des PL-Kalküls S1. Es steht wieder „Ik" kurz für „Individuenkonstante", „Iv" für „Individuenvariable", k ist eine beliebige Ik und v eine beliebige Iv.

PL-Regeln des Kalküls S1:		
Regeln 1. Stufe:	(UI) ∀vA / A[k/v]	(EK) A[k/v] / ∃vA
Regeln 2. Stufe:	(UG) Γ ⊢ A[k/v] / Γ ⊢ ∀vA	VB: k nicht in Γ, ∀vA
	(EP) A[k/v], Γ ⊢ B / ∃vA, Γ ⊢ B	VB: k nicht in ∃vA, Γ, B

Die EP-Regel bedarf in satzbasierten Kalkülen natürlichen Schließens der Einführung der *EP-Annahme* A[k/v] *für* die Prämisse ∃vA. Wie erläutert, wurde EP seit Copi (1973) häufig als Regel der *existenziellen Instanziierung EI* aufgefasst, was dazu führte, dass in vielen Logikdarstellungen die Einführung der EP-Annahme A[k/v] für die Prämisse ∃vA als eine *Schlussregel* der Form „∃vA/A[k/v]" aufgefasst wird. Dies bringt mehrere Komplikationen mit sich, die hier kurz erläutert werden. Erstens ist es in solchen Systemen üblich, die in der EP-Annahme eingeführte Ik in der Beweislegende zu *markieren* (im Englischen „flag"). D.h., rechts vom EI-Schritt (der unserer EP-Annahme entspricht) wird „k markiert" notiert. Dies ist in unserem System nicht nötig, da wir EP als Annahmenbeweis führen und daher eine genaue Übersicht darüber haben, welche Schritte von der offenen EP-Annahme abhängen und welche nicht; wir müssen zur Einhaltung der Variablenbedingung (VB) nur prüfen, ob die fragliche Ik in den Prämissen oder offenen Annahmen vorkommt. Fasst man die Einführung der EP-Annahme dagegen als einen EI-Schritt auf, dann verliert man diese Übersicht, weshalb man die eingeführte Ik markiert.

Das ist nicht alles. Denn wenn im Bereich einer EP-Annahme eine andere EP-Annahme oder ein UG-Schritt enthalten ist, muss zusätzlich darauf geachtet werden, dass die in der ersten EP-Annahme eingeführte Ik von jener Ik verschieden ist, die in der zweiten EP-Annahme eingeführt oder über die im UG-Schritt generalisiert wird. Dies macht es in solchen Systemen nötig, dass auch die Ik's, über die im UG-Schritt generalisiert wird, markiert werden (was rechts vom UG-Schritt notiert wird). Darauf aufbauend müssen dann aufwendige *Markierungsregeln* eingeführt werden, die verhindern, dass irgendwo im Beweis gegen die Variablenbedingungen verstoßen wird. Nicht genug dieser Verwicklungen werden diese Markierungsregeln in verschiedenen Darstellungen auch verschieden formuliert. In Essler et al. (1983, 194-200), Hardy und Schamberger (2012, 183) und Brendel (2018, 135) werden sie beispielsweise wie folgt wiedergegeben (wobei diese Autoren von „Einführungs"- bzw. „Beseitigungsregeln" für die Quantoren sprechen):

- 1. *Verbot der Relevanz von Markierungen*: Die markierten Ik's kommen weder in der Konklusion des Beweises vor, noch in den Prämissen bzw. Annahmen, von denen die Konklusion abhängt; dadurch werden trivial ungültige Schlüsse wie Fa / ∀xGx und ∃xFx / Fa verhindert.
- 2. *Verbot von Mehrfachmarkierungen*: Innerhalb eines Beweises darf nicht dieselbe Ik zweimal markiert werden; dadurch wird z.B. der ungültige Schluss ∃xFx, ∃xGx / ∃x(Fx∧Gx) vermieden.
- 3. *EI-UG-Verbot:* Die in einem UG-Schritt markierte Ik darf nicht bereits in einem Satz vorkommen, der durch die EI-Regel gewonnen wurde; dadurch wird z.B. der ungültige Schluss ∀x∃yRxy / ∃y∀xRxy verboten.

Man kann zeigen, dass diese drei Markierungsregeln die Erfüllung aller VBs gewährleisten. Insgesamt sind die Markierungsregeln vergleichsweise kompliziert, sodass man bei ihrer Implementierung leicht ein Detail übersieht, was zu Inkorrektheiten führen kann. Beispielsweise wird in Zoglauer (1997, 111) die EI-Regel ohne die Variablenbedingung eingeführt, was sie inkorrekt macht. Bucher (1998, 222) zufolge darf ein UG-Schritt für einen Satz A[a/x] nur dann vorgenommen werden, wenn dieser seinerseits aus Allaussagen gewonnen wurde; auch dies ist nicht korrekt, denn man kann beispielsweise Fa∨¬Fa aus der leeren Prämissenmenge herleiten und allgeneralisieren, ohne dass auf Allprämissen zurückgegriffen wurde.

In anderen Systemen gelingt es, auf die komplizierte dritte Markierungsregel zu verzichten, indem die Regel UG als ein *Quasiannahmenbeweis* aufgefasst wird. Dieser beginnt mit einem Beweisschritt, in dem keine Aussage gemacht wird, sondern nur eine bestimmte Ik markiert wird – nämlich jene Ik, über die im UG-Schritt später generalisiert werden soll. Die Quasiannahme öffnet den Bereich des UG-Beweises, der später mit einem Copi-Pfeil abgeschlossen wird:

```
┌► (n) Markiere a        UG-Start
│      ⋮
└─────
   (m) Fa                (für m > n)
   (m+1) ∀xFx            UG n-m
```

Dies ist aus unserer Sicht eine ‚seltsame Stilblüte', denn es ist ja eigentlich nicht der UG-Schritt, sondern der EP-Schritt, der einem Annahmenbeweis entspricht. Doch auch dieses Verfahren leistet das Gewünschte. Von dieser Methode machen beispielsweise Klenk (1989, 280) und Barwise und Etchemendy (2005, 353f.) Gebrauch. Statt der komplizierten Markierungsregel Nr. 3., dem EI-UG-Verbot, wird dann nur folgende einfachere Markierungsregel verwendet:

- 3.' *Subbeweisbegrenzung:* Keine markierte Ik darf außerhalb des Subbeweises auftreten, in dem sie markiert wurde.

All diese Markierungsregeln werden überflüssig, wenn man, so wie in unserem System, den EP-Beweis als Annahmenbeweis rekonstruiert, nicht aber den UG-Beweis. Die Variablenbedingungen erfahren dadurch eine wesentlich einfachere Formulierung und die Implementierung der Regel entspricht genau ihrem semantischen Inhalt – denn wie erläutert ist die EP-Regel eine Regel 2. Stufe mit sich verändernder Prämissenmenge, weshalb sie als Annahmenbeweis implementiert werden muss.

Wir denken, damit die Vorzüge unserer Version der PL-Regeln demonstriert zu haben. Dieselbe Version wird auch in Bergmann et al. (1998, Abschn 10.1) verwendet, sowie übrigens bereits in Copi (1973, Abschn. 4.5), obwohl Copi die missverständliche Bezeichnung „EI" einführte. Auch fortgeschrittene mathematische Logikdarstellungen verwenden Varianten unserer Regeln, die mit denselben Variablenbedingungen operieren. Allerdings werden hier üblicherweise die implikativen Varianten unserer Regeln verwendet (wobei meist einer der beiden

Quantoren auf den anderen definitorisch zurückgeführt wird). Diese implikativen Varianten findet man beispielsweise in Hughes und Cresswell (1996, 241f.), Shoenfield (1967, 21) oder Bergmann und Noll (1977, 93). Sie lauten wie folgt:

(EK$_\rightarrow$) A[k/v] → ∃xA (UI$_\rightarrow$) ∀vA → A[k/v]
(EP$_\rightarrow$) A[k/v] → B / ∃vA → B VB: k nicht in ∃vA→B
(UG$_\rightarrow$) A → B[k/v] / A → ∀vB VB: k nicht in A→∀vB

In der implikativen Version transformieren sich die gewöhnlichen (unkritischen) Regeln UI und EK in Axiome und die (kritischen) Regeln 2. Stufe in gewöhnliche Regeln (1. Stufe) – allerdings in besondere Regeln, die *nicht gültig*, sondern *nur zulässig* sind. Dies bedeutet: die Regeln EP$_\rightarrow$ und UG$_\rightarrow$ erhalten nur die logische Wahrheit, aber nicht gewöhnliche (faktische) Wahrheit, so wie dies gewöhnliche gültige Regeln tun. Denn offenbar folgt ja nicht schon aus der faktischen Wahrheit von A→B(a) die Wahrheit von A→∀xB(x); diese folgt nur, wenn A→B(a) logisch wahr ist, sodass man den Satz beweisen kann, z.B. für A = ∀yFy und B(a) = Fa. Bloß zulässige Regeln sollte man daher genauer in die Form

(EP$_\rightarrow$) ⊢ A[k/v] → B / ⊢ ∃vA → B (VB wie oben)
(UG$_\rightarrow$) ⊢ A → B[k/v] / ⊢ A → ∀vB (VB wie oben)

schreiben, d.h. *wenn* die Prämisse herleitbar ist, ist auch die Konklusion herleitbar. Dies führt uns wieder die Natur dieser Regeln als Regeln 2. Stufe zu Bewusstsein.

Die implikativen Varianten der PL-Regeln sind weniger natürlich und in der Beweispraxis umständlicher, doch sie haben metalogische Vorteile. Man gewinnt die unkritischen Regeln (EK) und (UI) aus ihren implikativen Versionen durch einen MP-Schritt, und umgekehrt die implikativen Versionen aus ersteren durch einen KB-Schritt. Um von den kritischen Regeln (EP) und (UG) zu den implikativen Versionen zu gelangen, benötigt man einen KB-Schritt und einen MP-Schritt; z.B. von Γ, A[a/x] ⊢ B über KB zu Γ ⊢ A[a/x]→B über EP$_\rightarrow$ zu Γ ⊢ ∃xA→B und über MP zu Γ, ∃xA ⊢ B. Umgekehrt gelangt man durch einen MP-Schritt und einen KB-Schritt von letzteren zu ersteren; z.B. von Γ ⊢ A[a/x]→B über MP zu Γ, A[a,x] ⊢ B über EP zu Γ, ∃xA ⊢ B über KB zu Γ ⊢ ∃xA→B.

Wir kommen nun auf die *prädikatenlogischen Erweiterungen* der in Abschn. 14.1-7 besprochenen aussagenlogischen Kalkülvarianten zu sprechen. Diese Erweiterungen erhält man einfach dadurch, dass man diesen Kalkülen die vier Regeln UI, EK, UG und EP *hinzufügt*. Beispielsweise entsteht die PL-Variante der sparsamen Version S* unseres AL-Kalküls (ohne überflüssige Regeln) durch Hinzufügung dieser vier Regeln; wir nennen diesen Kalkül S*1. Ebenso entsteht die PL-Version unseres AL-Kalküls NS, der für jeden Junktor genau eine Einführungs-

und eine Ausführungsregel besitzt, durch Hinzufügung unserer PL-Regeln, denn diese Regeln besitzen ja die im Kalkül NS erwünschte Eigenschaft, für jeden Quantor genau eine Einführungs- und eine Ausführungsregel zu besitzen. Auch können wir unsere PL-Regeln mit einer expliziten Abhängigkeitslegende versehen, was nur im Fall der EP-Regel nichttrivial ist und so aussieht:

PL-Regeln mit Abhängigkeitslegende (dabei bedeutet „k nicht in α", dass die Ik k nicht in Sätzen mit Nummern in der Menge α vorkommt):
(UI) α: ∀vA / α: A[k/v]   (EK) α: A[k/v] / α: ∃vA
(UG) α: A[k/v] / α: ∀vA, mit VB: k nicht in α, ∀vA
(EP) (i) α: ∃vA, (j){j}: A[k/v], (n) β∪{j}: B / α∪β: B, mit VB: k nicht in α, β, B

Die PL-Erweiterung unseres Sequenzenkalküls S erhalten wir, indem wir die Sequenzenvarianten unserer Regeln mit hinzunehmen (ebenso in Ebbinghaus 2003, 71 und Rautenberg 2002, 72):

PL-Regeln im Sequenzenkalkül S1:
(UI) Γ ⊢ ∀vA / Γ ⊢ A[k/v]   (EG) Γ ⊢ A[k/v] / Γ ⊢ ∃vA
(UG) Γ ⊢ A[k/v] / Γ ⊢ ∀vA   VB: k nicht in Γ, ∀vA
(EP) Γ, A[k/v] ⊢ B, Δ ⊢ ∃vA / Γ, Δ ⊢ B   VB: k nicht in Γ, Δ, B, ∃vA

Einen vollständigen prädikatenlogischen Tableau-Kalkül erhält man, indem man zu den aussagenlogischen Tableau-Regeln die unten angeführten PL-Regeln hinzufügt (vgl. Beckermann 2003, 250f.; Bühler 2000, 209-213; Bell und Machover 1977, 68-70). Man zerlegt hier einen negierten Allsatz (bzw. negierten Existenzsatz) über dessen Umwandlung in einen Existenzsatz (Allsatz), weshalb nur mehr die Tableau-Varianten der Regeln UI und EP auftauchen. Die Tableau-Varianten von UG und EK sind in kontrapositionierter Form nun ableitbar und lauten (UG:) ¬∀xA / ¬A[k/v] mit VB, und (EK:) ¬∃xA / ¬A[k/v] ohne VB (vgl. Bell und Machover, ebd.).

PL-Regeln für den Tableau-Kalkül (TS1):
Allquantor: (UI) $\frac{\forall vA}{A[k/v]}$ (¬∀) $\frac{\neg \forall vA}{\exists v \neg A}$
Existenzquantor: (EP) $\frac{\exists vA}{A[k/v]}$ (¬∃) $\frac{\neg \exists vA}{\forall v \neg A}$
VB für EP: die Ik k kommt in dem Ast, an den A[k/v] angefügt werden soll, bislang nicht vor.

Zwar werden auch in prädikatenlogischen Tableau-Kalkülen Formeln abgebaut, doch die Teilformeleigenschaft und damit die Entscheidbarkeit, die in der AL vorliegt, *geht verloren*. Denn anders als in der AL werden die Prämissen der Regeln (UI) und (EP) nach einmaliger Anwendung *nicht abgehakt*; diese Regeln dürfen mittels beliebig vielen IK's auf dieselbe Prämisse beliebig oft angewandt werden; ein Abbruch der Prozedur ist nicht garantiert. Um Vollständigkeit des Tableau-Kalküls zu beweisen, wird das Tableau-Verfahren auf potentiell unendlich lange ‚Beweisäste' (d.h., natürlichzahlig indizierte Mengen) erweitert. Unendliche Tableaus sind nicht mehr konstruierbar und liefern daher kein Entscheidungsverfahren.

Ein Beweisast heißt nun *vollständig*, wenn folgendes gilt:
1. Jede AL-Formel wurde schrittweise in Literale zerlegt, d.h., mit jeder Formel der Form $\neg\neg A$ befindet sich am selben Beweisast auch A; mit $A \wedge B$ auch A, B; mit $\neg(A \wedge B)$ auch entweder $\neg A$ oder $\neg B$; mit $A \vee B$ auch entweder A oder B; mit $\neg(A \vee B)$ auch $\neg A$ und $\neg B$; mit $A \rightarrow B$ auch entweder $\neg A$ oder B; und mit $\neg(A \rightarrow B)$ auch A und $\neg B$.
2. Für jeden Allsatz $\forall x A$ befindet sich am selben Beweisast auch der Satz $A[k/v]$ für *jede* der unendlich vielen Ik's.
3. Für jeden Existenzsatz $\exists x A$ befindet sich am selben Beweisast auch der Satz $A[k/v]$ für *mindestens eine* Ik.

Eine diese drei Bedingungen erfüllende Formelmenge wird auch *Hintikka-Menge* genannt (Hintikka 1955). Ein (evtl. noch unvollständiger) Beweisast heißt wieder geschlossen, sobald sich an ihm eine Atomformel und ihre Negation befindet. Ein vollständiger nicht geschlossener Beweisast heißt offen. Ein Tableau widerlegt den Schluss, wenn es mindestens einen vollständigen offenen Beweisast besitzt, und beweist ihn, wenn alle seine Beweisäste geschlossen sind. Man kann mit dieser Konstruktion die Vollständigkeit von PL-Tableau Kalkülen beweisen; wir werden diesen Beweis in Kap. 20 aber direkt für den PL-Kalkül S1 führen, weil dies einfacher ist.

Wie in Abschn. 14.6 erläutert lässt sich der Tableau-Kalkül direkt in den PL-Sequenzenkalküls (TS) umwandeln. Man fügt zu (TS0) die folgenden Regeln hinzu:

PL-Regeln des Sequenzenkalküls (TS1):
(UI) $\Gamma, A[k/v] \vdash \bot / \Gamma, \forall v A \vdash \bot$
($\neg\forall$) $\Gamma, \exists v \neg A \vdash \bot / \Gamma, \neg\forall v A \vdash \bot$
(EP) $\Gamma, A[k/v] \vdash \bot / \Gamma, \exists v A \vdash \bot$ VB: k nicht in $\Gamma, \exists v A$
($\neg\exists$) $\Gamma, \forall v \neg A \vdash \bot / \Gamma, \neg\exists v A \vdash \bot$

Für den Bisequenzenkalkül fügt man folgende Regeln hinzu (vgl. Heindorf 1994, 53):

> *PL-Regeln des Bisequenzenkalküls (B1)*
> (∀L) A[k/v], Γ ⊢ Δ / ∀xA, Γ ⊢ Δ   (entspricht UI)
> (∀R) Γ ⊢ Δ, A[k/v] / Γ ⊢ Δ, ∀xA   VB: k nicht in Γ, Δ, ∀vA (entspricht UG)
> (∃L) A[k/v], Γ ⊢ Δ / ∃xA, Γ ⊢ Δ   VB: k nicht in Γ, Δ, ∃vA (entspricht EP)
> (∃R) Γ ⊢ Δ, A[k/v] / Γ ⊢ Δ, ∃xA   (entspricht EK)

Die prädikatenlogische Version des Hilbert Kalküls H erhält man, indem man die eingangs erwähnten implikativen Versionen unserer prädikatenlogischen Regeln dem aussagenlogischen Hilbert Kalkül hinzufügt:

> *PL-Hilbert Kalkül H1:* H0 plus (UI→), (EK→), (UG→) und (EP→).

Es gibt eine bekannte alternative Hilbert-Axiomatisierung der PL (vgl. Bell und Machover 1977, 108; Machover 1996, 177; Schurz 1997, 42). Darin arbeitet man nur mit dem Allquantor (definiert ∃ durch ∀) und ersetzt die Regel (UG→) durch die Axiome (∀→ Dist), (∀-red) (redundanter Allquantor) und die Regel der direkten universellen Generalisierung (UGdir):

Anstelle von (UG→):   (∀→Dist): ∀x(A→B) → (∀xA → ∀xB)
                      (∀-red): A → ∀vA   VB: v nicht in A
                      (UGdir): ⊢ A[k/v] / ⊢ ∀vA   VB: k nicht in ∀vA

Die direkte UG-Regel ist (so wie die UG-Regel) nur zulässig, aber nicht gültig. Sie ist metalogisch einfacher zu behandeln als die UG-Regel (dies trifft insbesondere auf ihre *Variablenversion* zu: ⊢ A / ⊢ ∀xA mit VB; dazu nächster Abschnitt).

14.9 PL-Kalkül mit Termsubstitution

Eine geringfügige Erweiterung unseres PL-Kalküls S ist der Kalkül mit Termsubstitution. Darin dürfen freie Individuenvariablen nicht nur durch Individuenkonstanten, sondern auch durch andere Individuenvariablen ersetzt werden, *sofern* dabei keine Variablenkonfusion entsteht. Diese Erweiterung wird in der Prädikatenlogik mit Identität und Funktionszeichen (Abschn. 16) unentbehrlich. Sei A[y/x] das Resultat der uniformen Ersetzung der freien Iv x in A durch y – *lies* „A mit y anstelle von x". Diese Substitution ist nur unter der Voraussetzung wohldefiniert, dass y in A[y/x] *frei* ist, d.h. dass kein freies Vorkommnis von x in A im Bereich eines y-Quantors (∀y oder ∃y) liegt, der y binden würde, wenn man x durch y ersetzt. Andernfalls wäre eine Variablenkonfusion die Folge und das

Schlussschema UI für Iv's (∀xA /A[y/x]) wäre nicht generell gültig. Beispielsweise ist der folgende Schluss

∀x∃yKxy ̸ ∃yKyy   Beispiel: Alle sind jemandes' Kinder; daher gibt
                         es jemanden, der sein eigenes Kind ist.

ungültig, denn y wird in der Konklusion fälschlicherweise durch ∃y gebunden. Dagegen ist der folgende Schluss gültig:

∀x∃zKxz / ∃zKyz   Beispiel: Alle sind jemandes' Kinder; daher ist auch y
                         (wen immer y auch bezeichnet) jemandes' Kind.

Wenn der Fall auftritt, dass in A[y/x] y fälschlicherweise gebunden werden würde, muss in A zuerst durch *gebundene Umbenennung* die gebundene Iv y überall (auch neben dem Quantor) durch eine neue, in A nicht enthaltene Iv ersetzt werden. So ersetzten wir in obigem Beispiel ∃yKxy durch ∃zKxz, um die Substitution ∃zKxz[y/z] = ∃zKyz konfusionsfrei durchführen zu können. Um das Resultat eindeutig zu machen, wählen wir die ‚erste' neue Iv in einer angenommenen Aufzählung aller Iv's:

Definition 14-2. *Substitution von Iv's durch Iv's:*
A[y/x] bezeichnet das Resultat der *uniformen Ersetzung* aller freien (und nur der freien) Vorkommnisse von x in A durch y,
– *sofern* x in A nicht im Bereich eines y-Quantors liegt;
– andernfalls wird A[y/x] identifiziert mit A*[y/x]; dabei ist A* das Resultat der gebundenen Umbenennung von y in A durch eine ‚neue' Iv, die in A nicht vorkommt (um A* eindeutig zu machen, die erste neue Iv in einer gegebenen Aufzählung aller Iv's).

Mit der Notation von Def. 14-2 können wir die unkritischen Regeln in folgende Form schreiben, die wir ihre *Termversion* nennen. Dabei steht „t" für einen Individuenterm, also eine Ik oder eine Iv. Ist t eine Iv, so ist die Substitutionsoperation durch Def. 14-2 und andernfalls durch Def. 12-1 definiert.

Termversion: (UI): ∀vA / A[t/v]   (EK) A[t/v] / ∃xA.

Die Termversion der unkritischen Regeln enthält sowohl ihre Konstanten- wie ihre Variablenversion; wir schreiben diese nicht separat an. Für die beiden kritischen Regeln schreiben wir dagegen die Variablenversion separat an, um mit Kap. 16

kohärent zu bleiben, denn wie wir dort sehen werden, gilt die Verallgemeinerung für komplexe Terme nur für die unkritischen, aber nicht für die kritischen Regeln.

Variablenversion der kritischen Regeln:
(UGv) Γ ⊢ A / Γ ⊢ ∀xA   (EPv) A, Γ ⊢ B / ∃xA, Γ ⊢ B
VB: x nicht frei in Γ   VB: x nicht frei in Γ, B

Die VB verlangt nun, dass x nicht *frei* in den relevanten Sätzen vorkommen darf, gebunden dagegen schon (die Forderung „x nicht frei in ∀xA bzw. ∃xA" ist nun überflüssig). Die implikativen Versionen der beiden kritischen Regeln findet man häufig in mathematischen Logiklehrbüchern:

(EPv→) ⊢ A → B / ⊢ ∃xA → B   VB: x nicht frei in ∃xA→B
(UGv→) ⊢ A → B / ⊢ A → ∀xB   VB: x nicht frei in A→∀xB

Beweise für PL-Schlüsse, die wir bisher mittels Ik-Einsetzungen geführt haben, lassen sich nun auch in der Variablenversion führen. In diesen Beweisen wird die schon erwähnte Tatsache wichtig, dass wir in der PL die Regeln der AL nicht nur auf Aussagen, sondern auch auf offene Formeln anwenden dürfen. Beispielsweise folgt in Schritt (5) des folgenden Beweises Gx per MP aus Fx→Gx und Fx:

Beweis von ∀x(Fx →Gx), ∀xFx / ∀xGx in der Variablenversion:
(1) ∀x(Fx →Gx)   Präm
(2) ∀xFx   Präm
(3) Fx → Gx   UI 1
(4) Fx   UI 2
(5) Gx   MP 3, 4
(6) ∀xGx   UGv 5, VB: x nicht frei in 1 und 2.

Hinweis: Um die Substitutionsnotation eindeutig zu machen, setzen wir um Formeln nötigenfalls Klammern; z.B. (∀xRxy→ ∃xQxy)[a/y] versus ∀xRxy → (∃xQxy[a/y]). Man verwendet auch den Begriff der *Mehrfachsubstitution*, z.B. $A[t_2/x, t_1/z]$. Darunter verstehen wir immer die *simultane* Mehrfachsubstitution, d.h., es werden nur die in der ursprünglichen Formel A enthaltenen freien Iv's ersetzt, jedoch nicht solche, die durch Substitution eingeführt wurden. Im letzteren Fall spricht man von sukzessiver Substitution. Ein *Beispiel*:

Simultane Substitution: Rxy[y/x, a/y] = Rya.
Sukzessive Substitution: (Rxy[y/x])[a/y] = Ryy[a/y] = Raa.

14.10 Exkurs: Zulässige versus gültige Regeln

Wir haben in Abschn. 14.8 den Unterschied zwischen gültigen und bloß zulässigen Regeln kennengelernt, den wir hier rekapitulieren. Semantisch wird der Unterschied so definiert:

Definition 14-3. *Gültige vs. zulässige Regeln – semantische Definition:*
- Eine Regel Γ/A ist *gültig* g.d.w. sie die Wahrheit erhält, d.h.: alle Interpretationen, die alle Prämissen in Γ wahr machen, machen auch A wahr.
- Eine Regel Γ/A ist *zulässig* g.d.w. sie die logische Wahrheit erhält, d.h.: wenn alle Prämissen in Γ logisch wahr sind, ist auch A logisch wahr.

Eine bloß zulässige Regel „A / B" darf man also nicht in die Form A $\models$ B, sondern muss sie in die Form $\models$ A / $\models$ B schreiben. M.a.W., es handelt sich um eine *Regel 2. Stufe* mit prämissenlosen Sequenzen. Während alle Regeln 1. Stufe, die wir bisher kennen lernten, gültig sind, ist die direkte UG-Regel, A[a/x] / ∀xA (oder in der Variablenversion UGv: A /∀xA) bloß zulässig, aber nicht gültig, denn wenn in einer gegebenen Interpretation Fa wahr ist, ist deshalb noch lange nicht ∀xFx wahr. Eine nur zulässige Regel der AL ist die Regel der uniformen Substitution von Aussagevariablen, (Subst): A / s(A), wie in Abschn. 7.3 angegeben. Sie ist zu lesen als $\models$ A / $\models$ s(A), bzw. für Schlüsse $A_1,\ldots,A_n$ $\models$ B / $s(A_1),\ldots,s(A_n)$ $\models$ s(B). Eine wichtige bloß zulässige Regel der *Modallogik* ist die Nezessisierungsregel A / □A.

Man kann den Unterschied auch syntaktisch definieren. Syntaktisch erkennt man gültige Regeln daran, dass sie das Deduktionstheorem erfüllen. Ein dritter syntaktischer Begriff, den wir schon öfter erwähnten, ist der Begriff einer in einem Kalkül beweisbaren Regel:

Definition 14-4. *Gültige, zulässige und beweisbare Regeln – syntaktische Definition:*
- Eine Regel Γ / A ist *gültig* (relativ zu einem Herleitungsbegriff) g.d.w. sie das Deduktionstheorem erfüllt, d.h. wenn $\vdash$ ⋀Γ → A gilt.
- Eine Regel Γ / A ist *zulässig* (relativ zu einem Herleitungsbegriff) g.d.w. $\vdash$ A gilt, sofern $\vdash$ B für alle Prämissen B in Γ gilt.
- Eine Regel Γ / A ist beweisbar in einem Kalkül K (mit Herleitungsbegriff $\vdash_K$) g.d.w. Γ $\vdash_K$ A gilt, d.h., wenn in K A aus der Prämissenmenge Γ herleitbar ist.

Der Begriff der herleitbaren Regel ist auf einen Kalkül K relativiert. Ob eine herleitbare Regel gültig oder bloß zulässig ist, hängt von den Regeln ab, die zu ihrem Beweis verwendet wurden. Wurden im Beweis der K-herleitbaren Regel

Γ/A nur gültige Regeln von K verwendet, ist Γ/A gültig; wurden auch einige bloß zulässige Regeln verwendet, ist Γ/A ebenfalls bloß zulässig (vgl. Schurz 1994).

14.11 Weiterführende Literatur und Übungen

Die Mehrzahl philosophischer Logikeinführungen verwendet Systeme des natürlichen Schließens. Über Unterschiede zwischen den Systemen in Copi (1973), Essler et al. (1983), Klenk (1989), Bucher (1998), Bergmann et al. (1998), Barwise und Etchemendy (2005), Rosenkrantz (2006) und Brendel (2018) wurde im Text informiert. Über Tableau-Kalküle informieren Beckermann (2003) und Bühler (2000). Einen tieferen Einblick in die Beweistheorie von Sequenzenkalkülen und ihren Zusammenhang zu Tableau-Kalkülen geben insbesondere Czermak (1978), Fitting (1983), Heindorf (1994), des weiteren Ebbinghaus et al. (1996, Kap. IV), Bell und Machover (1977, Kap. 1, 2) sowie Negri und von Plato (2002). Zur Geschichte moderner Systeme des natürlichen Schließens siehe Pelletier (2001). Um angesichts der Fülle von Kalkülvarianten den Überblick zu behalten, sind dem fortgeschrittenen Leser mathematisch orientierte Darstellungen zu empfehlen, wie z.B. Ebbinghaus (1996), Rautenberg (2002) und Machover (1996). Eine hervorragende Einführung in die mathematisch verallgemeinerte AL ist Rautenberg (1979).

14.11.1 Übungen zu Abschnitt 14.1-6

Man beweise folgende AL-gültige Schlüsse bzw. Theoreme
(a) im AL-Kalkül S mit Abhängigkeitslegende, (b) daraufhin im zugehörigen Sequenzenkalkül S gemäß unserer Überführungsmethode, (c) dann im AL-Kalkül NS und (d) schließlich im AL-Tableau-Kalkül TS:
(1) ¬(A∧¬B) / A→B (2) / ((p→q) → p) → p
(3) A ∧ B / ¬(¬A ∨ ¬B) (4) / A ∧ (B ∨ C) ↔ (A ∧ B) ∨ (A ∧ C)
(5) / ¬(¬A ∨ ¬B) → (A∧B)

14.11.2 Übungen zu Abschnitt 14.8

Man beweise folgende PL-gültige Schlüsse bzw. Theoreme (a) im PL-Kalkül S mit Abhängigkeitslegende, (b) daraufhin im zugehörigen Sequenzenkalkül S gemäß unserer Überführungsmethode, (c) dann im PL-Kalkül NS und schließlich (d) im PL-Tableau-Kalkül TS:

(1) ∃x∀yRxy / ∀y∃xRxy (2) ∃xFx, ∀x(Fx → Gx) / ∃xGx
(3) ∀xFx / ¬∃x¬Fx (4) ∃x(A→B), ∀xA / ∃xB
(5) ∀x(A ∨ B) / A ∨ ∀xB, *sofern* x nicht frei in A
(6) ∀x∃y(Fxy → Gxy) / ∀x∃y((Fxy∨Hxy) → (Gxy∨Hxy))

14.11.3 Übungen zu Abschnitt 14.9

(a) Führen Sie folgende Variablensubstitutionen mit Iv's durch. Wo entsteht Variablenkonfusion bzw. muss gebunden umbenannt werden?
(1) ∀y(Rxy→Qxy)[z/x] (2) ∀y(Rxy→Qxy)[y/x]
(3) ∀xRxy[y/x] (4) ∀xRxy[x/y]
(5) (∀yRxy→∃xQxz)[y/x] (6) (∀yRxy→∃xQxz)[y/z]
(7) (∀yRxy→∃xQxz)[x/z]
(8) ∃x∃y(Fxz∧Gyu)[z/u, x/z]. Erläutern Sie den Unterschied zwischen der simultanen und der sukzessiven Substitution.

(b) Beweisen Sie folgende PL-gültige Schlüsse im System S, wobei Sie die Variablenversion der PL-Regeln verwenden.
(1) ∀x(Fx →Gx), ∃xFx / ∃xGx
(2) / ∃x(Fx ∨ Gx) → ∃xFx ∨ ∃xGx
(3) ∀x∀yRxy / ∀x∀y(Rxy∧Ryx)

15 Modelltheorie: Semantik der Prädikatenlogik

15.1 Mengentheoretische Semantik der PL

In der *Sprachphilosophie* unterscheidet man allgemein zwischen einer *extensionalen* und einer *intensionalen* Interpretation von Prädikaten und Individuenkonstanten (die Terminologie geht auf Carnap 1947 zurück). Der philosophische Unterschied kann so formuliert werden: Die Extensionen sprachlicher Ausdrücke sind jene Teile der Welt (Gegenstände oder Gegenstandsklassen), auf die sich diese Ausdrücke beziehen (vorausgesetzt dass dieser Bezug existiert). Kurz: Extension = Gegenstand. Die Intensionen sprachlicher Ausdrücke sind dagegen das, was die Zeichenbenutzer als ihre Bedeutung festgelegt haben oder was sich daraus logisch ergibt. Kurz: Intension = Bedeutung. Die Intension eines sprachlichen Ausdrucks kann man auch ohne Weltwissen verstehen; für die Kenntnis seiner Extension benötigt man Weltwissen. Näher aufgeschlüsselt:

Ausdruck	Extension	Intension
Prädikat (offene Formel), z.B. „rot"	Ist eine Menge bzw. Klasse, z.B. die Klasse aller roten Dinge.	Ist eine Eigenschaft, z.B. die Eigenschaft, rot zu sein.
Individuenkonstante, z.B. „Peter"	Konkreter Gegenstand (Individuum), z.B. Peter	Ist ein den Gegenstand eindeutig charakterisierendes Merkmalsbündel, z.B. Person mit den-und-den Eigenschaften.
Aussage	Wahrheitswert (alternativ: Ereignis)	Ausgesagter Sachverhalt (Proposition)

Die *logische* Semantik der PL befasst sich nur mit extensionalen Interpretationen, jedoch nicht mit den faktischen Extensionen, sondern mit allen logisch möglichen Extensionen. So wie in der AL den Aussagevariablen die möglichen Wahrheitswerte w und f zugeordnet werden, werden in der PL den Prädikaten mögliche *Klassen* von Individuen zugeordnet und den Individuenkonstanten mögliche *Individuen*. Mehrstelligen Relationszeichen werden Klassen von Folgen von Individuen zugeordnet (s. unten). Verallgemeinert ordnet die PL-Semantik den PL-Aussagen abstrakte *mengentheoretische Strukturen* zu, sogenannte *Modelle*. Um diese zu formulieren, benötigen wir zunächst einige *elementare mengentheoretische Grundlagen:*

1.) „{", „}" sind die Mengenklammern.
{a, b, c} ist die Menge bestehend aus a, b und c. Analog für $\{a_1,...,a_n\}$.

{x: Fx} ist die Menge aller x, die die Eigenschaft F besitzen.
„∅" oder „{ }" bezeichnet die *leere* Menge (entspricht der Zahl 0 in der Arithmetik).

2.) „∈" ist die Elementrelation. D.h., „a∈M" besagt „a ist Element der Menge M".
Also gilt a ∈ {a, b, c, ...}, und a ∈ {x: Fx} g.d.w. Fa.
„∀x∈D: A" oder „∀x∈D(A)" steht für „Für alle x in der Menge D gilt A".
Analog steht „∃x∈D: A" oder „∃x∈D(A)" für „Es gibt ein x in D für das A gilt".
Dies bedeutet: „∀x∈D(A)" ist eine Abkürzung für „∀x(x∈D → A), und „∃x∈D(A)"
eine Abkürzung für „∃x(x∈D ∧ A).
„∉" steht für „ist kein Element von", d.h. „x∉D" steht abkürzend für „¬(x∈D)".
Generell schreibt man ein durchgestrichenes Zeichen für die Negation der korrespondierenden ‚undurchgestrichenen' Aussage; z.B. steht auch „a ≠ b" für „a ist nicht identisch mit b".

3.) Mehrstellige Relationen fasst man extensional als Mengen von *geordneten Folgen* von Individuen auf. Wir notieren Folgen mit den spitzen Klammern „<", „>". So ordnet man der 2-stelligen Relation „... ist größer als ..." die Menge aller Paare <x,y> zu, sodass x größer ist als y. Ist I die (sogenannte) Interpretationsfunktion, die dem Prädikat R^2 seine Extension zuordnet, dann gilt also: $I(R^2)$ = {<x,y>: R^2xy}.
Die dreistellige Relation „x geht von y nach z" hat als Extension die Menge aller Tripel, d.h. aller geordneten Folgen von drei Elementen <x,y,z>, sodass x von y nach z geht. Oder formal: $I(R^3)$ = {<x,y,z>: R^3xyz}.
Wichtig: Bei Paaren bzw. geordneten Folgen ist die *Reihenfolge* ausschlaggebend. So ist <x,y> ein anderes Paar als <y,x>. Auch Wiederholungen sind möglich, d.h. <x,x> ist ein Paar, das einer selbstbezüglichen Relationaussage R^2xx entspricht. Generell liegt der Unterschied von Mengen zu Folgen darin, dass es bei Mengen weder auf die Reihenfolge der Elemente ankommt noch Wiederholungen möglich sind, d.h. es gilt {a,b} = {b,a} und {a,b,a} = {a,b}. Dagegen gilt: <a,b> ≠ <b,a> und <a,b,a> ≠ <a,b>.
Terminologischer Hinweis: Für Folgen ist neben der Spitzklammernotation, z.B. <a,b,c>, auch die *runde Klammer* gebräuchlich, z.B. (a,b,c).

4.) Sei M eine Menge, so bezeichnet M^n (M-hoch-n) die Menge aller geordneten Folgen von n Individuen, die aus Elementen von M gebildet werden können. Eine solche Folge heißt auch *n-Tupel*. M^n ist also die Menge aller n-Tupel aus M.
Ein Beispiel: Ist M = {1, 2, 3}, dann ist M^2 = {<1,1>, <1,2>, <1,3>, <2,1>, <2,2>, <2,3>, <3,1>, <3,2>, <3,3>}.
Und M^3 = {<1,1,1>, <1,1,2>, <1,1,3>, <1,2,1>, <1,2,2>, <1,2,3>, <1,3,1>, <1,3,2>, <1,3,3>, <2,1,1>, <2,1,2>, <2,1,3>, <2,2,1>, <2,2,2>, <2,2,3>, <2,3,1>, <2,3,2>, <2,3,3> <3,1,1>,

<3,1,2>, <3,1,3>, <3,2,1>, <3,2,2>, <3,2,3>, <3,3,1>, <3,3,2>, <3,3,3>}.
Hat M m Elemente, dann hat M^n m^n Elemente.

5.) *Extensionalität:* Zwei Mengen M, N sind identisch – formal M = N – g.d.w. sie dieselben Elemente enthalten.

„⊆" ist das Zeichen für die Teilmengenbeziehung, dabei steht „⊆" für „unechte oder echte" Teilmenge und „⊂" für „echte Teilmenge".
M ist *Teilmenge* von N, geschrieben „M ⊆ N", wenn alle Elemente von M auch in N enthalten sind. Ist zudem M ‚kleiner', also nicht identisch mit N, so ist M echte Teilmenge von N, geschrieben „M ⊂ N". Ist M = N, so ist M unechte Teilmenge von N. Ein *Beispiel*:

Es gilt {a, b} ⊆ {a, b, c}, sowie {a, b} ≠ {a, b, c}, und somit {a, b} ⊂ {a, b, c}. Jedoch gilt *nicht* {a, b, c} ⊆ {a, b}, denn c ist in {a, b, c} aber nicht in {a,b}.

Auf der Basis dieser mengentheoretischen Grundbegriffe definieren wir nun den zentralen semantischen Begriff der PL: den der *Bewertung* für eine PL-Sprache.

Definition 15-1. *Bewertung, Interpretation und Variablenbelegung:*
(1) Eine *Bewertung einer gegebenen PL-Sprache* ist ein Paar <D,V>. Dabei ist D eine nichtleere Menge von Individuen, der *Individuenbereich* oder ‚domain', und V ist die *Bewertungsfunktion* (‚valuation function'). Allgemein steht *V(α)* für *die semantische Bewertung des objektsprachlichen Ausdrucks α*. Die Bewertungsfunktion ist wie folgt festgelegt:
  (i) Für alle Individuenterme t (Ik's oder Iv's) gilt: V(t)∈ D, d.h., V(t) ist irgendein Individuum in D.
  (ii) Für alle n-stelligen Prädikate R^n (mit n ≥ 1) gilt: $V(R^n) \subseteq D^n$, d.h., $V(R^n)$ ist irgendeine (möglicherweise leere) Menge von n-Tupeln von Individuen aus D. Speziell $V(F^1) \subseteq D$, d.h., die Extension eines einstelligen Prädikats ist eine Teilmenge von D.
  (iii) Falls die Sprache auch Aussagevariablen (p, q,...) enthält, gilt V(p) ∈ {w,f}, d.h., die Extension einer Av ist ihr Wahrheitswert (dabei wird qua Konvention oft w mit D und f mit ∅ identifiziert).
(2) Eine Bewertungsfunktion eingeschränkt auf Individuenkonstanten und Prädikate heißt auch *Interpretationsfunktion* und man schreibt dafür I oder I_v. Das Paar <D,I> nennt man eine *Interpretation*. Eine Interpretation definiert den Wahrheitswert für jede Aussage bzw. geschlossene Formel der gegebenen PL-Sprache. Eine Interpretation <D,I> nennt man auch ein *Modell*, eine Struktur oder eine mögliche Welt *für die gegebene Sprache*.
(3) Die Bewertungsfunktion eingeschränkt auf die *freien Individuenvariablen* heißt auch *Variablenbelegung* (man schreibt V(x), usw.).

Variablenbelegungen haben wichtige technische Funktionen für die PL-Semantik, beispielsweise für die Definition der *Erfüllung* von offenen Formeln, des Wahrheitswertes von quantifizierten Formeln und der Folgerungsrelation zwischen offenen Formeln.

Wir schreiben im Folgenden „<D,V> $\models$ A" für
- die Bewertung <D,V> *erfüllt A*, wenn A eine offene Formel ist, und
- die Bewertung <D,V> *macht A wahr*, wenn A eine geschlossene Formel ist; die Bewertung von A hängt in letzterem Fall nur von der Interpretation <D, I_V> ab.

Eine Interpretation <D,I_V>, die die Aussage A wahr macht, nennt man auch ein *Modell von* A. Ist A eine Aussage, dann schreiben wir für „<D,V> $\models$ A" auch „V_D(A) = w" oder nur „V(A) = w", wenn D durch den Kontext fixiert ist. Analog schreiben wir für „<D,V> $\not\models$ A" auch „V_D(A) = f" oder „V(A) = f".

Die *Erfüllung* von beliebigen offenen Formeln und damit die *Wahrheit* von beliebigen Aussagen in einer gegebenen Bewertung wird *rekursiv* ‚entlang der Komplexität einer Formel' definiert. D.h. wir starten bei der Erfüllung bzw. Wahrheit von atomaren Formeln und gehen rekursive zu aussagenlogisch verknüpften und quantifizierten Formeln über.

Definition 15-2 (+ Beispiel). *Wahrheit von Aussagen und Erfüllung von offenen Formeln in einer gegebenen Bewertung <D, V>:*

(S1) *Atomare Formeln:* Ist R eine n-stellige Relation und sind $t_1,...,t_n$ Terme (Iv's oder Ik's), dann gilt:

<D,V> $\models$ $Rt_1,...,t_n$ g.d.w. <V(t_1),...,V(t_n)> $\in$ V(R).

Somit <D,V> $\not\models$ $Rt_1,...,t_n$ g.d.w. <V(t_1),...,V(t_n)> $\notin$ V(R).

Insbesondere: (D,V) $\models$ F^1a g.d.w. V(a) $\in$ v(F^1).

Und für Aussagevariablen: <D,V> $\models$ p g.d.w. V(p) = w.

Ein Beispiel: Sei D = {1,2,3,4} und stehe R für die (echte) Kleiner-Relation <. Dann gilt für R's Extension: V(R) = {<1,2>, <1,3>, <1,4>, <2,3>, <2,4>, <3,4>}. Sei ferner V(a) = 1 und V(b) = 3, d.h. „a" bezeichnet 1 und „b" 3. Diese Interpretation macht folgende Literale (atomare Aussagen oder deren Negationen) wahr:

<D,V> $\models$ Rab, ¬Rba, ¬Raa, ¬Rbb.

(S2) Die *Semantik der AL-Verknüpfungen* entspricht den *Wahrheitstafeln* und wird durch folgende *rekursive* Klauseln kompakt wiedergegeben:

(S2a) <D,V> $\models$ ¬A g.d.w. nicht <D,V> $\models$ A

(S2b) <D,V> $\models$ A $\wedge$ B g.d.w. <D,V> $\models$ A und <D,V> $\models$ B

(S2c) <D,V> $\models$ A $\vee$ B g.d.w. <D,V> $\models$ A oder <D,V> $\models$ B (oder beides)

(S2d) <D,V> $\models$ A $\rightarrow$ B g.d.w. <D,V> $\not\models$ A oder <D,V> $\models$ B (oder beides)

(S3) *Quantifizierte Formeln:* In der auf A. Tarski zurückgehenden *referentiellen Semantik* müssen nicht alle Individuen in D einen sprachlichen Namen besitzen.

Für gewisse Zwecke ist dies sinnvoll, doch generell wäre die Annahme zu eng, denn man will z.B. auch über den überabzählbaren Bereich aller reellen Zahlen quantifizierte Aussagen machen und die meisten reellen Zahlen sind namenlos.

Man verwendet folgende *Notation:* Für eine gegebene Bewertungsfunktion V ist die Bewertungsfunktion V[x:d] gleich V, *außer* dass sie der Variable x das Individuum d zuordnet. Dabei variieren die metasprachliche Kleinbuchstaben d, e, d_1, d_2, ... über Individuen in D. Analog ist V[x_1:d_1,...,x_n:d_n] gleich V, außer dass diese Funktion den Iv's x_i die Individuen d_i zuordnet (für 1≤i≤n). Damit nehmen die rekursiven Klauseln für quantifizierte Formeln folgende Form an:

(S3a): <D,V> ⊨ ∃xA g.d.w. für mindestens ein d∈D, (D,V[x:d]) ⊨ A.
(S3b): <D,V> ⊨ ∀xA g.d.w. für alle d∈D, (D,V[x:d]) ⊨ A.

Beispiele:
<D,V> ⊨ ∀xFx g.d.w. ∀d∈D, <D,V[x:d]> ⊨ Fx g.d.w. ∀d∈D, d ∈V(F).
In Worten: <D,V> macht ∀xFx wahr g.d.w. für alle Individuen d in D die Interpretation <D,V[x:d]> Fx erfüllt g.d.w. alle Individuen in D Element der Extension von F sind (oder kurz: wenn alle D-Individuen F sind).
<D,V> ⊨ ∃y∀xRxy g.d.w. ... (semantische Umformungen) es gibt ein d∈D sodass für alle d* in D gilt: <d,d*> ∈V(R).

An unserer Formulierung der rekursiven Klauseln (S2) und den Beispielen zu (S3) sieht man, dass die PL-Semantik letztlich in einer Übersetzung der Bedeutung objektsprachlicher Aussagen in die mengentheoretische Metasprache besteht. Dies erscheint trivial, ist aber nicht anders zu machen: Denn will man die Beziehung zwischen Sprache und Welt wiederum selbst beschreiben, muss man dies in einer anderen Sprache, der Metasprache tun, in der man ‚Bedeutung' als Relation zwischen objektsprachlichen Ausdrücken und Strukturen der Welt beschreibt. Dies führt zum ‚Zirkel der Logik', dem wir in Abschn. 15.3 nachgehen.

Wir wenden die Semantik an, indem wir im ersten Schritt den Wahrheitswert (oder die Erfüllung) von Formeln in gegebenen Bewertungen bestimmen. Wie in der AL erfolgt auch in der PL die Bestimmung des Wahrheitswertes ‚von innen nach außen', entlang des grammatischen Konstruktionsbaumes der Formel (Abschn. 10.1). Wir tun dies in Form von kleinen *metalogischen Beweisen*, die wir ganz analog zu objektsprachlichen Beweisen strukturieren:

Beispiel zu Def. 15-2 (S1) – Fortsetzung: D = {1,2,3,4}, R steht für die Relation „<", V(R) also wie in Def. 15-2 angegeben; V(a) = 1, V(b) = 3:

(a) Metalogischer Beweis von <D,V> ⊨ Rab:
(1) <V(a),V(b)> ∈ V(R)   Prämisse, gemäß Festlegung von V
(2) <D,V> ⊨ Rab   aus 1 mittels semantischer Regel S1 (E_P)

Informelle Beweise sind an den mathematischen Beweisstil angelehnt und machen gewisse Abkürzungen. Z.B. nehmen wir in Schritt (2) eine Anwendung der prämissenrelativierten Ersetzungsregel (E_P) auf Prämisse (1) und die als ‚implizite Prämisse' vorausgesetzte definitorische Äquivalenz (<D,V> $\models$ Rab) ↔ (<V(a),V(b)> ∈ V(R)) gemäß Regel S1 vor. Verglichen zu in fortgeschrittenen Logik-Texten üblichen informellen Abkürzungen sind unsere metalogischen Beweise sehr ausführlich – sodass man an ihnen leicht ersehen kann, wie der vollformalisierte Beweis in der Metasprache aussieht.

(b) Metalogischer Beweis von <D,V> $\models$ ∀x¬Rxx:
(1) ∀d∈D: <d,d> ∉ V(R)   gemäß Festlegung von V und D
(2) ∀d∈D: <D,V[x:d]> $\not\models$ Rxx   aus 1 mittels Regel S1 (E_P)
(3) ∀d ∈D: <D,V[x:d]> $\models$ ¬Rxx   aus 2 mittels Regel S2a (E_P)
(4) <D,V> $\models$ ∀x¬Rxx   aus 3 mittels Regel S3b (E_P)

(c) Metalogischer Beweis von <D,V> $\models$ ∃x∀y¬Rxy:
(1) ∀e∈D: <4,e> ∉ V(R)   gemäß Festlegung von V(R) und D
(2) ∃d∈D∀e∈D: <d,e> ∉ V(R)   aus 1 mit der PL-Regel EK
(3) ∃d∈D∀e∈D: <D,V[x:d, y:e]> $\not\models$ Rxy   aus 2 mittels Regel S1 (E_P)
(4) ∃d∈D ∀e∈D: <D,V[x:d, y:e]> $\models$ ¬Rxy   aus 3 mittels Regel S2a (E_P)
(4) ∃d∈D: <D,V[x:d]> $\models$ ∀y¬Rxy   aus 4 mittels Regel S3b (E_P)
(5) <D,V> $\models$ ∃x∀y¬Rxy   aus 5 mittels Regel S3a (E_P)

Wie an Schritt 2 des letzten Beweises erkenntlich werden in metalogischen semantischen Beweisen wiederum gültige PL-Schlüsse benötigt, formuliert innerhalb der Metasprache. Auch das ist eine Instanz des ‚Zirkels der Logik' (Abschn. 15.3). Wir schließen diesen Abschnitt mit drei Hinweisen:

1.) Für *redundante Quantoren*, z.B. ∀xp, folgt aus der Semantik:
   (D,V) $\models$ ∀xp g.d.w. ∀d∈D: (D,V[x:d]) $\models$ p g.d.w. (D,V) $\models$ p, weil p die Iv x nicht enthält. Ein syntaktisch redundanter Quantor ist also auch semantisch überflüssig.

2.) In den meisten gegenwärtigen Lehrbüchern wird die skizzierte referentielle Semantik verwendet; es gibt aber auch mögliche Alternativen. In der (auf Bolzano zurückgehenden) substitutionellen Semantik definiert man:
   <D,V> $\models$ ∃xA g.d.w. für mindestens eine Individuenkonstante k:
   <D,V> $\models$ A[k/x].
   <D,V> $\models$ ∀xA g.d.w. für alle Individuenkonstanten k: <D,V> $\models$A[k/x].
   Diese Definition ist inadäquat, wenn nicht alle Individuen in D einen Namen in der Sprache $\mathcal{L}$ besitzen („$\mathcal{L}$" für ‚language' steht für die formale Sprache). Shoenfield (1967) führt zur Behebung dieses Defizits die sogenannte *Dia-*

grammsprache $\mathcal{L}$(D) ein, die zusätzlich zu den Symbolen von $\mathcal{L}$ für jedes Individuum d des gegebenen Individuenbereichs D eine Ik k_d als ‚Standardnamen' besitzt. Eine solche ‚Sprache' ist natürlich nicht mehr rekursiv aufzählbar (‚konstruierbar'), wenn der Individuenbereich nicht aufzählbar (sondern z.B. überabzählbar) ist, was ein Beweistheoretiker nicht akzeptieren würde, aber einen Modelltheoretiker wenig stört.

3.) Konventionen zur Unterscheidung von *Objekt- vs. Metasprache:* Viele metalogische Lehrbücher unterscheiden durchgängig zwischen objekt- und metasprachlichen Zeichen wie folgt: a, b ... sind Ik's der prädikatenlogischen Objektsprache $\mathcal{L}$, dagegen sind kursiv *a, b,* ... (oder unterstrichen a, b, ...) die dadurch bezeichneten Individuen im Individuenbereich D, die durch die metasprachlichen Zeichen „a", „b", ... bezeichnet werden. Ebenso sind R, Q... Relationssymbole in $\mathcal{L}$ und *R, Q,...* die Relationen über D, die durch „R", „Q", ..., bezeichnet werden (etc.). *Man beachte*, dass bei dieser Konvention objektsprachliche Zeichen im Zitiermodus behandelt und daher nicht in Anführungszeichen gesetzt werden, metasprachliche Zeichen stehen dagegen im Gebrauchsmodus und müssen zum Zitiermodus in Anführungszeichen gesetzt werden. Darüber hinaus werden auch für dieselben logischen Symbole in Objekt- und Metasprache oft andere Zeichen verwendet, z.B. „→" für die objektsprachliche und „⇒" für die metasprachliche Implikation. – Wir werden dagegen im Folgenden eine solche ‚typographische Zweiteilung' bedeutungsgleicher Symbole in ihre objekt- und metasprachliche Version weitgehend *vermeiden*, weil es erfahrungsgemäß falsche Vorstellungen erweckt: z.B. die Vorstellung, die Objektsprache hätte es nur mit Sprache, die Metasprache dagegen ‚direkt mit der Welt' zu tun; oder die Vorstellung, die objektsprachlichen logischen Symbole bedürften einer semantischen Defintion, doch die metasprachlichen logischen Symbole seien ‚wie durch Zauber' intuitiv klar. Wir schreiben im Folgenden also (in derselben typographischen Notation) $d_1, d_2, \ldots$ für Individuen in D; a, b,... für Individuenkonstanten; R, Q,... für Relationszeichen oder auch für Relationen und *machen im jeweiligen Kontext klar*, was gemeint ist, also ob R für ein Relationszeichen in $\mathcal{L}$ oder aber für eine Relation, also eine Teilmenge aus D^2, steht. Ebenso schreiben wir ∧ sowohl in der Objekt- wie in der Metasprache für die Konjunktion, → für die (materiale) Implikation, usw. Nur im Fall der *Identität* in Kap. 16 werden wir eine Ausnahme machen und unterscheiden, um Konfusionen vorzubeugen, zwischen objektsprachlicher Identität ≡ und metasprachlicher Identität =.

15.2 Logische Wahrheit, Gültigkeit und semantische Beweismethoden in der PL

Wir sind nun in der Lage, zu definieren, wann eine PL-Aussage *logisch wahr* bzw. ein PL-Schluss logisch gültig ist. Einfachheitshalber definieren wir diese Begriffe für geschlossene wie offene Formeln.

> Definition 15-3. *Logische Wahrheit und Gültigkeit in der PL:*
> (1) Eine Formel A ist logisch wahr g.d.w. sie von jeder Bewertung <D,V> erfüllt wird. – *Spezialfall:* Eine Aussage A ist logisch wahr (oder logisch gültig) g.d.w. A von jeder Interpretation <D,I> wahr gemacht wird.
> (2) Ein PL-Schluss Γ / A ist gültig g.d.w. jede Bewertung <D,V>, die alle Prämissen in Γ erfüllt bzw. wahr macht, auch die Konklusion A erfüllt bzw. wahr macht.

Um die fortgeschritten mengentheoretische Schreibweise kurz einzuüben, geben wir die beiden Bedingungen von Def. 15-3 so wieder:

(15-3.1) ⊨ A g.d.w. ∀<D,V>: <D,V> ⊨ A.
(15-3.2) Γ ⊨ A g.d.w. ∀<D,V>: (∀B∈Γ: <D,V> ⊨ B) → <D,V> ⊨ A.

Hinweis zur Folgerungsbeziehung zwischen offenen Formeln: Unsere Bewertungen V gehen mit freien Iv's genauso um wie mit Ik's: sie ordnen ihnen ein Individuum zu. Wenn wir den Begriff der Gültigkeit auf offene Formeln anwenden, so fassen wir ihre freien Iv's wie ‚vorübergehende' Namen auf. Wir bezeichnen daher die offene Formel Fx∨¬Fx als L-wahr (bzw. L-gültig), da jede Variablenbelegung für „x" die Formel erfüllt. Analog ist der MP-Schluss von Fx und Fx→Gx auf Gx gültig (usw.). Unser semantischer Umgang mit offenen Formeln ist in der Literatur weit verbreitet.[15] Es gibt aber auch eine alternative Erweiterung des Folgerungsbegriffs auf offene Formeln, die man u.a. in Shoenfield (1967, 20f.) findet: Hier wird Γ ⊨ A als gültig definiert, wenn jede Interpretation (nicht Bewertung), die alle Prämissen in Γ wahr macht, auch A wahr macht. Dabei wird definiert, dass eine Interpretation eine offene Formel A(x) wahr macht, wenn sie diese für *jede* mögliche Vari-

---

[15] Z.B. Barwise und Etchemendy (2006), 148f.; Bell/Machover (1977), 50-53; Machover (1996, 155); Ebbinghaus et al. (1996), 32. Oft trennt man die Interpretation I von der Variablenbelegung σ (dann entspricht unser V dem Paar <I,σ>) und schreibt <D,I,σ> ⊨ A oder <D,I> ⊨ A[σ] anstelle von <D,V> ⊨ A. Ebbinghaus et al. (1996) nennen unsere „Interpretation" „Struktur" und unsere „Bewertung" „Interpretation".

ablenbelegung erfüllt, d.h., wenn sie den *Allabschluss* ∀xA(x) dieser Formel wahr macht. Dies führt zu einem abweichenden Folgerungsbegriff für offene Formeln: während in unserem System z.B. Fx ⊨ Fx und Fx ⊨ ∃xFx, aber natürlich nicht Fx ⊨ Fy gültig ist, sind in der Shoenfieldschen Variante auch Fx ⊨ Fy und Fx ⊨ ∀xFx gültig, denn offene Formeln sind als implizit allquantifiziert zu lesen.

Wie mehrfach erwähnt ist die volle PL unentscheidbar. Daher gibt es in der PL, anders als in der AL, keine generellen semantischen Verfahren, um herauszufinden, ob eine gegebene Aussage logisch wahr ist. Denn während es in der AL für eine Aussage immer nur endlich viele Interpretationen, sprich Wahrheitswertzeilen gibt (2^n für n Aussagevariablen), gibt es in der PL für eine gegebene Aussage *unendlich viele* mögliche und wechselseitig nichtisomorphe (d.h. strukturell verschiedene) Interpretationen, da es unendliche viele Möglichkeiten gibt, Individuenbereiche unterschiedlicher Mächtigkeit zu wählen.

Die einzige generelle Möglichkeit, die L-Wahrheit von PL-Aussagen (oder Gültigkeit von PL-Schlüssen) semantisch herauszufinden, ist die mithilfe metalogischer Beweise. Solche Beweise beruhen ihrerseits auf informellen prädikatenlogischen Beweisen in der Metasprache, wie wir sie im letzten Abschnitt kennenlernten. Aus diesem Grund kommt der syntaktisch-deduktiven Beweismethode in der PL weit größere Bedeutung zu als in der AL. Allerdings kann man mit der deduktiven Methode (wie erwähnt) nur L-wahre Sätze beweisen, aber nicht kontingente Sätze durch semantische Gegenmodelle als nicht L-wahr widerlegen. Für Widerlegungen der L-Wahrheit von Aussagen braucht man auch in der PL die Semantik, in Form der Konstruktion von Gegenmodellen: <D,V> ⊭ A. Semantische Widerlegungen nehmen zwar auch die Form metalogischer Beweise an, und man benötigt PL-Schlüsse, um sie zu führen, dennoch handelt es sich dabei um ein anderes Vorgehen, da man nicht aus gegebenen Sätzen andere herleitet, sondern ein semantisches Modell zu konstruieren sucht, von dem man zeigen kann, dass es den fraglichen Satz falsch macht bzw. den fraglichen Schluss widerlegt. Zusammengefasst arbeiten *deduktive Methode* und *Semantik* der PL so *zusammen*:

PL-Heuristik: Um herauszufinden, ob ein PL-Satz A L-wahr ist, gehe man so vor:
- Wird prima facie vermutet, dass A L-wahr ist, gehe man zu 1.
- Wird prima facie vermutet, dass A nicht L-wahr ist, gehe man zu 2.
1. Man versuche, A deduktiv zu beweisen. Wenn erfolgreich: Abbruch, Resultat: L-wahr. Wenn nachhaltig nicht erfolgreich und Zeitbudget nicht verbraucht, gehe man zu 2.; andernfalls zu 3.
2. Man versuche, ein semantisches Gegenmodell für A zu finden. Wenn gefunden: Abbruch, Resultat: nicht L-wahr. Wenn nachhaltig nicht erfolgreich und Zeitbudget nicht verbraucht, gehe man zu 1.; andernfalls zu 3.

> 3. Keine Lösung gefunden. Zwei mögliche Ursachen: (i) Bisherige Versuche waren nicht intelligent genug. (ii) A ist unentscheidbar.
>
> *Ergänzung:* Um herauszufinden, ob ein Satz A L-falsch ist, wendet man das Verfahren auf ¬A an. Um herauszufinden, ob ein Schluss Γ/A gültig ist, wendet man das Verfahren auf ∧Γ→A an.

Tatsächlich ist nicht nur bewiesen, dass es in der PL unentscheidbare Sätze gibt; man kennt auch nachweislich unentscheidbare PL-Sätze.[16]

Ein Beispiel: Wir wollen herausfinden, ob der Satz (∃xFx ∧ ∃xGx) →∃x(Fx ∧ Gx) logisch wahr ist. Wir vermuten, dass er es nicht ist, denn wir wissen, dass der Standardherleitungsversuch dieses Satzes im Kalkül S1 scheitert (siehe Abschn. 12.4). Basierend auf der Idee, dass es Fs und Gs geben kann, ohne dass es ein Individuum gibt, das zugleich F und G ist, konstruieren wir folgendes Gegenmodell:

Semantischer Beweis, dass (∃xFx ∧ ∃xGx) →∃x(Fx ∧ Gx) *nicht L-wahr ist:*
D = {1,2}, V(F) = {1}, V(G) = {2}.
Wir zeigen: <D,V> ⊭ (∃xFx ∧ ∃xGx) →∃x(Fx ∧ Gx).

(1) 1 ∈ V(F)   gemäß Festlegung von V(F) und D
(2) <D,V[x:1]> ⊨ Fx   aus 1 mittels semantischer Regel S1 (E_P)
(3) ∃d∈D: <D,V[x:d]> ⊨ Fx   aus 2 mittels EK
(4) <D,V> ⊨ ∃xFx   aus 3 mittels S3a (E_P)
(5) 2 ∈ V(G)   gemäß Festlegung von V(G) und D
(6) <D,V[x:2]> ⊨ Gx   aus 5 mittels S1 (E_P)
(7) ∃d∈D: <D,V[x:d]> ⊨ Gx   aus 6 mittels EK
(8) <D,V> ⊨ ∃xGx   aus 7 mittels S3a (E_P)
(9) <D,V> ⊨ ∃xFx∧∃xGx   aus 5,8 mittels Kon und S2b (E_P)

Das Wenn-Glied der zu widerlegenden Implikation ist also wahr. Das Dann-Glied ist dagegen falsch, wie die Fortsetzung des Beweises zeigt.

(10) 1 ∉ V(G)   gemäß Festlegung von V(G) und D
(11) <D,V[x:1]> ⊭ Gx   aus 10 mittels S1 (E_P)
(12) <D,V[x:1]> ⊭ Fx∧Gx   aus 11 mit AL-Schluss (¬A/¬(A∧B)) und S2b (E_P)
(13) 2 ∉ v(F)   gemäß Festlegung von V(F) und D
(14) <D,V[x:2]> ⊭ Fx   aus 13 mittels S1 (E_P)
(15) <D,V[x:2]> ⊭ Fx∧Gx   aus 14 mittels AL-Schluss und S2b (E_P)
(16) <D,V> ⊭ ∃x(Fx∧Gx)   aus 12, 15, Festlegung von D und S3a (E_P)

---

[16] Dabei handelt es sich um unbeweisbare (sowie unwiderlegbare) Sätze der Arithmetik 1. Stufe, z.B. das Prinzip der ε_0-transfiniten Induktion (Von Plato 2014, Abschn. 5).

15.2 Logische Wahrheit, Gültigkeit und semantische Beweismethoden in der PL — 283

Damit können wir das Gewünschte zeigen:
(17) <D,V> ⊭ (∃xFx∧∃xGx) → ∃x(Fx∧Gx)   aus 9, 16 mittels Regel S2d (E_P).

Der metalogische Beweis (1)-(17) hat viele Schritte, in denen etwas vergleichsweise Einfaches gezeigt wird, nämlich dass das Modell <D,V> mit D = {1,2}, V(F) = {1} und V(G) = {2} die Implikation (∃xFx∧∃xGx) → ∃x(Fx∧Gx) falsch macht. In metalogischen Lehrbüchern würde dieser Beweis wesentlich knapper und ‚informeller' formuliert werden, etwa so:

> Im Modell <D,V> ist ∃xFx wahr wegen 1∈V(F) und ∃xGx wahr wegen 2∈V(G), also ist auch ∃xFx∧∃xGx darin wahr. Doch ∃x(Fx∧Gx) ist in <D,V> falsch, weil weder 1 noch 2 sowohl in V(F) wie in V(G) sind. Daher falsifiziert <D,V> die Implikation.

Man erkennt daran die Stärke der natürlichen Sprache, die wesentlich kürzere Formulierungen zulässt, dafür aber gelegentliche Ungenauigkeiten und damit einhergehende Täuschungsmöglichkeiten mit sich bringt. Wir haben den metalogischen Beweis ausführlich gestaltet, um zu verdeutlichen, dass dahinter nichts anderes als ein deduktiver Beweis formuliert in der Metasprache steckt. Ersichtlicherweise haben wir in dem Beweis, neben den semantischen Regeln, in Schritten 3, 7, 9, 12 und 15 auch gewöhnliche aussagen- und prädikatenlogische Schritte verwendet.

Zu den semantischen Beweisverfahren der PL gehört es insbesondere, die Gültigkeit unserer PL-Regeln zu beweisen. Dazu müssen wir zeigen, dass die Regeln 1. Stufe, (UI) und (EK), gültig sind, und die Regeln 2. Stufe, (UG) und (EP), die Gültigkeit erhalten – dass also gilt:

(UI) ∀vA ⊪ A[k/v]   (EK) A[k/v] ⊨ A
(UG) Γ ⊨ A[k/v] / Γ ⊨ ∀vA   (EP) A[k/v], Γ ⊨ B / ∃vA, Γ ⊨ B
VB für UG und EP: k nicht in A, Γ, B

Die Gültigkeitsbeweise dieser Regeln sind metalogisch anspruchsvoller und werden in Abschn. 19.2+20.1 nachgetragen. Um ein Bild zu bekommen, sei hier lediglich die Struktur des Gültigkeitsbeweises von (UI) erklärt:

Gültigkeitsbeweis für UI: ∀xA ⊪ A[k/x]
(1) <D,V> ⊨ ∀xA   Präm
(2) ∀d∈D: <D,V[x:d]> ⊨ A   mittels semantischer Regel S3b (E_P)
(3) <D,V[x:V(k)]> ⊨ A   aus 2 mittels UI in der Metalogik, denn
                V(k) ist ein d in D.[17]

---

[17] Und „(V[x:d]) ⊨ A)[V(k)/d]" = „V[x:V(k)]) ⊨ A".

(4) $\langle D,V\rangle \models A[k/x]$ aus 3 mit dem *Koinzidenzsatz*, der in Abschn. 19.2 durch Induktion über Formelaufbau bewiesen wird.

Im Gültigkeitsbeweis für UI wird die UI-Regel im Schritt 3 des metalogischen Beweises wieder vorausgesetzt. Dieser Zirkel bringt uns zum nächsten Abschnitt.

Abschließender Hinweis zur AL innerhalb der PL: In Abschn. 12.1 sahen wir, dass jede PL-Formel eine zugehörige AL-Form hat, deren Schemabuchstaben PL-*Elementarformeln* bezeichnen, d.h., Atomformeln oder mit einem Quantor beginnende Formeln. Wenn wir uns die Elementarsätze einer PL-Formel als gleichwertig mit Aussagevariablen denken, dann ergibt jede mögliche PL-Interpretation von A eine aussagenlogisch mögliche Wahrheitswertzeile über A's Elementarformeln. Umgekehrt ist nicht jede AL-mögliche Wahrheitszeile über A's Elementarformeln auch in der PL möglich, denn es kann PL-spezifische Folgerungsbeziehungen zwischen A's Elementarformeln geben. Wenn beispielsweise A die Form $\forall xFx \to Fa$ besitzt, dann ist die zugehörige AL-Form $A \to B$, und die Wahrheitswertzeile $V(A) = w$ und $V(B) = f$ ist AL-möglich, aber nicht PL-möglich. Daraus ergibt sich unmittelbar die folgende Tatsache:

1. *Jede AL-wahre Formel der PL-Sprache ist auch PL-wahr* (analog für AL-gültige Schlüsse der PL-Sprache.) Denn wenn jede mögliche AL-Wahrheitswertzeile über A's Elementarformen A wahr macht, dann auch jede PL-Interpretation.

Umgekehrt ist nicht jede PL-wahre Formel der PL-Sprache auch AL-gültig. Doch es gibt einen Spezialfall, für den auch die umgekehrte Richtung gilt:

2. *Jede PL-wahre singuläre Formel der PL-Sprache ohne Identitätszeichen ist auch schon AL-wahr.* Und äquivalent: jede singuläre AL-erfüllbare PL-Formel ohne Identität ist auch PL-erfüllbar. Dies liegt daran (um in metalogische Gefilde abzustreifen), dass die Elementarformeln von Singulärformeln ohne Identität *Atomformeln* sind, und zwischen Atomformeln ohne Identitätszeichen keine logischen Folgerungsbeziehungen bestehen: sie sind, wie die Aussagevariablen, wechselseitig voneinander logisch unabhängig. Daher kann jede AL-Bewertung, sprich Wahrheitswertzeile für die Atomformeln einer Singulärformel wie folgt in eine PL-Interpretation umgewandelt werden: Wir ordnen jedem Term t der gegebenen Singulärformel A genau ein Individuum $V(t)$ in D zu und definieren V für Relationen so, dass dann und nur dann, wenn die AL-Bewertung $Rt_1...t_n$ wahr macht, $\langle V(t_1),...,V(t_n)\rangle$ in $V(R)$ ist. Durch ‚Induktion nach dem Formelaufbau' (Kap. 19) folgt daraus auf einfachste Weise, dass die so definierte PL-Interpretation $\langle D,V\rangle$ ebenfalls A wahr macht. Daraus folgt im kontrapositionellen Umkehrschluss: ist A PL-wahr, d.h. hat $\neg A$ keine erfüllende PL-Interpretation, dann kann $\neg A$'s aussagenlogische Form auch keine wahrmachende Wahrheitswertzeile haben; somit ist dann A auch AL-wahr.

15.3 Exkurs: Metalogik und der Zirkel der Logik

Wie wir sahen, werden in metalogischen Beweisen die Regeln der AL und PL wieder vorausgesetzt, angewandt auf Aussagen der Metasprache – zum Teil dieselben Regeln, deren objektsprachliche Version bewiesen wird. Als weiteres Beispiel tragen wir hier den ausformulierten Korrektheitsbeweis der AL-Regel des Konditionalbeweises nach, den wir in Abschn. 7.3 ‚informell' ohne Angabe der Beweisschritte angeführt haben. Eine AL-Wahrheitswertzeile geben wir durch die AL-Bewertungsfunktion V wieder und schreiben „V(A) = w/f" für „V macht A wahr/fasch".

Formalsemantischer Beweis der Regel des KB:

(1) $A_1,...,A_n$ / B gültig Präm
(2) $V(A_1)=w \land ... \land V(A_{n-1})=w$ KB-Ann (für beliebiges V)
(3) $\neg(V(A_n \to B) = w)$ IB-Ann.
(4) $V(A_n)=w \land \neg(V(B)=w)$ aus 3, Wahrheitstafel der $\to$
(5) $V(A_1)=w \land ... \land V(A_n)=w \land \neg(V(B)=w)$ Kon 2, 4
(6) $\exists V(V(A_1)=w \land ... \land V(A_n)=w \land \neg V(B)=w)$ EK 6
(7) $\neg \forall V((V(A_1)=w \land ... \land V(A_n)=w) \to V(B)=w)$ aus 6, $\forall\exists$-Äquivalenz (E_L)
(8) $\neg(A_1,...,A_n$ / B gültig) 7, Def. „Gültigkeit" (F_P)
(9) Widerspruch Kon 1,8
(10) $V(A_n \to B) = w$ IB 3-9
(11) $(V(A_1)=w \land ... \land V(A_n)=w) \to V(B)=w$ KB 2-10
(12) Generalisierung von 11 für alle V UG 11, VB: V nicht frei in 1, 2
(13) $A_1,...,A_{n-1}$ / $(A_n \to B)$ gültig 12, Def. „Gültigkeit" (E_P)

Wir haben im metalogischen Beweis des KB (neben den Ersetzungsregeln E_L und E_P) die beiden PL-Regeln EK und UG sowie wieder den KB verwendet.

Der letzte Sachverhalt ist wieder ein Beispiel des *Zirkels der Logik*. Darunter versteht man die Tatsache, dass man, um die Korrektheit (oder andere metalogische Eigenschaften) der Logik der Objektsprache zu beweisen, dieselbe oder eine stärkere Logik in der *Metasprache* voraussetzen muss. Philosophisch gesehen liegt dies letztendlich daran, dass man bereits zur *Beschreibung* irgendeines differenzierten (d.h. aus Teilen bestehenden) Systems die aussagenlogischen Junktoren benötigt. Zuallererst das *und* und das *nicht* (das *oder* ergibt sich nach De Morgan, sobald man ein *und* negiert); darüber hinaus benötigt man den *Allquantor*, um auszudrücken, dass etwas für alle Elemente einer Menge gilt, ohne dass man diese Elemente einzeln aufzählt. Es ist insofern nicht verwunderlich, dass man bereits bei der semantischen Beschreibung der logischen Regeln die logischen Symbole wieder benutzen muss. Beispielsweise besagt die Wahrheitstafel des *und*, wenn man sie sprachlich kompakt statt bildhaft ausdrückt, die Konjunktion folgender zwei Äquivalenzen:

V(p∧q)=w ↔ (V(p)=w ∧ V(q)=w), und
V(p∧q)=f ↔ (V(p)=w ∧ V(q)=f) ∨ (V(p)=f ∧ V(q)=w) ∨ (V(p)=f ∧ V(q)=f).

Das semantisch definierte *und* wird also (neben dem *genau-dann-wenn*) wieder im Definiens verwendet, die Definition ist also strenggenommen zirkulär, weshalb man bei der semantischen Auswertung von ∧-Formeln wieder auf die logischen Regeln des *und* zurückgreifen muss.

Dies ist anders als beim nichtdeduktiven, z.B. induktiven Schließen, das man sehr wohl beschreiben kann, ohne Induktion vorauszusetzen. Deshalb ist es hier auch nicht schon aus logischen Gründen ausgeschlossen, eine zirkelfreie Rechtfertigung des induktiven Schließens zu geben (vgl. Schurz 2019). Die deduktive Logik aber – zumindest gewisse essentielle Teile davon – müssen wir immer voraussetzen, wenn wir etwas beschreiben. Daher können wir die Gesetze der Logik nicht zirkelfrei begründen; wir können nur sagen, dass sie in der *Bedeutung* der logischen Symbole enthalten sind, bzw. dass wir sie als Axiome *voraussetzen*. Dies bedeutet allerdings nicht, dass diese Gesetze im Sinne Kants streng ‚transzendental' sind, d.h. dass die menschliche Vernunft ihrem Diktat unentrinnbar ausgeliefert ist, denn wir können die Gesetze der Logik *variieren*, in Form von *nichtklassischen* Logiken, in denen wir gewissen logischen Symbolen eine *andere* Bedeutung als die klassische beimessen (Abschn. 1.6). Dabei stellt sich heraus, dass unterschiedliche Logiksysteme auf indirekte Weise, durch Einführung neuer logischer Symbole, ineinander übersetzbar sind. Dies ermöglicht es, rationale Auswahlkriterien für Logiksysteme aufzustellen, die auf ihrer ‚Übersetzungsuniversalität' beruhen (Schurz 2018, Abschn. 5.1).

15.4 Die Methode des finiten Universums

Ernüchternd haben wir festgestellt, dass es für die PL kein allgemeines semantisches Entscheidungsverfahren gibt. Es gibt jedoch ein begrenzt anwendbares semantisches Verfahren, um für eine gegebene PL-Aussage herauszufinden, ob sie logisch wahr ist, bzw. für einen PL-Schluss, ob er gültig ist: die sogenannte ‚Methode des finiten Universums'. Diese Methode beruht auf zwei Tatsachen:
1.) Ein Allquantor ist semantisch gleichwertig mit einer evtl. unendlich langen aussagenlogischen ‚Konjunktion' seiner Instanzen, und ein Existenzquantor mit einer evtl. unendlich langen ‚Disjunktion' seiner Instanzen.

2.) Viele PL-Aussagen haben, wenn sie nicht logisch wahr sind, schon ein *endliches* und oft ein sehr kleines Gegenmodell, d.h. der Individuenbereich D des Gegenmodells ist endlich bzw. klein. In diesem Fall lassen sich quantifizierte Teilaussagen durch entsprechende aussagenlogische Konjunktionen bzw. Disjunktionen ersetzen, formuliert mit den Ik's einer Menge N von Ik's („N' für ‚Namen'). Nach dieser Ersetzung kann man die Widerlegbarkeit der Aussage mithilfe der semantischen Reduktio ad Absurdum Methode der AL prüfen. – Wir behandeln zunächst einige Beispiele:

Beispiel 1: ∃xFx ∧ ∃xGx / ∃x(Fx∧Gx)   Wahl von N: N = {a,b}.
Übersetzung in die AL: Wir ersetzen alle drei ∃x-Teilformeln durch Disjunktionen der beiden N-Instanzen und erhalten: (Fa∨Fb) ∧ (Ga∨Gb) / (Fa∧Ga) ∨ (Fb∧Gb).
Auf das Resultat wenden wir die Reduktio ad Absurdum Methode aus Kap. 5 an:

(Fa ∨ Fb) ∧ (Ga ∨ Gb) / (Fa ∧ Ga) ∨ (Fb ∧ Gb)	nicht AL-wahr
w_1 w f w f w w w f f f f w	konsistente Zeile
f_1 w w w f f f	

Schrittreihenfolge: ∧ Präm Mitte w, ∨ Konk Mitte f, die zwei ∨'s in Präm w, die zwei ∧'s in Kon f, Zeilenaufspaltung bei Fa links w_1, f_1; ermittelte Werte von 1. in 2. Zeile übertragen; fortsetzen in 1. Zeile: Fa-Wert w in Kon übertragen, Ga in Kon f, Ga-Wert in Präm übertragen, Gb in Präm w, Gb-Wert in Kon übertragen, Fb in Kon f. Zeile vollständig bestimmt.

Resultat: Weil die AL-Übersetzung nicht L-wahr (d.h. widerlegbar) ist, ist auch die PL-Aussage nicht L-wahr (d.h. widerlegbar).

Beispiel 2: ∀xFx ∧ ∀xGx / ∀x(Fx∧Gx)   Wahl von N: N = {a,b}.
Übersetzung in die AL: Wir ersetzen alle drei ∀x-Teilformeln durch Konjunktionen der beiden N-Instanzen und erhalten: (Fa∧Fb) ∧ (Ga∧Gb) / (Fa∧Ga) ∧ (Fb∧Gb).
Anwendung der Reduktio ad Absurdum Methode:

(Fa ∧ Fb) ∧ (Ga ∧ Gb) / (Fa ∧ Ga) ∧ (Fb ∧ Gb)	AL-wahr
w w w w w w w w (w w f w w) w	⚡

(Schrittreihenfolge offensichtlich)

Resultat: Dass die AL-Übersetzung L-wahr ist, impliziert nicht unbedingt, dass auch die entsprechende PL-Aussage L-wahr ist. In diesem Fall aber schon, da die Konjunktion von Prämisse und negierter Konklusion eine PNF in ∃∀-Form mit nur einem ∃-Quantor besitzt und keine weiteren Ik's oder freie Iv's auftreten, daher muss der Schluss aufgrund der in Merksatz 15-1 (2) erläuterten Maximalregel. wenn er überhaupt widerlegbar ist, schon in einem Bereich mit nur einer Ik und daher erst Recht im Bereich N = {a,b} widerlegbar sein.

Bevor wir zu weiteren Beispielen kommen, formulieren wir die verallgemeinerte Methode des finiten Universums wie folgt:

> *Prüfung der L-Wahrheit einer Aussage A mit der Methode des finiten Universums:*
> *Schritt 1:* Man wähle den Individuenbereich mit einer *kleinen* Anzahl von Individuen, die wir durch die Ik's a, b... bezeichnen; N sei die Menge dieser Ik's. *Faustregel* für die anfängliche Größe von N: N enthält jede in A vorkommende Ik und eine oder zwei weitere Ik's, wenn A Quantoren enthält.
> *Schritt 2:* Nun ersetzen wir – bei verschachtelten Quantoren schrittweise von außen nach innen vorgehend[18] – jede allquantifizierte Teilformel ∀xB in A durch die Konjunktion und jede Existenzformel ∃xB durch die Disjunktion ihrer Instanzen, $B[k_i/x]$, für alle Ik's k_i in N. Sei beispielsweise N = {a,b}, dann ersetzen wir also ∀xA(x) durch A(a)∧A(b), und ∃xA(x) durch A(a)∨A(b). Wir führen dies für alle Quantoren durch, bis wir bei einer rein aussagenlogischen Formel A* landen.
> *Schritt 3:* Wir prüfen nun mithilfe der AL-semantischen Reduktio ad Absurdum Methode, ob A* AL-widerlegbar ist oder nicht. Kann A* falsch gemacht werden, dann ist auch die PL-Aussage A als nicht L-wahr erwiesen und wir brechen das Verfahren ab.
> *Schritt 4:* Andernfalls erweitern wir den Individuenbereich um ein Individuum und führen Schritte 1-3 erneut durch. Falls es uns nicht irgendwann in Schritt 3 gelingt, A zu widerlegen, brechen wir das Verfahren in Schritt 4 in zwei Fällen ab:
> – Wenn die maximale Individuenanzahl gemäß der *Maximalregel* (s. unten) erreicht ist: dann ist A als L-wahr nachgewiesen. Wenn überhaupt, geht dies nur für Aussagen im entscheidbaren Fragment der PL (siehe unten).
> – Wenn unsere praktische Komplexitätsschranke für die Größe des Individuenbereichs erreicht wurde: dann brechen wir das Verfahren ohne Resultat ab.
> *Die Prüfung der Gültigkeit eines Schlusses* Γ / A erfolgt analog, nur dass wir die Schritte statt auf A auf alle Formeln des Schlusses anwenden.

In der Anfangsfaustregel besteht eine Wahlfreiheit; man lässt sich hier von semantischen Vermutungen leiten. Will man etwa den Schluss ∃xFx / ∃xGx auf Widerlegbarkeit prüfen, so vermutet man zu recht, dass dies nur mit einer Ik in N geht; wogegen man zur Prüfung von ∃xFx /¬∃x¬Fx zwei Ik's braucht.

---

[18] Man kann alternativ auch von innen nach außen vorgehen.

Die PL-Aussage A impliziert die AL-Aussage A*, aber nicht umgekehrt. Daher folgt: wurde A* widerlegt, dann auch A. Wurde umgekehrt A* als AL- wahr erwiesen, so folgt daraus nicht die PL-Wahrheit von A. Dies folgt nur in dem Spezialfall, dass die zu überprüfende Aussage A zum entscheidbaren Fragment der PL gehört, wofür die unten erläuterte *Maximalregel* greift, der zufolge jede Aussage A, die überhaupt in einem Modell erfüllbar ist, schon in einem Individuenbereich D mit einer von der Maximalregel festgelegten Anzahl von Individuen erfüllbar ist. Bevor wir dies näher erläutern, zwei weitere Beispiele zu Relationsaussagen mit verschachtelten Quantoren:

Beispiel 3: ∀x∃yRxy / ∃y∀xRxy   N = {a,b}.
AL-Übersetzung äußerer Quantoren: ∃yRay ∧ ∃yRby / ∀xRxa ∨ ∀xRxb
AL-Übersetzung innerer Quantoren führt zu:

(Raa ∨ Rab) ∧ (Rba ∨ Rbb) / (Raa ∧ Rba) ∨ (Rab ∧ Rbb)   nicht AL-wahr

| w_1 | w | f | w | f | w | w | | w | f | f | f | f | w | konsistente Zeile |
| f_1 | w | | w | | w | | | | f | | f | | f | |

Zur Schrittreihenfolge nach Aufspaltung: Raa w nach rechts übertragen, Rba rechts f und nach links übertragen, Rbb links w und nach rechts übertragen, Rab rechts f und nach links übertragen.

Resultat: AL-Übersetzung nicht L-wahr, daher auch PL-Aussage nicht L-wahr.

Beispiel 4: ∃x∀yRxy // ∀y∃xRxy   N = {a,b}.
Übersetzungs-Zwischenschritt: ∀yRay ∨ ∀yRby / ∃xRxa ∧ ∃xRxb.

(Raa ∧ Rab) ∨ (Rba ∧ Rbb) / (Raa ∨ Rba) ∧ (Rab ∨ Rbb)   AL-wahr

| w | ⒡ | f | w | ⒡ | f | w_1 | w | | f | f | f | f | ½ |
| f | f | | w | w | w | f_1 | ⒡ | w | f | | w | w | ½ |

Schrittreihenfolge nach Aufspaltung: Obere Zeile: 2. (= zweites) ∨ von links w, 3. ∨ von links f, rechts Rab f und Rbb f, Rab f und Rbb f nach links übertragen, 1. ∧ und 2. ∧ von links f, Widerspruch. Untere Zeile: Raa f nach links übertragen, 1. ∧ von links f, 2. ∧ von links w, Rba w und Rbb w, Rba w und Rbb w nach rechts übertragen, 1. ∨ von rechts w, 2. ∨ von rechts f, Widerspruch.

Resultat: Die AL-Übersetzung ist L-wahr, was nicht generell garantiert, dass auch die PL-Aussage L-wahr ist. In unserem Fall aber schon, da die Konjunktion von Prämisse und negierter Konklusion eine PNF in ∃∀-Form mit zwei ∃-Quantoren besitzt und keine weiteren Ik's oder freie Iv's auftreten; daher muss der Schluss aufgrund der in Merksatz 15-1 (2) erläuterten Maximalregel, wenn er überhaupt widerlegbar ist, schon im Bereich N = {a,b} widerlegbar sein.

Wir kommen nun zu den Maximalregeln für entscheidbare Formelklassen der PL. Wie in Abschn. 21.3 gezeigt wird, ist ein logisches System, dessen L-Wahrheiten deduktiv axiomatisiert sind, dann entscheidbar, wenn es zusätzlich die *endliche Modelleigenschaft* besitzt, was bedeutet, dass jede widerlegbare Formel schon in einem endlichen Gegenmodell widerlegbar ist. Die Resultate zur endlichen Modelleigenschaft geben zugleich auch eine obere Grenze für die Größe dieses endlichen Modells an, in Abhängigkeit von gewisssen Eigenschaften der jeweiligen Formel – und daraus ergeben sich die Maximalregeln für die Methode des finiten Universums (die Beweise von Ms. 15-1(1) und (2) finden sich in Abschn. 21.2+3).

Merksatz 15-1. *Entscheidbare Erfüllbarkeit und Maximalregel*
Aus den Resultaten zur Entscheidbarkeit gewisser PL-Formelklassen (Abschn. 21.3) ergeben sich zwei *Maximalregeln* für die Methode des finiten Universums. Dabei steht A für die Negation der auf L-Wahrheit zu prüfenden Aussage bzw. für die Konjunktion von Prämissen und negierter Konklusion des auf Gültigkeit zu prüfenden Schlusses:
(1) Ist A eine Formel der monadischen PL mit n monadischen Prädikaten (ohne Funktionszeichen), dann gilt: Ist A erfüllbar, dann auch in einem Modell mit 2^n Individuen. Daraus folgt die Maximalregel: Das Gegenmodel muss nicht mehr als 2^n Individuen besitzen.
(2) Ist A ohne Funktionszeichen und L-äquivalent mit einer PNF in $\exists\forall$-Form, d.h. einer pränexen Normalform der Form $\exists x_{1-n}\forall y_{1-m}B$ (mit „$\exists x_{1-n}$" abkürzend für „$\exists x_1...\exists x_n$" und analog für „$\forall y_{1-m}$"; dabei können n und m auch null sein), dann gilt: Ist A erfüllbar, dann auch in einem Modell mit mindestens einem Individuum und höchstens so vielen Individuen wie es distinkte $\exists$-Quantoren plus distinkte Ik's oder freie Iv's in besagter PNF gibt. Daraus folgt die entsprechende Maximalregel, der zufolge das Gegenmodel nicht mehr als ebenso viele Individuen besitzen muss.

Merksatz 15-1(1) beruht auf der Tatsache, dass man mit n monadischen Prädikaten nur 2^n Individuen voneinander unterscheiden kann, denn es gibt 2^n sogenannte „Zustandsprädikate" der Form $(\pm)F_1x\wedge...\wedge(\pm)F_nx$ (mit „$\pm$" für „unnegiert" oder „negiert"). In der Praxis bringt dies freilich wenig, weil 2^n mit n exponentiell wächst. In der relationalen PL bricht die Idee zusammen: hier können wir mit nur einem zweistelligen Relationszeichen R nachweislich unendlich viele Individuen voneinander unterscheiden. Das zeigt, dass mehrstellige Relationen ungleich ausdrucksstärker sind als einstellige Prädikate und erstere unmöglich auf letztere reduzierbar sind (wie das der Philosoph Leibniz vermutete).

Merksatz 15-1(2) impliziert für die Methode des finiten Universums, dass die zu widerlegende Aussage zur Formelklasse $\forall x_{1-n}\exists y_{1-m}B$ gehören muss, bzw. die Prämissen eines zu widerlegenden Schlusses zur Klasse $\exists x_{1-n}\forall y_{1-m}B$ und die Konklusion zur Klasse $\forall x_{1-n}\exists y_{1-m}B$ gehören müssen. Dies ist schon nützlicher; zwingt uns aber, die betreffende Formel in eine möglichst kurze PNF zu überführen. Generell macht es einen Unterschied, ob die Entscheidbarkeitsfrage für die Erfüllbarkeit (Konsistenz) oder Gültigkeit (Beweisbarkeit) einer Formel gestellt wird. Für Formeln der monadischen PL sind sowohl Erfüllbarkeit wie Gültigkeit entscheidbar; für Formelklassen der Form $\exists x_{1-n}\forall y_{1-m}B$ dagegen nur Erfüllbarkeit und für solche der Form $\forall x_{1-n}\exists y_{1-m}B$ nur Gültigkeit.

Ein abschließendes Beispiel soll die grundsätzliche Grenze der Methode des finiten Universums zeigen. Man kann in der PL (schon ohne Identität) Gesetze ausdrücken, die besagen, dass eine zweistellige Relation Rxy eine strikte Ordnungsrelation ohne größtes Element ist (mehr dazu in Abschn. 17.2). Die Gesetze lauten (wir lesen „Rxy" als „x ist kleiner als y"

1: Irreflexivität: $\forall x \neg Rxx$,
2: Asymmetrie: $\forall x \forall y(Rxy \rightarrow \neg Ryx)$,
3: Transitivität: $\forall x \forall y \forall z(Rxy \land Ryz \rightarrow Rxz)$, und
4: Kein größtes Element: $\forall x \exists y Rxy$ (für jedes x gibt es ein größeres y).

Daher kann die Aussage U, abkürzend für die Konjunktion 1∧2∧3∧4, nur in Modellen mit unendlichem Individuenbereich wahr gemacht werden. Wendet man auf U die Methode des finiten Universums an, würde, egal wie groß man den Individuenbereich wählt, U immer falsifiziert werden, und man würde fälschlicherweise daraus auf die Inkonsistenz von U schließen, obwohl U in Wahrheit erfüllbar ist, aber nur in unendlichen Universen.

15.5 Weiterführende Literatur und Übungen

Einführungen in die PL-Semantik sind meist nicht einfach lesbar; man findet solche auch in Bergmann et al. (1998), Kap. 8; Barwise und Etchemendy (2006), Kap. 18; Brendel (2018), Kap. IV; und auf fortgeschrittenem Niveau in einschlägigen mathematischen Logik-Einführungen wie Ebbinghaus et al. (1996), Shoenfield (1967), Machover (1996), u.a.m. Anwendungen der Methode des finiten Universums finden sich in Klenk (1989, Kap. 16.3, 18.3).

15.5.1 Übungen zu Abschnitt 15.1

(1) Unsere PL-Sprache enthalte als nichtlogische Zeichen das zweistellige Prädikat R, das einstellige Prädikat P, und die Individuenkonstanten a, b, c. Als Bewertung für unsere Sprache wählen wir: D = {Sokrates, Plato, Cäsar}.
Für V legen wir fest: V(a) = Sokrates, V(b) = Plato, V(c) = Cäsar
  V(P) = {Sokrates, Plato}.
Intensional steht Px für die Eigenschaft „x ist ein Philosoph".
  V(R) = {<Plato, Sokrates>, < Cäsar, Sokrates>, < Cäsar, Plato>}.
Intensional steht Rxy für die Relation „x hat später gelebt als y".
Man bestimme den Wahrheitswert folgender Aussagen in <D,V>:
(i)   Pa   (ii) Rca   (iii) Pa ∧ ¬Rab
(iv) ∃x(¬Px ∧ Rxb)   (v)   ∀xPx   (vi) ∀x(Px → ∃yRyx)

(2) (nach Czermak 1978). Es sei D = {Berlin, Hamburg, München, Köln}. Wir kürzen diese Städte mit ‚Be', ‚Ha', ‚Mü' und ‚Kö' ab. Es sei nun:
V(a) = Be, V(b) = Mü, V(c) = Ha, V(d) = Kö.
V(F¹) = {Be, Ha, Mü}
I(R²) = {<Be,Ha>, <Be,Kö>, <Be,Mü>, <Ha,Kö>, <Ha,Mü>, <Mü,Kö>}
V(P³) = {<Be,Ha,Kö>, <Be,Ha,Mü>, <Be,Mü,Mü>, <Be,Kö,Kö>, <Ha,Kö,Kö>}
Wofür könnten F¹, R² und P³ stehen?
Man bestimme die Wahrheitswerte folgender Aussagen in <D,V>:
(i)   Rab   (v)   ∀x∃yRyx
(ii) Rbc   (vi) ∀x(¬Fx → ∃yRyx)
(iii) Rcd   (vii) Pabb → ∃xPxdd
(iv) ∃xRdx   (viii)∀x∀y((Rxy ∧ ¬Fy) → ∃zPxyz)

15.5.2 Übungen zu Abschnitt 15.4

Finden Sie für folgende PL-Schlüsse mithilfe der Methode des finiten Universums heraus, ob sie gültig oder ungültig sind. Bei relationalen Aussagen: wann ist eine konklusive Antwort möglich, wann nicht?

Monadisch ohne Quantorenverschachtelung:
(1) ∀xFx ∨ ∀xGx / ∀x(Fx∨Gx)   und der Umkehrschluss
(2) ∃xFx ∨ ∃xGx / ∃x(Fx∨Gx)   "
(3) ∀xFxa → ∀xGxa / ∀x(Fxa→Gxa)   "
(4) ∃xFx → ∃xGx / ∃x(Fx→Gx)

(5) ∀xFx → ∃xGx / ∀x(Fx→Gx)
(6) ∀xFx → ∃xGx / ∃x(Fx→Gx)

Monadisch mit Quantorenverschachtelung:
(7) ∃xFx ∧ ∃yFy / ∃x∃y(Fx∧Fy)
(8) ∀x∀y(Fx∨Fy) / ∀xFx   und der Umkehrschluss
(9) ∃x(Fx∧∀yGy) / ∃xFx ∧ ∀yGy   "
(10) ∀x(Fx→∃yGy) / ∀xFx → ∃yGy
(11) ∃x(Fx→∃yGy) / ∃xFx → ∃yGy
(12) ∃x(Fx→∃yGy) / ∀xFx → ∃yGy

Relational mit Quantorenverschachtelung:
(13) ∃x∀yRxy / ∃xRxx   und der Umkehrschluss
(14) ∀x∃yRxy / ∃xRxx   "
(15) ∀x∀yRxy / ∀xRxx   "
(16) ¬∀x∃yRxy / ∃x∀y¬Rxy
(17) ∀xRxx / ∀xRxa
(18) ∀xRxx / ∃y∀xRyx

16 Prädikatenlogik mit Identität und Funktionszeichen (PL⁼)

16.1 Sprache und Semantik

Für die Prädikatenlogik mit Identität und Funktionszeichen schreiben wir kurz PL⁼. Zusätzlich zu jenen der PL umfasst die Sprache der PL⁼ folgende primitive nichtlogische Symbole:
- Für jedes n≥1: eine abzählbare Menge $\mathcal{F}_n$ von n-stelligen *Funktionszeichen* f, g, f_1, f_2, ..., und
- als zusätzliches logisches Symbol das *objektsprachliche Identitätszeichen* ≡, das wir vom metasprachlichen Identitätszeichen „=" unterscheiden, um Konfusionen zu vermeiden. *Hinweis:* „≡" ist zwar ein zweistelliges Relationszeichen, zählt aber als logisches Symbol, weil seine Bedeutung in allen Interpretationen dieselbe ist.

Rekonstruktion natursprachlicher Ausdrücke: Eine Funktion ist eine Operation, die einem oder mehreren Individuen ein weiteres Individuum eindeutig zuordnet. Funktionen sind uns aus der Mathematik bekannt. Z.B. ist die Addition „+" eine zweistellige Funktion über Zahlen, die je zwei Zahlen ihre Summe zuordnet; dabei schreibt man „+(x,y)" in der infix-Notation „x+y". Funktionen treten aber auch häufig in der Alltagssprache auf. Ist „f" eine einstellige Funktion, so bezeichnet die Anwendung von f auf a, geschrieben als f(a), dieses zugeordnete Individuum. Man nennt „f(a)" auch einen (singulären) *Term*. Steht beispielsweise „m(x)" für „die Mutter von x" und „a" für „Peter", dann bezeichnet „m(a)" die Mutter von Peter. Um das Beispiel zu erweitern:

Legende: m(x) – Mutter von x   a – Peter   c – Rudi
Sxy – x ist Schwester von y   b – Anna
Formalisierungen:
m(a) – die Mutter von Peter   b ≡ m(a) – Anna ist Peters Mutter.
S(m(a),c) – Peters Mutter ist die Schwester von Rudi.

Eine Identitätsbehauptung a ≡ b bedeutet immer, dass a und b dasselbe Individuum bezeichnen, dass es sich dabei also nur um *ein* Individuum handelt, das durch zwei unterschiedliche Namen a und b bezeichnet wird. *Hinweis:* Da wir zwischen dem metasprachlichen (=) und dem objektsprachlichen (≡) Identitätszeichen unterscheiden und objektsprachliche Ausdrücke im Zitiermodus verwenden, können wir z.B. die metasprachliche Aussage „a und b sind verschiedene

Zeichen, bezeichnen aber dasselbe Objekt" durch „a ≠ b, aber V(a≡b) = w" wiedergeben.

Durch iterierte Anwendung kann man mit Funktionszeichen potentiell unendlich viele Terme bilden. Schreiben wir oben die Stellenzahl des Funktionszeichens, dann sind $f^1(f^1(x))$, $f^2(g^2(a,h^1(b)),a)$ oder $f^2(g^2(x,y),h^3(g(x,y),y,z))$ komplexe Terme. Mit m(x), v(x) für „Mutter von x" und „Vater von x" ist beispielsweise

m(m(m(a))): die (mütter-mütterliche) Urgroßmutter von a.
m(v(m(a))): die (mütter-väterliche) Urgroßmutter von a.

usw. Mit „f" für die Addition ist

f(1,f(2,f(3,f(4,5)))): 1 + (2 + (3 + (4 + 5))) = 1+2+3+4+5 = 15.

Verallgemeinert definieren wir die Menge aller Terme wie folgt:

Definition 16-1. *Rekursive Definition der Menge aller (singulärer) Terme:*
(T1) Jede Iv und jede Ik ist ein Term.   (Startregel)
(T2) Ist f ein n-stelliges Funktionszeichen und sind $t_1,...,t_n$ Terme, dann ist auch $ft_1...t_n$ ein Term.   (rekursive Regel)
(Sonst ist nichts ein Term).
Ein Term heißt *variabel*, wenn er *eine Iv* enthält; andernfalls heißt er *konstant*.

Unsere Formregeln müssen wie folgt erweitert werden:

Definition 16-2. *Erweiterte Formregeln für PL⁼:*
(1) *Atomare Formeln:* Ist R ein n-stelliges Prädikat und sind $t_1...t_n$ Terme, dann ist $Rt_1..t_n$ eine (atomare) Formel.
(1⁼) Sind t_1, t_2 Terme, dann ist $t_1 \equiv t_2$ eine (atomare) Formel.
– Die restlichen Formregeln sind wie in Def. 10.1.

Um Unübersichtlichkeiten zu vermeiden, führen wir für die Sprache der PL⁼ flexible Klammerkonventionen für atomare Formeln ein:

Klammerkonventionen für PL⁼:
– Wir schreiben für $ft_1...t_n$ auch $f(t_1,...,t_n)$ (nur dann kann man die oberen Stellenzahlindizes ohne Konfusionsgefahr weglassen).
– Wir schreiben für $t_1 \equiv t_2$ auch $(t_1 \equiv t_2)$.
– Wir schreiben für $R^2 t_1 f^2 t_2 t_3$ auch $R(t_1, f(t_2,t_3))$, usw.

16.1 Sprache und Semantik — 297

In der fortgeschrittenen Metalogik wird die Definition der Objektsprache noch etwas formaler dargestellt, durch die Einführung von Buchstaben für folgende primitive Ausdrucksmengen:

$\mathcal{R}^n$ – für alle n ≥ 1, die Menge n-stelliger Relationszeichen,
$\mathcal{P}$ – die Menge der Aussagevariablen (auffassbar als 0-stellige Relationszeichen),
$\mathcal{F}^n$ – für alle n ≥ 1, die Menge n-stelliger Funktionszeichen,
$\mathcal{K}$ – die Menge der Ik's (auffassbar als 0-stellige Funktionszeichen),
$\mathcal{V}$ – die abzählbar unendliche Menge der Iv's (diese Menge wird unendlich gesetzt, u.a. um beliebig tiefe Quantorverschachtelungen ausdrücken zu können),
{(,)} – Hilfszeichen.

Wir setzen $\mathcal{R} = \bigcup_{n\in\omega}\mathcal{R}^n$ und $\mathcal{F} = \bigcup_{n\in\omega}\mathcal{F}^n$, mit „ω" für die Menge natürlicher Zahlen (betrachtet als Ordinalzahlen) und „$\bigcup_{n\in\omega}M_n$" als Vereinigung der abzählbar unendlich vielen Mengen M_n (s. Kap. 18). Das Alphabet $\mathcal{A}$ der Sprache (d.h. die Menge ihrer primitiven Zeichen) ist damit gegeben als

$$\mathcal{A} =_{\text{def}} \mathcal{R} \cup \mathcal{F} \cup \mathcal{P} \cup \mathcal{K} \cup \{\equiv\} \cup \mathcal{V} \cup \{\neg,\wedge,\vee,\rightarrow,\forall,\exists\}\cup\{(,)\}.$$

Die Folge der nichtlogischen Zeichenmengen $<<\mathcal{R}^n{:}n{\in}\omega>, <\mathcal{F}^n{:}n{\in}\omega>, \mathcal{P}, \mathcal{K}>$ heißt auch *Signatur* der Sprache. Eine Sprache wird allgemein mit $\mathcal{L}$ bezeichnet und üblicherweise mit der Menge von $\mathcal{L}$'s wohlgeformten Formeln identifiziert. $\mathcal{L}0$ ist die Sprache der AL und $\mathcal{L}1^=$ die der PL mit Identität und Funktionszeichen. Es bezeichnet

$\mathcal{T}$ – die Menge aller Terme von $\mathcal{L}$, wie erläutert rekursiv definiert durch
  $s \in \mathcal{V} \cup \mathcal{K} \rightarrow s \in \mathcal{T}$, und
  $f \in \mathcal{F}_n$ und $t_1,...,t_n \in \mathcal{T} \rightarrow ft_1...t_n \in \mathcal{T}$.
$\mathcal{L}1^=$ – die Menge aller Formeln von der $\mathcal{L}^=$, wie erläutert rekursiv definiert durch
  $R \in \mathcal{F}_n$ und $t_1,...,t_n \in \mathcal{T} \rightarrow Rt_1...t_n \in \mathcal{R}$,
  $A, B \in \mathcal{L} \rightarrow \neg A, (A\wedge B), (A\vee B), (A\rightarrow B) \in \mathcal{L}$, und
  $v \in \mathcal{V}, A \in \mathcal{L} \rightarrow \forall vA, \exists vA \in \mathcal{L}$.
$S(\mathcal{L}1^=)$ – die Menge aller Sätze (Aussagen, geschlossenen Formeln) von $\mathcal{L}$.

Wir kommen nun zur Erweiterung unserer *Semantik für PL$^=$*. In Def. 15.1+2 haben wir die Bewertungsfunktion V für die PL ohne Identität und Funktionszeichen festgelegt. Neu hinzugekommene nichtlogische Zeichen sind nur die Funktionszeichen. Also muss im ersten Schritt die Bewertungsfunktion V auf Funktionszeichen erweitert werden. Dies geschieht dadurch, dass jedem n-stelligen Funktionszeichen f eine n-stellige Funktion von D^n (die Menge aller n-Tupeln von D-Individuen) nach D zugeordnet wird.

Erweiterung von V für $\mathcal{L}^=$: Für alle $n \geq 1$ und $f \in \mathcal{F}^n$: $V(f):D^n \to D$.

V(f) ist hier die f zugeordnete mengentheoretische Funktion; man kann für V(f) einfachheitshalber auch „$\underline{f}$" schreiben. „V(f): $D^n \to D$" bzw. „$\underline{f}:D^n \to D$" ist die mengentheoretische Schreibweise für eine Funktion, die jedem n-Tupel von Individuen in D, also $d_1,...,d_n$, ein Individuum aus D zuordnet. *Hinweis:* In „$\underline{f}: D^n \to D$" steht „$\to$" *nicht* für eine Implikation, sondern für eine Zuordnung. Es gilt also $\underline{f}(d_1,...,d_n) \in D$ bzw. $V(f)(d_1,...,d_n) \in D$. Dabei wird eine n-stellige Funktion mengentheoretisch als Menge von (n+1)-Tupeln von D-Individuen mit rechtseindeutigem d_{n+1} verstanden. Dies muss näher erläutert werden.

Erläuterung zu Funktionen – Vorgriff auf die Mengenlehre (Kap. 18):
Wir definieren zunächst einstellige und dann n-stellige Funktionen.
Hinweise: (i) Im Folgenden laufen „f", „g", ... nicht über Funktionszeichen der Objektsprache, sondern über Funktionen der mengentheoretischen Metasprache.
(ii) Wir schreiben „$\forall x,y \in D$" abkürzend für „$\forall x \in D \forall y \in D$" und „$\forall x_{1-n} \in D$" abkürzend für „$\forall x_1 \in D...\forall x_n \in D$" (analog für „$\exists x_{1-n} \in D$").

Definition 16-3. *Funktionen:*
(1) Eine *einstellige Funktion* (oder Abbildung) *von D nach D*, geschrieben als f: $D \to D$, ist eine binäre Relation $f \subseteq D^2$, also eine Menge von Paaren <x,y> aus D^2, die zwei Bedingungen erfüllt:
(1a) *Funktionalität* oder *Rechtseindeutigkeit:*
$\forall x,y,z: (<x,y> \in f \land <x,z> \in f) \to y=z$. *In Worten:* wenn dem Argument x durch f sowohl y wie z zugeordnet wird, müssen y und z identisch sein. Man schreibt für „<x,y> $\in$ f" daher y = f(x). f(x) ist der *Wert von f* an der Argumentstelle x, d.h. das einzige y so dass <x,y> $\in$ f gilt.
(1b) *Argumentvollständigkeit:* Der Argumentbereich (domain) von f, dom(f) $=_{\text{def}}$ {x: $\exists y(y=f(x))$}, deckt alle Objekte in D ab.
Der *Wertebereich* (range) von f, ran(f) $=_{\text{def}}$ {y: $\exists x(f(x)=y)$} kann dagegen auch eine echte Teilmenge von D sein.
(2) Analog: *Eine n-stellige Funktion von D^n nach D* wird geschrieben als f: $D^n \to D$ und ist eine n+1-stellige Relation $f \subseteq D^{n+1}$, die die Bedingungen der Funktionalität und Argumentvollständigkeit erfüllt:
(2a) Funktionalität: $\forall x_{1-n} \in D^n, \forall y,z \in D: (f(x_{1-n})=y \land f(x_{1-n})=z) \to y=z$.
(2b) Argumentvollständigkeit: dom(f) $=_{\text{def}}$ {<x_{1-n}>: $\exists y(f(x_{1-n}) = y)$} = D^n.

Damit können wir die Bewertungsfunktion V rekursiv auf beliebige Terme und Formeln erweitern.

> Definition 16-4. *Bewertungsfunktion V für PL⁼:*
> (1) *Bewertung von Termen:*
>   (ST1) Wie in Def. 15-1(1.)(i): Für alle $t \in \mathcal{V} \cup \mathcal{K}$: $V(t) \in D$. *In Worten:* Ist t eine Iv oder eine Ik, dann ist V(t) ein Individuum in D.
>   (ST2) Für alle $f \in \mathcal{F}^n$ (n≥1) und $t_1,...,t_n \in \mathcal{T}$: $V(f(t_1,...,t_n)) = V(f)(V(t_1),...,V(t_n))$. *In Worten:* Die Bewertung eines Funktionsterms ist jenes Individuum, das die Anwendung der dem Funktionszeichen zugeordnete Funktion auf die den Argumenten zugeordneten Individuen ergibt.
> (2) *Bewertung von Formeln:* Wie in Def. 15-2, wobei nun Terme $t, t_1,...$ nicht nur Iv's oder Ik's, sondern auch komplexe funktionale Terme sein können. Die einzig neu hinzukommende Klausel ist die für atomare Identitätsformeln:
>   (S1≡): Für $t_1, t_2 \in \mathcal{T}$: $<D,V> \models t_1 \equiv t_2$ g.d.w. $V(t_1) = V(t_2)$. *In Worten:* Die Identitätsformel $t_1 \equiv t_2$ ist wahr in <D,V> (bzw. wird von <D,V> erfüllt) g.d.w. das von t_1 bezeichnete Individuum mit dem von t_2 bezeichneten Individuum identisch ist.

Als *Beispiel für die Bewertung komplexer Terme* betrachten wir nochmals die Additionsfunktion. Es sei $D = \omega = \{0, 1, 2, 3, 4, ...\}$, $V(a_0) = 0$, $V(a_1) = 1$, ... und V(f): +: $\omega \times \omega \to \omega$. Dann macht <D,V> z.B. folgende Aussagen wahr:

$f(a_1,a_1) \equiv a_2$, denn $V(f(a_1,a_1)) = V(f)(V(a_1),V(a_1)) = +(1,1) = 1 + 1 = 2 = V(a_2)$.
$f(a_1,f(a_4,a_6)) \equiv a_{11}$, denn $V(f(a_1,f(a_4,a_6))) = V(f)(V(a_1),V(f)(V(a_4),V(a_6))) = +(1,+(4,6)) = 1 + (4 + 6) = 11 = V(a_{11})$.

16.2 Der Kalkül S1⁼

Die *Termsubstitution* A[t/v] wird analog definiert wie in Def. 14-2, wo wir die Substitution von Iv's durch Iv's einführten und zwecks Konfusionsvermeidung die Bedingung einführten, dass in A[x/y] x in A nicht im Bereich eines y-Quantors liegen darf. Eine analoge Bedingung führen wir für die Termsubstitution A[t/x] ein, mit dem Unterschied, dass t nun ein Funktionsterm sein darf, der unterschiedliche Iv's enthalten kann, die nach Ersetzung nicht gebunden werden dürfen.

Zunächst ein *Beispiel* für A = (Fx → ∃yRxy):
(Fx → ∃yRxy)[f(z)/x] = F(f(z)) → ∃yR(f(z),y). Konfusionsfrei.
(Fx → ∃yRxy)[f(y)/x] = F(f(y)) → ∃yR(f(y),y). *Konfusion:* das unterstrichene y wird fälschlicherweise gebunden. Wir nennen daher den ∃y-Quantor in A gebunden in ∃u um und erhalten A* = (Fx → ∃uRxu); damit wird die Substitution konfusionsfrei: (Fx → ∃uRxu)[f(y)/x] = F(f(y)) → ∃uR(f(y),u).

Verallgemeinert definieren wir:

> **Definition 16-5.** *Termsubstitution*
> A[t/v] bezeichnet das Resultat der *uniformen Ersetzung* aller freien Vorkommnisse von v in A durch den Term t,
> - (i) *sofern* t keine Iv v' enthält, sodass v in A im Bereich eines v'-Quantors liegt;
> - (ii) andernfalls wird A[t/v] identifiziert mit A*[t/x]; dabei ist A* das Resultat der gebundenen Umbenennung aller Iv's in A, die Bedingung (i) verletzen, durch ‚neue' Iv's, die in A nicht vorkommen; um A* eindeutig zu machen, seien diese die ersten neuen Iv's in einer gegebenen Aufzählung aller Iv's.

Mit dem erweiterten Termsubstitutionsbegriff können wir die spezifisch prädikatenlogischen Regeln für die Quantoren genau so wie in Kap. 14.8+9 formulieren:

(UI): ∀vA / A[t/v]　　　　　　　　(EK): A[t/v] / ∃vA
(UG): Γ ⊢ A[k/v] / Γ ⊢ ∀vA　　　　VB: k nicht in Γ, ∀vA
(EP): A[k/v], Γ ⊢ B / ∃vA, Γ ⊢ B　　VB: k nicht in ∃vA, Γ, B

Der Kalkül S1 ist auch für die PL-Sprache mit Funktionszeichen aber ohne Identität nachweislich korrekt und vollständig (Kap. 20). In diesem Kalkül ist auch die in Abschn. 14.9 erwähnte Variablenversion der beiden kritischen Regeln zulässig:

(UGv): Γ ⊢ A / Γ ⊢ ∀vA　　　　　　VB: v nicht frei in Γ
(EvP): A, Γ ⊢ B / ∃vA, Γ ⊢ B　　　　VB: v nicht frei in Γ, B

Die Zulässigkeit dieser Regeln bedeutet nach Abschn. 14.10, dass alles, was sich mittels UGv und EPv im Kalkül S1 beweisen lässt, auch ohne diese Regeln beweisen lässt. Wir erklären dies – dabei auf Abschn. 20.1 vorgreifend – wie folgt: Sei $B = (\Gamma_1 \vdash A_1, ..., \Gamma_n \vdash A_n)$ ein Sequenzenbeweis von Γ ⊢ A (also $\Gamma = \Gamma_n$, $A = A_n$). Dann ersetzt man in B jedes freie Vorkommnis von v durch eine neue (nirgendwo in B auftretende) Konstante k und erhält den modifizierten Beweis B^*. Man zeigt, dass jede Regelanwendung in B auch eine korrekte Regelanwendung in B^* geblieben ist, was wir hier nur für die in B auftretenden UGv-Schritte tun: Wenn in B in irgendeinem einprämissigen Regelschritt Δ ⊢ ∀vB aus Δ ⊢ B folgt, dann kommt v nach Voraussetzung in Δ nicht frei vor, weshalb auch k nicht in Δ* vorkommt; ferner gilt $B^* = B[k/v]$, und somit ist Δ* ⊢ ∀vB* aus Δ* ⊢ B[k/v] durch einen gewöhnlichen UG-Schritt gewinnbar. Durch Induktion nach der Länge des Beweises (Abschn. 20.1) folgt aus dieser Überlegung, dass B^* ein Beweis von Γ* ⊢ A* ist.

Wichtiger Hinweis: Wie in Abschn. 14.9 angedeutet, gelten die kritischen Regeln nur für atomare Terme, also nur für Ik's oder Iv's, jedoch nicht für komplexe funktionale Terme. Dies zeigt folgendes *Gegenbeispiel*:

Wir setzen A = Fx, t = f(a). Es gilt
- ∀x(Fx→Ff(x)), Fa ⊢ Ff(a) (aufgrund UI und MP), und
- der Term f(a) taucht in der Prämissenmenge ∀x(Fx→Ff(x)), Fa nicht auf.
- Jedoch: ∀x(Fx→Ff(x)), Fa ⊬ ∀xFx (!),

d.h. die Sequenz ∀x(Fx→Ff(x)), Fa ⊢ ∀xFx ist ungültig, obwohl sie mit der Regel UG angewandt auf den komplexen Term f(a) herleitbar wäre.

Dass ∀x(Fx→Ff(x)), Fa ⊢ ∀xFx ungültig ist, sieht man, wenn man f(x) als den „direkten Nachfolger von x" interpretiert und y als einen f-Nachfolger von x ansieht, wenn y aus einer Iteration direkter f-Nachfolgerschaften aus x entsteht, also y = $f^n(x)$, mit $f^n(x)$ für f(...f(x)...), n-fach iteriert. Dann sagt die erste Prämisse, dass die Eigenschaft F in Bezug auf direkte f-Nachfolgerschaft erblich ist, d.h., ist x ein F, dann auch f(x). Daraus folgt zusammen mit der zweiten Prämisse Fa zwar, dass alle f-Nachfolger von a die Eigenschaft F besitzen, d.h. wir können ableiten

Ff(a), Ff(f(a)), ... , somit $Ff^n(a)$ für beliebige n∈ω,

aber nicht, dass alle Individuen die Eigenschaft F besitzen, weil nicht alle Individuen in D f-Nachfolger sein müssen. Sei D z.B. die Menge der natürlichen Zahlen, f(x) die Funktion x+2 und a = 0, dann sind die f-Nachfolger von 0 alle geraden Zahlen, aber nicht die ungeraden Zahlen.

Um den Kalkül S1 vollständig zu machen, müssen wir ihm ein spezifisches Identitätsaxiom und eine spezifische Identitätsregel 1. Stufe hinzufügen. Wir nennen den resultierenden Kalkül S1⁼:

Zusätzliche Axiome bzw. Regeln für PL⁼: (für beliebige t∈$\mathcal{T}$, v∈$\mathcal{V}$)
Identität (oder ≡-Einführung): (Id): t≡t
Extensionaliät (auch Gleichheit, Substitution von Identischem oder ≡-Beseitigung):
(Ext≡): t_1≡t_2 / A[t_1/v] → A[t_2/v]

Das Identitätsaxiom ist selbstevident; eine äquivalente Formulierung davon ist der Allabschluss ∀x(x≡x). Die Extensionalitätsregel ist dagegen philosophisch subtil. Unsere Version dieser Regel ist gebräuchlich; man findet sie z.B. in Klenk (1989, 357), Bergmann et al. (1998, 488f.), Barwise und Etchemendy (2005, 56f.) oder Ebbinghaus et al. (1996, 72). Oft verwendet man die axiomatische Form von Ext≡, ∀y∀z(x≡y → (A[y/v] → A[z/v])). Die *Sequenzenversion* der beiden Regeln lautet

(Id) ∅ ⊢ t≡t, und (Ext≡): t_1≡t_2 ⊢ A[t_1/v] → A[t_2/v].

(Ext≡) wird die Regel der „Substitution von Identischem" genannt, weil sie besagt, dass in beliebigen Formeln identische Terme füreinander austauschbar sind, ohne dass sich der Wahrheitswert ändert, d.h. die beiden Formeln sind äquivalent. M.a.W., aus obiger ‚Implikationsfassung' der Extensionalitätsregel ist die folgende ‚Äquivalenzfassung' dieser Regel gewinnbar:

(Ext$\equiv_{\leftrightarrow}$): $t_1 \equiv t_2$ / $A[t_1/v] \leftrightarrow A[t_2/v]$,

die wir ebenso zulassen wollen. Man beweist (Ext$\equiv_{\leftrightarrow}$) aus (Ext$\equiv$) durch Herleitung von $t_2 \equiv t_1$ aus $t_1 \equiv t_2$ mittels der Symmetrie der Identität, die wir weiter unten beweisen.

Einige Einsetzungsbeispiele von Ext$\equiv$:

Einsetzung:

$a \equiv b$ / $Fa \rightarrow Fb$ t_1: a, t_2: b, A : Fv, daher $A[t_1/v]$: Fa, $A[t_2/v]$: Fb.

$a \equiv f(b)$ / $\forall x Rxa \rightarrow \forall x Rxf(b)$ t_1: a, t_2: f(b), A: $\forall x Rxv$, daher $A[t_1/v] = \forall x Rxa$, $A[t_2/v] = \forall x Rxf(b)$.

$x \equiv f(g(y),b)$ / $\exists y Ryx \rightarrow \exists z R(z,f(g(y),b))$. In diesem Beispiel wurde y in z gebunden umbenannt, denn $\exists y Ryx[f(g(y),b)/x]$ verletzt die Konfusionsbedingung. Somit:

t_1:x, t_2: f(g(y,a),b), A:$\exists y Ryv$, $A[t_1/v] = \exists y Ryx$, $A[t_2/v] = A^\star[t_2/v] = \exists z R(z,f(g(y),b))$.

Die Korrektheit und Vollständigkeit des Kalküls S1$^=$ wird in Kap. 20 bewiesen. Wir betrachten zunächst einige wichtige identitätsspezifische Herleitungen in S1$^=$.

Beweis der Symmetrieregel (Sym$\equiv$): $t_1 \equiv t_2$ / $t_2 \equiv t_1$

(1) $t_1 \equiv t_2$ Präm
(2) $t_1 \equiv t_1 \rightarrow t_2 \equiv t_1$ Ext 1   Einsetzung: A: $x \equiv t_1$, $A[t_1/x]$: $t_1 \equiv t_1$, $A[t_2/x]$: $t_2 \equiv t_1$
(3) $t_1 \equiv t_1$ Id
(4) $t_2 \equiv t_1$ MP 2,3

In diesem Beweis wurde die Ext$\equiv$-Regel mit Prämisse $t_1 \equiv t_2$ auf die Identitätsformel $x \equiv t_1$ angewandt, woraus über Id und MP die symmetrische Vertauschung $t_2 \equiv t_1$ folgt. Über KB und UG gewinnt man daraus das *Symmetrieaxiom*: $\forall x \forall y (x \equiv y \rightarrow y \equiv x)$.

Ebenso elegant wie die Symmetrie beweist man die Transitivität:

Beweis der Transitivitätsregel (Trans$\equiv$): $t_1 \equiv t_2$, $t_2 \equiv t_3$ / $t_1 \equiv t_3$

(1) $t_1 \equiv t_2$ Präm
(2) $t_2 \equiv t_3$ Präm
(3) $t_1 \equiv t_2 \rightarrow t_1 \equiv t_3$ Ext$\equiv$ 2   Einsetzung: A: $t_1 \equiv x$, $A[t_2/x]$: $t_1 \equiv t_2$, $A[t_3/x]$: $t_1 \equiv t_3$
(4) $t_1 \equiv t_3$ MP 2,3

Durch KB und Simp gewinnt man daraus die einprämissige Transitivitätsregel

(Trans≡') $t_1 \equiv t_2 \land t_2 \equiv t_3 / t_1 \equiv t_3$,

und durch Anwendung von UG (für atomare t_1, t_2, t_3) das *Transitivitätsaxiom*:

$\forall x \forall y \forall z ((x \equiv y \land y \equiv z) \rightarrow x \equiv z)$.

Vereinbarung: In den folgenden Beweisen, speziell in den Übungen, darf sowohl die Symmetrie wie die Transitivität der Identität verwendet werden, und zwar als (zweiprämissige oder einprämissige) Regel oder als Axiom.

Das Identitätsaxiom $\forall x(x \equiv x)$ nennt man auch *Reflexivitätsaxiom*, weil es die Reflexivität der Identität ausdrückt. Eine binäre Relation, die reflexiv, symmetrisch und transitiv ist, heißt auch Äquivalenzrelation oder Gleichheitsrelation; wir beschäftigen uns damit im nächsten Kapitel. Die Identitätsrelation ist die feinste Äquivalenzrelation, da sie nur das als gleich ansieht, was strikt dasselbe ist. Man kennt den Unterschied zwischen Gleichheit und Identität aus der natürlichen Sprache: besitzen zwei Personen das gleiche Auto, so besitzen sie Autos desselben Typs und Aussehens, besitzen sie aber dasselbe Auto, so heißt dies, dass sie sich ein- und dasselbe Auto miteinander teilen.

16.3 Anwendungen der Identität

Wir zeigen nun, wie man in der PL-Sprache mit Identität Sachverhalte ausdrücken kann, die ohne Identität nicht ausdrückbar sind. Insbesondere kann man Einzigkeitsaussagen und damit verwandte Aussagen ausdrücken:

(A) *Wenn irgend etwas F ist, dann ist es a* – bedeutet soviel wie
Wenn ein x F ist, dann ist x a   formal: $\forall x(Fx \rightarrow x \equiv a)$, oder L-äquivalent
Kein von a verschiedes x ist F   formal: $\neg \exists x(Fx \land \neg x \equiv a)$.

(B) *a ist das einzige x, das ein F ist* – bedeutet soviel wie
a ist F und sonst ist kein x F   formal: $Fa \land \neg \exists x(Fx \land \neg x \equiv a)$, oder L-äquivalent
a ist F, und alles was F ist ist a   formal: $Fa \land \forall x(Fx \rightarrow x \equiv a)$.

(C) *a ist das größte x unter allen Fs* – bedeutet soviel wie
a ist F und a ist grösser als jedes x, das F und verschieden von a ist,
formal: $Fa \land \forall x((Fx \land \neg x \equiv a) \rightarrow Gax)$, mit „Gxy" für „x ist größer als y".

Damit können wir z.B. folgende Argumente formal rekonstruieren und beweisen.

Wenn irgend jemand den Drachen töten kann, dann ist es Siegfried.
Der Sohn König Siegmunds kann den Drachen töten und begehrt Kriemhild.

Also begehrt Siegfried Kriemhild.

Legende: Dx – x kann den Drachen töten   s – Siegfried
            Kx – x begehrt Kriemhild   k – König Siegmund
                                                          fx – der Sohn von x

Formale Rekonstruktion des Arguments: $\forall x(Dx \rightarrow x \equiv s)$, $Dfk \wedge Kfk$ / Ks

Beweis:
(1) $\forall x(Dx \rightarrow x \equiv s)$ Präm
(2) $Dfk \wedge Kfk$ Präm
(3) Dfk Simp 2
(4) Kfk Simp 2
(5) $Dfk \rightarrow fk \equiv s$ UI 1
(6) $fk \equiv s$ MP 3, 5
(7) $Kfk \rightarrow Ks$ Ext≡ 4
(8) Ks MP 4, 7

Weitere Beispiele geben wir in den Übungen. Vier philosophisch wichtige Theoreme der PL⁼, die in den Übungen bewiesen werden, sind folgende:

(T1) $\vdash \exists x(x \equiv t)$ (für alle $t \in \mathcal{T}$)
(T2) $\vdash Ft \leftrightarrow \exists x(Fx \wedge x \equiv t)$ "
(T3) $\vdash Ft \leftrightarrow \forall x(x \equiv t \rightarrow Fx)$ "
(T4) $\vdash \forall x(x \equiv t \leftrightarrow Fx) \leftrightarrow Ft \wedge \forall x(Fx \rightarrow x \equiv t)$ "

Theorem (T1) besagt für jeden singulären Term „t", dass t existiert. Dies ist ontologisch bedeutsam, denn es drückt die *ontologische Annahme* der klassischen PL aus: jeder singuläre Term bezeichnet in jedem Modell auch wirklich ein Individuum (was u.a. impliziert, dass D nicht leer sein darf). Mit anderen Worten: man kann in der PL⁼ nicht über *nichtexistierende* bzw. *fiktionale* Individuen sprechen, wie z.B. über *Pegasus*, dem Einhorn der antiken Mythologie, oder über *Winnetou*, dem indianischen Held der Karl May Erzählung. Will man dies tun, so muss man die klassische PL geringfügig modifizieren, was zur sogenannten *freien* Logik (oder ‚free logic') führt, die wir im Exkurs von Abschn. 17.4 kurz besprechen.

Theoreme (T2+3) zeigen uns, dass jeder Singulärsatz „t ist ein F" sowohl mit einem Existenzsatz wie mit einem Allsatz logisch äquivalent ist: mit dem Existenzsatz „Es gibt etwas, das F und mit t identisch ist" und mit dem Allsatz „Alles, was mit t identisch ist, ist F". Da nur ein Individuum, nämlich t, mit t identisch ist, sagt auch dieser Allsatz nicht mehr aus als „t ist F". Die beiden Theoreme sind *wissenschaftstheoretisch* bedeutsam, denn sie sagen uns, dass man an der syntaktischen Struktur eines Satzes seine semantische Natur – ob Singulärsatz, Existenzsatz oder Allsatz – nicht immer ablesen kann. Man definiert einen *genuinen* Existenzsatz als einen Satz, der mit einem syntaktischen Existenzsatz ($\exists x_{1-n}$A mit A quantorfrei), aber nicht mit einem Singulärsatz L-äquivalent ist, und einen *genuinen* Allsatz als einen Satz, der mit einem syntaktischen Allsatz ($\forall x_{1-n}$A mit A quantorfrei), aber nicht mit einem Singulärsatz L-äquivalent ist. Ein genuiner Singulärsatz ist ein Satz, der mit einem Singulärsatz L-äquivalent ist. (Vollständigkeitshalber: Sätze, die in keine dieser Kategorien fallen, heißen gemischt). Genuine Existenz- und Allsätze haben komplementäre semantische Eigenschaften: die Modelle der ersteren sind unter Modellextensionen stabil und die Modelle der letzteren unter Submodellen (Abschn. 19.4).

Theorem (T4) ist eine einfache Folge von (T3), denn $\vdash \forall x(Fx \leftrightarrow x \equiv t) \leftrightarrow_{def}$ $\forall x(Fx \rightarrow x \equiv t) \land \forall x(x \equiv t \rightarrow Fx)$. (T4) impliziert, dass man die Einzigkeitsaussage in (B) oben auch durch $\forall x(Fx \leftrightarrow x \equiv t)$ wiedergeben kann.

Abschließend eine weitere Bemerkungen zur Regel (Ext$\equiv$): $t_1 \equiv t_2$ / $A[t_1/v] \rightarrow A[t_2/v]$. Dass diese Regel für alle in der gegebenen Sprache $\mathcal{L}1^=$ formulierbaren Formeln A(v) gilt, bedeutet soviel, wie dass „$\equiv$" eine sogenannte *Kongruenzrelation* über $\mathcal{L}1^=$ ist. D.h., ist $t_1 \equiv t_2$ wahr in einer Interpretation (D,V), dann unterscheiden sich die durch t_1 und t_2 bezeichneten Individuen durch *kein* in $\mathcal{L}1^=$ formulierbares (möglicherweise komplexes) Prädikat A(v). Für die Identität muss dies natürlich aus trivialen Gründen gelten, denn ist $t_1 \equiv t_2$ wahr, dann bezeichnen t_1 und t_2 ja *dasselbe* Individuum. Es kann aber noch andere *Gleichheitsrelationen* geben, die zwei Individuen dann als gleich bezeichnen, wenn sie mit den in $\mathcal{L}1$ formulierbaren Prädikaten, *ausgenommen* der Identitätsrelation, nicht unterscheidbar sind. Man nennt solche Gleichheitsrelationen *Kongruenzrelationen*. (Hinweis: Mit der Identitätsrelation sind trivialerweise alle zwei unterschiedlichen Individuen a, b unterscheidbar, denn die Eigenschaft $x \equiv a$ trifft auf a, aber nicht auf b zu.)

Kongruenzrelationen über $\mathcal{L}1^=$ sind somit *nichtlogische* Gleichheitsrelationen Gxy, die das Axiom Id und die Regel Ext$\equiv$ für Formeln ohne Identitätszeichen erfüllen. Die *feinste* Kongruenzrelation ist die Identitätsrelation; die gröbste Kongruenzrelation in Bezug auf eine Menge $\mathcal{R}$ von Prädikaten dagegen jene, die *nur* Individuen gleichsetzt, die durch $\mathcal{R}$-Prädikate nicht diskriminiert werden können. Diese Überlegungen zeigen, dass die axiomatischen Identitätsbedingungen dem Identitätszeichen „$\equiv$" seine logische Identitätsnatur nicht aufzwingen; letztere wird nur semantisch durch die Identitätsklausel <D,V> $\models$ a$\equiv$b g.d.w.

$V(a)=V(b)$ festgelegt. Syntaktisch könnte man $\equiv$ auch als nichtlogisches Zeichen interpretieren bzw. durch eine nichtlogische Gleichheitsrelation G^2 ersetzen; die Axiome Id und Ext (für G^2 anstatt $\equiv$) würden dann der Relation G^2 die Natur einer Kongruenzrelation über $\mathcal{L}1^=$ aufzwingen. Daraus ergibt sich die Möglichkeit, das Identitätszeichen in PL$^=$-Formel so zu eliminieren, dass daraus ko-erfüllbare oder ko-beweisbare Formeln werden (s. Ende Abschn. 21.2).

Die *Umkehrung* des Extensionalitätsaxioms nennt man auch das *Prinzip der Identität des Ununterscheidbaren* („principium identitas indiscernibilis" nach dem Philosophen Leibniz). Dieses Prinzip ist in der PL 1. Stufe nicht formulierbar, da man hier nicht über Eigenschaften quantifizieren kann. Man bräuchte dazu eine Logik 2. Stufe, in der man über Eigenschaftsvariablen $\varphi, \psi, \ldots$ quantifiziert. In einer solchen Logik hat das Prinzip folgende Form:

(PIU) $\forall \varphi(\varphi(t_1) \leftrightarrow \varphi(t_2)) \rightarrow t_1 \equiv t_2$.

Wenn man unter den Eigenschaften $\varphi(x)$, über die quantifiziert wird, auch Identitätseigenschaften „$v \equiv x$" subsumiert, ist das (PPI) logisch gültig; andernfalls ist es kontingent. Verglichen zur PL 1. Stufe hat die PL 2. Stufe (abgesehen von ihrer höheren Komplexität) den Nachteil, dass sie nicht mehr vollständig axiomatisierbar ist.

Abschließend sei auf zwei weitere äquivalente Fassungen von Ext$\equiv$ hingewiesen. Erstens ist (Ext$\equiv$) auch äquivalent mit folgender verallgemeinerter Fassung:

(Ext$\equiv_{\leftrightarrow}$*): $t_1 \equiv t'_1, \ldots, t_n \equiv t'_n / A[t_1/v_1, \ldots, t_n/v_n] \leftrightarrow A[t'_1/v_1, \ldots, t'_n/v_n]$.

D.h. man darf in jeder Formel alle Terme durch identische Terme simultan ersetzen, bei gleichbleibendem Wahrheitswert. Man gewinnt (Ext$\equiv_{\leftrightarrow}$*) durch gebundene Umbenennung der v_i-Variablen in solche, die in den Termen t_i nicht vorkommen, und anschließend n-fach sukkzessiver Anwendung von (Ext$\equiv_{\leftrightarrow}$).

Zweitens ist (Ext$\equiv$) auch äquivalent mit folgenden zwei scheinbar schwächeren Regeln, die Extensionalität nur für alle primitiven Funktionen und Relationen von $\mathcal{L}1^=$ einschließlich der Identität verlangen:

(Ext$\equiv_{\mathcal{F}}$): $x_1 \equiv y_1, \ldots, x_n \equiv y_n / f(x_1, \ldots, x_n) \equiv f(y_1, \ldots, y_n)$ für alle $n \geq 1$, $f^n \in \mathcal{F}$
(Ext$\equiv_{\mathcal{R}}$): $t_1 \equiv t'_1, \ldots, t_n \equiv t'_n / Rt_1 \ldots t_n \rightarrow Rt'_1 \ldots t'_n$ für alle $n \geq 1$, $R^n \in \mathcal{R} \cup \{\equiv\}$

Man beweist Ext$\equiv$ aus Ext$\equiv_{\mathcal{F}}$ + Ext$\equiv_{\mathcal{R}}$ durch Induktion nach dem Formelaufbau (der Beweis verläuft analog wie der Gültigkeitsbeweis für Ext$\equiv$; s. Abschn. 21.1). Man findet diese Version von Ext$\equiv$ z.B. in Shoenfield (1967, 21), Bell und Machover (1977, 108) oder Machover (1996, 177).

16.4 Weiterführende Literatur und Übungen

Zu philosophischen Fragen der Identität siehe z.B. Jacquette (2002, part VI). Eine philosophische Einführung in die Logik 2. Stufe gibt Shapiro (1991).

16.4.1 Übungen zu Abschnitt 16.1

(a) Bilden Sie die Instanzen der Regel Ext≡ für die Prämisse a ≡ f(b), wobei A folgende Formel ist und x darin ersetzt wird:
(1) Fx∧Gx, (2) ∀yFxy, (3) Rax→ ∃yR(y,f(x)), (4) Fx ∨ (G(y,f(x)) → Hg(x)),
(5) ∃y∀z(Rxyz → ∀xQ(g(z),x)).

(b) Bilden Sie dieselben Instanzen für die Prämisse a ≡ f(y). Wo muss zwecks Konfusionsvermeidung gebunden umbenannt werden?

16.4.2 Übungen zu Abschnitt 16.3

(a) Formalisieren und beweisen Sie:
(1) Peter ist der Älteste des Teams. Peter ist nicht älter als Pit. Pit gehört zum Team und ist schwarzhaarig. Daher: Peter ist schwarzhaarig.
(2) Ein Beispiel nach Jochen Lechner; die Prämissen sind dem Song von Fats Waller entnommen, woraus sich eine kuriose Konklusion ergibt: Everybody loves my baby. But my baby don't love nobody but me. Daher: Everybody loves me. (Hinweis: Wenn jeder Mensch mein baby liebt, dann liebt auch mein baby sich selbst.)
(3) Peter ist der einzige, der mehr trinkt als Hans. Klaus ist Raucher. Peter ist Nichtraucher. Daher: Klaus trinkt nicht mehr als Hans.

Nun zwei Übungen mit Funktionszeichen:
(4) Paul ist der Vater von Lisa. Lisa ist die Mutter von Tim. Also ist Paul der Vater der Mutter von Tim.
(5) Uwe ist der Vater von Tom. Peters einziger Bruder ist der Vater von Tom. Also ist Peters einziger Bruder Uwe.
(6) Uwe ist der Vater von Tom. Der Vater von Tom ist ein Bruder von Peter. Also ist Uwe ein Bruder von Peter.

(b) Beweisen Sie die vier Theoreme (T1)-(T4) aus Abschn. 16.3.

17 Anwendungen der PL⁼

Vorbemerkung: In diesem Kapitel sprechen wir von einer binären Relation R nicht nur syntaktisch, als Symbol der Objektsprache, sondern auch semantisch, also in der mengentheoretischen Metasprache. Wir verzichten darauf, die objektsprachliche und die metasprachliche Relationsbezeichnung typographisch anders zu gestalten; der Kontext stellt klar, was gemeint ist.

Wir werden in diesem Kapitel häufig Definitionen von Relationen oder Funktionen einführen, also analytisch wahre Sätze folgender Form

$\forall x \forall y (Rxy \leftrightarrow_{def} A(x,y))$ oder $\forall x (f(x) =_{def} t(x))$,

mit A(x,y) als komplexer Formel, die x und y frei enthält, und t als komplexen Term, der x enthält. Eine solche Definition kann entweder als metasprachliche Abkürzung oder als objektsprachliche Zusatzprämisse aufgefaßt werden. Unabhängig davon schreiben wir in Beweisen, um Schritte zu sparen, die Definition nicht nochmal an, sondern wenden direkt die prämissenrelativierte Ersetzungsregel (E$_P$) aus Abschn. 13.1 an. Der entsprechende Beweisschritt sieht so aus:

```
    ⋮                    ⋮
(n)    A(t₁,t₂)      (n)    A(t(a))         …
(n+1)  Rt₁t₂         (n+1)  A(f(a))         n gemäß Def. R bzw. Def. f, E_P
```

Wir wenden sowohl die Regeln des Kalküls S1⁼ wie die des Äquivalenzkalküls Ä1 an. Da wir uns bereits im fortgeschrittenen Beweisstadium befinden, erlauben wir es uns gelegentlich, mehrere einfache Schritte in einem Schritt zusammenzufassen, und in der AL einfach mit der Legende „AL-Schluss aus k, m" zu versehen.

17.1 Äquivalenzrelationen

Definition 17-1. *Äquivalenzrelation* oder Gleichheitsrelation:
R bezeichnet eine Äquivalenzrelation über einem Individuenbereich D g.d.w. R zweistellig ist (d.h. V(R) ⊆ D²) und folgendes gilt:
(Ref)   Reflexivität: $\forall x Rxx$.
(Sym)   Symmetrie: $\forall x \forall y (Rxy \rightarrow Ryx)$.
(Trans) Transitivität: $\forall x \forall y \forall z (Rxy \wedge Ryz \rightarrow Rxz)$.
Konvention: Ist R eine Äquivalenzrelation, so schreiben wir (intuitiverweise) $x \equiv_R y$ für Rxy und lesen dies als „x und y sind gleich bezüglich R".

Um Beweisschritte zu ersparen, verwenden wir auch die entsprechenden Regeln, die man aus den Axiomen durch UI, Simp und MP gewinnt:

Ref: / $t\equiv_R t$ Sym: $t_1\equiv_R t_2 / t_2\equiv_R t_1$ Trans: $t_1\equiv_R t_2, t_2\equiv_R t_3 / t_1\equiv_R t_3$.

Wie im letzten Kapitel erläutert ist die Identitätsrelation die feinste Äquivalenzrelation über D mit der logisch fixierten Bewertung $V(\equiv) = \{<d,d>: d\in D\}$. Man nennt $V(\equiv)$ auch die ‚Diagonale' über D^2. Es gibt viele gröbere Äquivalenzrelationen. Jede Relation der *Größengleichheit* in Bezug auf irgendein abgestuftes Merkmal (z.B. Größe, Gewicht, Einkommen, usw.) definiert eine Äquivalenzrelation.

Jede Äquivalenzrelation erzeugt eine Zerlegung bzw. ‚Partition' des Bereichs D in sogenannte Äquivalenzklassen:

Definition 17-2. *Partition* und *Äquivalenzklassen*:
(1) Eine Partition (bzw. Zerlegung) einer Menge D ist eine Klasse P(D) von paarweise disjunkten (nicht nichtüberlappenden) und zusammen exhaustiven (D ausschöpfenden) Teilmengen von D (s. Abb. 17-1(i)). D.h. es gilt
   (i) $\forall x,y\in P(D)(x\neq y \rightarrow \neg\exists z\in D(z\in x \wedge z\in y))$, in Worten: für alle distinkten Unterklassen x, y gibt es kein D-Individuum z das sowohl in x wie in y ist (Disjunktivität).
   (ii) $\forall x\in D\exists y\in P(D): x\in y$, in Worten: alle D-Individuen x sind in irgendeiner Unterklasse y der Partition enthalten (Exhaustivität).
(2) Sei R eine Äquivalenzrelation über D.
   (i) Dann bezeichnet für jedes Individuum $a\in D$, $[a]_R =_{def} \{b\in D: a\equiv_R b\}$ die *R-Äquivalenzklasse* von a (in D), also die Menge aller a-gleichen D-Individuen.
   (ii) $D/\equiv_R =_{def} \{[a]_R: a\in D\}$ ist die Menge aller Äquivalenzklassen von D-Elementen (s. Abb. 17-1(ii)).

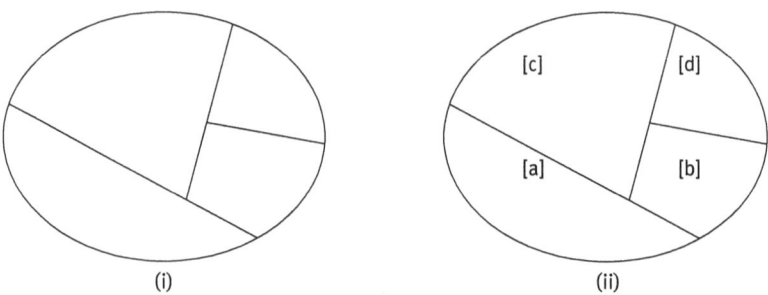

Abb. 17-1: (i) Partition von D in vier Unterklassen. (ii) Äquivalenzklassenpartition von D mithilfe der $\equiv_R$-ungleichen Indiviuen a, b, c, d ∈ D. Es gilt $\forall x\in D(x\equiv_R a \dot\vee x\equiv_R b \dot\vee x\equiv_R c \dot\vee x\equiv_R d)$ (Exhaustivität „$\forall x\in D$" und Disjunktivität „$\dot\vee$").

Partitionen sind das logische Grundprinzip wissenschaftlicher *Klassifikationen*, in denen man einen Bereich (z.B. den aller Säugetiere) disjunkt und exhaustiv in Unterklassen zerlegt, die möglichst viel miteinander gemeinsam haben (Schurz 2014a, Abschn. 3.1.4.1). Solche Klassifikationen kann man auch mittels disjunkter Eigenschaften durchführen (z.B. die Klasse aller roten, blauen, grünen,... Dinge). Sie gelingen jedoch auch vorzüglich mittels Äquivalenzrelationen. Dies zeigt der folgende

---

Merksatz 17-1. *Äquivalenzklassenpartition:*
$D/\equiv_R$ ist eine Partition von D, die sogenannte R-Partition (oder Äquivalenzklassenpartition). Siehe Abb. 17-1(ii).

So ist beispielsweise die Klasse aller Mengen von größengleichen, farbgleichen oder gewichtsgleichen Objekten eine Äquivalenzklassenpartition aller Objekte.

Merksatz 17.1 muss freilich bewiesen werden, was wir in (Bew1) und (Bew2) tun.

(Bew1) *Beweis der Disjunktivität von $D/\equiv_R$:*

(1)	$\exists x,y,z(\neg x\equiv_R y \wedge z\in[x]_R \wedge z\in[y]_R)$	IB-Ann. (Negation der Disjunktivität)
(2)	$\neg a\equiv_R b \wedge c\in[a]_R \wedge c\in[b]_R$	3 × EP-Ann. für 1
(3)	$c\equiv_R a$	Simp 2 ($c\in[a]_R$) und Def. von [a], E_P
(4)	$c\equiv_R b$	Simp 2 ($c\in[b]_R$) und Def. von [b], E_P
(5)	$a\equiv_R c$	Sym$\equiv$ 3
(6)	$a\equiv_R b$	Trans$\equiv$ 5, 4
(7)	$p\wedge\neg p$	AL-Schluss aus Simp-2 ($\neg a\equiv_R b$) und 6
(8)	$p\wedge\neg p$	EP 2-7, VB: a, b, c nicht in 1, 7
(9)	$\neg\exists x,y,z(\neg x\equiv_R y \wedge z\in[x]_R \wedge z\in[y]_R)$	IB 1-8
(10)	$\forall x\forall y(\neg x\equiv_R y \to \neg\exists z(z\in[x]_R \wedge z\in[y]_R))$	Ä1-Umformung 9 (Disjunktivität)

(Bew2) *Beweis der Exhaustivität von $D/\equiv_R$::*

(1)	$x\in D$	KB-Ann.
(2)	$[x]_R \in D/\equiv_R$	1 und Def. $[x]_R$, Def. $D/\equiv_R$, E_P
(3)	$x \in [x]_R$	wegen $x \equiv_R x$ (Ref), Def $[x]_R$, E_P
(4)	$[x]_R \in D/\equiv_R \wedge x \in[x]_R$	Kon 2, 3
(5)	$\exists y(y \in D/\equiv_R \wedge x \in y)$	EK 4
(6)	$x\in D \to \exists y(y \in D/\equiv_R \wedge x\in y)$	KB 1-5
(7)	$\forall x(x\in D \to \exists y(y \in D/\equiv_R \wedge x\in y))$	UG 6, VB: x nicht in 7

Besteht zwischen zwei Individuen x, y eine Äquivalenzrelation $\equiv_R$, so besteht zwischen ihren Äquivalenzklassen eine echte Identitätsrelation, d.h. es gilt

(Abs) $x \equiv_R y$ g.d.w. $[x]_R = [y]_R$ ‚Abstraktion', siehe Übung 17.5.1(4).

Aus diesem Grund spielt die Äquivalenzklassenbildung in der Mathematik und Philosophie eine wichtige Rolle als Methode zur Konstruktion abstrakter Objekte. Dabei generiert man abstrakte Objekte aus gegebenen (konkreten) Objekten als deren Äquivalenzklassen. Man spricht auch von der *Methode der Abstraktion*; die Methode wurde u.a. von Frege und Russell begründet (Levine 2007). Hier ist eine Liste von Anwendungen dieser Methode:

Abstrakte Entität	Wird identifiziert mit folgender Äquivalenzklasse:
In der Mathematik:	
Rationale Zahl	Die Klasse aller Erweiterungen einer gegebenen Bruchzahl.
Reelle Zahl	Die Klasse aller Folgen rationaler Zahlen mit demselben Grenzwert wie eine gegebene Folge.
Kardinalzahl	Die Klasse aller Mengen von gleicher Mächtigkeit wie eine gegebene Menge.
In der Logik:	
Proposition	Die Klasse aller mit einem gegebenen Satz L-äquivalenten Sätze.
In der Ontologie:	
Universal	Die Klasse aller mit einem Tropus (Eigenschaftsinstanz) typidentischer Tropen.
In der Physik:	
Zeitpunkt	Die Klasse aller mit einem gegebenen Punktereignis zeitgleichen Punktereignisse.
Weltlinie	Die Klasse aller mit einem Ereignis genidentischen Ereignissen.

17.2 Ordnungsrelationen

Ordnungsrelationen sind binäre Relationen, prototypisch exemplifiziert in der *echt-kleiner* oder *kleiner-gleich* Relation. Sie sind von fundamentaler Bedeutung für alle Wissenschaften. Ordnungsrelationen drücken im Regelfall Abstufungen eines Merkmals aus, z.B. kleiner hinsichtlich der Anzahl, des Gewichts oder der persönlichen Vorliebe. Man unterscheidet zwischen strikten Ordnungen, die der *echt-kleiner* (oder echt-größer) Beziehung entsprechen, und *schwachen Ordnungen*, die für die *kleiner-gleich* (oder größer-gleich) Beziehung stehen. Weiters unterscheidet man partielle, totale und Quasi-Ordnungen, abhängig davon, wie vollständig die Ordnungsrelation zwischen Individuen diskriminiert. Wir beginnen mit den (partiellen und totalen) Ordnungen, die in der Mathematik wichtig sind, um dann zu den Quasi-Ordnungen zu kommen, die für die empirischen Wissenschaften bedeutsam sind.

> Definition 17-3. *Strikte Ordnungsrelationen:*
> Eine *strikte partielle Ordnung* über D ist eine binäre Relation R über D, die die folgenden Bedingungen erfüllt:
> (Irr) Irreflexivität: $\forall x \neg Rxx$.   *Hinweis:* aus Irr folgt Asym
> (Asym) Asymmetrie: $\forall x \forall y (Rxy \rightarrow \neg Ryx)$.   und umgekehrt.
> (Trans) Transitivität wie in Def. 17-1: $\forall x \forall y \forall z (Rxy \land Ryz \rightarrow Rxz)$.
> *Konvention:* Wir schreiben $x <_R y$ für eine strikte partielle Ordnungsrelation Rxy, die als „x ist kleiner als y" interpretiert wird.
> $x >_R y$ bezeichnet die zugehörige inverse Ordnungsrelation R^{inv}, die als „x ist größer als y" interpretiert wird und definiert ist durch
> (Def$>_R$): $\forall x \forall y: x >_R y \leftrightarrow_{def} y <_R x$ (bzw. $R^{inv}xy \leftrightarrow_{def} Ryx$).

Gegeben Trans, so folgt Asym aus Irr und Irr aus Asym; eines der beiden letzteren Axiome ist also redundant. Der Beweis dieser Tatsachen ist nicht schwer:

Beweis von Asym aus Irr:

	(1)	$\forall x \neg Rxx$	Präm (Irreflexivität)
→	(2)	Rab	KB-Ann.
→	(3)	Rba	iIB-Ann.
	(4)	Raa	Trans 2, 3 (als Regel), Subst.: [a/x], [b/y], [a/z]
	(5)	Raa ∧ ¬Raa	UI 1 plus Kon mit 4
	(6)	¬Rba	iIB 3-5
	(7)	Rab → ¬Rba	KB 2-6
	(8)	$\forall x \forall y(Rxy \rightarrow \neg Ryx)$	2 × UG 7, VB: a, b nicht in 1, 8 (Asymmetrie)

Beweis von Irr aus Asym:

(1) $\forall x \forall y (Rxy \rightarrow \neg Ryx)$ Präm (Asymmetrie)
(2) Raa → ¬Raa   2 × UI 1 Substutition [a/x], [a/y]
(3) ¬Raa ∨ ¬Raa   Ä0-Ersetzung in 2 (Def→)
(4) ¬Raa   Ä0-Ersetzung in 3 (Idem)
(5) $\forall x \neg Rxx$ UG 4, a nicht in 1, 5 (Irreflexivität)

Im Gegensatz zu strikten Ordnungen sind schwache Ordnungen reflexiv: x ist kleiner-gleich x. Sie sind nicht asymmetrisch, sondern nur antisymmetrisch: Es ist möglich, dass sowohl x kleiner-gleich y wie y kleiner-gleich x gilt, aber *nur dann*, wenn x und y identisch sind.

> **Definition 17-4.** *Schwache Ordnungsrelationen:*
> Eine schwache partielle Ordnung über D ist eine binäre Relation R über D, die folgende Bedingungen erfüllt:
> (Ref) Reflexivität wie in Def. 17-1: $\forall x Rxx$.
> (Antisym) Antisymmetrie: $\forall x \forall y (Rxy \land \neg(x \equiv y) \to \neg Ryx)$
> bzw. L-äquivalent: $\forall x \forall y (Rxy \land Ryx \to x \equiv y)$.
> (Trans) Transitivität wie in Def. 17-1.
> *Konvention:* Wir schreiben $x \leq_R y$ für eine schwache partielle Ordnungsrelation Rxy, die als „x ist kleiner-gleich y" interpretiert wird.
> $x \geq_R y$ bezeichnet die zugehörige inverse Ordnungsrelation, die als „x ist größer-gleich y" interpretiert wird, definiert durch (Def$\geq_R$): $\forall x \forall y: x \geq_R y \leftrightarrow_{def} y \leq_R x$.

In Beweisen verwenden wir auch die den Axiomen entsprechenden Regeln:

Irr: / $\neg t <_R t$; Ref: / $t \leq_R t$; Asym: $t_1 <_R t_2 / \neg t_2 <_R t_1$; Antisym: $t_1 \leq_R t_2, \neg t_1 \equiv t_2 / \neg t_2 \leq_R t_1$;

sowie Trans: $t_1 <_R t_2, t_2 <_R t_3 / t_1 <_R t_3$ (analog für $\leq$; sowie für > und $\geq$).

Wie erläutert sind kleiner-Ordnungen und größer-Ordnungen wechselseitig durch einander definierbar, denn es gilt $x <_R y \leftrightarrow y >_R x$ und $x \leq_R y \leftrightarrow y \geq_R x$. Dem liegt der folgender Sachverhalt zugrunde:

> **Merksatz 17-2.** Rxy ist eine strikte partielle Ordnungsrelation ($x <_R y$) g.d.w. $R^{inv}xy$ eine strikte partielle Ordnungsrelation ($x >_R y$) ist. Dasselbe gilt für schwache partielle Ordnungsrelationen ($x \leq_R y$ und $x \geq_R y$).

Um Merksatz 17-2 zu beweisen, formuliert man die Axiome für $>_R$, ersetzt darin $x>_R y$ durch sein Definiens $y<_R x$, und leitet die so erhaltenen Sätze aus den Axiomen für $<_R$ her (s. Übung 17.5.2(a)(1)).

Ebenso sind *strikte* und *schwache* Ordnungen (unter Benutzung des Identitätszeichens $\equiv$) wechselseitig durch einander definierbar, und zwar wie folgt:

Def<: $\forall x \forall y (x <_R y \leftrightarrow_{def} x \leq_R y \land \neg x \equiv y)$.
Def$\leq$: $\forall x \forall y (x \leq_R y \leftrightarrow_{def} x <_R y \lor x \equiv y)$.

Die beiden Äquivalenzen ergeben sich den Definitionen 17-3+4, denn man kann zeigen: ist $\leq_R$ eine schwache partielle Ordnung, dann ist die in Def< definierte Relation $<_R$ eine starke Ordnung, und analog für Def$\leq$. Der Beweis dieses Sachverhalts verläuft wie der Beweis desselben Sachverhaltens für Quasiordnungen, den wir unten im Kontext von Merksatz 17-3 darstellen (nur dass dort die Äquivalenzrelation $\equiv_R$ statt der Identitätsrelation $\equiv$ steht). Wir werden die in Def< und Def≤ ausgedrückten Äquivalenzen in Beweisen über Ordnungsrelationen verwenden.

Partiell geordnete Mengen (D,≤) stellt man gerne als gerichtete Graphen dar, in denen größere Elemente weiter oben stehen.[19] Zwei Knoten eines solchen Graphen stehen in einer Ordnungsbeziehung, wenn von einem Knoten ein gerichteter <-Pfad zum anderen führt (die Transitivitätsbedingung ‚vererbt' die Ordnungsbeziehung). Die Ordnungsrelation heißt bloß *partiell,* wenn sie nicht alle Elemente des Bereichs miteinander in Beziehung setzt, sondern *inkomparable* Elemente enthält. Dies ist in Abb. 17-2a dargestellt. In linearen Ordnungen sind dagegen alle Elemente miteinander vergleichbar, woraus aufgrund der Ordnungsaxiome folgt, dass solche Ordnungen graphisch lineare Struktur besitzen, also sich niemals verzweigen; siehe Abb. 17-2b.

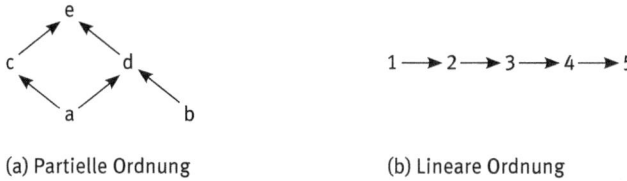

(a) Partielle Ordnung   (b) Lineare Ordnung

Abb.17-2: Pfeile repräsentieren die <-Relation. (a) Partielle Ordnung: die Paare <a,b>, <c,b> und <c,d> enthalten <-inkomparable Elemente. (b) Lineare Ordnung.

Lineare Ordnungen erfüllen das zusätzliche Axiom der Konnexivität:

Definition 17-5. *Lineare Ordnungen:*
1. Eine strikte partielle Ordnung $<_R$ über D ist eine (strikte) *lineare* (oder totale) Ordnung g.d.w. sie zusätzlich folgende Bedingung erfüllt:
   (Kon) *Konnexivität* $\forall x \forall y (x <_R y \lor y <_R x \lor x \equiv y)$.   (auch Trichotomie)
2. Eine schwache partielle Ordnung $\leq_R$ über D ist eine schwache *lineare* (oder totale) Ordnung g.d.w. sie zusätzlich folgende Bedingung erfüllt:
   (sKon) *Starke Konnexivität* $\forall x \forall y (x \leq_R y \lor y \leq_R x)$.   (auch Totalität)

Hinweis: Die Begriffe werden so definiert, dass jede lineare auch eine partielle Ordnung ist; partielle aber nichtlineare Ordnungen heißen „bloß partiell".

Lineare Ordnungen haben einige wohlbekannte Eigenschaften:

---
[19] Besitzen solche Graphen ein Infimum und Supremum für alle endlichen Teilmengen, so handelt es sich um die in Abschn. 13.4 erwähnten *Verbände* (Rautenberg 1979, 328).

Eigenschaften von linearen Ordnungen:
1.) Jede linear geordnete *endliche* Menge hat genau ein kleinstes und ein größtes Element und jedes ihrer Elemente ‚dazwischen' hat genau einen unmittelbaren Vorgänger (u.V.) und einen unmittelbaren Nachfolger (u.N.). *Hinweis:* Der u.N. von x ist in diesem Fall definierbar als das eindeutige y, sodass x < y und ¬∃z: x < z < y; analog für den u.V. von x.
2.) Keine der in 1.) genannten Eigenschaften muss dagegen für linear geordnete *unendliche* Mengen gelten, wie die folgenden *Beispiele* zeigen:
2.1) Die Menge der *natürlichen Zahlen*, N:
 0 1 2 3 ... n n+1 ...
 N hat die Null als kleinstes aber kein größtes Element; jedes Element von N hat einen u.N. und jedes außer der Null einen u.V.
2.2) Die Menge der *ganzen Zahlen*, I:
 ... –2 –1 0 1 2 ...
 In I hat jedes Element einen u.V. und einen u.N., aber I hat weder ein kleinstes noch ein größtes Element.
 Ordnungen, in denen jedes Element außer einem Anfangs- oder Endelement einen u.V. und u.N. besitzt, nennt man auch *diskret*.
2.3) Die Menge der *rationalen Zahlen* oder Bruchzahlen Q:
 ... – q_i ... 0 ... q_j ...
Keine rationale Zahl hat einen u.V. oder einen u.N., denn die rationalen Zahlen liegen unendlich dicht. Sie erfüllen das *Dichtheitsaxiom* ∀x∀y(x < y → ∃z(x < z < y)), das besagt, dass zwischen zwei verschiedenen rationalen Zahlen immer eine dritte liegt.

Dasselbe gilt für die noch umfassendere Klasse der *reellen Zahlen*, R, die allerdings die noch stärkere Eigenschaft der *Kontinuität* erfüllen (sie sind abgeschlossen unter Grenzwertbildung). Obwohl die rationalen Zahlen unendlich dicht liegen, gibt es davon nur abzählbar-unendlich viele (denn jede rationale Zahl entspricht einer Bruchzahl), wogegen es überabzählbar viele reelle Zahlen gibt (s. Abschn. 18.3).

Das Axiom der Antisymmetrie ist typisch für (schwache) Ordnungen über Zahlen: wenn sowohl x $≤_R$ y wie x $≥_R$ gilt, dann müssen x und y nicht bloß größengleich, sondern identisch sein, denn Zahlen ‚bestehen' ja sozusagen nur in ihrer Größe. Für reale bzw. empirisch gegebene Objekte ist dies nicht der Fall: sind x und y hinsichtlich eines Merkmals (z.B. des auf kg gerundeten Gewichts) größengleich, dann sind sie deshalb noch lange nicht identisch. Die Antisymmetrie (bzw. Asymmetrie) gilt hier nicht, weshalb man hier von *Quasiordnungen* spricht. In Quasiordnungen können verschiedene Objekte a, b (mit ¬a≡b) denselben *Rang* einnehmen. Sind a, b ranggleich, dann gilt a$≡_R$b, d.h. a und b sind durch die Äquivalenzrelation x$≡_R$y verbunden, definiert durch x$≤_R$y ∧ y$≤_R$x. Quasiordnungen definieren also *Rangord-*

nungen, wobei jeder Rang einer Äquivalenzklasse ranggleicher Objekte entspricht. In partiellen Quasiordnungen müssen nicht alle Ränge miteinander größenvergleichbar sein (s. Abb. 17-3a). In linearen Quasiordnungen ist dies der Fall: sie definieren sogenannte *Rangskalen* oder Ordinalskalen, mit denen alle Objekte des Individuenbereichs in eine lineare Rangordnung gebracht werden (s. Abb. 17-3b).

Abb. 17-3: Pfeile repräsentieren die $<_R$-Relation. (a) Partielle Quasiordnung und (b) lineare Quasiordnung. Ränge sind durch Zahlen dargestellt.

Wie Abb. 17-3 zeigt, gelangt man von Quasiordnungen zu Ordnungen, wenn man die Elemente durch ihre $\equiv_R$-Äquivalenzklassen ersetzt. M.a.W., eine Quasiordnung über D definiert eine korrespondierende Ordnung über $D/\equiv_R$ (der $\equiv_R$-Partition von D). Zusammengefasst sind Quasiordnungen wie folgt definiert.

Definition 17-6. *Schwache Quasiordnungen:*
(1) Eine binäre Relation R über D ist eine schwache partielle Quasiordnung g.d.w. R reflexiv und transitiv ist.
    Konvention: Für Rxy schreiben wir auch $x \leq_R y$. Die zugehörige inverse Relation $x \geq_R y$ ist wie in Def. 17-4 definiert.
(2) Eine schwache partielle Quasiordnung $\leq_R$ ist eine schwache lineare Quasiordnung g.d.w. $\leq_R$ zusätzlich stark konnex ist.
(3) Für $\leq_R$ eine schwache Quasiordnung werden die zugehörigen Relationen der strikten Quasiordnung und der R-Äquivalenz wie folgt definiert:
    Def$\equiv_R$: $\forall x \forall y (x \equiv_R y \leftrightarrow_{def} x \leq_R y \wedge y \leq_R x)$.
    Def$<_R$: $\forall x \forall y (x <_R y \leftrightarrow_{def} x \leq_R y \wedge \neg(y \leq_R x))$.
    Die so definierten Relationen erfüllen die einschlägigen Axiome (Merksatz 17-3).

Im Gegensatz zu schwachen sind strikte partielle Quasiordnungen $<_R$ durch ihre axiomatischen Eigenschaften nicht von strikten partiellen Ordnungen unterscheidbar. Sie unterscheiden sich nur dadurch, dass für sie zusätzlich eine Äquivalenzrelation $\equiv_R$ der R-Ranggleichheit existiert, die gröber ist als die Identitätsrelation und zusammen mit $\leq_R$ eine schwache Quasiordnung definiert. Daher sprechen wir in der nächsten Definition von einem strikten ‚Quasiordnungspaar'. Wohl aber ist der Begriff der strikten linearen Quasiordnung axiomatisch von dem der strikten linearen Ordnung unterschieden, denn er erfüllt die Konnexivitätsbedingung nur in Bezug auf die Äquivalenzrelation $\equiv_R$ (nicht unbedingt in Bezug auf die Identitätsrelation).

Definition 17-7. *Strikte Quasiordnungen:*
(1) Ein striktes partielles Quasiordnungspaar ist ein Paar ($<_R, \equiv_R$) bestehend aus einer strikten partiellen Ordnung $<_R$ und einer $<_R$-kongruenten Äquivalenzrelation $\equiv_R$, d.h. es gilt $\forall x \forall y \forall z (y \equiv_R z \rightarrow ((x <_R y \rightarrow x <_R z) \land (y <_R x \rightarrow z <_R x)))$. Die zugehörige schwache partielle Quasiordnung wird wie folgt definiert
Def$\leq_R$: $\forall x \forall y (x \leq_R y \leftrightarrow_{def} x <_R y \lor x \equiv_R y)$,
und erfüllt die einschlägigen Axiome (Merksatz 17-3).
(2) Die Ordnungsrelation $<_R$ eines strikten partiellen Quasiordnungspaars ($<_R, \equiv_R$) ist eine strikte lineare Quasiordnung (oder Rangordnung) g.d.w. sie zusätzlich folgendes Axiom erfüllt:
(Kon$\equiv_R$) $\forall x \forall y (x <_R y \lor y <_R x \lor x \equiv_R y)$ $\equiv_R$-Konnexivität

---

Merksatz 17-3. *Strikte und schwache Quasiordnungen:*
(1) Ist $\leq_R$ eine schwache partielle Quasiordnung, dann sind die zugehörigen Relationen $<_R$ bzw. $\equiv_R$, definiert wie in Def. 17-6(3), eine strikte partielle Quasiordnung bzw. eine $<_R$-kongruente Äquivalenzrelation. Ist $\leq_R$ stark konnex, dann ist $<_R$ $\equiv_R$-konnex.
(2) Ist ($<_R, \equiv_R$) ein striktes partielles Quasiordnungspaar, dann ist die zugehörige Relationen $\leq_R$, definiert wie in Def. 17-7(1), eine partielle Quasiordnung. Ist $<_R$ $\equiv_R$-konnex, dann ist $\leq_R$ stark konnex.

Abb. 17-4 illustriert zusammenfassend die Hierarchie von Ordnungsrelationen:

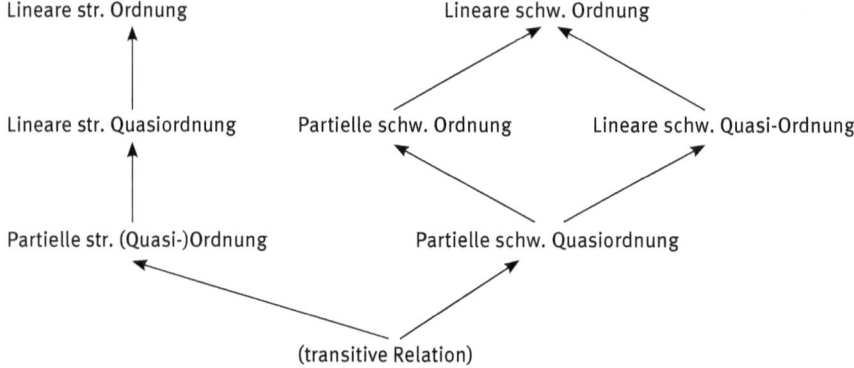

Abb. 17-4: Hierarchie von Ordnungsrelationen. Pfeile repräsentieren axiomatische Verstärkungen.

17.2 Ordnungsrelationen — 319

Zur Terminologie: Die von uns gewählte Terminologie ist sehr gebräuchlich. Sie wurde teilweise schon von Suppes (1957, §10.5) verwendet. Suppes spricht abweichend von „einfachen" Ordnungen statt von linearen Ordnungen, von „(partiellen) Ordnungen" statt von schwachen (partiellen) Ordnungen (d.h. er lässt den Zusatz „schwach" weg), und von „schwachen Ordnungen" statt von schwachen linearen Quasiordnungen. Machover (1996, 33) nennt lineare Ordnungen „total", und Rautenberg (1979, 325) nennt Quasiordnungen „Präordnungen".

Wir skizzieren abschließend den Beweis des Merksatzes 17-3(1). Wir beweisen nur die Regelversionen der Axiome (durch KB+UG sind daraus die Axiome zu gewinnen).

Beweis der Reflexivität von $\equiv_R$:
(1) $x \leq_R x$ — Ref $\leq_R$
(2) $x \leq_R x \wedge x \leq_R x$ — Kon 1, 1
(3) $x \equiv_R x$ — Def $\equiv_R$, E$_P$ 2

Beweis der Symmetrie von $\equiv_R$:
(1) $x \equiv_R y$ — Präm
(2) $x \leq_R y \wedge y \leq_R x$ — Def$\equiv_R$, E$_P$ 1
(3) $y \leq_R x \wedge x \leq_R y$ — Komm$\wedge$ 2
(4) $y \equiv_R x$ — Def$\equiv_R$, E$_P$ 3

Beweis der Transitivität von $\equiv_R$:
(1) $x \equiv_R y \wedge y \equiv_R z$ — Präm
(2) $x \leq_R y \wedge y \leq_R x \wedge y \leq_R z \wedge z \leq_R y$ — Def $\equiv_R$, E$_P$ 1
(3) $x \leq_R z$ — Simp 2 + Trans $\leq_R$
(4) $z \leq_R x$ — Simp 2 + Trans $\leq_R$
(5) $x \equiv_R z$ — Kon 3,4 + Def $\equiv_R$, E$_P$

Beweis der Irreflexivität von $<_R$:
▸ (1) $x <_R x$ — IB-Ann.
(2) $x \leq_R x \wedge \neg(x \equiv_R x)$ — Def $<_R$ 1, E$_P$ 1
(3) $x \equiv_R x$ — Ref$\equiv_R$
(4) $p \wedge \neg p$ — AL-Schluss 2,3
(5) $\neg(x <_R x)$ — IB 1-4

Beweis der Asymmetrie von $<_R$:
(1) $x <_R y$ — Präm
(2) $x \leq_R y \wedge \neg(y \leq_R x)$ — Def$<_R$, E$_P$ 1
(3) $\neg(y \leq_R x \wedge \neg(x \leq_R y))$ — AL-Schluss 2
(4) $\neg(y <_R x)$ — Def$<_R$, E$_P$ 3

Beweis der Transitivität von $<_R$:
(1) $x <_R y \wedge y <_R z$ — Präm
(2) $x \leq_R y \wedge \neg(y \leq_R x) \wedge y \leq_R z \wedge \neg(z \leq_R y)$ — Def. $<_R$, E$_P$ 1; AL
(3) $x \leq_R z$ — Trans $\leq_R$ 3 (+ Simp)
▸ (4) $z \leq_R x$ — IB-Ann.
(5) $z \leq_R y$ — Trans $\leq_R$ 4, 2 (+ Simp)
(6) $z \leq_R y \wedge \neg(z \leq_R y)$ — AL-Schluss aus 2, 5
(7) $\neg(z \leq_R x)$ — IB 4-6
(8) $x \leq_R z \wedge \neg(z \leq_R x)$ — Kon 3, 7
(9) $x <_R z$ — Def $<_R$, E$_P$ 8

Der Beweis der $<_R$-Kongruenz von $\equiv_R$ folgt aus Regel (*) unten (über Def $\equiv_R$ und KB). Der Beweis der umgekehrten Richtung, Merksatz 17-3(2), erfolgt in den Übungen.

Wir zeigen abschließend anhand zweier Beispiele, wie man mithilfe der Axiome und Merksätze für Ordnungsrelationen (meistens sind es Quasiordnungen) natursprachliche Argumente repräsentiert, beweist, oder wenn ungültig durch semantische Gegenmodelle widerlegt.

Argument 1: Susi ist gleich groß wie Hanna. Hanna ist kleiner als Lena. Susi ist kleiner als Maria. Also sind Lena und Maria gleich groß.

Wir vermuten, der Schluss ist inkorrekt und konstruieren ein widerlegendes Gegenmodell. Wir repräsentieren die Personen durch die vier Ik's s, h, l und m, und die Größenrelation sei „$\leq_R$". Das formalisierte Argument lautet dann:

$s \equiv_R h,\ h <_R l,\ s <_R m\ /\ l \equiv_R m$

Unser Modell <D,V> ordnet den Personen einfachheitshalber direkt Dezimalzahlen (mit Punkt statt Komma) zu, die deren Größe in Meter angeben. Also D = {1.6, 1.7, 1.8} und V(s) = 1.6, V(h) = 1.6, V(l) = 1.7, V(m) = 1.8. Wir definieren <D,V> $\models$ x $\leq_R$ y g.d.w. V(x) $\leq$ V(y). Damit sind die Axiome für die lineare Quasiordnung $\leq_R$ und die definierten Relationen $<_R$ und $\equiv_R$ in <D,V> erfüllt, denn sie gelten für die semantisch zugrundeliegenden numerischen Ordnungsrelationen.

Wir zeigen nun: <D,V> macht die Prämissen wahr, aber die Konklusion falsch. Wir präsentieren den Beweis in ‚fortgeschrittener' Weise ohne Schrittnummerierung:
(i) In <D,V> gilt V(s) = V(h); somit Vs) $\leq$ V(h) und V(h) $\leq$ V(s), und daher gemäß unserer Festlegung von V($\leq_R$) und semantischer Regel S1: <D,V> $\models$ s $\leq_R$ h und <D,V> $\models$ h $\leq_R$ s. Daraus folgt via AL-Semantik und Def. $\equiv_R$: <D,V> $\models$ s$\equiv_R$h.
(ii) In <D,V> gilt V(h) < V(l) und daher <D,V> $\models$ h $<_R$ l (nach S1).
(iii) In <D,V> gilt V(s) < V(m) und daher <D,V> $\models$ s $<_R$ m (nach S1).
(iv) In <D,V> gilt V(l) < V(m), somit nicht V(m) $\leq$ V(l), und daher gemäß Def. V($\leq_R$) und semantischer Regel S1+S2a <D,V> $\models$ $\neg$(m $\leq_R$ l). Daraus folgt durch AL-Schluss <D,V> $\models$ $\neg$(l $\leq_R$m $\wedge$ m$\leq_R$l) und somit aufgrund Def$\equiv_R$ <D,V> $\models$ $\neg$(l$\equiv_R$m).

Argument 2: Susi ist grösser als Hanna. Lena ist kleiner als Hanna. Susi ist gleich groß wie Maria. Also ist Maria grösser als Lena.

Mit derselben Legende wie oben lautet die Formalisierung des Arguments:

$s >_R h,\ l <_R h,\ s \equiv_R m\ /\ m >_R l$.

Wir vermuten, das Argument ist gültig und konstruieren einen Beweis unter Verwendung der den Ordnungsaxiomen entsprechenden Regeln:

(1) s >$_R$ h   Präm
(2) l <$_R$ h   Präm
(3) s ≡$_R$ m   Präm
(4) h <$_R$ s   Def >$_R$ 1
(5) l <$_R$ s   Trans<$_R$ 2, 4
(6) s ≤$_R$ m ∧ m ≤$_R$ s   Def ≡$_R$, E$_P$ 3
(7) l <$_R$ m   Aufgrund 5 und s ≤$_R$ m (Simp-6) mittels Regel (*) unten.

Wir vervollständigen den Beweis durch die Herleitung folgender abgeleiteter Regel:

(*) x<$_R$y ∧ y≤$_R$z ⊢ x<$_R$z
   (1) x<$_R$y ∧ y≤$_R$z   Präm
   (2) x≤$_R$y ∧ ¬(y≤$_R$x)   Simp-1 (x<$_R$y) + Def<$_R$, E$_P$
   (3) x≤$_R$z   Trans mit x≤$_R$y (Simp 2) und y≤$_R$z (Simp 1)
▶ (4) z≤$_R$x   IB-Ann.
   (5) y≤$_R$x   Trans aus y≤$_R$z (Simp 1) und 4
   (6) (y≤$_R$x)∧¬(y≤$_R$x)   Kon 5 + Simp-2
   (7) ¬(z≤$_R$x)   IB 4-6
   (8) x<$_R$z   Kon 3, 7 und Def. <$_R$, E$_P$

17.3 Zahlquantoren

Das Programm des Logikpioniers Gottlob Frege (1984), die Arithmetik auf die Logik zurückzuführen, wird auch ‚Logizismus' genannt (Tennant 2017). Dem Programm lag die Beobachtung zugrunde, dass durch gewisse Ausdrücke der PL$^=$ die natürlichen Zahlen nachgebildet werden können, und zwar wie folgt. (Man rekapituliere die ‚Großkonjunktion': $\bigwedge\{A_i: 1 \leq i \leq n\} =_{def} \bigwedge\{A_1,...,A_n\} = A_1 \wedge A_2 \wedge ... \wedge A_n$.)

Definition 17-8. *Mindestens-n Quantoren:*
(1) $\exists_n x =_{def} \exists x_1...\exists x_n \bigwedge\{\neg(x_i \equiv x_j): 1 \leq i < j \leq n\}$. *In Worten:* Es gibt $x_1,...,x_n$, die alle wechselseitig voneinander verschieden sind.
Bedeutung: Der Individuenbereich D hat mindestens n Elemente.
(2) $\exists_n xFx =_{def} \exists x_1...\exists x_n (\bigwedge\{\neg x_i \equiv x_j: 1 \leq i < j \leq n\} \wedge \bigwedge\{Fx_i: 1 \leq i \leq n\})$. *In Worten:* Es gibt $x_1,...,x_n$, die alle wechselseitig voneinander verschieden sind und F sind.
Bedeutung: Es gibt mindestens n Fs (im Individuenbereich D).

Mit Existenzaussagen der Form „$\exists_n x$" kann man also dem Individuenbereich *untere* Schranken auferlegen, und mit Aussagen der Form „$\exists_n xFx$" der Anzahl von F-Individuen (deshalb steht der Index „n" unten). *Beachte:* Die Formel

$\exists x_1...\exists x_n \wedge \{Fx_i: 1\leq i\leq n\}$ würde dafür nicht genügen: sie könnte auch in einem Modell mit nur einem F-Individuum wahr sein, nämlich wenn alle Iv's $x_1,...,x_n$ auf dasselbe Individuum referieren.

Zum Verständnis der Indexbedingung $1 \leq i < j \leq n$:
Die Indexbedingung besagt soviel wie „Für alle Paare von Indizes i und j, die zwischen 1 und n liegen, in aufsteigender Anordnung". Sie lautet aussagenlogisch ausgeschrieben wie folgt:

$1 \leq j \wedge j \leq n \wedge 1 \leq i \wedge i \leq n \wedge i < j$.

Die Anzahl der Zweiermengen von Indizes {i,j}, die diese Bedignung erfüllen, ist $\binom{n}{2} = n \cdot (n-1)/2$, denn gemäß mathematischer Kombinatorik gibt es genau soviele Möglichkeiten, zwei (verschiedene) Elemente aus n Elementen herauszugreifen.

Beispiel für n= 4:
Zweiermengen von Indizes: {1,2}, {1,3}, {1,4}, {2,3}, {2,4}, {3,4}
$\exists_4 x =_{def} \exists x_1 \exists x_2 \exists x_3 \exists x_4 (\neg x_1 \equiv x_2 \wedge \neg x_1 \equiv x_3 \wedge \neg x_1 \equiv x_4 \wedge \neg x_2 \equiv x_3 \wedge \neg x_2 \equiv x_4 \wedge \neg x_3 \equiv x_4)$

Obere Schranken kann man mithilfe folgender Allaussagen formulieren:

Definition 17-9 *Höchstens-n Quantoren:*
(1) $\exists^n x =_{def} \forall x_1...\forall x_n \forall y (\wedge\{\neg x_i \equiv x_j: 1\leq i<j\leq n\} \rightarrow \vee\{y \equiv x_i: 1\leq i\leq n\})$. *In Worten:* Wenn die $x_1,...,x_n$ alle wechselseitig voneinander verschieden sind, dann muss die Iv „y" eines der Individuen $x_1,...,x_n$ bezeichnen.
Bedeutung: Der Individuenbereich D hat höchstens n Elemente.
(2) $\exists^n xFx =_{def} \forall x_1...\forall x_n \forall y((\wedge\{\neg x_i \equiv x_j: 1\leq i<j\leq n\} \wedge \wedge\{Fx_i: 1\leq i\leq n\} \wedge Fy) \rightarrow \vee\{y \equiv x_i: 1\leq i\leq n\})$. *In Worten:* Wenn die $x_1,...,x_n$ alle wechselseitig voneinander verschieden sind und F sind und auch die Iv „y" ein F bezeichnet, dann muss diese Iv eines der Individuen $x_1,...,x_n$ bezeichnen.
Bedeutung: Es gibt höchstens n Fs (im Individuenbereich D).

Man erkennt unschwer, dass wenn man in Def. 17-9(2) das „Fx" durch eine Tautologie „Fx∨¬Fx" ersetzt, man nach einigen L-äquivalenten Umformungen bei Def. 17-9(1) anlangt; dasselbe gilt für (1) und (2) von Def. 17-8.

Aus der Definition von mindestens-n und höchstens-n Aussagen folgen unmittelbar folgende zwei Gesetze (siehe Übungen):

$\exists_n xFx \vdash \exists_m xFx$ für alle m < n , und $\exists^n xFx \vdash \exists^m xFx$ für alle m > n.

Zu *genau-n* Aussagen und damit zu arithmetischen Aussagen kommt man, indem man mindestens-n und höchstens-n Aussagen konjugiert:

Definition 17-10 *Genau-n Quantoren:*
(1) ∃!nx =$_{def}$ ∃$_n$x ∧ ∃^{n}x. *In Worten:* Es gibt sowohl mindestens wie höchstens n x'e. *Bedeutung:* Der Individuenbereich D hat genau n Elemente.
(2) ∃!nxFx =$_{def}$ ∃$_n$xFx ∧∃^{n}xFx. *In Worten:* Es gibt sowohl mindestens wie höchstens n Fs. *Bedeutung:* Es gibt genau n Fs (im Individuenbereich D).

Man nennt genau-n Quantoren auch *Zahlquantoren*. Genau-n Aussagen kann man logisch äquivalent in noch etwas einfachere Aussagen umformulieren:

Merksatz 17-4. *Genau-n Quantoren:*
(1) ∃!nx ist L-äquivalent mit ∃x$_1$...∃x$_n$∀y(∧{¬x$_i$≡x$_j$: 1≤i<j≤n} ∧ ∨{y≡x$_i$: 1≤i≤n}).
(2) ∃!nxFx ist L-äquivalent mit
∃x$_1$...∃x$_n$∀y(∧{¬x$_i$≡x$_j$: 1≤i<j≤n} ∧ (Fy ↔ ∨{y≡x$_i$: 1≤i≤n})).

Merksatz 17-4(1) ergibt sich aus Merksatz 17-4(2), indem für „Fx" eine Tautologie eingesetzt wird. Der Beweis von Merksatz 17-4(2) ist etwas aufwendig. Man beachte zu seinem Verständnis: wenn man darin für das universell quantifizierte y eines der x$_i$ einsetzt, wird die Disjunktion ∨{y≡x$_i$|1≤i≤n} L-wahr und daher folgt über die „←" Pfeilrichtung Fx$_i$; auf diese Weise enthält Merksatz 17-4(2) auch die Bedingung ∧{Fx$_i$: 1≤i≤n} von Def. 17-9(2), die auf den ersten Blick zu fehlen scheint. Wir verschieben den Beweis von Merksatz 17-4 in die Übungen. Stattdessen widmen wir uns dem folgenden Merksatz, der zeigt, wie die arithmetische Additionsoperation nun logisch nachvollziehbar wird:

Merksatz 17-5. *Additionstheoreme für Zahlquantoren:*
(1) ∀x(Fx→¬Gx) ∧∃$_n$xFx ∧ ∃$_m$xGx → ∃$_{(n+m)}$x(Fx∨Gx).
In Worten: Wenn es mindestens n Fs und m Gs gibt und keine Fs Gs sind, dann gibt es mindestens n+m Individuen, die F oder G sind.
(2) ∃^{n}xFx ∧ ∃^{m}xGx → ∃$^{(n+m)}$x(Fx∨Gx).
In Worten: Wenn es höchstens n Fs und m Gs gibt, dann gibt es höchstens n+m Individuen, die F oder G sind.
(3) ∀x(Fx→¬Gx) ∧ ∃!nxFx ∧ ∃!mxGx → ∃!(n+m)x(Fx∨Gx).
In Worten: Wenn es genau n Fs und m Gs gibt und keine Fs Gs sind, dann gibt es genau n+m Individuen, die F oder G sind.

Die Forderung der Nichtüberlappung von Fs und Gs benötigt man nur für mindestens- und genau-Aussagen; für höchstens-Aussagen stört die Überlappung nicht. Die Theoreme von Merksatz 17-5 sind zunächst beeindruckend. Analoge Theoreme kann man für Subtraktionen, Multiplikationen und Divisionen formulieren. Allerdings decken diese Theoreme nur den *endlichen* Teil der Arithmetik ab.

Gesetze über *alle* natürlichen Zahlen, wie z.B. das im nächsten Kapitel besprochene Induktionsaxiom, $(F(0) \land \forall n(F(n) \rightarrow F(n+1))) \rightarrow \forall n Fn$, kann man nicht in der PL-Objektsprache formulieren, weil diese keine Quantoren für Zahlen bzw. Indizes von Ik's zur Verfügung hat. Man kann auch nicht alle Instanzen dieses Gesetzes aus dem endlichen Teil der Arithmetik ableiten. Damit sind die Grenzen des logizistischen Programms aufgezeigt, das nur für den endlichen Teil der Arithmetik funktioniert.

Überdies ist der prädikatenlogische Beweis obiger Additionstheoreme (Merksatz 17-5), so intuitiv einfach sie uns auch erscheinen, vergleichsweise aufwendig und bedarf arithmetischer Überlegungen in der Metasprache. In untenstehender Box beweisen wir das Additionstheorem 17-5(1). Wir führen in diesem Beweis diverse Beweisteile n-mal durch (Legende: „n ×"). Im Schritt 14 haben wir eine Reindizierung durchgeführt: die $\binom{n}{2}$ Nichtidentitäten „$\neg a_i \equiv a_j$", $\binom{m}{2}$ Nichtidentitäten „$\neg b_i \equiv b_j$" und $n \cdot m$ Nichtidentitäten „$\neg a_i \equiv b_j$" ergeben zusammen genau die $\binom{n+m}{2}$ Nichtidentitäten $\neg x_i \equiv x_j$, wenn a_i durch x_i und b_j durch x_{n+j} ersetzt wird, denn $\binom{n}{2} + \binom{m}{2} + n \cdot m = \binom{n+m}{2}$.

Der Beweis des Additionstheorems 17-5(2) ist nicht weniger aufwendig; wir verschieben ihn in die Übungen. Aus Merksätzen 17-5(1+2) folgt unmittelbar das Additionstheorem 17-5(3).

Beweis von $\forall x(Fx \rightarrow \neg Gx), \exists_n x Fx, \exists_m x Gx \vdash \exists_{(n+m)} x(Fx \lor Gx)$:

(1) $\forall x(Fx \rightarrow \neg Gx)$ — Präm

(2) $\exists x_{1-n} \bigwedge \{Fx_i: 1 \leq i \leq n\} \land \bigwedge \{\neg x_i \equiv x_j: 1 \leq i < j \leq n\}$ — Präm

(3) $\exists y_{1-m} \bigwedge \{Gy_i: 1 \leq i \leq n\} \land \bigwedge \{\neg y_i \equiv y_j: 1 \leq i < j \leq m\}$ — Präm

→ (4) $Fa_1 \land ... \land Fa_n \land \bigwedge \{\neg a_i \equiv a_j: 1 \leq i < j \leq n\}$ — n × EP-Ann. für 2

→ (5) $Gb_1 \land ... \land Gb_m \land \bigwedge_{1 \leq i < j \leq m} \neg b_i \equiv b_j$ — m × EP-Ann. für 3

(6) $\neg Ga_1 \land ... \land \neg Ga_n$ — Simp 4 + m × (UI 1, MP) + Kon

→ (7) $a_i \equiv b_j$ — n · m × IB-Ann. für alle i, j (1≤i≤n, 1≤j≤m)

(8) Gb_j — Ext≡ 7 zu $\neg Ga_i \rightarrow \neg Gb_j$ und MP mit 6-Simp

(9) $Gb_j \land \neg Gb_j$ — Kon (Simp-5), 7

(10) $\neg a_i \equiv b_j$ — n · m × IB 7-9

(11) $\bigwedge \{Fa_i \lor Ga_i): 1 \leq i \leq n\} \land \bigwedge \{Fb_i \lor Gb_i): 1 \leq i \leq m\}$
     — n × (Simp-4+Add), n-mal (Simp-5+Add)

(12) $\bigwedge \{\neg a_i \equiv a_j: 1 \leq i < j \leq n\} \land \bigwedge \{\neg b_i \equiv b_j: 1 \leq i < j \leq m\} \land \bigwedge \{\neg a_i \equiv b_j: 1 \leq i \leq n, 1 \leq j \leq m\}$
     — Kon von (Simp-4) + (Simp-5) + n · m × 10

(13) (11)∧(12) — Kon 11, 12

(14) $\exists x_1 ... \exists x_{(n+m)}(\bigwedge \{Fx_i \lor Gx_i: 1 \leq i \leq (n+m)\} \land \bigwedge \{\neg x_i \equiv x_j: 1 \leq i < j \leq (n+m)\})$ — EK 13 plus
     Reindizierung: $a_i : x_i$ (1≤i≤n), $b_j : x_{n+j}$ (1≤j≤m)

(15) $\exists x_{(n+m)}(Fx \lor Gx)$ — Def $\exists x_{(n+m)}$, E$_P$ 14

(16) $\exists x_{(n+m)}(Fx \lor Gx)$ — n × EP 4-15, m × EP 5-15, a_i, b_j nicht in 1,2,3,15

Dass sich finite arithmetische Gesetze auf diese Weise logisch beweisen lassen, ist philosophisch interessant. Die Beweise zeigen aber auch, wofür wir die formale Logik *nicht brauchen*: um die informell-mathematische durch die formallogische Sprache zu ersetzen. Beweise mathematischer Tatsachen sind in der ersteren offenbar wesentlich einfacher als in der letzteren.[20] Der Vorteil der informellen mathematischen Sprache liegt darin, dass sie komplexe logische Strukturen durch höherstufig-abstrakte Begriffe ersetzt (wie die Begriffe der disjunkten Mengenvereinigung, Zahl oder Addition), mithilfe derer dann aus komplexen logischen Beweisen einfache mathematische Schlüsse werden. Daher verwendet man in fortgeschrittenen Beweisen, derer wir uns schon hier und vermehrt in Sektion D bedienen, stark diese informelle Sprache. Der Nutzen der ‚pedantisch' formellen Beweise ist dagegen dort gegeben, wo die logisch-mathematische Intuition nicht greift oder versagt: zum Beispiel (i) in der Anwendung formallogischer Schlüsse auf natursprachliche repräsentierte oder philosophische Probleme, auf die wir die logischen Gesetze nicht anzuwenden gewohnt sind, oder (ii) in ihrer Anwendung auf Fallstricke oder gar Paradoxien der intuitiven Logik, die wir im nächsten Kapitel kennenlernen werden, oder schließlich (iii) in ihrer Anwendung auf computergestütztes logisches Beweisen.

17.4 Definite Deskriptionen und Exkurs in die freie Prädikatenlogik

Eine philosophisch wichtige Bedeutung hat der Zahlquantor für n=1. Was er dann ausdrückt nennt man eine

Einzigkeitsbedingung für F: $\exists!1xFx$. – Für $\exists!1xFx$ schreibt man kürzer $\exists!xFx$.

Die Einzigkeitsbedingung $\exists!xFx$ besagt, dass es ein und nur ein Individuum mit der Eigenschaft F gibt. Man nennt ein solches Prädikat F auch ein *Kennzeichnungsprädikat* oder eine *definite Deskription*. Die Idee, mit definiten Deskriptionen einzelne Individuen zu benennen, geht auf Bertrand Russell (1905) zurück. Aufgrund Merksatz 17-4(2) hat die Einzigkeitsaussage für F folgende L-äquivalente Formulierung, die schon Russell verwendete:

Merksatz 17-6. *Einzigkeitsbedingung*: $\exists!xFx \leftrightarrow \exists x \forall y(Fy \leftrightarrow x \equiv y)$.

---

[20] Für ein anderes Beispiel s. Ebbinghaus et al. (1996): informeller Beweis auf S. 5 in 10 Schritten versus formeller Beweis auf S. 75 in 34 Schritten.

Man kann Individuen statt mit Eigennamen auch mit definiten Deskriptionen benennen. In der Tat benennen wir die meisten Gegenstände mit kennzeichnenden Phrasen, wie z.B. „der Baum hinter dem Fels dort" oder „die Tankstelle an der Kreuzung so-und-so", denn wir haben längst nicht für alle uns interessierenden Gegenstände auch Namen. Aus diesem Grund hat man in der erweiterten PL definite Deskriptionen folgender Form eingeführt:

> *Definite Deskription:* (ιxFx) ist ein singulärer Term der erweiterten PL, der dasjenige Individuum bezeichnet, das ein F ist. Das Symbol „ι" heißt auch *Jota-Operator*.
> *Voraussetzung:* Fx ist ein Kennzeichnungsprädikat, d.h. $\exists!xFx$.

Mit dem singulären Term $(\iota x)Fx$ kann man semantisch nicht so einfach umgehen wie mit einem gewöhnlichen singulären Term, denn er bezeichnet nur dann ein Individuum, wenn die Einzigkeitsbedingung erfüllt ist. Letztere kann in zwei Fällen verletzt sein
- kein Individuum ist ein F: die *Existenzbedingung* ist verletzt, oder
- mehr als ein Individuum ist ein F: die *Eindeutigkeitsbedingung* ist verletzt.

Wie soll man mit nichtreferierenden definiten Deskriptionen umgehen, bei denen eine der beiden Bedingungen verletzt ist? Hierzu hat es mehrere Vorschläge in der philosophischen Literatur gegeben (Ludlow 2013), von denen wir drei erwähnen:
Option 1: Russells Eliminationsmethode. Russell (1905) schlug vor, Ausdrücke, in denen definite Deskriptionen auftreten, mithilfe des folgenden Definitionsschemas zu eliminieren:

> Definition 17-11. *Kontextuelle Definition von definiten Deskriptionen:*
> $\forall x: G(\iota xFx) \leftrightarrow_{def} \exists x(\forall y(Fy \leftrightarrow x\equiv y) \land Gx) \leftrightarrow \exists!xFx \land \exists x(Fx \land Gx)$.
> Innere Lesart: G(x) steht für eine beliebige Formel mit freier Iv x.
> Äußere Lesart: G(x) steht nur für eine atomare Formel mit freier Iv x.

Die linke Äquivalenz gibt Russells Definition wieder; die rechte Äquivalenz ergibt sich aus dem Merksatz 17-4 und einfachen PL-Schritten. Russells Schema ist keine echte Definition, sondern eine sogenannte *Kontextdefinition*: sie erlaubt es nur, den ‚Aussagekontext', in dem die definite Deskription vorkommt, zu ersetzen, aber nicht die definite Deskription selbst.
Hinweise: (i) Die Übersetzung von $G(\iota xFx)$ durch $\exists!x(Fx \land Gx)$ wäre inkorrekt, da „$\exists!x(Fx \land Gx)$" besagt, dass „$Fx \land Gx$" ein Kennzeichnungsprädikat ist, woraus nicht folgt, dass auch „Fx" ein Kennzeichnungsprädikat ist, was durch $G(\iota xFx)$ impliziert wird. (ii) Wenn G ein negiertes Prädikat (oder ein implikatives Prädi-

kat) ist, ergeben sich die zwei Lesarten, auf die wir weiter unten zurückkommen. Zunächst behandeln wir den Fall eines atomaren Prädikats.

Option 2: Semantik mit Wahrheitswertlücken. Russells Eliminationsmethode hat die Konsequenz, dass Ausagen über nichtexistierende Individuen wie z.B. ‚der gegenwärtige König von Frankreich' *falsch* werden. Strawson (1950) hielt dem entgegen, dass wir Sätze wie

(1) Der gegenwärtige König von Frankreich ist kahlköpfig

intuitiv nicht als falsch betrachten sollten, sondern als *wahrheitswertlos*, denn Voraussetzung für die Zuschreibung eines klassischen Wahrheitswertes (wahr oder falsch) sei die Existenz des beschriebenen Objektes. Die zweite Möglichkeit, mit nichtreferierenden definiten Deskriptionen umzugehen, ist also die Einführung des dritten Wahrheitswertes oder Pseudowahrheitswertes „weder wahr noch falsch" für Sätze mit nichtreferierenden definiten Deskriptionen. Dies führt allerdings zu logischen Komplikationen. Beispielsweise möchten viele Freunde von Option 2, dass zumindest Sätze wie

(2) Der gegenwärtige König von Frankreich ist ein König

wahr werden. D.h., nicht jeder Satz mit nichtreferierenden singulären Termen sollte wahrheitswertlos sein. Um dies zu realisieren, muss man sogenannte Superbewertungen (supervaluations) einführen. Man beachte, dass Satz (2) gemäss der Russellschen Eliminationsmethode falsch ist, was ein weiteres Problem dieser Methode ausmacht.

Option 3: Freie Logik. Es gibt aber auch Kontexte, in denen wir singulären Termen, auch wenn sie nicht referieren, eine sinnvolle Bedeutung zuschreiben. Dies ist z.B. der Fall, wenn es sich um *fiktionale* ‚Objekte' handelt, die in literarischen Texten eingeführt werden. Beispielsweise ist *der Wolf, der sich als Großmutter verkleidete* der Wolf aus Grimms Märchen vom Rotkäppchen, und obwohl er nicht existiert, wollen wir im literarischen Kontext die wahre Aussage machen, dass ihm der Bauch aufgeschnitten wurde. Ein anderer Fall sind *hypothetische* Objekte, die in der Wissenschaft nur vermutet und über die dennoch sinnvolle Hypothesen formuliert werden können, wie z.B. der (vermutliche) Planet des Sterns so-und-so in einer weit entfernten Galaxie. Es gibt nicht nur nichtreferierende definite Deskriptionen, sondern auch nichtreferierende Eigennamen, wie etwa *Pegasos*, das geflügelte Pferd der griechischen Mythologie, von dem wir im mythologischen Kontext die wahre Aussage machen wollen, dass es Bellerophon in seinem Kampf gegen die Amazonen trug, ohne damit Pegasos' Existenz implizieren zu wollen. Um mit diesen Fällen umzugehen, benötigt man eine *freie Prädikatenlogik*, auf die wir weiter unten zu sprechen kommen.

Mehr zur Russellschen Eliminationsmethode: Betrachten wir die Aussage

(3) Der gegenwärtige König von Frankreich ist nicht kahlköpfig, formal

¬G(ɿxFx).

Wenden wir Russells Eliminationsmethode darauf an, so gibt es – wie in Definition 17-11 angeführt – zwei Lesarten:
Innere Negation: Hier lesen wir Satz (3) als

(4) Der gegenwärtige König von Frankreich hat die Eigenschaft, nicht kahlköpfig zu sein,

was bedeutet, dass wir das Russellsche Eliminationsschema auf das komplexe Prädikat „¬Gx" anwenden und daher Satz (4) in folgenden Satz überführen:

∃!xFx ∧ ∃x(Fx ∧ ¬Gx).

Die Lesart der inneren Negation ist intuitiv plausibel. Sie führt allerdings zur Konsequenz, dass der Satz (4) ebenso wie (1) falsch ist, mithin dass sowohl G(ɿxFx) wie ¬G(ɿxFx) falsch sind. Somit scheint die Aussage G(ɿxFx) ∨ ¬G(ɿxFx) falsch zu sein, was im Widerspruch zur klassischen Logik stehen würde. Um dies zu vermeiden, darf die rekursive Wahrheitssemantik auf Aussagen der Form (4) nicht angewandt werden; man muss die definiten Deskriptionen eliminieren, bevor die Semantik angewandt wird. Anders gesprochen darf man die Aussage (4) nicht als klassische Negation von (1) auffassen. Man benötigt daher für die innere Negationslesart eine eigene Notation, z.B.

[¬G](ɿxFx), im Unterschied zur klassischen Negation ¬(G(ɿxFx)).

Äußere Negation: Die Rekonstruktion ¬(G(ɿxFx)) entspricht der äußeren Negation:

(5) Es ist nicht der Fall, dass der gegenwärtige König von Frankreich kahlköpfig ist.

Wenden wir darauf Russells Eliminationsmethode an, so erhalten wir

¬(∃!xFx ∧ ∃x(Fx∧Gx)), L-äquivalent mit ¬∃!xFx ∨ ¬∃x(Fx∧Gx),

und dies ist im Fall von Beispiel (5) ein *wahrer* Satz, da die Einzigartigkeitsbedingung ∃!xFx falsch ist. Die Lesart der äußeren Negation ist weniger intuitiv, hat aber den Vorteil, dass sie der klassischen Negation entspricht und die rekursive Wahrheitssemantik darauf anwendbar ist, d.h. V(¬(G(ɿxFx))) = w g.d.w. V(G(ɿxFx)) = f. Im Prinzip lässt sich dieselbe Unterscheidung zwischen innerer und äußerer Lesart auch für die Konjunktion und Disjunktion aufstellen, doch man kann beweisen, dass die beiden Lesarten nach Anwendung der Russell-

17.4 Definite Deskriptionen und Exkurs in die freie Prädikatenlogik — 329

schen Elimination zu L-äquivalenten Ausdrücken führen. Beispielsweise gilt

[G∨H](ιxFx) ↔$_{def}$ ∃!xFx ∧ ∃x(Fx∧(Gx∨Hx)) ↔
(∃!xFx ∧ ∃x(Fx∧Gx)) ∨ (∃!xFx ∧ ∃x(Fx∧Hx)) ↔$_{def}$ G(ιxFx) ∨ H(ιxFx).

Dasselbe beweist man (noch einfacher) für die Konjunktion. Für die Implikation dagegen machen beide Lesarten wieder einen Unterschied, was man durch Umwandlung von Gx→Hx in ¬Gx∨Hx leicht sieht. Die Verallgemeinerung des Begriffs der inneren und äußeren Lesart muss daher wie in Def. 17-11 lauten: in der inneren Lesart wird Russells Eliminationsmethode auf die Gesamtformel, in der äußeren nur auf deren atomaren Prädikate angewandt.

Wir zeigen abschließend, wie man durch Anwendung der Russellschen Eliminationsmethode natursprachliche Argumente mit definiten Deskriptionen beweisen oder widerlegen kann. Als Beispiel betrachten wir zwei Argumente:

Argument 1: Peter liebt Ute. Ute liebt jemanden, der sie liebt. Daher: Ute liebt Peter.
Mit der Legende (u – Ute, p – Peter, Lxy – x liebt y) lautet die formale Rekonstruktion des Argumentes: Lpu, ∃x(Lux ∧ Lxu) / Lup.
Das Argument ist offensichtlich *ungültig*, denn Ute könnte ja auch jemand anderen als Peter lieben. Beispielsweise ist <D,V> mit D = {Ute, Peter, Paul} und V(Lxy) = {<Peter,Ute>, <Ute,Paul>, <Paul,Ute>} ein offensichtliches Gegenmodell.

Argument 2: Peter ist *der* Liebhaber von Ute. Ute liebt jemanden, der sie liebt. Daher: Ute liebt Peter.
Nun ist das Argument gültig geworden, denn wenn die erste Prämisse wahr ist, hat Ute nur *einen* Liebhaber, nämlich Peter. Für die Rekonstruktion des Arguments benötigen wir also eine definite Deskription: p ≡ (ιx)Lxu, ∃x(Lux ∧ Lxu) / Lup.
Nach Anwendung der Russellschen Eliminationsmethode wird daraus

∃x(∀y(Lyu ↔ y≡x) ∧ p≡x), ∃x(Lux ∧ Lxu) / Lup.

Die Gültigkeit des Arguments lässt sich nun wie folgt beweisen.

   (1) ∃x(∀y(Lxy ↔ y≡x) ∧ p≡x)   Präm
   (2) ∃x(Lux∧Lxu)   Präm
→ (3) ∀y(Lyu ↔ y≡a) ∧ p≡a   EP-Ann. für 1
→ (4) Lub ∧Lbu   EP-Ann. für 2
   (5) Lbu ↔ b≡a   Simp-3 links + UI
   (8) b≡a   AL-Schluß aus 4,5
   (9) a≡p   Simp 3 + Symm
  (10) b≡p   Trans 8, 9
  (11) Lup   Ext≡ 10 zu Lub→Lup, dann Simp-4 + MP

(12) Lup   2-mal EP   4-11, VB: b nicht in 1, 2, 3, 11
                                        3-11, VB: a nicht in 1, 2, 11

Mehr zur freien Logik: In der freien Prädikatenlogik werden auch nichtreferierende Individuenkonstanten und singuläre Terme zugelassen. Die Quantoren ∀x und ∃x beziehen sich aber weiterhin nur auf den Bereich der real existierenden Individuen. Die Aussage ∃x(t≡x) ist nun keine logische Wahrheit mehr (wie in der klassischen PL), sondern eine kontingente Wahrheit, die besagt, dass der Term t ein reales Individuum bezeichnet, oder kurz: *t existiert*. Man nennt dies auch eine Existenzaussage bzw. „∃x(y≡x)" ein Existenzprädikat für y. M.a.W., Kants Behauptung, Existenz sei kein Prädikat, trifft auf die freie Logik nicht zu. Beweistheoretisch wird es in der freien Logik erforderlich, die Regeln für die Quantoren wie folgt umzuformulieren (vgl. Nolt 2014, Abschn. 2):

(fUI) ∀xA / ∃x(x≡t) → A[t/x]   (fEK) A[t/x] / ∃x(x≡t) → ∃xA
(fUG) Γ, ∃x(x≡t) ⊢ A[t/x] / Γ ⊢ ∀xA   VB: t nicht in Γ, A
(fEP) Γ, A[t/x], ∃x(x≡t) ⊢ B / Γ, ∃xA ⊢ B   VB: t nicht in Γ, A, B

Die einfachste Möglichkeit einer *Semantik* für die freie Logik ist eine Semantik mit *äußerem* Individuenbereich D und *innerem* Individuenbereich $D_r \subset D$; die ‚inner/outer domain semantics' (Bencivenga 1986, Abschn. 8). Während D alle intensionalen ‚Objekte' umfasst – die realen wie die bloß vorgestellten – bildet der innere Bereich die Teilmenge der real existierenden Objekte. Die Quantoren ∀x und ∃x laufen nur über die Objekte in D_r; die singulären Terme können dagegen auch nichtexistierende Objekte in $D-D_r$ bezeichnen.

Die freie Logik mit inner/outer domain ist insbesondere für die modale Prädikatenlogik bedeutsam (Schurz 1997, Abschn. 10.4). Die freie Logik kann auf einfache Weise in die klassische PL eingebettet werden. Man fasst zu diesem Zweck den Individuenbereich D der klassischen PL wie einen äußeren Bereich der freien Logik auf. Die klassischen Quantoren werden nun alternativ als *possibilistische* Quantoren interpretiert, die sowohl über reale wie bloß intensionale Objekte laufen; man verwendet „Πx" für den possibilistischen Allquantor und „Σx" für den possibilistischen Existenzquantor. Damit können die klasssischen Quantorgesetze beibehalten werden. Man führt das Existenzprädikat E(x) ein (V(E) ⊆ D entspricht dem inneren domain D_r der freien Logik) und kann damit die Quantoren der freien Logik einfach wie folgt definieren: ∀xFx $\leftrightarrow_{def}$ Πx(Ex→Fx), und ∃xFx $\leftrightarrow_{def}$ Σx(Fx∧Ex). Die Sprache der klassischen inner/outer-domain-Logik ist nachweislich ausdrucksstärker als die der freien Logik (s. Schurz 1997, Kap. 10).

17.5 Übungen

17.5.1 Übungen zu Abschnitt 17.1

(1) Welche der folgenden Relationen ist eine Äquivalenzrelation? Erläutern Sie, wieso (bzw. wieso nicht): (i) x lebt weit weg von y, (ii) x hat dasselbe Geschlecht wie y, (iii) x ist ein Geschwister von y, (iv) x ist ein Nachbar von y, (v) x hat dieselbe Farbe wie y, (vi) x hat annähernd dasselbe Gewicht wie y.
(2) Beweise: logische Äquivalenz ist eine Äquivalenzrelation.
(3) Für eine gegebene Menge D: welche ist die gröbste Äquivalenzrelation über D (extensional die umfassendste) und welche die feinste (extensional die kleinste)? Wie sehen die korrespondierenden Partitionen von D aus?
(4) Man beweise das Abstraktionsprinzip (Abschn. 17.1): $x \equiv_R y \leftrightarrow [x]_R = [y]_R$. Man verwende dazu das Extensionalitätsaxiom (s. Kap. 18) für die involvierten Mengen: (Ext): $[x] = [y] \leftrightarrow \forall z(z \in [x] \leftrightarrow z \in [y])$.

17.5.2 Übungen zu Abschnitt 17.2

(a) Varia

(1) Man beweise Merksatz 17-2 mit der dort angeführten Beweisstrategie.
(2) Welche der folgenden Relationen ist (a) eine Ordnung oder eine Quasiordnung, und wenn eines von beiden, (b) strikt oder schwach, und (c) partiell oder linear?
Für Gegenstände/Personen: (i) x wiegt mehr als y (für physische Dinge), (ii) x ist mehr Geld wert als y, (iii) x ist annähernd 20 cm größer als y, (iv) x ist mindestens 20 cm größer als y, (v) ich mag Person x mehr als Person y, (vi) Handlung x ist moralisch gegenüber Handlung y zu bevorzugen.
Für natürliche Zahlen: (vii) x ist ein Teiler von y, (viii) x ist kein Teiler von y.
(3) *Das Wahlparadox:* Angenommen A, B, C sind soziale Handlungsoptionen. Das Kollektiv besteht aus drei Personen 1, 2 und 3 mit folgenden individuellen Präferenzen: $A<_1B<_1C$, $B<_2C<_2A$, $C<_3A<_3B$. Die kollektiven Präferenzen werden aus den individuellen Präferenzen durch Mehrheitsentscheid bestimmt, d.h. A < B g.d.w. wenn mehr Personen die Präferenz $A <_i B$ als die Präferenz $B <_i A$ besitzen. Ist die kollektive Präferenzrelation < transitiv? Wenn nicht, warum nicht?
(4) Man betrachte die folgende schwache Quasiordnung $\leq_R$ über A = {a,b,c,d}: $\leq_R$ = {$a\leq_R a$, $a\leq_R b$, $a\leq_R c$, $a\leq_R d$, $b\leq_R b$, $b\leq_R c$, $b\leq_R d$, $c\leq_R b$, $c\leq_R c$, $c\leq_R d$, $d\leq_R d$}. Man konst-

ruiere die R-Äquivalenzklassen und die lineare Ordnung über diesen Äquivalenzklassen.
(5) Man beweise Merksatz 17-3(2), in Analogie zum Beweis von Merksatz 17-3(1).
(6) Beweisen Sie: $\forall x \forall y (y < x \rightarrow \neg x \leq y)$.

(b) Repräsentierungen

Man repräsentiere und beweise folgende Argumente, unter Benutzung der Axiome bzw. Regeln für Quasiordnungen und der Merksätze 17-2+3.
(1) Peter ist genauso alt wie Hans. Ute ist nicht genauso alt wie Peter. Daher: Ute ist nicht genauso alt wie Hans.
(2) Peter ist älter als Udo. Hugo ist jünger als Udo. Paul ist gleich alt wie Hugo. Daher ist Peter älter als Paul.

Man repräsentiere folgende Schlüsse. Sind sie gültig? Wenn ja, konstruiere man einen Beweis wie oben. Wenn nein, konstruiere man ein Gegenmodell, von dem man zudem zeigt, dass es die Axiome für Quasiordnungen erfüllt.
(3) Susi ist grösser als Hanna. Hanna ist kleiner als Lena. Also sind Lena und Susi gleich groß.
(4) Susi ist grösser als Hanna. Hanna ist gleich groß wie Lena. Susi ist gleich groß wie Maria. Also ist Maria grösser als Lena.

17.5.3 Übungen zu Abschnitt 17.3

(1) Man widerlege folgenden Schluss durch ein Gegenmodell: „Die Mutter einer Person ist niemals mit der Person identisch. Daher sind Peter, Peters Mutter, Peters Oma und Peters Uroma mindestens vier Personen." – *Tipp:* Für die Gültigkeit fehlt eine evidente Prämisse – welche?
(2) Man beweise, dass dagegen folgender Schluss gültig ist: „Die Mutter einer Person ist niemals mit der Person identisch. Daher sind Peter, Peters Mutter, Peters Oma und Peters Uroma mindestens zwei Personen."
(3) Schließlich beweise man die Gültigkeit folgenden Schlusses: „Die Nachfahren einer Person sind niemals mit der Person identisch. Daher sind Peter, Peters Mutter, Peters Oma und Peters Urgroßoma mindestens vier Personen." Man repräsentiere „x ist Nachfahre von y" durch Nxy, „Mutter von x" durch m(x), und verwende $\forall x \forall y (y \equiv m(x) \rightarrow Nxy)$ sowie die Transitivität der Nachfahrensrelation als Zusatzprämissen.
(4) Man beweise (i) $\exists_n x Fx \vdash \exists_m x Fx$ für beliebige $m < n$ und (ii) $\exists^n x Fx \vdash \exists^m x Fx$ für beliebige $m > n$.

(5) Man beweise die folgende Version von Merksatz 17-5(1) ohne Nichtüberlappungsbedingung: $\exists_n xFx \land \exists_m xGx \rightarrow \exists_{max(n,m)} x(Fx \lor Gx)$.
Dabei bezeichnet „max(m,n)" das Maximum der beiden Zahlen.

(6) Man beweise die links-nach-rechts Richtung von Merksatz 17-4(2), also
$\exists!nxFx \vdash \exists x_{1-n} \forall y(\bigwedge\{Fx_i \land \neg x_i \equiv x_j: 1 \leq i < j \leq n\} \land (Fy \leftrightarrow V\{y \equiv x_i: 1 \leq i \leq n\}))$.
(„$\exists x_{1-n}$" abkürzend für „$\exists x_1...\exists x_n$"). *Tipp:* Gilt aufgrund des simplen PL-Theorems $\exists xFx \land \forall xGx \vdash \exists x(Fx \land Gx)$, zusammen mit PL-Äquivalenzumformungen.

(7) Man beweise die rechts-nach-links Richtung von Merksatz 17-4(2), also
$\exists x_1...\exists x_n \forall y(\bigwedge\{\neg x_i \equiv x_j: 1 \leq i < j \leq n\} \land (Fy \leftrightarrow V\{y \equiv x_i: 1 \leq i \leq n\})) \vdash \exists!nxFx$. *Tipp:* Man wende die dort angegebene Beweisüberlegung an.

(8) Schwierig: Beweisen Sie Merksatz 17-5(2). *Tipp:* Sie benötigen FU-Annahmen für $\binom{n+1}{n+m}$ mögliche Auswahlen von Indexmengen $\{k_1,...,k_{n+1}\} \subseteq \{1,...,n+m+1\}$.

17.5.4 Übungen zu Abschnitt 17.4

Sind folgende Argumente gültig? Wenn ja, formalisieren und beweisen Sie. Wenn nein, konstruieren Sie ein Gegenmodell.

(1) Peter ist nicht der Liebhaber von Ute. Ute liebt nur solche, die sie lieben. Daher: Ute liebt nicht Peter.
Rekonstruieren Sie dieses Argument einmal auf Grundlage der Lesart der inneren Negation der ersten Prämisse, und das andere Mal auf Grundlage der Lesart der äußeren Negation.

(2) Der Autor der KrV (für ‚Kritik der reinen Vernunft') ist nicht der Autor des Faust. Kant hat die KrV geschrieben. Daher hat Kant nicht den Faust geschrieben (Lesart der inneren Negation).

Sektion D: Metalogik

18 Informelle und formelle Mengenlehre

18.1 Naive Mengenlehre und Russells Antinomie

Wir haben in diesem Buch schon einiges über Mengen gelernt (Abschn. 15.1, 16.1). Allgemein gesprochen ist eine *Menge* eine Sammlung von Individuen (beliebiger Art), die selbst wiederum als ein (abstraktes) *Individuum* betrachtet wird. Eine Menge lässt sich in drei Weisen charakterisieren:
- wenn sie endlich ist, auch rein ‚extensional' durch das Auflisten ihrer Elemente, z.B. $\{a_1,...,a_n\}$,
- durch eine gemeinsame Eigenschaft, z.B. $\{x: Px\}$ als die Menge aller Objekte x, für die „Px" gilt,
- oder schließlich durch eine rekursive Definition, wie z.B. die Definition der natürlichen Zahlen N: $0 \in N$, und wenn $x \in N$, dann $(x+1) \in N$; sonst nichts.

Ein Objekt, das keine Menge ist, nennt man auch ein *Urelement*.

Wie in Kap. 15.1 erwähnt, ist die charakteristische Eigenschaft von Mengen, dass sie invariant sind bzgl. Permutationen und Wiederholung ihrer Elemente, d.h. es gilt $\{a,b\} = \{b,a\} = \{a,a,a,b,b\}$ (etc.).

Zunächst charakterisieren wir die *Sprache der informellen Mengenlehre*. Im Folgenden stehen
- Großbuchstaben A, B ... M, N für beliebige Mengen.
- a, b (a_1,...) ... für Urelemente.
- x, y (x_1, x_2,...) für *Variablen*, die über beliebige Individuen, Urelemente oder Mengen laufen.
- Die wichtige *Ausnahme* von dieser Groß-/Klein-Konvention sind die Buchstaben f, g (f_1,...) ..., die für *Funktionen* stehen.
- Die Sprache der Mengenlehre hat nur *zwei zweistellige Prädikate:* die *Identitätsrelation* = (z.B. a = b) und die *Elementrelation* $\in$ (z.B. a $\in$ A). Die Identität ist eine logische Relation, die Elementrelation dagegen eine nichtlogische (obwohl natürlich mathematische) Relation.

Dass es sich bei der Elementrelation um eine nichtlogische Relation handelt, erkennt man daran, dass sie durch ‚Eigenaxiome', d.h. nicht schon aus der Logik folgende Gesetze, charakterisiert wird. Die Mengenlehre wurde erstmals von Cantor (1878) durch zwei Prinzipien charakterisiert, die später von Frege (1893) in axiomatischer Form ausgedrückt wurden. Das erste Axiom ist das Extensionalitätsaxiom. Es drückt die ‚Natur' von Mengen aus: sie sind allein durch ihre Elemente charakterisiert. D.h., wenn zwei Mengen dieselben Elemente besitzen, dann sind sie identisch.

Extensionalitätsaxiom (Ext):
Für alle Mengen A und B: wenn für alle x gilt, x∈A g.d.w. x∈B, dann A=B.
In metalogischer Notation: ∀A,B: ∀x(x∈A ↔ x∈B) → A=B.
Hinweis: Die umgekehrte Richtung, A=B → ∀x(x∈A ↔ x∈B), ist schon logisch gültig und folgt aus der Regel Ext≡ für die Identität.

Das Axiom Ext macht den grundlegenden Unterschied zwischen Mengen und Eigenschaften klar: es ist durchaus möglich, dass unterschiedliche Eigenschaften dieselbe Extension besitzen, wie etwa in folgendem Beispiel:

{x: x ist ein lebender Organismus} = {x: x's Reproduktion basiert auf RNS/DNS}.

Das zweite Axiom ist das ‚naive' Komprehensionsaxiom, das intuitiv höchst plausibel erscheint und nur im historischen Rückblick ‚naiv' genannt werden kann. Es besagt, dass jede sprachlich formulierbare (einfache oder komplexe) Eigenschaft auch eine *Extension* besitzt, d.h. dass die Menge der unter sie fallenden Gegenstände existiert.

Naives Komprehensionsaxiom (Komp):
Für alle Eigenschaften P gibt es eine Menge M, sodass M = {x: Px}.
In metalogischer Notation: Für alle Formeln A(x): ∃y(y = {x: A(x)}).
Hinweis: Die Listendarstellung einer Menge {a_1,...,a_n} ist äquivalent mit der Darstellung durch die komplexe Eigenschaft {x: x=a_1 ∨ ... ∨ x=a_n}.

Die Theorie, die aus den zwei Axiomen (Ext) und (Komp) zusammen mit einschlägigen Definitionen besteht, wird die *naive Mengenlehre* genannt. Charakteristisch für die Mengenlehre (ob naiv oder nichtnaiv) ist die Einführung einer Reihe von ‚informellen' kognitiv gut einprägsamen Notationen. Einige dieser Notationen wurden in Abschn. 15.1 erklärt, wie z.B. „a∉A" für „¬(a∈A)", „a ≠ b" für „¬(a = b)", „a,b∈A" für „a∈A ∧ b∈A", „∀x∈D(A)" für „∀x(x∈D→A)", „∃x∈D(A)" für „∃x(x∈D∧A)". Ferner steht „∀x,y" abkürzend für „∀x∀y", usw. Hier ist wesentlich, dass sich alle Ausdrücke der informellen Mengenlehre – auch solche, die die Mengenklammern „{ }" involvieren – in formale Ausdrücke der PL 1. Stufe mit „∈" als einzigem nichtlogischen Prädikat übersetzen lassen. Dies zeigt der folgende Übersetzungsalgorithmus.

> **Merksatz 18-1.** *Übersetzung der informellen Mengenlehre in die formale PL-Sprache:*
> Man ersetzt Buchstaben, die auf Mengen referieren, durch Individuenvariablen und ersetzt in dem so entstandenen Ausdruck Teilformeln wie folgt:
> – $x = y$ durch $x \equiv y$,
> – $y = \{x: A\}$ durch $\forall z(z \in y \leftrightarrow z \in \{x:A\})$,
> – $y \in \{x: A\}$ durch $A[y/x]$,
> – $y \in \{x_1, \ldots, x_n\}$ durch $y \equiv x_1 \vee \ldots \vee y \equiv x_n$,
> – speziell $y \in \emptyset$ durch das Falsum $\bot$ (eine logische Kontradiktion),
> – die Aussage „x ist eine Menge" durch „$\exists y(x \equiv y)$".

Ein Beispiel: Um die Identität zweier Mengen, $\{x: Px\} = \{x: Qx\}$, zu beweisen, muss man $\forall x(Px \leftrightarrow Qx)$ beweisen. Denn gemäß dem Übersetzungsalgorithmus gilt

$$\{x: Px\} = \{x: Qx\} \leftrightarrow \forall z(z \in \{x:Px\} \leftrightarrow z \in \{x: Qx\}) \leftrightarrow \forall z(Pz \leftrightarrow Qz).$$

Es sei $\mathcal{L}1_\in^=$ die formale Sprache der Mengentheorie mit $\in$ als einzigem nichtlogischen Zeichen. Die Übersetzung der beiden Axiome in die formale PL-Sprache lautet dann wie folgt:

(Ext) $\forall x \forall y(\forall z(z \in x \leftrightarrow z \in y) \rightarrow x \equiv y)$
(Komp) $\exists y \forall z(z \in y \leftrightarrow A[z/x])$ für beliebige $A \in \mathcal{L}1_\in^=$

Die als (Ext)+(Komp) bestehende formale Satzmenge ist ein erstes Beispiel einer *prädikatenlogischen Theorie*. Darunter versteht man im allgemeinen eine Menge von nicht logisch wahren (also kontingenten) Sätzen, die als die Axiome (bzw. ‚Eigenaxiome') der Theorie angesehen werden. $\mathcal{L}(T)$ bezeichnet die Sprache der Theorie, konstruiert aus allen in T vorkommenden nichtlogischen Zeichen plus den logischen Symbolen der PL⁼. Oft verlangt man, dass T unter logischen Konsequenzen abgeschlossen ist, also $T = Cn(T)$. In der Semantik betrachtet man auch nichtaxiomatisierte Theorien, definiert als Menge aller in einer gegebenen Modellklasse wahren Sätze.

Russell widmete sich in frühen Jahren Freges Axiomatisierung von Cantors Mengenlehre und leitete 1903 aus dem Komprehensionsprinzip eine Antinomie ab. Der Zugang zur Russellschen Antinomie führt über die Frage, ob es möglich ist, dass eine Menge sich selbst enthalten kann. Intuitiverweise würde man sagen, nein. Andererseits, wenn man den Begriff der „Menge aller Mengen" bildet – was gemäß (Komp) erlaubt ist – formuliert man damit eine Menge, die sich selbst enthalten muss – sonst wäre es nicht die Menge *aller* Mengen. Kann diese ‚universale Menge' wirklich eine Menge sein? Wenn ja, eine unnatürliche Menge. Dies zeigt, dass auf unsere Intuitionen in Bezug auf unendliche Mengen nicht unbedingt

Verlass ist. Das eigentliche Problem kommt aber erst noch, nämlich wenn man den Begriff der Menge aller ‚natürlichen' Mengen bildet, die sich also selbst nicht enthalten. Wenn man nun die Frage stellt, ob diese ‚Menge' sich selbst enthält, gelangt man zu einem verblüffenden Widerspruch:

Russells Antinomie:
Sei R die ‚Menge' aller sich nicht enthaltenden Mengen, formal: $R = \{x: x \notin x\}$.
Wir fragen: Enthält R sich selbst, also $R \in R$? Antwort:
- Wenn $R \in R$ (d.h. $R \in \{x: x \notin x\}$, dann folgt $R \notin R$.
- Wenn $R \notin R$ (d.h. $\neg(R \in \{x: x \notin x\})$), dann folgt $\neg(R \notin R)$ und somit $R \in R$.

Ergebnis: $R \in R \leftrightarrow R \notin R$, ein Widerspruch!

Die naive Mengenlehre erwies sich damit als widersprüchlich. Russells Entdeckung führte zu einer Grundlagenkrise der damaligen Mathematik (Weyl 1921). Es war klar, dass, um den Widerspruch zu vermeiden, das naive Komprehensionsaxiom einzuschränken war und daher nicht alle Begriffsbildungen der Form $\{x: A(x)\}$ als Mengen zugelassen werden konnten. ‚Mengenabstraktionen', die zu keinen zugelassenen Mengen führen, nennt man auch *Klassen*, genauer gesagt echte Klassen. Der auf Neumann, Bernays und Gödel zurückgehende Begriff der Klasse ist ein Überbegriff für Mengen und echte Klassen. Mengen entstehen durch zulässige Mengenabstraktionen, die als Individuen betrachtet werden dürfen, über die also existenziell quantifiziert werden darf, ohne dass ein Widerspruch entsteht. Echte Klassen dürfen dagegen nicht als Individuen, sondern nur als ‚abgekürzte Schreibweisen' betrachtet werden. Z.B. ist Russells Konstruktion $\{x: x \notin x\}$ keine Menge, sondern eine echte Klasse. Aber auch die Allklasse $\{x: x=x\}$ ist keine Menge, weil sie Russells Klasse als Teilklasse enthält.

Aber wie soll man die zulässigen Mengen charakterisieren? Möglichst so, dass man dabei Antinomien vermeidet, aber nicht zu viel ausschließt. Ein erster Vorschlag geht auf Russell zurück, die sogenannte *Typentheorie* (Whitehead und Russell 1910ff). Hier wird zwischen Urelementen, Mengen 1. Stufe, Mengen 2. Stufe (usw.) unterschieden. Mengen n.ter Stufe dürfen nur Mengen (n-1).ter Stufe als Elemente enthalten. Urelemente werden als ‚Mengen nullter Stufe' angesehen; bei ihnen handelt es sich um Dinge, die keine Mengen sind, z.B. um konkrete physikalische Dinge. Die Typenkonstruktion löst die Russellsche Antinomie, denn in ihr lässt sich nur die Russell-analoge Menge $R_{typ} = \{x: x \text{ ist Menge n.ter Stufe und } x \notin x\}$ bilden, woraus sich kein Widerspruch ergibt: $R_{typ} \notin R_{typ}$ kann einfach gelten, weil R_{typ} keine Menge n.ter Stufe ist, und impliziert daher nicht mehr $R_{typ} \in R_{typ}$ (Ebbinghaus 2003, 10). Der Nachteil der Typentheorie ist ihre Restriktivität und formale Kompliziertheit: in ihrer formalisierten Version, in der die Operation der Mengenbildung durch die Lambda-Abstraktion nachvollzogen wird, sind für alle

Individuenvariablen Typspezifikationen notwendig, die dann die Bildung möglicher Klassenterme und Formeln beschneiden (vgl. Essler et al. 1987, Kap. 1). Dies erfordert eine ungleich kompliziertere formale Sprache als die der PL 1. Stufe.

Aus diesem Grund hat sich in der modernen Mengenlehre und Logik ein anderer Ansatz durchgesetzt, die Axiomatisierung der Mengenlehre nach Zermelo und Fraenkel, wobei der Hauptanteil dieses Systems auf Ernst Zermelo (1908) zurückgeht. Die Gesamtheit der zulässigen Mengen wird in diesem Ansatz ohne die Annahme von Typen in der prädikatenlogischen Sprache $\mathcal{L}1_\in^=$ beschrieben, die „∈" als einziges nichtlogisches Prädikat enthält. Dies geschieht durch zunehmend stärkere Axiome, die ausgehend von gewissen unproblematischen Ausgangsmengen mehr und mehr Mengen bilden, von denen anzunehmen ist, dass ihre Existenzannahme zu keinem Widerspruch führt, mit dem Anspruch, damit alle Mengen konstruieren zu können, die in den mathematischen Wissenschaften benötigt werden (ein Anspruch, der heute als weitgehend eingelöst betrachtet wird; vgl. Ebbinghaus 2003, 11). Man nennt dieses System das Zermelo-Fraenkelsche Axiomensystem, kurz *ZF*, bzw. *ZFC* für das Zermelo-Fraenkelsche System plus dem sogenannten Auswahlaxiom (axiom of choice), das nicht so unkontrovers ist wie die anderen Axiome.

18.2 Zermelo-Fraenkel'sche Mengenlehre

Es gibt zwei Varianten des Axiomensystems ZF bzw. ZFC. In der rein mathematischen Variante betrachtet man als Indviduenbereich überhaupt nur Mengen und keine Urelemente. Die einzige und ‚kleinste' Ausgangsmenge ist in diesem Ansatz die *leere Menge* ∅; alle ‚höheren' Mengen sind iterierte Mengenkonstruktionen aus der leeren Menge, ∅, {∅}, {∅,{∅}}, usw., wobei man, wie wir sehen werden, in diesem Konstruktionprozess das Universum aller Zahlen nachbilden kann. In der zweiten Variante, die weniger bekannt aber für außermathematische Anwendungen bedeutsam ist (vgl. Schurz 2014), wird zusätzlich eine abzählbar unendliche Menge von Urelementen U angenommen. Man schreibt dafür ZFU (ZF mit Urelementen) oder ZFUC. Axiomatisch unterscheidet sich letztere Variante nur geringfügig von der ersteren Variante;[21] wir präsentieren hier nur die erstere Variante und folgen dabei teils Machover (1996, Kap. 1.6), teils Ebbinghaus (2003).

---

[21] In ZFU werden das Extensionalitätsaxiom und das Fundierungsaxiom (s. unten) auf nicht-U-Elemente eingeschränkt, und es kommen zwei harmlose Urelementaxiome hinzu, nämlich (U1): $\forall x \in U(\forall y: y \notin x)$ und (U2): $\exists f(f$ ist Bijektion von ω nach U} (Löwe 2006).

Die formelle ZF-Sprache enthält keine Ik's; die leere Menge wird darin durch die definite Deskription $(\iota x)(\neg \exists y : y \in x)$ bezeichnet.

Auch das Axiomensystem ZFC kann in der (einfacher lesbaren) informellen oder in der formellen Variante niedergeschrieben werden, die aus ersterer gemäß dem Übersetzungsalgorithmus von Merksatz 18-1 entsteht. In der informellen Variante werden zusätzlich *Klassenvariablen* benutzt, die immer durch Großbuchstaben dargestellt werden, wenn nicht gewährleistet ist, dass es sich dabei um Mengen handelt; sie müssen in der formellen Darstellung eliminiert werden.

In der Präsentation von ZF werden typischerweise *Axiome* und *Definitionen* parallel eingeführt. Denn informelle Definitionen mithilfe der Mengenklammernotation „$\{x: A(x)\}$" definieren zunächst nur Klassen. Dass die so definierten Klassen tatsächlich erlaubten Mengen entsprechen, wird durch die korrespondierenden Axiome gewährleistet. Als erstes Axiom wird das Extensionalitätsaxiom (Ext) der naiven Mengenlehre übernommen, denn es ist (im Gegensatz zum Komprehensionsaxiom) unproblematisch. Daraufhin werden üblicherweise zwei Axiome eingeführt, die aus späteren (stärkeren Axiomen) ableitbar sind: (Ex) und (Paar). Das *Existenzaxiom (Ex)* besagt, dass mindestens eine Menge existiert. Dieses Axiom ist bereits eine Konsequenz der klassischen Logik, denn es gilt $\exists x(x=x)$, und da die Quantoren über Mengen laufen, impliziert dies, dass mindestens eine Menge existiert. Nun zu (Paar):

Paarmengenaxiom (Paar): Für je zwei Individuen a, b ist $\{a,b\}$ eine Menge.
Formal: $\forall x \forall y \exists z \forall w (w \in z \leftrightarrow w=x \lor w=y)$.
Konsequenzen: Für jedes x ist auch $\{x\} = \{x,x\}$ eine Menge, sowie $\{x, \{x\}\}$, $\{\{x\}\}$, $\{\{x\}, \{\{x\}\}\}$, usw.

(Paar) ist aus dem später eingeführten Potenzmengenaxiom ableitbar.

Wichtig ist das nächste Axiom: das Aussonderungsaxiom (auch Separationsaxiom oder Teilmengenaxiom genannt). Es folgt einer plausiblen Idee: wenn eine zulässige Menge M schon gebildet ist, muss auch jede durch eine sinnvolle Bedingung A(x) formulierte Unterklasse $\{x \in M: A(x)\}$ eine zulässige Menge sein:

Aussonderungsaxiom (Aus): Ist M eine Menge, dann auch $\{x \in M: A(x)\}$.
Formal: $\forall x \exists y \forall z (z \in y \leftrightarrow (z \in x \land A(z))$ (für alle Formeln $A \in \mathcal{L}1_\in^=$ mit freier Iv z).

Das Axiom rechtfertigt die zwei nächsten Definitionen, Def. 18-1+2.

Definition 18-1. *Teilmenge* (s. Abb. 18-1):
B ist (unechte oder echte) Teilmenge von A, $B \subseteq A \leftrightarrow_{def} \forall x(x \in B \rightarrow x \in A)$.
B ist echte Teilmenge von A, $B \subset A \leftrightarrow_{def} (B \subseteq A) \land (B \neq A)$.

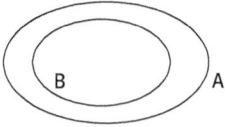

Abb. 18-1: B ist echte Teilmenge von A.

Jede Menge ist also eine unechte Teilmenge von sich selbst. Man mache sich auch klar, dass die leere Menge ∅ Teilmenge jeder Menge ist: ‚alle' Elemente in ∅ sind Elemente beliebiger Mengen, denn ∅ hat keine Elemente (dies ist ein Beispiel der in Abschn. 9.3 erläuterten irrelevanten Allimplikation mit leerem Vorderglied).

Mit dem Teilmengenbegriff kann das Aussonderungsaxiom auch als Teilmengenaxiom formuliert werden (Machover 1996, 17): Ist M eine Menge und N ⊆ M, dann ist auch N eine Menge.

Eine wichtige Konsequenz von (Aus) ist die *Existenz der Nullmenge*, die üblicherweise so definiert wird:

∅ (bzw. { }) $=_{def}$ {x: x ≠ x},

denn es gibt kein x, das die kontradiktorische Bedingung x ≠ x erfüllt. Aufgrund (Ext) ist die Nullmenge durch diese Bedingung eindeutig definiert, d.h. ∅ = (ιx)¬∃y(y∈x). Nun ist durch diese Definition allein die Existenz der Nullmenge noch nicht gesichert, aber nach dem Existenzaxiom gibt es mindestens eine Menge, sagen wir u, und daher gibt es nach dem Aussonderungsaxiom auch die Menge {x: x∈u ∧ x ≠ x}, und da x∈u ∧ x ≠ x L-äquivalent ist mit x ≠ x (vgl. Kap. 13: A∧⊥ ↔ ⊥), ist die Menge {x: x∈u ∧ x ≠ x} identisch mit der Nullklasse {x: x ≠ x}, die daher ebenfalls eine Menge ist.

Weiters rechtfertigt (Aus) die Definition zweier Boolescher Mengenoperationen:

Definition 18-2. *Schnittmenge und Differenz* (s. Abb. 18-2):
Der Durchschnitt (die Schnittmenge) von A und B, A∩B $=_{def}$ {x: x∈A ∧ x∈B}.
Der ‚große' Durchschnitt einer Menge von Mengen X, also der Durchschnitt aller Mengen in X, ∩X $=_{def}$ {z: ∀x∈X(z∈x)}. Formal: ∀x,y(x∈∩y ↔$_{def}$ ∀z∈y(x∈z)).
Die (mengentheoretische) Differenz A minus B, bzw. das Komplement von B bzgl. A, A−B $=_{def}$ {x∈A: x ∉ B}. Formal: ∀x(x ∈ A−B ↔$_{def}$ x∈A ∧ ¬x∈B).
Das ‚absolute' Komplement einer Menge A wird definiert als ihr relatives Komplement bzgl. eines gegebenen Individuenbereiches D, A^c $=_{def}$ D − A.

Wenn A eine Menge ist, muss aufgrund (Aus) auch A∩B bzw. A−B eine Menge sein, denn die Definitionen letzterer Mengen sondern aus A durch die Bedingung x∈B bzw. x∉B gewisse Elemente aus; und analoges gilt für den großen Durchschnitt ∩X.

Für die noch ausstehende Boolesche Definition, die der Mengenvereinigung ∪, benötigt man als weiteres Axiom das Vereinigungsaxiom.

Definition 18-3. *Vereinigungsmenge* (s. Abb. 18-2):
Die Vereinigungsmenge von A und B, A∪B ↔$_{def}$ {x: x∈A ∨ x∈B}.
Die ‚große' Vereinigung einer Menge von Mengen X, also die Vereinigung aller Mengen in X, ∪X =$_{def}$ {z: ∃x∈X(z∈x)}. Formal: ∀x,y(x∈∪y ↔$_{def}$ ∃z∈y(x∈z)}.

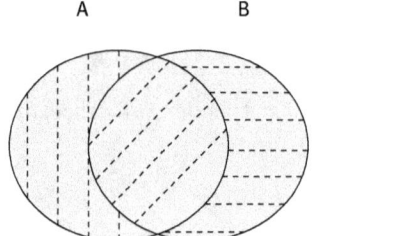

A∪B: grau
A∩B: ⁄⁄⁄
B−A: ═══
A−B: ┊┊

Abb. 18-2

Vereinigungsmengenaxiom (Ver):
‚Kleines' Vereinigungsaxiom: Sind A, B Mengen, dann auch A∪B.
Formal: ∀x,y∃z∀w(w∈z ↔ (w∈x ∨ w∈y)).
‚Großes' Vereinigungsaxiom: Ist X eine Menge, dann auch ∪X.
Formal: ∀x∃y∀z(z∈y ↔ ∃u(z∈u ∧ u∈x)).

Hinweis: Es gilt ∪∅ = ∅, ∪{∅}= ∅, aber ∪{{∅}} = {∅}.

Das kleine Vereinigungsaxiom folgt aus dem großen und dem Paarmengenaxiom. Mit den Operationen der Vereinigung, des Durchschnitts und des Komplements haben wir alle Operationen einer Booleschen Mengenalgebra zusammen. Wie in Abschn. 13.4 erklärt, erfüllt eine solche Algebra die aussagenlogischen Äquivalenzgesetze, wenn man Mengen als Aussagen und ∪ als ∨, ∩ als ∧ und − als ¬ interpretiert:
– Assoziativität und Kommutativität für ∪ und für ∩.
– Distribution: x∪(y∩z) = (x∪y)∩(x∪z), x∩(y∪z) = (x∩y)∪(x∩z).
– De Morgan (mit x^c = D−x): $(x∪y)^c = x^c∩y^c$, $(x∩y)^c = x^c∪y^c$.
– Doppelte Negation: $(x^c)^c$ = x. Tautologie: x∪x^c = D. Kontradiktion: x∩x^c = ∅.
– Interaktion mit ⊆: (A − B) ⊆ A, A∩B ⊆ A, A ⊆ A∪B.

Der Beweis der Booleschen Identitätsgesetze erfolgt durch Übersetzung der mengentheoretischen Ausdrücke in die formale Sprache und Anwendung aussagenlogischer Äquivalenzumformungen (gemäß der Regeln des Kalküls Ä0). Die Teilmengengesetze beweist man durch Umformung in eine logisch beweisbare Implikation. Pars pro toto präsentieren wir zwei Beispiele, wobei wir logische Wahrheiten voraussetzen (die anderen Booleschen Gesetze beweisen wir in den Übungen):

Metalogischer Beweis von $A-B \subseteq A$: Durch Äquivalenzumformung und PL.

$\forall x((x \in A \land \neg x \in B) \to x \in A)$ PL-Wahrheit (Instanz von $\forall x(A \land B \to A)$)
| Definition $-$
$\forall x(x \in (A-B) \to x \in A)$
| Definition $\subseteq$
$A-B \subseteq A$

In *fortgeschrittener Notation* schreiben wir Äquivalenzbeweise als horizontale Äquivalenzketten mit Angabe des jeweiligen Beweisschrittes in eckiger Klammer.

Beweis der doppelten Negation $(x^c)^c = x$ (in fortgeschrittener Notation):
Zu zeigen: $\forall z(z \in (x^c)^c \leftrightarrow z \in x)$, woraus über Ext $(x^c)^c = x$ folgt. *Für beliebige z gilt:*
$z \in (x^c)^c \leftrightarrow z \in (D - (D - x))$ [2-mal Def. ^{c}] $\leftrightarrow (z \in D) \land \neg(z \in (D - x))$ [Def. $-$]
$\leftrightarrow (z \in D) \land \neg(z \in D \land \neg(z \in x)))$ [Def. $-$] $\leftrightarrow (z \in D) \land (\neg(z \in D) \lor z \in x)$ [DM + DN] $\leftrightarrow$
$(z \in D \land \neg(z \in D)) \lor (z \in D \land z \in x))$ [Dist] $\leftrightarrow (z \in D \land z \in x)$ [ÜbKont] $\leftrightarrow z \in x$ [weil nach Voraussetzung $x \subseteq D$, weshalb $z \in x \leftrightarrow (z \in D \land z \in x)$].

Den letzten Schritt, die Anwendung von UG auf die Konklusion $z \in (x^c)^c \leftrightarrow z \in x$, schreibt man meist nicht mehr hin; er ist selbstverständlich, weil das z als „beliebig" gewählt wurde.

Als nächstes definieren wir den Begriff der Potenzmenge, Pot(A), als Klasse aller Teilmengen einer Menge A. Das Potenzmengenaxiom sagt uns, dass mit A auch Pot(A) eine Menge ist. Es folgt zwar für endliches, aber nicht für unendliches A aus den bisherigen Axiomen.

Definition 18-4. Potenzmenge: Die Potenzmenge von A, $\text{Pot}(A) =_{\text{def}} \{x: x \subseteq A\}$.

Potenzmengenaxiom (Pot): Ist A eine Menge, dann auch Pot(A).
Formal: $\forall x \exists y \forall z(z \in y \leftrightarrow \forall u(u \in z \to u \in x))$. *In Worten:* Für alle x gibt es ein y sodass für alle z gilt: z ist Element von y g.d.w. z eine Teilmenge von x ist.

Das Potenzmengenaxiom ermöglicht es, zusammen mit dem Aussonderungsaxiom, von einer gegebenen Menge zu allen möglichen Mengen ‚höherer Stufe' aufzusteigen. Ein Beispiel:

Sei A = {1,2} eine Menge.
Dann ist auch Pot(A) = {∅, {1}, {2}, {1,2}} eine Menge.
Also sind gemäß Aus alle Teilmengen von Pot(A), {∅}, {{1}}, {{2}}, {{1,2}} usw., Mengen. Überdies ist gemäß Pot auch Pot(Pot(A)) = (...) eine Menge. Usw.

Ein wichtiger Begriff ist die Mächtigkeit oder *Kardinalität* einer Menge A, geschrieben als |A|. Er bezeichnet die Anzahl der Elemente in A. Für endliches A ist |A| eine natürliche Zahl. Man zeigt leicht für endliches A:

Wenn A n Elemente hat, dann hat Pot(A) 2^n Elemente, oder kurz: $|Pot(A)| = 2^{|A|}$.

Der Beweis dieses Satzes erfordert Induktion und erfolgt in Abschn. 19.1.

Aus (Pot) und (Ver) ist das Paarbildungsaxiom ableitbar, denn mit a, b sind aufgrund (Pot) auch {a}, {b} und daher aufgrund (Ver) auch {a,b} Mengen. Voralledem rechtfertigt das Potenzmengenaxiom zwei für Relationen und Funktionen zentrale Begriffe, das cartesische Produkt zweier Mengen und das Paar bzw. n-Tupel (oder die n-Folge) von Individuen. Wir haben den Begriff des cartesischen Produktes in Abschn. 15.1 in Anwendung auf nur eine Menge (den Bereich D) kennengelernt und verallgemeinern ihn hier auf das Produkt von möglicherweise unterschiedlichen Mengen:

Definition 18-5. *Cartesisches Produkt* (Voraussetzung: Begriff des Paares <x,y>):
(a) Das cartesische Produkt von A und B, $A \times B =_{def} \{<x,y>: x \in A \land y \in B\}$.
(b) Das cartesische Produkt von n Mengen $A_1 \times ... \times A_n$ wird aufbauend auf (a) rekursiv definiert: $A_1 \times ... \times A_n = (A_1 \times ... \times A_{n-1}) \times A_n$.
(c) Das *n-Tupel* wird rekursiv definiert durch $<a_1,...,a_n> = <<a_1,...,a_{n-1}>,a_n>$.
Konvention: Für <<a,b>,c> schreibt man also auch <a,b,c>, für <<<a,b>,c>,d> auch <a,b,c,d>, usw. Für das n-fache cartesische Produkt kann man daher auch schreiben:
$A_1 \times ... \times A_n = \{<x_1,...,x_n>: x_1 \in A_1 \land x_2 \in A_2 \land ... \land x_n \in A_n\}$.

Beispiel: {1,2}×{3,4} = {<1,3>,<1,4>,<2,3>,<2,4>}.
{1,2}×{3,4}×{5,6} = {<1,3,5>,<1,3,6>,<1,4,5>,<1,4,6>,<2,3,5>,<2,3,6>,<2,4,5>,<2,4,6>}.

Durch Induktion (Abschn. 19.1) beweist man: hat A m und B n Elemente, dann hat A×B m·n Elemente, oder kurz, für endliche A, B: |A×B| = |A|·|B|. (Analog für das n-fache cartesische Produkt.) Man *beachte*: Der Begriff des cartesischen Produkts ist nicht kommutativ, d.h. A×B ist im allgemeinen verschieden von B×A.

Wir haben in Def. 18-5 den Begriff des n-fachen cartesischen Produkts letztendlich auf den einer Menge von iterierten Paaren zurückgeführt. Aber auch der Paarbegriff wird üblicherweise mengentheoretisch definiert:

Definition des Paars nach Kuratowski: $<x,y> =_{def} \{\{x\},\{x,y\}\}$.

Es gilt $<x,y> \subset Pot(\{x,y\})$ und daher $A \times B \subset Pot(Pot((A \cup B)))$, wenn man die Kuratowskische Definition des Paars zugrundelegt. Daher sichert in diesem Fall das Potenzmengenaxiom die Existenz cartesischer Produkte von Mengen.

Die rekursive Definition von n-Tupeln als iterierte Paare wird in der Praxis kompliziert. Es gibt alternative Definitionen, wie z.B. die Definition durch injektive Funktionen über natürliche Zahlen, $<x_1,...,x_n> =_{def} \{<i,x_i>: 1 \le i \le n\}$ (= $f:\{1,...,n\} \to \{x_1,...,x_n\}$ injektiv; s. unten).[22] Auch dadurch werden n-Tupel auf Paare zurückgeführt. Für unsere Zwecke spielt es keine Rolle, welche Definition man wählt.

Eine n-stellige Relation über dem cartesischen Produkt $A_1 \times ... \times A_n$ ist einfach eine Teilmenge von $A_1 \times ... \times A_n$. Den Begriff der n-stelligen Funktion hatten wir schon in Abschn. 16.1 erklärt, aber eingeschränkt auf Funktionen von D^n nach D. Hier verallgemeinern wir ihn auf Funktion mit unterschiedlichem Argumente- und Wertebereich. Wichtig sind die Begriffe der injektiven, surjektiven und bijektiven Funktion*:*

Definition 18-6. *Funktionen:*
(a) Eine einstellige Funktion von A nach B, $f:A \to B$ ist eine Teilmenge von A×B, die die Bedingung der Rechtseindeutigkeit und Argumentvollständigkeit erfüllt, zusammengefasst durch: $\forall x \in A \exists! y \in B: <x,y> \in f$. – *Rekapituliere:* A = dom(f) ist der Argumentebereich und ran(f) $=_{def} \{y \in B: \exists x \in A(y=f(x))\}$ der Wertebereich von f.
(b) Eine n-stellige Funktion von $A_1,...,A_n$ nach B ist eine einstellige Funktion von $A_1 \times ... \times A_n$ nach B, $f:A_1 \times ... \times A_n \to B$. Für $<a_1,...,a_n,b> \in f$ schreibt man $f(a_1,...,a_n) = b$.
(c) Eine Funktion $f:A \to B$ heißt *injektiv* (oder 1:1, eineindeutig) g.d.w. $\forall y \in ran(f) \exists! x \in A: <x,y> \in f$.

---

[22] Die rekursive Definition von n-Tupeln in Kombination mit dem Kuratowskischen Paarbegriff ist nicht assoziativ, d.h. es gilt nicht $A \times (B \times C) = (A \times B) \times C$, weshalb man fortlaufende Produkte $A_1 \times ... \times A_n$ ausschließlich linksverschachtelt definiert, um Eindeutigkeit zu gewährleisten. Die Definition über injektive Funktionen $\{<i,x_i>: 1 \le i \le n\}$ ist dagegen assoziativ.

(d) f:A→B heißt *surjektiv* (oder eine Funktion von A *auf* B) g.d.w. ran(f) = B, d.h., wenn alle Elemente von B durch f ‚getroffen' werden.
(e) f:A→B heißt *bijektiv* g.d.w. f injektiv und surjektiv ist.

Ist f:A→B injektiv, dann ist auch die inverse Relation eine Funktion, d.h., dann existiert die eindeutige Umkehrfunktion f^{-1}:ran(f)→A, mit x = f^{-1}(y) g.d.w. y = f(x). Ist f bijektiv, dann gilt f^{-1}:B→A. Für injektive Funktionen schreiben wir auch f:A→$_{1:1}$B und für bijektive Funktionen f: A↔$_{1:1}$B.

Das Potenzmengenaxiom sichert die Existenz der Funktion f:A→B als Menge, gegeben A und B sind Mengen, denn mit der Koratowskischen Definition des Paares gilt ∪∪f = dom(f) ∪ ran(f) und daher f:A→B ⊆ Pot(Pot(A∪B)).

Für die Menge aller möglichen Funktionen von A nach B schreibt man auch B^A. Ist |A| = n und |B| = m, dann gibt es m^n mögliche Funktionen in B^A, denn jedem der n Elemente in A können m Elemente in B zugeordnet werden.

Das letzte Axiom dieses Abschnitts ist das (von Fraenkel und Skolem eingeführte) Ersetzungsaxiom. Es sichert uns mit der Existenz der Menge A und einer Bildungsvorschrift bzw. ‚funktionalen' Formel F(x,y), die jedem x in A genau ein y zuordnet, auch die Existenz der ‚Bildklasse' als Menge.

Ersetzungsaxiom (Ers): Gilt ∀x∃!yF(x,y) und ist A eine Menge, dann ist auch die Bildklasse von A über F, F[A] = $_{def}$ {y: ∃x(x∈A∧F(x,y))}, eine Menge.
Formal: ∀x∃!yF(x,y) → ∀x∃u∀z(z∈u ↔ ∃v(v∈x ∧ F(v,z))).
Hinweis: Aufgrund des Potenzmengenaxioms ist dann auch die Funktion f_F:A→F[A] =$_{def}$ {<x,y>: x∈A ∧ F(x,y)} eine Menge.

Die drei weiteren ZFC-Axiome behandeln wir im nächsten Abschnitt.

18.3 Exkurs: Ordinalzahlen und Induktion

Die Klasse der natürlichen Zahlen, N = {0, 1, 2,...}, ist uns wohlvertraut. Guiseppe Peano fand heraus, dass sie durch die Annahme eines ausgezeichneten Nullelements, der Nachfolgerfunktion s: N→N und drei Axiome charakterisiert werden kann:

Merksatz 18-2. *Peano-Axiome der natürlichen Zahlen:*
(N1) s: N→N ist injektiv (∀x,y(s(x)=s(y) → x=y)).
(N2) ¬∃x(0 = s(x)) (Null hat keinen Vorgänger)
(N3) Schwache Induktion: ∀P ⊆ N: (P(0) ∧ ∀x(P(x) →P(s(x))) → ∀xP(x).

Iterierte Nachfolgerfunktionen entsprechen dem ‚Zählen durch Strichlisten'. Mit

$1 =_{def} s(0)$, $2 = s^2(0) =_{def} s(s(0))$, ..., $n = s^n(0) =_{def} s(s(...s(0)...))_{n\text{-mal}}$

erhalten wir die uns vertrauten natürlichen Zahlen. Die ersten beiden Axiome allein garantieren, dass die Nachfolger von Null eine von 0 wegstrebende lineare Kette bilden, $0 \to 1 \to 2 \to ...$ (mit „$x \to y$" für $y = s(x)$): die Funktionalität von s garantiert, dass es keine Verzweigungen von unten geben kann, die Injektivität verhindert Verzweigungen nach oben, und die Nichtexistenz eines Vorgängers der Null verhindert, dass die Kette einen Zyklus bilden kann. Auf dieser Basis werden die elementaren arithmetischen Operationen rekursiv wie folgt definiert: $n+0 = n$ und $s(n)+m = s(n+m)$, sowie $n \cdot 0 = 0$ und $s(n) \cdot m = n \cdot m + m$.

Das dritte Axiom ist das für metalogische Beweise fundamentale Induktionsaxiom. Es besagt, dass wenn eine Eigenschaft P der Null zukommt und sich P's Zutreffen auf eine beliebige Zahl n immer auf die nächste Zahl $s(n)$ vererbt, P allen Zahlen zukommt. Zwecks Abgrenzung vom Begriff der ‚empirischen Induktion' (worin man $P(0), P(1),..., P(n)$ ohne universelle Vererbungsprämisse zu $\forall x Px$ verallgemeinert) spricht man hier auch von mathematischer Induktion. Genauer gesagt nennt man (N3) das *schwache* Induktionsaxiom; zum ‚starken' kommen wir später (Machover 1996, 3-5). Da logisch gesehen allein die Extension von P relevant ist, kann man P mit der Klasse der P erfüllenden natürlichen Zahlen identifizieren; somit ist P eine Teilmenge von N und „$P(n)$" steht für „$n \in P$". Das Axiom N3 quantifiziert damit über alle Teilmengen von N, ist also typenlogisch betrachtet ein Axiom zweiter Stufe.

Das Induktionsaxiom hat eine wichtige äquivalente Fassung. Eine Klasse X heißt *induktiv* g.d.w. sie die Null und für jedes Element auch seinen s-Nachfolger enthält, d.h. wenn gilt: (i) $0 \in X$ und (ii) $\forall x \in X: s(x) \in X$. Dann besagt das Induktionsaxiom in äquivalenter Fassung folgendes:

> Merksatz 18-3. *Induktionsaxiom:*
> Eine induktive Menge X erfüllt das Induktionsaxiom g.d.w. X die kleinste induktive Menge ist bzgl. $\subseteq$ (d.h. wenn X in jeder induktiven Menge enthalten ist).

Beweis: Von links nach rechts: Angenommen X, Y seien zwei induktive Mengen. Dann ist offenbar auch $X \cap Y$ eine induktive Menge. Angenommen nun, X erfüllt das Induktionsaxiom. Dann setzen wir $X \cap Y$ für die Eigenschaft P und erhalten als Konsequenz des Induktionsaxioms $X \cap Y = X$, also $X \subseteq Y$. Also ist (wegen der Beliebigkeit von Y) dann X die kleinste induktive Menge.

Von rechts nach links: Angenommen X ist die kleinste induktive Menge. Sei $P \subseteq X$ und erfülle P das Wenn-Glied des Induktionssaxioms. Dann ist P eine induktive Menge, und da X die kleinste solche ist, muss $X \subseteq P$ und somit $X = P$ gelten, d.h. das Dann-Glied des Induktionsaxioms ist erfüllt.

N ist somit charakterisierbar als die kleinste induktive Menge bzgl. einer gegebenen Null und Nachfolgerfunktion. Genauer gesagt, alle die Peano-Axiome erfüllenden Strukturen sind nachweislich untereinander strukturgleich bzw. *isomorph*. D.h., für jede Struktur <D,s*,0*>, die die Axiome N1-3 erfüllt (mit D statt N, s* statt s und 0* statt 0), gibt es eine *bijektive* Zuordnung $f:N \leftrightarrow_{1:1} D$, sodass $f(0) = 0^*$ und $f(s(n)) = s^*(f(n))$ gilt (dies ist der Satz von Dedekind, der durch Induktion über D bewiesen wird; s. Ebbinghaus et al. 1996, 55; mehr zum Isomorphiebegriff in Def. 19.2).

Merksatz 18-3 hat eine fundamentale Bedeutung für die induktiven metalogischen Beweise des nächsten Kapitels. Wie wir dort sehen werden, impliziert er, dass wann immer eine Menge rekursiv definiert wurde (d.h. als die kleinste Menge bzgl. einer induktiv vererbten Eigenschaft), wir das Induktionsaxiom anwenden können.

Man kann nun die Struktur der natürlichen Zahlen mit den aus der Nullmenge konstruierbaren Mengen (entlang den ZF-Axiomen) isomorph nachbilden. Man startet mit der leeren Menge, die man der Null zuordnet, und wählt als Nachfolgefunktion folgende Funktion:

Nachfolgefunktion für Ordinalzahlen: $s(x) = x \cup \{x\}$.

N	Ordinalzahl	Kurzschreibweise	
0	∅ (bzw. { })	$\underline{0}$	natürliche
1	{∅}	$\underline{1} = \{\underline{0}\}$	Zahlen;
2	{∅, {∅}}	$\underline{2} = \{\underline{0},\underline{1}\}$	nur potentiell
3	{∅, {∅}, {∅, {∅}}}	$\underline{3} = \{\underline{0},\underline{1},\underline{2}\}$	unendlich.
	$s(\underline{i}) =_{def} \underline{i} \cup \{\underline{i}\}$	Allgemeine Definition einer	
⋮	⋮	Nachfolgeordinalzahl.	
(N)	$\omega_0 = \{\underline{i}: \underline{i} \text{ ist Nachfolgezahl}\}$	$\omega_0 = \omega = \{\underline{i}: i \in N\}$. Erste Limesordinalzahl, kleinste unendliche Ordinalzahl.	
	$\omega_0 \cup \{\omega_0\} = s(\omega_0)$	$\omega_0 + \underline{1} = \{\omega_0\}$. Erster Nachfolger von ω_0.	
	$s(\omega_0) \cup \{s(\omega_0)\}$	$\omega_0 + \underline{2} = \{\omega_0, s(\omega_0)\}$.	
	⋮		
	$\omega_1 = \{\omega_0 + \underline{i}: i \in \omega_0\}$	Zweite Limesordinalzahl.	
	⋮		
	$\omega_\omega = \{\omega_{\underline{n}}: \underline{n} \in \omega_0\}$	Limes der Limesordinalzahlen.	
	⋮		
	Überabzählbar infinite Ordinalzahlen, z.B. $\Gamma(\omega_0) = \{\alpha \in Ord: |\alpha| \leq |\omega_0|\}$		

Abb. 18-3: Konstruktion von Ordinalzahlen.

Damit gelangt man zu der in der oberen Hälfte von Abb. 18-3 dargestellt Konstruktion der *natürlichen* Ordinalzahlen; um sie von den intuitiven natürlichen Zahlen zu unterscheiden, sind sie unterstrichen. Die Konstruktion läuft darauf hinaus, dass jede Ordinalzahl aus der Menge aller ihr vorausliegenden Ordinalzahlen besteht. Damit gelangt man zunächst zu der unendlichen Klasse der ‚natürlichen' Ordinalzahlen, die den intuitiven natürlichen Zahlen entsprechen. Wie erläutert kann ω als die kleinste induktive Ordinalzahlklasse definiert werden, was soviel heißt, dass sie als Schnitt aller induktiven Ordinalzahlklassen darstellbar ist:

Definition 18-6: $\omega = \omega_0 = \bigcap\{x: \emptyset \in x \land \forall y(y \in x \rightarrow s(y) \in x)\}$.

Gemäß Merksatz 18-3 erfüllt ω das (schwache) Induktionsaxiom. Zunächst ist ω nur eine *Klasse*, bzw. wie man sagt, nur eine *potentielle* Unendlichkeit von natürlichen Zahlen, von denen jede endlich ist. Um eine *aktual-unendliche Entität* zu gewinnen, müssen wir annehmen, dass ω tatsächlich als Menge aufgefasst werden kann. Keines der bisherigen Axiome versichert uns das; man benötigt dazu ein weiteres Axiom:

Unendlichkeitsaxiom (Unend): ω ist eine Menge. Formal (mit $s(x) = x \cup \{x\}$):
$\exists x(\emptyset \in x \land \forall y(y \in x \rightarrow s(y) \in x)) \land \forall z((\emptyset \in z \land \forall y(y \in z \rightarrow s(y) \in z)) \rightarrow x \subseteq z)$.

Zwischen ω und N (auch wenn man beide als Mengen ansieht) besteht folgender Unterschied: N, die Menge aller intuitiven natürlichen Zahlen, ist selbst keine Zahl. Dagegen ist ω selbst wieder eine Ordinalzahl: die kleinste unendliche Ordinalzahl. Daher ermöglicht es die Ordinalzahlkonstruktion, eine nicht endende Hierarchie unendlicher Ordinalzahlen zu konstruieren, die in der unteren Hälfte von Abb. 18-3 dargestellt ist. Dabei unterscheidet man die von $\emptyset$ verschiedenen Ordinalzahlen in *Nachfolgeordinalzahlen*, die einen direkten Vorgänger haben, und *Limesordinalzahlen*, die keinen direkten Vorgänger aber unendlich viele indirekte Vorgänger haben, deren Mengenzusammenfassung sie sind.

Für die allgemeine Definition von ‚Ordinalzahlen' benötigen wir einen weiteren Ordnungsbegriff:

Definition 18-7. *Wohlordnung:*
$R \subseteq x^2$ ist eine (strikte/schwache) Wohlordnung über einer Menge x g.d.w. R eine (strikte/schwache) lineare Ordnung über x ist und jede Teilmenge von x (genau) ein R-kleinstes Element besitzt.

Strikte Wohlordnungen sind lineare Ketten ... $a_i < a_{i+1} < ...$ die nach oben hin, zu größeren Elementen, ins Unendliche wachsen können, aber nicht nach unten hin, zu kleineren Elementen: jede unechte oder echte Teilmenge muss einen ‚<-Anfang' haben. Man kann leicht zeigen, dass die Relation des Enthaltenseins, $\in$, über Ordinalzahlen eine Wohlordnung bildet; wir schreiben für diese Wohlordnung auch $<_\in$. Darüber hinaus erfüllen Ordinalzahlen die stärkere Bedingung der Mengentransitivität:

Definition 18-8. *Ordinalzahl*:
(1) Eine Ordinalzahl ist eine $\in$-wohlgeordnete und transitive Menge.
(2) Dabei heißt eine Menge transitiv g.d.w. für alle $y\in x$ gilt: $y \subseteq x$.
Hinweis: D.h., mit $y \in x$ sind alle Elemente $z \in y$ auch in x, was für Ordinalzahlen x heißt, dass alle $y <_\in x$ in x sind, bis hinunter zum ‚Anfang' $\emptyset$.
Ord bezeichnet die Klasse aller Ordinalzahlen.

Die Verallgemeinerung des Induktionsaxioms auf die Klasse aller Ordinalzahlen ist der Gehalt des folgenden Merksatzes:

Merksatz 18-4. *Starke transfinite Induktion:* Für jedes einstellige Prädikat P von Ordinalzahlen, $P \subseteq Ord$: $\forall x \in Ord(\forall y \in Ord(y <_\in x \to Py) \to Px) \to \forall x Px$.

Die starke Induktion sagt also, wenn eine beliebige (ordinale) Zahl x die Eigenschaft P hat, sofern *alle* Vorgänger von x P sind, dann sind alle x P. Die Zahl x muss hier keinen unmitttelbaren Vorgänger haben, sondern kann auch eine Limesordinalzahl wie z.B. ω sein. In diesem Fall vererbt sich P nur auf ω, wenn P auf alle natürlichen Zahlen in ω zutrifft. Im Unterschied zu den Peano-Axiomen ist die transfinite Induktion nun kein Axiom, sondern aufgrund der Definition der Ordinalzahlen und den bisherigen ZF-Axiomen – die man in ZF_0 zusammenfasst – beweisbar. Obwohl sie scheinbar stärkere Voraussetzungen macht, kann man beweisen, dass die starke Induktion auf der Menge der natürlichen Zahlen bzw. der Nachfolgezahlen mit der schwachen Induktion äquivalent ist (Machover 1996, 5f.; Ebbinghaus 2003, 93ff.; einen Beweis hierfür geben wir im nächsten Kapitel).[23] Der Vorteil der starken Induktion ist, dass sie auch auf Limesordinalzahlen anwendbar ist.

Die höheren infiniten Ordinalzahlen in Abb. 18-3, $\omega_1, \omega_2, \ldots$ bis hin zu ω_ω, führen nicht zu höheren Kardinalitäten, sondern sind alle noch abzählbar. Allgemein definiert man zwei Mengen x, y als *gleichmächtig* bzw. von gleicher Kadinalität, $|x| = |y|$, wenn eine bijektive Abbildung f von x nach y existiert, $f: x \leftrightarrow_{1:1} y$. Für infinite Mengen führt dies dazu, dass es viel Mengen geben kann, die sich echt enthalten, also im ordinalen Sinn unterschiedlich groß sind, aber doch dieselbe Kardinalität besitzen.

---

[23] Daher lautet eine äquivalente Fassung (mit „N", „L" für Nachfolge- bzw. Limeszahl: $(P(0) \land \forall x \in N(Px \to Ps(x)) \land \forall x \in L(\forall y(y <_\in x \to Py) \to Px)) \to \forall x Px$ (Ebbinghaus 2003, 94).

18.3 Exkurs: Ordinalzahlen und Induktion

Alle Mengen, die gleichmächtig sind wie ω, heißen *abzählbar unendlich*. Beispielsweise hat die Menge aller ganzzahligen Vielfachen einer beliebigen natürlichen Zahl n, also $\{0, n, 2\cdot n, 3\cdot n,...\}$ dieselbe Kardinalität wie ω, denn wenn man 0 auf 0, 1 auf n, 2 auf $2\cdot n$, und allgemein i auf $i\cdot n$ abbildet, erhält man eine bijektive Abbildung. Aus demselben Grund ist selbst die Vereinigung von abzählbar vielen abzählbar unendlichen Mengen noch abzählbar. Und doch gelangt man in der Hierarchie der Ordinalzahlen zu überabzählbaren Ordinalzahlen. Hartogs definierte $\Gamma(x)$ als die Menge aller Ordinalzahlen, deren Kardinalität kleiner-gleich der von x ist. Man kann mithilfe der bisherigen Axiome (ZF_0) zeigen, dass mit x auch $\Gamma(x)$ eine Ordinalzahl ist, deren Kardinalität aber echt größer ist als die von x (van Dalen et al. 1978, 188f.). Allerdings ist der Beweis nicht mehr konstruktiv, sondern basiert auf dem Reduktio-ad-absurdum Argument, dass andernfalls die Allklasse eine Menge und damit wieder die Russellsche Antinomie herleitbar wäre.

Mengen mit größer-als-abzählbarer Kardinalität nennt man *überabzählbar unendlich*. Der erste, der die Existenz überabzählbarer Mengen (nicht Ordinalzahlen) bewies, war Cantor. Mit seiner berühmten ‚Diagonalisierungsmethode' zeigte er, dass die Potenzmenge der Menge aller natürlichen Zahlen überabzählbar ist. Wie in Abb. 18-4 dargestellt, lässt sich jede Teilmenge von ω auch als unendliche Folge von 0en und 1en auffassen, wobei eine „1" bzw. „0" am n.ten Folgenglied bedeutet, dass die Zahl n in der Teilmenge enthalten bzw. nicht enthalten ist. M.a.W., Pot(ω) lässt sich isomorph als die Menge aller Funktionen von ω nach $\underline{2} = \{\underline{0,1}\}$ darstellen, weshalb man oft Pot(ω) = $\underline{2}^\omega$ schreibt. Der in Abb. 18-4 gezeigte Beweis basiert nun auf einem Reduktio ad Absurdum Argument: angenommen die Menge aller unendlich langen 0-1 Folgen wären abzählbar und daher in einer unendlichen Liste durchnummeriert. Dann könnte man dennoch eine Folge konstruieren, deren n.tes Glied jeweils das Gegenteil des n.ten Gliedes der n.ten Folge bildet. Diese Folge ist in Abb. 18-4 unter dem Strich dargestellt und stimmt mit keiner der Folgen in der abzählbar-unendlichen Liste überein. Daher kann die Potenzmenge von ω nicht abzählbar sein.

	Stellennr.	0	1	2	3	4	...	
Listennr.	0	⓪	1	1	0	1	...	⎫
	1	1	①	0	1	1	...	⎪
	2	1	0	⓪	0	0	...	⎬ abzählbar unendliche Liste aller unendlichen 0-1-Folgen (= Teilmengen von $\mathbb{N}$)
	3	0	0	1	①	1	...	⎪
	4	1	0	1	0	①	...	⎭
	⋮			...				
Neue Folge		1	0	1	0	0	...	

Abb. 18-4: Cantor's Diagonalbeweis der Überabzählbarkeit von Pot(ω).

Cantor's Beweis ist von hohem metalogischem Interesse, da die Diagonalisierungsmethode in Unvollständigkeits- und Unentscheidbarkeitsbeweisen eine zentrale Rolle spielt (Abschn. 21.4).

Als ‚Kardinalzahlen' definiert man jene ausgezeichneten Ordinalzahlen, die unter allen gleichmächtigen Ordinalzahlen im ordinalen Sinn die kleinsten sind. Finite Kardinalzahlen koinzidieren mit natürlichen Zahlen (Anzahlen); infinite Kardinalzahlen bilden die Reihe der ‚Alephs'; $\aleph_0 = |\omega_0|$, $\aleph_1$,..... Die sogenannte Kontinuumshypothese besagt, dass $\aleph_1$ gerade die Kardinalität von Pot(ω) bzw. $\underline{2}^{\aleph_0}$ ist (und verallgemeinert, dass $\aleph_{n+1}$ die Kardinalität von $\underline{2}^{\aleph_n}$ ist); die Hypothese ist plausibel, aber von den übrigen ZFC-Axiomen unabhängig (Ebbinghaus 2003, Abschn IX.4).

Die Klasse aller Ordinalzahlen ist zwar $\in$-wohlgeordnet und transitiv, aber selbst keine Menge, denn dann würde sie sich selbst enthalten, was zum Widerspruch führt. Welche Mengen außer Ordinalzahlen kann man mit den bisherigen Axiomen (ZF$_0$) noch konstruieren? Mit dem Potenzmengenaxiom kann von jeder Ordinalzahl α ihre Potenzmenge Pot(α) gebildet werden. Die Elemente all dieser Potenzmengen bilden zusammen das *von Neumann'sche Mengenuniversum*; die Mengen des Universums, die in Pot(α) liegen, bilden die Mengen vom Rang α (Ebbinghaus 2003, 109). Die Mengen dieses Universums müssen nicht mehr $\in$-wohlgeordnet sein (die Ordnung kann Lücken haben, wie z.B. in $\{\underline{1},\underline{17},\omega+1\}$), doch sie haben eine Eigenschaft gemeinsam: jede dieser Mengen ist $\in$-fundiert, d.h. sie hat ein $\in$-minimales Element. Umfassen die Mengen des von Neumann Universums alle Mengen, die es (ohne Urelemente) gibt? Eine positive Antwort auf diese Frage kann man beweisen, wenn man ein weiteres Axiom zu ZF$_0$ hinzu nimmt (Ebbinghaus 2003, 44, 110), nämlich:

Fundierungsaxiom (Fund): Jede nichtleere Menge besitzt ein $\in$-minimales Element.
Formal: $\forall x(x \neq \emptyset \rightarrow \exists y(y \in x \land \neg \exists z(z \in y \land z \in x)))$.

Das Fundierungsaxiom schließt die Existenz von unendlichen $\in$-absteigenden Ketten, ... $x_n \in x_{n-1} \in ... \in x_0$ und somit von sich selbst enthaltende Mengen aus. (Fund) ist von den anderen Axiomen in ZF$_0$ unabhängig. Peter Aczel entwickelte eine nichtfundierte Mengentheorie, die reflexive Mengen zulässt und von John Barwise für die mengentheoretische Behandlung der Lügner-Antinomie vorgeschlagen wurde.

Mit (Fund) kann man zwar zeigen, dass jede ohne Urelemente bildbare Menge eine Menge des von Neumann Universums ist, aber noch nicht, dass auch jede Menge wohlgeordnet werden kann. Letzteres wird durch ein weiteres, starkes und ‚nicht unkontroverses' Axiom gewährleistet, das

> *Auswahlaxiom (AC)* (für ‚axiom of choice'): Zu jeder Menge A nicht-leerer
> Mengen gibt es eine *Auswahlfunktion* f, die jedem Element y∈A ein Element von
> y zuordnet.
> Formal: $\forall x(\forall y \in x(y \neq \emptyset) \rightarrow \exists f(f \text{ Funktion} \land \text{Def}(f) = x \land \forall y \in x(f(y) \in y))$.[24]

Das Auswahlaxiom ist nachweislich äquivalent mit zwei weiteren Bedingungen:[25]

> **Merksatz 18-5.** Äquivalente Fassungen des Auswahlaxioms (AC):
> (1) Wohlordnungssatz: Jede Menge M ist wohlordenbar.
> (2) Das Zornsche Lemma: Gegeben eine schwache partielle Ordnung ≤ über
>   einer Menge M, sodass jede Teilmenge K ⊆ M, die bzgl. ≤ eine Kette (lineare
>   Ordnung) bildet, eine obere Schranke in M besitzt. Dann besitzt M ein
>   ≤-maximales Element.

Zu Merksatz 18-5(1): Jede wohlordnungsfähige Menge ist bijektiv auf eine Ordinalzahl abbildbar. In jeder wohlgeordneten Menge hat daher jedes Element genau einen Nachfolger und jedes einer Nachfolgeordinalzahl zugeordnete Element genau einen Vorgänger. Das Axiom (AC) impliziert die Wohlordenbarkeit für jede, insbesondere für jede überabzählbare Menge. Somit impliziert AC auch, dass die reellen Zahlen in eine Wohlordnung gebracht werden können, obwohl sie unendlich dicht (und noch stärker, kontinuierlich dicht) liegen. Zwischen zwei reellen Zahlen, so nahe sie auch beieinander sein mögen, liegen immer noch unendlich viele reelle Zahlen, sodass es ganz unmöglich ist, einen unmittelbaren Nachfolger oder Vorgänger einer reellen Zahl effektiv anzugeben. Dennoch impliziert das Auswahlaxiom, dass die reellen Zahlen, etwa im offenen Intervall $(0,1) =_{\text{def}}$ {r∈R: 0<r<1}, in eine Wohlordnung gebracht werden können. Freilich kann diese Wohlordnung nicht mit der natürlichen Größenordnung zwischen reellen Zahlen übereinstimmen (denn diese konstituiert keine Wohlordnung). Sie ist vielmehr ‚beliebig', d.h. irgendein Element in (0,1) bildet den Anfang, dann kommt das nächste, usw., die ganze Hierarchie der Nachfolge- und Limesordinalzahlen hinauf bis zu den überabzählbaren Ordinalzahlen. Da eine solche Wohlordnung nur postuliert, aber mit keinen Mitteln konstruiert werden kann, ist das Auswahlaxiom nicht unkontrovers. Andererseits wird es für viele Resultate der mathematischen Analysis benötigt (Ebbinghaus 2003, 115).

---

[24] Machover (1996, 77). Ebbinghaus (2003, 114) formuliert (AC) für eine Menge nichtleerer paarweise disjunkter Mengen; beide Formulierungen sind äquivalent.
[25] Beweis z.B. in Ebbinghaus (2003, 120). Eine weitere äquivalente Version ist das Teichmüller-Tukey Lemma.

Zu Merksatz 18-5(2): Das Zornsche Lemma wird gelegentlich in Vollständigkeitsbeweisen verwendet. Aber metalogische Vollständigkeitsbeweise für abzählbare Sprachen benötigen das mengentheoretische Auswahlaxiom nicht. Wohlordnungssatz und Zornsches Lemma können für abzählbare Mengen auch ohne (AS) bewiesen werden, weil diese bijektiv auf die wohlgeordnete Menge der natürlichen Zahlen abgebildet werden können. Das AC benötigt man nur für überabzählbare Mengen bzw. für ‚abstrakte' Sprachen mit überabzählbarem Zeichenvorrat.

Wir schließen das Kapitel mit einer Übersicht über die mengentheoretischen Axiome – Axiome in eckigen Klammern sind ableitbar:

$$\underbrace{[\text{Ex}]\ [\text{Paar}]\ (\text{Aus})\ (\text{Ver})\ (\text{Pot})\ (\text{Ers})\ (\text{Unend})}_{ZF_0}\qquad (\text{Fund})\qquad (\text{AC})$$

$$ZF_0 \qquad\qquad ZF = ZF_0+(\text{Fund})\quad ZFC = ZF+(\text{AC})$$

Da das Axiomensystem ZFC sehr stark ist, wäre es wünschenswert, wenn man nicht nur die erfahrungsgestützte Überzeugung hat, dass sich ein Widerspruch wie die Russellsche Antinomie nun nicht mehr bilden lässt, sondern die Widerspruchsfreiheit von ZFC metalogisch beweisen könnte. Hierzu ist die Antwort leider negativ. Die Arithmetik lässt sich in die ZFC Mengentheorie einbetten (letztere ist sogar echt stärker als erstere). Nun besagt der Gödelsche Unvollständigkeitssatz in seiner 2. Version, dass keine konsistente die Arithmetik enthaltende PL-Theorie 1. Stufe ihre eigene Widerspruchsfreiheit beweisen kann. Daher kann man die Widerspruchsfreiheit der axiomatisierten Mengenlehre nicht mit ihren eigenen Mitteln beweisen – sofern diese konsistent ist, was zu hoffen ist. Zugleich ist die ZFC-Mengentheorie die stärkste formale Theorie, die Mathematiker zur Verfügung haben. Daher ist kein Widerspruchsfreiheitsbeweis in einer anderen Theorie zu finden (jedenfalls nicht beim derzeitigen Stand). Was man lediglich führen konnte, sind folgende *relative* Widerspruchsfreiheitsbeweise (vgl. Ebbinghaus 2003, 12-4; dabei steht „KH" für die „Kontinuumshypothese):

– Ist ZF_0 widerspruchsfrei, dann auch ZF_0 + Fund (=ZF) sowie $ZF_0+\neg$Fund.
– Ist ZF widerspruchsfrei, dann auch ZF+ AC (= ZFC) + KH, sowie ZF+$\neg$AC und ZFC + $\neg$KH.

Daher müssen sich die Metalogiker bei der Frage nach der Beweisbarkeit der eigenen Widerspruchsfreiheit bescheiden geben. Solchen limitativen Resultaten werden wir uns in Abschn. 21.4 zuwenden. Zuvor behandeln wir die zentralen positiven Resultate der Metalogik, insbesondere die Korrektheit und Vollständigkeit der PL.

18.4 Weiterführende Literatur und Übungen

Ebbinghaus (2003) ist eine vorzügliche Einführung in die elementare und fortgeschrittene Mengenlehre (s. auch van der Dalen et al. 1978). Eine simultane Einführung in die Mengenlehre und PL gibt Machover (1996).

18.4.1 Übungen zu Abschnitt 18.2

(1) Betrachten Sie die abgebildeten Teilmengen A, B des Bereichs D = {1,2,3,4}.

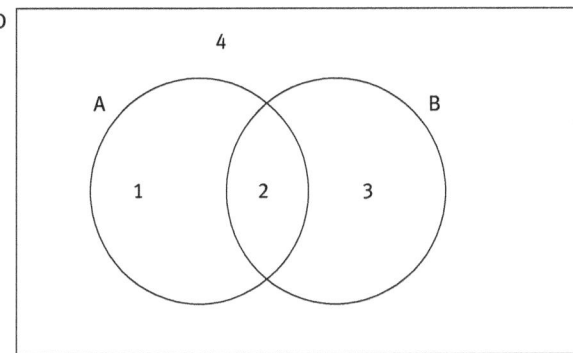

    (a) Welche Elemente enthalten folgende Mengen? (zeichnen Sie diese auch graphisch ein): A∪B, A∩B, A–B, B–A, A^c, B^c, $A^c \cup B^c$, $A^c \cap B^c$.
    (b) Welche Mengen sind A∩A^c, A∪A^c, A–A^c und A–A?
(2) Es sei A = {1,3,4,5,6}, B = {3,5,7,8} und C = {2,3,6,9}. Konstruieren Sie die Mengen A∩B, B∩C, A∪B, A∪C, (A∩B)∪(A∩C), A–B, (A–B)–C, A–(B∩C), (A–B)∪(B–C).
(3) Konstruieren Sie Pot({1,2,3}).
(4) Beweisen Sie (analog zum Beweis im Text): (a) A ⊆ A∪B, (b) A∩B ⊆ A.
(5) Beweisen Sie (analog zum Beweis im Text), wobei $x^c =_{def}$ D–x:
    (a) ∀x,y,z: x∪(y∩z) = (x∪y)∩(x∪z) sowie x∩(y∪z) = (x∩y)∪(x∩z).
    (b) ∀x,y: $(x \cup y)^c = x^c \cap y^c$ sowie $(x \cap y)^c = x^c \cup y^c$.
    (c) ∀x: $x \cup x^c$ = D, $x \cap x^c$ = ∅.
    (d) ∀x, y: x∪y = (x∩y) ∪ (x–y) ∪ (y–x).
(6) (a) Bilden Sie die Menge {1,3,4} ×{2,4,6}.
    (b) Beweisen Sie: A × (B∪C) = (A×B) ∪ (A×C).
    (c) Zeigen Sie, dass A∪(B×C) verschieden ist von (A∪B) × (A∪C).
(7) Welche der folgenden Relationen ist eine Funktion: (a) {<n,m>∈N^2: m = 2·n}, (b) {<x,y>: y ist die Mutter von x}, (c) {<x,y>: y ist der Sohn von x}, (d) {<n,n+1>: n∈N}, (e) {<x,y>: y ist der Wohnsitz von Person x}.

(8) Welche der folgenden Funktionen sind injektiv, surjektiv, bijektiv: (a) f(r) = die kleinste natürliche Zahl größer-gleich r, über den rellen Zahlen, (b) f(n) = n+1, über den natürlichen Zahlen N, (c) f(n) = n+1, über den ganzen Zahlen, (d) f(x) = die Mutter von x, über Menschen, (e) f(x) = der Ehegatte von x, über verheirateten Personen.

19 Induktive Beweise und Metatheoreme der PL

19.1 Das Beweisverfahren der Induktion

Die Menge der natürlichen Zahlen, N, erfüllt nach Merksatz 18-2 drei Axiome. Axiom (N1) besagt, dass die Nachfolgefunktion s:N→N injektiv ist und (N2), dass die Null keinen Vorgänger besitzt; beide Axiome zusammen implizieren, wie in Absch. 18-3 ausgeführt, dass die natürlichen Zahlen eine lineare von 0 wegstrebende Kette bilden, wobei wir hier für die Nachfolgefunktion s(n) anschaulicher s+1 schreiben. Wichtig für diesen Abschnitt ist das dritte Axiom:

> *Schwaches Induktionsgesetz:* Für jede Eigenschaft (bzw. extensional für jede N-Teilmenge) P gilt: wenn P(0) und $\forall x \in N(P(x) \to P(x+1))$, dann $\forall x P x$.
> *In Worten:* Wenn P auf die Null zutrifft und P sich von jedem N-Element auf dessen Nachfolger vererbt, dann sind alle N-Elemente P.

Wie in Abschn. 18-3 ausgeführt, gilt das schwache Induktionsgesetz für alle *abzählbaren*, d.h. bijektiv auf N abbildbare Mengen. Mehr noch: Wann immer wir über einer abzählbar unendliche Menge M zumindest *eine Quasiordnung* < bilden können, die die Menge in natürliche *Rangklassen* partitioniert (Abschn. 17.2) und sich eine Eigenschaft Q der M-Elemente entlang dieser Ränge induktiv vererbt, können wir schwache Induktion über den Rangklassen betreiben, indem wir als induktiv projizierte Eigenschaft P(n) die Eigenschaft „Alle M-Elemente vom Rang n haben die Eigenschaft Q" ansehen. Wir erläutern dies zuerst an einem *Beispiel*.

Induktiver Beweis von: „Für alle endliche Mengen x: wenn x n Elemente hat, dann hat Pot(x) 2^n Elemente". Durch schwache Induktion über die Kardinalität von x.
Start: Ist $|x| = 0$ und somit $x = \emptyset$, dann ist Pot(x) = $\{\emptyset\}$ und hat $1 = 2^0$ Elemente.
Induktionshypothese IH: Angenommen $|x| = n$. Gemäß IH dürfen wir $|Pot(x)| = 2^n$ annehmen.
Induktionsschritt: Sei $|x'| = n+1$. Somit $x' = x \cup \{e\}$ für ein neues Element e. Jede Teilmenge von $x \cup \{e\}$, die in Pot(x) nicht enthalten ist, entsteht aus genau einer Teilmenge von Pot(x) durch Hinzufügung von e. Daher gilt Pot(x∪{e}) = Pot(x) ∪ {z∪{e}: z∈Pot(x)}. Gemäß IH gilt $|Pot(x)| = 2^n$. Die Menge {z∪{e}: z∈Pot(x)} ist auf Pot(x) bijektiv abbildbar, indem man jedes z in Pot(x) dem z∪{e} in {z∪{e}: z∈Pot(x)} zuordnet. Somit gilt auch $|\{z\cup\{e\}: z\in Pot(x)\}| = 2^n$. Überdies sind Pot(x) und {z∪{e}: z∈Pot(x)} disjunkt. Daher ist $|Pot(x')| = |Pot(x) \cup \{z\cup\{e\}: z\in Pot(x)\}|$ = $2^n + 2^n = 2^{n+1}$. Q.E.D. (dies steht für „quod errat demonstrandum" und zeigt das

Ende des Beweises an). Der letzte Schritt zur Allgenerisierung $\forall x(|x| = n \to |Pot(x)| = 2^n)$ versteht sich von selbst und wird nicht angegeben.

Wir fassen zusammen:

Schwache induktive Beweismethode für quasigeordnete Mengen M:
(1) *Start:* Man beweist, dass P auf alle x∈M von Rang 0 zutrifft.
(2a) *Induktionshypothese:* Man nimmt an, P trifft auf alle x∈M vom Rang n zu.
(2b) *Induktionsschritt:* Man beweist daraus, dass P auf alle x∈M vom Rang n+1 zutrifft.
Konklusion: Man schließt aus (1+2), dass P auf alle x∈M zutrifft.

Noch bequemer als die schwache Induktion ist:

Starkes Induktionsgesetz: Für jede Eigenschaft (bzw. N-Teilmenge) P gilt:
Wenn $\forall x(\forall y(y<x \to P(y)) \to Px)$, dann $\forall xPx$.
In Worten: Wenn P auf ein beliebiges N-Element x zutrifft, sofern es auf alle Elemente kleiner x zutrifft, dann sind alle N-Elemente P.

Zum Zusammenhang von starker und schwacher Induktion: Man beachte zunächst, dass die Wenn-Bedingung „$\forall y(y<x \to P(y)) \to Px$" der starken Induktion in Anwendung auf x=0 ihrerseits ein tautologisch wahres Wenn-Glied besitzt (da es kein y mit y<0 gibt) und daher mit „P(0)" äquivalent ist. Daher fällt der Beweis dieser Bedingung für x=0 mit dem Beweis von P(0), also dem Start der schwachen Induktion zusammen. Darüberhinaus gilt aussagenlogisch: wenn A schwächer ist als B, dann ist A→C stärker B→C. Weil P(x–1) schwächer ist als $\forall y(y<x \to P(y))$, ist somit (a) P(x–1) → P(x) logisch stärker als $\forall y(y<x \to P(y)) \to Px$. Nun ist (a) die Wenn-Bedingung der schwachen Induktion und (b) die Wenn-Bedingung der starken Induktion. Daher ist das schwache Induktionsgesetz selbst *prima facie* logisch schwächer als das starke. Wie in Abschn. 17.3 erläutert, ist die starke Induktion für N oder andere abzählbare Mengen jedoch nur *scheinbar* stärker als die schwache Induktion. Unten illustrieren wir den Beweis der Implikation vom schwachen auf das starke Induktionsgesetz für natürliche Zahlen. Der Beweis basiert auf der Idee, dass wir „$\forall y(y<x \to Py)$" als komplexe Eigenschaft Q(x) auffassen und darüber schwache Induktion betreiben können.

Nur für überabzählbare wohlgeordnete Mengen ist die starke Induktion echt stärker als die schwache Induktion, denn hier gilt sie nicht nur für Nachfolgerordinalzahlen, sondern auch für Limesordinalzahlen – was wir hier nicht benötigen. Doch ist die starke Induktion auch für abzählbare Sprachen wesentlich

Beweis der starken aus der schwachen Induktion über N:

▶ (1)	$\forall x(\forall y(y<x \to Py) \to Px)$	KB-Ann., Wenn-Glied der starken Ind.
(2)	$\forall x(Qx \leftrightarrow_{def} \forall y(y<x \to Py))$	Präm, Definition
(3)	$\forall x(Qx \to Px)$	1, 2 E_P
(4)	$\neg \exists y(y < 0)$	Axiom N2, Präm
(5)	$\forall y(y < 0 \to Py)$	aus 4 durch einfache PL-Schritte
(6)	$Q(0)$	E_P 5, 2
▶ (7)	Qn	KB-Ann.
(8)	$\forall y(y<n \to Pn)$	E_P 7, 2
(9)	Pn	aus 3-UI + 7, MP
(10)	$\forall y(y=n \to Py)$	aus 9, PL-Schritt
(11)	$\forall y(y<(n+1) \to (y<n \lor y=n))$	folgt aus N-Axiomen
(12)	$\forall y(y<(n+1) \to Py)$	aus 11, 8, 10 durch PL-Schritte
(13)	$Q(n+1)$	E_P 12, 2
(14)	$\forall x(Q(x) \to Q(x+1))$	KB 7-12, + UG, VB erfüllt
(15)	$\forall x Qx$	aus 6, 14 und schwacher Induktion
(16)	$\forall y(y<(n+1) \to Py)$	UI 15 zu $Qs(n)$ und E_P 2
(17)	Pn	UI 16 y:n, n<(n+1) (N-Theorem) und MP
(18)	$\forall x Px$	UG 16, VB erfüllt
(19)	$\forall x(\forall y(y<x \to Py) \to Px) \to \forall x Px$	KB 1-18, = starke Induktion

bequemer als die schwache Induktion. Denn sie ist auch umweglos auf rekursive Definitionen anwendbar, deren definierte Elemente auch mehr als einen Vorgänger besitzen können. Dies ist für Formeln formaler Sprachen der Fall, denn binär zusammengesetzte Formeln, z.B. A∧B, haben zwei Rekursionsvorgänger A und B. Die Komplexitätsränge $r(X)$ von Formeln X sind so zu definieren:

Ist A atomar, dann ist $r(A) = 0$.
Ist A = ¬B, dann $r(A) = r(B) + 1$.
Ist A = BoC (für o ∈ {∧,∨,→}), dann ist $r(AoB) = r(A)+r(B)+1$.
Ist A = QvA (für Q ∈ {∀,∃} und v∈$\mathcal{V}$), dann ist $r(QvA) = r(A)+1$.

Hinweis: Wenn wir wie oben einen Satz wie „A = ¬B" behaupten, dann ist dies natürlich kein objektsprachlicher, sondern ein *metasprachlicher Satz*, der besagt, dass die Formeln A und ¬B identisch, also dieselben Zeichenreihen sind. (Objektsprachlich wäre der Satz sinnlos: erstens müsste dann „=" durch „≡" ersetzt sein und zweitens wäre A ≡ B gar nicht wohlgeformt.)

Induktion über Formelkomplexität ist ein zentrales metalogisches Beweisverfahren (der Induktionsschritt für binäre Junktoren wird durch starke Induktion geführt):

> *Beweismethode der Induktion über die Komplexität von Formeln:*
> Um eine Eigenschaft P für alle Formeln A ∈ $\mathcal{L}$ zu beweisen, verfährt man wie folgt:
> (1) *Start – A ist atomar:* Man beweist, dass P auf alle atomaren Formeln, also Formeln vom Rang 0 zutrifft.
> (2a) *Induktionshypothese IH:* Für eine beliebige Formel A mit Rang n>0 nimmt man an, P trifft auf alle Formeln von Rang < n zu. Nun folgt eine *Fallunterscheidung*:
> (2b) *Induktionsschritt A = ¬B* (für irgendein ein B∈$\mathcal{L}$): Man beweist aus dem Zutreffen von P auf B (IH), dass P auf ¬B zutrifft.
> (2c) *Induktionsschritt A = BoC*, für o ∈ {∧,∨,→} (für irgendwelche B, C ∈ $\mathcal{L}$): Man beweist aus dem Zutreffen von P auf B und auf C (IH), dass P auf BoC zutrifft (3 Induktionsschritte).
> (2d) *Induktionsschritt A = QvB*, für Q ∈ {∀,∃}, v∈$\mathcal{V}$ (für irgendein B∈$\mathcal{L}$). Man beweist aus P's Zutreffen auf B (IH), dass P auf QvB zutrifft (2 Induktionsschritte).
> (3) Konklusion: Man schließt aus (1+2) mittels starker Induktion, dass P auf alle Formeln A ∈ $\mathcal{L}$ zutrifft.

Im nächsten Abschnitt illustrieren wir das Beweisverfahren anhand mehrerer elementarer metalogischer Theoreme.

19.2 Metalogische Anwendungen der Induktion

Als erstes Beispiel beweisen wir die prämissenrelativierte Ersetzungsregel (E_P) von Abschn. 13.1 in ihrer semantischen Version. Man rekapituliere: „A[C/B]" ist das Resultat der Ersetzung von einigen Vorkommnissen der Teilformel B in A durch C.

Beweis der prämissenrelativierten Ersetzungsregel (E_P):
Wenn Γ ⊨ B↔C, dann Γ ⊨ A ↔ A[C/B], für Γ ohne freie Iv's.
KB-Annahme: Γ ⊨ B↔C, für B eine Teilformel von A und Γ ohne freie Ivs. Zu zeigen: Γ ⊨ A ↔ A[C/B], durch Induktion nach der Komplexität von A.

  1.) Start: A ist eine Atomformel, $Rt_1...t_n$ oder $t_1≡t_2$. Dann ist die einzige Teilformel von A A selbst; somit ist A[C/B] entweder identisch mit C (wenn A = B), oder mit A (wenn A ≠ B) und die Behauptung Γ ⊨ A ↔ A[C/B] ist trivial erfüllt.

  2.) A = ¬D. Dann gilt aufgrund Induktionshypothese (IH): Γ ⊨ D ↔ D[C/B]. Zu zeigen: Γ ⊨ ¬D ↔ (¬D)[C/B]. Es gilt (i) D ↔ D[C/B] ⊨ ¬D ↔ ¬(D[C/B]), denn wenn zwei Formeln X, Y (hier D und D[C/B]) denselben Wahrheitswert haben, dann auch ¬X und ¬Y (für beliebige Wahrheitswertzuordnungen V). Aus trivial-syntaktischen Gründen gilt ¬(D[C/B]) = (¬D)[C/B], denn im Negationszeichen kann nichts ersetzt werden. Somit folgt aus (i) auch D ↔ D[C/B] ⊨ ¬D ↔ (¬D)[C/B], und aufgrund der IH Γ ⊨ D ↔ D[C/B] (via Schnittregel für ⊨) auch Γ ⊨ ¬D ↔ (¬D)[C/B], was zu zeigen war.

3.) A = D∧E. Dann gilt aufgrund der IH: (a) Γ ⊨ D ↔ D[C/B] und (b) Γ ⊨ E ↔ E[C/B]. Zu zeigen: Γ ⊨ D∧E ↔ (D∧E)[C/B]. Es gilt
  (c) D ↔ D[C/B], E ↔ E[C/B] ⊨ (D∧E) ↔ (D[C/B] ∧ E[C/B]),
denn wenn (für beliebige V) die zwei Formeln X, X' denselben Wahrheitswert und die zwei Formeln Y und Y' denselben Wahrheitswert haben, dann haben auch X∧Y und X'∧Y' denselben Wahrheitswert. Aus (a), (b) und (c) folgt (d) Γ ⊨ D∧E ↔ (D[C/B] ∧ E[C/B]). Aus trivial-syntaktischen Gründen gilt (D[C/B] ∧ E[C/B]) = (D∧E)[C/B] – denn im Konjunktionszeichen kann nichts ersetzt werden. Daher folgt aus (d) auch Γ ⊨ D∧E ↔ (D∧E)[C/B], was zu zeigen war.

4.) A = D∨E. ⎫ Die Beweise für die beiden Fälle haben exakt dieselbe Form wie
5.) A = D→E. ⎭ für A = B∧C, nur dass statt „∧" ein „∨" oder „→" zu setzen ist.

6.) A = ∀xD (für ein x∈𝒱). Aufgrund der IH gilt Γ ⊨ D ↔ D[C/B]. Zu zeigen: Γ ⊨ ∀xD ↔ (∀xD)[C/B]. Wir zeigen dies einfachheitshalber mit der (semantisch gültigen) deduktiven PL-Regel UGv.²⁶ Da Γ keine freien Iv's enthält, enthält Γ auch x nicht frei. Daher folgt aus der IH durch Anwendung von UGv (a) Γ ⊨ ∀x(D ↔ D[C/B]). Aufgrund simpler semantisch gültiger PL-Schritte (vgl. den Beweis von ∀x(A → B), ∀xA / ∀xB in Abschn. 12.4) zeigt man (b) ∀x(D ↔ D[C/B]) ⊨ ∀xD ↔ ∀x(D[C/B]). Aus trivial-syntaktischen Gründen ist ∀x(D[C/B]) = (∀xD)[C/B], denn in „∀x" kann keine Teilformel ersetzt werden. Somit folgt aus (b) auch ∀x(D ↔ D[C/B]) ⊨ (∀xD ↔ (∀xD)[C/B]) und aufgrund (a) daher Γ ⊨ ∀xD ↔ (∀xD)[C/B], was zu zeigen war.

7.) A = ∃xD. Der Beweis verläuft wie der für 6.), außer dass im Schritt (b) nun ∀x(D ↔ D[C/B]) ⊨ ∃xD ↔ ∃x(D[C/B]) bewiesen wird, was ebenso einfach ist. ∃x(D[C/B]) ist mit (∃xD)[C/B] syntaktisch identisch, woraus ∀x(D ↔ D[C/B]) ⊨ ∃xD ↔ (∃xD)[C/B] und mit (a) von 6.) daher Γ ⊨ ∃xD ↔ (∃xD)[C/B]) folgt. Q.E.D.

Ersichtlicherweise wäre der Beweis kürzer gewesen, hätten wir nur ¬, ∧ und ∀ als primitive logische Operatoren. Wir werden dies in fortgeschrittenen metalogischen Beweisen annehmen. In Schritt 6.) haben wir einfachheitshalber deduktive Regeln benutzt und aufgrund ihrer Korrektheit auf die Folgerungsrelation geschlossen. Man kann auch den gesamten Beweis syntaktisch-deduktiv führen (d.h. „⊨" durch „⊢" ersetzen und die syntaktische Version von E_P beweisen);

---

26 Wollte man es direkt semantisch zeigen, müsste UGv in der Metasprache verwendet werden.

Beweisverfahren der Induktion nach der Formelkomplexität, formell expliziert mit Beweisschrittnummerierung. Variablen x,y laufen über $\mathcal{L}$-Formeln. „x<y" steht für „x hat kleineren Rang als y"; „At(x)" steht für „x ist atomar", „n.V." für „nach Voraussetzung". Bewiesen wird ∀xPx. Mehrere Schritte werden in einen zusammengefasst. In Schritt 2 wird eine 4-fache allgemeine FU getroffen. Wir nehmen 1, 2 für *beliebiges* x an und ersparen uns UI. In Schritten m+1, q+1, s+1 wird zugleich eine FU-Ann. und dazugehörige EP-Ann. gemacht; in Schritten q, r, s wird die EP-Annahme zugleich abgeschlossen.

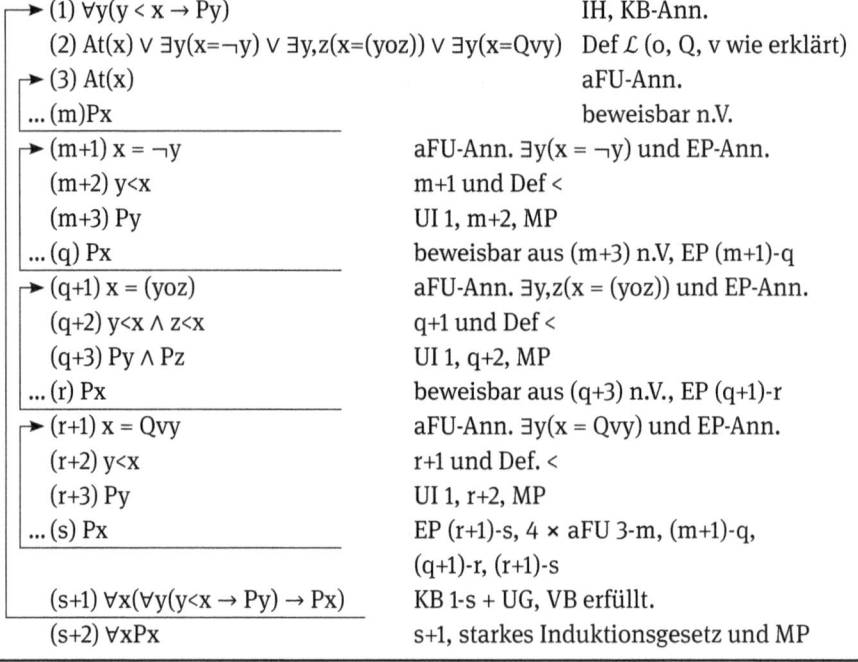

dann muss man die Schritte 2.-5. deduktiv im Kalkül S beweisen (ohne den Kalkül Ä anzuwenden, denn das wäre zirkulär); wir tun dies in den Übungen.

Es hat den Anschein, dass sich diese ‚höheren' mathematischen Beweistechniken von den kleinschrittigen deduktiven Beweisen der Objektsprache weit entfernt haben. Es ist aber durchaus möglich, wenngleich *unnötig kompliziert*, die Struktur eines induktiven Beweises auch als kleinschrittigen deduktiven Beweis wiederzugeben. Wir haben dies obenstehender Box durchgeführt.

Als nächstes Beispiel beweisen wir den in Abschn. 15.2 erwähnten Koinzidenzsatz, den wir für den Beweis der Gültigkeit von UI benötigen.

19.2 Metalogische Anwendungen der Induktion — 363

> **Merksatz 19-1.** *Koinzidenzsatz* (Koinzidenz von Substitution und Bewertungswechsel):
> $V(A[t/x]) = V[x:V(t)](A)$, für beliebige PL-Bewertungen V, Iv's x und Terme t.

Beweis des Koinzidenzsatzes:
Vorüberlegung 1: Gemäß Def. 16-5 werden in A zwecks Konfusionsvermeidung alle gebundenen Variablen, die Iv's in t nach Durchführung der Substitution binden würden, in neue (nicht in t vorkommende) Variablen gebunden umbenannt, bevor die Substitution durchgeführt wird. Ohne Beschränkung der Allgemeinheit können wir annehmen, diese Umbenenung wurde, falls nötig, bereits vorgenommen, sodass die Substitionsoperation [t/x] für A konfusionsfrei ist.
Vorüberlegung 2: Unter dieser Annahme beweisen wir den Koinzidenzsatz durch Induktion über die Komplexität der Formel A für *beliebige* V. Allerdings können wir auch in Termen substituieren, weshalb wir den Koinzidenzsatz als ‚Lemma' (Hilfssatz) zunächst für Terme durch Induktion über die Komplexität von Termen beweisen müssen; dabei steht „t*[t/v]" für das Resultat der Ersetzung aller Iv's v in Term t* durch t.
Unsere Beweise haben oft die Form von Äquivalenzketten; Beweisschritte sind in eckigen Klammern angeführt; Def. 16-5 ist die Def. der Substitutionsoperation, „Si" bzw. „ST$_i$" die semantische Regel Nr. i (Abschn. 15.1), „IH" wie immer die „Induktionshypothese".

Induktion über Terme:
Zu zeigen ist: Für beliebige V und Terme t*: $V(t^*[t/x]) = V[x:V(t)](t^*)$.
1.) t* ist atomar, d.h. eine Ik oder eine Iv. *Fallunterscheidung:*
Entweder t* = x: Nach Def. 16-5 gilt dann t*[t/x] = t. Somit $V(t^*[t/x]) = V(t) = V[x:V(t)](t^*)$ [denn t*=x].
Oder t* ≠ x. Nach Def. 16-5 gilt dann t*[t/x] = t* [weil t* ≠ x und atomar], somit $V(t^*[t/x]) = V(t^*) = V[x:V(t)](t^*)$ [weil t* ≠ x und atomar].
2.) t* = ft$_1$...t$_n$. Die IH besagt $V(t_i[t/x]) = V[x:V(t)](t_i)$ für alle i ∈ {1,...,n}.
Nach Def. 16-5 gilt (ft$_1$...t$_n$)[t/x] = f(t$_1$[t/x],...,t$_n$[t/x]).
Somit V(ft$_1$...t$_n$) = V(f(t$_1$[t/x],...,t$_n$[t/x]) = V(f)(V(t$_1$[t/x]),...,V(t$_n$[t/x])) [nach ST2, Def. 16-4] = V[x:V(t)](f)(V[x:V(t)](t$_1$),...,V[x:V(t)](t$_n$) [aufgrund der IH für die Terme t$_i$, und weil V(f) = V[x:t](f) für das Funktionszeichen f] = V[x:V(t)](ft$_1$...t$_n$) [nach ST2].

Induktion über Formeln:
3.) A atomar, A = Rt$_1$,...,t$_n$: Wir inkludieren den Fall einer atomaren Identitätsformel durch Setzen von R² = ≡, mit V(≡) = {<d,d>:d∈D}.
Nach Def. 16-5 gilt (Rt$_1$...t$_n$)[t/x] = R(t$_1$[t/x],...,t$_n$[t/x]). Daher:
V((Rt$_1$...t$_n$)[t/x]) = w ↔ V(R(t$_1$[t/x],...,t$_n$[t/x])) = w ↔ <V(t$_1$[t/x]),...,V(t$_n$[t/x])> ∈ V(R)

[nach S1] $\leftrightarrow$ <V[x:V(t)](t_1),...,V[x:V(t)](t_n)> $\in$ V(R), denn aufgrund 1.)+2.) gilt V(t_i[t/x]) = V[x:V(t)](t_i) für alle i $\in$ {1,...,n}. Trivialerweise gilt V[x:V(t)](R) = V(R). Somit setzen wir fort: $\leftrightarrow$ V[x:V(t)]($Rt_1...t_n$) = w [nach S1]. Somit V(A[t/x]) = V[x:V(t)](A) (denn V(X) = w $\leftrightarrow$ V(Y) = w ist mit V(X) = V(Y) äquivalent).

4.) A = ¬B: Die IH besagt V(B[t/x]) = V[x:V(t)](B). Nach Def. 16-5 gilt (¬B)[t/x] = ¬(B[t/x]). Daher V((¬B)[t/x]) = w $\leftrightarrow$ V(¬(B[t/x])) = w $\leftrightarrow$ V(B[t/x]) = f [S2a] $\leftrightarrow$ V[x:V(t)](B) = f [IH] $\leftrightarrow$ V[x:V(t)](¬A) = w [S2a]. Daher V(A[t/x]) = V[x:V(t)](A).

5.) A = B∧C: Die IH besagt V(B[t/x]) = V[x:V(t)](B) und V(C[t/x]) = V[x:V(t)](C). Nach Def. 16-5 gilt (B∧C)[t/x] = B[t/x]∧C[t/x]. Somit V((B∧C)[t/x]) = w $\leftrightarrow$ V(B[t/x]∧C[t/x]) = w $\leftrightarrow$ (V(B[t/x]) = w) ∧ (V(C[t/x]) = w) [S2b] $\leftrightarrow$ (V[x:V(t)](B) = w) ∧ (V[x:V(t)](C) = w) [nach IH] $\leftrightarrow$ V[x:V(t)](B∧C) = w [S2b]. Daher V(A[t/x]) = V[x:V(t)](A).

Für A = B∨C und A = B→C läuft der Induktionsschritt gleich ab, nur dass für „∧" „∨" bzw. „→" gesetzt wird, und für „S2b" „S2c" bzw. „S2d".

6.) A = ∀zB: Nach Annahme ist die Iv z nicht in t. Die IH besagt V(B[t/x]) = V[x:V(t)](B). Es folgt eine Fallunterscheidung:
- Wenn x = z: Dann ist x nicht frei in ∀zB. Daher wird durch [t/x] in ∀zB nichts substituiert und V((∀zB)[t/x]) = V(∀zB). Ferner koinzidiert dann V mit V[x:V(t)] für alle freien Iv's in ∀zB, weshalb V(∀zB) = V[x:V(t)](∀zB) und somit V((∀zB)[t/x]) = V[x:V(t)](∀zB) gilt (die IH wird hier nicht benötigt).
- Wenn x ≠ z: Nach Def. 16-5 gilt (∀zB)[t/x] = ∀z(B[t/x]). Daher V((∀zB)[t/x]) = w $\leftrightarrow$ V(∀z(B[t/x])) = w $\leftrightarrow$ ∀d∈D(V[z:d](B[t/x]) = w) [S3a] $\leftrightarrow$ ∀d∈D(V[z:d, x:V[z:d](t)](B) = w) [aufgrund IH, angewandt auf V[z:d]] $\leftrightarrow$ ∀d∈D(V[z:d, x:V(t)](B) = w) [weil V[z:d](t) = V(t), da z nach Annahme nicht in t] $\leftrightarrow$ V[x:V(t)](∀zB) = w. Somit V(A[t/x]) = V[x:V(t)](A).

Für A = ∃xB ist der Induktionsschritt gleich, nur mit „∃" anstelle von „∀". Q.E.D.

In den mit „Def. 16-5" bezeichneten Beweisschritten haben wir die Substitutionsoperation A[t/x] in die Teilformeln von A hineindistribuiert und uns dabei auf Def. 16-5 gestützt. Das erfordert jedesmal eine kurze Überlegung, weil Def. 16-5 eine allgemeine und keine rekursive Definition ist. Mathematische Logiker geben üblicherweise die zu Def. 16-5 gleichwertige rekursive Definition:

Definition 19-1. *Rekursive Definition der Termsubstitution* (gleichwertig zu Def. 16-5):
Für Terme t^*: (SubT1) Wenn t^* atomar, dann t^*[t/x] = t falls t^* = x, und = t^* andernfalls.
(SubT2) Wenn t^* = f($t_1...t_n$), dann f($t_1...t_n$)[t/x] = f(t_1[t/x],...,t_n[t/x]).
Für Formeln A (sofern (i) von Def. 16-5 erfüllt ist; andernfalls (ii) anwenden):
(Sub1) Wenn A = $Rt_1...t_n$ atomar ($t_1\equiv t_2$ inkludiert), dann

Rt₁...t_n[t/x] = R(t₁[t/x],...,t_n[t/x]).
(Sub2a) Wenn A = ¬B, dann A[t/x] = ¬(B[t/x]).
(Sub2b,c,d) Wenn A = (BoC), für o ∈ {∧,∨,→}, dann A[t/x] = (B[t/x] o C[t/x]).
(Sub3a,b) Wenn A = QzB, für Q∈{∀,∃}, z∈$\mathcal{V}$, dann Fallunterscheidung:
Falls x = z, A[t/x] = QzB = A.   Falls x ≠ z, A[t/x] = Qz(B[t/x]).

Verwendet man die rekursive Definition, dann werden die ‚Def. 16-5'-Beweisschritte offensichtlich.[27] Daher bevorzugen mathematische Logiker rekursive Definitionen, obwohl die allgemeinen Definitionen intuitiv eingängiger sind. Auch die Begriffe der Subformel oder der Menge der in einer Formel vorkommenden Variablen bzw. freien Variablen sind rekursiv definierbar (z.B. Ebbinghaus et al. 1996, 23-7).

19.3 Isomorphe Modelle und ihre philosophische Signifikanz

Ein basales metalogisches PL-Theorem ist der *Isomorphiesatz*. Er besagt, grob gesprochen, dass prädikatenlogische Beschreibungen bzw. Theorien isomorphe Modelle, also strukturgleiche mögliche Welten, nicht voneinander unterscheiden können. In Abschn. 18.3 hatten wir bereits von isomorphen Modellen der natürlichen Zahlen gesprochen. Wir definieren zunächst, wann zwei Modelle bzw. Bewertungen für eine gegebene PL-Sprache $\mathcal{L}1^=$ zueinander isomorph sind:

Definition 19-2. *Isomorphe Modelle:*   („d_{1-n}" abkürzend für „$d_1,...,d_n$")
Zwei Bewertungen <D,V> und <D',V'> (und die zugehörigen Interpretationen bzw. Modelle) für eine Sprache $\mathcal{L}1^=$ sind zueinander isomorph g.d.w. eine bijektive Abbildung i:D↔_{1:1}D' existiert, sodass:
(i)   Für alle k∈$\mathcal{K}$ und v∈$\mathcal{V}$: V'(k) = i(V(k)) und V'(v) = i(V(v)).
(ii) Für alle f^n ∈ $\mathcal{F}$ und d_{1-n} ∈ D^n: V'(f)(i(d_1),...,i(d_n)) = i(V(f)(d_1,...,d_n)).
(iii) Für alle R^n∈$\mathcal{R}$ und d_{1-n} ∈ D^n: <i(d_1),...,i(d_n)> ∈ V'(R) g.d.w. <d_1,...,d_n> ∈ V(R).

Hinweis: Für eine Sprache mit k Ik's, m Funktions- und n Relationszeichen schreibt man ein Modell auch in die Form <D,{$\underline{k}_1$,...,$\underline{k}_k$}, {$\underline{f}_1$,...,$\underline{f}_m$}, {$\underline{R}_1$,...,$\underline{R}_n$}>; die unterstrichenen Buchstaben stehen für die Interpretationen der Zeichen. Abb. 19-1 zeigt ein Beispiel zweier isomorpher Modelle <D,$\underline{k}$,$\underline{f}$,$\underline{R}$> und <D',$\underline{k}$',$\underline{f}$',$\underline{R}$'> für eine Sprache mit einer Ik, einem Funktions- und einem Relationszeichen.

---

[27] Die simultane Substitution kann definitorisch auf die sukzessive zurückgeführt werden, mithilfe *neuer* Iv's $u_1,...,u_n$, durch: A[$t_1/x_1,...,t_n/x_n$] =_{def} (...(A[u_1/x_1])[t_1/u_1])...[u_n/x_n])[t_n/u_n])...).

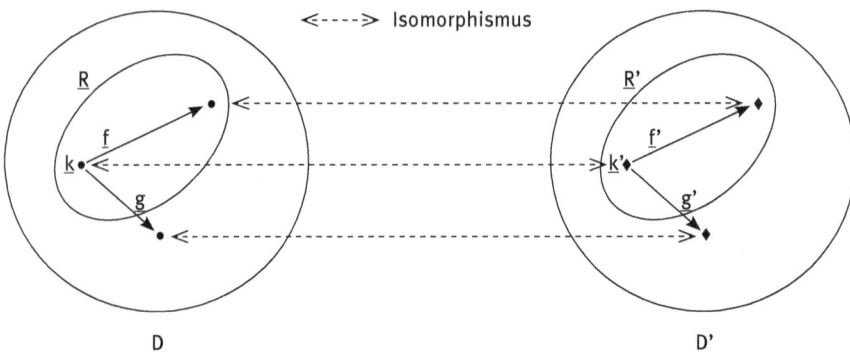

Abb. 19-1: Zwei isomorphe Modelle.

Merksatz 19-2. *Isomorphiesatz:*
Zwei isomorphe Bewertungen <D,V> und <D',V'> einer Sprache $\mathcal{L}1^=$ machen genau dieselben Sätze dieser Sprache wahr und erfüllen genau dieselben Formeln.

Beweis von Merksatz 19-2. Durch Induktion nach der Komplexität von Termen und Formeln. Wir zeigen die Behauptung für *alle* Bewertungen <D,V>, Isomorphismusfunktionen $i:D \leftrightarrow_{1:1} D'$ und zugehörige isomorphe Bewertungen <D',V'>.

Induktion über Terme: Zu zeigen: Für alle Terme $t \in \mathcal{T}$: $V'(t) = i(V(t))$.

1.) t ist atomar. Dann gilt $V'(t) = i(V(t))$ direkt aufgrund Def. 19-2(i).

2.) $t = ft_1...t_n$. Die IH besagt: $V'(t_i) = i(V(t_i))$ für alle $i \in \{1,...,n\}$. Dann gilt $V'(ft_1...t_n) = V'(f)(V'(t_1),...,V'(t_n))$ [nach ST2] $= V'(f)(i(V(t_1)),...,i(V(t_n)))$ [aufgrund IH] $= i(V(f)(V(t_1),...,V(t_n)))$ [Def. 19-2(ii)] $= i(V(ft_1...t_n))$ [TS2].

Induktion über Formeln: Zu zeigen: Für alle Formeln $A \in \mathcal{L}1^=$: (D',V') $\models$ A g.d.w. (D,V) $\models$ A.

1.) A ist atomar. (i) $A = Rt_1...t_n$: Die IH besagt: $V'(t_i) = i(V(t_i))$ für alle $i \in \{1,...,n\}$. Dann gilt <D',V'> $\models$ $Rt_1...t_n$ g.d.w. $<V'(t_1),...,V'(t_n)> \in V'(R)$ [S1] g.d.w. $<i(V(t_1)),...,i(V(t_n))> \in V'(R)$ [aufgrund IH] g.d.w. $<V(t_1),...,V(t_n)> \in V(R)$ [Def. 19-2(iii)] g.d.w. <D,V> $\models$ $Rt_1...t_n$ [S1].

(ii) $A = t_1 \equiv t_2$. Die IH besagt: $V'(t_i) = i(V(t_i))$ für alle $i \in \{1,2\}$. Dann gilt <D',V'> $\models$ $t_1 \equiv t_2$ g.d.w. $V'(t_1) = V'(t_1)$ [S1≡] g.d.w. $i(V(t_1)) = i(V(t_2))$ [aufgrund IH] g.d.w. $V(t_1) = V(t_2)$ [weil i injektiv ist] g.d.w. <D,V> $\models$ $t_1 \equiv t_2$.

2.) $A = \neg B$. Die IH besagt <D',V'> $\models$ B g.d.w. <D,V> $\models$ B. Daher <D',V'> $\models$ $\neg B$ g.d.w. <D',V'> $\not\models$ B [S2a] g.d.w. <D,V> $\not\models$ B [aufgrund IH und AL] g.d.w. <D,V> $\models$ $\neg B$ [S2a].

3.) A = B∧C: Die IH besagt <D',V'> ⊨ B g.d.w. <D,V> ⊨ B und <D',V'> ⊨ C g.d.w. <D,V> ⊨ C. Daher <D',V'> ⊨ B∧C g.d.w. (<D',V'> ⊨ B) ∧ (<D',V'> ⊨ C) [S2c] g.d.w. (<D,V> ⊨ B) ∧ (<D,V> ⊨ C) [aufgrund IH und AL] g.d.w. <D,V> ⊨ B∧C [S2c].

Für A = B∨C und A = B→C verläuft der Beweis analog.

4.) A = ∀xB: Die IH besagt: <D',V'> ⊨ B g.d.w. <D,V> ⊨ B. Daher <D',V'> ⊨ ∀xA g.d.w. ∀d'∈D'(<D',V'[x:d']> ⊨ B) g.d.w. ∀d∈D(<D',V'[x:i(d)]> ⊨ B). Letztere Äquivalenz gilt einfach deshalb, weil die Funktion i *surjektiv* ist, d.h. für alle d' gibt es d∈D mit i(d) = d'; somit {i(d):d∈D} = D'. Wir fahren fort: g.d.w. ∀d∈D(<D,V[x:d]> ⊨ B), aufgrund der IH und weil <D',V'[x:i(d)]> genau das i-isomorphe Bild der Bewertung <D,V[x:d]> ist und die IH für *alle* i-isomorphe Bewertungen <D,V> und <D',V'> gilt. Wir setzen fort: g.d.w. <D,V> ⊨ ∀xB.

Für A = ∃xB verläuft der Beweis analog. Q.E.D.

Der Isomorphiesatz impliziert unter anderem, dass wenn wir eine Struktur <D,V> und eine Objektmenge D' von gleicher Mächtigkeit wie D besitzen, wir darauf jederzeit ein isomorphes Modell <D',V'> *konstruieren* können, indem wir irgendeine Bijektion i:D↔$_{1:1}$D' annehmen (die es per Annahme gibt) und die Isomorphiebedingungen (i), (ii) und (iii) von Def. 19-2 als Anleitung nehmen, um die zu den Funktionen f$_i$ und Relationen R$_i$ von (D,V) isomorphen Gegenstücke f'$_i$ und R'$_i$ zu konstruieren.

Der Isomorphiesatz gilt nicht nur für die PL 1. Stufe, sondern auch für die PL 2. Stufe (und wird hierfür analog bewiesen). Er hat grundsätzliche erkenntnistheoretische Bedeutung. Wir können plausiblerweise annehmen, dass (1.) alles, was wir über die Welt rational wissen können, in irgendeiner klaren Sprache ausdrückbar ist und (2.) jede klare Sprache auch in der Prädikatenlogik ausdrückbar ist. Dann folgt aus dem Isomorphiesatz, dass unser Wissen die Struktur unserer Welt maximal bis auf Isomorphie fixieren kann. Eine Theorie, die ihre Modelle bis auf Isomorphie fixiert, heißt *kategorisch*. (Selbst Kategorizität ist, wie wir im nächsten Kapitel sehen werden, eine seltene Eigenschaft, aber nehmen wir an, wir hätten eine kategorische Theorie.) Was rationales Wissen also bestenfalls erfassen kann, ist die Struktur der abgebildeten Wirklichkeit, aber nicht die ‚Dinge an sich selbst' bzw. ihre individuelle Essenz. Man nennt diese erkenntniskritische Sichtweise heute den (epistemischen) *strukurellen Realismus* und als sein Begründer wird oft Bertrand Russell genannt, aber vor Russell stellte schon Immanuel Kant die These auf, dass die *Dinge an sich* nicht erkennbar sind. Intuitiv könnte man dagegen einwenden, dass man doch zumindest die beobachtbaren Dinge der Außenwelt kennt, denn man kann sie sehen und fühlen: ich habe nicht nur eine ‚Theorie des Apfels', sondern weiß auch, wie er sich anfühlt und schmeckt. Doch insofern solches ‚Wissen' über Strukturwissen hinausgeht, handelt es sich dabei nicht um Wissen, sondern um unsere ‚privaten' mental gespeicherten Erlebniszustände, die nicht deshalb ‚einzigartig' sind, weil sie die ‚Natur' des Apfels wiedergeben, sondern weil sie Bestandteile unseres eigenen Geistes sind.

Nun gibt es metaphysische Realisten, die der letztlich unvermeidbaren erkenntniskritische Konsequenz des Isomorphiesatzes durch ‚externalistische' Definitionen, die den Bereich des *kognitiv Zugänglichen* überschreiten, zu entkommen suchen. So gibt es den auf Kripke (1972) zurückgehenden Begriff des ‚starren Designators' bzw. verallgemeinert den Begriff des ‚externen Gehaltes', in dem einfach postuliert wird, die Gegenstände, auf die eine kategorische Theorie T referiert, sind genau die Gegenstände *unserer* wirklichen Welt, mit denen wir de facto in kausalem Kontakt stehen, wenngleich es viele andere *mögliche* Welten gibt, die strukturgleich zu unserer Welt sind. Freilich können wir nicht wissen[28], welche Welt nun die ‚unsere' ist, und unser sensorischer Kontakt könnte durch eine ganz andersartige Welt als die unserer Vorstellung zustandekommen – z.B. eine Putnamsche Gehirne-im-Tank Welt (Putnam (1981, Kap. 1.), in der wir in einer Nährlösung schwimmende Gehirne sind, an einen Riesencomputer angeschlossen, der in unseren Gehirnen exakt die neuronalen Erregungen herbeiführt, die in uns die Vorstellung der ‚gewöhnlichen Welt' hervorrufen. Dann gäbe es eine isomorphe Abbildung des Programms dieses Riesencomputers auf die Gegenstände unserer Vorstellungswelt, obwohl die ‚Natur' der beiden Gegenstandsbereiche gänzlich verschieden wäre.

Unserem Erkenntnisvermögen ist allerdings noch weit größere Bescheidenheit geboten als jene, die durch den Isomorphiesatz ausgedrückt wird. Tatsächlich ist das menschenmögliche Wissen begrenzt, d.h. wir kennen nicht *alle* Gegenstände und Eigenschaften der von uns kognitiv abgebildeten Welt. Damit beschäftigen wir uns im nächsten Abschnitt; weiteren Erkenntnisgrenzen besprechen wir in Abschn. 21.4.

19.4 Exkurs: Homomorphe Modelle, Submodelle und Spracherweiterungen

Wir kennen nicht alle Unterschiede zwischen den Gegenständen der Wirklichkeit. Daher besteht zwischen der Menge D der Gegenstände eines abgebildeten Wirklichkeitsbereichs und der Menge D' von Gegenständen unserer Vorstellungs-

---

[28] Es gibt einen externalistischen Wissensbegriff, demzufolge wir das können, doch er überschreitet ebenfalls das kognitiv Zugängliche (Schurz 2019, Kap. 4).

welt meist nur ein sogenannter *Homomorphismus*, d.h. eine *surjektive* aber nicht injektive Abbildung h:D→D,' die die Bedingungen von Def. 19-2 erfüllt:

Definition 19-3. *Homomorphe Modelle:*
Zwei Bewertungen <D,V> und <D',V'> für eine Sprache $\mathcal{L}1^=$ sind zueinander homomorph g.d.w. eine surjektive Abbildung h:D→D' existiert, sodass die Bedingungen (i), (ii) und (iii) von Def. 19-2, mit „h" statt „i", erfüllt sind.

Damit homomorphe Modelle den Homomorphiesatz erfüllen, dürfen die Individuen, die identisch auf D' abgebildet werden, mit den Mitteln der Sprache nicht unterscheidbar sein, was in Abb. 19-2 illustriert ist.

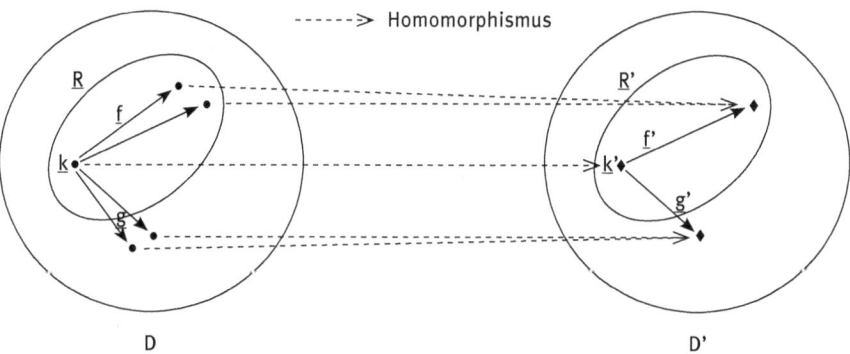

Abb. 19-2: Zwei homomorphe Modelle.

Merksatz 19-3. *Homomorphe Modelle:*
(1) Sind (D,V), (D',V') zwei h-homomorphe Modelle, dann gilt für alle zwei D-Individuen d_1, d_2, die durch h auf dasselbe D'-Individuum abgebildet werden: $\underline{f}^n(d_1,d^*) = \underline{f}^n(d_2,d^*)$ und $<d_1,d^*> \in \underline{R}^n$ g.d.w. $<d_2,d^*> \in \underline{R}^n$ für alle $f^n \in \mathcal{F}$, $R^n \in \mathcal{R}$, und (n-1)-Tupel d^* in D^{n-1} (n≥1). D.h. die homomorphe Funktion h:D→D' erzeugt über D eine *Kongruenzrelation* $\equiv_h$ (s. Abschn. 16.3), definiert als $d_1 \equiv_h d_2$ g.d.w. $h(d_1) = h(d_2)$.
(2) Zwei homomorphe Bewertungen <D,V> und <D',V'> der Sprache $\mathcal{L}1$ *ohne Identitätszeichen* machen genau dieselben Sätze wahr und erfüllen dieselben Formeln.

Beweis des Homomorphiesatzes: genau gleich wie der des Isomorphiesatzes (mit h statt i), *außer* dass der Induktionsschritt für Identitätssätze $t_1 \equiv t_2$ entfällt, und dieser ist der einzige, der die Bijektivität von i fordert (der Induktionsschritt für ∀xB erfordert nur Surjektivität).

Für $\mathcal{L}1^=$ gilt der Homomorphiesatz nicht; auch dann nicht, wenn die Sprache keine unterschiedlichen Namen für h-äquivalente Individuen enthält. Denn in $\mathcal{L}1^=$ lässt sich eine endliche Kardinalität von D durch eine Aussage K_D ausdrücken (vgl. Abschn. 17.3), die in einem nichtisomorphen Modell <D',V'> falsch wird.

Ist T eine Theorie (Formelmenge) ohne Identitätszeichen und <D',V'> ein sie wahrmachendes Modell, dann existiert gemäß Homomorphiesatz für jeden Bereich D mit größerer Kardinalität ein Modell <D,V> von T mit Homomorphismus h:D→D', indem man die Interpretation V so wählt, dass die Kongruenzbedingung von Merksatz 19-3(1) erfüllt ist. Dies hat eine wichtige Konsequenz:

> Merksatz 19-4. Theorien (Formelmengen) ohne Identitätszeichen können ihren Modellen keine obere Schranke auferlegen (wohl aber eine untere Schranke).

Dürfen wir hoffen, dass unser Bild von der Welt zumindest ein homomorphes Bild der Wirklichkeit ist? Auch das nicht, denn es gibt viele Individuen, Funktionen und Relationen in der Welt, die wir gar nicht kennen. Enthält ein Modell <D',V'> nicht alle Individuen von <D,V> (aber stimmt sonst überein), so nennt man <D',V'> ein *Submodell* von <D,V>; enthält <D',V'> nicht alle Funktionen oder Relationen, so nennt man es ein *reduziertes* Modell von <D,V>. Logisch gesprochen ist unser kognitives Modell <D',V'> der Wirklichkeit daher bestenfalls ein *homomorphes Bild eines reduzierten Submodells des ‚Realmodells'* <D,V>, das die ‚Wirklichkeit' repräsentiert.

Genauer gesagt definiert man:

> Definition 19-4. *Submodell und Modellextension:*
> <D',V'> ist ein Submodell von <D,V> bzw. <D,V> eine *Modellextension* von <D',V'> g.d.w. (i) D' ⊆ D, (ii) V'(u) = V(u) ∈ D' für u eine Ik oder Iv, (iii) V'(f)($d_1,...,d_n$) = V(f)($d_1,...,d_n$) für alle f ∈ $\mathcal{F}^n$ und $d_1,...,d_n$ ∈ D' und (iv) <$d_1,...,d_n$> ∈ V'(R) g.d.w. <$d_1,...,d_n$> ∈ V(R) für alle R ∈ $\mathcal{R}^n$ und $d_1,...,d_n$ ∈ D'.

Anders formuliert besagen Bedingungen (iii) und (iv) von Def. 19-4, dass V'(f) die (sogenannte) *Einschränkung* von V(f) auf D' ist, und V'(R) die Einschränkung von V(R) auf D', geschrieben als V'(f) = V(f)↑D' und V'(R) = V(R)↑D'. Ist <D',V'> ein Submodell von <D,V>, dann ist die Bewertung V über D D'-geschlossen in dem Sinn, dass ∀u∈$\mathcal{K}\cup\mathcal{V}$: V(u)∈D' und ∀$d_1,...,d_n$∈D', f∈$\mathcal{F}^n$: V(f)($d_1,...,d_n$) ∈ D'.

Natürlich gibt es viele Aussagetypen, deren Wahrheit nicht unter Submodellen oder Modellextensionen geschlossen ist. Mit solchen Geschlossenheitsbedingungen kann man aber die wichtigen Begriffe des Allsatzes, Existenzsatzes und

19.4 Exkurs: Homomorphe Modelle, Submodelle und Spracherweiterungen — 371

Singulärsatzes semantisch nachvollziehen. Zur Rekapitulation: Ein Allsatz (Existenzsatz) ist ein Satz, dessen PNF (pränexe Normalform) nur Allquantoren (bzw. Existenzquantoren) enthält.

> Merksatz 19-5. *Geschlossenheit unter Submodellen und Modellextensionen:*
> Ein Satz A ∈ $\mathcal{L}1^=$ ist L-äquivalent mit einem
> (i)   Allsatz g.d.w. A's Erfüllung geschlossen ist unter Submodellen,
> (ii) Existenzsatz g.d.w. A's Erfüllung geschlossen ist unter Modellextensionen,
> (iii) Singulärsatz g.d.w. A's Erfüllung geschlossen ist unter Submodellen und Modellextensionen.

Ein genuiner Allsatz [bzw. Existenzsatz] im Sinne von Abschn. 16.3 ist dann einer, der Bedingung (i) aber nicht (ii) [bzw. Bedingung (ii) aber nicht (i)] erfüllt.

Beweis von Merksatz 19-5: Sei <D',V'> ein beliebiges Submodell eines beliebigen Modells <D,V>:

Ad (i): Richtung →: Induktion über die Anzahl n der Allquantoren. Start n=1: (<D,V> ⊨ ∀xA) ↔ (∀d∈D, <D,V[x:d]> ⊨ A) [S3a] → (∀d∈D', <D',V'[x:d]> ⊨ A) [weil A eine Singulärformel ist, aufgrund (iii), und weil <D',V'[x:d]> ein Submodell von <D,V[x:d]> ist] ↔ <D',V'> ⊨ ∀xA. Induktionsschritt n → n+1: Verläuft wie für n=1, nur dass anstelle von „weil A eine Singulärsatz ist, aufgrund (iii)" nun die Begründung „aufgrund IH" stehen muss.

Richtung ←: Schwieriger modelltheoretischer Beweis; s. Shoenfield (1967, 75f).

Ad (ii): Wird auf (i) zurückgeführt. Es gilt (<D',V'> ⊨ ∃xA) → (<D'V'> ⊨ ¬∀x¬A) [∀∃-Umformung] → (<D',V'> ⊭ ∀x¬A) [S2a] → (<D,V> ⊭ ∀x¬A) [durch Kontraposition von (i)] → (<D,V> ⊨ ¬∀x¬A) [S2a] → (<D,V> ⊨ ∃xA) [∀∃-Umformung].

(iii) <D,V> und <D',V'> erzeugen dieselbe AL-Bewertung über A's Atomformeln; Beweis durch simple Induktion über A's AL-Komplexität; Beweis siehe Übung.

Die nächsten Begriffe führen wir ohne eigene ‚Definitionsbox' ein. $\mathcal{L}$ ist eine *Teilsprache* von $\mathcal{L}^*$, bzw. $\mathcal{L}^*$ eine *Spracherweiterung* von $\mathcal{L}$, geschrieben $\mathcal{L} \subseteq \mathcal{L}^*$, g.d.w. $\mathcal{L}$'s nichtlogische Symbole jeweils Teilmengen von $\mathcal{L}^*$'s nichtlogischen Symbolen desselben Typs sind, also $\mathcal{K} \subseteq \mathcal{K}^*$, $\mathcal{F} \subseteq \mathcal{F}^*$, $\mathcal{R} \subseteq \mathcal{R}^*$; die logischen Symbole und Variablen von $\mathcal{L}$ und $\mathcal{L}^*$ sind dieselben. Angenommen <D,V*> ist ein Modell für $\mathcal{L}^*$ und $\mathcal{L}$ eine Teilsprache von $\mathcal{L}^*$. Dann heißt das Modell <D,V> für die Teilsprache $\mathcal{L}$, das die nichtlogischen Konstanten von $\mathcal{L}$ genau so wie die von $\mathcal{L}^*$ interpretiert, das $\mathcal{L}$-*Redukt* von <D,V*>, und <D,V*> die $\mathcal{L}^*$-Expansion von <D,V>. Offensichtlich gilt:

> Merksatz 19-6. Sei <D,V*> ein Modell für $\mathcal{L}^*$ und $\mathcal{L}$ eine Teilsprache von $\mathcal{L}^*$. Dann erfüllen <D,V*> und sein $\mathcal{L}$-Redukt <D,V> genau dieselben Formeln von $\mathcal{L}$.

Beweis: Da die Modelle <D,V*> und <D,V> auf den nichtlogischen Symbolen und Variablen aller Formeln der Teilsprache $\mathcal{L}$ übereinstimmen, geben sie diesen Formeln denselben Wahrheitswert; dies ist eine simple Folge des in Abschn. 20.1 bewiesenen Übereinstimmungslemmas (Ms. 20-3).

Allgemein nennt man zwei Modelle, die genau dieselben Formeln einer gegebenen Sprache $\mathcal{L}$ wahr machen, *elementar äquivalent*. Wir haben nun mehrere Fälle elementarer Äquivalenz kennengelernt, solche durch Isomorphie, Homomorphie, Modellreduktion; weitere Fälle werden wir noch kennenlernen.

Der Begriff des Modellredukts ist von wissenschaftstheoretischer Bedeutung. Eine Menge von geschlossenen PL-Formeln bildet, wie erwähnt, eine prädikatenlogische *Theorie* T. In der Wisssenschaft unterscheidet man zwischen *empirischen* (direkt messbaren) und *theoretischen* (nur indirekt erschließbaren) Relationen bzw. Funktionen. Ist $\mathcal{L} = \mathcal{L}(T)$ die Sprache der Theorie T, dann ist $\mathcal{L}_e = \mathcal{L}_e(T)$ ihre empirische Teilsprache, deren Formeln nur aus empirischen (nichtlogischen) Begriffen plus dem logischen Vokabular gebildet sind. In der Wissenschaftstheorie interessiert man sich oft für die rein empirischen Konsequenzen der Theorie T, T's sogenanntem empirischen Gehalt, $E(T) = \{A \in \mathcal{L}_e: T \models A\}$ (vgl. Schurz 2014a, Kap. 5). Merksatz 19-6 zufolge hängt die Wahrheit von T's empirischen Konsequenzen in einem gegebenen Modell <D,V> für $\mathcal{L}$ nur vom $\mathcal{L}_e$-Redukt von <D,V> ab.

Oft interessiert man sich umgekehrt dafür, was passiert, wenn man zu einer gegebenen Theorie T in der Sprache $\mathcal{L} = \mathcal{L}(T)$ einen *neuen* Begriff R* zusammen mit einem neuen R* enthaltenden Axiom A* hinzufügt. T könnte z.B. eine rein empirische Theorie und A* ein theoretisches Axiom sein, dass den Begriff „Kraft" ins Spiel bringt. Die Theorie T* $=_{def}$ T∪{A*} ist dann eine *Extension* von T in der Spracherweiterung $\mathcal{L}^* \supseteq \mathcal{L}$, die aus $\mathcal{L}$ durch Hinzufügung von R* entsteht. Es fragt sich nun: werden durch diese Theorieextension neue Konsequenzen in der alten Sprache $\mathcal{L}$ erzeugt? Ist dies der Fall, nennt man die Theorieextension *kreativ*, andernfalls *konservativ*. Im allgemeinen sind Theorieextensionen kreativ. Sind beispielsweise F, G empirische Prädikate der Sprache $\mathcal{L}_e$ und die Satzmenge T ={∀x(Fx→Gx)} eine empirische Theorie; ist H* ein theoretisches Prädikat der erweiterten Sprache $\mathcal{L}^*$ und das theoretische Axiom der Satz $A_t = \forall x(H^*x \rightarrow Fx) \wedge H^*a$, dann impliziert die Theorieextension T∪{A_t} die neue rein empirische Konsequenzenmenge {Fa, Ga}.

19.4 Exkurs: Homomorphe Modelle, Submodelle und Spracherweiterungen — 373

Es gibt jedoch einen Fall, indem eine Theorieextension konservativ bleibt, und zwar den Fall einer Theorieextension durch eine explizite *Definition*. Im folgenden steht $\mathcal{V}_f(A)$ für die Menge der in A frei vorkommenden Iv's.

> **Merksatz 19-7.** *Konservative Extension durch Definition:*
> Sei T eine (geschlossene) Theorie in $\mathcal{L}$ (T ⊆ $\mathcal{L}$), $\mathcal{L}^*$ eine Erweiterung von $\mathcal{L}$ durch das neue n-stellige Prädikat R^*, und Def eine Definition von R^* in $\mathcal{L}$, d.h. Def hat die Form $\forall x_1...\forall x_n(Rx_1...x_n \leftrightarrow A)$, mit A ∈ $\mathcal{L}$ und $\mathcal{V}_f(A) = \{x_1,...,x_n\}$.[29]
> Dann ist T∪{Def} eine konservative Extension von T.

Beweis: Wir zeigen, für beliebiges B∈$\mathcal{L}$: (T ⊭ B) → (T∪{Def} ⊭ B). Daraus folgt per Kontraposition (T∪{Def} ⊨ B) → (T ⊨ B), d.h. die Konservativität.

Angenommen also T ⊭ B. Somit gibt es ein Modell M = <D,V> für $\mathcal{L}$ mit M ⊨ T und M ⊨ ¬B. Wir zeigen, dass M expandiert werden kann zu einem Modell für $\mathcal{L}^*$, welches die Definition Def wahr macht. Zu diesem Zweck definieren wir einfach M* = <D,V*> mit V*↾$\mathcal{L}$ = V und V*(R) = {<$d_1,...,d_n$> ∈ D^n: <D,V[$x_1:d_1,...,x_n:d_n$]> ⊨ A}. Daraus folgt unmittelbar $\forall d_1,...,d_n$: <D,V*[$x_1:d_1,...,x_n:d_n$]>) ⊨ ($Rx_1...x_n \leftrightarrow A$) und somit (gemäß S3a) <D,V*> ⊨ Def. Q.E.D.

Ein analoges Theorem gibt es für die Extension durch Definitionen von n-stelligen Funktionen, von der Form Def = $\forall x_{1-n}(y \equiv fx_1...x_n \leftrightarrow A(x_{1-n},y))$, nur dass in diesem Fall die Theorie T neben der Definition Def zusätzlich um das Funktionalitätsaxiom $\forall x_{1-n}\exists!yA(x_{1-n},y)$ erweitert werden muss (Shoenfield 1967, 58f).

Wird ein Begriff wie oben durch eine explizite Definition eingeführt, so kann er überdies, durch Anwendung der prämissenrelativierten Äquivalenzregel (Abschn 13.5), durchgehend eliminiert, d.h. durch sein Definiens ersetzt werden. Ist B* eine T∪{Def}-Konsequenz und resultiert B* aus B durch diese Ersetzung, so gilt also T∪{Def} ⊨ B*↔B. In wissenschaftlichen Theorien werden theoretische Begriffe allerdings meist nicht explizit definiert, sondern nur ‚implizit' durch theoretische Axiome charakterisiert, die nicht die Form von Äquivalenzen haben. Im Regelfall sind diese Begriffe dann nicht eliminierbar und die theoretischen Axiome kreativ (Schurz 2014a, Kap. 5). Es gibt jedoch ein bekanntes semantisches Kriterium dafür, wann eine Menge von zusätzlichen Axiomen Γ*, die einen Begriff R* ‚implizit' charakterisieren, diesen Begriff tatsächlich definieren, und zwar:

---

[29] Ist ein x_i nicht in $\mathcal{V}_f(A)$, führt dies zur kreativen Def-Konsequenz $\exists x_i Rx_{1-n} \rightarrow \forall x_i Rx_{1-n}$. Ist andererseits ein y∈ $\mathcal{V}_f(A)$ nicht in $\{x_1,...,x_n\}$, führt dies zur kreativen Def-Konsequenz $\exists yA \rightarrow \forall yA$, wenn über y allgeneralisiert wird. Beides will man vermeiden.

> Merksatz 19-8. *Bethscher Definierbarkeitssatz:*
> Sei $\mathcal{L}^*$ eine Erweiterung von $\mathcal{L}$ durch das neue n-stellige Prädikat R* und T* eine Theorie in $\mathcal{L}^*$. Dann folgt aus T* eine Explizitdefinition für R* mittels Begriffen in $\mathcal{L}$ (d.h. eine Definition D wie in Merksatz 19-7) g.d.w. alle zwei Modelle M_1 und M_2 von T*, die auf den nichtlogischen Begriffen von $\mathcal{L}$ übereinstimmen, auch auf R* übereinstimmen.

Der Beweis von Merksatz 19-8 basiert auf dem Interpolationssatz, den wir ebenfalls kurz vorstellen. Im Folgenden bezeichnet $\mathcal{L}(A)$ immer die aus A's nichtlogischen Zeichen plus logischen Symbolen und abzählbar vielen Iv's bestehende Sprache. Für zwei Formeln A, B bezeichnet $\mathcal{L}(A) \cap \mathcal{L}(B)$ den Schnitt dieser beiden Sprachen; d.h. die nichtlogischen Zeichen von $\mathcal{L}(A) \cap \mathcal{L}(B)$ kommen sowohl in A wie in B vor.

> Merksatz 19-9. *Interpolationssatz* (nach Craig):
> Wenn $A \models B$, dann gibt es ein $C \in \mathcal{L}(A) \cap \mathcal{L}(B)$, sodass $A \models C$ und $C \models B$.

Der Beweis für die AL ist einfach, aber für die PL aufwendig (s. Shoenfield 1967, 79f; Kreisel und Krivine 1972, 90ff.). *Hinweis:* Wenn A und B keine nichtlogischen Symbole miteinander gemeinsam haben, besteht C nur aus logischen Symbolen. In der AL ist dann C nur aus den Konstanten ⊤ und ⊥ aufgebaut und daher entweder L-wahr oder L-falsch (Beweis durch triviale Induktion). Dasselbe gilt für die PL ohne Identitätszeichen. Man sagt, eine Logik besitzt die *Konstanteneigenschaft* g.d.w. jede ihrer nur aus logischen Zeichen aufgebauten Formeln entweder L-wahr oder L-falsch ist. Für Logiken mit der Konstanteneigenschaft folgt aus der Interpolationseigenschaft eine weitere wichtige Eigenschaft, die sogenannte *Hálldén-Vollständigkeit* (Schurz 1997, Kap. 5). Eine Logik L mit Konsequenzrelation $\vdash_L$ heißt Hálldén-vollständig g.d.w. für alle zwei Sätze A, B, die keine nichtlogischen Symbole gemeinsam haben, gilt: $\vdash_L A \lor B$ g.d.w. $\vdash_L A$ oder $\vdash_L B$. Hat L die Interpolations- und die Konstanteneigenschaft und haben A, B keine nichtlogischen Zeichen gemeinsam, dann muss es wegen $\neg A \vdash_L B$ ein L-wahres oder L-falsches C geben, sodass $\neg A \vdash_L C$ und $C \vdash_L B$. Dann ist aber entweder A oder B L-wahr; d.h. L ist Hálldén-vollständig. Die PL mit Identität besitzt dagegen nicht die Konstanteneigenschaft und ist daher auch nicht Hálldén-vollständig, da es nur aus Identitätsformeln aufgebaute Formeln der PL⁼ gibt, die keine nichtlogischen Zeichen enthalten und dennoch kontingent sind: z.B. die Anzahlquantoren aus Abschn. 17.3, die etwas über die Größe des Individuenbereichs sagen.

19.5 Übungen

(1) Beweisen Sie durch schwache Induktion, dass $\sum_{i=0}^{n} i = \frac{n \cdot (n+1)}{2}$ (die Gaußsche Summenformel).
(2) Beweise durch schwache Induktion für endliche Mengen: $|A \times B| = |A| \times |B|$.
(3) Man beweise die Induktionsschritte ($\neg$, $\wedge$ und $\forall$) für die syntaktische Version der prämissenrelativierten Ersetzungsregel.

Man beweise durch Induktion nach der Formelkomplexität und nötigenfalls Termkomplexität (wobei von keinen Klammerersparniskonventionen Gebrauch gemacht wird):

(4) In jeder Formel A gibt es ebensoviele Links- wie Rechtsklammern.
(5) Kein echtes linkes Anfangsstück einer Formel ist eine Formel (analog für Terme).
(6) *Theorem der eindeutigen Lesbarkeit:* Jedes Vorkommnis eines logischen Operators in A korrespondiert mit *genau* einer nichtatomaren Teilformel von A (rekapituliere Abschn. 3.4, wo wir dies informell für die AL zeigten).
(7) Ein Modell und sein Submodell machen genau dieselben Singulärsätze wahr (Merksatz 19-5(iii)).

20 Korrektheit und Vollständigkeit der PL

20.1 Induktion nach der Länge von Beweisen und Korrektheit der PL

Wie erwähnt sind metalogische Beweise über Eigenschaften von Kalkülherleitungen wesentlich einfacher, wenn man den Kalkül S statt als Annahmenkalkül als Sequenzenkalkül (gemäß Abschn. 14.5 + 14.8) formuliert. In dieser Kalkülversion gilt:

Definition 20-1. *Beweisdefinition für S1⁼:*
Ein S1⁼-Beweis der Sequenz $\Gamma \vdash A$, mit Γ als *endlicher* Prämissenmenge und A als Konklusion, ist eine Folge $\langle \Gamma_1 \vdash A_1, ..., \Gamma_n \vdash A_n \rangle$, für die gilt: die Schlusssequenz $\Gamma_n \vdash A_n$ ist $\Gamma \vdash A$ und jede Sequenz $\Gamma_i \vdash A_i$ ($1 \leq i \leq n$) ist
- entweder eine Reiterationssequenz $A \vdash A$ (Reit) oder Identitätssequenz $\emptyset \vdash t \equiv t$ (Id)
- oder folgt aus ein oder zwei vorausliegenden Sequenzen $\Gamma_j \vdash A_j$ und $\Gamma_k \vdash A_k$ (j, k < i) aufgrund einer der Sequenzenregeln des Kalküls S1⁼ (1. Stufe: MP, MT, Add, DS, Simp, Kon, DN, UI, EK, UG, Ext≡; 2.Stufe: KB, FU, IB, EP).

Im Folgenden steht „$\Gamma \vdash A$" für „A ist aus Γ herleitbar" und somit für „$\Gamma \vdash A$" ist im Sequenzenkalkül beweisbar; einfachheitshalber identifizieren wir das Herleitungszeichen „$\vdash$" mit dem Sequenzenzeichen. Die *Länge* des Beweises $\langle \Gamma_1 \vdash A_1, ..., \Gamma_n \vdash A_n \rangle$ ist n. Die (starke) Korrektheit des Kalküls S1⁼ besagt:

Korrektheit von S1⁼: Wenn $\Gamma \vdash A$, d.h. wenn ein S1⁼-Beweis für $\Gamma \vdash A$ existiert, dann $\Gamma \models A$, d.h. dann ist der Schluss Γ/A gültig.

Wir beweisen die Korrektheit des Kalküls – unter Voraussetzung der Gültigkeit der Axiome (Reit, Id) und der Gültigkeitserhaltung der Regeln – durch Induktion nach der Länge von S1⁼-Beweisen. Die Klasse dieser Beweise bildet eine abzählbare Menge, die partitioniert ist in Rangklassen von Beweisen gleicher Länge. Somit können wir starke Induktion über die Menge aller Beweise betreiben, und zwar wie folgt:

Merksatz 20-1. *Starke Induktion über die Länge von Sequenzenbeweisen:*
(1) Um zu zeigen, dass eine Eigenschaft P auf alle Sequenzenbeweise zutrifft, beweist man durch starke Induktion: P trifft auf alle Beweise der Länge n≥1

> zu, sofern P auf alle Beweise der Länge kleiner n zutrifft (im Spezialfall n=1 ist zu zeigen, dass P auf Beweise der Länge 1 zutrifft).
> (2) In den Beweis des Induktionsschrittes geht dabei folgendes *Beweislemma* ein: Ist <$\Gamma_1 \vdash A_1,...,\Gamma_n \vdash A_n$> ein Beweis von $\Gamma_n \vdash A_n$, dann ist auch jedes *Anfangsstück* <$\Gamma_1 \vdash A_1,...,\Gamma_i \vdash A_i$> dieses Beweises (i < n) ein Beweis von $\Gamma_i \vdash A_i$. Dies ist eine offensichtliche Konsequenz der Beweisdefinition.

Beweis der Korrektheit von S1⁼: Wir zeigen: Ist, für beliebiges n, <$\Gamma_1 \vdash A_1,...,\Gamma_n \vdash A_n$> ein S1⁼-Beweis von $\Gamma_n \vdash A_n$, dann gilt $\Gamma_n \vDash A_n$, durch Induktion nach der Länge des Beweises. Nach Def. 20-1 gilt für jedes i∈{1,...,n}:
(1.) Entweder $\Gamma_i \vdash A_i$ ist ein Reit-Axiom oder Id-Axiom; dann ist $\Gamma_i \vdash A_i$ (gemäß Gültigkeitsbeweis) gültig.
(2.) Oder $\Gamma_i \vdash A_i$ folgt aus ein oder zwei vorausliegenden Sequenzen $\Gamma_j \vdash A_j$ und $\Gamma_k \vdash A_k$ (j, k < i) aufgrund einer der Sequenzenregeln von S1⁼, nennen wir sie *R*. Gemäß dem Beweislemma (Merksatz 20-1(2)) hat $\Gamma_j \vdash A_j$ den Beweis <$\Gamma_1 \vdash A_1,..., \Gamma_j \vdash A_j$> und $\Gamma_k \vdash A_k$ den Beweis <$\Gamma_1 \vdash A_1,..., \Gamma_k \vdash A_k$>. Aufgrund der *Induktionshypothese* (IH) sind daher $\Gamma_j \vdash A_j$ und $\Gamma_k \vdash A_k$ gültige Sequenzen. Da die Regel *R* die Gültigkeit von Sequenzen erhält (gemäß Gültigkeitserhaltungsbeweis), ist auch die Sequenz $\Gamma_i \vdash A_i$ gültig.
(Durch starke Induktion folgt, dass jeder beliebige Beweis eine gültige Letztsequenz hat, was nicht mehr hingeschrieben wird.) Q.E.D.

Um den Korrektheitsbeweis zu komplettieren, muss noch die Gültigkeit bzw. Gültigkeitserhaltung für die Sequenzenaxiome und -regeln von S1⁼ bewiesen werden. Das haben wir großteils, aber noch nicht durchgängig, getan. Die Gültigkeit des Reit-Axioms und des Id-Axioms ist trivial. AL-Regeln 1. Stufe (z.B. Add: A/ A∨B) entsprechen Sequenzenregeln mit gleichbleibender Prämissenmenge (z.B. Add: $\Gamma \vdash A / \Gamma \vdash A∨B$; s. Abschn. 14.5). Wir haben die Gültigkeit dieser Regeln bislang nur in ihrer Version als Sequenzenaxiom gezeigt (also Add: $A \vdash A∨B$). Doch offensichtlichen gilt:

> **Merksatz 20-2.** *Gültigkeitslemma:* Ist $A, B \vdash C$ gültig, dann ist $\Gamma_1 \vdash A, \Gamma_2 \vdash B / \Gamma_1 \cup \Gamma_2 \vdash C$ gültigkeitserhaltend.

Denn angenommen (*) $\Gamma_1 \vdash A$ und $\Gamma_2 \vdash B$ sowie (**) $A, B \vdash C$ sind gültige Schlüsse. Wir müssen zeigen, dass $\Gamma_1 \cup \Gamma_2 \vdash C$ gültig ist. Angenommen ein beliebiges V erfüllt $\Gamma_1 \cup \Gamma_2$, d.h., V erfüllt alle Formeln in $\Gamma_1 \cup \Gamma_2$. Dann erfüllt V aufgrund (*) auch A und B und daher aufgrund (**) auch C; somit ist (per KB und UG) auch $\Gamma_1 \cup \Gamma_2 \vdash C$ gültig.

20.1 Induktion nach der Länge von Beweisen und Korrektheit der PL — 379

Die Gültigkeit der Regel UI haben wir am Ende von Abschn. 15.2 bewiesen. In diesem Beweis hatten wir nicht nur Gültigkeit von UI in der Metasprache vorausgesetzt (der ‚Zirkel der Logik', vgl. Abschn. 15.3), sondern auch den Koinzidenzsatz, den wir in Abschn. 19.2 durch Induktion über Formelkomplexität beweisen konnten. Der Beweis der Gültigkeitserhaltung für UG steht noch aus. Dazu schicken wir ein weiteres triviales Lemma voraus. Dabei steht im Folgenden <D,V> ⊨ Γ immer für <D,V> ⊨ A für alle A∈Γ, d.h. <D,V> erfüllt alle Formeln in Γ.

> **Merksatz 20-3.** *Übereinstimmungslemma:* Stimmen zwei D-Bewertungen (D,V) und (D,V') auf allen nichtlogischen Symbolen und freien Variablen einer Formelmenge Γ überein, dann stimmen sie auf Γ überein, d.h. <D,V> ⊨ Γ g.d.w. <D,V'> ⊨ Γ.

Der Beweis ist eine simple Induktion nach der Formelkomplexität (siehe Übung).

Beweis der Gültigkeitserhaltung für UG: Wir zeigen (Γ ⊭ ∀xA) → (Γ ⊭ A[k/x]), mit VB: k nicht in Γ, A. Durch AL-Kontraposition folgt daraus (Γ ⊨ A[k/x]) → (Γ ⊨ ∀xA), also die Gültigkeitserhaltung von UG.

Angenommen Γ ⊭ ∀xA. D.h. es gibt ein <D,V> mit (i) V ⊨ Γ und (ii) <D,V> ⊭ ∀xA. Dann muss es ein Individuum in D geben, das die Formel A widerlegt; sei d dieses Individuum, d.h. (iii) V[x:d](A) = f (bei gegebenem D). Wir betrachten nun die Bewertungsfunktion V', die sich von V nur dadurch unterscheidet, dass V'(k) = V(d) gilt. Aufgrund des Übereinstimmungslemmas und der VB folgt aus (iii) auch (iv) V'[x:V'(k)](A) = f. Mittels des Koinzidenzsatzes (Merksatz 19-1) schließt man von (iv) auf (v) V'(A[k/x]) = f. Angewandt auf (i) ergibt das Übereinstimmungslemma (vi) <D,V'> ⊨ Γ, denn k kommt in Γ aufgrund der VB nicht vor; somit stimmen V und V' auf den nichtlogischen Symbolen in Γ überein. (v) und (vi) implizieren zusammen Γ ⊭ A[k/x], was zu zeigen war. Q.E.D.

Die Gültigkeit(serhaltung) der PL-Regeln für den ∃-Quantor können wir auf die der Regeln für den ∀-Quantor zurückführen, durch das *semantische* ∀∃-*Lemma:* ⊨ ¬∃xA ↔ ∀x¬A. Das Lemma ist eine triviale Konsequenz der Regeln S3a,b durch PL-Schluss auf der Metaebene.

Reduktion der Gültigkeit von EK auf UI: Die Folgerung (i) ∀x¬A ⊨ ¬A[t/x] (für beliebige A, x und t) ist eine UI-Instanz und daher nach Annahme gültig. Aufgrund des semantischen ∀∃-Lemmas folgt daraus aussagenlogisch (ii) ¬∃xA ⊨ ¬A[t/x], woraus sich durch AL-Kontraposition (iii) A[t/x] ⊨ ∃xA ergibt. (iii) besagt, dass EK gültig ist.

Reduktion der Gültigkeitserhaltung von EP auf UG: Die Sequenzenregel Γ, ¬B ⊢ ¬A[k/x] / Γ, ¬B ⊢ ∀x¬A (mit VB: k nicht in A, Γ, B) ist eine UG-Instanz und daher nach Annahme gültigkeitserhaltend, d.h. es gilt (i) (Γ, $\neg$B $\models$ $\neg$A[k/x]) $\rightarrow$ (Γ, $\neg$B $\models$ $\forall$x$\neg$A). Aufgrund des semantischen $\forall\exists$-Lemmas folgt daraus aussagenlogisch (ii) (Γ, $\neg$B $\models$ $\neg$A[k/x]) $\rightarrow$ (Γ, $\neg$B $\models$ $\neg\exists$xA). Nun ist Γ, $\neg$B $\models$ $\neg$A[k/x] über AL-Kontraposition äquivalent mit Γ, A[k/x] $\models$ B und Γ, $\neg$B $\models$ $\neg\exists$xA mit Γ, $\exists$xA $\models$ B. Daher folgt aus (ii) auch (iii) (Γ, A[k/x] $\models$ B) $\rightarrow$ (Γ, $\exists$xA $\models$ B), unter Voraussetzung der VB. (iii) besagt, dass die Regel (EP) gültigkeitserhaltend ist.

Es bleibt der Beweis der Gültigkeitserhaltung für die Regel Ext$\equiv$. Wir beweisen diese für die scheinbar stärkere Version Ext$\equiv_\leftrightarrow$. Es kommt öfter vor, dass, um einen induktiven Beweis durchzubringen, etwas Stärkeres bewiesen werden muss. Zunächst muss ein entsprechendes Lemma auch für Terme bewiesen werden:

Ext-Termlemma: $t_1 \equiv t_2 \models (t_3[t_1/x] \equiv t_3[t_2/x])$ (für beliebige t_3, t_1, t_2).
Beweis: Wir nehmen für ein beliebiges <D,V> an, <D,V> $\models$ $t_1 \equiv t_2$, somit nach (S1$\equiv$) (*) $V(t_1) = V(t_2)$, und zeigen durch Induktion nach der Komplexität von t_3, dass $V(t_3[t_1/x]) = V(t_3[t_2/x])$ folgt. (Woraus über S1$\equiv$, KB und UG das Lemma folgt.)

 (1.) t_3 ist atomar. Wenn $t_3 \neq x$, wird nichts ersetzt; somit $t_3[t_1/x] = t_3$, $t_3[t_2/x] = t_3$, und trivialerweise $V(t_3) = V(t_3)$. Wenn $t_3 = x$, dann $t_3[t_1/x] = t_1$ und $t_3[t_2/x] = t_2$, und $V(t_1) = V(t_2)$ nach Annahme.

 (2.) Sei $t_3 = f(t_1',...,t_n')$. Aufgrund Def. 19-1 gilt (a) $(ft_1',...,t_n')[t_1/x] = f(t_1'[t_1/x],...,t_n'[t_1/x])$. Aufgrund IH gilt: $t_1 \equiv t_2 \models t_i'[t_1/x] \equiv t_i'[t_2/x]$, für alle $i \in \{1,...,n\}$; somit wegen (*) (b) für alle <D,V>: $V(t_i'[t_1/x]) = V(t_i'[t_2/x])$. Daher für beliebiges <D,V>: $V(ft_1',...,t_n')[t_1/x]) = V(f(t_1'[t_1/x],...,t_n'[t_1/x]))$ [wegen (a)] = $V(f)(V(t_1'[t_1/x]),...,V(t_n'[t_1/x]))$ [wegen TS2] = $V(f)(V(t_1'[t_2/x]),...,V(t_n'[t_2/x]))$ [wegen (b)] = $V(f(t_1'[t_2/x],...,t_n'[t_2/x]))$ [TS2] = $V(f(t_1',...,t_n')[t_2/x])$ [Def. 19-1].

Beweis der Gültigkeit der Regel (Ext$\equiv$)$_\leftrightarrow$: $t_1 \equiv t_2 \Vdash$ A[t_1/x] $\leftrightarrow$ A[t_2/x].
Vorüberlegung wie zum Beweis des Koinzidenzsatzes: Gemäß Def. 16-5 werden in A zwecks Konfusionsvermeidung alle gebundenen Variablen, die Iv's in t_1 oder t_2 nach Durchführung der Substitution binden würden, in neue Variablen umbenannt. Wir können ohne Beschränkung der Allgemeinheit annehmen, dass diese Umbenennung, falls nötig, bereits vorgenommen wurde, sodass die Substitutionsoperationen [t_1/x] und [t_2/x] für A konfusionsfrei sind.

Beweisstrategie: Wir nehmen wieder für ein beliebiges <D,V> an, <D,V> $\models$ $t_1 \equiv t_2$, d.h. $V(t_1) = V(t_2)$, und zeigen durch Induktion nach der Komplexität von A, dass <D,V> $\models$ A[t_1/x] g.d.w. <D,V> $\models$ A[t_2/x] und somit <D,V> $\models$ A[t_1/x] $\leftrightarrow$ A[t_2/x] folgt (womit per UG $t_1 \equiv t_2 \models$ A[t_1/x] $\leftrightarrow$ A[t_2/x] gezeigt ist).

 1.) A = R$t_1'...t_n'$ (der Fall R = $\equiv$ sei inkludiert). Dann: <D,V> $\models$ (R$t_1',...,t_n'$)[t_1/x] g.d.w. <D,V> $\models$ R($t_1'[t_1/x],...,t_n'[t_1/x]$) [Def. 19-1] g.d.w. <$V(t_1'[t_1/x]),...,V(t_n'[t_1/x])$> $\in V(R)$ [S1] g.d.w. <$V(t_1'[t_2/x]),...,V(t_n'[t_2/x])$> $\in V(R)$ [aufgrund Ext-Termlemma:

$V(t_i'[t_1/x]) = V(t_i'[t_2/x])]$ g.d.w. (D,V) $\models$ $R(t_1'[t_2/x],...,t_n'[t_2/x])$ [S1] g.d.w. <D,V> $\models$ $(Rt_1',...,t_n')[t_2/x])$ [Def. 19-1].

2.) $A = \neg B$: Dann <D,V> $\models$ $(\neg B)[t_1/x]$ g.d.w. <D,V> $\models$ $\neg(B[t_1/x])$ [Def. 19-1] g.d.w. <D,V> $\models$ $\neg(B[t_2/x])$ [IH] g.d.w. <D,V> $\models$ $(\neg B)[t_2/x]$ [Def. 19-1].

3.) $A = B \wedge C$: Dann <D,V> $\models$ $(B \wedge C)[t_1/x]$ g.d.w. <D,V> $\models$ $B[t_1/x] \wedge C[t_1/x]$ [Def. 19-1] g.d.w. <D,V> $\models$ $B[t_2/x] \wedge C[t_2/x]$ [IH und AL] g.d.w. <D,V> $\models$ $(B \wedge C)[t_2/x]$ [Def. 19-1]. – Für $A = B \vee C$, $B \rightarrow C$ verläuft der Induktionsschritt analog.

4.) $A = \forall zB$: Fallunterscheidung:

Entweder $z = x$. Dann wird in $\forall zB$ nichts ersetzt, d.h. $(\forall zB)[t_1/x] = \forall zB = (\forall zB)[t_2/x]$ und die Behauptung gilt trivial.

Oder $z \neq x$. Da die Substitutionen $[t_1/x]$ und $[t_2/x]$ nach Voraussetzung konfusionsfrei sind, kommt z weder in t_1 noch in t_2 vor. Somit gilt: (D,V) $\models$ $(\forall zB)[t_1/x]$ g.d.w. (D,V) $\models$ $\forall z(B[t_1/x])$ [Def. 19-1] g.d.w. $\forall d \in D(<D,V[z:d]> \models B[t_1/x])$ [S3a]. Nun stimmen V[z:d] und V auf den Termen t_1 und t_2 überein, da die IV z weder in t_1 noch in t_2 vorkommt. Es gilt also auch $V[z:d](t_1) = V[z:d](t_2)$, und da der Satz für beliebige V bewiesen wird, gilt die IH auch für V[z:d]. Somit können wir fortsetzen: g.d.w. $\forall d \in D(<D,V[z:d]> \models B[t_2/x]$ [aufgrund IH für V[z:d]) g.d.w. <D,V> $\models$ $\forall z(B[t_2/x])$ g.d.w. <D,V> $\models$ $(\forall zB)[t_2/x]$ [Def. 19-1].

Für $A = \exists xB$ verläuft der Induktionsschritt analog. Q.E.D.

Damit ist der Korrektheitsbeweis für den Kalkül S1= abgeschlossen.

Aus der Korrektheit des Kalküls S1= folgt insbesondere auch seine *Konsistenz*. Eine Formelmenge Γ heißt konsistent g.d.w. aus Γ kein Widerspruch, d.h. keine Konklusion der Form $A \wedge \neg A$ herleitbar ist.[30] Speziell ist der Kalkül S1= selbst konsistent wenn in ihm kein Widerspruch aus der leeren Prämissenmenge, d.h. als Theorem herleitbar ist. Wäre letzteres der Fall, so müsste aufgrund der Korrektheit von S1= der Widerspruch $A \wedge \neg A$ L-wahr sein, was unmöglich ist, denn $A \wedge \neg A$ ist L-falsch.

Die Methode der Induktion nach der Länge eines Beweises wird für den Nachweis vieler anderer beweistheoretischer Resultate herangezogen. Beispielsweise lässt sich damit auf einfachem Wege zeigen, dass unsere Regel (UGv) im Kalkül S1= zulässig ist, oder dass die Regel der uniformen Substitution zulässig ist, was wir in Abschn. 4.3 für die AL informell skizziert haben.

Eine analoge aber weniger bekannte Substitutionsregel gibt es für die PL. Sie wurde von Kleene (1971, 156-61) bewiesen und in Schurz (1997, 46, 287-9) auf die modale PL übertragen:

---

[30] Man spricht hier auch von *lokaler* Konsistenz. Die Menge Γ heißt *global* konsistent, wenn aus Γ nicht jeder Satz ableitbar ist. In der klassischen Logik fallen die beiden Konsistenzbegriffe zusammen; nicht aber z.B. in der Relevanzlogik oder parakonsistenten Logik.

> **Merksatz 20-4.** *Uniforme Substitution von atomaren durch komplexe Prädikate:*
> Sei A[R/B] das Resultat der Ersetzung aller Vorkommnisse von atomaren Teilformen $Rt_1...t_n$ in A durch die Formeln (komplexen Prädikate) $B[t_1/x_1,...,t_n/x_n]$, unter der Restriktion, (*) dass in A kein Quantor eine freie Iv von B bindet, die von den x_i verschiedenen ist (andernfalls muss A gebunden in A* umbenannt werden, sodass (*) erfüllt ist). Dann gilt für alle $R \in \mathcal{R}^n$ und $A \in \mathcal{L}$: $\models$ A g.d.w. $\models$ A[R/B].

Im Beweis wird vorausgesetzt, dass die Formel B so gebunden umbenannt wird, dass alle Substitutionen $B[t_1/x_1,...,t_n/x_n]$ für $Rt_1...t_n$-Vorkommnisse in A konfusionsfrei sind und A so umbenannt wird, dass Restriktion (*) erfüllt ist. Dann ist die Induktion nach der Komplexität von A problemlos. Sie basiert darauf, dass alle Axiome und Regeln – auch die spezifischen der PL – strukturelle *Schemata* sind, die für beliebige Einsetzungen ihrer Schemabuchstaben gelten.

20.2 Maximal konsistente Satzmengen und die Vollständigkeit der AL

Rekapitulieren wir zunächst die Begriffe der Vollständigkeit eines Kalküls mit zugeordnetem Herleitungsbegriff $\vdash$:

Schwache Vollständigkeit: Wenn $\models$ A, dann $\vdash$ A.
Starke Vollständigkeit: Wenn $\Gamma \models$ A, dann $\Gamma \vdash$ A.

Wie in Abschn. 8.3 erklärt, ist prima facie die starke Vollständigkeit stärker als die schwache, weil im Gültigkeitsbegriff die Möglichkeit einer *unendlichen* Prämissenmenge zugelassen ist. Um den Herleitungsbegriff auf unendliche Prämissenmengen zu erweitern, definiert man einfach:

$\Gamma \vdash$ A g.d.w.$_{def}$ $\Gamma_f \vdash$ A für eine endliche Teilmenge $\Gamma_f \subseteq \Gamma$.

Der so definierte Herleitungsbegriff besitzt, wie man sagt, die *Endlichkeitseigenschaft*. Damit erweitert sich der Korrektheitsbeweis vom letzten Abschnitt für Herleitungen mit endlichen auf Herleitungen mit unendlichen Prämissenmengen. Denn es gilt ($\Gamma \vdash$ A) $\to$ ($\Gamma_f \vdash$ A, für ein Γ_f) $\to$ ($\Gamma_f \models$ A) [per Korrektheit für endliche Prämissenmengen] $\to$ ($\Gamma \models$ A) [aufgrund der Monotonie der Folgerungsrelation].

Für den semantischen Folgerungsbegriff folgt dagegen nicht schon per definitionem aus $\Gamma \models$ A auch $\Gamma_f \models$ A für ein endliches $\Gamma_f \subseteq \Gamma$. Das ergibt sich, wie in Abschn. 8.3 erklärt wurde, erst aus dem Beweis der starken Vollständigkeit. Denn letztere besagt ($\Gamma \models$ A) $\to$ ($\Gamma \vdash$ A), woraus wir aufgrund der Endlichkeitseigenschaft von $\vdash$ weiterschließen können auf $\Gamma_f \vdash$ A für ein endliches $\Gamma_f \subseteq \Gamma$ und von

20.2 Maximal konsistente Satzmengen und die Vollständigkeit der AL — 383

dort per Korrektheit auf $\Gamma_f \models A$. M.a.W., für stark vollständige Kalküle überträgt sich die Endlichkeitseigenschaft vom Herleitungs- auf den Folgerungsbegriff. Für den Folgerungsbegriff wird diese Eigenschaft auch ‚Kompaktheit' genannt:

Kompaktheit: Wenn $\Gamma \models A$, dann schon für ein endliches $\Gamma_f \subseteq \Gamma$, $\Gamma_f \models A$.

In diesem Abschnitt beweisen wir die starke Vollständigkeit des aussagenlogischen Kalküls S0 mithilfe der sogenannten *kanonischen* Methode. Diese auf Lindenbaum, Gödel (1930) und Henkin (1949) zurückgehende Methode ist in der AL nicht unbedingt nötig, da es hier andere Methoden gibt (rekapituliere Abschn. 13.3, 14.6), aber ihre Einübung in der AL ist eine exzellente Vorbereitung für ihre Anwendung auf die PL, wofür sie unentbehrlich wird. Überdies werden alle Schritte des AL-Vollständigkeitsbeweises auch in der PL benötigt, sodass keine überflüssige Arbeit anfällt.

Der Vollständigkeitsbeweis beginnt mit einer wichtigen äquivalenten Umformulierung des Vollständigkeitsbegriffs, die auf Gödel zurückgeht und die wir gleich für die PL beweisen. Man rekapituliere: die Erfüllbarkeit einer Formelmenge Γ bedeutet, dass es eine Bewertung <D,V> gibt, die alle Formeln in Γ wahr macht bzw. erfüllt.

Merksatz 20-5. *Konsistenzversion der Vollständigkeit:* (gilt auch für die PL$^=$)
(1) $\vdash$ ist stark vollständig g.d.w. jede konsistente Formelmenge erfüllbar ist.
(2) $\vdash$ ist schwach vollständig g.d.w. jede konsistente Formel erfüllbar ist.

Beweis von Merksatz 20-5: Wir beweisen nur Teil (1) (den wir benötigen) und verschieben (2) auf die Übungen.

Beweis der Richtung → *durch Kontraposition:* Wir zeigen unter der Annahme der starken Vollständigkeit, dass (Γ unerfüllbar) → (Γ inkonsistent) gilt, woraus per Kontraposition (Γ konsistent) → (Γ erfüllbar) folgt.

Sei also Γ unerfüllbar. Somit gilt $\Gamma \models A \land \neg A$ (denn wenn es kein Γ-erfüllendes <D,V> gibt, dann erfüllt jedes Γ-erfüllende <D,V> auch $A \land \neg A$). Aufgrund starker Vollständigkeit folgt daraus $\Gamma \vdash A \land \neg A$, d.h. Γ ist dann inkonsistent.

Beweis der Richtung ← *durch Kontraposition:* Wir zeigen unter der Annahme (*): (Γ konsistent) → (Γ erfüllbar), dass ($\Gamma \not\vdash A$) → ($\Gamma \not\models A$) gilt, woraus per Kontraposition ($\Gamma \models A$) → ($\Gamma \vdash A$) folgt, also die starke Vollständigkeit.

Sei also (**) $\Gamma \not\vdash A$ angenommen. Dies impliziert, dass die Formelmenge $\Gamma \cup \{\neg A\}$ konsistent ist, denn wäre sie es nicht, dann müsste aufgrund der IB-Regel $\Gamma \vdash A$ gelten, im Widerspruch zu (**). Aus der Konsistenz von $\Gamma \cup \{\neg A\}$ und der Annahme (*) folgt, dass $\Gamma \cup \{\neg A\}$ erfüllbar ist, was bedeutet, dass es eine den Schluss Γ / A widerlegende Bewertung gibt, weshalb $\Gamma \models A$ unmöglich gültig sein kann. Q.E.D.

Darauf aufbauend beruht der kanonische Vollständigkeitsbeweis auf der Konstruktion eines sogenannten *kanonischen Modells* für eine gegebene konsistente Formelmenge Γ. Allgemein gesprochen ist ein kanonisches Modell ein Modell, das aus den *Bestandteilen der Objektsprache* heraus konstruiert wird. In der (klassischen) AL besteht ein kanonisches Modell aus einer sogenannten maximal konsistenten Formelmenge (in der PL oder der modalen AL kommen weitere Bestandteile hinzu).

Definition 20-2. *Maximal konsistente Formelmenge:*
Eine Formelmenge Γ ist maximal konsistent g.d.w. Γ konsistent ist und keine echte Erweiterung von Γ (d.h. keine Formelmenge Δ mit Γ ⊂ Δ) konsistent ist.

Maximal konsistente Formelmengen implizieren für jeden Satz der Sprache entweder den Satz oder seine Negation und legen semantisch gesehen daher seinen Wahrheitswert fest. Der folgende Merksatz formuliert die essentiellen Merkmale maximal konsistenter Formelmengen.

Merksatz 20-6. *Maximal konsistente Formelmengen:*   (gilt auch für die PL⁼)
Ist Γ maximal konsistent, dann gilt für jede Formel A ∈ ℒ:
(Max⊢): Γ ⊢ A g.d.w. A ∈ Γ   Deduktive Geschlossenheit
(Max¬): A ∈ Γ oder ¬A ∈ Γ   Syntaktische Vollständigkeit
(Max∨): (A∨B) ∈ Γ g.d.w. (A ∈ Γ) oder (B ∈ Γ)   Prim-heit
(Max∧): (A∧B) ∈ Γ g.d.w. (A ∈ Γ) und (B ∈ Γ)
(Max→): (A→B) ∈ Γ g.d.w. (wenn A ∈ Γ, dann B ∈ Γ)

Beweis von Merksatz 20-6: Wir beweisen (Max⊢) und (Max¬) abwechslungshalber als formellen Beweis mit Schrittnummerierung:
Formell-metalogischer Beweis von Max⊢: Richtung →:

(1)	Γ maximal konsistent	Präm
(2)	Γ ⊢ A	KB- Ann. zu zeigen: A ∈ Γ
(3)	A ∉ Γ	IB-Ann. metalogisch
(4)	Γ ∪ {A} ⊢ p∧¬p	aus 1, 3 und Def. ‚maximale Konsistenz'
(5)	Γ ⊢ ¬A	IB objektsprachlich 4
(6)	Γ ⊢ A∧¬A	Kon 2,5
(7)	Γ konsistent ∧ ¬(Γ konsistent)	aus 6 und 1-Simp
(8)	A ∈ Γ	IB metalogisch 3-7
(9)	(Γ ⊢ A) → (A ∈ Γ)	KB 2–8

Die andere Richtung von Max⊢, A∈Γ → (Γ ⊢ A), gilt trivial aufgrund der Regel Reit-Mon (Abschn. 14.5).

Formell-metalogischer Beweis von Max¬:

	(1) Γ maximal konsistent	Präm	zu zeigen: (A ∈ Γ) ∨ (¬A ∈ Γ)
►	(2) A ∈ Γ	FU-Ann.	
	(3) (A ∈ Γ) ∨ (¬A ∈ Γ)	Add 2	
►	(4) ¬(A ∈ Γ)	FU-Ann.	
	(5) Γ∪{A} inkonsistent	aufgrund 4, 1 und Def. ‚max. Kons.'	
	(6) Γ ⊢ ¬A	aus 5 und IB objektsprachlich	
	(7) ¬A ∈ Γ	aus 6 sowie Max⊢ und 1	
	(8) (A∈Γ) ∨ (¬A ∈ Γ)	Add 7	
	(9) (A∈Γ) ∨ (¬A ∈ Γ)	FU 2–3, 4–8	

Max∨ beweisen wir zur Abwechslung in der ‚fortgeschrittenen Version' und überlassen es den Übungen, die formelle Version nachzubasteln:

Fortgeschritten-metalogischer Beweis von Max∨:

Richtung →: Angenommen (*) (A∨B) ∈ Γ. Fallunterscheidung: Wenn A ∈ Γ, dann (A∈Γ) ∨ (B∈Γ) [Add metalogisch]. Andernfalls ¬(A∈Γ), somit ¬A ∈ Γ aufgrund Max¬, woraus (**) Γ ⊢ ¬A [aufgrund Max⊢] folgt. (*) und (**) ergeben Γ ⊢ B [DS objektlogisch], somit B∈Γ [wegen Max⊢] und daher wieder (A∈Γ) ∨ (B∈Γ) [Add metalogisch].

Richtung ←: Angenommen (*) (A∈Γ) ∨ (B∈Γ). Fallunterscheidung: Wenn A ∈ Γ, dann Γ ⊢ A [per Max⊢], somit Γ ⊢ A∨B [Add objektlogisch], ergo (A∨B) ∈ Γ [Max⊢]. Wenn ¬(A∈Γ), dann B∈Γ [per (*) und DS metalogisch]; somit Γ ⊢ B [Max⊢]; daher Γ ⊢ A∨B [Add objektlogisch] und (A∨B) ∈ Γ [Max⊢]. Q.E.D.

Die Beweise von Max∧ und Max→ sind einfach zu führen; wir verschieben sie ebenfalls in die Übungen. Q.E.D.

Wir kommen nun zum Kern des kanonischen Vollständigkeitsbeweises, der aus zwei Schritten besteht:
– man zeigt, dass jede konsistente Formelmenge in einer maximal konsistenten Formelmenge enthalten ist, und
– dass jede maximal konsistente Formelmenge ein Modell hat.

Merksatz 20-7. *Lindenbaum-Lemma:* Jede konsistente Formelmenge Γ kann zu einer maximal konsistenten Formelmene Δ ⊇ Γ erweitert werden.

Beweis des Lindenbaum-Lemmas:

Schritt 1: Wir können alle Formeln der Sprache $\mathcal{L}$ effektiv *aufzählen*, d.h. es gibt eine berechenbare bijektive Funktion $f: \omega \leftrightarrow_{1:1} \mathcal{L}$. Eine solche Aufzählung kann abstrakt konstruiert werden, mithilfe rekursiv definierter Konstruktionsketten, beispielsweise wie folgt (es gibt unterschiedliche Methoden, vgl. Abschn. 21.4 und Hunter 1996, Teil I). (a) Wir geben im ersten Schritt den primitiven Symbolen Nummern 1, 2, 3... (*Hinweis:* wenn wir unendlich viele Symbole haben, müssen wir deren Aufzählung als gegeben annehmen, damit der Begriff der wohlgeformten Formel entscheidbar bleibt.) (b) Dann schreiben wir nacheinander alle Zeichenreihen mit den Ziffersummen 1, 2, 3, 4... auf. Für jede Ziffernsumme gibt es nur endlich viele Zeichenreihen, die wir in eine eindeutige Reihenfolge bringen können, indem wir die Zeichen mit größeren vor die Zeichen mit kleineren Nummern stellen (also 1 / 2; 1,1 / 3; 2,1; 1,2; 1,1,1 / 4; 3,1; 2,2; 2,1,1; 1,3; 1,2,1; 1,1,2; 1,1,1,1; usw.). Auf diese Weise erhalten wir eine Aufzählung aller möglichen Zeichenreihen. (c) Für jede Zeichenreihe ist entscheidbar, ob sie eine Formel ist oder nicht. Streichen wir die nicht-wohlgeformten Zeichenreihen aus der Aufzählung und reindizieren wir die übriggebliebenen Formeln, so erhalten wir eine Aufzählung aller Formeln.

Schritt 2: Gegeben eine solche Aufzählung aller $\mathcal{L}$-Formeln und die konsistente Formelmenge Γ, dann definieren wir rekursiv die folgende Aufzählung von aufsteigenden Erweiterungen von Γ:

$\Delta_0 := \Gamma$

$\Delta_{n+1} : \begin{cases} = \Delta_n \cup \{A_n\}, \text{ wenn } \Delta_n \cup \{A_n\} \text{ konsistent ist,} \\ = \Delta_n \text{ andernfalls.} \end{cases}$

Es sei: $\Delta =_{def} \bigcup \{\Delta_i : i \in \omega\}$.

Mengentheoretisch nehmen wir dabei (wie auch im Vollständigkeitsbeweis der PL⁻) das Aussonderungs-, Vereinigungs- und Unendlichkeitsaxiom an.

Wir zeigen nun in zwei Schritten, dass Δ maximal konsistent ist:
1. Da Γ konsistent ist, ist auch jedes Δ_n konsistent (simple Induktion). Wir zeigen, dass daher auch Δ ist konsistent ist, durch indirekten Beweis: Andernfalls wäre $\Delta \vdash A \wedge \neg A$ der Fall. Dann gäbe es aufgrund der Endlichkeitseigenschaft von $\vdash$ ein endliches $\Delta_f \subseteq \Delta$, sodass $\Delta_f \vdash A \wedge \neg A$. Sei n die Zahl der Formel in Δ_f mit dem höchsten Index. Dann gilt $\Delta_f \subseteq \Delta_{n+1}$; somit $\Delta_{n+1} \vdash A \wedge \neg A$ (aufgrund der Monotonie von $\vdash$), was der Konsistenz von Δ_{n+1} widerspricht.
2. Δ ist maximal konsistent, ebenfalls durch indirekten Beweis: Andernfalls gäbe es (*) ein $A \notin \Delta$ sodass $\Delta \cup \{A\}$ konsistent ist. Sei n A's Index, also $A = A_n$. Weil $\Delta_n \subseteq \Delta$ ist auch $\Delta_n \cup \{A_n\}$ konsistent. Somit müsste $A_n \in \Delta_{n+1}$ aufgrund der Definition von Δ gelten, im Widerspruch zur Annahme (*). Q.E.D.

Während die bisherigen Schritte auch für die PL galten, ist das Wahrheitslemma auf die AL beschränkt:

> Merksatz 20-8. *Wahrheitslemma:* Jede maximal konsistente Formelmenge Δ hat ein aussagenlogisches Modell, d.h eine AL-Bewertung V über den Aussagevariablen, die alle Formeln in Δ wahr macht.

Beweis des Wahrheitslemmas:
Gegeben Δ, definieren wir die zugehörige kanonische Bewertung $V = V_\Delta$ über den Aussagevariablen (Av's) der AL-Sprache wie folgt:
(V_Δ) $V_\Delta(p)$ = w g.d.w. p ∈ Δ für alle Av's der AL-Sprache (das kanonische Modell).
Mit dieser Definition zeigen wir durch Induktion nach der Formelkomplexität, dass
(*) $V_\Delta \models$ A g.d.w. A ∈ Δ für jede Formel A der AL-Sprache.
  1.) A = p (eine Av): Hierfür gilt (*) per Definition (V_Δ).
  2.) A = ¬B: Die IH besagt $V_\Delta \models$ B g.d.w. B ∈ Δ. Es gilt: $V_\Delta \models$ ¬B g.d.w. $V_\Delta \not\models$ B [S2a] g.d.w. B ∉ Δ [IH] g.d.w. ¬B ∈ Δ [aufgrund Max¬].
  3.) A = BoC, für o = ∧, ∨, →. Die IH besagt in allen drei Fällen $V_\Delta \models$ B g.d.w. B ∈ Δ und $V_\Delta \models$ C g.d.w. C ∈ Δ.
    3.1) A = B∧C. $V_\Delta \models$ B∧C g.d.w. $V_\Delta \models$ B und $V_\Delta \models$ C [S2b] g.d.w. B ∈ Δ und C ∈ Δ [IH und AL-Schluss] g.d.w. (B∧C) ∈ Δ [aufgrund Max∧].
    3.2) A = B∨C: $V_\Delta \models$ B∨C g.d.w. $V_\Delta \models$ B oder $V_\Delta \models$ C [S2c] g.d.w. B ∈ Δ oder C ∈ Δ [IH und AL-Schluss] g.d.w. (B∨C) ∈ Δ [aufgrund Max ∨].
    3.3) A = B→C: $V_\Delta \models$ B→C g.d.w. ($V_\Delta \models$ B) → ($V_\Delta \models$ C) g.d.w. (B ∈ Δ) → (C ∈ Δ) [IH und AL-Schluss] g.d.w. (B→C) ∈ Δ [aufgrund Max→]. Q.E.D.

Wie ersichtlich wurden im Beweis des Wahrheitslemmas alle Max-Eigenschaften von Merksatz 20-6 benutzt. Damit kommen wir zum abschließenden Schritt:

Beweis der starken Vollständigkeit des Kalküs S0: Angenommen die Formelmenge Γ ist konsistent. Dann ist Γ aufgrund des Lindenbaum-Lemmas in einer maximal konsistenten Formelmenge Δ enthalten. Δ hat ein Modell V_Δ aufgrund des Wahrheitslemmas. Weil Γ ⊆ Δ, ist V_Δ auch ein Modell von Γ. Daher ist Γ erfüllbar. Ergo ist der Kalkül S0 stark vollständig, gemäß der Konsistenz-Version (Merksatz 20-5). Q.E.D.

Wie erläutert folgt aus der starken Vollständigkeit unmittelbar die Kompaktheit des aussagenlogischen Folgerungsbegriffs.

20.3 Saturierte Satzmengen und Vollständigkeit der PL⁼

Auch im Vollständigkeitsbeweis für die PL⁼ konstruiert man aus der Sprache heraus ein kanonisches Modell $M_\Delta = \langle D_\Delta, V_\Delta \rangle$ für die maximal konsistente Erweiterung Δ der gegebenen Formelmenge Γ, mit dem Ziel, das Wahrheitslemma zu beweisen. Es gibt jedoch zwei Probleme:

1. Die Individuen des kanonischen Modells können nicht einfach mit syntaktischen Termen identifiziert werden. Denn wenn Δ Identitätsformeln mit unterschiedlichen Termen enthält, $t_1 \equiv t_2$, dann gilt $t_1 \neq t_2$ aber für jedes Γ-erfüllende Modell $V(t_1) = V(t_2)$. Die *Lösung* liegt darin, die $\equiv$-Äquivalenzklassen $[t]$ der Terme t als Objekte des kanonischen Individuenbereichs D_Δ zu wählen. Damit referieren alle Terme t', deren Identität mit t aus Γ herleitbar ist, auf dasselbe Individuum $[t]$. Man nennt ein solches Modell auch ein *Termmodell*.
2. Wenn Δ eine Formel der Form $\exists xA$ enthält, brauchen wir mindestens einen Term $t \in \mathcal{T}$ sodass $A[t/x] \in \Delta$, damit $V[x:[t]]$ A erfüllt. Eine Formelmenge, die diese Eigenschaft besitzt, wird ω-vollständig genannt.

Definition 20-3. *ω-vollständige und saturierte Formelmenge:*
1. Eine Formelmenge Γ ist *ω-vollständig* g.d.w. $(\exists xA \in \Gamma) \rightarrow (A[t/x] \in \Gamma$ für irgend einen Term t von $\mathcal{L}$).
2. Γ ist *saturiert* g.d.w. Γ maximal konsistent und ω-vollständig ist.

Für das kanonische Modell in der PL⁼ benötigt man nicht nur maximal konsistente, sondern auch ω-vollständige Formelmengen. ω-Vollständigkeit gibt es in der ∃-Version (Def. 20-3) und in der ∀-Version:

Lemma 20-1: Für maximal konsistentes Δ gilt:
$(\exists xA \in \Delta) \rightarrow (A[t/x] \in \Delta$ für ein $t \in \mathcal{T})$ g.d.w. $(A[t/x] \in \Delta$ für alle $t \in \mathcal{T}) \rightarrow (\forall xA \in \Delta)$.

$\underbrace{\qquad\qquad\qquad\qquad\qquad}_{\text{∃-Version der ω-Vollständigkeit}}$ $\underbrace{\qquad\qquad\qquad\qquad\qquad}_{\text{∀-Version der ω-Vollständigkeit}}$

Beweis von Lemma 20-1: $(\exists xA \in \Delta) \rightarrow (A[t/x] \in \Delta$ für ein $t \in \mathcal{T})$ g.d.w. $(A[t/x] \notin \Delta$ für alle $t \in \mathcal{T} \rightarrow \exists xA \notin \Delta)$ [per Kontraposition] g.d.w. $(\neg A[t/x] \in \Delta$ für alle $t \in \mathcal{T} \rightarrow \neg \exists xA \in \Delta)$ [aufgrund Max¬] g.d.w. (*) $(\neg A[t/x] \in \Delta$ für alle $t \in \mathcal{T} \rightarrow \forall x \neg A \in \Delta)$ [∀∃-Umf. + Max⊢]. Da A auch die Form ¬B haben kann, folgt mittels DN und Max⊢ die Äquivalenz von (*) mit $(B[t/x] \in \Delta$ für alle $t \in \mathcal{T} \rightarrow \forall xB \in \Delta)$. Q.E.D.

Darüber hinaus erfüllen saturierte Formelmengen natürlich alle aussagenlogischen Max-Eigenschaften von Merksatz 20-6. Aber wie konstruiert man saturierte Formelmengen? Die *Lösung* liegt darin, der Sprache für jede der unendlich vielen

Existenzformeln ∃xA in Δ eine neue Konstante hinzuzufügen. Man fügt daher der Sprache $\mathcal{L}$ eine unendliche Menge von (aufgezählten) Konstanten $\mathcal{K}^* = \{k_i^*: i \in \omega\}$ hinzu. Damit beweisen wir nun den

Merksatz 20-9. *Saturierungssatz* (oder Henkin-Satz):
Jede konsistente Formelmenge Γ der Sprache $\mathcal{L} = \mathcal{L}1^=$ kann zu einer saturierten Formelmenge Δ in einer Sprache $\mathcal{L}^+$ erweitert werden, die aus $\mathcal{L}$ durch das Hinzufügen einer unendlichen Menge neuer Konstanten $\mathcal{K}^* = \{k_i^*: i \in \omega\}$ entsteht (d.h. $\mathcal{K}^+ = \mathcal{K} \cup \mathcal{K}^*$; ansonsten ist $\mathcal{L}^+$ wie $\mathcal{L}$).

Zum Beweis des Saturierungssatzes benötigen wir zuerst:

Merksatz 20-10. *Saturierungslemma:*
Wenn Γ∪{∃xA} konsistent ist und a nicht in Γ oder ∃xA vorkommt, dann ist auch Γ∪{∃xA, A[a/x]} konsistent.

Beweis des Saturierungslemmas: Andernfalls Γ∪{∃xA} ⊢ ¬A[a/x] mittels iIB, woraus Γ∪{∃xA} ⊢ ∀x¬A durch UG folgt (VB erfüllt, weil a nicht in Γ∪{∃xA}), was bedeuten würde, dass Γ∪{∃xA} inkonsistent ist (denn ∀x¬A ist L-äquivalent mit ¬∃xA), im Widerspruch zur Annahme. Q.E.D.

Beweis des Saturierungssatzes: Wir konstruieren eine saturierte Erweiterung Δ der konsistenten Formelmenge Γ bei gegebener Aufzählung aller Formeln $A_0, A_1...$ der Sprache $\mathcal{L}^+$ (Merksatz 20-7) und aller Ik's in $\mathcal{K}^+$. Dabei sei $\mathcal{K}(\Delta_n, A_n)$ die Menge der in Δ_n oder A_n enthaltenen Ik's.

$\Delta_0 = \Gamma$
$\Delta_{n+1} = \Delta_n \cup \{A_n, B[a/x]\}$ mit a als der ersten Konstanten in $\mathcal{K}^+ - \mathcal{K}(\Delta_n, A_n)$, wenn $\Delta_n \cup \{A_n\}$ konsistent ist und A_n die Form ∃xB hat;
$= \Delta_n \cup \{A_n\}$, wenn $\Delta_n \cup \{A_n\}$ konsistent ist und A_n nicht die Form ∃xB hat;
$= \Delta_n$, wenn $\Delta_n \cup \{A_n\}$ inkonsistent ist.
$\Delta =_{def} \cup \{\Delta_i \mid i \in \omega\}$.

Hinweis: Für jedes n gibt es unendlich viele neue verbleibende Konstanten in $\mathcal{K}^+ - \mathcal{K}(\Delta_n, A_n)$; letztere gehen also nie aus.

Wir zeigen nun, dass Δ eine saturierte Erweiterung von Γ ist, wie folgt:

1. Wir zeigen zunächst durch Induktion, dass jedes Δ_n konsistent ist: Start: Γ = Δ_0 ist konsistent. Induktionsschritt: Nach dem Saturierungslemma wissen wir, dass für jedes n das wie oben definierte Δ_{n+1} konsistent sein muss, wenn $\Delta_n \cup \{A_n\}$ konsistent ist. Und wenn $\Delta_n \cup \{A_n\}$ inkonsistent ist, dann ist $\Delta_{n+1} =_{def} \Delta_n$ aufgrund der IH konsistent. Aus der Konsistenz aller Δ_i folgt wie im Beweisteil 1. des Lindenbaum-Lemmas (Merksatz 20-7), dass auch Δ konsistent ist.

2. Dass Δ maximal konsistent ist, zeigt man wie im Beweisteil 2. des Lindenbaum-Lemmas.
3. Δ ist ω-vollständig, weil jede Existenzformel ∃xA eine zugeordnete Nummer $n_{\exists xA}$ besitzt und in diesem Schritt die Formel A[a/x] zu $Δ_n ⊆ Δ$ hinzugefügt wurde. Q.E.D.

Da wir in Abschn. 21.1 auch Sprachen mit überabzählbarem Zeichenvorrat besprechen, zeigen wir kurz, wie der Saturierungssatz für den Fall bewiesen wird, dass Γ, $\mathcal{K}^*$ und Δ überabzählbar sind. Hierfür benötigt man (über das Unendlichkeitsaxiom hinaus) das Auswahlaxiom, in der äquivalenten Fassung des Zornschen Lemmas (Abschn. 18.3). Sei M die Menge aller widerspruchsfreien Teilmengen von $\mathcal{L}^*$, die Γ enthalten. Wir betrachten eine beliebige Kette K von M-Elementen, linear geordnet durch die Teilmengenbeziehung, also ∀X,Y∈K: X⊆Y ∨ Y⊆X. Jedes K-Element ist Teilmenge von ∪K. Da jedes K-Element konsistent ist, muss auch ∪K, gemäß Beweisteil 1. des Lindenbaum-Satzes, konsistent und daher in M sein. Also besitzt jede Kette K in M eine obere Schranke in M, nämlich ∪K. Aufgrund des Zornschen Lemmas enthält dann auch M ein ⊆-maximales Element, d.h. eine maximal konsistente $\mathcal{L}^*$-Formelmenge. Letztere ist unser Δ im Fall einer überabzählbaren Sprache.

Das kanonische Modell für Δ wird wie folgt aus der zugrundeliegenden Sprache $\mathcal{L}^+$ (mit $\mathcal{K}^+$, $\mathcal{V}$, $\mathcal{F}^n$, $\mathcal{T}^+$ und $\mathcal{R}^n$) heraus konstruiert:

Definition 20-4. *Kanonisches Modell* $<D_Δ,V_Δ>$ *für die saturierte* $PL^=$-*Formelmenge* Δ *in der Sprache* $\mathcal{L}^+$:
(1) Für jeden Term $t ∈ \mathcal{T}^+$ sei $[t] =_{def} \{t': t≡t' ∈ Δ\}$. *In Worten:* [t] ist die Äquivalenzklasse von t bzgl. der Äquivalenzrelation $≡_Δ$, definiert durch $t_1≡_Δt_2 ↔_{def} t_1≡t_2 ∈ Δ$.
(2) $D_Δ =_{def} \{[t]: t∈\mathcal{T}^+\}$. *In Worten:* Der kanonische Individuenbereich besteht aus den Äquivalenzklassen von Δ-Termen bzgl. $≡_Δ$.
(3) (a) $V_Δ(v) = [v]$ für alle $v ∈ \mathcal{V}$. \ die kanonische
    (b) $V_Δ(k) = [k]$ für alle $k ∈ \mathcal{K}^+$. \ Bewertungs-
    (c) Für alle $f ∈ \mathcal{F}^n$, $t_i ∈ \mathcal{T}^+$, n > 0: $V_Δ(f)([t_1],...,[t_n]) = [ft_1...t_n]$. \ funktion
    (d) Für alle $R ∈ \mathcal{R}^n$, $t_i ∈ \mathcal{T}^+$, n ≥ 0: $<[t_1],...,[t_n]> ∈ V_Δ(R)$ g.d.w. $Rt_1...t_n ∈ Δ$.

Lemma 20-2: Die Definition 20-4 ist für beliebige Wahlen von ‚Repräsentanten' der Äquivalenzklassen t, t*... ∈ [t] *konsistent* in folgendem Sinn: Wenn t_i, $t_i^* ∈ [t]$ für alle i∈{1,...,n}, dann: $V_Δ(ft_1...t_n) = V_Δ(ft_1^*...t_n^*)$, und $V_Δ(Rt_1...t_n) = V_Δ(Rt_1^*...t_n^*)$.

Beweis von Lemma 20-2: Wenn t_i, $t_i^* ∈ [t]$, dann $t_i≡t_i^* ∈ Δ$ [Def. 20-4(1)] und somit $Δ ⊢ t_i≡t_i^*$ [Max⊢]. Daraus folgt $Δ ⊢ ft_1...t_n ↔ ft_1^*...t_n^*$ und $Γ ⊢ Rt_1...t_n ↔ Rt_1^*...t_n^*$ über die Extensionalitätsregel $Ext_{↔}≡$.

Damit kommen wir endlich zum

Merksatz 20-11. *Erfüllungssatz* für das kanonische Modell $M_\Delta = \langle D_\Delta, V_\Delta \rangle$:
Für alle Formeln $A \in \mathcal{L}^+$ gilt: $A \in \Delta$ g.d.w. $M_\Delta \models A$.

Beweis des Erfüllungssatzes::
  1.) Wir beweisen zunächst, dass $V_\Delta(t) = [t]$ für alle $t \in \mathcal{T}^+$, durch Induktion über *Termkomplexität*.
  1.1) Für t eine Iv oder eine Ik folgt dies unmittelbar aus Def. 20-4(3a,b).
  1.2) $t = ft_1...t_n$: Es gilt $V_\Delta(ft_1...t_n) = V_\Delta(f)(V_\Delta(t_1),...,V_\Delta(t_n))$ [TS2] $= V_\Delta(f)([t_1],..., [t_n])$ [aufgrund IH für die Terme $t_1,...,t_n$] $= [ft_1...t_n]$ [aufgrund Def. 20-4(3c)].
  Nun folgt Induktion nach der *Komplexität der Formel A*:
  2.) A atomar. (i) $A = Rt_1...t_n$: Dann $Rt_1...t_n \in \Delta$ g.d.w. $\langle [t_1],...,[t_n]\rangle \in V_\Delta(R)$ [Def. 20-4(3d)] g.d.w. $\langle V_\Delta(t_1),...,V_\Delta(t_n)\rangle \in V_\Delta(R)$ [aufgrund 1.)] g.d.w. $M_\Delta \models Rt_1...t_n$ [S1].
  (ii) $A = t_1 \equiv t_2$: Es gilt $t_1 \equiv t_2 \in \Delta$ g.d.w. $t_1, t_2 \in [t_1]$ [Def.20-4(1)] g.d.w. $V_\Delta(t_1) = V_\Delta(t_2) = [t_1]$ [Schritt 1. oben + Lemma 20-2] g.d.w. $M_\Delta \models (t_1 \equiv t_2)$ [S1≡].
  3.) $A = \neg B$, $A = B \wedge C$, $B \vee C$, $B \to C$: Die aussagenlogischen Induktionsschritte werden wie für die AL (Merksatz 20-8) bewiesen, mithilfe der Eigenschaften Max⊢, Max¬, Max∧, Max∨ und Max→.
  4.) $A = \forall xB$: $\forall xB \in \Delta$
  g.d.w. $\forall t \in \mathcal{T}^+$: $B[t/x] \in \Delta$ [Richtung → folgt durch UI und Max⊢; Richtung ← aufgrund der ω-Vollständigkeit von Δ in der $\forall$-Version, Lemma 20-1)]
  g.d.w. $\forall t \in \mathcal{T}^+$: $M_\Delta \models B[t/x]$ [aufgrund IH]
  g.d.w. $\forall t \in \mathcal{T}^+$: $V_\Delta[x:[t]](B) = w$ [gemäß Koinzidenzsatz Ms. 19-1 und $V(t)=[t]$]
  g.d.w. $\forall d \in D_\Delta$: $V_\Delta[x:d](B) = w$ [weil $D_\Delta = \{[t] : t \in \mathcal{T}^+\}$ gemäß Def. 20-4(2)]
  g.d.w. $M_\Delta \models \forall xB$.   Q.E.D.

Beweis der starken Vollständigkeit des Kalküls S1⁼: Wir argumentieren analog wie im aussagenlogischen Fall. Die gegebene konsistente Formelmenge Γ kann nach dem Saturierungssatz zu einer saturierten Formelmenge Δ (in der erweiterten Sprache $\mathcal{L}^+$) erweitert werden. Nach dem Erfüllungssatz sind Δ und daher $\Gamma \subseteq \Delta$ im kanonischen Modell M_Δ erfüllt. Also ist (gemäß Merksatz 20-6) der Kalkül S1⁼ stark vollständig. Q.E.D.

Wie erläutert folgt aus der starken Vollständigkeit die Kompaktheit des prädikatenlogischen Folgerungsbegriffs.

20.4 Weiterführende Literatur und Übungen

Zahlreiche Anwendungen der Induktion nach der Länge von Beweisen finden sich in Schütte (1977) und Heindorf (1996). Kanonische Vollständigkeitsbeweise findet man in allen im Text erwähnten fortgeschrittenen Logik-Lehrbüchern.

20.4.1 Übungen zu Abschnitt 20.1

Beweisen Sie durch Induktion nach der Länge von Sequenzenbeweisen in S1⁼:
(1) Die Regel UGv: $\Gamma \vdash A\ /\ \Gamma \vdash \forall xA$ (für x nicht frei in Γ, $\forall xA$) ist zulässig (s. dazu die Hinweise in Abschn. 16.2).
(2) Die Regel (Subst) $A_1,...,A_n \vdash B\ /\ s(A_1),...,s(A_n) \vdash s(B)$ (s. Abschn. 7.3) ist zulässig im Kalkül S0.

20.4.2 Übungen zu Abschnitt 20.2-3

(1) Beweisen Sie das Übereinstimmungslemma (Merksatz 20-3) durch Induktion nach Term- und Formelkomplexität.
(2) Beweisen Sie, dass die (starke) Korrektheit eines Kalküls mit folgender ‚Konsistenzversion' der Korrektheit äquivalent ist: jede erfüllbare Satzmenge ist konsistent.
(3) Beweisen Sie Teil (2) von Merksatz 20-5 (Konsistenzversion der schwachen Vollständigkeit).
(4) Übersetzen Sie den ‚fortgeschrittenen' Beweis von Max∨ (Merksatz 20-6) in einen formell-metalogischen Beweis mit Schrittnummerierung.
(5) Beweisen Sie Max∧ und Max→ von Merksatz 20-6.

21 Exkurs: Metalogik und die Grenzen der PL

21.1 Kategorizität, Theorienvollständigkeit, Löwenheim-Skolem Sätze und Nonstandardmodelle

Wir fassen zunächst unsere Resultate zu endlichen Modellkardinalitäten zusammen, die mit PL-Formeln ausdrückbar bzw. nicht ausdrückbar sind:

Merksatz 21-1. *Endliche Modellkardinalität:*
(1) Eine Formel der PL ohne Funktionszeichen und Identität kann ihren Modellen keine obere Kardinalitätsschranke auferlegen (Merksatz 19-4);
(2) wohl kann sie aber eine untere Kardinalitätsschranke ausdrücken, die in der relationalen PL ohne Funktionszeichen und Identität beliebig hoch sein kann; in der monadischen PL dagegen nicht höher als 2^n, mit n der Anzahl monadischer Prädikate.
(3) Mit Formeln der PL$^=$ kann der Modellkardinalität jede gewünschte endliche untere und obere Schranke auferlegt werden (Abschn. 17.3);
(4) allerdings ist nicht ausdrückbar, dass die Modellkardinalität endlich aber ohne obere Schranke ist; dies ist nur in der PL 2. Stufe möglich.

Merksatz 21-1(1) und 21-1(3) wurden bereits besprochen und Merksatz 21-1(4) wird in Abschn. 21.4 erklärt. Es bleibt die Erläuterung von Merksatz 21-1(2), der im Kontext von Merksatz 15-1 angesprochen wurde. Wie dort erklärt kann man mit n monadischen Prädikaten F_i 2^n „Zustandsprädikate" $Z_i x$ ($1 \leq i \leq 2^n$) der Form $(\pm)F_1 x_1 \wedge ... \wedge (\pm)F_n x$ bilden, mit „$\pm$" für „unnegiert" oder „negiert" (Carnap 1950 nannte sie „Q-Prädikate"). Diese Zustandsprädikate sind wechselseitig disjunkt, exhaustiv und maximal stark. Wir schreiben $d_1 \equiv_Z d_2$ g.d.w. zwei Individuen (eines gegebenen Modells <D,V>) dasselbe Zustandsprädikat erfüllen, d.h. wenn $\exists Z_i$ mit <D,V[x:d_1]> $\models$ $Z_i x$ und <D,V[x:d_2]> $\models$ $Z_i x$. Die Relation $\equiv_Z$ bildet eine Äquivalenzrelation über D und eine Kongruenzrelation (Abschn. 16.3) über den monadischen Eigenschaften, d.h. V(a) $\equiv_Z$ V(b) impliziert V(F_i(a)) = V(F_ib)). Da es 2^{n+} solche Äquivalenzklassen gibt, ergibt sich folgender

Beweis von Merksatz 21-1(2): Sei <D,V> ein Modell für die Formel A in einer Sprache $\mathcal{L}$ mit n monadischen Prädikaten. Dann definieren wir folgendes elementar äquivalente Modell <D_Z,V_Z>, dass aus den $\equiv_Z$-Äquivalenzklassen besteht: (i) D_Z = {$[d]_{\equiv_Z}$: d∈D}; (ii) V_Z(u) = $[V(u)]_{\equiv_Z}$ für u ∈ $\mathcal{V} \cup \mathcal{K}$, (iii) V_Z(F) = {$[d]_{\equiv_Z}$: d∈V(F)} für F∈$\mathcal{R}^1$. Def. (iii) ist konsistent, d.h. es gilt (iv) für alle d_1, d_2 mit $d_1 \equiv_Z d_2$: d_1∈V(F) g.d.w. d_2∈V(F), denn d_1 und d_2 erfüllen in <D,V> dasselbe Zustandsprädikat. Beweis nun durch Induktion über Formelkomplexität: (a) <D_Z,V_Z> $\models$ Fu g.d.w.

$V_Z(u) \in V_Z(F)$ g.d.w. $[V(u)]_{\equiv_Z} \in V_Z(F)$ [aufgrund (ii)] g.d.w. $V(u) \in V(F)$ [aufgrund (iii)] g.d.w. <D,V> ⊨ Fu. – Induktion über AL-Komplexität ist trivial. – $A = \forall xB$: <D_Z,V_Z> ⊨ $\forall xB$ g.d.w. $\forall d \in D_Z$: <$D_Z,V_Z[x:d]$> ⊨ B g.d.w. $\forall d \in D$: <$D_Z,V_Z[x:[d]_{\equiv_Z}]$> ⊨ B [aufgrund (i)] g.d.w. $\forall d \in D$: <D,V[x:d]> ⊨ B [IH und weil $(V[x:d])_Z = V_Z[x:[d]_{\equiv_Z}]$] g.d.w. <D,V> ⊨ $\forall xB$. Q.E.D.

In der relationalen PL sind dagegen (auch ohne Identität) schon mit nur einer binären Relation beliebig hohe Kardinalitätschranken ausdrückbar. Um dies zu zeigen, definieren wir folgende Prädikate:

$x \to_n y =_{def} \exists z_1...\exists z_{n-1}$: $Rxz_1 \land Rz_1z_2 \land ... \land Rz_{n-1}y$. „$x \to_n y$" besagt, dass y von x über einen R-Pfad der Länge n erreichbar ist.

$P_n x =_{def} \exists y(x \to_n y) \land \land\{\neg \exists y(x \to_i y): 0 \leq i < n\}$. $P_n x$ besagt, dass mindestens ein y von x über einen R-Pfad der Länge n, aber kein y von x über einen kürzeren Pfad erreichbar ist.

Die Prädikate $P_n x$ sind wechselseitig disjunkt und es gibt beliebig viele davon; d.h. die Formelmenge $\{P_1 a_1,...,P_n a_n\}$ kann nur in Modellen der Kardinalität ≥ n wahr gemacht werden.

Prädikatenlogische Theorien bezeichnen wir mit den Buchstaben T, T_1, ... Im letzten Kapitel sahen wir, dass prädikatenlogische Theorien ihre Modelle maximal bis auf Isomorphie fixieren können. Wenn sie das tun – das Maximum, das man als Logiker anstrebt – heißen sie *kategorisch*. Gibt es kategorische Theorien 1. Stufe? Sicherlich ja, wenn Theorien ihren Modellen eine endliche Kardinalität vorschreiben. Dabei verstehen wir unter der Kardinalität eines Modells die seines Individuenbereichs, kurz *Bereichs*. Aufgrund Merksatz 21-1 können Theorien 1. Stufe die Kardinalität ihres Bereichs fixieren, wenn sie das Identitätszeichen enthalten (ohne dieses jedoch nicht). Angenommen unsere Theorie T besteht aus folgenden Aussagen:

1) $\exists!nx \land \forall y \lor \{y=a_i: 1 \leq i \leq n\}$, d.h. es gibt genau n Individuen $a_1,...,a_n$, und
2) Für jedes $R \in \mathcal{R}^m$ und m-Tupel von Ik's $k_1,...,k_m \subseteq \{a_1,...,a_n\}$ ist entweder $Rk_1...k_m$ oder $\neg Rk_1...k_m$ in T; analog ist für jedes (m–1)-stellige Funktionszeichen entweder $f(k_1,...,k_{m-1}) \equiv k_m$ oder $\neg(f(k_1,...,k_{m-1}) \equiv k_m)$ in T.

Dann ist T offenbar kategorisch, da jedes T-erfüllende Modell genau n Individuen $d_1,...,d_n$ besitzt und für jede Bewertung $V:\{a_1,...,a_n\} \to \{d_1,...,d_n\}$ die Extensionen der Relations- und Funktionszeichen genau festgelegt ist, weshalb die Isomorphiebedingung von Def. 19-2 erfüllt ist.

Nun sind Theorien über endlich-beschränkte Bereiche in gewisser (obwohl nicht in jeder) Hinsicht harmlos. In der Mathematik und in den exakten Wissenschaften interessiert man sich meistens für Theorien über potentiell unendliche Bereiche (unendlich viele Zahlen, Zeitpunkt, Raumpunkte oder Gegenstände). Wie am Ende von Absch. 15.4 erläutert wurde, können gewisse Aussagen der

PL 1. Stufe (z.B. die Aussage „R ist eine strikte Ordnungsrelation ohne maximales Element") eine unendliche Modellkardinalität erzwingen. Für unendliche Bereiche kann jedoch nicht mehr garantiert werden, dass jedes Individuum des Bereichs auch einen Namen besitzt. Selbst die unendliche Menge von Nichtidentitäten zwischen unendlich vielen Ik's, $\{\neg a_i \equiv a_j: i \neq j,\ i,j \in N\}$ garantiert nicht, dass es im Bereich nicht noch andere Individuen gibt, die gar nicht benannt sind. Und damit beginnen die Probleme.

Wie könnte eine kategorische Theorie über unendliche Bereiche aussehen? Eine erste Hoffnung wäre, dass zumindest vollständige Theorien kategorisch sind. Der Begriff der Theorienvollständigkeit wird so definiert:

Definition 21-1. *Theorienvollständigkeit:*
Eine PL-Theorie T heißt vollständig g.d.w. T konsistent ist und für alle A ∈ $\mathcal{L}$(T), T ⊢ A oder T ⊢ ¬A gilt.
Hinweis 1: Die Konsequenzenmenge einer vollständigen Theorie T, Cn(T) ist maximal konsistent bzgl. $\mathcal{L}$(T).
Hinweis 2: Alle Modelle einer vollständigen Theorie machen dieselben Formeln von $\mathcal{L}$(T) war. Man sagt auch, sie sind untereinander *elementar äquivalent*.

Man beachte, dass Theorienvollständigkeit anders definiert ist als die Vollständigkeit einer Logik, nämlich rein syntaktisch. Aber wenn eine vollständige Theorie in einem ‚intendierten' Modell M wahr ist, dann impliziert sie alle Sätze, die in M wahr sind.

Nun haben wir zwar schon antizipiert, dass die Theorie der Arithmetik T_{Ar} unvollständig ist. Aber für einige wichtige Theorien 1. Stufe über infinite Bereiche kann die Vollständigkeit bewiesen werden, z.B. für die Theorie der rellen Zahlen T_R, genauer gesagt der reell abgeschlossenen Körper, die aus folgenden Axiomen besteht:

1. Stufe-Theorie der reellen Zahlen, T_R:
Axiome (A1-3) für strikte lineare Ordnungen.
(A4): $\forall x,y,z: x<y \rightarrow (x+z) < (y+z)$ (Monotonie der Addition).
(A5) $\forall x,y,z: x>0 \wedge y>0 \rightarrow x \cdot y > 0$ (Positivität der Multiplikation).
(A6): $\forall x: x>0 \rightarrow \exists y(y \cdot y = x)$ (Existenz einer Wurzel).
(für den Beweis s. Shoenfield 1967, 87f; Kreisel und Krivine 1972, 63-7). Dass trotz Unvollständigkeit der T_{Ar} die Theorie T_R vollständig sein kann, klingt seltsam, doch tatsächlich sind die Axiome von T_R einfacher als die von T_{Ar}, da sie keine diskrete Nachfolgefunktion postulieren und daher Gödelisierungen, also Übersetzung sprachlicher Formeln in Zahlen, in T_R nicht nachvollziehbar sind.

Zurück zur Hauptfrage: Können wir wenigstens erwarten, dass vollständige Theorien über unendliche Bereiche kategorisch sind, d.h. ihre Modelle bis auf

Isomorphie fixieren? Damit kommen wir zum Hauptthema dieses Abschnitt: Es ist nämlich genau der kanonische Vollständigkeitsbeweis für die PL 1. Stufe, der ein „Nein" auf diese Frage nach sich zieht. Eine berühmtes auf Tarski, Löwenheim und Skolem zurückgehendes Resultat zeigt, dass es mit Formeln der PL 1. Stufe nicht möglich ist, zwischen unterschiedlichen infiniten Modellkardinalitäten, also z.B. abzählbar-unendlich ($|D|$) = $\aleph_0$) versus überabzählbar unendlich ($|D|$ = $\aleph_1$), zu diskriminieren, solange die Anzahl der sprachlichen Symbole abzählbar bleibt – was normalerweise angenommen wird, denn Sprachen sollen *konstruktiv* sein, d.h., jeder sprachliche Ausdruck soll durch eine endliche Rekursion erzeugbar sein. Bevor wir dieses Resultat wiedergeben, führen wir einige weitere Begriffe ein. Die ‚Alephs' $\aleph_i$, bezeichnen (wie in Abschn 18.3 erklärt) infinite Kardinalitäten: $\aleph_0$ abzählbar unendlich, $\aleph_1$ Mächtigkeit des Kontinuums (nach der Kontinuumshypothese = $2^{\aleph_0}$), $\aleph_2$ usw. Gemäß infiniter Kardinalzahlenarithmetik ist die Summe von (abzählbar vielen) infiniten Kardinalitäten gleich dem Maximum dieser Kardinalitäten, d.h. die Summe mehrerer $\aleph_0$'s ist $\aleph_0$, die Summe von mehreren $\aleph_0$'s und einem $\aleph_1$ ist schon $\aleph_1$, usw. Unter der Kardinalität einer Sprache $\mathcal{L}$, ausgedrückt als $\aleph(\mathcal{L})$, versteht man die Kardinalität der Menge ihrer primitiven Symbole; gemäß Kardinalzahlarithmetik ist diese gleich der maximalen Kardinalität ihrer Symbolmengen $\mathcal{V}$, $\mathcal{K}$, $\mathcal{F}$ und $\mathcal{K}$. Da $\aleph(\mathcal{V})$ vereinbarungsgemäß immer gleich $\aleph_0$ ist, ist die Kardinalität jeder Sprache $\geq \aleph_0$; sie ist echt größer $\aleph_0$, wenn eine ihrer nichtlogischen Symbolmengen eine Kardinalität $> \aleph_0$ besitzt.

Merksatz 21-2. *Verallgemeinerter Löwenheim-Skolem-Tarski Satz:*[31]
Sei $\Gamma \subseteq \mathcal{L}$; $|\Gamma|$ bezeichnet die Kardinalität der Formelmenge Γ:
(1) [LS-Theorem] Hat Γ ein Modell, dann auch ein Modell der Kardinalität $\leq \aleph(\mathcal{L})$. Insbesondere: Ist $\mathcal{L}$ abzählbar, dann hat Γ auch ein abzählbares Modell.
(2) [Aufsteigendes LS Theorem, T-Satz] Hat Γ ein $\aleph$-Modell, dann auch ein $\aleph^*$-Modell für jedes $\aleph^* \geq \max(\aleph, \aleph(\mathcal{L}))$.
(3) [Absteigendes LS Theorem] Hat Γ ein $\aleph$-Modell, dann auch ein $\aleph^*$-Modell für jedes $\aleph^*$ mit $\max(|\Gamma|,\aleph_0) \leq \aleph^* \leq \aleph$.

Beweis: Ad (1): Das im Vollständigkeitsbeweis (Abschn. 20.3) konstruierte kanonische Modell hat nicht mehr (höchstens weniger) Individuen als es Terme in $\mathcal{L}^+$ gibt. Gibt es in $\mathcal{L}$ $\aleph$ nichtlogische Symbole, für $\aleph \geq \aleph_0$, dann können damit maximal $\aleph$ viele Terme gebildet werden (dies gilt, auch wenn $\mathcal{L}^+$ um $\aleph_0$ viele neue Konstanten gegenüber $\mathcal{L}$ erweitert wurde, denn $\mathcal{L}$'s Kardinalität ist mindestens abzählbar).

---

[31] Vgl. Bell und Machover (1977, 168-73), Shoenfield (1967, 78f.), Ebbinghaus et al. (1996, 95-7).

Ad (2): Für gegebenes $\aleph^* \geq \max(\aleph, \aleph(\mathcal{L}))$ fügen wir der Sprache $\mathcal{L}$ eine Menge $\mathcal{K}^*$ von $\aleph^*$ vielen neuen Konstanten hinzu, und der Formelmenge Γ die Formelmenge $\Delta^* = \{\neg k \equiv k': k, k' \in \mathcal{K}^*\}$ (die ebenfalls die Kardinalität $\aleph^*$ besitzt). Aufgrund der Kompaktheit von $\models$ (Abschn. 20.3) ist $\Gamma \cup \Delta^*$ erfüllbar genau dann, wenn jede ihrer endlichen Teilmengen erfüllbar ist. Dies ist aber der Fall, denn jede endliche Teilmenge Δ_n von Δ^* hat nur n viele neue Konstanten $k_1,...,k_n$ aus $\mathcal{K}^*$, und die Nichtidentitätssätze $\neg k_i \equiv k_j$ (für i≠j) sind erfüllbar, weil voraussetzungsgemäß Γ in einem Modell M infiniter Kardinalität erfüllbar ist. Dieses kann zu einem Modell von Δ_n expandiert werden, indem jedes k_i auf ein anderes d_i in D_M abgebildet wird.

Ad (3): Die Anzahl der nichtlogischen Symbole in Γ ist höchstens |Γ|. Weil Γ erfüllbar ist, kann somit Γ in einem kanonischen Modell mit höchstens $\max(|\Gamma|, \aleph_0)$ Individuen erfüllt werden. Daraus folgt die Behauptung aufgrund (2). Q.E.D.

Der Löwenheim-Skolem Satz 21-2(1) hat eine seltsam anmutende Konsequenz, die auch *Skolems Paradox* genannt wird (Bays 2014): Obwohl die Theorie der reellen Zahlen T_R vollständig ist und wir aufgrund Cantors Beweis wissen, dass es überabzählbar viele reelle Zahlen gibt (Abschn. 18.3), kann T_R auch in einem abzählbaren Modell wahr gemacht werden, weil T_R in einer abzählbaren Sprache formuliert ist. Noch seltsamer, auch die Zermelo-Fraenkel Mengenlehre 1. Stufe, T_{ZFC}, obwohl aus ihr die Existenz überabzählbarer Mengen ableitbar ist, kann in einem abzählbaren Modell wahr gemacht werden, weil sie in einer abzählbaren Sprache formuliert ist. Wie geht das zusammen? Verallgemeinern wir die Situation: Eine Theorie T hat im Regelfall ein intendiertes Modell M_T, z.B. die Theorie T_R das Modell der rellen Zahlen M_R. Alle mit dem intendierten Modell isomorphen Modelle der Theorie nennt man ihre *Standardmodelle*. Modelle der Theorie, die mit ihrem Standardmodell elementar äquivalent sind (dieselben Formeln wahr machen), aber dennoch *nicht isomorph* sind, nennt man *Nonstandardmodelle* der Theorie. Die Theorie T_{ZFC} lässt also abzählbare Nonstandardmodelle zu, obwohl aus T_{ZFC} die Existenz von überabzählbaren Mengen ableitbar ist. Wie ist das möglich?

Der springende Punkt liegt darin, dass wir mithilfe von PL-Sätzen 1. Stufe zwar über alle Individuen, aber nicht über alle Teilmengen des Bereichs quantifizieren können; letzteres geht nur in der PL 2. Stufe.[32] Es gibt daher ein abzählbares Modell M = <D,V> von T_{ZFC}, sodass $\omega \in D$ und wegen dem ableitbaren ZFC-Theorem D auch ein u enthält, das in M insofern ‚überabzählbar' ist, als in D keine Menge $f: \omega \leftrightarrow_{1:1} u$ existiert, d.h. keine bijektive Abbildung ω nach u. Jedoch gibt es

---

[32] Mehr dazu in Ebbinghaus et al. (1996, 120-4); Shapiro (1991, Kap. 4), Bays (2014).

eine solche Abbildung f*: $\omega \leftrightarrow_{1:1} u$ im Universum aller Mengen, denn andernfalls könnte D nicht abzählbar sein (denn über die ZFC-Axiome folgt aus der Abzählbarkeit von D auch die Abzählbarkeit von u). Man fragt sich, warum die Abbildung f* nicht in D enthalten ist, wo <D,V> doch alle ZFC-Axiome erfüllt, insbesondere das Ersetzungsaxiom (Ers), dass besagt, das für jede Funktionsvorschrift F:x→y mit x auch y eine Menge ist. Nun kann man aber die der Funktion f* entsprechende Vorschrift in der Sprache von ZFC 1. Stufe – kurz ZFC_1 – nicht ausdrücken. Man kann sie höchstens in dem Axiomensystem ZFC 2. *Stufe* ausdrücken, kurz ZFC_2. In ZFC_2 quantifiziert man nicht nur über Mengen, also Elementen von D, sondern auch über beliebige Teilmengen von D und damit (wenn D das Mengenuniversum ist) über echte Klassen. Lässt man das Axiom (Ers) über alle funktionalen Teilmengen des Cartesischen Produkts von ω und u laufen, dann gewinnt man damit die Existenz der Bijektion f*.

Da wir nun wiederholt über die PL 2. Stufe (kurz: PL^2) sprachen, sei sie kurz erläutert. Sie ist wie die PL 1. Stufe (kurz: PL^1) aufgebaut, nur dass nun auch eine Menge $\mathcal{V}^n$ von Variablen für n-stellige Relationszeichen vorhanden ist, die wir mit Großbuchstaben X, Y,... notieren. Als neue Formregel tritt hinzu:

Wenn $t_1,...,t_n \in \mathcal{T}$, $X^n \in \mathcal{V}^n$, dann $X^n(t_1,...,t_n) \in \mathcal{L}$.

Die neuen Regeln für Prädikatvariablen sind ganz analog zu den Regeln für Individuenvariablen. Für den Allquantor lauten sie, unter Auslassung von Funktionenvariablen (der obere Index steht für die Stellenzahl):

(UI) $\forall X^n A / A[R^n/X^n]$
(UG) $\Gamma \vdash A[R/X] / \Gamma \vdash \forall XA$, mit VB: X nicht frei in Γ, A.[33]

Stehe $\mathcal{L}^1$ für die Sprache der PL^1 und $\mathcal{L}^2$ für die der PL^2, dann resultiert die Existenz von Nichtstandardmodellen von PL^1-Theorien zusammengefasst aus dem Umstand, dass man in $\mathcal{L}^1$ nur über Individuen, aber nicht über Teilmengen des Bereichs und seiner cartesischen Produkte quantifizieren kann. Letzteres kann man in $\mathcal{L}^1$ nur mithilfe von Axiomenschemata $A(x_1,...,x_n)$, die jedoch *nicht alle* Teilmengen von D^n erfassen können, wenn D unendlich ist. Denn dann gibt es überabzählbar viele Teilmengen von D bzw. D^n, doch gibt es nur abzählbar viele offene Formeln in $\mathcal{L}^1$. Dies erklärt, warum ZFC_1 abzählbare Modelle besitzt und daher nicht kategorisch ist, und dasselbe gilt für die Theorie der reell abgeschlos-

---

[33] Die Identitätsrelation zwischen singulären Termen und Prädikaten ist in der PL^2 definierbar. Meist wird auch die PL^2-Version des Komprehensionsaxioms und des Auswahlaxioms hinzugenommen. Letzteres ist nur semantisch gültig, wenn dieses auch im semantischen Mengenuniversum angenommen wird (Shapiro 1991, Kap. 3).

senen Körper T_R. Dagegen ist es in $\mathcal{L}^2$ möglich, eine kategorische ZFC-Theorie sowie eine kategorische Theorie der reell abgeschlossenen Körper zu formulieren.

Ein analoger Sachverhalt gilt für die Peanosche Theorie der natürlichen Zahlen. Als Theorie 2. Stufe geschrieben, abgekürzt T_N^2, besteht diese Theorie aus den Axiomen von Merksatz 18-2, also (N1) (Injektivität der Nachfolgefunktion), (N2) (Null hat keinen Vorgänger) und (N3), dem Induktionsaxiom 2. Stufe: $\forall P \subseteq N: P(0) \wedge \forall x(P(x) \to P(s(x))) \to \forall x P(x)$. In der Peano-Theorie 1. Stufe, abgekürzt als T_N, wird (N3) jedoch durch folgendes Axiomenschema ersetzt

(N3.1) $A(0) \wedge \forall x(A(x) \to A(s(x))) \to \forall x A(x)$,

wobei A über beliebige Formeln von $\mathcal{L}(T_N)$ läuft. Da der Bereich D unendlich sein muss, um die Axiome (N1+2) zu verifizieren, können die Formeln A(x) nicht alle Teilmengen von D erfassen und das Induktionsaxiom 1. Stufe ist semantisch unvollständig. Dies erklärt, warum auch die Theorie der natürlichen Zahlen 1. Stufe $T_N =_{def} T_N^1$ Nonstandardmodelle besitzt. Zum einen gibt es natürlich überzählbare Nonstandardmodelle von T_N; dies folgt aus dem aufsteigendem LS-Theorem (Merksatz 21-2(2)); man ‚schmuggelt' dabei überabzählbar viele neue Individuen ein, die von jenen in N sprachlich nicht unterscheidbar sind. Zum anderen gibt es aber auch *abzählbare Nonstandardmodelle* von T_N. Ein solches erhält man, wenn man ‚über' die Menge der natürlichen Zahlen die der ganzen Zahlen mit einem neuen ‚Nullelement' a setzt, d.h. jede dieser ‚reinterpretierten' ganzen Zahlen ist größer als jede natürliche Zahl:

0, 1, 2...   ...–2, –1, a, +1, +2...

0, 1, 2...   ...   ...–2, –1, a_i, +1, +2...   ...   ...–2, –1, a_j, +1, +2...   ...

Abb. 21-1: Nonstandardmodell von T_N (oben) und T_{Ar} (unten).

Die *Theorie der Arithmetik*, T_{Ar}, erhält man, wenn man zu T_N die rekursiven Axiome für die strikte Ordnungsrelation, Addition und Multiplikation hinzufügt. Da letztere Begriffe in T_N nicht explizit definierbar sind (nur in T_N^2), erhält man damit eine stärkere Theorie (Shoenfield 1967, 22):

(N1<) $\forall x \neg (x<0)$ (N2<) $\forall x,y(x < s(y) \leftrightarrow x<y \vee x \equiv y)$ (N3<) Konnexivität.
(N1+) $\forall x(x+0 = x)$ (N2+) $\forall x,y(x+s(y) \equiv s(x+y))$
(N1·) $\forall x(x \cdot 0 = 0)$ (N2·) $\forall x(x \cdot s(y) \equiv x \cdot y + x)$

Aus den Axiomen folgt die Kommutativität von + und · sowie die Transitivität von < (Beweis s. Übung). Um das Nonstandardmodell von Abb. 21-1 oben zu einem Modell von T_{Ar} zu erweitern, muss man zusätzlich Additionen und Multiplikationen für das neue Element a einführen (a+a+...; a·a·...). Dies ist möglich, wenn man eine dicht geordnete Kette von abzählbar vielen Kopien der ganzen Zahlen über N setzt, wie in Abb. 21-1 unten dargestellt (Ebbinghaus et al. 1996, 103f.).

Ein Abschwächung des Kategorizitätsbegriffs ist c-Kategorizität: Eine PL-Theorie T ist c-kategorisch (für eine Kardinalzahl c) wenn alle Modelle von T der Kardinalität c untereinander isomorph sind. Aber weder die Theorie T_R noch T_N sind $\aleph$-kategorisch für eine infinite Kardinalität $\aleph$ (Shoenfield 1967, 88f.).

Wir fassen zusammen: Es war eine wichtige erkenntnistheoretische Lektion von Abschn. 19.3, dass PL-Theorien ihre Modelle maximal bis auf Isomorphie fixieren können. Nun haben wir gesehen, dass PL Theorien 1. Stufe, sobald sie über infinite Bereiche sprechen, nicht einmal das vermögen. Sie sind, anders gesprochen, nicht kategorisch (und oft nicht einmal $\aleph_i$-kategorisch für irgendein $\aleph_i$). Einige PL-Theorien 1. Stufe (z.B. T_R) sind wenigstens vollständig, aber andere nicht (dazu Abschn. 21.4). Andererseits sind die meisten Formulierungen dieser Theorien in der PL 2. Stufe kategorisch, weil dort über alle Teilmengen von D bzw. D^n quantifiziert werden kann (man nennt dies auch die ‚volle' PL 2. Stufe). Daher fragt sich – warum nicht gleich die PL 2. Stufe als logischen Rahmen wählen und diese Theorien in $\mathcal{L}^2$ formulieren? Die Antwort ist einfach: weil die PL 2. Stufe semantisch unvollständig ist (was in Abschn. 21.4 gezeigt wird). Es ist daher nicht möglich, aus einer Theorie 2. Stufe alle semantischen Konsequenzen logisch abzuleiten. Der Sinn logischer Formalisierungen besteht nun aber gerade darin, die Konsequenzen einer Theorie nicht nur intuitiv zu vermuten, sondern streng deduzieren zu können. Insofern nutzt die kategorische Formulierung von Theorien wie T_{Ar} oder ZFC in $\mathcal{L}^2$ wenig. Man kann hier auch vom *logischen Stufendilemma* sprechen: in der PL 1. Stufe kann man alle Konsequenzen ableiten, aber reichhaltigere semantische Strukturen nur unvollständig wiedergeben; in der PL 2. Stufe kann man sie vollständig wiedergeben, aber nicht mehr alle Konsequenzen ableiten. Da das intuitiv-nichtformale Schließen antinomieanfällig und unverlässlich ist, zeigen diese Sachverhalte nicht nur die Grenzen der formallogischen Methode, sondern auch die rationaler Methoden insgesamt auf.

21.2 Skolemsche Normalform und Klausellogik in der PL

Wie in Abschn. 13-5 gezeigt, lässt sich jede Formel der PL (1. Stufe) in eine L-äquivalente PNF (pränexe Normalform) umwandeln, die die Form $Q_1x_1...Q_nxM$ besitzt, mit Q_ix_i einer Reihe von Quantoren ($Q_ix_i \in \{\forall x_i, \exists x_i\}$) und M einer quantorfreien Matrix. Eine noch weitergehende prädikatenlogische Normalform ist die Skolemsche Normalform (SNF), die aus der PNF durch Elimination von Existenzquantoren zugunsten der Einführung neuer Funktionszeichen entsteht. Die Grundidee dieser Umwandlung ist folgende: eine Allexistenzaussage ∀x∃yRxy besagt, dass für jedes x ein y gefunden werden kann, das zu x in der Beziehung Rxy steht. Daher kann dieselbe Aussage auch durch ∀xRxf(x) für eine passende Funktion f(x) ausgedrückt werden. Allerdings ist die so entstehende rein universelle Formel nicht mehr L-äquivalent, sondern nur mehr koerfüllbar mit der usprünglichen Formel. Die korrespondierende duale Skolemsche Normalform DSNF wandelt Formeln in kobeweisbare Formeln um.

Definition 21-2. *Skolemsche und duale Skolemsche Normalform:*
(1) Eine Skolemsche Normalform einer Formel A, kurz eine SNF von A, entsteht aus einer PNF von A der Form $Q_1x_1...Q_nx_nM$ (M quantorfrei) durch folgende Prozedur:
  (i) Von außen nach innen wird in M jede existenzquantifizierte Variable x_i ($Q_i = ∃$) durch den funktionalen Ausdruck $f_i(x_{i_1},...,x_{i_m})$ ersetzt, mit f_i einem *neuen* (spezifisch $∃x_i$ zugeordneten) Funktionszeichen und $\{x_{i_1},...,x_{i_m}\} \subseteq \{x_1,...,x_{i-1}\}$ als Menge aller *allquantifizierten* Variablen *vor* $∃x_i$ (bzw. links davon), d.h., in deren Allquantorbereich $∃x_i$ liegt.
  (ii) Alle Existenzquantoren werden gestrichen.
  Beachte: (a) Liegen vor $∃x_i$ keine Allquantoren, dann ist $\{x_{i_1},...,x_{i_m}\}$ leer und $f_i(x_{i_1},...,x_{i_m})$ ist eine neue Ik oder Iv u_i.
  (b) Ist $x_i=y$, so schreiben wir „f_y" für „f_i" (d.h. y fungiert als Index von f).
(2) Eine duale Skolemsche Normalform einer Formel A, kurz eine DSNF von A, entsteht aus einer PNF von A wie in (1) beschrieben, *außer* dass in der Beschreibung Existenz- und Allquantoren vertauscht werden.

Einige *Beispiele:*

PNF einer Formel A:	SNF von A:	DSNF von A:
$∃x_1∀x_2Rx_1x_2$	$∀x_2Rax_2$	$∃x_1Rx_1f_2(x_1)$
$∀x∃yRxy$	$∀xRxf_y(x)$	$∃yRay$
$∀x∃y∀z(Rxy ∨ Qyz)$	$∀x∀z(Rxf_y(x)∨Qf_y(x)z)$	$∃y(Ray ∨ Qyf_z(y))$
$∃x∀y∃z∀u(Rxy∧Qzu)$	$∀y∀u(Ray∧Qf_z(y)u)$	$∃x∃z(Rxf_y(x)∧Qzg_u(x,z))$

Aus der SNF folgt die PNF, denn über den funktionalen Term kann mit der Regel EK wieder existenzquantifiziert werden. Doch aus der PNF folgt nicht die SFN, denn die PNF sagt nichts über die neue Funktion f_i; die SFN ist nur koerfüllbar, d.h. hat die PNF ein Modell, kann durch geeignete Interpretation von f_i auch ein Modell für die SNF gefunden werden. Ein analoger dualer Sachverhalt gilt für die DSNF.

> **Merksatz 21-3.** *SNF und DSNF:*
> Es sei SNF(A) eine SNF und DSNF(A) eine DSNF der Formel A. Dann gilt:
> (1) (i) SNF(A) ⊢— A und (ii) SNF(A) und A sind koerfüllbar, d.h., SNF(A) ist erfüllbar g.d.w. A erfüllbar ist.
> (1*) Haben die SNF(A_i)'s wechselseitig disjunkte Skolem-Funktionszeichen, dann sind {SFN(A_1),...,SFN(A_n)} und {A_1,...,A_n} koerfüllbar.
> (2) ⊢— DSNF(A) ↔ ¬SNF(¬A).
> (3) (i) A ⊢— DSNF(A) und (ii) DSNF(A) und A sind kobeweisbar, d.h., ⊢— DSNF(A) g.d.w. ⊢— A.
> (3*) Haben die SNF(A_i)'s wechselseitig disjunkte Skolem-Funktionszeichen, dann sind die Schlüsse A_1,...,A_n / B und SNF(A_1),...,SNF(A_n) / DSNF(B) kobeweisbar.

Beweis: Sei SNF(A) aus der gegebenen PNF(A) = $Q_1v_1...Q_nv_nM$ gebildet. Einfachkeitshalber schreiben wir für die allquantifizierten Iv's y_i und die existenzquantifizierten x_j. „Qv_{1-n}" steht abkürzend für „$Q_1v_1,...,Qv_n$" mit $Q_i \in \{\forall,\exists\}$.

Ad (1) (i): Wir beweisen SFN(A) ⊢— PNF(A); wegen ⊢— PNF(A) ↔ A folgt die Behauptung. Induktion über die Anzahl r der Existenzquantoren *von innen nach außen*. Gemäß IH haben wir die Behauptung für die inneren Quantoren bis zum r.ten Existenzquantor schon bewiesen. D.h. $A(f_{r+1}(y_{1-s}))$ ⊢— $A^*(f_{r+1}(y_{1-s}))$, mit $A(f_{r+1}(y_{1-s}))$ als die SNF ohne die äußeren Allquantoren $y_1,...,y_s$ und $A^*(f_{r+1}(y_{1-s}))$ die entsprechend teilumgewandelte PNF ohne die äußeren Quantoren vor dem r.ten Existenzquantor $\exists x_r$. (Der Fall r=0 ist trivial erfüllt.) Aufgrund der Regel EK gilt $A(f_{r+1}(y_{1-s}))$ ⊢— $\exists x_{r+1}A^*(x_{r+1})$, und durch UI und UG $\forall y_{1-k}A(f_{r+1}(y_{1-s}))$ ⊢— $\forall y_{1-k}\exists x_{r+1}A^*(x_{r+1})$ für die nächste Lage von Allquantoren $\forall y_{1-k}$ bis zur Position, an der die nächste existenzquantifizierte Variable x_{r+2} via EK einzuführen ist.

Ad (1)(ii): Induktion über die Anzahl r der Existenzquantoren von *außen nach innen*. Angenommen <D,V> ⊨ $Q_1v_1...Q_nv_nM(v_1,...,v_n)$. Gemäß der IH haben wir die Behauptung für die Umwandlung bis zum r.ten Existenzquantor $\exists x_r$ (von außen nach innen) schon bewiesen. Somit gilt

(i) <D,V> ⊨ $Qv_{1-q}\exists x_{r+1}A(v_{1-q},x_{r+1})$ g.d.w. <D,V_r> ⊨ $\forall y_{1-k}\exists x_{r+1}A^*(y_{1-k},x_{r+1})$,

mit k < q, A für die obige PNF ohne die Quantorenanfangssequenz $Qv_{1-q}\exists x_{r+1}$ und A^* für die Teilumwandlung dieser PNF für die existenzquantifizierten Iv's $x_1,...,x_r$; V_r ist die für die neuen Funktionszeichen $f_1,...,f_r$ erweiterte Interpretation. (Der Fall r=0 ist trivial erfüllt.) Aus (i) und der Annahme folgt

(ii) <D,V_r> ⊨ $\forall y_{1-k}\exists x_{r+1}A^*(y_{1-k},x_{r+1})$.

21.2 Skolemsche Normalform und Klausellogik in der PL — 403

Induktionsschritt: Wir legen $V(f_{r+1})$ so fest, dass für alle d_{1-k} $V(f)(d_{1-k})$ ein d in D ist, für das $<D,V[y_{1-k}:d_{1-k}, x_{r+1}:d]> \models A^*(y_{1-q},x_{r+1})$ zutrifft und nennen die erweiterte Interpretation V_{r+1}. Aufgrund (ii) gibt es ein solches d. Daraus folgt

(iii) $\forall d_{1-k}$: $<D,V_{r+1}[y_{1-k}:d_{1-k},x_{r+1}:V(f_{r+1}(y_{1-k}))]> \models A^*(y_{1-k},x_{r+1})$.

Aufgrund des Koinzidenzsatzes (Merksatz 19-1) impliziert (iii)

(iv) $\forall d_{1-k}$: $<D,V_{r+1}[y_{1-k}:d_{1-k}]> \models A^*(y_{1-k},x_{r+1})[f_{r+1}(y_{1-k})/x_{r+1}] = A^*(y_{1-k},f_{r+1}(y_{1-k}))$.

Somit $<D,V_{r+1}> \models \forall y_{1-k}A^*(y_{1-k},f_{r+1}(y_{1-k}))$.

Ad (1*): Induktion nach der Anzahl r der umgewandelten A_i's. IH: $<D,V_r> \models \{SNF(A_1),...SNF(A_r)\},A_{r+1},...,A_n\}$. A_{r+1} wird in eine PNF überführt und durch gebundene Umbenennung dafür gesorgt, dass keine ihrer Iv's in den schon gebildeten $SNF(A_i)$'s vorkommen. Dadurch werden in $SNF(A_{r+1})$ *neue* Funktionszeichen eingeführt. Wie im Beweis von (1)(ii) kann man daher zeigen, dass V_r so zu V_{r+1} erweiterbar ist, dass $<D,V_{r+1}> \models \{SNF(A_1),...SNF(A_r), SNF(A_{r+1}),...,A_r\}$ gilt.

Ad (2): Beweis Übungsaufgabe.

Ad (3): Aufgrund (2) schließen wir $\vdash$ DSNF(A) g.d.w. $\vdash \neg$SNF(A) g.d.w. SNF($\neg$A) ist unerfüllbar g.d.w. $\neg$A ist unerfüllbar (wegen (1)) g.d.w. $\vdash$ A. Analog für die Verstärkung (3*). Q.E.D.

Die Skolemsche Normalform ist die Grundlage der prädikatenlogischen Anwendung der in Abschn. 13.4 erläuterten Klausellogik. Um einen gegebenen Schluss $A_1,...,A_n$ / B auf Gültigkeit zu prüfen, prüft man die Skolemsche Normalformmenge $\{SNF(A_1),...,SNF(A_n), SNF(\neg B)\}$ gemäß Merksatz 21-3(1*) auf Erfüllbarkeit. Zu diesem Zweck sorgt man zuerst durch gebundene Umbenennung dafür, dass die PNFs der Formeln dieser Menge disjunkte Iv's besitzen. Dann wandelt man diese PNFs in SNFs um und die Matrizen dieser SNFs in ihre *konjunktive Normalform* um; wir nennen jede so umgewandelte Formel eine KSNF. Abschließend lässt man die Allquantoren der KSNFs weg; das Resultat ist eine Menge von Disjunktionen von offenen Literalen $\pm R_i(t_1,...,t_n)$, deren freie Iv's als universell quantifiziert zu denken sind. Jede solche elementare Disjunktion stellt eine *prädikatenlogische Klausel* dar. Nun wendet man die Regel der *Resolution-mit-Substitution* an, (ResS), bei der man zwei Klauseln K_1, K_2 durch geeignete Substitutionen so instanziiert, dass aussagenlogische Resolution anwendbar ist, d.h. die K_1- und K_2-Instanz ein gegenteiliges Literal enthalten. Wir bezeichnen simultane Substitutionsoperationen der Form $[x_{1-n}/t_{1-n}]$ nun durch die Variablen s, s_1,... D.h. steht s für $[x_{1-n}/t_{1-n}]$, dann steht As für $A[x_{1-n}/t_{1-n}]$.

(ResS) Gibt es eine Substitution s, sodass $L_1s = (\neg L_2)s$, dann: $A \vee L_1$, $B \vee \neg L_2$ / $As \vee Bs$
(Falls As = Bs wird As ∨ Bs durch As ersetzt[34], und wenn A und B leer sind, durch ⊥.)

Ein *Beispiel*: R(x,y) ∨ F(x,f(y)), Q(z,a) ∨ ¬F(g(z),u) / R(g(z),y) ∨ Q(z,a) ist eine Instanz von (ResS), mit der Substitution s = [g(z)/x, f(y)/u], denn F(x,f(y))s = F(g(z),f(y))] und ¬F(g(z),u)s = ¬F(g(z),f(y)). Als weiteres Beispiel präsentieren wir folgenden PL-Klauselbeweis:

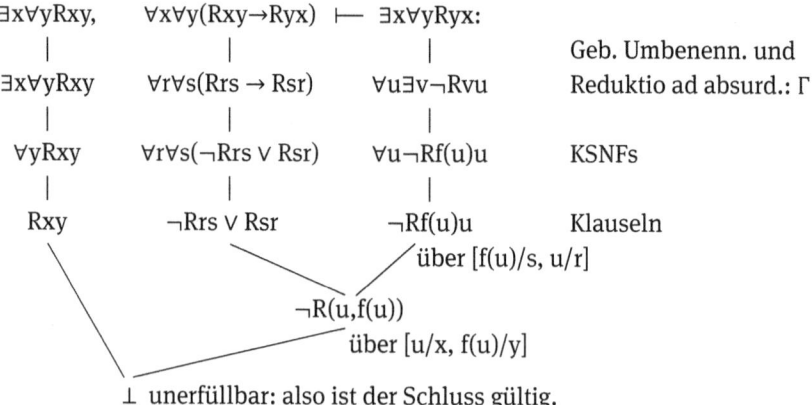

⊥ unerfüllbar: also ist der Schluss gültig.

Für die PL-Klausellogik ist entscheidend, dass man sich bei den Substitutionsoperationen auf jene Terme beschränkt, die in der auf Erfüllbarkeit zu prüfenden Formelmenge Γ (nach erfolgter gebundener Umbenennung) enthalten sind, also auf die Terme in $\mathcal{T}(\Gamma)$. Aufgrund des im nächsten Abschnitt bewiesenen Satzes von Herbrand ist die Klausellogik ein *vollständiges* Herleitungsverfahren für die PL. Man beachte jedoch, dass sobald die SNF einer Γ-Formel auch nur ein Funktionszeichen enthält (d.h. die PNF einen Existenzquantor *hinter* einem Allquantor), das Verfahren nicht mehr entscheidbar ist. Denn mit nur einem Funktionszeichen kann man aus den gegebenen Iv's – und sei es nur eine Iv x – *unendlich* viele Terme bilden: f(x), f(f(x)), ... usw. Überdies bedarf es eines speziellen Umgangs mit Identitätsformeln: Enthält Γ Identitätsformeln, dann muss zu Γ die Menge Gl(Γ) folgender Identitäts- und Gleichheitsformeln hinzugenommen werden:

Gl(Γ) $=_{def}$ {∀x(x≡x), ∀x∀y(x≡y → y≡x), ∀x∀y∀z(x≡y∧y≡z → x≡z)}
  ∪ {∀x$_1$,y$_1$,...,x$_n$,y$_n$ ($\bigwedge_{1 \leq i \leq n}${x$_i$≡y$_i$} → (fx$_1$...x$_n$ = fy$_1$...y$_n$)): f∈$\mathcal{F}^n$(Γ), n∈ω}
  ∪ {∀x$_1$,y$_1$,...,x$_n$,y$_n$($\bigwedge_{1 \leq i \leq n}${x$_i$≡y$_i$} → (Rx$_1$...x$_n$ → Ry$_1$...y$_n$)): R∈$\mathcal{R}^n$(Γ), n∈ω}.

---

[34] Meist schreibt man statt Disjunktionen die Mengen ihrer Glieder, sodass dieser Schritt entfällt.

Die Hinzunahme von Gl(Γ) kommt der Elimination von „≡" als logischem Identitätszeichen gleich; stattdessen kann ≡ wie ein gewöhnliches 2stelliges Prädikat behandelt werden (Ebbinghaus et al. 1996, 243). In der Logik-Programmierung wurden Verfahren entwickelt, um die Auffindung von Resolventen noch effizienter zu gestalten (s. Bergmann und Noll 1978, Kap. 5; Ebbinghaus et al. 196, Kap. XI).

21.3 Axiomatisierbarkeit, Entscheidbarkeit, Termmodelle und entscheidbare Fragmente der PL

Für die Elemente x∈G einer Grundmenge G ist die Frage der Zugehörigkeit zu einer Teilmenge M ⊆ G entscheidbar g.d.w. es ein aus elementaren ‚Rechenschritten' bestehendes Verfahren gibt, das für jedes x∈G nach einer endlichen Schrittzahl die korrekte Antwort, x∈M oder x∉M, auswirft. M heißt dann auch eine entscheidbare oder *rekursive* Teilmenge von G. Im Fall des Erfüllbarkeitsproblems (bzw. Gültigkeitsproblems) ist dabei M die Menge aller erfüllbaren (bzw. gültigen) Formeln der Grundmenge G = $\mathcal{L}$, die Menge aller Formeln. Aber es kann sich bei G auch um N, die Menge der natürlichen Zahlen, und bei M um irgendeine Teilmenge von N handeln (da es überabzählbar viele N-Teilmengen aber nur abzählbar viele Rechenalgorithmen gibt, gibt es überabzählbar viele unentscheidbare und nur abzählbar viele entscheidbare N-Teilmengen.)

Ein übergeordneter Begriff ist der der *berechenbaren Funktion*. Eine Funktion f:G→W ist berechenbar g.d.w. für alle Elemente x der Grundmenge nach einer endlichen Anzahl von elementaren ‚Rechenschritten' der Bildwert f(x) ∈ W ausgeworfen wird. Entscheidbarkeit ist der Unterfall von Berechenbarkeit mit binärer Bildmenge {1,0}, d.h. M ist eine entscheidbare Teilmenge von G g.d.w. die sogenannte charakteristische Funktion f_M: G→{1,0} berechenbar ist, wobei 1 die Antwort „ja" und 0 „nein" kodiert, d.h. f_M(x) = 1/0 g.d.w. x ∈/∉ M.

Bei den elementaren ‚Rechenschritten' muss es sich nicht unbedingt um elementare Operationen über *Zahlen* handeln; es können damit z.B. auch die Basisoperationen einer Turing-Maschine gemeint sein. Allerdings können durch das sogenannte Verfahren der *Gödelisierung* (s. nächster Abschnitt) alle Ausdrücke und Ausdruckssequenzen einer formalen Sprache durch berechenbare Funktionen in natürliche Zahlen eindeutig übersetzt und rückübersetzt werden. Aus diesem Grunde expliziert man den Begriff der berechenbaren Funktion einfachheitshalber durch Bezug auf Operationen über natürliche Zahlen. Eine Funktion f:N→N heißt *primitiv rekursiv* g.d.w. sie auf eine endliche Kombination [f(n) = g(h_1(n),...,h_k(n))] oder eine rekursive Kombination [f(0) = k, f(n+1) = g(f(n))] von elementaren arithmetischen Operationen zurückführbar ist. Unter letztere fallen das Feststellen der Identität von zwei Zahlen, die Addition zweier Zahlen und das Herausholen der k.ten Zahl aus einer Zahlensequenz. Eine Funktion f:N→N heißt *rekursiv* g.d.w. sie als Minimumoperation einer primitiv-rekursiven Funktion g definierbar ist: f(x) = das kleinste n∈N sodass g(n) = 0.[35] Die sogenannte ‚Church'sche These' besagt, dass alle algorithmischen Prozesse durch rekursive Funktionen darstellbar sind. Diese These ist philosophischer und nicht mathematischer Natur, denn die Menge aller physikalischen Prozesse, die Algorithmen implementieren, ist letztlich nie vollständig bekannt.

Schwächer als der Begriff der entscheidbaren ist der Begriff der rekursiv aufzählbaren Teilmenge M einer (abzählbar unendlichen) Grundmenge G. M ⊆ G heißt *rekursiv aufzählbar* (kurz: „r.a.") g.d.w. eine berechenbare und surjektive Funktion f:N↔M existiert, die jeder natürlichen Zahl N ein M-Element zuordnet (d.h. M = {f(i):i∈N}). Für eine r.a. Teilmenge M ⊆ G gibt es einen Aufzählungsalgorithmus, der angesetzt auf 0, 1, 2... nach und nach alle Elemente von M auswirft, wobei er für unendliches M ‚unendlich lange' laufen muss. Ein typisches Beispiel einer r.a. Menge ist die Menge der Theoreme (herleitbaren Formeln) einer axiomatisierten Logik L oder axiomatisierten Theorie T. Eine r.a. Teilmenge M eines unendlichen G muss nicht mehr entscheidbar sein. Denn wenn ein gegebenes x∈G nicht in M liegt, kann der M-Aufzählungsalgorithmus unendlich lange laufen und nie x auswerfen und daher nie ein Ergebnis liefern. Logisch gesprochen ist eine r.a. Menge M durch die Existenzquantifikation über eine entscheidbare Bedingung definiert: x∈M g.d.w. ∃n∈N(x = f(n)). Man sagt auch, M ist nur *semientscheidbar*. Dies steckt hinter dem bereits in Kap. 8 erläuterten Sachverhalt, dass deduktive Verfahren (auf sich allein gestellt) für die Gültigkeit zwar eine Beweismethode, aber kein Widerlegungsverfahren und damit kein Entscheidungsverfahren liefern.

Ein bekanntes Theorem der Rekursionstheorie sagt jedoch

> **Merksatz 21-4.** *Aufzählbarkeit und Entscheidbarkeit:*
> Sind sowohl M ⊆ G wie (G−M) rekursiv aufzählbar, dann ist M entscheidbar.
> Anwendung: Sind sowohl die Theoreme wie die Nichttheoreme einer Logik L oder einer Theorie T r.a., dann ist L bzw. T entscheidbar.

Der *Beweis* ist einfach: Für beliebiges x∈G lassen wir beide Aufzählungsalgorithmen für M und für G−M laufen. Nach einer endlichen Zeit muss einer von beiden das korrekte Ergebnis, entweder x∈M oder x∉M auswerfen. Somit ist M ⊆ G entscheidbar.

---

[35] Vgl. Bell und Machover (1977, Kap. 6.5); Erk und Priese (2000, Kap. 12). Rekursive Funktionen sind gleichmächtig wie Turing-Maschinen (ibid., 272ff.).

21.3 Axiomatisierbarkeit, Entscheidbarkeit, Termmodelle — 407

Merksatz 21-4 ist die Grundlage vieler logischer Entscheidungsverfahren. Z.B. haben wir in Abschn. 15.3 erwähnt, dass gewisse Logiken L entscheidbar sind, weil sie die endliche Modelleigenschaft (e.M.E.) besitzen, d.h. jedes ihrer Nichttheoreme ist in einem endlichen Modell widerlegbar. Nun kann man alle endlichen Modelle für die Sprache $\mathcal{L}(A)$ einer gegebenen Formel A rekursiv aufzählen und auf dieser Grundlage auch alle Nichttheoreme von L aufzählen (indem man, für n = 0, 1, 2, ..., alle Formeln der Länge ≤ n aufzählt, die durch Modelle der Länge ≤ n widerlegt werden). Aufgrund Merksatz 21-4 ist somit eine Logik mit der e.M.E. entscheidbar.

Eine Logik L (semantisch definiert als Menge ihrer semantisch gültigen Sätze) heißt *endlich* (bzw. *rekursiv*) *axiomatisierbar* g.d.w. es eine endliche (bzw. rekursive) Menge K (einen ‚Kalkül') von Axiomen- und Regelschemata gibt, sodass jeder Satz in L einen Beweis in K besitzt. Da die Menge aller Folgen von Formeln der Sprache $\mathcal{L}$ aufzählbar ist (indem man, für aufsteigende n = 1, 2, ..., alle Formelsequenzen der Länge n aufzählt), und da für jede Folge entscheidbar ist, ob sie ein Beweis ist oder nicht, ist die Menge aller Beweise im Kalkül K und damit auch die Menge aller K-Theoreme (d.h. die der letzten Glieder solcher Beweise) rekursiv aufzählbar. Es genügt jedoch eine scheinbar schwächere Bedingung für die rekursive Aufzählbarkeit von L, nämlich dass eine rekursiv aufzählbare Menge K von Axiomen und Regeln existiert, sodass jedes L-Theorem K-beweisbar ist. Man kann zeigen, dass diese Bedingung mit der rekursiven Axiomatisierbarkeit von L äquivalent ist.[36] Dieselben Axiomatisierungsbegriffe wendet man auf Theorien T an, semantisch definiert als Menge aller in einer gegebenen Modellklasse wahren Sätze. Aus Merksatz 21.4 folgt:

> **Merksatz 21-5:** Jede rekursive axiomatisierte vollständige Theorie ist entscheidbar.

Denn ist T rekursiv axiomatisiert und vollständig (Def. 21-1), dann gilt für jedes A$\in\mathcal{L}$ entweder T ⊢ A oder T ⊢ ¬A (und letzteres impliziert wegen der T-Konsistenz T ⊬ A). Daher liefert die Aufzählung aller T-Theoreme nach endlich vielen Schritten eine Antwort auf die Frage „T ⊢ A?"

Wir kommen nun zu Entscheidbarkeitsresultaten für begrenzte Fragmente der PL. Zwei solche Fragmente hatten wir in Merksatz 15-1(1)+(2) vorgestellt:
(1) Die monadische PL (ohne Funktionszeichen und Identität) besitzt die e.M.E. und ist entscheidbar, da jedes Nichttheorem mit n monadischen Prädikaten

---
[36] Jede r.a. Formelmenge $A_1, A_2, A_3...$ kann durch die Bildung monoton anwachsender Konjunktionen $A_1, A_1 \wedge A_2, A_1 \wedge A_2 \wedge A_3...$ rekursiv axiomatisiert werden (Machover 1996, 239).

in einem Modell mit höchstens 2^n Individuen widerlegbar ist (Beweis via Merksatz 21-1(2)).
(2) Die Menge der Formeln, die L-äquivalent sind mit einer Existenzallformel, d.h. einer Formel der Form $\exists x_{1-n} \forall y_{1-m} B$, ist entscheidbar. Man nennt diese Formelklasse auch die Bernays-Schönfinkel Klasse und schreibt dafür $\exists^* \forall^*$ („*" für „endlich oft iteriert"). Denn jede solche Formel, falls widerlegbar, ist in einem Modell widerlegbar, das höchstens soviel Individuen wie Iv's und Ik's in der Formel besitzt.

Der Beweis von (2) ergibt sich aus dem Beweis des Satzes von Herbrand. Er beruht darauf, dass jede Menge Γ von rein universellen Formeln (d.h. PNFs ohne Existenzquantoren), wenn sie erfüllbar ist, schon in einem *Termmodell* (oder ‚freiem Modell') für Γ erfüllbar ist. Der Individuenbereich eines Termmodells für Γ ist ähnlich definiert wie der des kanonischen Modells in Def. 20-4(1), mit dem Unterschied, dass seine Terme nur aus den *freien* Iv's, Ik's und Funktionszeichen in Γ gebildet sind, wobei Γ weder ω-vollständig noch maximal konsistent sein muss. Wir bezeichnen die Γ zugehörige Menge von Termen als $\mathcal{T}(\Gamma)$; falls Γ keine Ik oder freie Iv enthält, wird eine beliebige Ik in $\mathcal{T}(\Gamma)$ angenommen. Für ein $\mathcal{T}(\Gamma)$ zugehöriges Termmodell schreiben wir $<D_\Gamma, V_\Gamma>$. Es gibt viele davon, aber es gilt immer D_Γ = $\{[t]_\Gamma : t \in \mathcal{T}(\Gamma)\}$, mit $[t]_\Gamma = \{t' \in \mathcal{T}(\Gamma): \Gamma \vdash t \equiv t'\}$, d.h. D_Γ besteht aus den von Γ implizierten $\equiv$-Äquivalenzklassen von Termen in $\mathcal{T}(\Gamma)$.

Merksatz 21-6. *Satz von Herbrand:*
Sei $\Gamma = \{A_1,...,A_k\}$ eine Menge von rein universellen Formeln der Form $A_i = \forall x_1...\forall x_{n_i} M_i$ (M_i quantorfrei). Dann gilt:
(1) Γ ist erfüllbar, g.d.w.
(2) Γ in einem Termmodell erfüllbar ist, g.d.w.
(3) die Menge $\text{Inst}_{\mathcal{T}(\Gamma)}(\Gamma)$ aller $\mathcal{T}(\Gamma)$-Terminstanzen der Fomeln M_i erfüllbar ist, mit $\text{Inst}_{\mathcal{T}(\Gamma)}(\Gamma) =_{\text{def}} \{M_i[t_1/x_1,...,t_{n_i}/x_{n_i}]: t_1,...t_{n_i} \in \mathcal{T}(\Gamma)\}$, g.d.w.
(4) die Menge $\text{Inst}_{\mathcal{T}(\Gamma)}(\Gamma \cup \text{Gl}(\Gamma))$ aussagenlogisch erfüllbar ist (mit $\text{GL}(\Gamma)$ wie am Ende von Abschn. 21.2 definiert).

Hinweis 1: Merksatz 21-6 ist verallgemeinerbar für unendliche $\Gamma = \{A_i: i \in \mathbb{N}\}$.
Hinweis 2: Ein dualer Sachverhalt gilt für Beweisbarkeit und rein existentielle Formeln.

Wir erklären zunächst die Bedeutung dieses Satzes. Die Äquivalenz (1) ↔ (3) impliziert, dass die Erfüllbarkeit jeder endlichen Menge von $\exists^* \forall^*$-Formeln ohne Funktionszeichen ($\exists x_{1-n} \forall y_{1-m} B$, wobei n und m auch 0 sein können) *entscheidbar* ist. Denn die SNF dieser Formeln ist rein universell und ohne Funktionszeichen, weshalb die

Menge der Terme $\mathcal{T}(\Gamma)$ und somit der Individuenbereich des Termmodells endlich ist: es gibt darin maximal so viele Termäquivalenzklassen wie unterschiedliche Ik's und freie Iv's in Γ (falls Γ weder Ik's noch freie Iv's enthält, enthält das Termmodell nur ein Individuum). Sobald jedoch die SNF der Formel auch nur ein Funktionszeichen enthält, ist $\mathcal{T}(\Gamma)$ und somit der Individuenbereich des Termmodells unendlich. – Die Äquivalenz (1) ↔ (4) wiederum beweist die Vollständigkeit des prädikatenlogischen Klauselverfahrens. In diesem Verfahren werden nach und nach $\mathcal{T}(\Gamma)$-Terminstanzen der auf Erfüllbarkeit zu prüfenden Klauselmenge $\Gamma \cup Gl(\Gamma)$ erzeugt. Da die aussagenlogische Resolutionsmethode vollständig ist, muss aus unerfüllbarem $\Gamma \cup Gl(\Gamma)$ daher auch ⊥ ableitbar sein. – Wir kommen nun zum

Beweis von Merksatz 21-6 (vgl. Ebbinghaus et al. 1996, Kap. XI.1):
Wir beweisen den Implikationskreis $1 \to 3 \to 4 \to 3 \to 2 \to 1$.

(1) → (3): Folgt mittels UI.

(3) → (4): Da $Gl(\Gamma)$ aus PL-Wahrheiten besteht, ist wegen (3) auch $Inst_{\mathcal{T}(\Gamma)}(\Gamma \cup Gl(\Gamma))$ erfüllbar und daher auch AL-erfüllbar.

(4) → (3): Sei $Inst_{\mathcal{T}(\Gamma)}(\Gamma \cup Gl(\Gamma))$ AL-erfüllbar. Die Formeln in $Inst_{\mathcal{T}(\Gamma)}(\Gamma \cup Gl(\Gamma))$ sind singulär. Im Ende von Abschn. 15.2 sahen wir, dass jede singuläre Formel ohne Identität, oder endliche Menge solcher Formeln, die über ihren Atomformeln AL-erfüllbar ist, auch PL-erfüllbar ist. Daher ist auch $Inst_{\mathcal{T}(\Gamma)}(\Gamma \cup Gl(\Gamma))$ PL-erfüllbar in einem Modell <D',V'>, worin das Identitätszeichen ≡ als gewöhnliche 2-stellige Relation interpretiert wird. Nun erzwingen die Terminstanzen von $Gl(\Gamma)$, dass ≡ eine Äquivalenzrelation über den Termen in $\mathcal{T}(\Gamma)$ und eine Kongruenzrelation für die Funktions- und Relationzeichen in $\mathcal{T}(\Gamma)$ ist. Daher kann ein Homomorphismus h:D'↔D definiert werden, sodass D aus den ≡-Äquivalenzklasssen $[d]_\Gamma$ von D'-Individuen besteht. Nach Merksatz 19-3 ist auch <D,V> ein Modell von Γ, und in <D,V> wird ≡ als Identität interpretiert (d.h. <D,V> ⊨ $t_1 \equiv t_2$ g.d.w. $V(t_1) = V(t_2)$). Das Modell <D,V> erfüllt die Terminstanzenmenge $Inst_{\mathcal{T}(\Gamma)}(\Gamma)$, d.h. wir sind von 4 nach 3 gelangt.

(3) → (2): Um von 3 nach 2 zu gelangen, konstruieren wir zunächst ein kanonisches Termmodell <D_Δ, V_Δ> für ein saturiertes $\Delta \supseteq Inst_{\mathcal{T}(\Gamma)}(\Gamma)$ nach dem Henkin-Verfahren von Abschn. 20.3. <D_Δ, V_Δ> erfüllt $Inst_{\mathcal{T}(\Gamma)}(\Gamma)$, doch D_Δ enthält aufgrund der im Henkin-Verfahren neu hinzugefügten Konstantenmenge mehr Individuen (d.h. Termäquivalenzklassen) als in Γ's Termuniversum D_Γ enthalten sind. Da $Inst_{\mathcal{T}(\Gamma)}(\Gamma)$ jedoch aus Singulärformeln besteht, können wir den Submodellsatz (Merksatz 19-5) anwenden und daraus schließen, dass $Inst_{\mathcal{T}(\Gamma)}(\Gamma)$ auch von folgendem D_Γ'-Submodell von D_Δ erfüllt wird, <D_Γ', V_Γ'>, mit $D_\Gamma' = D_\Delta \upharpoonright \{V_\Delta(t): t \in \mathcal{T}(\Gamma)\}$ und V_Γ' definiert wie in Def. 19-4. Um Def. 19-4(ii) zu erfüllen, wird zuvor V_Δ so zu V_Δ' abgeändert, dass $V_\Delta'(v) \in D_\Gamma'$ für alle Iv's v, die nicht frei sind in Γ. Aufgrund des Übereinstimmungslemmas (Merksatz 20-3) erhält diese Veränderung die

Erfüllung von Γ in $<D_\Delta,V_\Delta'>$, und $<D_{\Gamma'},V_{\Gamma'}>$ ist Submodell von $<D_\Delta,V_\Delta'>$. $<D_{\Gamma'},V_{\Gamma'}>$ ist noch nicht identisch mit $<D_\Gamma,V_\Gamma>$, da die Äquivalenzklassen in $D_{\Gamma'}$ immer noch neu hinzugefügte Konstanten enthalten, die nicht in Γ vorkommen. Aber wenn man diese eliminiert, erhält man $<D_\Gamma,V_\Gamma>$ als ein zu $<D_{\Gamma'},V_{\Gamma'}>$ isomorphes Modell mit Isomorphismus i: $D_{\Gamma'} \leftrightarrow_{1:1} D_\Gamma$, i([t]) = [t]∩$\mathcal{T}(\Gamma)$. Damit sind wir beim gewünschten Termmodell $<D_\Gamma,V_\Gamma>$ von Γ, welches ebenfalls Inst$_{\mathcal{T}(\Gamma)}(\Gamma)$ erfüllt.

Da $<D_\Gamma,V_\Gamma>$ jede Terminstanz $M_i[t_1/x_1,...,t_{n_i}/x_{n_i}]$ (für $t_1,...t_{n_i} \in \mathcal{T}(\Gamma)$) erfüllt, folgt aufgrund n-maliger Anwendung des Koinzidenzsatzes (Merksatz 19-1), dass für alle $[t_1]_\Gamma,...,[t_{n_i}]_\Gamma \in D_\Gamma$, $<D_\Gamma,V_\Gamma[x_1:[t_1]_\Gamma,...,x_{n_i}:[t_{n_i}]_\Gamma]> M_i$ erfüllt, weshalb aufgrund n-maliger Anwendung von S3a $<D_\Gamma,V_\Gamma>$ auch den Allsatz $\forall x_1...\forall x_n M_i$ erfüllt. Somit gilt $<D_\Gamma,V_\Gamma> \models A_i$, und da dies auf alle A_i zutrifft, $<D_\Gamma,V_\Gamma> \models \Gamma$. *(2) → (1)* gilt trivialerweise. Q.E.D.

Über das Entscheidbarkeitsresultat für ∃*∀*-Formeln hinaus konnte Ackermann im Jahr 1928 zeigen, dass auch alle Formeln der Form ∃*∀$_1$∃*A entscheidbar sind und Gödel, Kalmar, Schütte wenig später, dass alle Formeln der Form ∃*∀$_2$∃*A ohne Identität entscheidbar sind (Bergmann und Noll 1977, 132; „∀$_n$" für eine Sequenz von n Allquantoren). Der Herbrand-Satz impliziert auch für die monadische PL die Entscheidbarkeit, denn es gilt:

> **Merksatz 21-7.** *Monadische PL:*
> Jede Formel der monadischen PL ist L-äquivalent mit einer pränexen ∃*∀*Formel.

Der Beweis von Merksatz 21-7 verläuft über das
Monaden-Lemma: Jede monadische Formel ist L-äquivalent mit einer aussagenlogischen Verknüpfung aus bereichsreduzierten Elementarformeln, kurz BEs. Dabei ist eine BE entweder ein Literal (±)Fk oder (±)Fv oder eine elementarquantifizierte Formel der Form $\forall v((\pm)F_1 v \vee ... \vee (\pm)F_k v)$ oder $\exists v((\pm)F_1 v \wedge ... \wedge (\pm)F_k v)$ (siehe Übungsaufgabe).

Für Erfüllbarkeitstests für monadische Formeln liefert Merksatz 21-7 oft eine noch kleinere Modellkardinalität als Merksatz 15-1(1).

21.4 Selbstreferentielle Sprachen, Lügner-Antinomie, Unvollständigkeits- und Unentscheidbarkeitsresultate

Die Struktur der Arithmetik, die die Theorie der Arithmetik T_{Ar} beschreibt, ist reichhaltig genug, um in der Metasprache eine injektive Abbildung # der Sprache $\mathcal{L}_{Ar}$ in die natürlichen Zahlen zu definieren. Damit wird $\mathcal{L}_{Ar}$ *selbstreferentiell*, d.h.

21.4 Selbstreferentielle Sprachen, Lügner-Antinomie

in die Lage versetzt, über sich selbst zu sprechen. Man nennt „#" auch eine *Kodierung* von $\mathcal{L}_{Ar}$ in N und das Kodierungsverfahren eine *Gödelisierung*.

Die Kodefunktion # wird nicht nur über Formeln, sondern über alle Zeichenreihen von $\mathcal{L}$ definiert. Es gilt also #: $\mathcal{Z}(\mathcal{L}_{Ar}) \to_{1:1}$ N, mit $\mathcal{Z}(\mathcal{L}_{Ar})$ als Menge von $\mathcal{L}_{Ar}$'s Zeichenreihen. Die Kodierung ist in beide Richtungen (# und $\#^{-1}$) rekursiv und man kann für jedes n∈N entscheiden, ob $\#^{-1}$ der Kodename einer Zeichenreihe ist. Es gibt verschiedene Methoden für eine solche Kodierung. In einer einfachen binären Variante (vgl. Machover 1996, 233f.) geht man von einer Aufzählung des $\mathcal{L}_{Ar}$-Alphabets 0, s, +, ·, (,) ≡, ¬, ∧, ∨, , ∃, ∀, x_1, x_2,... auf (d.h. die Standardvariablen x_1, x_2,...kommen zuletzt) und definiert für jedes dieser Symbole φ:

#φ = eine 1 gefolgt von so viel Nullen wie es φ's *Positionsnummer* in dieser Aufzählung (beginnend mit der 0 in der Position 1) entspricht.

D.h. #0 = 10, #s = 100, #+ = 1000, usw. Die Kodenummer einer Zeichensequenz ist einfach die Aneinanderreihung der Kodenummern, z.B.

#(¬0≡s(0)) =10000000010100000001001000001010000000.

Offenbar kann jede Zeichenreihe eindeutig in eine (lange) binäre Sequenz übersetzt werden. Umgekehrt kann von jeder Binärsequenz entschieden werden, ob sie einer Zeichenreihe entspricht (nämlich wenn auf eine 1 immer ein Block von Nullen folgt) und wenn ja, welcher Zeichenreihe. Setzt man die Sequenz „11" für das „Komma" zwischen zwei Zeichenreihen, so kann man auf diese Weise auch alle Sequenzen von Zeichenreihen kodieren.[37]

Da wir im Folgenden sowohl über die Sprache $\mathcal{L}_{Ar}$ wie über natürliche Zahlen N sprechen, verwenden wir folgende Konventionen:

- 0, s, +, < ... stehen wie gewohnt für objektsprachliche $\mathcal{L}_{Ar}$-Symbole und wir verwenden die Standardvariablen x_1, x_2,... Unsere metasprachlichen Variablen für Iv's, Terme, Formeln (A_i) sind wie zuvor. Die Variablen α_i laufen über Zeichenreihen.
- n_1, n_2,... sind metasprachliche Variablen über natürliche Zahlen, $n_i \in$ N. Auch N, die Kodefunktion # und Diagonalisierungsfunktion d (s. unten) sind metasprachliche Zeichen; andere metasprachliche Funktionen und Relationen werden durch Unterstreichung von objektsprachlichen Symbolen unterschieden.

---

[37] Eine andere auf Gödel zurückgehende Methode beruht auf der Möglichkeit, jede Sequenz von natürlichen Zahlen <n_1,...,n_k> durch eine natürlichzahlige Funktion f(n_1,...,n_k) dieser Zahlen eineindeutig als Zahl zu repräsentieren (Shoenfield 1967, 117f.). Wiederum andere Methoden verwenden rückrechenbare Primzahlkodierungen (Bell und Machover 1977, 327f.).

- Die objektsprachlichen Bezeichnungen für natürliche Zahlen n kürzen wir durch s^n ab (d.h., s^n steht für s...s(0), n-mal iteriert). $\mathcal{N}$ ist die Menge der objektsprachlichen Namen für natürliche Zahlen, $\mathcal{N} = \{s^n: n \in N\}$.
- Einfachheitshalber verwenden wir statt der Kodierungsfunktion $\#:\mathcal{Z}(\mathcal{L}_{Ar}) \to N$ die zugeordnete Funktion $s^\#:\mathcal{Z}(\mathcal{L}_{Ar}) \to \mathcal{N}$, die jeder $\mathcal{L}_{Ar}$-Zeichenreihe φ den Namen ihrer Kodenummer zuordnet, $s^\# \varphi = s^{\#(\varphi)}$, den wir ihren *Kodenamen* nennen.

Wir gehen im Folgenden von einer Kodierungsfunktion # und zugeordneter Funktion $s^\#$ aus. Wir schreiben „TRUE$_{Ar}$" für die Menge aller im Standardmodell wahren arithmetischen Sätze. „TRUE$_{Ar}$" ist eine semantisch definierte, nicht axiomatisierte ‚Theorie' (im Gegensatz zur axiomatischen Theorie T$_{Ar}$). Alle rekursiv definierten Begriffe (bzw. Teilmengen) von $\mathcal{L}_{Ar}$-Zeichenreihen, wie $\alpha \in \mathcal{V}, \mathcal{T}, \mathcal{L}_{Ar}$ (d.h. „α ist eine Variable, ein Term, eine Formel") lassen sich aufgrund der Berechenbarkeit von # in rekursiv definierte Begriffe (bzw Teilmengen) von Kodenummern von $\mathcal{L}_{Ar}$-Formeln überführen. Wir schreiben für eine beliebige Zeichenreihe α,

$s^\# \alpha \in \mathcal{L}_{Ar}^\#$ für „$\#\alpha$ ist der Kodename einer $\mathcal{L}_{Ar}$-Formel",

d.h. $\mathcal{L}_{Ar}^\# \subseteq \mathcal{N}$ ist die Menge aller Kodenamen von $\mathcal{L}_{Ar}$-Formeln (analog für $\mathcal{V}^\#, \mathcal{T}^\#$; d.h. für M ⊂ N ist $M^\# =_{def} \{s^n: n \in M\}$).

Die Aussage „$s^\# \alpha \in \mathcal{L}_{Ar}^\#$" ist rekursiv und daher arithmetisch definierbar. D.h. es gibt eine Formel A(v) von $\mathcal{L}_{Ar}$, sodass

für alle $n \in N$, $A(s^n) \in$ TRUE$_{Ar}$ g.d.w. $s^n \in \mathcal{L}_{Ar}^\#$,

in Worten: $A(s^n)$ ist wahr g.d.w. s^n der Kodename einer $\mathcal{L}_{Ar}$-Formel ist.

Eine in $\mathcal{L}_{AR}$ derart definierbare Funktion oder Relation über natürliche Zahlen nennt man auch arithmetisch repräsentierbar (Machover 1996, 225), oder genauer formuliert, semantisch-arithmetisch repräsentierbar, in Abgrenzung vom Begriff der deduktiv-arithmetischen Repräsentierbarkeit (womit $T_{AR} \vdash A(s^n)$ g.d.w. $s^n \in \mathcal{L}_{Ar}^\#$ gemeint ist; s. unten und vgl. Shoenfield 1967, 126f.).

Unsere erste Kardinalfrage lautet: Ist auch arithmetische Wahrheit, also die Zugehörigkeit des Kodenamens einer Formel zu TRUE$_{Ar}^\#$, semantisch-arithmetisch repräsentierbar? Ein berühmtes Theorem von Tarski (1935) verneint diese Frage. Wir skizzieren nun den Beweis. Angenommen es gäbe ein komplexes Wahrheitsprädikat W(x), das semantisch-arithmetisch repräsentierbar ist, d.h. es gilt

$W(s^\# A) \in$ TRUE$_{Ar}$ g.d.w. A $\in$ TRUE$_{Ar}$.

Der Beweis beruht auf der Definition folgender

> Definition 21-3. *Diagonalisierungsfunktion:* $d\#A(x_1) =_{def} \#A(s\#A(x_1))$.
> *In Worten*: Die Diagonalisierung der Kodenummer der offenen Formel $A(x_1)$ ist die Kodenummer ihrer Substitutionsinstanz, angewandt auf ihren eigenen Kodenamen.
> *Analog:* $ds\#A(x_1) =_{def} s\#A(s\#A(x_1))$. – Letztere Diagonalisierungsfunktion ist ‚geliftet' auf die objektsprachlichen Kodenamen.

Da die Substitutionsoperation rekursiv ist, ist auch die Diagoalisierungsfunktion arithmetisch repräsentierbar. Wäre arithmetische Wahrheit repräsentierbar, dann wäre somit auch die folgende Eigenschaft repräsentierbar:

$D(s^n) =_{def} \neg W(ds^n)$,

die für beliebige Kodenamen s^n besagt: „die Diagonalisierung von s^n ist nicht wahr". Wenden wir die Eigenschaft $D(x_1)$ auf ihren eigenen Namen an, erhalten wir $D(s\#D(x_1))$, also die Formel $\neg W(ds\#D(x_1))$. Eingesetzt ergibt sich:[38]

> Beweis der Lügnerantinomie in $\mathcal{L}_{Ar}$:
> (1) $D(s\#D(x_1)) \in TRUE_{Ar}$ g.d.w.
> (2) $\neg W(ds\#D(x_1)) \in TRUE_{Ar}$ [via Definition von D] g.d.w.
> (3) $\neg W(\underline{s\#D(s\#D(x_1))}) \in TRUE_{Ar}$ [via Def. 21-3 von d, mit $D(x_1)$ für $A(x_1)$].
> Der unterstrichene Teilausdruck von (3) ist der Name des Satzes in (1), der per definitionem dasselbe besagt wie Satz (3). Somit enthält Satz (3) seinen eigenen Namen und behauptet soviel wie *Ich bin nicht wahr*. Daraus ergibt sich der Widerspruch, denn wäre arithmetische Wahrheit durch W repräsentiert, müsste gelten: ... g.d.w.
> (4) $s\#D(s\#D(x_1)) \notin TRUE_{Ar}\#$, und somit per definitionem
> (5) $D(s\#D(x_1)) \notin TRUE_{Ar}$ – in direktem Widerspruch zu (1).

Tarskis Beweis zeigt unmittelbar, dass arithmetische Wahrheit nicht arithmetisch repräsentierbar ist. Aber daraus folgt noch viel mehr: durch wenige Schritte folgt die Unvollständigkeit der Theorie der Arithmetik und ebenso die Widersprüchlichkeit des korrespondenztheoretischen Wahrheitsschemas für ‚geschlossene' Sprachen. Der Beweiskern ist die *formale Konstruierbarkeit* des ‚Lügner-Satzes'. Dessen Widersprüchlichkeit, die sogenannte ‚Lügner-Antinomie', kann auch intuitiv leicht gesehen werden: Ist der Satz „ich bin falsch" wahr, dann ist er

---

[38] Wenn man alternativ „d" als objektsprachlich repräsentiert annimmt, kann man den Satz in (2) direkt als „$\neg W(ds\#\neg W(dx_1))$" schreiben, denn dann ist d's Anwendung auf eine Iv möglich.

somit falsch, und ist dieser Satz falsch, dann ist es falsch, dass er falsch ist, und somit ist er wahr.

Die Lügner-Antinomie ist ein weiteres Beispiel einer Diagonalisierung. Allgemein wird durch Diagonalisierung eine negative Selbstbezüglichkeit erzeugt. In Russells Antinomie waren es Mengen, die sich nicht selbst enthalten; in Cantors Diagonalverfahren wird eine Folge konstruiert, die von allen Folgen der unendlichen Liste abweicht, in der Lügner-Antinomie ist es ein seine eigene Falschheit behauptender Satz, und im Unvollständigkeitsbeweis (s. unten) ein seine eigene Unbeweisbarkeit behauptender Satz. Verallgemeinert gipfelt die Diagonalisierungsmethode im sogenannten *Fixpunktsatz*, demzufolge in einer selbstreferentiellen Theorie für jede Eigenschaft ψ ein Satz konstruierbar ist, der sagt, dass ψ auf ihn zutrifft (wobei in Diagonalisierungen ψ die Form einer Negation ¬ϕ besitzt; Ebbinghaus et al. 1996, 197).

Wir diskutieren zuerst die Konsequenzen für die korrespondenztheoretische Wahrheitsdefinition in ‚geschlossenen' Sprachen, worunter man Sprachen versteht, die ihr eigenes Wahrheitsprädikat enthalten. Wir kürzen obigen Lügnersatz „D($s^\#D(x_1)$)" mit L ab und halten fest, dass sich allein aus den Definitionen von „d" und „D" die Äquivalenz (1) ↔ (3) und damit folgendes ergibt:

(L) L ∈ TRUE_{Ar} g.d.w. ¬W($s^\#$L) ∈ TRUE_{Ar}.

Wegen des ansonsten resultierenden Widerspruchs kann das Wahrheitsprädikat in der ‚Theorie' TRUE_{Ar} (die wir als konsistent annehmen) nicht definierbar sein. Aber können wir ein korrespondenztheoretisches Wahrheitsprädikat durch Theorieerweiterung einführen? Die Antwort ist *nein*, weil obiger Beweis nicht nur für TRUE_{Ar}, sondern ebenso für Erweiterungen von TRUE_{Ar} geführt werden kann. Sei $\mathcal{L}_{\text{WAr}}$ die Erweiterung der Sprache $\mathcal{L}_{\text{Ar}}$ um ein monadisches Wahrheitsprädikat W(x_1); „W(x_1)" sei jetzt also keine $\mathcal{L}_{\text{Ar}}$-Formel, sondern ein neues primitives Prädikat. Das Verfahren der Gödelisierung kann in gleicher Weise für $\mathcal{L}_{\text{WAr}}$ durchgeführt werden. Sei WTRUE_{Ar} die Erweiterung von TRUE_{Ar} um die Menge aller korrespondenztheoretischen Wahrheitsschemata folgender Form (‚T' für ‚Tarski-Schema'):

(T) W($s^\#$A) ↔ A   für alle A ∈ $\mathcal{L}_{\text{WAr}}$.

Obiger Beweis funktioniert auch für die erweiterte Theorie WTRUE_{AR} und wir erhalten daraus für den Lügnersatz L in WTRUE_{Ar}:

L ∈ WTRUE_{Ar} g.d.w. ¬W($s^\#$L) ∈ WTRUE_{Ar} [wegen (L) für WTRUE_{Ar}] g.d.w. W($s^\#$L) ∉ WTRUE_{Ar} g.d.w. L ∉ WTRUE_{Ar} [wegen (T)] – ein Widerspruch.

21.4 Selbstreferentielle Sprachen, Lügner-Antinomie — 415

Daraus folgt:

> Merksatz 21-8. Für selbstreferentielle Sprachen ist die Menge ihrer korrespondenztheoretischen Wahrheitsschemata inkonsistent.

In der philosophischen Logik wurden unterschiedliche Wege versucht, um das korrespondenztheoretische Wahrheitsschema für geschlossene Sprachen in konsistenter, plausibler und möglichst wenig restriktiver Weise einzuschränken. Ein Problem dabei ist die ‚verstärkte Lügnerantinomie', derzufolge auch nach Abschwächungen des klassischen Wahrheitsprädikats (z.B. durch Einführung des Wahrheitswertes „unbestimmt" für selbstreferentielle Sätze) immer noch Lügnerantinomien formulierbar sind (näheres dazu in Halbach 1996 sowie Christine Schurz 2015).

Wir kommen nun zu den Konsequenzen für die Unvollständigkeit von T_{Ar}. Diese wurde erstmals von Gödel (1931) bewiesen, auf im Prinzip gleichem aber nicht so direktem Weg wie über den Tarskischen Beweis. Die Konsequenzen leuchten sofort ein, wenn man bedenkt, dass bei angenommener Vollständigkeit die Herleitbarkeit aus T_{Ar} mit der arithmetischen Wahrheit zusammenfallen würde. Unter Voraussetzung von T_{Ar}'s Vollständigkeit müsste man also aus Tarskis Beweis auf die Unmöglichkeit der Repräsentierbarkeit von arithmetischer Beweisbarkeit in T_{Ar} schließen. Tatsächlich kann man aber, basierend auf dem skizzierten Gödelisierungsverfahren, unschwer zeigen, dass auch Beweisbarkeit in T_{Ar} repräsentierbar ist. Denn es ist rekursiv entscheidbar, ob eine natürliche Zahl eine Sequenz von Formeln kodiert, die ein Beweis ist. Somit kann ein *Beweisprädikat* $Bew(s^n)$ definiert werden, das auf eine natürliche Zahl n zutrifft g.d.w. eine natürliche Zahl m existiert, sodass m einen Beweis der durch n kodierten Formel kodiert. Für dieses Beweisprädikat beweist man durch Induktion über die Term- und Formelkomplexität (Shoenfield 1967, 126):

(Bew) $T_{Ar} \vdash Bew(s^\#A)$ g.d.w. $T_{Ar} \vdash A$; somit $T_{Ar} \vdash Bew(s^\#A) \leftrightarrow A$.

Formulieren wir nun die Diagonalisierungseigenschaft mit dem Beweisprädikat anstatt dem Wahrheitsprädikat,

$D'(s^n) =_{def} \neg Bew(ds^n)$,

und setzen wir statt der semantischen ‚Theorie' $TRUE_{Ar}$ die deduktive Konsequenzenmenge $Cn(T_{Ar})$ von T_{Ar} ein, so ergibt sich die Argumentation exakt wie oben:
(1) $D'(s^\#D'(x_1)) \in Cn(T_{Ar})$ g.d.w.
(2) $\neg Bew(ds^\#D'(x_1)) \in Cn(T_{Ar})$ [Def. von D'] g.d.w.
(3) $\neg Bew(\underline{s^\#D'(s^\#D'(x_1))}) \in Cn(T_{Ar})$ [Def. 21-3 von d, mit $D'(x_1)$ für $A(x_1)$].

Der unterstrichene Teilausdruck ist der Name von Satz (1), der per definitionem dasselbe besagt wie (3). Somit behauptet Satz (3) nun soviel wie *Ich bin nicht beweisbar* und wird durch L' abgekürzt. Mit 1 ↔ 3 wurde dann gezeigt dass

L' ∈ Cn(T_{Ar}) (= 1) g.d.w. ¬Bew($s^\#$L') ∈ Cn(T_{Ar}) (= 3).

Gegeben die Konsistenz von T_{Ar}, so folgt aus 3 und (Bew) nun
(4) L' ∉ Cn(T_{Ar}) (wobei 4 = ¬1).

Die Schlusskette 1 → ¬1 produziert jedoch noch keinen Widerspruch, sondern impliziert nur ¬1, also L' ∉ Cn(T_{Ar}). Nur die Vollständigkeit von T_{Ar} würde von ¬1 zu ¬L' ∈ Cn(T_{Ar}) führen, womit wir den Widerspruch 1 ↔ ¬1 und somit (T_{Ar} ⊢ L') ∧ (T_{Ar} ⊢ ¬L') gewonnen hätten. Wegen der angenommenen Konsistenz von T_{Ar} muss daher sowohl L' ∉ Cn(T_{Ar}) wie ¬L' ∉ Cn(T_{Ar}) gelten, d.h. weder der Satz L' (Ich bin nicht beweisbar) noch seine Negation ¬L' sind aus T_{Ar} herleitbar, was T_{Ar}'s Unvollständigkeit zeigt.

Man kann denselben Beweis aber auch für jede Extension T* von T_{Ar} führen, z.B. die Extension, die man erhält, wenn man ¬L' zu T_{Ar}'s Axiomen hinzufügt. In T* kann man analoge Unbeweisbarkeitssätze L'_{T^*} formulieren, was zum verstärkten Unvollständigkeitssatz für T* führt, in Analogie zur verstärkten Lügnerantinomie beim Wahrheitsproblem.

Über diesen ersten Unvollständigkeitssatz hinaus wurde von Gödel ein zweiter Unvollständigkeitssatz bewiesen, demzufolge keine konsistente Extension T* von T_{Ar} ihre eigene Widerspruchsfreiheit beweisen kann. Dies sieht man so: Sei „Wfrei(T*)" der Satz von T*, der seine eigene Widerspruchsfreiheit ausdrückt, einfach gesprochen ein Satz, der besagt: „∃A∈$\mathcal{L}_{Ar}$(s^n = $s^\#$(A∧¬A)) → ¬Bew(s^n))". Da wie gezeigt aus T*'s Widerspruchsfreiheit die Nichtbeweisbarkeit von L' = L'_{T^*} herleitbar ist, müsste dann auch (a) T* ⊢ (Wfrei(T*) → ¬Bew($s^\#$L')) gelten. Würde nun „Wfrei(T*)" aus T* herleitbar sein, so würde daraus via (a) und MP sofort (b) T* ⊢ ¬Bew($s^\#$L')) folgen, was (wegen der Äquivalenz 1 ↔ 3 oben) zu T* ⊢ L' und damit zum Widerspruch führen würde. – Wir fassen zusammen:

Merksatz 21-9. *Unvollständigkeit der Theorie der Arithmetik:*
Wenn T_{Ar} konsistent ist, dann gilt für jede konsistente Extension T* vom T_{Ar}:
(1) T* ist unvollständig.
(2) T* kann seine eigene Widerspruchsfreiheit nicht beweisen.

Da man die Konsistenz der Theorie der Arithmetik mit stärkeren Mittel als denen von T_{Ar} zeigen kann (vgl. Shoenfield 1967, 215), schließt man auf die Unvollständigkeit der Arithmetik.

Die Geltung der Unvollständigkeit für alle T_{Ar}-Extensionen zeigt, dass die Unvollständigkeit der Arithmetik von grundsätzlich anderer Art als ist die ‚schwache' Unvollständigkeit von gewissen Systemen, z.B. Modallogiken, die nur deshalb unvollständig sind, weil ihnen gewise Axiome fehlen und die vollständig werden, wenn man ihnen diese hinzufügt (vgl. Schurz 2002). Die Unvollständigkeit der Arithmetik liegt vielmehr sozusagen an der ‚Übervollständigkeit' ihres sprachlichen Ausdrucksvermögens, nämlich an ihrer Fähigkeit, selbstbezügliche Sätze zu formulieren, angesichts derer sie nur um den Preis ihrer Vollständigkeit widerspruchsfrei bleiben kann.

Schließlich ergibt sich aus unseren Überlegungen die *Unentscheidbarkeit* von T_{Ar}. Denn wie das Beweisprädikat ist *jede rekursive* Funktion und Relation über natürliche Zahlen in T_{Ar} repräsentierbar (Shoenfield 1967, 128). Sei $\underline{M}$ eine Entscheidungsmethode für Beweisbarkeit in T_{Ar}, und schreiben wir $\underline{M}(A) = 1/0$ für „A $\in/\notin Cn(T_{Ar})$", dann gibt es also eine Repräsentationsformel M $\in \mathcal{L}_{Ar}$ sodass gilt:

$M(s^\# A) \in Cn(T_{Ar})$ g.d.w. $\underline{M}(A) = 1$ g.d.w. $A \in Cn(T_{Ar})$, und

$\neg M(s^\# A) \in Cn(T_{Ar})$ g.d.w. $\underline{M}(A) = 0$ g.d.w. $A \notin Cn(T_{Ar})$.

Damit hat M dieselben Eigenschaften wie ein vollständiges Beweisprädikat. Der oben angeführte Widerspruchsbeweis ist daher analog anwendbar. Er ergibt nicht nur die Unentscheidbarkeit von T_{Ar}, sondern ‚in einem Schlag' auch die Unentscheidbarkeit der PL 1. Stufe, die auf etwas anderem Wege von Church (1936) bewiesen wurde:

Merksatz 21-10. *Unentscheidbarkeit der Arithmetik und der PL 1. Stufe:*
(1) Herleitbarkeit aus der Theorie der Arithmetik ist unentscheidbar.
(2) Herleitbarkeit in der PL 1. Stufe ist unentscheidbar.

Der *Beweis* von (2) aus (1) ist einfach, denn es gilt (per Deduktionstheorem) für jede Formel $A \in \mathcal{L}_{Ar}$: $T_{Ar} \vdash A$ g.d.w. $\vdash \wedge T_{Ar} \to A$ („$\wedge T_{Ar}$" für die Konjunktion von T_{Ar}'s Axiomen). *Wäre* die PL entscheidbar, dann müsste somit auch Herleitbarkeit aus T_{Ar} entscheidbar sein. Ergo ist auch die PL nicht entscheidbar.

Wir erwähnten in Abschn. 21.1, dass die Theorie der Arithmetik 2. Stufe zwar kategorisch und insofern ‚semantisch vollständig' ist, aber nicht deduktiv vollständig, weil die PL 2. Stufe selbst nicht vollständig ist. M.a.W., semantische Folgerung in der PL^2 ist nicht rekursiv axiomatisierbar. Den Beweis blieben wir schuldig und tragen ihn hier nach. Er beruht auf der Tatsache, dass man in der PL^2 einen Satz formulieren kann, der die Endlichkeit von D ausdrückt, ohne eine obere Schranke anzugeben. Z.B. durch folgenden Satz (Ebbinghaus 1996 et al., 152):

End: „Alle injektiven Funktionen X:D→D sind surjektiv", bzw. formal

∀X: (∀x∃!yXxy ∧ ∀x,y,z(Xxz ∧ Xyz → x≡y)) → ∀y∃xXxy.

Der Satz „End" erzwingt, dass die semantische Folgerungsrelation $\models_2$ für L^2 nicht *kompakt* sein kann. Denn die unendliche Formelmenge {End}∪{∃$_n$x: n∈N} ist nicht erfüllbar („∃$_n$x" für „es gibt mindestens n distinkte Individuen", Abschn. 17-3). Jedoch ist jede ihrer endlichen Teilmengen erfüllbar, denn jede dieser Teilmengen enthält die Sätze „∃$_n$x" nur bis zu einem maximalen n_{max} und kann daher in einem endlichen Modell erfüllt werden. Da aber (wegen der Endlichkeit von $\vdash_2$; s. Abschn. 21.1) aus der Vollständigkeit von $\vdash_2$ die Kompaktheit von $\models_2$ folgen würde (s. Abschn. 20.2), kann $\vdash_2$ nicht vollständig sein, was wir abschließend festhalten:

Merksatz 21-11. Die PL 2. Stufe (L^2) ist *unvollständig* (weder stark noch schwach vollständig). D.h., für jedes rekursiv aufzählbare Axiomensystem K^2 für L^2 gibt es Sätze A∈$\mathcal{L}^2$, sodass $\models_{L^2}$ A, aber $\nvdash_{K^2}$ A gilt.

21.5 Übungen

(1) Leiten Sie die (a) Kommutativität von + und · und (b) die Transitivität und Irreflexivität von < aus den Axiomen für T_{Ar} her. Hinweis: Beweis durch objektsprachliche Induktion über n, mit s^n = s...s(0) [n-mal]. Zum Beweis von (a) beweisen Sie s(x+y) = s(x)+y. (b) wird durch Induktion und Fallunterscheidung bewiesen.

(2) Man beweise Merksatz 21-3(2): $\vdash$ DSNF(A) ↔ ¬SNF(¬A).

(3) Wandeln Sie folgende PNF-Formeln in eine SNF und eine DSNF um:
  (i) ∃x∃y∃zRxyz (iv) ∀x∃y∃z∀u(Rxy → (Qyz ∨ Qzu))
  (ii) ∀x∀y∀zQxyz (v) ∃x_1∃x_2∀x_3∀x_4(Rx_1x_3 ∨ Qx_2x_4)
  (iii) ∀x∃y(Fxa → Gxy) (vi) ∀x∃y∀z∃w(x≡y∨z≡w → R(x,y,z,w))

(4) Beweisen Sie Merksatz 21-7. *Tipp* für den Beweis des Monadenlemmas: Man bilde zuerst eine PNF. Ist der innerste Quantor ein ∀, dann wandle man die Matrix in eine KNF um, ist er ein ∃, in eine DNF. Man appliziere ÄDist und dann HDist (plus evtl. weiteren Äquivalenzumformungen), bis jeder Quantor in seinem Bereich nur Literale in seiner gebundenen Variable enthält. – Aus dem Resultat können durch sukzessive Anwendung von H-Dist und gebundener Umbenennung die Quantoren in der gewünschten Reihenfolge (∃'s vor ∀'s) herausdistribuiert werden.

Literaturverzeichnis

Adams, E.W. (1975): *The Logic of Conditionals*, Reidel, Dordrecht.
Anderson, A.R., und Belnap, N.D. (1975): *Entailment. The Logic of Relevance and Necessity*, Princeton Univ. Press, Princeton.
Barwise, J., und Etchemendy, J. (2005/6): *Sprache, Beweis und Logik*, Mentis, Paderborn (Band I 2005, Band II 2006).
Bays, T. (2014): „Skolem's Paradox", *The Stanford Encyclopedia of Philosophy* (Winter 2014 Edition), plato.stanford.edu/archives/win2014/entries/paradox-skolem.
Beckermann, A. (2003): *Einführung in die Logik*, W. de Gruyter, Berlin (2. Aufl.).
Bell, J., und Machover, M. (1977): *A Course in Mathematical Logic*, North-Holland Publishing Company, New York.
Bencivenga, E. (1986): „Free Logics", in: *Handbook of Philosophical Logic Vol. III* (hg. von D. Gabbay und F. Guenthner), Reidel, Dordrecht, 373-426.
Bennett, J. (2003): *A Philosophical Guide to Conditionals*, Oxford Univ. Press, Oxford.
Bergmann, M., Moor, J., und Nelson, J. (1998): *The Logic Book*, McGraw Hill, New York (3. Aufl.).
Bergmann, E., und Noll, H. (1977): *Mathematische Logik mit Informatik-Anwendungen*, Springer, Berlin.
Beth, E. W. (1955): „Semantic Entailment and Formal Derivability", wiederabgedruckt in: J. Hintikka (Hg.), *The Philosophy of Mathematics*, Oxford University Press, 1969, 9-41.
Bolzano, B. (1837): *Wissenschaftslehre in vier Bänden*, 2. verbesserte Ausgabe, hg. von Wolfgang Schultz, Felix Meiner 1929.
Boole, G. (1847): *The Mathematical Analysis of Logic*, Oxford Univ. Press, Cambridge (reprint 1948).
Brendel, E. (2018): *Logik-Skript 1. Wahrheit und logisches Schließen*, Klostermann (Rote Reihe), Frankfurt/M.
Bucher, T.G. (1998): *Einführung in die angewandte Logik*, W. de Gruyter, Berlin (2. Aufl.).
Bühler, A. (2000): *Einführung in die Logik*, Alber, Freiburg i. Breisgau (3. Aufl.).
Cantor, G. (1878): „Ein Beitrag zur Mannifaltigkeitslehre", *Journal für die reine und angewandte Mathematik* 84, 242-258.
Carnap, R. (1947): *Meaning and Necessity*, University of Chicago Press, Chicago (dt.: *Bedeutung und Notwendigkeit*, Springer, Berlin 1972).
Carnap, R. (1950): *Logical Foundations of Probability*, Univ. of Chicago Press, Chicago.
Carnap, R. (1959): *Induktive Logik und Wahrscheinlichkeit* (bearbeitet von W. Stegmüller), Springer, Wien.
Church, A. (1936): „A Note on the Entscheidungsproblem", *Journal of Symbolic Logic* 1, 40-41.
Copi, I. M. (1973): *Symbolic Logic*, Macmillan, New York (4. Aufl.).
Copi, I. M. (1982): *Introduction to Logic*, Macmillan, New York (6. Aufl.).
Czermak, J. (1978): *Einführung in die Logik*, Universität Salzburg (unveröffentlichtes Manuskript).
Dalla Chiara, M. L. (1986): „Quantum Logic", in: *Handbook of Philosophical Logic Vol. III* (hg. von D. Gabbay und F. Guenthner), Reidel, Dordrecht, 427-470.
Damer, T. E. (2009): *Attacking Faulty Reasoning*, Wadsworth, Belmont (2. Aufl.).
Duhem, P. (1908): *Ziel und Struktur der physikalischen Theorien*, Felix Meiner, Hamburg 1978.
Ebbinghaus, H.-D. (2003): *Einführung in die Mengenlehre*, Spektrum Akademischer Verlag, Heidelberg (4. Aufl.).

Ebbinghaus, H.D., Flum, J., und Thomas, W. (1996): *Einführung in die mathematische Logik*, Spektrum Akademischer Verlag, Heidelberg (4. Aufl.).
Erk, K., und Priese, L. (2000): *Theoretische Informatik*, Springer, Berlin.
Essler, W., und Martinez, R. (1983): *Grundzüge der Logik I*, Vittorio Klostermann, Frankfurt/M.
Essler,W., Brendel, E., und Martinez, R. (1987): *Grundzüge der Logik II*, Vittorio Klostermann, Frankfurt/M.
Evans, J.S., und Over, D. (1996): *Rationality and Reasoning*, Psychology Press, New York.
Fine, K., und Schurz, G. (1996): „Transfer Theorems for Multimodal Logics", in: J. Copeland (Hg.), *Logic and Reality*, Oxford University Press, Oxford, 169-213.
Fitelson, B. (2005): „Inductive Logic", in: J. Pfeifer und S. Sarkar (Hg.), *The Philosophy of Science: An Encyclopedia*, Routledge, Oxford.
Fitting, M. (1983): *Proof Methods for Modal and Intuitionistic Logics*, Reidel, Dordrecht.
Frege, G. (1879): *Begriffsschrift, eine arithmetisch nachgebildete Formelsprache des reinen Denkens*, Verlag von Louis Nebert, Halle.
Frege, G. (1884): *Die Grundlagen der Arithmetik*, Georg Olms Verlagsbuchhandlung, Hildesheim (Nachdruck 1986 Reclam, Stuttgart).
Frege, G. (1893): *Grundgesetze der Arithmetik*, Hermann Pohle, Jena (Nachdruck Mentis Paderborn 2009).
Gentzen, G. (1935): „Untersuchungen über das logische Schließen", *Mathematische Zeitschrift* 39, 176–210, 405–431, Nachdruck in: K. Berka und L. Kreiser: *Logik-Texte* (4. Aufl.), Akademie-Verlag, Berlin 1986.
Gödel, K. (1930): „Die Vollständigkeit der Axiome des logischen Funktionenkalküls", *Monatshefte für Mathematik und Physik* 37, 349-360.
Gödel, K. (1931): „Über formal unentscheidbare Säze der Principia Mathematica und verwandter Systeme I", *Monatshefte für Mathemathik und Physik* 37, 349-360.
Hardy, J., und Schamberger, C. (2012): *Logik in der Philosophie*, Vandenhoeck und Ruprecht (UTB), Göttingen.
Henkin, L. (1949): „The Completeness of the First-Order Functional Calculus", *The Journal of Symbolic Logic* 14, 159-166.
Nolt, J. (2014): „Free Logic", *The Stanford Encyclopedia of Philosophy* (Winter 2014 Edition), plato.stanford.edu/archives/win2014/entries/logic-free.
Halbach, V. (1996): *Axiomatische Wahrheitstheorien*, Akademie Verlag, Berlin.
Harel, D. (1987): *Algorithmics*, Addison-Wesley Publ. Comp., Reading/Mass.
Harman, G. (1965): „The Inference to the Best Explanation", *Philosophical Review* 74, 88-95.
Heindorf, L. (1994): *Elementare Beweistheorie*, BI Wissenschaftsverlag, Mannheim.
Hempel, C., und Oppenheim, P. (1948): „Studies in the Logic of Explanation", *Philosophy of Science* 15, 135-175.
Hermes, H. (1967): *Einführung in die Verbandstheorie*, Springer, Heidelberg.
Hintikka, J. (1955): „Form and Content in Quantification Theory", *Acta Philosophica Fennica* 8, 7-55.
Hintikka, J. (1961): „Modality and Quantification", *Theoria* 27, 119-128.
Hughes, G.E., und Cresswell, M.J. (1996): *A New Introduction to Modal Logic*, Routledge, London and New York.
Hunter, G. (1996): *Metalogic*, Univ. of California Press, Berkeley (6. Aufl.).
Jacquette, D. (2002, Hg.): *A Companion to Philosophical Logic*, Blackwell, Oxford.
Johnson-Laird, P. (1996): *Der Computer im Kopf*, dtv, München.
Kamp, H., und Reyle, U. (1993): *From Discourse to Logic*, Springer, Dordrecht.

Klenk, V. (1989): *Understanding Symbolic Logic*, Prentice Hall, Englewood Cliffs/NJ.
Kleene, S.C. (1971): *Introduction to Metamathematics*, Wolters-Noordhoff Publishing, Groningen.
Kneale, W., und Kneale, M. (1962), *The Development of Logic*, Clarendon Press, Oxford.
Kreisel, G., und Krivine, J.-L. (1972): *Modelltheorie*, Springer, Heidelberg.
Kripke, S. A. (1963): „Semantical Analysis of Modal Logic I", *Zeitschrift für mathematische Logik und Grundlagen der Mathematik 9*, 67-96.
Kripke, S. (1972): *Naming and Necessity*, Basil Blackwell, Oxford (2. Aufl. 1980).
Levine, J. (2007): „Analysis and Abstraction Principles in Russell and Frege", in: M. Beaney (Hg.), *The Analytic Turn*, Routledge, New York, 51-74.
Levinson, S.C. (2000): *Presumptive Meanings: The Theory of Generalized Conversational Implicature*, MIT Press, Cambridge/MA.
Lewis, C.I., und Langford, C.H. (1932). *Symbolic Logic*, Dover Publications, New York.
Lewis, D. (1973): *Counterfactuals*, Basil Blackwell, Oxford.
Löwe, B. (2006): „Set Theory With and Without Urelements and Categories of Interpretation", *Notre Dame Journal of Formal Logic* 47.1, 83-91.
Ludlow, P. (2013): „Descriptions", *The Stanford Encyclopedia of Philosophy* (Fall 2013 Edition), plato.stanford.edu/archives/fall2013/entries/descriptions.
Łukasiewicz, J. (1920): „On Three-Valued Logic", in: *Selected Works by Jan Łukasiewicz* (hg. L. Borkowski), North-Holland, Amsterdam 1970, 87–88.
Machover, M. (1996): *Set Theory, Logic and their Limitations*, Cambridge Univ. Press, New York.
Manin, Y. I. (1997): *A Course in Mathematical Logic*, Springer, Heidelberg.
Morris, Ch. W. (1946): *Signs, Language, and Behaviour*, Braziller, New York (dt. Neuaufl. 1973).
Newen, A., und Schrenk, M. (2014): *Einführung in die Sprachphilosophie*, Wissenschaftliche Buchgesellschaft, Darmstadt (2. Aufl.).
Negri, S., und von Plato, J. (2001): *Structural Proof Theory*, Cambridge Univ. Press, Cambridge.
Piatelli-Palmarini, M. (1997): *Die Illusion zu wissen*, Rowohlt, Reinbek bei Hamburg.
Peirce, C.S. (1878): „Deduction, Induction, and Hypothesis", dt. in Apel, K.-O. (1976, Hg.): *Charles Sanders Peirce: Schriften zum Pragmatismus und Pragmatizismus*, Frankfurt/M. (2. Aufl.), 229-250.
Peirce, C.S. (1897): „The Logic of Relatives", *The Monist* VII/2, 161-217.
Pelletier, J. (2001): *A History of Natural Deduction and Elementary Logic Textbooks*, https://philpapers.org/rec/PELAHO.
Priest, G. (1979): „Logic of Paradox", *Journal of Philosophical Logic* 8, 219-241.
Putnam, H. (1981): *Reason, Truth and History*, Cambridge Univ. Press, Cambridge.
Quine, W.v.O. (1969): *Grundzüge der Logik*, Suhrkamp, Frankfurt/M.
Popper, K. (1935): *Logik der Forschung*, J.C.B. Mohr, Tübingen (10. Aufl. 2004).
Rautenberg, W. (1979): *Klassische und nichtklassische Aussagenlogik*, Vieweg, Braunschweig.
Rautenberg, W. (2002): *Einführung in die mathematische Logik*, Vieweg, Braunschweig.
Rips, L.J. (1994): *The Psychology of Proof*, MIT Press, Cambridge.
Röd, W. (1984): *Die Philosophie der Neuzeit 2. Geschichte der Philosophie Band VIII*, C.H. Beck, München.
Roberts, M. J. (1993): „Human Reasoning: Deduction Rules or Mental Models, or Both?", *Quarterly Journal of Experimental Psychology Section A* 46/4, 569-589.
Rosenkrantz, S. (2006): *Einführung in die Logik*, J.B. Metzler, Stuttgart.
Russell, B., (1905): „On Denoting", *Mind* 14, 479–493.
Schamberger, C. (2016): *Logik der Umgangssprache*, Vandenhoeck und Ruprecht, Göttingen.

Schlick, M. (1930/31): „Die Wende der Philosophie", *Erkenntnis* 1, 4-11.
Schmid, H.J. (2012, Hg.): *Cognitive Pragmatics*, Mouton de Gruyter, Berlin.
Schütte, K. (1977): *Proof Theory*, Springer, Berlin.
Schurz, Christine (2015): „Contextual-Hierarchical Reconstructions of the Strengthened Liar Problem", *Journal of Philosophical Logic* 44, 517-550.
Schurz, G. (1991): „Relevant Deduction", *Erkenntnis* 35, 391-437.
Schurz, G. (1994): „Admissible versus Valid Rules", *The Monist* 77/3, 376-388.
Schurz, G.(1997): *The Is-Ought Problem. An Investigation in Philosophical Logic* (Studia Logica Library Vol. 1), Kluwer, Dordrecht.
Schurz, G. (1999a): „Tarski and Carnap on Logical Truth – or: What Is Genuine Logic?", in: J. Wolenski und E. Köhler (Hg.), *Alfred Tarski and the Vienna Circle*, Kluwer, Dordrecht 1999, 77-94.
Schurz, G. (1999b): „Relevance in Deductive Reasoning: a Critical Overview", in: G. Schurz und M. Ursic (Hg.), *Beyond Classical Logic*, Conceptus-Studien, Academia Verlag, St. Augustin 1999, 9-56.
Schurz, G. (2002): „Alethic Modal Logic and Semantics", in Jacquette (2002, Hg.), 442-477.
Schurz, G. (2005): „Logic, Matter of Form, and Closure under Substitution", in: L. Behounek und M. Bilkova (Hg.), *The Logica Yearbook 2004*, Filosofia, Prag, 33-46.
Schurz, G. (2014a): *Einführung in die Wissenschaftstheorie*, Wissenschaftliche Buchgesellschaft, Darmstadt (4. Aufl.).
Schurz, G. (2014b): „Criteria of Theoreticity: Bridging Statement and Non Statement View", *Erkenntnis* 79/8, 1521-1545.
Schurz, G. (2018): „Optimality Justifications: New Foundations for Foundation-Oriented Epistemology", *Synthese* 2018 (DOI: 10.1007/s11229-017-1363-6).
Schurz, G. (2019): *Hume's Problem Solved: The Optimality of Meta-Induction*, erscheint bei MIT Press, Cambridge/MA.
Schurz, G., und Weingartner, P. (2010): „Zwart and Franssen's Impossibility Theorem Holds for Possible-World-Accounts but not for Consequence-Accounts to Verisimilitude", *Synthese* 172, 415-436.
Schurz, G., und Thorn, P. (2012): „Reward versus Risk in Uncertain Inference", *Review of Symbolic Logic* 5/4, 574-612.
Segerberg, K. (1972): „Post Completeness in Modal Logic", *Journal of Symbolic Logic* 37, 711-715.
Shapiro, S. (1991): *Foundations without Foundationalism. A Case for Second-order Logic*, Clarendon Press, Oxford.
Shoenfield, J. (1967): *Mathematical Logic*, Addison-Wesley, Reading/MA.
Smullyan, R.M. (1990): *Wie heißt dieses Buch?*, Vieweg, Braunschweig (engl. Orig. 1981).
Sperber, D., und Wilson, D. (1986): *Relevance. Communication and Cognition*, Basil Blackwell, Oxford.
Strawson, P.F. (1950): „On Referring", *Mind* 59, 320–334.
Suppes, P. (1957): *Introduction to Logic*, D. Van Nostrand Comp., Princeton, N.J.
Tarski, A. (1935): „Der Wahrheitsbegriff in den formalisierten Sprachen", *Studia Philosophica* 1, 261-405.
Tarski, A. (1936): „Über den Begriff der logischen Folgerung"; in englischer Übersetzung als „On the Concept of Logical Consequence" in: Tarski, A. (1956), 409-420.
Tarski, A. (1956): *Logics, Semantics, Metamathematics*, Clarendon Press, Oxford.

Tennant, N. (2017): „Logicism and Neologicism", *The Stanford Encyclopedia of Philosophy* (Winter 2017 Edition), plato.stanford.edu/archives/win2017/entries/logicism.

Unterhuber, M. (2013): *Possible World Semantics for Indicative and Counterfactual Conditionals*, Ontos Verlag, Frankfurt/M.

Van Dalen, D., Doets, H., und De Swart, H. (1978): *Sets. Naive, Axiomatic and Applied*, Pergamon Press, Oxford.

Von Plato, J. (2014): „The Development of Proof Theory", *The Stanford Encyclopedia of Philosophy* (October 2013), https://plato.stanford.edu/archives/win2016/entries/proof-theory-development.

Wansing, H. (2016): „Connexive Logic", *The Stanford Encyclopedia of Philosophy* (Spring 2016 Edition), plato.stanford.edu/archives/spr2016/entries/logic-connexive.

Weingartner, P. (2010): „Reasons for Filtering Classical Logic", in: D. Batens u.a. (Hg.), *Frontiers of Paraconsistent Logic*, Research Studies Press, Baldock, 315-327.

Weyl, H. (1921): „Über die neue Grundlagenkrise der Mathematik", *Mathematische Zeitschrift* 10, 39-70.

Whitehead, A.N., und Russell, B. (1910-13): *Principia Mathematica* (3 Bände), Cambridge Univ. Press, Cambridge.

Wittgenstein, L. (1921): *Tractatus logico-philosophicus*, 9. Aufl., Suhrkamp, Frankfurt/M. 1973.

Zermelo. E. (1908): „Untersuchungen über die Grundlagen der Mengenlehre", *Mathematische Annalen* 65, 107-128.

Zoglauer, T. (1997): *Einführung in die formale Logik für Philosophen*, Vandenhoeck & Ruprecht (UTB), Göttingen.

Symbol- und Abkürzungsverzeichnis

Logische Symbole

¬	Negation
∧	Konjunktion
⋀	Großkonjunktion
∨	Disjunktion
⋁	Großdisjunktion
→	(materiale) Implikation
↔	Äquivalenz
$\dot{\vee}$	exklusive Disjunktion
∀	Allquantor
∃	Existenzquantor
≡	objektsprachliche Identität
⊥	Falsum
⊤	Verum

Nichtlogische Symbole

p, q ...	Aussagevariablen
A, B ...	Schemabuchstaben
Γ, Δ ...	Satzmengen
a, b ...	Individuenkonstanten
x, y ...	Individuenvariablen
t_1, t_2 ...	Terme
d_1, d_2 ...	Individuen
f, g ...	Funktionszeichen
F, G, R ...	Prädikate

Semantische Begriffe

w	wahr
f	falsch
Γ ⊨ A	Folgerungsrelation
M ⊨ A	Erfüllungsrelation
D	Individuenbereich
V	Bewertung
<D,V>	Modell (M)
$TRUE_{Ar}$	Menge wahrer arithmetischer Sätze

Syntaktische Begriffe

$\mathcal{L}$	Sprache (Menge aller Formeln)
$\mathcal{R}^n$	Menge n-stell. Relationssymbole
$\mathcal{F}^n$	Menge n-stell. Funktionssymbole
$\mathcal{T}$	Menge aller Terme
$S(\mathcal{L})$	Menge aller Aussagen
$\mathcal{L}(T)$	Sprache der Theorie T
A[t/x]	Termsubstitution

A[B/C]	Teilformelersetzung
⊢	Herleitbarkeit
$\equiv_R$	Äquivalenzrelation bzlg. R
$[t]_\equiv$	Äquivalenzklasse des Terms t
$<_R$	Kleiner-Relation bzgl. R
$\exists_n x$	Ex gibt mindestens n x
$\exists^n x$	Ex gibt höchstens n x
∃!nx	Ex gibt genau n x
∃!x	Es gibt genau ein x
(ɿx)Fx	Dasjenige x, das ein F ist
$\mathcal{N}$	Menge der Namen natürl. Zahlen
T	Theorie
Cn(T)	Konsequenzenmenge von T
T_R	Theorie der reellen Zahlen
T_N	Theorie der natürlichen Zahlen
T_{Ar}	Theorie der Arithmetik
#	Kodefunktion
$s^\#$	Kodenamensfunktion
s^n	Name der natürlichen Zahl n

Logiken und Kalküle

AL	Aussagenlogik
$PL^{(1/2)}$	Prädikatenlogik (1./2. Stufe)
S(0/1)	Kalkül S (AL/PL)
Ä(0/1)	Äquivalenzkalkül (AL/PL)
S*	Kalkül S*
NS	Kalkül NS
TK	Tableaukalkül
B	Bisequenzenkalkül
H	Hilbert Kalkül

Schlussregeln

(a)FU	(allgemeine) Fallunterscheidung
Add	Addition
Asym	Asymmetrie
DN	doppelte Negation
DS	Disjunktiver Syllogismus
EFQ	Ex falso quodlibet
EK	∃-Einführung in der Konklusion
EP	∃-Einführung in der Prämisse
Ext≡	Extensionalitätsaxiom für ≡
i/k	intuitionistische/klassische Version
IB	indirekter Beweis
Id	Identitätsaxiom

Irr	Irreflexivität		IH	Induktionshypothese
KB	Konditionalbeweis		Ik	Individuenkonstante
Kon	Konjunktion		IKNF	irreduzible KNF
m/l	materiale/logische Version		Iv	Individuenvariable
Mon	Monotonie		KNF	konjunktive Normalform
MP	Modus Ponens		KSNF	konjunktive SNF
MT	Modus Tollens		PKNF	konjunktive PNF
Ref	Reflexivität		PNF	pränexe Normalform
Reit	Reiteration		Präm	Prämisse
Simp	Simplifikation		SNF	Skolemsche Normalform
Subst	Substitution			
Sym	Symmetrie			

Mengentheoretische Symbole

Trans	Transitivität
UG	Universelle Generalisierung
UI	Universelle Instanziierung
VEQ	Verum ex quodlibet

∈	Elementbeziehung
=	metasprachliche Identität
∪	Vereinigung
∩	Durchschnitt
−	Komplement
⋃	Großvereinigung
⋂	Großdurchschnitt
{...}	Menge
<...>	Folge
⊆	Teilmenge
⊂	echte Teilmenge
×	cartesisches Produkt
∅	leere Menge
f:A→B	Funktion von A nach B
f:A→$_{1:1}$B	injektive Funktion
f:A↔$_{1:1}$B	bijektive Funktion
N	Menge der natürlichen Zahlen
R	Menge der reellen Zahlen
s(n)	Nachfolger von n
ω	Omega (1. transfin. Ordinalzahl)
Ord	Klasse aller Ordinalzahlen
ℵ	Aleph (infinite Kardinalzahl)
ZF	Zermelo-Fraenkel Mengentheorie
ZFC	ZF mit Auswahlaxiom

Äquivalenzregeln

Abs	Absorption
Ass	Assoziativität
Def	Definition
Distr	Distributivität
DM	De Morgan
E$_L$	Logische Ersetzungsregel
E$_P$	präm.relativierte Ersetz.regel
(H/Ä)Dist	Distribution von Quantoren
Idem	Idempotenz
Komm	Kommutativität
QAbs	Quantorenabsorption
QVert	Quantorenvertauschung
ÜbKont	Überflüssige Kontradiktion
ÜbTaut	Überflüssige Tautologie
Umb	Gebundene Umbenennung
ÜQ	Überflüssige Quantoren
∀∃	∀∃-Umwandlung

Abkürzungen

ADNK	ausgezeichnete DNF
DNF	disjunktive Normalform

Übersicht über Definitionen, Merksätze und Abbildungen

Definitionen
Def. 1-1 Gültigkeit von Schlüssen
Def. 1-2 Logische Wahrheit von Aussagen
Def. 1-3 Wahrheitswertfunktionalität
Def. 3-1 AL Sprache
Def. 3-2 (Teil-)Zeichenreihen und (Teil-)Aussagen
Def. 8-1 Beweis im Annahmenkalkül S
Def. 8-2 Korrektheit und Vollständigkeit
Def. 10-1 Formregeln der PL
Def. 10-2 Offene und geschlossene Formeln
Def. 12-1 Substitution von Iv's durch Ik's
Def. 13-1 Ersetzungsregel
Def. 13-2 Normalformen
Def. 13-3 Irreduzible Normalformen
Def. 13-4 Ausgezeichnete Normalform
Def. 13-5 Pränexe Normalform
Def. 14-1 Relevanz von Schlüssen
Def. 14-2 Substitution von Iv's durch Iv's
Def. 14-3 Gültige vs. zulässige Regeln – semantisch
Def. 14-4 Gültige, zulässige und beweisbare Regeln – syntaktisch
Def. 15-1 Bewertung, Interpretation und Variablenbelegung
Def. 15-2 Wahrheit von Aussagen und Erfüllung von offener Formeln
Def. 15-3 Logische Wahrheit und Gültigkeit in der PL
Def. 16-1 Rekursive Definition der Terme
Def. 16-2 Erweiterte Formregeln für PL$^=$
Def. 16-3 Funktionen
Def. 16-4 Bewertungsfunktion V für PL$^=$
Def. 16-5 Termsubstitution
Def. 17-1 Äquivalenzrelation
Def. 17-2 Partition und Äquivalenzklassen
Def. 17-3 Strikte partielle Ordnungen
Def. 17-4. Schwache partielle Ordnungen
Def. 17-5 Totale Ordnungen
Def. 17-6 Schwache Quasiordnungen
Def. 17-7 Strikte Quasiordnungen
Def. 17-8 Mindestens-n Aussagen
Def. 17-9 Höchstens-n Aussagen
Def. 17-10 Genau-n Aussagen
Def. 17-11 Kontextuelle Definition von definiten Deskriptionen
Def. 18-1 Teilmenge
Def. 18-2. Schnittmenge und Differenz
Def. 18-3 Vereinigungsmenge
Def. 18-4. Potenzmenge
Def. 18-5 Cartesisches Produkt
Def. 18-6 ω
Def. 18-7 Wohlordnung
Def. 18-8 Ordinalzahl
Def. 19-1 Rekursive Definition der Termsubstitution
Def. 19-2 Isomorphe Modelle
Def. 19-3 Homomorphe Modelle
Def. 19-4 Submodell
Def. 20-1 Beweisdefinition für S1$^=$
Def. 20-2 Maximal konsistente Formelmenge
Def. 20-3 ω-vollständige und saturierte Formelmenge
Def. 20-4 kanonisches Modell
Def. 21-1 Theorienvollständigkeit
Def. 21-2 Skolemsche und duale Skolemsche Normalform
Def. 21-3 Diagonalisierungsfunktion

Merksätze
Ms. 1-1 Äquivalente Charakterisierung logischer Gültigkeit
Ms. 4-1 Gesetz der uniformen Einsetzung
Ms. 5-1. Reductio ad Absurdum Methode
Ms. 6-1 Grundregel aussagenlogischen Rekonstruierens
Ms. 8-1 Abgeschlossener Annahmenbereich
Ms. 8-2 Verschachtelte Annahmenbereiche

Ms. 9-1 Wichtige logische Beziehungen in der PL
Ms. 10-1 Überflüssiger Quantor
Ms. 13-1 AL-Normalformen
Ms. 13-2 Ausgezeichnete Normalformen
Ms. 13-3 Pränexe Normalform
Ms. 14-1 Wechselseitige metalogische Herleitbarkeiten
Ms. 15-1 Entscheidbare Erfüllbarkeit und Maximalregel
Ms. 17-1 Äquivalenzklassenpartition
Ms. 17-2 Kleiner und Größer Relation
Ms. 17-3 Quasiordnungen
Ms. 17-4 Genau-n Aussagen
Ms. 17-5 Additionstheoreme für Zahlquantoren
Ms. 17-6 Einzigkeitsbedingung
Ms. 18-1 Übersetzung der informellen Mengenlehre in die formale PL-Sprache
Ms. 18-2 Peano-Axiome der natürlichen Zahlen
Ms. 18-3 Induktionsaxiom
Ms. 18-4 Starke transfinite Induktion
Ms. 18-5 Äquivalente Fassungen von AC
Ms. 19-1 Koinzidenzsatz
Ms. 19-2 Isomorphiesatz
Ms. 19-3 Homomorphiesatz
Ms. 19-4 Modellkardinalität ohne Identität
Ms. 19-5 Geschlossenheit unter Submodellen
Ms. 19-6 Modellredukt
Ms. 19-7 Konservative Extension durch Definition
Ms. 19-8 Bethscher Definierbarkeitssatz
Ms. 19-9 Interpolationssatz
Ms. 20-1. Starke Induktion über die Länge von Beweisen
Ms. 20-2 Gültigkeitslemma
Ms. 20-3 Übereinstimmungslemma
Ms. 20-4 Uniforme Substitution von Prädikaten
Ms. 20-5 Konsistenzversion der Vollständigkeit
Ms. 20-6 Maximal konsistente Formelmenge
Ms. 20-7 Lindenbaum-Lemma
Ms. 20-8 Wahrheitslemma
Ms. 20-9 Saturierungssatz
Ms. 20-10 Saturierungslemma
Ms. 20-11 Erfüllungssatz
Ms. 21-1 Endliche Modellkardinalität
Ms. 21-2 Verallgemeinerter Löwenheim-Skolem-Tarski Satz
Ms. 21-3 SNF und DSNF
Ms. 21-4 Aufzählbarkeit und Entscheidbarkeit
Ms. 21-5 Vollständigkeit und Entscheidbarkeit
Ms. 21-6 Satz von Herbrand
Ms. 21-7 Monadische PL
Ms. 21-8 Wahrheitsdefinition für geschlossene Sprachen
Ms. 21-9 Unvollständigkeit der Theorie der Arithmetik
Ms. 21-10 Unentscheidbarkeit der Arithmetik und der PL 1. Stufe
Ms. 21-11 Unvollständigkeit der PL 2. Stufe

Abbildungen

Abb. 1-1 Einteilung von Satzbestandteilen
Abb. 1-2 Einteilung von Satzarten
Abb. 2-1 Schaltkreise für Konjunktion, Disjunktion und Negation
Abb. 4-1 Logische Aussagetypen
Abb. 6-1 Natursprachliche Ausdrücke für Junktoren
Abb. 6-2 Satzarten, Aussagearten und Logiken
Abb. 8-1 Zusammenspiel von bottom-up und top-down Heuristik
Abb. 17-1 Partition und Äquivalenzklassenpartition
Abb. 17-2 Partielle und lineare Ordnung
Abb. 17-3 Partielle und lineare Quasiordnung
Abb. 17-4 Hierarchie von Ordnungsrelationen
Abb. 18-1,2 Mengentheoretische Operationen
Abb. 18-3 Konstruktion von Ordinalzahlen
Abb. 18-4 Cantors Diagonalbeweis
Abb. 19-1 Zwei isomorphe Modelle
Abb. 21-1 Nonstandardmodelle von TN und TA (unten)

Sachregister

Absorption 115, 212, 216, 223, 225
abzählbar 297, 316, 339, 350, 351, 357, 374, 396, 398, 400, 405, 406
Addition 113, 124, 247, 295f., 325, 395, 399, 405
Algebra
  Boolesche - 222, 223
Algorithmus 81, 83, 89
Allquantor 15, 154, 162, 179, 187, 190, 192f., 197, 202, 205, 225, 265, 267, 285f., 330, 398, 404
Alphabet 46, 51, 297
Annahme
  geschlossene - 129, 130
  offene - 132
Antinomie
  Lügner- 352, 410, 411, 413, 414, 416
  Russells - 335, 338, 413
Äquivalenz 33, 39, 42, 86, 100f., 119, 139, 156, 211, 214, 220, 230, 233, 278, 285, 317, 326, 331, 367, 372, 388, 408, 414, 416
  -relation 303, 309, 310, 311, 314-318, 331, 390, 393, 409
Argument *siehe* Schluss
Assoziativität 115, 136, 212, 223, 342
Asymmetrie 291, 313, 316, 319
atomar 32, 137, 169, 359, 360, 362, 363, 364, 366, 380, 391
Aussage *siehe auch* Satz
  Teil- 51, 52, 53, 72, 73, 75, 76, 77, 86, 162
  -variable 8, 33, 42, 46, 50, 53, 63, 72, 77, 85, 108, 120, 169, 177, 223, 255
Auswahlaxiom 339, 353f., 390
axiomatisierbar 147, 306, 407, 417
Axiome
  Peano- 346, 348
  Zermelo-Fraenkel- 339, 397

Baum
  Beweis- 123, 125, 128f., 134, 187, 195, 221, 257
  Konstruktions- 48-53, 170, 174
berechenbar 405

Bereich
  - einer Annahme 128, 130
  - eines Quantors 162, 170
  Individuen- 162, 164f., 179, 180, 182f., 275, 279, 287-289, 291, 309, 321-323, 330, 390, 408
  semantischer - 233
Beweis
  formeller - 325
  informeller - 325
  -prädikat 415-417
Bewertung 233, 275f., 280, 284, 292, 299, 310, 367, 370f., 383, 387, 394

deduktive Methode 16, 76, 87, 113, 124, 144, 146f., 185, 281
Definite Deskription 326
Definition
  rekursive - 46f., 169, 335, 345, 364, 365
De Morgan 212, 285, 342
Diagonalisierung 412f.
  -sfunktion 411f.
Disjunktion
  ausschließende (exklusive) - 39, 98
  einschließende - 33ff.
  Groß- 116
Distributivität 212
doppelte Negation
  intuitionistische - 234
  klassische - 234

Element
  -relation 274, 335
  Ur- 335
Entscheidbarkeit 67, 141, 147, 238, 258, 265, 290, 405f., 410
  Un- 18, 258, 417
erfüllbar 57, 82f., 284, 289, 290f., 383, 387, 397, 402, 408, 409, 418
Erfüllungsrelation 276
Ersetzungsregel
  logische - 213
  prämissenrelativierte - 309, 360

Ex falso quodlibet
  logisches - 104
  materiales - 102
Existenzeinführung in der Konklusion 189
Existenzeinführung in der Prämisse 198, 202
  Variablenversion der - 269
Existenzquantor 15, 106, 154, 176, 181f., 187, 190, 192f., 201f., 205, 265, 286, 330, 402, 404
Extension
  - durch Definition 373
  konservative - 373
extensional 13, 31, 103, 274, 331, 335, 357
Extensionalitätsaxiom 331, 336, 339, 340

Fallunterscheidung 118, 132, 136, 239, 360, 363-365, 381, 385, 418
  allgemeine - 239
falsch 17ff.
Falsum 218, 220, 256, 337
Fixpunktsatz 413
Folgerungsrelation 119, 276, 361, 382, 417
Form
  logische - 6-8, 14, 26, 38, 46, 89, 93, 179, 213
  -regeln 46-51, 53, 169, 170f., 173f., 296
Formalisierung 26, 64, 89, 91-94, 97-101, 105f., 108, 147, 152, 177-179, 181, 252, 320
Formel
  geschlossene - 170, 275f.
  offene - 154, 162, 171, 174, 273, 276, 280
  Sub- 365
  Teil- 162, 196, 213, 224, 288, 360, 361, 375
Funktion 7, 12, 30, 60, 68, 82, 129, 152, 154f., 161, 222, 277, 295, 297-301, 345f., 348, 353, 355, 367, 369, 385, 398, 401, 405f., 411f., 417
  -szeichen 152, 267, 290, 295-300, 307, 363, 393, 394, 401-404, 407f.

Gebundene Umbenennung 165, 205, 225
Gödelisierung 405, 411, 414

Gültigkeit 3-14, 20, 26f., 33, 56, 58, 62-64, 71, 76, 78f., 81, 85, 87, 103f., 110f., 116, 118, 120, 127, 141, 143, 156f., 167, 187, 189, 221, 243, 246-248, 254, 257f., 280-285, 288, 290f., 329, 332, 362, 377-380, 403, 406

Herleitbarkeit 127, 141, 258, 415, 417
Homomorphie 372

Idempotenz 115, 212
Identität
  metasprachliche - 279
  objektsprachliche - 279
Identitätsaxiom 301, 303
Implikation
  materiale - 35-37, 98, 102
  strikte - 103
indirekter Beweis
  intuitionistischer - 234
  klassischer - 235
Individuenkonstante 152, 175, 195, 196, 261, 278
Individuenvariable 152, 154, 173, 261
Induktion
  empirische - 347
  mathematische - 347
  schwache - 357-359, 375
  -shypothese 357, 358, 360, 363, 378
  -sschritt 357-360, 364, 369, 370f., 381, 389, 403
  starke - 350, 358f., 377, 378
  transfinite - 350
Instanz 81, 189f., 260, 278, 343, 379, 403f.
  - einer Regel 187
  Einsetzungs- eines Schemas 60f.
Instanziierung
  existenzielle - 202
  universelle - 187
Intension 273
intensional 13f., 31
Interpolation 374
Interpretation 7-10, 22, 31, 89, 104, 154f., 162, 177, 218, 224, 270, 273-277, 280, 284, 305, 370, 401-403
Irreflexivität 291, 313, 319
Isomorphie 367, 372, 394, 396, 400

Junktor
  Basis- 34
  charakteristischer - 51-55
  definierter - 97, 139

Kalkül
  Annahmen- 139, 377
  Äquivalenz- 211, 224, 229
  Axiom-Regel- 259
  Bisequenzen- 259, 266
  - des natürlichen Schließens 123-140, 234-270
  - mit Abhängigkeitslegende 130, 240-243, 265
  Sequenzen- 144, 238, 243, 248-259, 266f.
  Tableau- 254-257, 265f., 271
kategorisch 367, 394, 395, 398, 400, 417
Klammer
  Copi- 240, 241, 250
  Folgen- 274, 345
  Mengen- 120, 215, 241, 273, 336
Klasse 82, 273, 290f., 310-312, 316, 338, 343, 346f., 349f., 352, 377, 408
Klausel 222, 299, 403
  -logik 221, 222, 227, 230, 400, 403f.
Kodefunktion 411
Kodename 411, 412
Koinzidenzsatz 284, 362f., 379, 391
Kommutativität 115f., 211, 223, 342, 399, 418
Komplexität
  exponentielle - 82
  polynomische - 82
  superexponentielle - 41
Komprehensionsaxiom 336, 338, 340
Konditionalbeweis 117, 127, 142, 237
Konjunktion 11, 33ff.
  Groß- 116, 321
Konklusion 3ff.
Konnexivität 315, 318, 399
Konsequenzenmenge 372, 395, 415
Konsistenz 81, 85, 291, 381-389, 407, 416
  maximale - 384
kontingent 56-58, 62, 66, 69, 74, 76, 80, 306, 374
Kontradiktion 115, 212, 222, 256, 337, 342

Korrektheit 25, 141-143, 147, 171, 198, 257, 258, 285, 302, 354, 361, 377-383, 392
künstliche Intelligenz 67

Literal 214, 221, 276, 403, 410
Logik
  - 1. Stufe 306
  - 2. Stufe 306
  algebraische - 221
  Aussagen- 1-148, 211-224, 233-261
  freie - 330
  intermediäre - 224, 239
  intuitionistische - 18, 235, 239
  klassische - 19, 20, 28, 244
  mehrwertige - 19
  Meta- 18, 64, 117, 121, 147, 196, 209, 283, 285, 297, 335, 354, 393
  minimale - 239
  Modal- 10, 14, 17-19, 103, 108, 270
  monadische Prädikaten- 67, 151-160
  parakonsistente - 246
  Prädikaten- 1, 6, 9, 10, 13f., 18f., 28, 151-206, 224-230, 262-418
  relevante - 244
  Zirkel der - 147, 277, 285, 379
Löwenheim-Skolem Satz 397

Menge
  -ndifferenz 341
  -nuniversum 352, 398
  Potenz- 343, 351f.
  Schnitt- 341
  Teil- 143, 275, 279, 298, 330, 340f., 343, 345, 347, 349, 350f., 353, 357, 358, 382, 390, 397, 405f.
  Vereinigungs- 342
Mengenlehre
  formelle - 335
  informelle - 64, 335-337
  naive - 336, 338
Modell
  -extension 370
  kanonisches - 384, 388
  Nonstandard- 399
  -redukt 372
  Standard- 397, 412
  Sub- 370, 371, 375, 409f.

Sachregister — 431

Modus Ponens 7, 16, 59, 60, 76f., 85, 113, 117, 124, 251, 259
Modus Tollens 76, 113, 124, 138
mögliche Welt 25, 275
Möglichkeit 166, 229, 236, 281, 306, 327, 330, 382, 411
Monotonie 114, 120, 251, 382, 386, 395

Nachfolgefunktion 348, 357, 395, 399
Negation 33ff.
Normalform
  ausgezeichnete - 218
  disjunktive - 215, 226
  duale Skolemsche - 401
  irreduzible - 217
  konjunktive - 215, 221, 226, 403
  pränexe - 226, 227, 229, 287, 371, 400
  Skolemsche - 400, 401
Notwendigkeit
  extralogisch-analytische - 21, 22, 32
  logische - 5ff.
  naturgesetzliche - 5

Ordnung
  lineare - 315
  partielle - 313-315, 353
  Quasi- 314, 316-320, 332
  schwache - 313f.
  strikte - 291, 395, 399
  Wohl- 349, 350, 353

Paradoxie
  - der materialen Implikation 102
  Skolems - 397
Partition 310, 311, 317
Prädikat 152-184, 226, 247, 273, 274, 291, 296, 305, 325-330, 336, 339, 350, 372-374, 405, 414
  einstelliges - 154ff., 169
  mehrstelliges - 162ff., 169
Prämisse 3ff.

Quantoren
  Distribution von - 206, 225
  Höchstens-n - 322
  Mindestens-n - 321

Überflüssige - 225
-vertauschung 206
Zahl- 178, 321, 323

Reduktio ad absurdum 71-86, 118f., 144, 221, 254f., 287f., 351
Reflexivität 303, 309, 314, 319
Regel
  - 1. Stufe 113, 139, 236, 242, 249
  - 2. Stufe 114, 118-120, 139, 193, 198, 237-239, 242, 249, 263, 270
  Ausführungs- 193, 202, 236-239, 265
  Einführungs- 193, 202, 236-239
  gültige - 185, 264, 270f.
  Meta- 127, 136, 194, 198f., 202, 238
  Schluss- 16, 247, 261
  Schnitt- 121, 123, 251, 258, 361
  Sequenzen- 249f., 257, 379
  zulässige - 270
Rekonstruktion 26, 89-108, 175-182, 295, 304, 328, 329
rekursiv 196, 276, 279, 297f., 344, 347f., 365, 386, 405-407, 411-413, 415, 417
  - aufzählbar 279, 406f.
Relation 151f., 161-165, 174, 183, 273-279, 291f., 298, 303, 306, 309-321, 335, 345f., 350, 393f., 409, 412, 417
  -ssymbol 279
Resolution 221, 403

saturiert 388
Satz
  All- 38, 102, 103, 156, 159, 161, 175, 194, 265, 266, 304, 305, 371, 410
  atomarer- 107, 153, 155, 169, 223, 276
  Aussage- 111
  Befehls- 15, 106f.
  Existenz- 156, 159, 161, 181, 265f., 304f., 371
  -form 7
  Frage- 15, 106, 107
  Norm- 20
  -operator 12f., 36, 107
  quantifizierter - 185
  singulärer - 156
Schemabuchstabe 63, 72, 85, 170, 196

Schließen
  logisches - 16, 252
  Psychologie des - 147
  relevantes - 246-248
Schluss
  abduktiver - 24
  deduktiver - 23
  -form 6-12, 15, 20, 63, 137f., 159
  induktiver - 23
Semantik 10, 14-19, 28, 55-87, 173, 185, 187, 223f., 236, 273-291, 295-299, 320, 327-330, 337
Signatur 297
Simplifikation 113, 124
Sprache
  Alltags- 295
  formale - 278, 337, 339, 343
  geschlossene - 413f.
  Meta- 64, 117, 142, 147, 277-285, 298, 309, 324, 361, 379, 410
  natürliche - 38, 89, 152
  Objekt- 64, 142f., 249, 279, 285, 297f., 309, 324, 362, 384
  selbstreferentielle - 415
Substitution
  - für Aussagevariablen 63, 120, 239, 240
  - für Individuenvariablen 187-191, 213, 267-269, 272, 278, 299, 300f., 363f.
  - für Prädikate 382
Syllogismus 76f., 113f., 124, 159, 246, 248
  disjunktiver - 76
Symbol
  logisches - 22, 295
  nichtlogisches - 6f., 22, 295, 371, 396
Symmetrie 302f., 309, 319
Syntax 16f.

Tableau
  Beth- 83, 253, 257, 265, 266
  geschlossenes - 85
  offenes - 85
Tarski-Schema 414
Tautologie 115, 212, 222f., 259, 322f., 342
Term 190, 284, 295f., 300f., 304, 309, 326, 330, 363, 388, 390, 392, 401, 412, 415
Theorem 19, 53, 134, 142, 235, 304f., 359, 365, 373, 375, 381, 396f., 399, 406f., 412

Theorie
  - der Arithmetik 395, 399, 410, 413, 416f.
  - der natürlichen Zahlen 399
  - der reellen Zahlen 395, 397
Transitivität 114, 291, 302f., 309, 313, 314, 319, 332, 399, 418

überabzählbar 279, 316, 351, 390, 396-399, 405
Unendlichkeitsaxiom 349, 386, 390
Unentscheidbarkeit *siehe* Entscheidbarkeit
uniforme Einsetzung 60
universelle Generalisierung 193
universelle Instanziierung 187
  Variablenversion der - 269
Unvollständigkeit *siehe* Vollständigkeit

Variable 40, 154, 162, 227, 277, 401f., 412, 418
Verband 223, 239f.
Verum 218, 433
Verum ex quodlibet
  logisches - 104
  materiales - 102
Vollständigkeit
  Post- 240
  schwache - 143
  starke - 143, 382f.
  Theorien- 393, 395, 397, 399
  Un- 18, 395, 413-417
  ω- 388, 391

wahr 17ff.
Wahrheit
  faktische - 119
  logische - 3, 12, 14, 60, 81, 103, 194, 264, 270, 330
  -stafel 33, 36, 38-40, 45f., 55-67, 72, 82, 102, 103, 118, 127, 219f., 236, 285
Wahrheitswert
  -funktional 13, 14
  -zeile 56, 58, 66, 71-73, 83, 104, 118-220, 255, 259, 284, 285
Widerspruch 71-86, 109, 114, 118, 136-138, 181, 205, 221, 235, 239, 244, 256, 259, 285, 289, 328, 338, 339, 352, 354, 381-389, 413-416

Zahl
- infinite - 316, 348-352
- Kardinal- 312, 400
- natürliche - 136, 344, 356, 399, 415
- Ordinal- 348-353
- rationale - 316
- reelle - 312

Zahlquantor *siehe* Quantoren

Personenregister

Ackermann, W. 410
Adams, E.W. 103
Anderson, A.R. 244-246
Aristoteles 18, 25, 32, 48, 110, 156-159

Barwise, J. 173, 178, 191, 240, 263, 271, 280, 291, 301, 352
Bays, T. 397
Beckermann, A. 4, 87, 173, 186, 255, 260, 265, 271
Bell, J. 186, 223, 265, 267, 271, 280, 306, 396, 406, 411
Belnap, N.D. 244, 245, 246
Bencivenga, E. 330
Bennett, J. 108
Bergmann, E. 230, 264, 405, 410
Bergmann, M. 5, 173, 186, 191, 239, 240, 263, 271, 291, 301
Beth, E.W. 83, 84-86, 254-259
Bolzano, B. 18, 278
Boole, G. 18
Brendel, E. 155, 190, 233, 238, 241, 262, 271, 291
Bucher, T.G. 108, 121, 161, 206, 240, 262, 271
Bühler, A. 87, 255, 265, 271

Cantor, G. 18, 146, 335, 351f.
Carnap, R. 18, 22, 24, 273, 393
Church, A. 406, 417
Copi, I.M. 71, 108, 121, 127-129, 139, 189, 199, 202, 240, 241f., 244, 246, 250, 261, 263, 271
Craig, W. 374
Cresswell, M.J. 108, 154, 186, 264
Czermak, J. 173, 259, 271, 292

Dalla Chiara, M.L. 224
Damer, T.E. 29, 108
Duhem, P. 27

Ebbinghaus, H.-D. 53, 173, 186, 191, 265, 271, 280, 291, 301, 325, 338f., 348-355, 365f., 397, 400, 405, 409, 414, 417
Erk, K. 82, 87, 406

Essler, W. 87, 152, 191, 233, 238, 241f., 262, 271, 339
Etchemendy, J. 22, 173, 191, 240, 263, 271, 280, 291, 301
Evans, J.S. 17

Fine, K. 240
Fitelson, B. 24
Fitting, M. 259, 271
Fraenkel, A. 339, 346, 397
Frege, G. 18, 28, 146, 259, 312, 321, 336

Gentzen, G. 238, 248, 251f., 258
Gödel, K. 18, 338, 383, 410f., 415f.

Halbach, V. 415
Harel, D. 73, 82
Harman, G. 24
Heindorf, L. 259, 266, 271, 392
Hempel, C. 156
Henkin, L. 383, 389, 409
Herbrand, J. 404, 408, 410
Hermes, H. 230
Hintikka, J. 18, 266
Hughes, G.E. 108, 154, 186, 264
Hunter, G. 386

Jacquette, D. 307
Johnson-Laird, P. 148

Kamp, H. 108
Kant, I. 5, 21, 333, 367
Kleene, S.C. 381
Klenk, V. 108, 149, 189, 191, 202, 206, 235, 240, 263, 271, 291, 301
Kneale, M. 18, 28
Kneale, W. 18, 28
Kreisel, G. 374, 395
Kripke, S.A. 18, 368
Krivine, J.-L. 374, 395

Langford, C.H. 18
Levine, J. 312

Levinson, S.C. 248
Lewis, C.I. 18, 103
Lewis, D. 103
Lindenbaum, A. 223, 383, 385, 387, 389, 390
Löwe, B. 339
Löwenheim, L. 393, 395-397, 399
Ludlow, P. 326
Łukasiewicz J. 18, 259

Machover, M. 186, 223, 265, 267, 271, 280, 291, 306, 319, 339, 341, 347, 350, 353, 355, 396, 406f., 411f.
Manin, Y.I. 53
Morris, Ch.W. 16

Negri, S. 271
Newen, A. 16
Nolt, J. 330

Over, D. 17

Peirce, C.S. 18, 24, 114, 149
Pelletier, J. 271
Piatelli-Palmarini, M. 5
Popper, K. 156
Priest, G. 246
Putnam, H. 368

Quine, W.v.O. 22, 241

Rautenberg, W. 120f., 223f., 230, 239, 240, 260f., 265, 271, 315, 319
Reyle, U. 108
Rips, L.J. 148, 248
Roberts, M.J. 148
Röd, W. 181
Rosenkrantz, S. 190f., 239, 271
Russell, B. 18, 312, 325f., 337, 338, 367

Schamberger, C. 103, 192, 248, 262
Schlick, M. 5
Schmid, H.J. 248
Schrenk, M. 16
Schurz, C. 414
Schurz, G. 19, 21-29, 63, 103, 108, 120, 240, 246-248, 267, 271, 286, 311, 330, 339, 368, 372-374, 381, 416
Schütte, K. 392, 410
Segerberg, K. 240
Shapiro, S. 307, 397, 398
Sher, G. 22
Shoenfield, J. 186, 191, 264, 278, 280, 291, 306, 371, 373f., 395f., 399, 400, 411f., 415f.
Skolem, A.T. 346, 393, 395-397, 399, 401-403
Smullyan, R.M. 30
Sperber, D. 248
Strawson, P.F. 327
Suppes, P. 319

Tarski, A. 18, 22, 64, 223, 276, 396, 412-414
Tennant, N. 321
Thorn, P. 103

Unterhuber, M. 108

Van Dalen, D. 351, 355
Von Plato, J. 146, 252, 271, 282

Wansing, H. 103
Weingartner, P. 246, 247f.
Weyl, H. 146, 338
Whitehead, A.N. 18, 338
Wilson, D. 248
Wolff, C. 181

Zermelo, E. 339, 397
Zoglauer, T. 41, 161, 262

www.ingramcontent.com/pod-product-compliance
Lightning Source LLC
Chambersburg PA
CBHW071223230426
43668CB00011B/1276